中国科学院研究生教学丛书

有机分子结构光谱鉴定

（第二版）

赵瑶兴　孙祥玉　编著

科学出版社

北京

内 容 简 介

本书为中国科学院研究生教学丛书之一。

全书共六章。前五章分别阐述有机质谱、红外光谱、紫外-可见光谱和核磁共振(^{1}H 和^{13}C)的特点及其在分子结构鉴定中的应用方式，着重讨论谱线与分子结构的关系，与有机结构理论相结合用于识谱和谱图解析，并简单介绍相关的 Raman 光谱、圆二色谱、顺磁共振等。第六章讨论用于复杂分子结构鉴定的组合光谱，并扼要讨论化学方法与光谱解析的配合作用和生源学说对天然产物结构鉴定的启发和引导作用。

本书对一般光谱常识的介绍资料有所删减，补充了质谱与核磁共振新进展与有机分子结构鉴定密切相关的部分内容，并增加了有助于提高解析能力的光谱资料和典型的例解，力求接近学科前沿。

本书可作为高等院校有机化学及相关专业研究生的教学用书，也可供有关师生和研究工作者参考。

图书在版编目(CIP)数据

有机分子结构光谱鉴定/赵瑶兴，孙祥玉编著. —2 版. —北京：科学出版社，2010

(中国科学院研究生教学丛书)

ISBN 978-7-03-026212-7

Ⅰ. 有… Ⅱ. ①赵…②孙… Ⅲ. 有机化合物-分子结构-光谱分析-研究生-教材 Ⅳ. O656.4

中国版本图书馆 CIP 数据核字(2009)第 228924 号

责任编辑：丁 里 胡华强 王志欣 / 责任校对：钟 洋

责任印制：张 伟 / 封面设计：槐寿明

科 学 出 版 社 出版

北京东黄城根北街 16 号

邮政编码：100717

http://www.sciencep.com

北京中石油彩色印刷有限责任公司 印刷

科学出版社发行 各地新华书店经销

*

2003 年 3 月第 一 版 开本：787×1092 1/16

2010 年 1 月第 二 版 印张：25

2018 年 8 月第十一次印刷 字数：584 000

定价：128.00 元

(如有印装质量问题，我社负责调换)

《中国科学院研究生教学丛书》序

在21世纪曙光初露，中国科技、教育面临重大改革和蓬勃发展之际，《中国科学院研究生教学丛书》——这套凝聚了中国科学院新老科学家、研究生导师们多年心血的研究生教材面世了。相信这套丛书的出版，会在一定程度上缓解研究生教材不足的困难，对提高研究生教育质量起着积极的推动作用。

21世纪将是科学技术日新月异，迅猛发展的新世纪，科学技术将成为经济发展的最重要的资源和不竭的动力，成为经济和社会发展的首要推动力量。世界各国之间综合国力的竞争，实质上是科技实力的竞争。而一个国家科技实力的决定因素是它所拥有的科技人才的数量和质量。我国要想在21世纪顺利地实施“科教兴国”和“可持续发展”战略，实现邓小平同志规划的第三步战略目标——把我国建设成中等发达国家，关键在于培养造就一支数量宏大、素质优良、结构合理、有能力参与国际竞争与合作的科技大军，这是摆在我国高等教育面前的一项十分繁重而光荣的战略任务。

中国科学院作为我国自然科学与高新技术的综合研究与发展中心，在建院之初就明确了出成果出人才并举的办院宗旨，长期坚持走科研与教育相结合的道路，发挥了高级科技专家多、科研条件好、科研水平高的优势，结合科研工作，积极培养研究生；在出成果的同时，为国家培养了数以万计的研究生。当前，中国科学院正在按照江泽民同志关于中国科学院要努力建设好“三个基地”的指示，在建设具有国际先进水平的科学研究基地和促进高新技术产业发展基地的同时，加强研究生教育，努力建设好高级人才培养基地，在肩负起发展我国科学技术及促进高新技术产业发展重任的同时，为国家源源不断地培养输送大批高级科技人才。

质量是研究生教育的生命，全面提高研究生培养质量是当前我国研究生教育的首要任务。研究生教材建设是提高研究生培养质量的一项重要的基础性工作。由于各种原因，目前我国研究生教材的建设滞后于研究生教育的发展。为了改变这种情况，中国科学院组织了一批在科学前沿工作，同时又具有相当教学经验的科学家撰写研究生教材，并以专项资金资助优秀的研究生教材的出版。希望通过数年努力，出版一套面向21世纪科技发展、体现中国科学院特色的高水平的研究生教学丛书。本丛书内容力求具有科学性、系统性和基础性，同时也兼顾前沿性，使阅读者不仅能获得相关学科的比较系统的科学基础知识，也能被引导进入当代科学研究的前沿。这套研究生教学丛书，不仅适合于在校研究生学习使用，也可以作为高校教师和专业研究人员工作和学习的参考书。

“桃李不言，下自成蹊。”我相信，通过中国科学院一批科学家的辛勤耕耘，《中国科学院研究生教学丛书》将成为我国研究生教育园地的一丛鲜花，也将似润物春雨，滋养莘莘学子的心田，把他们引向科学的殿堂，不仅为科学院，也为全国研究生教育的发展作出重要贡献。

第二版前言

《有机分子结构光谱鉴定》一书自 2003 年 3 月出版发行以来连年重印，至 2007 年 12 月第四次印刷已累计发行 8500 册。在此期间，国内外有许多相关的著作问世，其中不乏再版的佳作，但广大读者仍以高度的热情对本书给予了一定的关注，作者对此深感欣慰。

本书力图对基本原理和研究方法作简单扼要的介绍，便于理解分子结构与光谱参数的关系；从实际应用出发，以系统光谱数据、图谱和研究成果为基本资料，着重深入讨论谱线与分子结构的关系，将光谱原理与有机结构理论结合，贯穿于全书的理论阐述、识谱和谱图解析中；并注意光谱解析与化学方法相配合，以及天然产物分子结构鉴定过程中生源学说的引导作用。

此次再版对以下两方面作了修改和补充：

(1) 删减一般入门介绍资料，补充光谱方法的新进展，特别是有机质谱和核磁共振新进展与有机分子结构鉴定密切相关的部分内容。

(2) 增加引用旨在提高识谱能力和解析能力的光谱资料和解析实例。配套出版《有机分子结构光谱解析》(作者编著，科学出版社出版)一书，以期为本书作进一步的补充。

我们永远感激师辈梁晓天院士和已故蒋丽金院士在学术上对我们的诸多指导，感谢关心本书出版的佟振合院士、徐广智教授、樊美公教授、余翔林教授、黄明宝教授等，感谢科学出版社的大力支持。

由于我们的水平有限，书中疏漏和错误之处在所难免，欢迎读者批评指正。

作　者

2008 年 12 月 25 日于北京

第一版序

《有机分子结构光谱鉴定》一书是赵瑶兴、孙祥玉两位教授在光谱鉴定方面的专著。内容深入浅出，讲述了各种谱学方法的特点与应用方式。两位教授在中国科学院研究生院多年来讲授谱学鉴定，所积累的丰富经验，在本书中都得到了充分的体现。

本书主要介绍了一般常用的所谓“四谱”，即紫外光谱、红外光谱、核磁共振谱（氢谱及碳谱）与质谱。它们是结构解析的常规武器。同时，本书在相关章节中也扼要地介绍了一些不太常用的谱学手段，如Raman光谱、旋光谱、圆二色谱、电子自旋共振及化学诱导动态核极化等。

目前有关谱学鉴定的数据资料，已有一些手册进行了搜集与归纳。但如何很好地利用这些数据来进行结构鉴定，尤其是对于未知结构的鉴定，还是一件不太容易的工作。本书即是解决这个难题的好助手。

四种光谱对于结构鉴定提供不同的信息，但不是每种场合都要采用全部手段。如何有所选择，在一些情况下有无必要采用少量的化学手段加以配合，是一种“艺术”。在解析复杂的天然产物结构时，生源学说也能提供一定的启发性的线索。作者对这两个方面也有所论述。

本书结构解析的“案例”取舍精当，使读者可以体会到“实战”的全过程，是一部不可多得的总结。本书具有简明扼要的特点，易为大学生、研究生所接受，并对从事结构鉴定的专业研究人员也有很高的参考价值。

梁晓天
北京南纬路中国医学科学院药物研究所
2002年5月

第一版前言

光谱分析方法，以其快速、准确、试样微量且大部分为非破坏性实验的特点，为有机分子结构鉴定提供丰富的信息，已成为与有机化学相关的生产、科研、检验等各个领域的重要分析工具。熟悉光谱信息，掌握光谱解析技能，实为从事与有机化学有关的科学工作者的必需，也是相关研究生和大学生学习的重要课程。

本书是作者在中国科学院研究生院编印的讲义、光谱解析讨论题选编及 1992 年出版的《光谱解析与有机结构鉴定》等教材和参考书的基础上，参考有关专著和文献，并结合作者教学和研究工作的点滴收获和体会编写的。本书不仅可作为研究生的教学用书，也可供大学师生和有关化学工作者参考。

全书涉及分子光谱、核磁共振、有机质谱 3 部分，分作 6 章写成。前 5 章分别阐述红外光谱、紫外-可见光谱、^{1}H-核磁共振、^{13}C-核磁共振和有机质谱的基本原理和实验方法，介绍光谱学的新进展，着重讨论谱线与分子结构的关系及其在有机分子结构鉴定中的应用，并在相关章节扼要介绍 Raman 光谱、旋光谱、圆二色谱、电子自旋共振等其他光谱方法。第 6 章为鉴定复杂分子的组合光谱，讨论如何选用适当的光谱，将其组合起来，彼此补充，相互论证，进行综合解析，或配合化学手段，或参考生源学说，推断复杂的有机分子和天然产物的结构。

鉴于一般化学工作者的兴趣在于应用，本书对波谱学理论、方法学原理等都未加深入阐述，而是把注意力集中在将光谱信息与有机结构理论相结合，对有关谱线与分子结构关系作细致讨论。根据各类光谱的特点，本书对具体资料作了总结归纳，如以振动方程和对称性选择定则归纳振动光谱，以分子轨道能级和电子跃迁类型归纳紫外光谱，以屏蔽效应和自旋系统偶合关系归纳核磁共振，以轨道能量、键能和碎片稳定性归纳质谱断裂规律。书中收入了各类有机化合物的谱图和光谱参数数据表，每章选用典型的例题，内容力求接近学科前沿。

多年来，中国科学院研究生院邀请国内外许多著名科学家来院讲学，特别是梁晓天院士和蒋丽金院士曾多次应邀来院讲学授课，深受研究生的欢迎。本书吸收了他们先进的学术思想，引用了他们的一些讲演资料。众多科学家的优秀研究成果和系统的科学总结为本书的编写提供了丰富的资料，在此我们深表谢忱！

本书的出版，得到梁晓天院士、佟振合院士和徐广智教授的举荐以及黄明宝教授的大力支持。脱稿后，梁晓天院士在百忙中看了全稿，提出许多指导性的修改意见，并提笔为小书作序。对关心本书的各位教授，我们表示衷心感谢！

感谢科学出版社胡华强先生和王志欣博士对本书的出版所付出的辛勤劳动。还应提及历届选修该课程的研究生，他们以活跃的思想和敏锐的分析才能对本书涉及的内容和解题思路曾做过有益的讨论。由于我们的水平所限，书中或许还有一些不妥之处，恳请读者批评指正。

赵瑶兴　孙祥玉

中国科学院研究生院玉泉路教学园区

2002 年 6 月

目　　录

第 0 章　绪　　论

化学科学的建立离不开化学分析，化学和物理学的发展又是分析化学的基础。与化学和物理学的发展过程相应，有机分子结构鉴定方法大体可分为两个阶段，即经典的化学分析方法和仪器(光谱)分析为主、化学手段为辅的分析方法。

20 世纪中期以前，为经典化学分析为主的阶段。

18 世纪天平的应用，开始了化学的定量研究，质量守恒定律、当量等概念相继提出，为分析化学奠定了基础。

19 世纪初期的原子学说、原子-分子论和中期提出的原子价学说及化学结构理论、元素周期律，为初期分子结构理论的基础。19 世纪后半叶，在质量作用定律和化学反应动力学建立的基础上，逐渐形成以定量分析(重量法、容量法)、反应平衡、溶解平衡、颜色反应、降解、合成等为基本手段的经典分析方法——有机化合物系统鉴定法[1]。其基本过程如下：

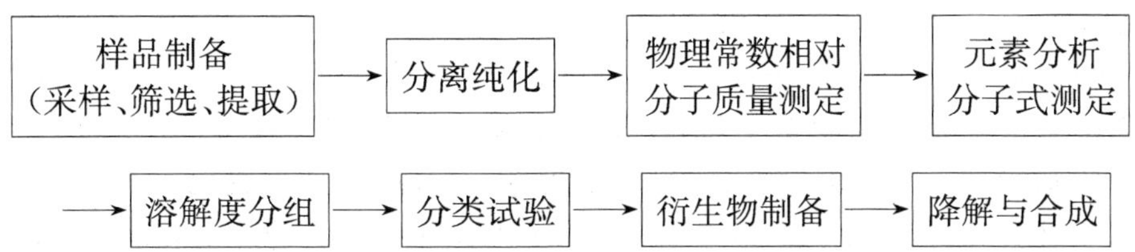

制备衍生物后，通过大量的资料积累，可以测定很多未知物的结构，也能较快地了解某一化合物纯品是否为已知的有机化合物。但要测定一些比较复杂的未知有机化合物的分子结构，还要进行一系列化学反应，如降解、氢化、氧化、脱氢、氘代、重排等。通过鉴定这些反应产物属于哪种已知物，综合逻辑推理，可预测未知物的可能分子结构，最后由熟知的有机反应进行全合成。只有合成化合物的物理、化学性质和生物活性与目标分子完全相同，才能最终证明分子结构鉴定是正确的。

用这种经典的有机分子结构鉴定方法鉴定复杂结构的未知物，有时需要消耗上吨重的原料、以千克计的纯样品，经历漫长时间的探索。

以吗啡(morphine)的结构鉴定为例，自 1803 年从鸦片中离析得到纯品后，许多实验室纷纷开展旨在阐明这个重要化合物的分子结构研究。1881 年从吗啡的锌粉蒸馏中分离出菲，才捕捉到有关吗啡分子结构的影子。直到 1925 年，在大量研究工作的基础上，格兰德(Gulland)和罗宾森(Robinson)提出吗啡分子的结构式[2]。

吗啡

如果把盖茨(Gates)于 1952～1956 年完成吗啡的全合成[3]算作它的最后结构鉴定结果的话，前后经历了一个半世纪，所消耗的原料难以估计。

20 世纪中期以后，为以仪器（光谱）分析为主、经典化学方法为辅的阶段。

在这一阶段中，有机分子结构鉴定方法快速发展，首先源于近代化学的兴起。20 世纪进入近代化学时代，基于化学与物理学相结合，揭示了物质（原子与分子）的微观结构，加深了对化学反应规律的理解和推广应用。

20 世纪初，普朗克（Planck）的量子论、玻尔（Bohr）的氢原子模型以及柯塞尔（Kössel）、路易斯（Lewis）的原子价电子理论等作为初等量子论是微观物质结构理论的雏形。1905 年爱因斯坦（Einstein）发表相对论，并提出光具有波动性和粒子性的二象性，德布罗意（de Broglie）的波动方程在 Einstein 光的二象性理论的基础上，提出物质（电子）的二象性。1926 年提出的量子力学方程——薛定谔（Schrödinger）方程，建立起描述物质二象性的状态方程，由方程的解成功地阐明了电子等微观物质的运动状态，并导出能级和能级跃迁选律概念。这些重要的结论和概念是后来广泛应用的波谱学的理论基础。

1927 年海特勒（Heitler）、伦敦（London）对氢分子用 Schrödinger 方程作量子力学处理，阐明了氢分子的结构，创立了量子化学，建立分子中共价键的价键（valence bond，VB）理论。1928～1931 年密立根（Mulliken）提出的分子轨道（MO）理论，鲍林（Pauling）的价键理论和杂化轨道理论，以及休克尔（Hückel）将 MO 推广到共轭体系而发展的简化分子轨道（HMO）理论，将近代以量子化学为基础的原子-分子理论用于讨论多原子分子的结构中，并解决了分子结构的构型和键的离域问题。

20 世纪 50 年代起，伍德沃德-霍夫曼（Woodward-Hofmann）的轨道对称守恒原理和福井谦（Fukui）-Hofmann 的前线轨道理论将分子轨道理论用于化学反应，他们应用量子力学波动方程求解得到的轨道图，形象地解释了复杂的化学反应过程，简捷地阐述了在协同反应中的化学反应方向、产物的立体选择性与轨道对称性的关系，为一些具有复杂结构的分子合成设计提出有益的启示。

近代化学和物理学的发展不仅为有机分子结构鉴定奠定了理论基础，同时也为先进的机械工业和电子工业提示了必要的设计思想，使各种光谱仪器得以问世。首先，紫外-可见光谱仪和红外光谱仪进入有机化学实验室，大大加快了有机分子结构鉴定的步伐。例如，由萝芙木或蛇根草提取出的利血平（reserpine）与吗啡分子结构比较更为复杂，自 1952 年离析出纯品后，得到当时可能使用的光谱技术的配合，特别是尼尔斯（Nears）通过紫外光谱解析，检测到利血平分子含有吲哚和没食子酸衍生物两个共轭体系（见 3.4.2），确定了利血平的主要结构单元，分子结构鉴定工作进行很快。1956 年 Woodward 等用轨道对称性概念完成合成[4]，总共花费不到 5 年时间。

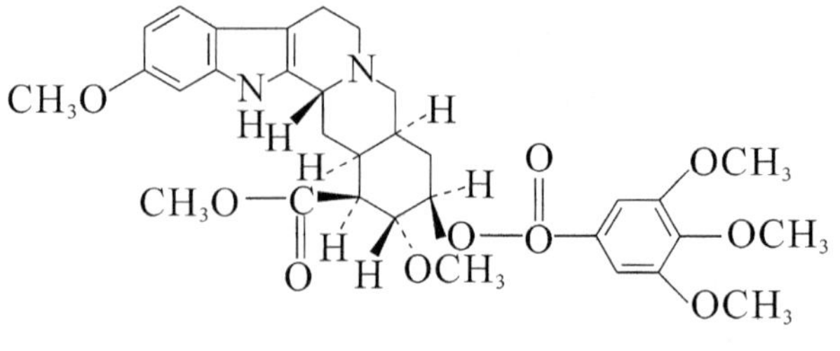

利血平

利血平结构的快速成功鉴定，说明仪器分析的威力。还有一些例子，分子结构并不很复杂，但长期用经典的化学方法迟迟不能解决，随着仪器分析技术的发展，才得以确定。

由杜鹃植物中提取得到的萜类化合物杜鹃酮(germacrone)最后确定结构为(A)[5]。

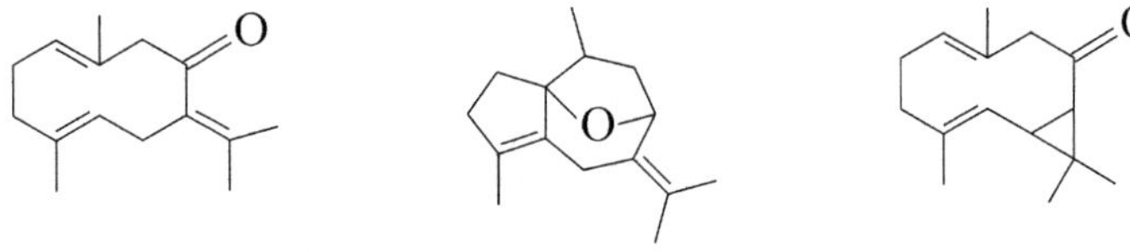

(A)　　(B)　　(C)

开始研究这个化合物时，发现该化合物含有氧，又不与 2,4-二硝基苯肼作用，因此命名为杜鹃醇。但与格利雅(Grignard)试剂(CH_3MgBr)作用又不给出活泼氢，当环化脱氢时，可以得到五、七骈环的薁类骨架的衍生物，因此将其结构写作(B)。当时并不能判断这种写法正确与否。

不久，红外光谱问世，可以明确地确定分子中有羰基存在。此后大量的化学数据证明分子属于一种十元环体系。紫外-可见光谱分析数据为 λ_{max}(lgε)：211nm(4.1)，240nm(3.5)，314nm(2.7)。其中 λ_{max} 240nm 和 314nm 分别为 α,β-不饱和酮的 K 带和 R 带，故确定结构式为(A)，定名为杜鹃酮[6]。短波 211nm 吸收可能属于两个孤立双键跨环效应引起。但是因为后来有人在红外光谱中观察到在 869.5cm^{-1}(11.5μm)附近出现一个强的谱带，疑为三元环的特征谱带，故又将杜鹃酮的结构改为(C)。紫外光谱中的 λ_{max}240nm被解释为羰基与碳碳双键间借三碳环接引而发生相互作用的结果。

核磁共振应用于化学研究，很容易地否定了三元环结构的存在。根据核磁共振数据，综合其他光谱材料和化学反应，最后确定杜鹃酮的化学结构仍为(A)。由于羰基周围比较拥挤，空间位阻较大，杜鹃酮不能与 2,4-二硝基苯肼发生正常的缩合反应是容易理解的。

杜鹃酮的结构确定经历了 30 多年之久，最后还是由光谱方法给以肯定。

另一个例子是秦艽甲素结构的推断。这个分子的结构并不复杂，根据几个光谱的数据不难画出以下几个可能的吡啶衍生物结构式：

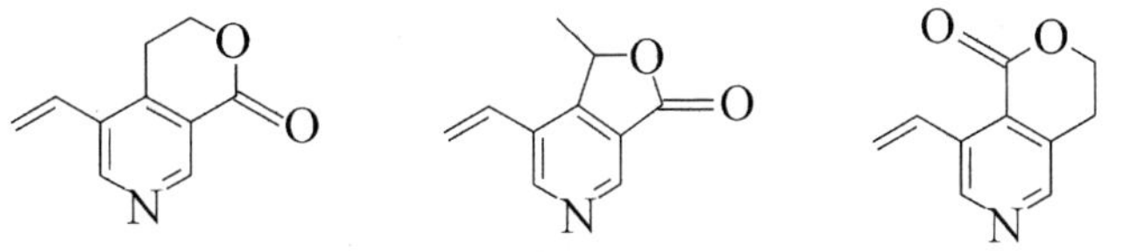

(D)　　(E)　　(F)

原苏联学者曾通过化学降解得到 3,4,5-三羧基吡啶。他们还发现，样品用酸性氧化铬氧化时得到了乙酸，因而提出秦艽甲素为含有一个碳甲基的五元内酯的吡啶衍生物(E)。但(E)有一个不对称碳，应当表现旋光性，而秦艽甲素并没有光活性。

后来，一位印度化学家用红外光谱发现秦艽甲素的羰基谱带应为六元环内酯的特征，而且重复上述化学实验也没有得到乙酸，说明不含有碳甲基，经合成证明了(D)[7]。

不久，核磁共振进一步验证了结构式(D)的正确性。由于秦艽甲素吡啶环两个 α-H 的化学位移与吡啶 α-H 相比都在较低场，证明它的结构也不是类似物(F)，虽然(F)也具有六元环内酯结构，并且用铬酸氧化时也会产生3,4,5-三羧基吡啶。

像秦艽甲素这样比较简单的分子，只要仪器条件允许，再做少量化学实验，就可以很快确定其结构。然而在光谱方法尚未普遍应用的年代，对秦艽甲素结构的鉴定却兜了一个大圈子，也花了几年的时间。

随着仪器分析方法的不断发展和普遍使用，由紫外-可见光谱(UV)、红外光谱(IR)、核磁共振(NMR)和有机质谱(MS)为主的四种光谱方法相互配合，形成一套新的完整的分析方法，并在有机分子结构鉴定中起到重要作用。其特点是样品用量少，仅需毫克甚至微克级纯样；分析方法多为非破坏性过程，可直接得到可靠的结构信息，并能回收贵重的样品；分析速度快，一般样品只需若干天，甚至几小时，即可能作出分析结论。

20世纪70年代至20世纪末，仪器分析方法又有新的发展，主要在于物理学、数学、化学和生物学的新概念、新方法向仪器分析渗透，电子技术、激光、计算机技术的发展和大量应用，不断更新分析仪器的装置和性能，涌现出许多新的分析技术和方法。例如，紫外光谱的双波长和多波长光谱、导数光谱的应用，提高了分析的灵敏度和选择性，可作多组分测定；红外光谱普遍使用傅里叶(Fourier)变换-红外光谱(FT-IR)，提高了灵敏度和分辨率，便于分析微量样品和混合物，测试范围扩大，使对远红外光谱的研究成为可能；核磁共振使用脉冲Fourier变换技术(PFT-NMR)，^{13}C-核磁共振成为常规的测试方法，多脉冲序列的变化应用发展为二维核磁共振(2D-NMR)和多维核磁共振，简化了复杂分子结构的谱图解析，特别便于生物大分子的结构测定；有机质谱发展了新的软电离技术，如快原子轰击(fast atom bombardment，FAB)、电喷雾电离(electrospray ionization，ESI)、基质辅助激光解吸电离(MALDI)等，用于难挥发、不稳定分子以及蛋白质、核酸、多糖等生物分子结构的鉴定，把质谱推向生物大分子的研究领域，发展为"生物质谱"。所有这些分析方法大多数都能在确定分子静态结构的同时给出时间分辨的数据，用以探知反应的中间过程和短寿命活性中间体的结构状态。

在有机结构鉴定研究中仪器分析方法有长足发展的今天，化学手段的辅助作用往往又被人忽视，其实分子的化学性质和某些化学反应还是有用的，在很多情况下，光谱常需要巧妙地与化学方法配合，才能更好地发挥作用，显示其威力。因此，即使仪器分析方法进一步向自动化、信息智能化、痕量和超痕量分析发展，进行实时(real time)、在线(on line)分析，经典化学分析的一些技术方法也不能完全舍弃，需要恰当地加以应用。

另外，在天然产物的分子结构鉴定中，"生源学说"的引导作用对初始的思路和最后几种可能结构的选择倾向以及合成路线的选择也是很有帮助的。

参考文献

[1] 余仲建. 有机化合物的系统鉴定法. 北京：商务印书馆，1946

[2] Gulland J M，Robinson R. Mem Proc. Manchester Lit. Phil Soc，1925，69：79

[3] Gates M，Tschudi G. J Am Chem Soc，1956，78：1380

[4] Woodward R B，Bader F E，et al. J Am Chem Soc，1956，78：2023，2675

[5] Ohloff G，Hofmann E G. J Naturforch，1961，16(6)：298

[6] Hendrickson J B. Tetrahedron，1959，7：82

[7] 梁晓天，于德泉，付丰永. 药学学报，1964，11：412

第 1 章　有 机 质 谱

1.1　有机质谱的基本原理

1.1.1　质谱计和质谱检测

质谱和质谱学是 20 世纪产生、应用并不断发展的重要的物理分析方法。质谱仪器按记录方式不同可分为质谱仪(mass spectrograph)和质谱计(mass spectrometer),有机质谱多用质谱计。质谱计主要由进样系统、离子源、分析器和检测器组成,另外还有计算机系统。

离子源是质谱计的心脏部分,最早使用的电子轰击(electron impact,EI)离子源至今仍然是广泛应用的最重要的离子源。

质谱计的分析过程是在真空状况下,由进样系统将样品通过推杆直接导入离子源的离子化室进行气化,或样品先在储气器中气化,然后送入离子化室。在离子源中,分子电离和碎裂为不同 m/z 的离子,通过分析器聚焦,由电子倍增器接收检测,用紫外线感光仪记录,或经模-数转换输入计算机处理,即可给出数据表和棒图(bar graph),如图1-1所示。

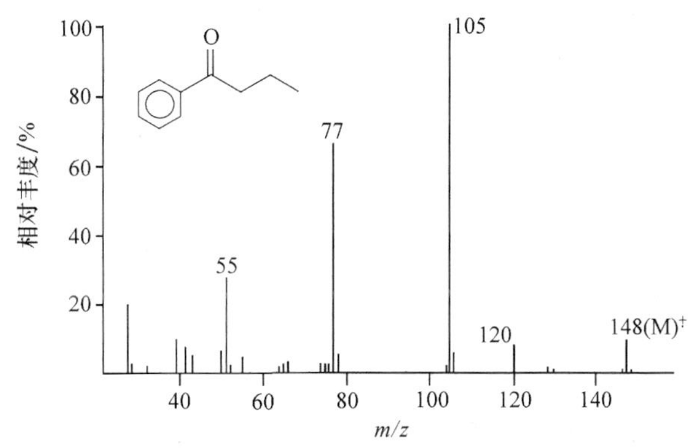

图 1-1　丙基苯基酮的质谱

这里对离子源和分析器作简单介绍。

1. 离子源

图 1-2 为 EI 离子源结构图,气化的样品送入电离盒,受到电子束轰击,分子受激失去电离电位(ionization potential,IP)较低的价电子形成分子离子($M^{+\cdot}$),并部分裂解出各种碎片离子,负离子吸收到推斥极被中和,随真空系统抽出,正离子则被推斥极推出电离盒,并被逐级加速电压加速,经离子聚焦电极,将离子聚焦为散角较小的离子束,飞出离子源,经出口狭缝进入分析器。

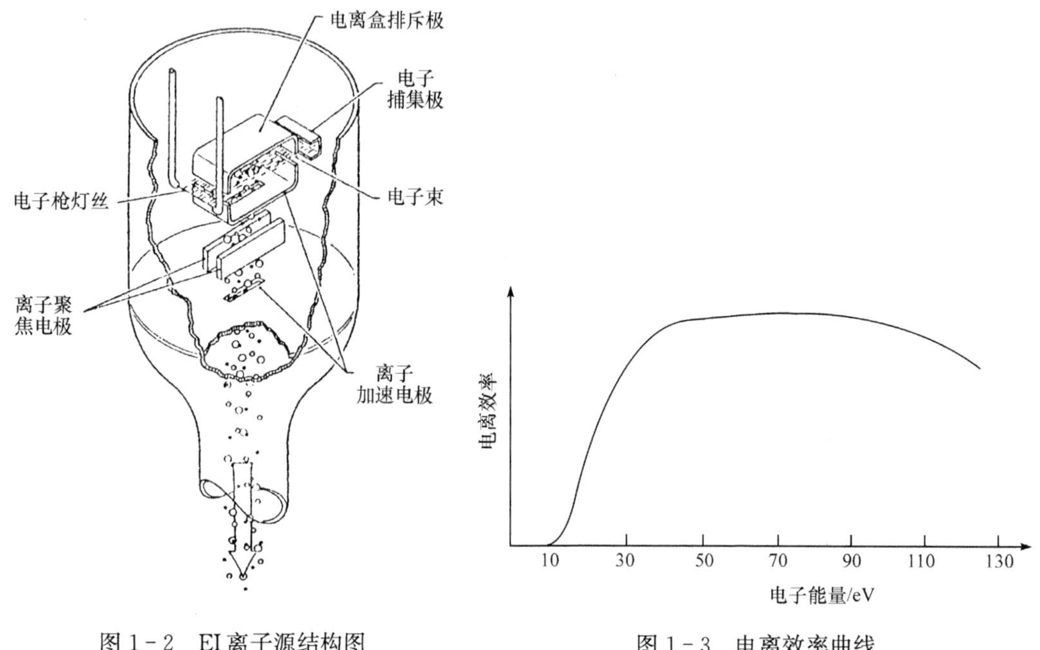

图 1-2　EI 离子源结构图　　　　图 1-3　电离效率曲线

大多数有机分子的 IP 值为 7～15eV，只要电子束的诱导能量超过这个水平便可使分子电离。由图 1-3 可看出电离效率为 50～70eV 最为稳定，因而采取 70eV 时 EI 质谱的重复性较好。70eV 的电子常在使分子离子化的同时留给分子离子一定的热力学能，成为部分离子进一步碎裂为不同碎片离子的动力。

2. 分析器

1）磁分析器和电磁分析器

分析器是用来将离子化并加速为不同质荷比的离子进行分离和聚焦的装置。

一个质量为 m 的离子，带有电荷 z，加速板极电位为 V 时动能为

$$\frac{1}{2}mv^2 = zV \tag{1-1}$$

当离子进入磁分析器后，受到与之垂直方向均匀磁场的作用，离子飞行的途径弯曲成弧形，m/z 不同，曲率半径 r 也不同。此时离子运动的离心力 mv^2/r 与磁场作用力相等（H 为磁场强度）。

$$\frac{mv^2}{r} = Hzv \tag{1-2}$$

由式(1-1)和式(1-2)消去 v 得

$$\frac{m}{z} = \frac{H^2r^2}{2V} \tag{1-3}$$

根据式(1-3)在 V 不变的情况下，逐渐加大磁场 H，进入狭缝被接收离子的 m/z 值也将逐渐增大，此为磁场扫描；或者相反，H 不变，逐渐加大电场 V，则进入狭缝被接收离子的 m/z 值将逐渐减少，即电场扫描，飞行离子通过磁场之后，使 m/z 不同的离子得到分

离，称为质量色散，同时还可以把进入磁场时入射角不同而 m/z 相同的离子重新聚焦在接收器狭缝处，称为方向(角度)聚焦。

图1-4为常用的尼尔(Nier)质谱的扇形分析器，加速后的离子通过狭缝 S_1 进入磁场H，进行质量色散和方向聚焦，然后射出磁场，经狭缝 S_2 进入检测器D。

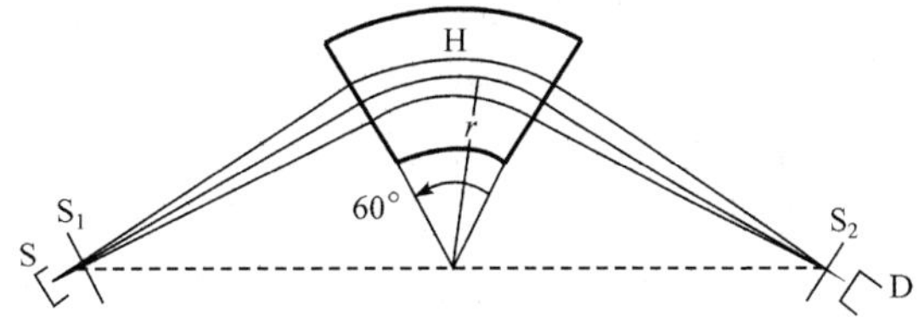

图1-4 Nier的扇形磁分析器

这种单聚焦质谱计分辨本领一般在一万以内，为低分辨仪器。

单聚焦质谱计分析得到的质量精确至原子质量单位(Da)整数，为了提高仪器的分辨率，需采用双聚焦质谱计，在磁场分析器前外加静电分析器。图1-5为一种双聚焦质谱计装置示意图，静电场的作用使能量分散，离子按能量大小得到分离后，经方向聚焦进入磁场，在磁场作动量分离，将速度相等而 m/z 不同的离子分开，实现离子束的方向和能量的双聚焦，达到高分辨的效果。图1-6为另一种结构形式的双聚焦质谱计，与前者的差别在于全部离子均在一线性平面上同时达到双聚焦，可采用照相板记录。

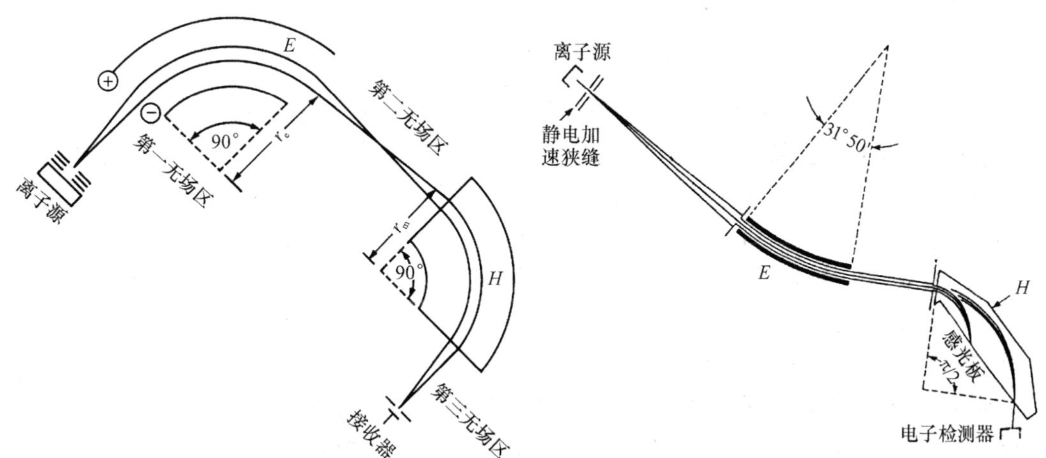

图1-5 Nier-Johnson双聚焦质谱计示意图　　图1-6 Mattauch-Herzog双聚焦质谱仪示意图

双聚焦质谱计的分辨率可达一万至十几万，称为高分辨质谱，高分辨质谱可给出原子质量单位至少四位小数的精确度，用以测定离子的元素组成。但是这种仪器的装置复杂，需要处理的数据庞大，所以一般结构分析多用低分辨质谱完成，仅在个别问题需要时再补做高分辨质谱数据。

2) 其他分析器

四极质量分析器：由四个平行放置的圆柱体(100～400mm)电极构成，四个圆柱对称地分为两组，分别施加射频电压调控的直流电压。离子从四极的一端进入，沿着四极的中心轴线运行到另一端，形成共振离子，进入检测器。在给定的直流电压的射频频率下，只允许特定的 m/z 值离子能通过到达检测器，其他离子或中途撞在极柱上，或飞出控制区外。逐步改变电压或射频，可以短时间内完成全质量范围扫描。这种分析器的检测范围较低(500Da 以下)。优点是不需要狭缝控制，灵敏度较高，且可对低速离子进行有效分析，是适合于低压离子源的高压液相色谱仪或电喷雾离子源相连接的分析器。

离子阱分析器：内侧设“环形电极”，两端各置“端盖电极”，可以将离子捕获在这个陷阱内，并维持一段相对较长的时间，调控三个极的电压，可以依次将捕获的离子“弹射”到检测器，从而得到传统的质谱图。离子阱的检测灵敏度高于四极质量分析器，检测质量范围也有所扩大，特别适用于串联质谱。不足之处是所得质谱有不同程度的变形，不便于与标准 EI-MS 谱图对照。

飞行时间质量分析器：离子被加速电压(V)加速后，进入一个一定长度 L 的“漂移管”，逸入检测器，离子在管中飞行时间 t 与长度 L、离子质量 m 有关：$t=(L^2m/2zeV)^{1/2}$，从而计算出离子的质量。这种装置有效应用的关键在于，要精确地确定离子进入漂移管的时间和位置[要求以纳秒(ns)计]。因此，其应用仅限于脉冲式电离技术，如激光解析离子源等。由于技术上的原因，这种分析器的分辨率不很高(小于两万)。优点是灵敏度很高，且没有检测上限，已达 10^6Da，特别适合于生物大分子的分析，可获得较高精确度的相对分子质量。

另外，还有离子回旋共振分析装置，将在 1.3.3 介绍。

1.1.2 有机质谱及其在有机分子结构研究中的作用

质谱用于有机化学始于石油化学发展的需要，在同位素的鉴定和烃类混合物的分析方面取得长足的进展，特别是用质谱方法分析石油馏分混合物时，在一定条件下能对复杂的有机分子给出确定的、可以重复的质谱图，由分子的断裂规律找出许多有用的结构信息，从而确定质谱法在有机化合物结构鉴定上的应用，发展为有机质谱。

组成有机化合物各种元素的所有天然同位素的质量除 ^{12}C 外都不是整数(表 1-1)，尽管某一原子中的质子、中子和电子数目是另一原子中的质子、中子和电子数目的整数倍，但是它们的质量比却不是整数，由相同数目的质子、中子和电子组成的不同分子也具有不同的质量，这是由于在质子和中子结合成原子核时，有一部分质量转化为结合能($\Delta E=\Delta mc^2$)而造成“静质量亏损”。按照物理标度的原子质量单位计算：质子 1.007 825Da，中子 1.008 665Da，电子 0.000 548Da。但是，氘的静质量不是上述三种基本粒子质量之和，而要少一点，这就是结合成氘核时的静质量亏损的结果。由于每一种原子核都有其特定的结合能，所以形成各种核的静质量亏损的数值与它们结合的质子和中子数不成比例。例如，CO、N_2 和 C_2H_4 的相对分子质量都具有相同的整质量数 28，但它们的精确相对分子质量却不相同：CO 27.994 914，N_2 28.006 148，C_2H_4 28.031 300。因此，用高分辨质谱计即可区别这 3 种分子。有机质谱可以准确地给出化合物的相对分子质量，由高分辨质谱给出的精确相对分子质量和碎片离子质量，可用以计算该化合物的分子式和碎片离子的元素组成，为结构式的推断提供很大方便。

表1-1 有机化合物中常见元素及其天然同位素的质量和相对丰度

元素	同位素质量及其相对丰度								
H	^{1}H	1.007 825 06	100	^{2}H	2.014 0	0.016			
B	^{11}B	11.009 305 33	100	^{10}B	10.012 9	23.20			
C	^{12}C	12.000 000 00	100	^{13}C	13.003 4	1.08			
N	^{14}N	14.003 074 07	100	^{15}N	15.000 1	0.38			
O	^{16}O	15.994 914 75	100	^{17}O		0.04	^{18}O	17.999 2	0.20
F	^{19}F	18.998 404 6	100						
Si	^{28}Si	27.976 928 6	100	^{29}Si	28.976 5	5.06	^{30}Si	29.973 8	3.31
P	^{31}P	30.973 763 3	100						
S*	^{32}S	31.972 072 8	100	^{33}S	32.971 5	0.78	^{34}S	33.967 9	4.42
Cl	^{35}Cl	34.968 853 0	100	^{37}Cl	36.965 9	32.63			
Br	^{79}Br	78.918 332 0	100	^{81}Br	80.916 3	97.75			
I	^{127}I	126.904 475 5							

* ^{35}S丰度太小未列入。

低分辨质谱可以准确测定分子和碎片离子的整数质量,同时显示出相应同位素离子的相对丰度。在分子离子峰丰度相当强的情况下,根据同位素的相对丰度能够估计可能的分子式,同理,也可用以估计某些碎片离子的元素组成,结合对分子断裂规律的分析,可以得到有机化合物骨架结构的启示和官能团存在的信息。质谱方法以其高灵敏度、高分辨率和分析速度快而居于特别重要的地位。

1.2 质谱中的离子

离子源中产生的离子有分子离子、准分子离子、碎片离子、同位素离子、多电荷离子、负离子、簇离子、亚稳离子等,这里主要讨论分子离子、同位素离子、碎片离子和亚稳离子。

应用于有机质谱计中的离子源不同,形成离子的状况也不相同。常规的EI离子源中常产生分子离子、较多的碎片离子、多电荷离子、负离子,在无场区还可能产生亚稳离子。

除EI离子源外,后来又发展一些其他的电离方法,如化学电离(chemical ionization,CI)、场电离(field ionization,FI)、场解析(field desorption,FD)、快原子轰击、电喷雾电离、基质辅助激光解吸电离等软电离方法(见1.3节),软电离离子源往往获得丰度较高的分子离子或准分子离子,而碎片离子相对较少。EI质谱可以得到较多的碎片离子,给出丰富的分子结构信息,为有机结构鉴定中常用的电离方法。一般的质谱图谱集、数据表以及将要讨论的各种分子的断裂规律都是指的EI质谱。

丰度(abundance)是指某一质荷比离子的数量。根据表示的方式不同分为相对丰度和绝对丰度。相对丰度是以质谱中最强的峰高作为100%称为基峰(base peak,B),其他所有的离子峰按基峰归一化计算而得的相对高度。图1-1中的m/z 105即为基峰(B)。绝对丰度是以各种质荷比的离子峰高相加的总和作为100%,然后与各离子峰的高度比较而得。绝对丰度常以希腊字母Σ表示,一般认为m/z 40以下的离子峰意义不大,因此绝对丰度表示法规定以 m/z 40 到分子离子各峰高度总和为基准计算各个峰的高度，这样的结果以 Σ_{40} 表示，如绝对丰度为 10％的离子可表示为 10％Σ_{40}。相对丰度和绝对丰度表示方法的图形外貌是相似的，只是纵坐标的读数不同而已。最常用的是相对丰度，文献中若不指示是哪一种表示方法即为相对丰度。

1.2.1 分子离子

有机化合物分子在一定能量电子的轰击下失去一个电子，则形成带有一个正电荷的分子离子，用 $M^{+\cdot}$ 表示，在已经发表的 EI 质谱图上 80％左右存在分子离子峰。

分子离子峰的 m/z 值示出准确的相对分子质量，高分辨质谱的分子离子峰还可提供精确的相对分子质量，由此可方便地推断出化合物的分子式，所以识别分子离子峰是很重要的。

1. 分子离子的辨认

构成分子离子峰有以下三个必要条件：①在质谱图中必须是最高质量的离子；②必须是一个奇电子离子；③在高质量区，它能合理地丢失中性碎片而产生重要的碎片离子。

样品分子电离失去一个电子形成的分子离子，除了伴随的同位素峰外，必然出现在质谱图中的最高质量处。中性分子失去孤电子对或一对成键电子中的一个电子，而形成的分子离子必定是一个自由基正离子，即具有“奇电子离子”(odd-electron ion，OE^{+})，分子离子继续断裂丢失自由基形成“偶电子离子”(even-electron ion，EE^{+})或丢失中性分子形成另一个奇电子离子碎片，如此继续。所丢失的中性碎片应为具有合理组成的有机基团或稳定的小分子，如 M－15(CH_3)、M－17(OH)、M－18(H_2O)、M－31(OCH_3)等，莱德伯格(Lederberg)和 Djerassi 等认为质量差为 4～13、21～26、37～38、50～53、65、66 是不可能的，也是不合理的。如果在最高质量端出现这些差额，则此时最高质量峰不是分子离子峰。后来发现在个别化合物的质谱上有时出现质量差25(·C_2H)、26(C_2H_2，·CN)、37(·H_2Cl)、51(·CHF_2)、53(·C_4H_5)也是合理的。

在质谱中分子离子都必须同时满足上述三个条件，这三个条件中任何一条不能满足都不应是分子离子。但以上三条还不是充分的条件，也就是说，这三个条件都满足了仍有可能不是分子离子，还需要用其他方法加以验证：

(1) 氮规则。在组成有机化合物的元素中，对绝大多数天然丰度最高的同位素而言，偶数质量的元素具有偶数化合价，奇数质量的元素具有奇数化合价，如^{12}C、^{16}O、^{32}S等的化合价是偶数，^{1}H、^{35}Cl、^{31}P的化合价为奇数，只有氮同位素^{14}N的质量数为偶数，其化合价却为奇数，成为一种特例。因此得到如下规律：在有机化合物中，凡含有偶数氮原子或不含氮原子的，相对分子质量一定为偶数；反之，凡含有奇数氮原子的，相对分子质量一定是奇数，这就是氮规则。据此可推论：当分子断裂一个单键而形成包括分子中全部氮原子的碎片离子时，则具有偶数质量的分子离子得到奇数质量的碎片离子，而奇数质量的分子离子得到偶数质量的碎片离子。运用氮规则将有利于分子离子峰的判断和分子式的推定，经元素分析确定某化合物的元素组成后，若最高质量的离子质量与氮规则不符，则该离子一定不是分子离子。

(2) 分析碎片离子。用高分辨质谱分析各碎片离子时，碎片离子的元素组成都应包含在分子离子峰内，若碎片离子的元素组成和数量超出估计的分子离子时，则肯定这种估计是错误的。一些化合物在质谱中常可以裂解为两大部分：

$$(\mathrm{ABCD})^{\overset{+}{\cdot}} \longrightarrow \begin{cases} \mathrm{AB}^{+} + \cdot\mathrm{CD} \\ \mathrm{AB}\cdot + \mathrm{CD}^{+} \\ ------ \end{cases}$$

因此，如果在这样的质谱图中找到最高质量峰恰为两个碎片离子质量之和，也可以作为这个最高质量峰为分子离子峰的一个证据。有时化合物的质谱仅出现比相对分子质量多一个氢或少一个氢的所谓"准分子离子"，则两个碎片之和也应比这种准确分子离子差一个质量单位。例如，二乙醇缩庚醛的 EI 质谱($M^{\overset{+}{\cdot}}$ 188)出现 159、29、143、45、103、85 等碎片离子，其中两两之和都是 188，但最高质量峰仅为 m/z 187，且强度很弱，这个 m/z 187 峰即为M－H的准分子离子峰(图 1－7)，从而也给出了这个分子的裂解信息。

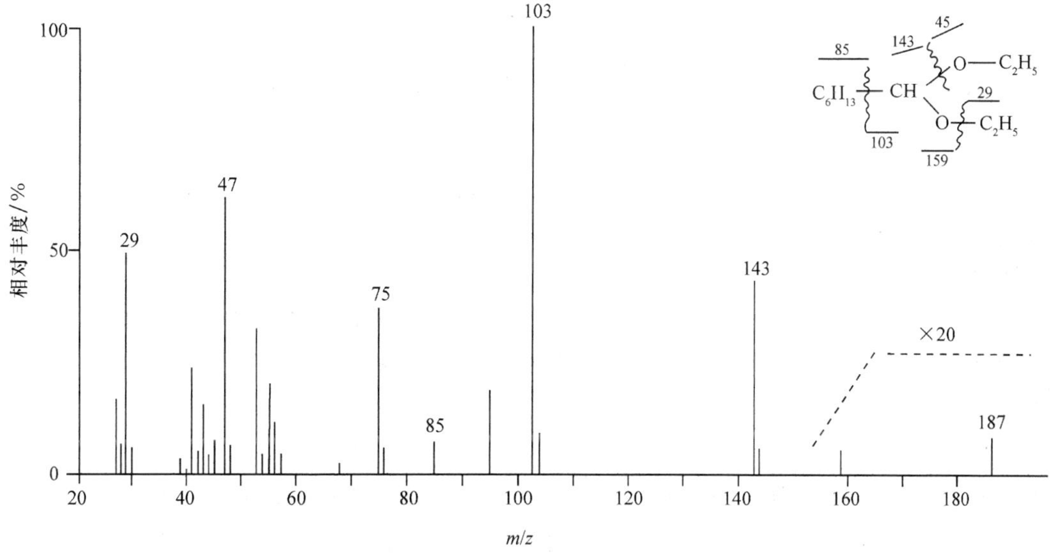

图 1－7　二乙醇缩庚醛的 EI 质谱

(3) 分子离子峰不出现或丰度极低难以确认，可根据不同情况改变实验条件予以验证。

(a) 降低轰击电子的能量。将常用的 70eV 降为 15eV 以减少形成的分子离子继续断裂的概率，降低了碎片离子的丰度，使分子离子峰的相对丰度增加，从而可能辨认出分子离子。

(b) 改用 CI、FI、FD 等软电离方法。降低轰击电子能量的结果会使仪器的灵敏度下降，虽然分子离子峰的丰度有所提高，但离子的绝对强度降低，一些由于热不稳定和低挥发性等原因而不出现分子离子峰的化合物用这种办法不会得到预期的效果。这时可采取各种软电离的办法，虽然碎片离子大量减少，但可以突出分子离子峰。

(c) 降低样品的气化温度。气化温度的降低可以减少分子离子进一步断裂的可能性，分子离子峰的相对丰度增加。例如，三十烷烃在340℃时气化，不出现分子离子峰，改变70℃气化时分子离子峰的丰度接近基峰。

(d) 制备衍生物。在EI质谱中不出现分子离子峰的化合物大多数是挥发性低，或容易由分子中失去稳定的小分子，如醇类、酸类等。若先将这类化合物进行化学处理使之变成易挥发或比较稳定的衍生物，可能比较容易得到衍生物的分子离子峰，从而推断原来化合物相应的分子离子峰。常用的化学处理方法有用乙酸酐[$(CH_3CO)_2O$]或酰氯(CF_3COCl、CH_3COCl)将羟基、氨基乙酰化，用碘甲烷(CH_3I)、硫酸二甲酯[$(CH_3O)_2SO_2$]或重氮甲烷(CH_2N_2)将氨基、羟基甲基化，用三甲氯硅烷[$(CH_3)_3SiCl$]将羟基硅醚化等。其中三甲基硅醚化是最好的方法，因为反应简单，大部分羟基都能定量反应，而且硅醚化后的衍生物挥发性增加。例如，葡萄糖在EI质谱中不仅得不到分子离子峰，而且可用的碎片离子丰度也很小，但用三甲基氯硅烷处理后则可以观察到衍生物的分子离子峰($M^{+\cdot}$ 540)。

$$\text{葡萄糖(HO, HO, OH, OH, }CH_2OH\text{)} + (CH_3)_3SiCl \xrightarrow[\triangle]{Py} \text{葡萄糖五}[OSi(CH_3)_3]\text{衍生物}$$

(4) 与M+H和M−H峰区别。分子离子峰虽然出现，但有时在其附近出现相对丰度大大超过正常的同位素贡献的强峰，使人不易辨认哪一个是分子离子峰。这些强峰多数情况为M+H或M−H峰。

M+H峰多为醚、酯、胺、醇、多元酸、氰化物等含有杂原子化合物的分子离子与中性分子碰撞，从中性分子中捕捉一个氢原子而形成，称为"碰撞峰"，这样的离子为"质子化分子"。例如

$$\underset{M^{+\cdot}}{RCH_2-\overset{+\cdot}{\ddot{O}}-CH_2R} + RCH_2-\ddot{O}-CH_2R \longrightarrow \underset{M+H}{RCH_2-\overset{H^+}{\ddot{O}}-CH_2R} + R\dot{C}H-O-CH_2R$$

M+H峰的判别方法是提高电离室中样品的压力，由于碰撞峰的强度与压力的平方成正比，因而M+H峰的相对丰度急剧增加；或提高排斥电位，减少分子离子在电离室内的停留时间，因而减少分子离子与中性分子的碰撞机会，则M+H峰的相对丰度减小。

M−H峰是分子离子发生α-断裂丢失氢原子形成的。为辨认这种离子，可将轰击电子的电压降到刚出现峰的最低限度，这样将会降低仪器的灵敏度及所有碎片离子的丰度，当然也降低了M−H峰的丰度，但增加了分子离子峰的相对丰度。另外，分析亚稳离子也是验证分子离子的有效方法(见1.2.4)。

2. 分子离子峰的丰度与结构的关系

分子离子峰的丰度与有机化合物结构的稳定性和离子化需要的总能量有关。在实际观察中，一些熔点较低，不易分解、容易升华的化合物都能出现较强的分子离子峰，分子中含有较多羟基、胺基和多支链的化合物，分子离子峰较弱或观察不到。

表 1－2 列出了各类有机化合物分子离子峰的相对丰度。

表 1－2　各类有机化合物分子离子峰的相对丰度（C_n 的 n 指正构烃基的碳原子数）

化合物类型	相对分子质量～75 的化合物	$M^{+\cdot}$ 相对丰度/%	相对分子质量～130 的化合物	$M^{+\cdot}$ 相对丰度/%	相对分子质量～185 的化合物	$M^{+\cdot}$ 相对丰度/%	$M^{+\cdot}$<0.1%的相应相对分子质量
芳烃		100	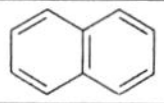	100	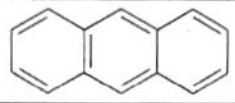	100	>500
杂环烃	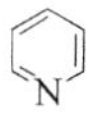 N	100	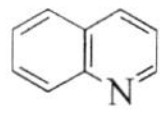 N	100	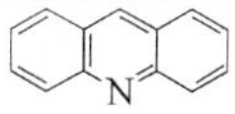 N	100	>500
	S	100	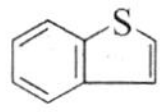 S	100	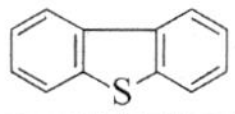 S	100	>500
环烷烃	 H	70	 H H	90	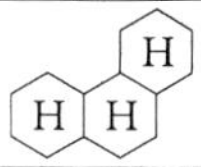 H H H	90	>500
硫醇	C_3SH	100	C_7SH	40	$C_{10}SH$	46	>200
硫醚	C_1SC_2	65	C_1SC_6	45	C_5SC_5	13	>200
共轭烯烃	己三烯	55	别罗勒烯	40			
烯烃	$C_2C=CC_2$	35	$C_3=CC_4$	20	$C_{11}C=C$	3	>500
			$C_6C=CC$	7			
酰胺	C_2CONH_2	55	C_6CONH_2	1	$C_{11}CONH_2$	1	—
	$HCON(C_1)_2$	100	$C_1CON(C_2)_2$	4	$C_1CON(C_4)_2$	5	
酸	C_2COOH	80	C_6COOH	0.5	C_9COOH	9	—
酮	C_1COC_2	25	C_2COC_5	8	C_6COC_5	8	>500
			C_1COC_6	3	C_1COC_9	10	
醛	C_3CHO	45	C_7CHO	2	$C_{13}CHO$	5	
烷烃	C_5	9	C_9	6	C_{13}	5	>500
胺	C_4NH_2	10	C_8NH_2	0.5	$C_{12}NH_2$	2	—
	$(C_2)_2NH$	30	$(C_4)_2NH$	11	$(C_7)_2NH$	4	—
			$(C_2)_3N$	20	$(C_4)_3N$	7	—
醚	C_2OC_2	30	C_4OC_4	2	C_6OC_6	0.05	180
酯	C_1COOC	20	C_2COOC_5	0.1	C_1COOC_8	0.1	—
			C_5COOC_1	0.3	C_7COOC_1	3	—
卤代烃	C_4F	0.1	C_7E	0.1			RF>120
	C_3Cl	4	C_7Cl	0.1	$C_{11}Cl$	0.3	RCl>300
			C_3Br	45	C_7Br	2	RBr300
			C_1I	100	C_4I	6	RI320
带支链烷烃	C—C—C—C │ C	6	$(C_2)_2CC_4$	1	$(C_4)_3CH$	1	～400
腈	C_4CN	0.3	C_8CN	0.4	$C_{11}CN$	0.8	—
醇	C_4OH	1	C_8OH	0.1	$C_{12}OH$	0.0	90
缩醛	$C(OC)_2$	0.00	$C_2(OC_3)_2$	0.0	$C_7(OC_2)_2$	0.0	全部

表 1－2 数据表明各分子离子峰的丰度与分子结构有如下关系：

(1) 环化物都具有强度很高的分子离子峰，以 π 键共轭的芳香体系更为稳定，在质谱中分子离子峰往往成为基峰。

(2) 共轭多烯及硫醇、硫醚化物具有较强的分子离子峰。

(3) 烯烃的分子离子峰比相应烷烃的丰度高，烯烃的对称性越高，其分子离子峰丰度越大。

(4) 分子碳链在 C_8 以下时，随着碳链增长，分子离子峰丰度下降；而碳链超过 C_8 以上，链长增加，分子离子峰的丰度又有上升的趋势。

(5) 分子链支化程度增高，分子离子的稳定性降低，表现较小的丰度。

(6) 脂肪醇、胺、腈和缩醛分子容易断裂，分子离子峰丰度很低，有时观察不到。

因此分子离子峰的相对丰度可以提供有关分子结构特点的信息。

1.2.2　同位素离子和离子元素组成

分子离子一般指由天然丰度最高的同位素组合的离子。相应地由相同元素的其他同位素组成的离子称为同位素离子，在质谱图中称为同位素峰。同样，其他离子也伴随出现其相应的同位素峰。

同位素峰相对于分子离子峰的丰度取决于分子中所含某元素的数目及其天然丰度。分析 $M^{\ddagger}$ 同位素离子对推断分子的元素组成起着重要作用。具有丰度较高的同位素的元素在分子中的存在与数量的确定比较方便，如氯、溴等。而对同位素丰度较低的元素只能大概地估计，难以得到精确的数值。

1. 氯、溴元素的识别和数量的确定

氯的同位素的比值接近 3∶1，溴的同位素的比值接近 1∶1，它们的存在从质谱图中很容易判别。当分子中含有多个这类原子时，各种同位素峰相对丰度可用二项式来近似地计算。

含有多个相同的卤素同位素峰的相对丰度可按式(1－4)计算：

$$(a+b)^n \tag{1-4}$$

含有两种多个卤素时，各同位素峰的相对丰度按二项式展开乘积计算：

$$(a+b)^n(c+d)^m \tag{1-5}$$

式中，a 为甲元素轻同位素的天然丰度；b 为甲元素重同位素的天然丰度；n 为甲元素在分子中的原子数；c 为乙元素轻同位素的天然丰度；d 为乙元素重同位素的天然丰度；m 为乙元素在分子中的原子数。

例如，某化合物中含有 2 个氯和 2 个溴原子时同位素峰相对强度比为

Cl：	$(3+1)^2=$		9 ∶	6 ∶	1
Br：	$(1+1)^2=$		1 ∶	2 ∶	1
			9	6	1
		18	12	2	
	9	6	1		
	9 ∶	24 ∶	22 ∶	8 ∶	1

即　　M∶(M＋2)∶(M＋4)∶(M＋6)∶(M＋8)＝9∶24∶22∶8∶1

含有氯和溴元素的同位素峰的分布图形特征性较强，如图 1 - 8 所示。

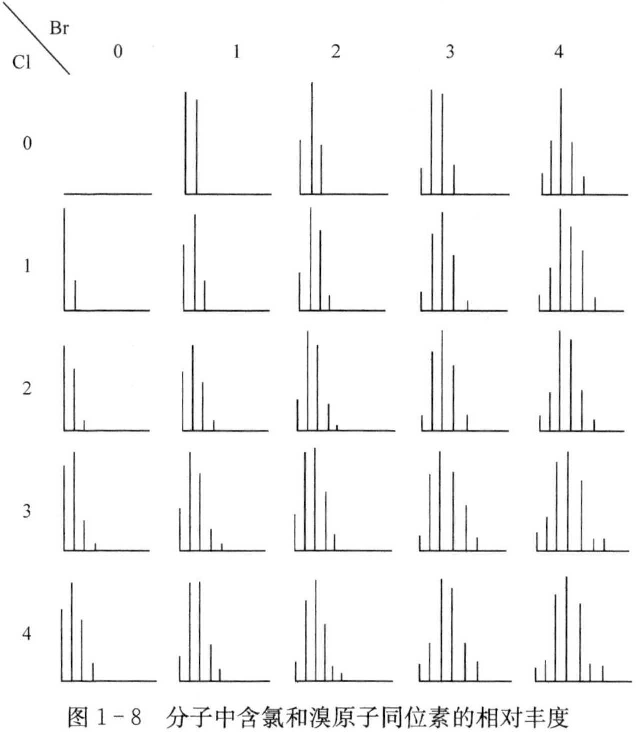

图 1 - 8　分子中含氯和溴原子同位素的相对丰度

仔细观察对照，不必计算，可以确定分子中含有几个这类原子。上述方法也适用于对碎片离子的分析判断。

2. 分子中硫原子存在的识别和数量的确定

^{34}S的丰度为^{32}S的 4.42%，所以在没有氯、溴原子存在的分子中，在 M+2 位置观察到接近 4.42 的相对丰度时，可以认为有硫存在。如果分子中有 n 个硫原子，它对 M+2 的贡献应为 $n\times4.42\%$，加上碳、氢、氧对 M+2 的贡献，叠加起来实际丰度经常大于这个数字。图 1 - 9 为 2 -羟基乙硫醇的 EI 质谱，很容易看出分子中含有一个硫原子。

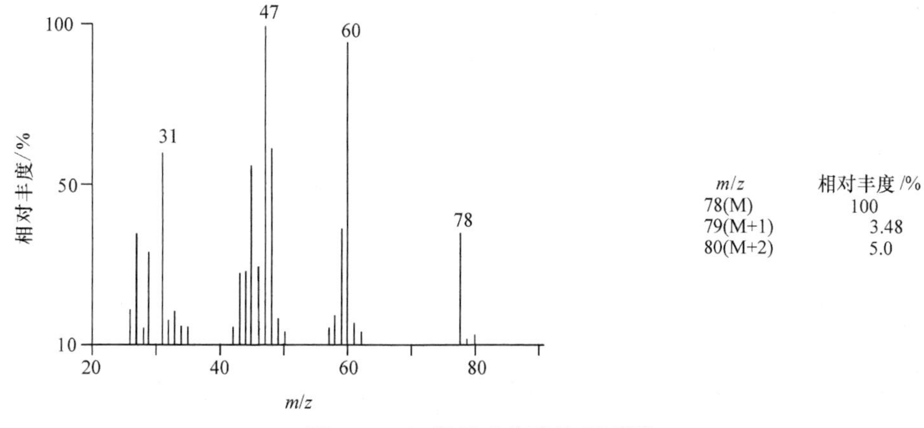

图 1 - 9　2 -羟基乙硫醇的 EI 质谱

3. 碳、氢、氧、氮元素的含量估算

碳、氢、氧、氮元素的同位素丰度较低，它们在分子中的存在只能作估算。

如分子中只含有 C、H、O、N、F、P、I 时，C、H、O、N 元素的同位素对 M+1 的贡献理论上可按式(1-6)精确地计算：

$$\frac{\mathrm{M}+1}{\mathrm{M}}=x\left(\frac{c}{100-c}\right)+y\left(\frac{h}{100-h}\right)+z\left(\frac{o_1}{100-o_1-o_2}\right)+w\left(\frac{n}{100-n}\right) \qquad (1-6)$$

式中，x、y、z、w 分别为 C、H、O、N 的数目；c、h、o_1、o_2、n 分别为^{13}C、^{2}H、^{17}O、^{18}O、^{15}N的相对天然丰度。但由于测量上的误差，降低了精确计算的价值，实际应用时可采取简单的计算方法：

^{13}C对 M+1 的贡献为　　$1.1\times x$

^{15}N对 M+1 的贡献为　　$0.38\times w$

因此

$$(\mathrm{M}+1)\%=100\left(\frac{\mathrm{M}+1}{\mathrm{M}}\right)=1.1\times x+0.38\times w$$

^{13}C、^{2}H对 M+2 的贡献为　　$\frac{(1.1\times x)^2}{200}$　　(^{2}H 略去)

^{18}O的 M+2 贡献为　　$0.20\times z$

$$(\mathrm{M}+2)\%=100\left(\frac{\mathrm{M}+2}{\mathrm{M}}\right)=\frac{(1.1\times x)^2}{200}+0.20\times z$$

对于 M+1 的贡献以^{13}C为主，所以 M+1 相对丰度值可以作为估算分子中碳原子数的上限。对于 M+2 的贡献主要来自^{13}C和^{18}O，故 M+2 的相对丰度扣除^{13}C的贡献后，可用以估计分子中氧的原子数。

1.2.3 碎片离子和假分子离子

分子离子在离子源中获得过剩的能量转变为分子热力学能而发生进一步断裂生成的离子称为碎片离子。质谱图中低于分子离子 m/z 的离子都是碎片离子，碎片离子提供该样品的分子结构信息，对于结构鉴定具有重要的意义。

在离子源中，分子离子处于多种可能裂解反应的竞争之中，结果形成一系列丰度不等的碎片离子。值得注意的是，分子离子发生的占优势的一级裂解不一定是质谱图上丰度最高的碎片峰，因为它还可能进一步发生二级、三级、……裂解。各种不同结构的有机化合物断裂的方式不同，产生碎片离子的种类和丰度也不相同。在一定能量的电子轰击下，每一种化合物都有自己特定的质谱，为质谱用于有机结构鉴定提供指纹信息，是核对标准质谱图并使用计算机储存和解析的基础。

碎片离子基本由以下三种断裂方式产生：

1. 均裂

构成 σ 键的两个成键电子分开后，每个碎片保留一个电子，称为均裂(homolytic bond cleavage)。

$$X\cdot\cdot Y \longrightarrow X\cdot + \cdot Y$$

用符号"⌒"表示单电子转移,在质谱中引起均裂的多为自由基正离子或自由基。例如

$$R-CH_2-\dot{X}^{+} \longrightarrow R\cdot + CH_2=X^{+}$$

$$R-CH_2-\dot{X}^{+}-R' \longrightarrow R\cdot + CH_2=\overset{+}{X}-R'$$

$$R-CH_2-\dot{C}H^{+}-CH_2 \longrightarrow R\cdot + CH_2=CH_2-\overset{+}{C}H_2$$

$$\cdot CH_2-CH_2-R^{\urcorner +} \longrightarrow CH_2=CH_2+R^{+}$$

均裂总是发生在带有奇电子原子的α-位原子与另一相邻原子的成键处,称为α-断裂。

2. 异裂

σ键断裂时,两个电子都向同一原子转移,称为异裂(heterolytic bond cleavage)。弯箭头"⌒"表示双电子转移,异裂多为邻近的原子或基团上正电荷的诱导作用(inductive effect)引起,称为诱导断裂(inductive cleavage),以"*i*"表示。*i*-断裂可发生于奇电子离子($OE^{+\cdot}$),但更多地发生于偶电子离子(EE^{+})。

$$X:Y \longrightarrow X^{+}+:Y^{-}$$

$OE^{+\cdot}$

$$R-\dot{X}^{+} \longrightarrow R^{+}+X\cdot$$

$$R-\dot{Y}^{+}-R \longrightarrow R^{+}+\dot{Y}R$$

$$R-CH=\dot{Y}^{+} \longrightarrow R^{+}+CH\equiv\dot{Y}$$

EE^{+}

$$R-C\equiv\overset{+}{O} \longrightarrow R^{+}+CO$$

$$R-\overset{+}{Y}=CH_2 \longrightarrow R^{+}+Y=CH_2$$

$$R-CH_2-\overset{+}{C}R_2 \longrightarrow R^{+}+CH_2=CR_2$$

3. 半异裂

σ键受到电子轰击失去一个电子而发生的断裂

$$R\overset{+}{\cdot}R \longrightarrow R^{+}+\cdot R$$

这种裂解称为σ-断裂,也称为半异裂(semiheterolytic bond cleavage)。例如

$$C_2H_5\overset{+}{\cdot}C(CH_3)_3 \xrightarrow{\sigma^-} C_2H_5\cdot + {}^{+}C(CH_3)_3$$

$$C_2H_5\overset{\cdot +}{}S—CH_3 \xrightarrow{\sigma^-} C_2H_5\cdot + {}^+SCH_3$$

仅发生 α-断裂、i-断裂或 σ-断裂的裂解反应为简单裂解。简单裂解伴随有氢重排(rH),多个简单裂解同时发生时为重排裂解或多键裂解,另外还有骨架发生重排的骨架重排裂解。简单裂解能直观地反映分子的结构状况,而重排裂解尤其是骨架重排的裂解所丢失的中性分子、自由基和离子碎片往往在原来的分子中并不存在,根据它们的结构对原来的分子结构进行推断当然是困难的,有时可能导出错误的结论。例如,标记甲苯的裂解得到 68、67 和 66 三种主要的碎片离子,同时释放出中性碎片 C_2H_2、$^{13}CCH_2$、$^{13}C_2H_2$。

$$C_6H_5{}^{13}CH_3\ (\text{ring }^{13}C) + e^- \longrightarrow {}^{13}C_2C_5H_8^{\urcorner \dot{+}} + 2e^-$$

$$^{13}C_2C_5H_8^{\urcorner \dot{+}} \xrightarrow{-C_2H_2} {}^{13}C_2C_3H_6^{\urcorner \dot{+}} \qquad ^{13}C_2C_5H_8^{\urcorner \dot{+}} \xrightarrow{-^{13}CCH_2} {}^{13}CC_4H_6^{\urcorner \dot{+}} \qquad ^{13}C_2C_5H_8^{\urcorner \dot{+}} \xrightarrow{-^{13}C_2H_2} C_5H_6^{\urcorner \dot{+}}$$

显然由这些碎片已经反映不出原来甲苯的结构,只有重排成七元环的离子才能得到合理的解释。

$$^{13}C_2C_5H_8^{\urcorner \dot{+}} \equiv \text{七元环离子}(^{13}CH—{}^{13}CH_2,\ +)$$

这种七元环的离子与真正的分子离子具有相同的元素组成和质量数,称为假分子离子。

1.2.4 亚稳离子

离子源中形成的离子在到达检测器之前不再发生进一步裂解的都是稳定离子,如果在离子源中形成的一种离子被加速后,在飞行过程中又发生裂解,这样的离子称为亚稳离子。

亚稳离子在双聚焦质谱计(图 1-5)中研究,离子在整个的飞行过程都有可能发生断裂,在第一无场区、电场区或磁场区产生的亚稳离子都会因场的作用发生偏转而消失,在第三无场区产生的亚稳离子还来不及离开正常轨道,即同正常离子一起进入检测器,只有在第二无场区产生的亚稳离子才有可能以特殊的质量数值被检测而记录下来。在单聚焦质谱计中,亚稳离子产生在离子源与分析器间的无场区。

一个亚稳离子 m_1(母离子)在飞行中裂解生成另一种离子 m_2(子离子)和一个中性碎片,这样,它是以质量 m_1 被加速,分解时动能的一部分被中性碎片夺去,因此 m_2 离子的动能要比在离子源中生成同样的 m_2 的动能小,结果在磁场中偏转则比来自离子源的 m_2 大,这样生成的离子流以一个低强度的宽峰在表观质量 m^* 处被记录下来,表观质量的数值与 m_1 和 m_2 的关系为

$$m^* = \frac{(m_2)^2}{m_1} \tag{1-7}$$

相应于质量 m^* 处出现的宽峰称为亚稳峰。亚稳峰的 m/z 值通常不是整数,峰形也不规整,有高斯型、平顶型和双峰型等。

利用亚稳峰的信息总结裂解规律，对质谱解析有多方面的应用，最普遍的是用以阐明裂解途径：通过对亚稳峰的观察和测量找到相关的母离子 m_1 和子离子 m_2，即 $m_1 \xrightarrow{-\text{中性碎片}} m_2$，从而了解裂解途径，直接为质谱解析提供可靠的信息。

亚稳峰的另一个重要用途是用以识别分子离子峰。因为每出现一个 m^*，一定有两个 m/z 值高于这个 m^* 值的离子 m_1 和 m_2，而且满足式(1-7)的关系，若质谱图的高质量区观察到一个 m^*，而且比 m^* 值稍高一些出现两个离子峰，但这三者不服从式(1-7)关系，且它们哪一个作为母离子都显得小，这时可向更高质量区寻求能满足式(1-7)的离子峰，即有望找到分子离子。还有一种情况，在分子离子峰很弱或兼有杂质干扰时，妨碍对分子离子峰的判断，这时如能找到与可疑的分子离子峰相关联的亚稳峰，则有助于对这个分子离子的判断。例如，青蒿素(arteannuin)质谱的最高质量为 282，但分子离子峰的强度仅为基峰 1%，元素组成为 $C_{15}H_{20}O_5$，如果对 m/z 250(强度为基峰的 20%)进行去焦技术(defocusing technique)处理，则可以明确 m/z 250 的母离子正是 m/z 282[1]。去焦技术的操作如下：将加速电压提高到 $V'=\frac{m_1}{m_2}V$，以补偿 m_1 由于失去中性碎片而损失的能量，这样亚稳峰 m^* 的能量就可能提高到原来的水平，可以通过静电分析器并被接收器收集而得到 m_2，反推过去，m_2 的母离子也很容易求得，即

$$m_1 = m_2 \frac{V'}{V}$$

这样计算的结果 $m_1=282$，从而证实了分子离子峰是 m/z 282。m/z 282 与 m/z 250 之间只差两个氧原子，这种裂解不常见，是青蒿素分子(图 1-10)中具有过氧桥结构特点的表现。由于加大了加速电压，只保证接收 m_2，而正常离子不再能通过静电场，对这些离子是去焦的。

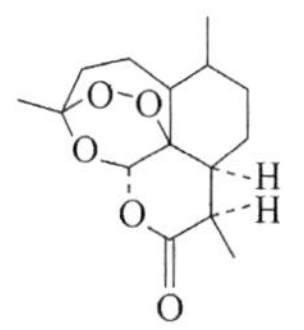

图 1-10 青蒿素分子

应当指出，一般质谱并不总能够观察到亚稳跃迁，为获得需要的亚稳峰需对仪器的测定条件和进样量等按照样品化合物的具体情况进行调整。

1.3 有机质谱的发展

20 世纪 70 年代到 20 世纪末的 30 年中，有机化学和生物化学不断出现新的分析课题，在电子工业、计算机和激光技术提供的有利条件下，在离子化方式(离子源)和混合物质谱分析两个方面，有机质谱得以迅速发展。

1.3.1 软电离离子源

质谱技术的每一次进步都始于新的离子化方法的改进。由于 EI 离子源形成奇电子分子离子($M^{+\cdot}$)热力学能较高，有利于继续断裂为众多碎片离子，为分析有机分子的结构提供大量信息。但是 EI 质谱通常只能应用于较低相对分子质量(<1000)的样品分析，且对有些化合物的质谱得不到分子离子，个别情况甚至得不到质谱图，不能用于极性大、不稳定分子和生物分子的分析。为弥补 EI 电离方式的不足，逐渐发展并建立起一些软电离方法。

1. 化学电离

化学电离是借助于离子-分子碰撞反应使样品分子离子化，是1965年开始使用的一种软电离方式，其电离过程是将反应气体（常用甲烷、丙烷、异丁烷、氨、水蒸气等）导入离子化室，形成较高的蒸气压（约1mmHg①），样品直接送入离子源并在那里气化，同EI一样发射电子束，使部分反应气体分子电离，形成反应离子（初级离子）；反应离子与未电离的反应气体分子进行一系列离子-分子碰撞反应，形成较稳定的次级离子，这些次级离子再与样品分子发生碰撞反应而产生$(M+R)^+$或$(M-R)^+$的准分子离子（quasi-molecular ion，QM^+），QM^+进一步断裂成碎片离子。

例如，以甲烷为反应气体分析苯乙酮时，经电子轰击电离，首先产生$CH_4^{+\cdot}$、CH_3^+、$CH_2^{+\cdot}$等初级离子，这些初级离子与甲烷碰撞产生一系列次级离子。

$$CH_4^{+\cdot}+CH_4 \longrightarrow CH_3\cdot+CH_5^+(48\%)$$
$$CH_3^{+}+CH_4 \longrightarrow H_2+C_2H_5^+(41\%)$$
$$CH_2^{+\cdot}+2CH_4 \longrightarrow 2H_2+H\cdot+C_3H_5^+(6\%)$$
$$CH_3^{+}+2CH_4 \longrightarrow 2H_2+C_3H_7^+$$
$$\vdots$$

次级离子与苯乙酮发生离子-分子碰撞进而断裂形成121（QM^+）、105（$C_6H_5CO^+$）、77（$C_6H_5^+$）和43（CH_3CO^+）等少数的偶电子离子。

$$CH_5^+ + C_6H_5-\underset{\underset{O}{\|}}{C}-CH_3 \xrightarrow{-CH_4} \underset{m/z\,121}{C_6H_5-\underset{\underset{^+OH}{\|}}{C}-CH_3} \xrightarrow{-C_6H_6} \underset{m/z\,43}{CH_3\overset{+}{C}=O}$$

$$m/z\,121 \xrightarrow{-CH_4} \underset{m/z\,105}{C_6H_5CO^+} \xrightarrow{-CO} \underset{m/z\,77}{C_6H_5^+}$$

CI这种离子-分子碰撞反应的离子化方式所得QM^+的剩余热力学能较低，并且产生的离子多为EE^+，比较稳定，因此一般QM^+丰度较大，碎片离子较少，如图1-11(b)所示。

不同类型的化合物QM^+的产生有时也会有所不同。例如，以甲烷为反应气体，直链烷烃多产生$(M-1)^+$峰，有侧链的烷烃产生失去侧链的EE^+。

（支链烷烃）$+CH_5^+ \longrightarrow$（碳正离子，+）$+2CH_4$

醇类多出现$(M+1)^+$或$(M+1)$的失水峰$(M-17)^+$。

（仲醇，OH）$+CH_5^+ \longrightarrow$（OH_2^+）$+CH_4$

$\downarrow$

（碳正离子，+）$+H_2O$

---

① $1mmHg=1.333\,22\times10^2Pa$，下同。

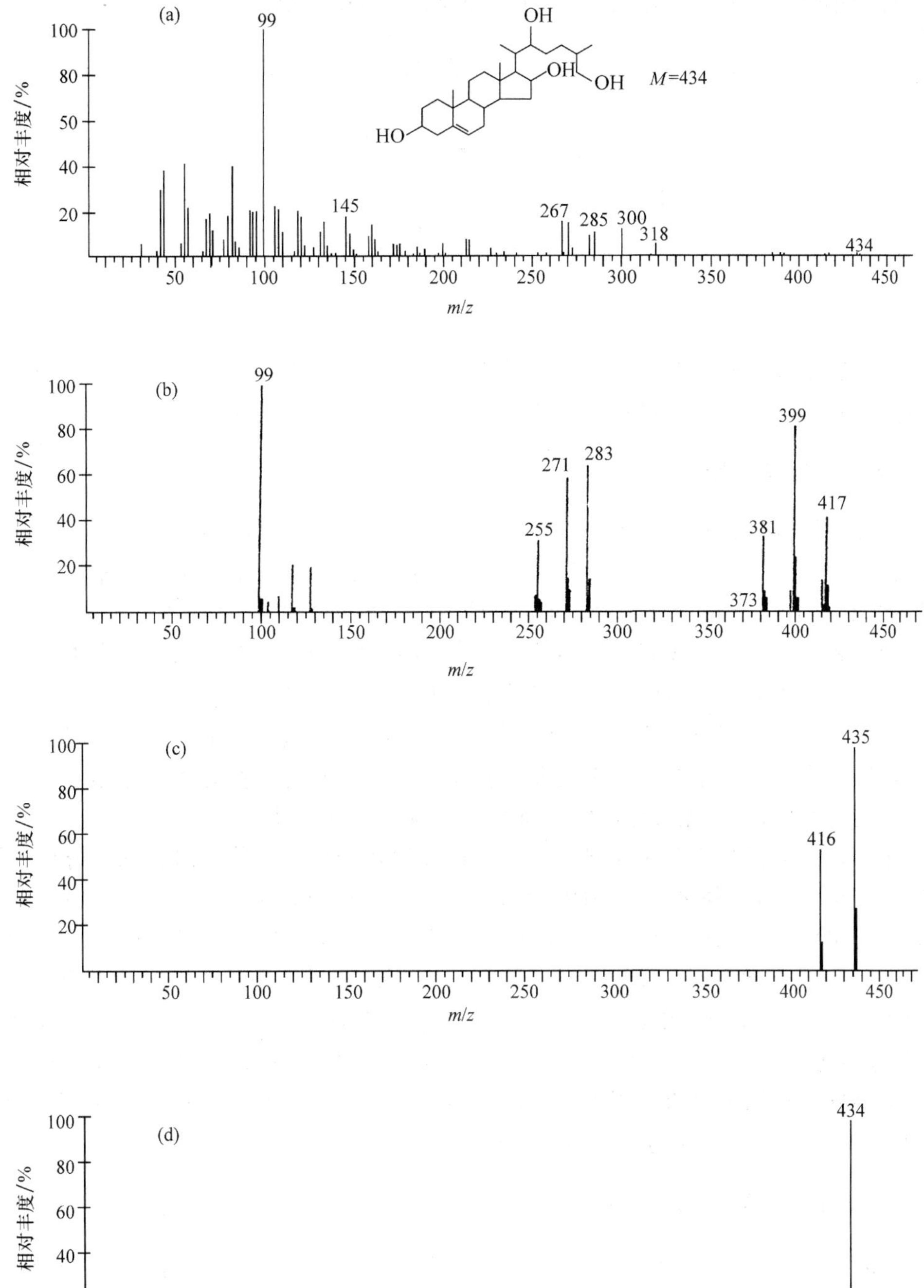

图 1-11 5-胆甾烯-3,16,22,26-四醇的质谱

(a) EI; (b) CI; (c) FI; (d) FD

芳香族化合物一般有较强的$(M+H)^+$和$(M+C_2H_5)^+$峰。

$$\text{C}_6\text{H}_6 \xrightarrow{CH_5^+} [C_6H_7]^+ (\text{H H}) + CH_4$$

$$\text{C}_6\text{H}_6 \xrightarrow{C_2H_5^+} [C_6H_6C_2H_5]^+ (\text{H } C_2H_5)$$

在许多质谱计中都将 EI 和 CI 组成组合离子源，交替使用。由 CI 容易得到相对分子质量或分子式，而由 EI 可获得较多的断裂信息，有利于结构推断。

2. 场电离和场解吸

场电离和场解吸离子源始于 20 世纪 60 年代，相继用于质谱分析。FI 是气态分子在强电场作用下发生的电离，在作为场离子发射体的金属刀片、尖端或细丝上施加正高压，由此形成 $10^7 \sim 10^8 V \cdot cm^{-1}$的场强，处于高静电发射体附近的样品气态分子失去价电子而电离为正离子。对液态或固态样品进行 FI 时，仍需要气化。FD 则没有气化要求，而是将样品吸附在作为离子发射体的金属细丝上送入离子源。只要在细丝上通以微弱电流，提供样品从发射体上解吸的能量，解吸出来的样品分子即扩散（不是气化）到高场强的场发射区域进行离子化。显然 FD 特别适合于难气化和热稳定性差的固体样品分析，扩大了质谱分析的范围，尤其在天然产物的研究上得到广泛的应用。

FI 和 FD 的共同特点是形成的 $M^{+\cdot}$ 没有过多的剩余热力学能，降低了分子离子进一步裂解的概率，增加了分子离子峰的丰度，碎片离子峰相对减少。图 1 - 11 将 5-胆甾烯-3,16,22,26-四醇的 EI、CI、FI、FD 质谱进行了比较。由图看出 FI 质谱显示出较强的准分子离子$(M+1)^+$和个别大质量的碎片离子，FD 质谱形成的分子离子能量更低，出现更强的分子离子峰，图谱更简单，一般$(M+H)^+$丰度较低，除非一些极性较强的化合物，如糖类、氨基酸等只出现$(M+H)^+$峰，而无 $M^{+\cdot}$。有时还可发现双电荷离子和由一个或几个分子与某种离子相结合的簇离子。例如，苯磺酸钠的 FD 质谱未见 $M^{+\cdot}$，而出现 M_nNa^+的系列峰（$n=1,2,3,\cdots$，M 为苯磺酸钠分子）。

3. 二次离子质谱和快原子轰击离子源

二次离子质谱（secondary ion mass spectrometry，SIMS）是将氩离子（Ar^+）束经过电场加速打在样品上，样品分子离子化产生二次离子。这种由正离子轰击的离子化能力很强，其不足之处是由于离子源的加速电压为正高压，故要求 Ar^+ 有很高的能量才能进入离子源，而且被分析的样品要有良好的导电性能以消除离子轰击中产生的电荷效应，否则将最终抑制二次离子流，这就限制了它在有机分析上的应用。

后来发展用固态铯灯丝产生的 Cs^+ 束，经加速打在样品分子上使之发生二次离子[2]，用这种方法分析维生素 B_{12}样品，得到准分子离子。

受到 SIMS 的启示，20 世纪 80 年代发展了新的离子源——快速原子轰击[3]。FAB 离子化过程如图 1-12 所示。

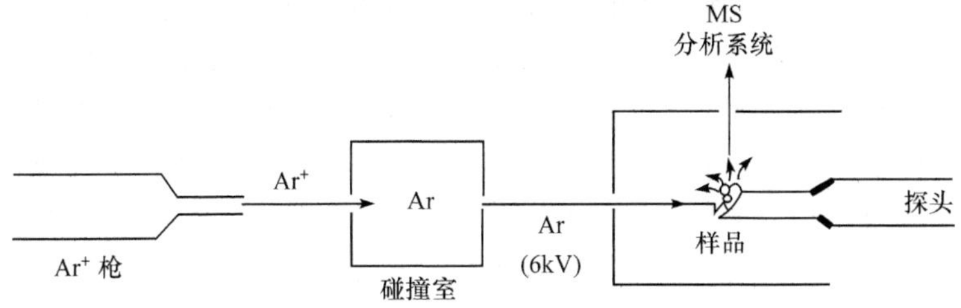

图 1-12　FAB 原理示意图

一束从氩离子枪产生的高能量的 Ar^+ 进入充满氩气的电荷交换室（碰撞室），经共振电荷交换后，形成一束保持着原来能量的快速氩原子流，氩原子流进入电离室轰击样品探头上被"基质"（如甘油等）分散的样品分子，使之离子化，而后送入质谱分析器，得到 FAB-MS。

一般认为 FAB-MS 的电离机理是，样品在基质(matrix)中先形成 $(M+H)^+$、(M+金属离子$)^+$等 QM^+，接受 FAB 能量后，其动能以各种方式消散，部分能量导致样品逃逸基质溶体，所以 FAB-MS 主要是 QM^+，分子离子较少。如果在样品中加入酸、碱或金属盐类（如 H^+、Na^+、K^+ 等），则相应 QM^+ 丰度增大，很容易测到相对分子质量。由于在电离过程中没有加热，所以 FAB-MS 特别适用于分析一些热不稳定的、极性大的化合物，广泛用于生物大分子（蛋白质、核酸等）、酸性染料和配合物的分析，检测上限为 10^4 Da。而对非极性的普通有机化合物，分析的灵敏度反而下降。曾用 FAB-MS 测定牛胰岛素，得到 QM^+ 和分子式 $C_{254}H_{378}N_{15}O_{75}S_6$[4]。

FAB-MS 的不足之处，除检测上限还不够高外，在分析极性化合物时，为了获得较高灵敏度，样品必须溶于低挥发度基质（如甘油、聚乙二醇、硫代甘油等）的溶体中，基质本身的质谱对样品有干扰，在低质量端尤为严重，所以对检测较高相对分子质量的样品更有实用价值。图 1-13 是以甘油为基质的精氨酸 FAB-MS 谱，图中 m/z 93 是（甘油$+H^+$）峰，m/z 185 是（2 分子甘油$+H^+$）峰。

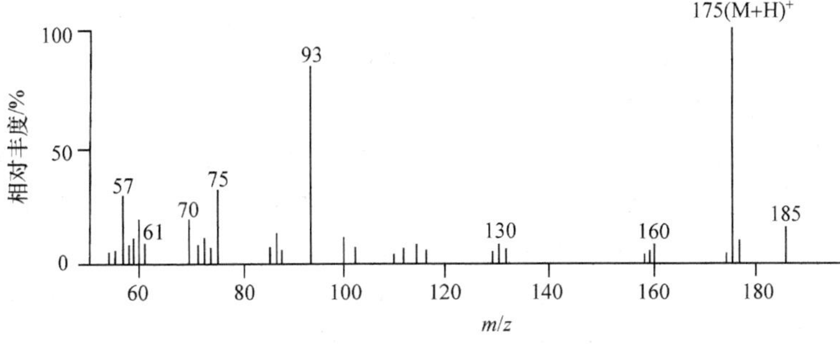

图 1-13　精氨酸的 FAB-MS

4. 电喷雾电离

电喷雾电离是在样品溶液的液滴变成蒸气产生离子发射过程中完成的。ESI-MS 于 1988 年对生物大分子研究取得成功。电离过程如下：样品溶液由泵输送，从带有高电压的金属毛细管中流出，送入离子源，毛细管与对应极之间存在强电场，管外的同轴套管中通入氮气作为雾化气，管壁保持到一定温度，离子源内通入干燥氮气，在高电压和雾化气的作用下，由毛细管出口不断产生带电液滴，形成电“喷雾”，由于溶剂不断挥发，这些带强电荷的液体微粒逐渐缩小，离子向液体微粒表面移动，表面离子浓度增大到一定程度，即发生爆破，产生气相离子进入分析器，或气化分子与样品蒸气分子碰撞产生部分碎片离子，提供分子结构信息。这类离子化的作用是能直接把溶剂化的分子转化成气相离子化的分子。ESI-MS 对相对分子质量在 10^3 以下的小分子分析可提供 $(M+H)^+$ 或 $(M-H)^+$，从而获得样品的相对分子质量。

用 ESI-MS 分析极性生物大分子，生成多电荷(n)系列离子时，质谱中分子的真实质量(M)与表观质量(m/z)的关系为

$$m/z=\frac{M+nH}{n} \tag{1-8}$$

假设相邻电荷态的离子只差一个电荷，即 $n_1=n_2+1$，n_1 为 M_1 的电荷数，n_2 为 M_2 的电荷数，则

$$M_2=\frac{M+n_2H}{n_2},\qquad M_1=\frac{M+n_1H}{n_1}=\frac{M+(n_2+1)H}{n_2+1}$$

消去 M，整理得

$$n_2=\frac{M_1-H}{M_2-M_1} \tag{1-9}$$

由式(1-9)计算 n_2 值，取 n_2 接近整数，只要 n 值已知，即可由式(1-8)计算得到相对分子质量 M：

$$M=n_2(M_2-H) \tag{1-10}$$

例如，马心肌红蛋白质的 ESI-MS(图 1-14)显示一系列 m/z 700～1885($n=22$～9)的多电荷系列离子，任取一对相邻电荷态的离子，均可按式(1-10)算出相应的相对分子质量。计算机运用相应软件计算出平均值 $M=16\ 952.4$。这是用质量范围 4000Da 仪器测试的，所得相对分子质量远远超出仪器设计范围。

对生物大分子的分析，常出现由多个质子络合的多电荷离子，有时络合的质子数可达 100 多个。由于带电过程的统计性质，ESI 过程分析所带电荷的数目不是固定的，而是在一定范围内变化的数值。对这些多电荷离子，可通过数据处理得到样品的相对分子质量，因此，用低质量范围的质谱仪也可以检测得相对分子质量达 10^5～10^6。

ESI 常在四极分析器或 FT-离子回旋共振(ion cyclotron resonance，ICR)质谱计中应用，与高压液相色谱联用更为方便，检测的分辨率和精确度都很高。

用 ESI-MS 测定气相中生物大分子的反应性与溶液中的情况比较，可获得溶剂对蛋白质结构和功能的影响状况，以提供 X 射线衍射、NMR 所得不到的信息。ESI-MS 还可用于一些超分子化合物的定量分析。

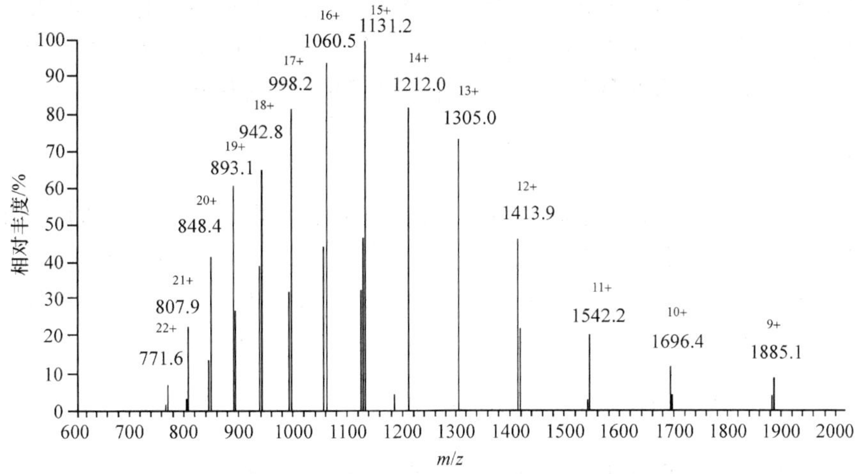

图 1-14 马心肌红蛋白质在 D_2O 溶液中的 ESI-MS

5. 激光解吸电离和基质辅助激光解吸电离质谱

激光解吸电离(laser desorption ionization,LDI)是一种简单、快速、高灵敏度的离子化技术,离子化的方法是将样品配成溶液后敷在不锈钢或玻璃制成的样品靶上,靶安装在探头顶部,通过进样杆直接推入离子源。引入脉冲激光束通过透镜聚焦于样品靶上,样品在激光作用下解吸电离,电离的离子引入质谱分析器。

激光解吸电离技术可根据需要选用适当的激光和强度,适用于从无机物到不稳定生物分子的广大领域的样品测试。解析过程中整个分子均匀地受到光-电场的作用,离子化的分子中过剩能量很少,分子离子丰度高,碎片离子较少。另外,光源易于控制,重复性较好,而且激光可以聚焦于样品表面的微小区域,可作微区分析,特别适用于难挥发的合成聚合物和热不稳定的有机分子、生物分子的分析。但必须具有能较好吸收激光的物质才能产生解吸,检测上限低于 3000Da。

对不易吸收激光的化合物,LDI-MS 如果加大辐射能量,将使大量能量沉积于样品的分子上,样品分子结构受到破坏,分子离子峰变得很弱,限制了其在生物大分子分析上的应用。为解决这一难题,1988 年 Tanaka 和 Hillenkramp 分别提出使用基质辅助以获得生物大分子离子化的激光解吸方法,发展为基质辅助激光解吸电离质谱(matrix-assisted laser desorption ionization mass spectrometry,MALDI-MS)[5,6]。

MALDI-MS 方法的主要特点是,将样品加入到能强烈吸收激光的基质中,与适当溶剂配制成“固态溶液”沉积在探头上,干燥后,再用激光照射解吸,基质能够将吸收的能量传递给样品分子,样品离子化送入质谱分析器。

MALDI-MS 灵敏度很高,一般为 10^{-9}～10^{-12}mol 数量级。可用于 300 000Da 以上的蛋白质、核酸、酶等生物大分子的分析。谱图特征包括:有较强的分子离子峰和双电荷离子峰,碎片离子较少,基质信号出现在低质量端。

MALDI-MS 所用基质必须能很好地溶于待测物质常用的溶剂中,并有很好的吸收激光的性能，但符合这些普通条件的不一定是好的基质，什么物质可以作为 MALDI 的基质至今尚无线索可寻。曾研究过许多可考虑的化合物，但只选出烟酸、芥子酸、琥珀酸、2,5-二羟基苯甲酸等少数几种化合物可用作 MALDI-MS 的基质。

1.3.2　混合物的质谱分析

一般质谱分析要求样品有很高的纯度，微量杂质尤其是高相对分子质量杂质的引入会给谱图解析带来很大困难。近年来发展的色谱-质谱联用(GC-MS 和 HPLC-MS)、质量分离质谱(mass separation/mass spectrometry，MS/MS)技术和 FT-MS 能够对多成分的混合物进行质谱分析。

1. 质量分离的离子动能谱和质量分离质谱

质量分离的离子动能谱(mass analysed ion kinetic energy spectrum，MIKES)是将双聚焦质谱仪装置(图 1-5)的静电场和磁场的排列位置倒置获得的，是一种反 Nier 型结构。

推出离子源的正离子先经过磁场，离子依 m/z 的不同而分离，通过狭缝 S 进入静电场，离子便以它们的能量进行分辨，从而得到质能谱，即质量分离的能量谱。

MIKES 是研究亚稳跃迁的有效方法。如果挑选经磁场分离的某一感兴趣的正离子，经磁场聚焦后，在磁场和静电场之间的无场区发生进一步断裂反应，则产生的各种离子只需扫描静电场就可以把它们收集下来，而得到这些离子的动能谱，这样获得的亚稳峰数据的专一性很强。

MS/MS 是在 MIKES 的基础上发展起来的混合物质谱分析技术，这种技术是在反 Nier 型的双聚焦质谱计的磁场和静电场之间的离子聚焦位置上，使某一离子与惰性气体(Ne 或 N_2)进行碰撞，该离子则将一部分失去的动能全部转化为离子的热力学能并在此区域发生进一步断裂，形成碎片离子。进入静电场后，用电场扫描方法把离子接收下来，这样得到的谱图称为碰撞活化(collisional activation，CA)谱。

当用这种方法分析多成分的混合物时，首先通过控制磁场将离子分离，选择某一组分的分子离子通过狭缝得到 CA 谱，这样可分别得到各种成分的质谱，称为质量分离质谱。分析这些质谱图有望推断出所有成分的分子结构。所以 MS/MS 是既用质谱法作为分离手段，又用质谱法作为鉴定手段的混合物分析方法。

2. 色谱-质谱联用技术

色谱是一种高效的分离技术，与鉴定有机化合物具有高灵敏度的质谱联用，可在有机分析上显示巨大的威力。GC-MS 是将混合物样品注入气相色谱仪被分离成若干单一组分，顺序通过“接口”，抽去载气，以质谱计允许的压力进入质谱计离子化室，从而获得各个组分的质谱。如果将以上装置连在计算机上进行数据采集、储存、处理和谱图检索、解析即成为一套理想的实验系统。这样可同时测得各组分的相对含量和相应结构，短时间(1～2h)内可给出大量实验结果。

HPLC-MS 的原理与 GC-MS 相似，只是“接口”的设计比较复杂，它既要满足质谱计的压力要求，又要将难气化的液体或固体样品送入质谱计。例如，一种机械传送的“接口”是将 HPLC 馏分经红外加热，抽真空处理，通过真空闸送入离子化室。HPLC-MS 可直接分析难挥发的混合物，包括大分子天然有机化合物。

1.3.3　离子回旋共振和 Fourier 变换质谱

离子回旋共振的装置如图 1 - 15 所示。

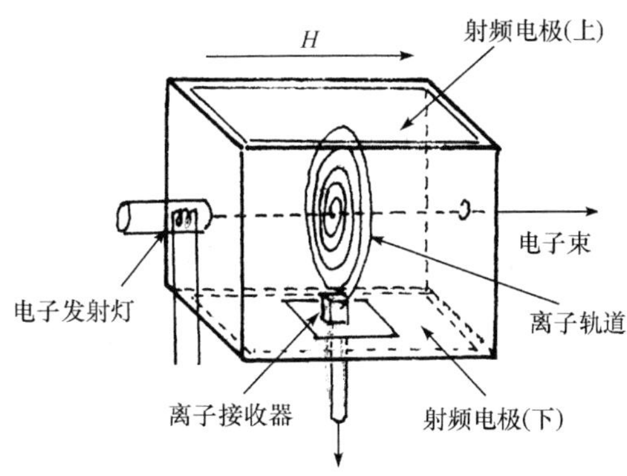

图 1 - 15　离子回旋共振示意图

共振方盒上、下面为具有一定电压的射频电极，盒内填有气态样品，由方盒侧面发射的电子束穿越样品，其方向与外加磁场 H 平行。当电子束“轰击”样品分子使其电离后，形成的离子受磁场和射频电场的作用，离子将垂直于磁力线作圆周运动，由运动方程[式(1 - 2)]及角速度 $\omega=\frac{v}{r}$，得离子回旋共振方程

$$\omega = \frac{zH}{m} \tag{1-11}$$

回旋共振离子的回旋频率 f_c 为

$$f_c = \frac{\omega}{2\pi} = \frac{zH}{2\pi m} \tag{1-12}$$

式(1 - 11)或式(1 - 12)表明，在一定的磁场中，不同质荷比(m/z)的离子将作回旋运动，回旋频率仅与离子的质量及其所带电荷有关，而与离子的动能无关。

若共振盒内有不同荷质比的离子，在一定的 H 作用下，盒的上、下极板施加一定的射频电压，当射频的频率等于某种质荷比的 f_c 时，这种离子将从射频吸收能量，表现受激而使回旋速度 v 增大，沿着 Anchimedes 螺线运动，称为“离子回旋共振”。如果固定磁场 H 改变射频，就可以依次激发不同质荷比的离子发生回旋共振，离子依次被共振盒下面的离子接收器接收而被检测，得到质谱。

用离子回旋共振将不同质荷比的离子分离，依次得到质谱，类同于连续波核磁共振。受 Fourier 变换核磁共振(FT-NMR)的启示，若用脉冲电子束轰击样品分子，在每个脉冲周期内快速扫描射频电压频率，则产生的各种质量的离子将在瞬间都沿着不同的 Anchimedes螺线运动，在离子收集器内将获得包含全部频率的离子流合成的电流信息，类似于FT-NMR中的FID那样的时间域信号。经放大、数字化和FT处理得振幅频域谱，最后还原为m/z对离子强度的质谱。这就是FT-MS的设计原理。

实质上，FT-MS应称为FT-离子回旋共振质谱(FT-ICR-MS)。FT-MS可得到高精度的质谱数据，具有很高的灵敏度和很高的分辨率，而且在提高分辨率的情况下，灵敏度不下降。可以用任何外离子源(如FAB、ESI、MALDI等)将电离后的样品在电子束方向通过离子管进入共振盒，进行回旋共振分析，或方便地与气相色谱或毛细管色谱联用，是理想的分析微量混合物的方法。

1.4　分子式的测定和不饱和数的计算

分子式是分析化合物分子结构的基础，为了推断一种未知物的分子结构，先确定其分子式是很重要的。通过质谱推定化合物的分子式，可用低分辨质谱方法，而用高分辨质谱方法推定则更为准确。

1.4.1　由低分辨质谱推定可能的分子式

1. 分析分子离子同位素峰的相对丰度

由低分辨质谱测定化合物的分子式，首先应准确识别$M^{+\cdot}$，在$M^{+\cdot}$丰度足够强的条件下，可用以测定分子式。

由天然同位素的相对丰度可知，在一个含有C、H、O的化合物中，M+1峰主要是^{13}C的贡献；M+2峰则由^{13}C和^{18}O贡献，主要是^{18}O的贡献。因此，如果分子离子峰的丰度足够大，分析M+1和M+2的相对丰度可以推出其元素组成，得到分子式。若分子中还含有氮、硫、卤素等元素，可先减去这些元素的同位素在M+1和M+2中的贡献再行推算。在一般情况下，用M+1丰度推算分子中含碳量有一定的准确性，但用M+2丰度推算含氧量则误差较大，尤其在分子中含有S、Cl、Br对M+2贡献大的元素更是如此。在这种情况下，仅能作出含氧量上限的估算，经常需要作合理的调整，以确定含氧的多少。

例1-1　由给出的质谱数据$M^{+\cdot}$、M+1、M+2相对丰度，推算相应的分子式。

$$M^{+\cdot}(119)75, M+1(120)6.06, M+2(121)0.38$$

解　将$M^{+\cdot}$的丰度作为100，作归一化处理，则M+1为8.08，M+2为0.51。因$M^{+\cdot}$为奇数，分子中应有奇数氮原子，若含有1个氮原子，由M+1丰度减去^{15}N的贡献，8.08−0.38=7.70，分子中应用7个碳原子。

M+2丰度中扣除^{13}C的贡献：

$$0.51-\frac{(1.1\times 7)^2}{200}=0.51-0.29=0.22$$

分子中最多含有一个氧原子。

M=119，减去碳、氮、氧的含量，还有5，只能为5个氢原子，分子式为C_7H_5NO，含有多个氮都是不合理的。

例 1－2　由质谱图和相关数据确定分子离子和它的分子式。

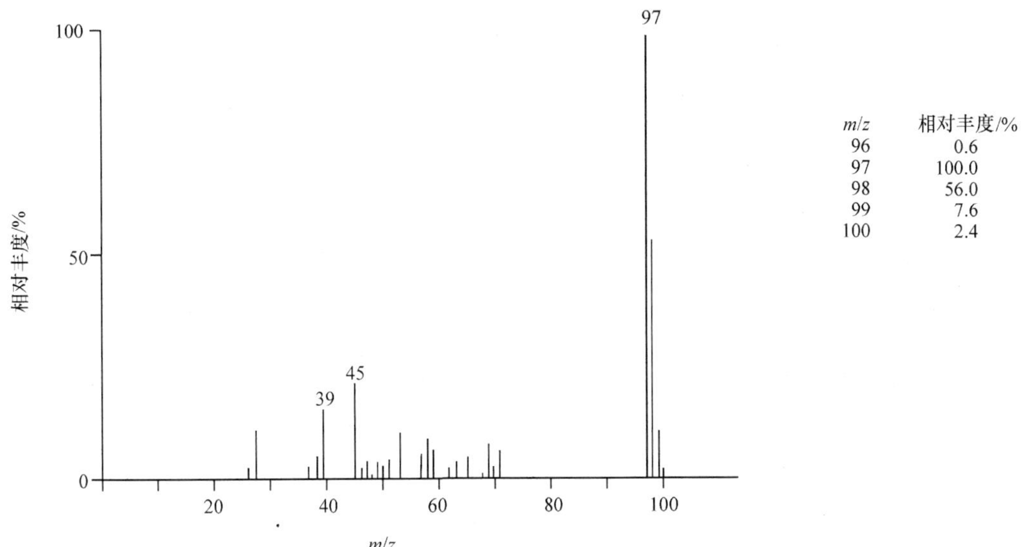

解　如以 m/z97 作为分子离子峰，m/z98 为 M＋1 峰，m/z98 与 m/z97 的丰度比值太大，是不合理的。因此首先应考虑 m/z98 作为 $M^{+\cdot}$，这样 M＋1 和 M＋2 相对 $M^{+\cdot}$ 的丰度分别为 13.57 和 4.29。可以确定分子中含有一个硫原子，将 m/z99 中的 m/z97 和 m/z98的硫的贡献减去。

$$13.57-4.42\times\frac{100}{56}-0.78=4.90$$

4.90 则主要为分子离子的^{13}C贡献，估计分子中含有四五个碳原子。若含有 4 个碳，分子式为 $C_4H_{18}S$，不饱和数 UN＝－4 不合理。若含有 5 个碳，分子式为 C_5H_6S，UN＝3 是合理的，可以作为这个未知物的分子式。

2. 利用贝农表

贝农(Beynon)算出 C、H、O、N 四种元素的 250 原子质量单位以内的各种组合质量和相应同位素丰度比，列出表格，称为 Beynon 表，据此可以方便地找到可能的分子式。

例 1－3　某化合物的相对分子质量为 102，m/z102、103、104 的相对丰度如下：

m/z	相对丰度/%
102(M)	100
103(M＋1)	7.8
104(M＋2)	0.5

试推算相应的分子式。

解　由 M＋2 峰知道该化合物不含 S、Cl、Br。在 Beynon 表中组合质量为 102 的式子有 21 个，其中与(M＋1)%为 7.8 接近的从 6.39～8.74 有如下 6 个：

分子式	M+1	M+2
$C_5H_{14}N_2$	6.39	0.17
$C_6H_2N_2$	7.28	0.23
$C_6H_{14}O$	6.75	0.39
C_7H_2O	7.64	0.45
C_7H_4N	8.01	0.28
C_8H_6	8.74	0.34

根据氮规则和价键原则删除不合理的分子式 C_7H_4N、$C_6H_2N_2$ 和 C_7H_2O，在剩下的 3 个组合式中与所测 M+1、M+2 百分数最近的式子为 $C_6H_{14}O$ 或 C_8H_6 这两个可能的分子式可根据谱图特点进一步选择。

例 1-4　质谱测得某化合物的相对分子质量为 78，m/z 78、79、80 的相对丰度如下：

m/z	相对丰度/%	
M(78)	34.0	100
M+1(79)	1.18	3.48
M+2(80)	1.7	5.0

试推算相应的分子式。

解　M+2 峰的相对丰度表明，分子中应含有 1 个硫原子，Beynon 表不包括硫元素，应从相对分子质量中减去硫的质量，并从 M+1、M+2 的丰度扣除硫同位素的贡献。

m/z	相对丰度/%
M 78−32=46	100
M+1	3.48−0.78=2.70
M+2	5.0−4.42=0.58

然后在组合质量 46 项下查得与(M+1)%接近的只有 3 个式子：

分子式	M+1	M+2
CH_6N_2	1.94	0.01
C_2H_6O	2.30	0.22
C_2H_8N	2.66	0.02

其中两个不合理，唯一可能的式子为 C_2H_6O，推得的分子式应为 C_2H_6OS。

在判断分子式是否合理而决定取舍时，可以根据"原子价总数规律"选择：有机化合物中，若氢原子以外原子的原子价总和是偶数，氢原子数就是偶数；氢原子以外原子的原子价总和是奇数，氢原子的总数也为奇数。因此，分子中增加 1 个一价原子(如卤素)，则烃基中应少 1 个氢原子，增加 1 个三价原子，则烃基就增加 1 个氢原子。

例 1-5　相对分子质量为 151 的某化合物，经测定 m/z151、152、153 的相对强度如下：

m/z	相对丰度/%
M(151)	100

M+1(152)	10.4
M+2(153)	32.1
M+3(154)	2.89

试推算相应的分子式。

解 由(M+2)/M=32.1%,知道该化合物含有一个氯原子。151-35=116,在Beynon表中相对分子质量为116的分子式共有25个,M+1接近10.4%的有3个:

分子式	M+1
C_8H_4O	8.75
C_8H_6N	9.12
C_9H_8	9.85

其中C_8H_4O和C_9H_8与氮规则不符,而且各加1个Cl就成为C_8H_4OCl和C_9H_8Cl,由原子价总数规律,H的数目应该是奇数,而这两个式子都含有偶数个H应删去,其余的C_8H_6N加1个Cl成为C_8H_6NCl,这个式子含有原子价数为奇数的N和Cl各1个,因此H的数目应是偶数,该分子式是C_8H_6NCl。

3. 含单同位素元素的分子式推定

若分子中含有单同位素F、P、I等,它们对M+1、M+2没有贡献,因此按一般方法估计的碳原子数与相对分子质量间将造成一个相当的空额,这种情况尤其以含碘化合物最为显著。

例如,某化合物的EI质谱判定$M^{+\cdot}$为298,低分辨质谱数据如下:

m/z	相对丰度/%	*m/z*	相对丰度/%	*m/z*	相对丰度/%	*m/z*	相对丰度/%
41	36	68	1.2	83	59	141	3.4
42	4.7	69	33	84	3.8	142	0.35
43	8.2	70	2.6	97	23	171	32
44	1.0	71	15	98	1.9	172	3.8
45	29	72	3.2	99	0.06	173	0.29
46	0.51	73	100	109	7.7	269	5.1
55	45	74	4.5	110	0.70	270	0.52
56	3.9	75	0.29	111	0.03	271	0.03
57	15	81	3.5	139	9.2	298	0.88
67	9.1	82	1.3	140	1.7	299	0.10

考察表中高质量端三组离子峰:*m/z*171,172,173;*m/z*269,270,271和*m/z*298,299。第三组M+1峰*m/z*299相对$M^{+\cdot}$的丰度为11.4%,最多含11个碳;第二组峰*m/z* 270,271相对*m/z* 269的丰度分别为10.2,0.6,将*m/z*271峰全部折合成氧同位素的贡献,氧原子数不会超过3个,由*m/z*41,55,69,…和*m/z*43,57,71,…,一系列离子峰表明该化合物含有链脂烃基结构单元,而*m/z*83,97的强峰还说明这个烃基至少有*m/z* C_7H_{13}的组成。由低质量端的强峰都是奇数质量单位的离子表明分子中可能没有氮。所以,相对分子质量为298,而碳含量最多为11,折合成饱和烃基质量也只有156。如此大的差额只有

推测分子中含有单同位素才能得到解释。分析第一组峰，m/z 172 相对m/z 171 的丰度为 11.9，该离子的最大含碳量也是 11 个，且 m/z171 与 $M^{+\cdot}$ 之间恰好相差 127，说明分子中含有 1 个碘，m/z73 是 1 个含氧碎片，其最大可能的元素组成为 C_4H_9O。总结以上分析，各碎片质量之和为

$$97+127+73=297$$

与该化合物的相对分子质量接近，其分子式应为 $C_{11}H_{23}IO$。

应当注意，以上所述利用同位素丰度推测分子式的方法主要用于分子离子的同位素，在用于碎片离子时，要考虑到其他碎片离子与其重叠的可能。

1.4.2　由高分辨质谱测定分子式

相对原子质量是一种元素所有天然同位素按其丰度的质量加权值，由于相对原子质量多不是整数，确切的分子式（或没有其他离子叠合的碎片离子）通常可以用高分辨质谱测定的精确质量得到。例如，可以把质量接近 28 的三种分子 CO、N_2 和 C_2H_4 区别开来，这里观察到的分子离子质量是组成元素丰度最高的同位素精确质量的总和，如下所示：

^{12}C	12.0000	^{14}N	14.0031	^{12}C	12.0000
^{16}O	15.9949			^{1}H	1.0078
CO	27.9949	N_2	28.0062	C_2H_4	28.0312

用算术试算法来确定分子式是非常费事的，Beynon[7]、Lederberg[8]等利用查表的方式设计了几种确定分子式的方法，如利用 Beynon 等制作的高分辨质谱数据表可查得对应于某精确相对分子质量的分子式。

例如，用高分辨质谱测得某化合物的分子离子质量为 100.0524Da，推其分子式。

经验指出，测量误差为±0.006，故相对分子质量的小数部分应为 0.0464～0.0584，从表上找出质量数整数为 100，小数范围 0.0464～0.0584 的分子式有如下 4 个：

CH_4N_6	0.049 741
$C_3H_6N_3O$	0.051 083
$C_5H_8O_2$	0.052 426
$C_4H_7NO_2$	0.047 675

由于接近整数的相对分子质量是偶数，含奇数氮的分子式不合理，可以排除 2 个，CH_4N_6 组成不合理，剩下的分子式 $C_5H_8O_2$ 即为所求的分子式。

在实际工作中，许多仪器测得的 M+1 值偏高，又常有 $M^{+\cdot}$ +H 重叠在一起，因此用低分辨质谱法推算分子式受到很大限制。用高分辨质谱，结合元素分析、配合计算机可以直接给出分子式。

1.4.3　不饱和数的计算

不饱和数（unsaturation number，UN）又称不饱和度（degree of unsaturation，Ω）、环加双

键数($r+db$)，是指分子结构中存在环、双键和二倍叁键数的总和。以式(1-13)计算：

$$\mathrm{UN}=\frac{2n+2-y+z}{2} \tag{1-13}$$

式中，n 为分子中四价原子的数目；y 为分子中一价原子的数目；z 为分子中三价原子的数目。对有机碱的盐和季铵盐类的不饱和数的计算应将其相应的酸或卤代烷减去再行计算。

为方便起见，可将分子中的杂原子按等价代换原则，以相等价的碳、氢或烃基取代，即所有一价原子以“H”代替，所有三价原子以“CH”代替，所有四价原子以“C”代替。这样，任何分子式都将化为烃的形式 C_nH_y，其不饱和数为

$$\mathrm{UN}=\frac{2n+2-y}{2} \tag{1-14}$$

例如，分子式 $C_{18}H_{32}BrClIFNO_3PS_2Si_2$ 相当烃的分子式 $C_{22}H_{38}$，故

$$\mathrm{UN}=\frac{22\times2+2-38}{2}=4$$

用式(1-13)和式(1-14)计算不饱和数适用于分子中含有两价硫和三价氮、磷原子的化合物。当分子中含有高价的硫、氮、磷原子，用以上二式计算不饱和数时，其结果不能正确反映分子的不饱和状况，但仍有参考价值，因为在有机化合物中，硫、氮、磷的高价态绝大多数与氧或二价硫相结合成特定的官能团，如 $-\overset{\overset{\large O}{\|}}{S}-$ 、$-\overset{\overset{\large O}{\|}}{\underset{\underset{\large O}{\|}}{S}}-$ 、$-\overset{\overset{\large S}{\|}}{\underset{|}{S}}=O$ 、$-N(=O)\rightarrow O$ 、$>N\rightarrow O$ 、$>P=O$ 、$>P=S$ 等，由上述方法未计算在内的不饱和数多包含在这些官能团内，而不影响对分子其他部分结构的不饱和状况的了解，这些特定的官能团很容易从红外光谱中观察到。

例如，某化合物分子式 $C_6H_4NO_2Br$，用等价代换法相当烃 C_7H_6，故

$$\mathrm{UN}=\frac{2\times7+2-6}{2}=5$$

考察红外光谱在 $\bar{\nu}$ 1540cm^{-1} 和 1350cm^{-1} 附近出现两个强吸收带，表明分子中含有硝基，而硝基仅占 1 个不饱和数，另外 4 个不饱和数暗示可能含有苯环结构。

应当注意，以上所述利用低分辨质谱的同位素丰度推测分子式的方法也可用于碎片离子元素组成的确定，但应用时必须考虑到分子离子的 M+1、M+2 丰度是否纯属其同位素的贡献，碎片离子有无与其他同质量离子重叠的可能。6.1.2 将讨论用低分辨质谱与其他光谱信息相结合推测分子式的方法，应当较为妥当。

1.5 有机分子质谱断裂的一般规律

1.5.1 质谱断裂过程和有关的理论解释

离子源中分子在什么部位裂解？裂解后正电荷留在何处以及形成正离子的结构如

何？诸如此类有关有机质谱裂解反应机理问题至今尚不清楚。从理论上研究这些问题的困难在于反应产物都是在质谱仪中瞬间即逝的，它不像一般化学反应那样可以详细地分析产物，还有有关反应中间体(intermediates)信息的帮助。尽管如此，通过质谱数据分析，从热力学和动力学出发，提出一些定性假设，对质谱中分子裂解方式给予一定的理论解释。

关于 EI 离子源，“电子轰击”一词是对这一电离过程的形象描述，实际上，当具有一定能量的电子穿过气态样品分子体系时，其能量是以波的形式传递给分子，分子失去电子形成分子离子，而后不同程度地断裂为碎片离子。

EI 是一种纯粹的物理过程，总体而论是硬电离方法。但是，电子与分子的作用情况不同，转移给分子的能量有大小之分，离子激发的软硬程度也不同。例如，电子由分子的附近飞过，仅发生软的碰撞，传递给分子较少的能量，可能电离为基态分子离子 $M^{+\cdot}$，导致分子断裂的可能性较小；当电子距分子很近或穿越整个分子时，发生硬的碰撞，则将传递给分子较多能量，分子移去价电子或低于 HOMO 轨道的电子形成高能级的激发态分子离子 $M^{+\cdot *}$，形成离子的热力学能超过离解能，立即发生断裂。因此 EI 离子化是一个统计的混合过程。

多数有机化合物的离子化能量约为 10eV，通常 EI 使用 70eV 能量进行电子轰击，电子运动速度约为 5×10^{8}cm · s^{-1}，假设分子的体积直径为 1nm$=10\times10^{-8}$cm，则电子穿越分子体积的时间为 $10^{-15}\sim10^{-16}$s，这与电子的能级跃迁时间差不多等数量级。所以这种离子化过程遵从弗兰克-康登(Franck-Condon)原理(见 3.1.2)，由基态分子生成按“垂直跃迁”概率分布的基态分子离子 $M^{+\cdot}$ 和高能级的激发态分子离子 $M^{+\cdot *}$，这些具有过剩能量的 $M^{+\cdot *}$ 的寿命为 $10^{-7}\sim10^{-8}$s。在电离室中，离子停留的时间为 $10^{-5}\sim10^{-6}$s，所以 $M^{+\cdot *}$ 有足够的时间寻求释放能量的途径。因为电离室中的样品保持 $10^{-6}\sim10^{-5}$mmHg 的低压环境，其分子(离子)自由路径远大于电离室的尺寸，所以 $M^{+\cdot *}$ 通过分子间的碰撞而释放能量的概率很小，质谱断裂反应基本为单分子过程。$M^{+\cdot *}$ 过剩能量的释放只能靠能级间的能量转移，可以伴随辐射回到较低的基态分子离子能级。更大的可能是在 $M^{+\cdot *}$ 和 $M^{+\cdot}$ 势能面交界处发生无辐射的内部转换(internal conversion，IC)，如图 1-16 所示，$M^{+\cdot *}$ 热力学能不变地由高能级电子态的低振动能级越过势能面转换到低能级电子态的高振动能级，将电子能级的能量转换为具有过剩振动能量的 $M^{+\cdot}$，如果振动的能量超过离解能，即发生断裂反应。因此，通常认为大多数断裂反应发生在电子基态的分子离子，而较少发生在电子激发态的分子离子。

还曾提出过“准平衡理论”(quasi-equilibrium theory，QET)，认为样品分子的断裂过程首先按 Franck-Condon 原理电离为一定能态的分子离子，分子离子立即在所有可能的能态之间跃迁，跃迁速率很快，足以在离子分解以前能够建立能态间的“准平衡”，假设这种准平衡状态的分子离子结构与原来的中性分子一样，根据分子结构知识，用热力学能、简正振动、振动因子等结构参数，建立分解速率方程，尝试用数学方法预言每一个断裂途径的分解速率，得出相应碎片的相对丰度。根据这一理论曾成功地预计了某些烷烃和一

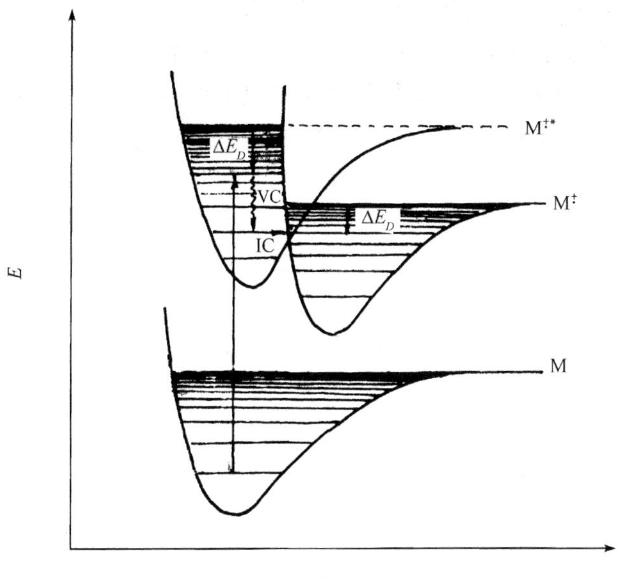

图 1-16　分子离子能级跃迁示意图

些简单化合物的质谱。但是这种计算复杂，离子能量太少时，计算结果误差较大；最重要的是准平衡理论只能预测一级断裂状况，对于二次离子就不得而知了。所以这项理论提出后，应用价值不大，没有多少发展。

比较有实际应用价值的是以下质谱研究总结出的两个定性理论。

1. 电荷-自由基定域理论

麦克拉弗蒂(McLafferty)和 Djerassi 认为，一个分子电离之后，电荷或自由基定域在分子的特定位置，并在此位置以一个或两个电子转移来"触发"分裂(trigger fragmentation)。特别是自由基定域的存在，有电子配对的倾向，是较强的断裂反应的推动力，可用以判断质谱断裂的方向。这一经验理论有助于研究大量的质谱断裂信息，也可以预测未知分子的断裂途径和碎片离子。如果分子中存在杂原子，质谱中的自由基将优先定域在带有 n 电子的杂原子上。例如

$$CH_3-\overset{\overset{\displaystyle O}{\|}}{C}-CH_2CH_3 \xrightarrow{-e^-} CH_3-\overset{\overset{\displaystyle O^{\dot{+}}}{\|}}{C}-CH_2CH_2CH_3 \xrightarrow{\alpha-} CH_3-C{\equiv}\overset{+}{O} + \cdot CH_2CH_2CH_3$$

$$R_1CH_2-\underset{\displaystyle H}{N}-CH_3 \xrightarrow{-e^-} R_1CH_2-\underset{\displaystyle H}{\overset{\cdot +}{N}}-CH_3 \xrightarrow{\alpha-} R_1\cdot + CH_2=\underset{\displaystyle H}{\overset{+}{N}}-CH_3$$

正电荷也可能触发断裂。例如

$$R_1-O-R_2 \xrightarrow{-e^-} R_1-\overset{+\cdot}{O}-R_2 \xrightarrow{i-} R_1^+ + \dot{O}R_2$$

2. 断裂产物稳定性理论

断裂产物稳定性理论认为，质谱断裂过程中，不论分子离子中电子分布如何，断裂总

是趋于形成稳定性产物的方向，这是从热力学基本理论出发考虑的假设。按动力学考虑，离子(反应物)只有具备超过其活化能的过剩能量，才能进行分解反应，反应的过渡态与反应产物相似，分解反应的逆反应的活化能是很小的，因此可用反应产物的稳定程度来测定断裂反应速率；反之，断裂反应具有较大负生成热的过程，产物应比较稳定。例如

$$(CH_3)_2CH—\overset{\cdot +}{O}—CH_3 \longrightarrow (CH_3)_2\overset{+}{C}H + \dot{O}—CH_3 \quad (主)$$

$$(CH_3)_2CH—\overset{\cdot +}{O}—CH_3 \longrightarrow (CH_3)_2CH—\dot{O} + \overset{+}{C}H_3 \quad (次)$$

稳定性 $(CH_3)_2\overset{+}{C}H > \overset{+}{C}H_3$。而

$$R—CH_2—\overset{\cdot +}{N}N_2 \not\longrightarrow R—CH_2^+ + \dot{N}H_2$$

因为 N 的电负性较小，且产物不稳定。

上述两个定性理论，前者能说明断裂反应发生的位置和引起断裂反应的方式，后者则启示断裂反应的方向。

质谱裂解与有机反应有很多相似之处。例如，酮的 α-断裂与有机化学中酮的热分解和有机光化学中诺里什(Norrish) Ⅰ型反应相似；醇的失水与有机化学中的醇脱水成烯相似，只不过有机化学中醇脱水是 1，2-消除，而质谱中醇的失水常通过形成六元环过渡态的1，4-消除；酮的 McLafferty 重排与有机光化学中的 Norrish Ⅱ型反应结果类同；单分子自由基化学反应的碎裂反应，芳基迁移反应等与质谱中的 α-断裂骨架重排特点也相当一致。其他有机化学反应的光解、热解、电解、高能辐射反应等都可作为研究质谱裂解的参照。另外，有机化学中的电子效应、立体化学也可用于质谱中关于碎片离子稳定性的讨论。因此，有机化学工作者可借助一些有机反应和能量学的概念，理解质谱裂解的一般规律。但是应当注意到，质谱的裂解反应与有机化学反应有很大的不同，最大的差别在于质谱裂解反应中首先形成的分子离子为奇电子离子，具有变为偶电子离子的强烈倾向，因而能触发一系列裂解反应，这在有机化学反应中是少见的。

1.5.2 影响质谱断裂的结构因素

1. 轨道能级和键能

质谱的裂解反应为单分子裂解过程，反应总是始于分子离子。分子中什么状态的电子容易电离形成分子离子，取决于电子所处分子轨道的能级。几类分子轨道的能级次序为

n 轨道>共轭的 π 轨道>非共轭的 π 轨道>σ 轨道

因此首先被轰击掉一个电子发生电离的是分子中处于杂原子最高能级的非键轨道的 n 电子，其次是共轭 π 轨道的 π 电子，最稳定而不容易电离的是 σ 轨道的 σ 电子。这样形成的分子离子表示为

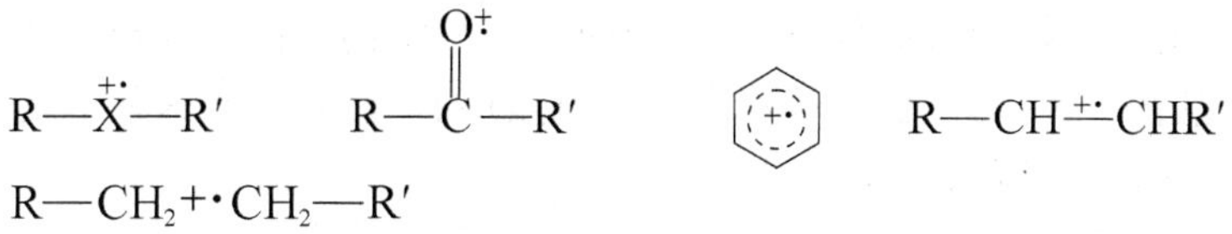

$$R-\overset{+\cdot}{X}-R' \qquad R-\overset{O^{+\cdot}}{\overset{\|}{C}}-R' \qquad R-CH\overset{+\cdot}{-}CHR'$$

$$R-CH_2\overset{+\cdot}{}CH_2-R'$$

分子中具有多个可能电离的中心，不能确定分子离子的正离子自由基在什么位置时，可将正离子基符号放在半括号外边。例如，一种黄酮类化合物的分子离子可表示为

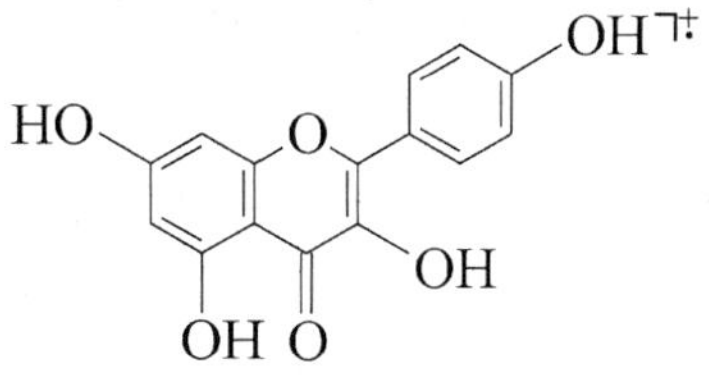

HO, O, OH, OH O, OH]$^{+\cdot}$

由分子离子的自由基定位开始，相继发生的一系列裂解反应，在其他条件相同的情况下，键能较小的容易发生断裂是最为直观的。单键比多重键容易断裂，如烯醚的 α-裂解

$$R-CH=CH-\overset{+\cdot}{O}-CH_2-R' \longrightarrow R-CH=CH-\overset{+}{O}=CH_2+R'$$

这样裂解产生的正离子也是比较稳定的。芳香族化合物、共轭多烯体系能量降低，分子不易碎裂，具有相对丰度较高的分子离子峰。环状化物也常出现较强的分子离子峰，这是因为环状骨架的破裂往往发生多键断裂的复杂裂解反应，需要付出较高的能量。例如，环烷烃的裂解

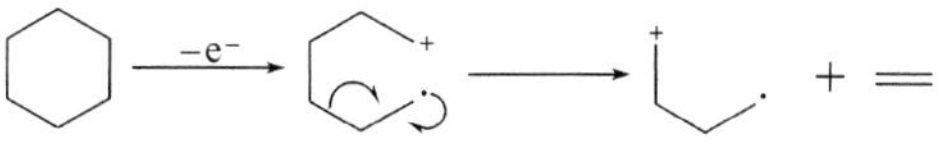

$$\xrightarrow{-e^-} \longrightarrow + =$$

在简单裂解中，不同单键断裂的难易取决于键能的大小，表1-3列出一些单键的键能。

表1-3 有机化物中几种共价键键能

键	键能/kcal*	键	键能/kcal*
C—C	83	C—I	50
C—O	87(醇)	C—Br	65
	83(醚)	C—Cl	80
O—H	110	C—F	107
N—H	83	C—H	98
N—N	30	C—S	78
O—O	60	C—N	59

* 1cal=4.1868J。

键能大小是产生两种相似稳定性离子竞争时的决定因素。例如，卤代物 $Br-CH_2-C_6H_4-CH_2-I$ 丢失Br·或I·都能形成稳定性相似的取代苄基离子 $XCH_2-C_6H_4-CH_2^+$。由于C—I键比C—Br键弱，所以优先丢失I·而生成溴甲基苄基正离子。

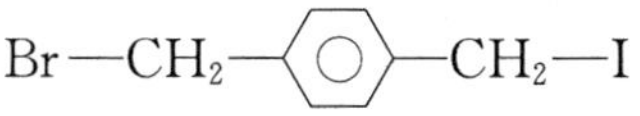

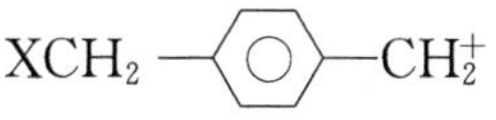

2. 裂解反应中形成的碎片离子和中性碎片的稳定性

分子、离子碎片和自由基的稳定性可以从能量学的角度定量衡量，由于难获得足够的

热力学数据，在谱图解析中，也可以从电子效应等有机结构理论出发作定性比较。

质谱裂解过程中，能产生稳定碎片离子的总是最有利的途径，这是分析质谱图上产生丰度较大碎片峰时首先应当考虑的因素。

烃基正离子的电荷处于叔碳、仲碳较稳定，伯碳最不稳定，有如下次序：

$$(CH_3)_3C^+\ ,\ (CH_3)_2CH^+ > CH_3\overset{+}{C}H_2 > CH_3^+$$

因此叉链烃比直链烃容易裂解，分子离子峰较弱。对于以下分子在质谱中形成碳正离子的断裂位置：

$$Br \overset{1}{\wr} CH_2 \overset{2}{\wr} CH_2 \overset{3}{\wr} CH(CH_3)_2 \qquad 3>1>2$$

3-位容易断裂是因为可形成比较稳定的正离子，1-位断裂的可能性大于 2-位，因为C—Br键的键能低于 C—C 键。

从共轭效应考虑，不饱和烃容易在烯丙位断裂，形成稳定的烯丙基正离子。

$$>C=C-C-R \longrightarrow >\overset{+\cdot}{C}-C-C-R \xrightarrow[-R\cdot]{\alpha-} \overset{+}{C}-C=C \longleftrightarrow C=C-\overset{+}{C}$$

同理，烃基苯形成丰度较大的䓬鎓正离子 m/z 91。

$$C_6H_5-CH_2-R \xrightarrow{-e^-} [C_6H_5]^{+\cdot}-CH_2-R \xrightarrow[-R\cdot]{\alpha-} C_6H_5-CH_2^+$$

$$\overset{+}{C_6H_5}=CH_2 \longleftrightarrow C_6H_5-CH_2^+ \longleftrightarrow C_7H_7^+$$

酮类化合物离子基定位的羰基氧上，随后发生 α-断裂，产生羰基正离子碎片。

$$R-\underset{}{\overset{O}{\overset{\|}{C}}}-R' \xrightarrow{-e^-} R-\overset{O^{+\cdot}}{\overset{\|}{C}}-R' \xrightarrow[-R\cdot]{\alpha-} R-C\equiv O^+$$

其中基团 R 或 R′具有能与 $C\equiv\overset{+}{O}$ 发生共轭作用的结构优先留在正离子中。例如

$$X-C_6H_4-\overset{O^{+\cdot}}{\overset{\|}{C}}-CH_3:\ X-C_6H_4-C\equiv O^+ \gg CH_3C\equiv O^+$$

当 X 为第Ⅰ类推电子取代基时，芳香羰基正离子的丰度比 X 为第Ⅱ类吸电子取代基时大得多。

X	X—⟨C₆H₄⟩—$C\equiv\overset{+}{O}$	$CH_3C\equiv\overset{+}{O}$
$—NO_2$	4.3	1
—Br	5.6	1
—H	6.7	1
$—OCH_3$	11.1	1

以上裂解反应中，随着 α-裂解同时形成新的 π 键，新键的形成将降低体系的能量，这样的裂解反应容易发生，结果会出现相应的强峰。Djerassi 认为，分子电离成分子离子之后，离子基定位在杂原子或 π 键上(共轭体系在整个体系内)。自由基的存在成为相继裂解，触发一系列断裂反应的推动力。例如

$$CH_3—CH_2—\overset{+}{O}—\underset{\underset{CH_3}{|}}{CH}—CH_2—CH_3 \xrightarrow{\alpha-} CH_3CH_2\cdot + \underset{\underset{CH_2—H}{|}}{CH_2}—\overset{+}{O}=CH_2—CH_3 \xrightarrow{rH} CH_2=CH_2 + H\overset{+}{O}—CH_2CH_3$$

裂解后的碎片中，正电荷留在何处，遵从史蒂文森(Stevenson)规则：在奇电子离子经裂解产生自由基和离子两种碎片的过程中，较高 IP 值的碎片趋向保留孤电子、而将正电荷留在 IP 值较低的碎片上，表 1-4 列出一些中性分子和自由基的 IP 值。

表 1-4 中性分子和自由基的 IP 值(eV)

中性分子	IP 值	中性分子	IP 值	中性分子	IP 值	自由基	IP 值
H_2	15.4	CO	14.0	HCN	13.6	F·	17.4
CH_4	12.5	CO_2	13.8	NO_2	12.9	NC·	14.1
C_2H_6	11.5	H_2O	12.6	CH_3CN	12.2	H·	13.6
$CH\equiv CH$	11.4	SO_2	12.3	$CH_2=CH—CN$	10.9	HO·	13.0
C_3H_8	11.0	O_2	12.1	NH_3	10.2	Cl·	13.0
n-C_4H_{10}	10.6	HCOOH	11.3	$C_6H_5NO_2$	9.9	Br·	11.8
i-C_4H_{10}	10.5	CH_2O	10.9	C_6H_5CN	9.7	H_2N·	11.2
$CH_2=CH_2$	10.5	CH_3OH	10.8	NO	9.3	I·	10.5
$CH_3—C\equiv CH$	10.4	环氧乙烷	10.6	吡啶	9.3	CH_3·	9.8
n-C_6H_{14}	10.2	C_2H_5OH	10.5	$C_2H_5NH_2$	8.9	$CH_2=CH$·	9.8
环己烷	9.9	H_2S	10.4	吡咯	8.2	HCO·	9.8
$CH_2=C=CH_2$	9.7	CH_3COOH	10.4	HF	16.0	CH_3O·	9.8
$CH_3CH=CH_2$	9.7	n-C_3H_7COOH	10.2	HCl	12.7	$ClCH_2$·	9.3
$CH_3C\equiv CCH_3$	9.6	CH_3CHO	10.2	HBr	11.7	C_3H_3·	8.7
$C_2H_5CH=CH_2$	9.6	CS_2	10.1	Cl_2	11.5	$BrCH_2$·	~8.6
环己二烯	9.5	C_6H_5COOH	9.7	CH_3Cl	11.3	HOOC·	~8.6
$(CH_3)_2=CH_2$	9.2	CH_3COCH_3	9.7	Br_2	10	C_2H_5·	8.2
苯	9.2	CH_2CO	9.6	HI	10.4	CH_3S·	8.1
$CH_3CH=CHCH_3$	9.1	$(C_2H_5)_2O$	9.6	$CH_2=CHCl$	10.0	$CH_2=CHCH_2$·	8.1
		噻吩	8.9			C_6H_5·	8.1
		呋喃	8.9			n-Bu·	8.0
						CH_3CO·	7.9
						$HOCH_2$·	7.4
						$HSCH_2$·	7.3
						$C_6H_5CH_2$·	7.3
						CH_3OCH_2·	~6.9
						t-Bu·	6.7

例如,甲基正丁基醚各种碎片的IP值和质谱中产生的相应正离子相对丰度为

$$C_3H_7—CH_2—O—CH_3]^{+\cdot} \begin{cases} \nearrow C_3H_7CH_2 \overset{+}{\cdot} OCH_3 \longrightarrow C_4H_9^+ \ (25\%) \text{ 或 } \overset{\cdot +}{O}CH_3 \ (1\%) \quad (8.2eV,\ 9.8eV) \\ \searrow C_3H_7 \overset{+}{\cdot} CH_2OCH_3 \longrightarrow C_3H_7^+ \text{ 或 } CH_2=\overset{\cdot +}{O}CH_3 \ (100\%) \quad (8.2eV,\ 6.9eV) \end{cases}$$

前一个反应正离子丰度$C_4H_9^+ > \overset{\cdot +}{O}CH_3$,后一个反应$CH_2=\overset{\cdot +}{O}CH_3$为基峰,没有观察到$C_3H_7^+$,都是把正电荷留在较小IP值的碎片上。

分析以上反应和表1-4的数据可以得到一种定性概念:质谱裂解中产生正离子的稳定性在于这种正离子的电荷得到有效的分散,因而抑制了继续裂解的可能性。结果得到相对丰度较高的正离子碎片,质谱中常见的正离子列于表1-5。

表1-5 质谱中常见的正离子

m/z	元素组成或结构	可能来源
15	CH_3^+	—
27	$C_2H_3^+$	烯类
	$HCN^{+\cdot}$	脂肪腈
29	CHO^+	醛,酚,呋喃
	$C_2H_5^+$	含烷基化合物
30	NO^+	硝基化合物,亚硝胺,硝酸酯,亚硝酸酯
	$CH_2=\overset{+}{N}H_2$	脂肪胺
31	$CH_2=\overset{+}{O}H$	醇,醚,缩醛
	$^+OCH_3$	甲酯类
41	$C_3H_5^+$	烷,烯,醇
	$CH_3CN^{+\cdot}$	脂肪腈,*N*-甲基苯胺,*N*-甲基吡咯
43	CH_3CO^+	含CH_3CO—化合物,饱和氧杂环
	$COHN^{+\cdot}$	—CO—NH_2类化合物
	$C_3H_7^+$	烃基
44	$C_2H_6N^+$	脂肪胺
	$CONH_2^+$	伯酰胺
	$CH_2=CH—\overset{+\cdot}{O}H$	醛,含CH_2—CH—OR
45	$COOH^+$	脂肪酸
	$C_2H_5O^+$	含乙氧基化合物
	$CH_2=\overset{+}{O}—CH_3$	甲基醚
	$CH_3—CH=\overset{+}{O}H$	仲醇,α-甲基醇
	$HC=S^+$	硫醇,硫醚

续表

m/z	元素组成或结构	可能来源
46	NO_2^+	硝酸酯
	$CH_2S^{+\cdot}$	硫醚
47	$CH_3O_2^+$	缩醛，缩酮
	$CH_2=SH^+$	甲硫醚，硫醇
57	$C_4H_9^+$	丁基化合物，环醇，醚
58	$CH_2=C(\overset{+\cdot}{O}H)-CH_3$	甲基酮，α-甲基酮
	$(CH_3)_2\overset{+}{N}=CH_2$	脂肪叔胺
	$EtCH=\overset{+}{N}H_2$	α-乙基伯胺
59	$C_3H_7O^+$	α-取代醇，醚
	$COOCH_3^+$	甲酯
	$CH_2=C(OH)-NH_2^{+\cdot}$	伯酰胺
60	$CH_2=C(OH)-\overset{+\cdot}{O}H$	羧酸
	$CH_2=\overset{+}{O}-NO$	硝酸酯，亚硝酸酯
	$C_2H_4S^{+\cdot}$	饱和含硫杂环
61	$CH_3COOH_2^+$	缩醛，乙酸酯
	$C_2H_5S^+$	硫醚
69	CF_3^+	三氟化物
	$C_4H_5O^+$	萜烯酮类
	$C_5H_9^+$	
73	$C_4H_9O^+$	醚
	$C_3H_5S^+$	环硫醚
	$C_2H_4COOH^+$	脂肪酸
	$COOC_2H_5^+$	酯类
74	$CH_2=C(OH)-OCH_3^{+\cdot}$	甲酯，α-甲基脂肪酸
87	$CH_2CH_2\overset{+}{C}OOCH_3$	长链甲酯
88	$C_4H_8O^+$	脂肪酸乙酯
91	$C_7H_7^+$	苄基化合物
	$C_4H_8Cl^+$	氯代烷
104	$C_6H_5CH=CH_2^+$	苯乙烯类

续表

m/z	元素组成或结构	可能来源
105	$C_6H_5CO^+$	苯甲酰化合物
	$C_6H_5CH_2CH_2^+$ $C_6H_5N_2^+$	芳烃衍生物 芳香偶氮化合物
106	$C_7H_8N^+$	吡啶衍生物
116	(吲哚结构)$^{+\cdot}$ N H $C_4H_4S_2^{+\cdot}$	烷基吲哚 噻吩硫醚
149	(苯环-CO-$\overset{+}{O}$H-CO 结构)	邻苯二甲酸及其酯

既然质谱的裂解反应同时生成正离子和中性碎片，如果形成的中间碎片，特别是形成的中性分子相当稳定，即具有较高的 IP 值(表 1－4)，则这种裂解将对降低反应产物的总热焓有贡献，也有利于获得相应正离子，而表现有较高的丰度。所以裂解反应中由于生成 IP 值较高的中性分子，如 H_2O、CO、CO_2、HCN、CH≡CH 等小分子，与其同时产生的正离子即使稳定性较差，也表现为较高的丰度。例如

$$CH_3O—\overset{\overset{\overset{+\cdot}{O}}{\|}}{C}—R \xrightarrow{\alpha-} CH_3—O—C\equiv O^+ \longrightarrow \begin{cases} CH_3\overset{+}{O} + CO \\ CH_3^+ + CO_2 \end{cases}$$

同理，如果形成的中性碎片为自由基，只要这种自由基在结构上是稳定的，也会增加伴生正离子的相对丰度。

几类自由基稳定顺序的例子：

$(CH_3)_3C\cdot > CH_3—\dot{C}HCH_2CH_3 > CH_3CH_2CH_2CH_2\cdot$

$CH_3O\cdot > HO—CH_2\cdot$

$CH_2═CH—CH_2\cdot > CH_3—CH═CH\cdot$

这种稳定性的差别小于相应正离子碎片异构体间的差别，经常也会明显地影响断裂反应的方向。质谱中常见丢失的自由基和中性分子列于表 1－6。

表 1－6　质谱中常见丢失的自由基和中性分子

相对分子质量	中性分子或自由基	可能来源
1	·H	醛，烷基腈，N—CH_3，环丙基化合物，芳甲基
15	·CH_3	—N—C_2H_5，特丁基，异丙基，芳乙基化合物
17	·OH	羧酸，酚，肟，*N*-氧化物，亚砜，芳硝基化合物
	NH_3	伯胺，氨基酸酯，二氨基化合物
18	H_2O	醇，甾酮，羧酸，酚类，内酯等
26	CH≡CH	联苯类，非共轭的二烯类
	·C≡N	异腈化合物

续表

相对分子质量	中性分子或自由基	可能来源
27	HCN	芳胺，二芳胺，芳腈，氮杂环
	$\cdot C_2H_3$	端基为—CH═CH_2 化合物，乙酯类
28	CH_2═CH_2，CO，N_2	—
29	·CHO	芳香醛，酚类，二芳醚，芳香环氧乙烷
	$C_2H_5\cdot$	乙基衍生物，正丙基芳香化合物
	CH_2═NH	生物碱
30	·NO	芳硝基化合物，N—NO 亚硝胺类
	CH_2O	酯类，含氧杂环 Ar—OCH_3 类，缩甲醛
31	$\cdot CH_2OH$，$\cdot OCH_3$	含 O—CH_3 化合物，缩醛，含—CH_2OH 支链
32	O_2	过氧化物
	S	硫醚，二硫化物
	CH_3OH	含 O—CH_3 芳香化合物，伯醇，甲酯类
33	·SH	硫醇，硫醚，二硫化物，异硫氰酸酯
34	H_2S	伯硫醇，甲硫醚，二硫化物
41	CH_3CN	氮杂芳环，酮肟
	$\cdot C_3H_5$	脂环化合物
42	CH_2CO	乙酰化合物，β-二酮，丙酯
	CH_3—CH═CH_2	—
43	$\cdot C_3H_7$	丙基，异丙基衍生物，Ar—$C_4H_9(n)$，丙基酮
	$CH_3CO\cdot$	乙酰化合物，芳甲酮
	NHCO	内酰胺
44	$CONH_2$	酰胺
	CS	芳硫醚，硫酚，噻吩
	CH_3CHO	脂肪醛
	CO_2	羧酸，碳酸酯，芳酸酯，环酸酐，环内酯
45	$\cdot OC_2H_5$	乙氧基衍生物，缩醛，缩酮
	·COOH	羧酸，Ar—CH_2—C(═O)—OAr 等
	$HN(CH_3)_2$	二甲胺类
	·CSH	噻吩衍生物
46	CH_2═CH_2+H_2O	长链醇
	NO_2	芳硝基化合物
	C_2H_5OH	直链伯醇，乙酯，乙基醚
	HCOOH	邻甲基芳酸
48	SO	亚砜
	CH_3SH	甲硫醚

续表

相对分子质量	中性分子或自由基	可能来源
57	$\cdot C_4H_9$	丁酯，丁酮
58	C_4H_{10}	—
59	$\cdot OC_3H_7$	丙酯
	$\cdot COOCH_3$	羧酸甲酯
60	CH_3COOH	羧酸，乙酸酯
	COS	硫碳酸酯
61	$C_2H_5S\cdot$，$\cdot C_3H_6F$	—
64	$CH_2=CH_2+HCl$	氯代烷
	SO_2	磺酰胺，磺酸酯
	S_2	二硫化物
69	$\cdot CF_3$	氟化物，$CF_3CO—$
	$\cdot C_5H_9$	—
73	$\cdot OC_4H_9$	丁酯
	$\cdot COOC_2H_5$	芳酸乙酯
77	$\cdot C_6H_5$	苯基化合物
87	$\cdot OC_5H_{11}$	戊酯
93	$\cdot OC_6H_5$	芳酸苯酯

3. 立体化学因素

由于质谱裂解反应的单分子离子反应特性，它在重排裂解反应中常有一定的立体化学要求。例如，16-甾酮可发生 McLafferty 重排反应（rH/β-，见 1.5.3）。

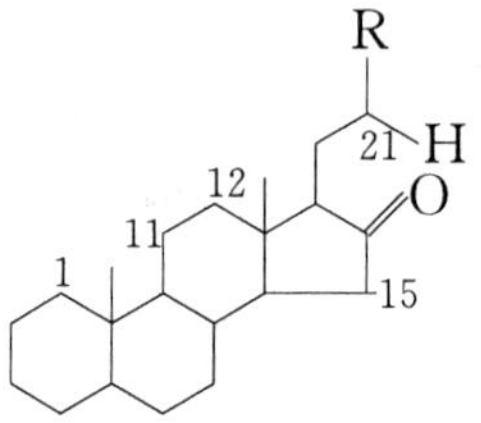

由于在形成反应所必需的六元环过渡态中，羰基氧与 γ-H（21-位氢）相距 0.15nm，可以满足反应要求。而 15-、12-、11-等位的甾酮，羰基与其C_{21}—H相距较远，不能达到这种几何要求，因而不能发生此类反应。

在其他通过环状过渡态而发生的重排反应中，过渡态的环大小与杂原子的共价半径有关。在如下成环反应中：

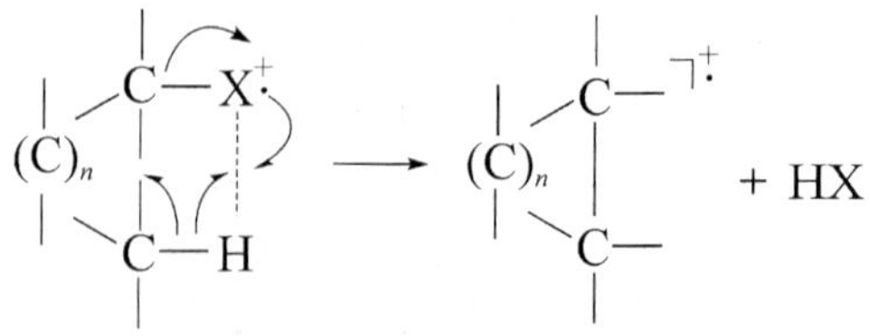

氯代烃和溴代烃消除 HCl、HBr，要求通过五元环过渡态发生 1，3-消除，硫醇消除 H_2S，40％通过五元环过渡态进行 1，3-消除，60％通过六元环过渡态进行 1，4-消除；醇的脱水

则主要通过六元环过渡态发生 1,4-消除。显然这些立体化学上的要求是便于消除基团相互接近而发生作用。据此,可以用质谱提供的立体化学信息研究一些复杂化合物的空间构型。对中草药中提取得到的鬼柏毒进行了质谱研究[9]发现,一些立体异构物在质谱中有不同的表现,如以下两个异构体失水峰(m/z 382)的丰度相差很大。

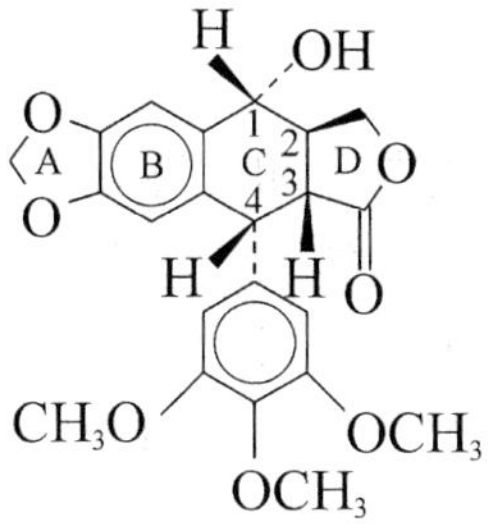

(A) 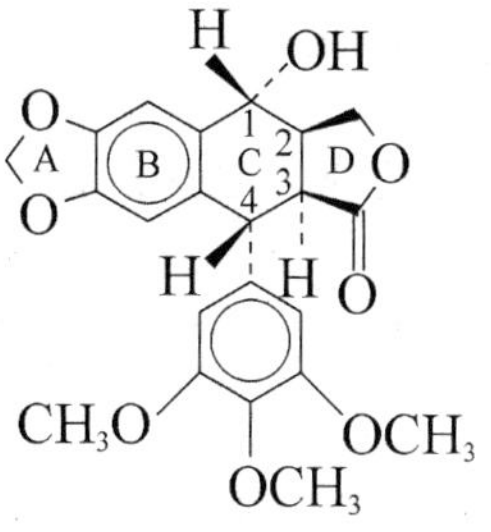 (B)

m/z 382	(A)	(B)
相对丰度/%	10.6	62.8

化合物(B)中,C、D 环顺式骈合,当 C 环为船式构象时,1,3-位失水可顺利进行;而在化合物(A)中,羟基与 3-位和 4-位氢都处于反位,难于发生失水反应。因此很容易用 M—18的丰度区别它们的构型。

另外两个 $M^{+\cdot}$ 400 的立体异构化合物(C)和(D)如下:

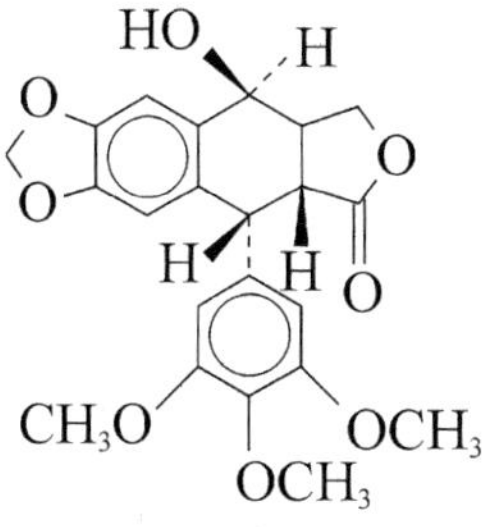

(C) 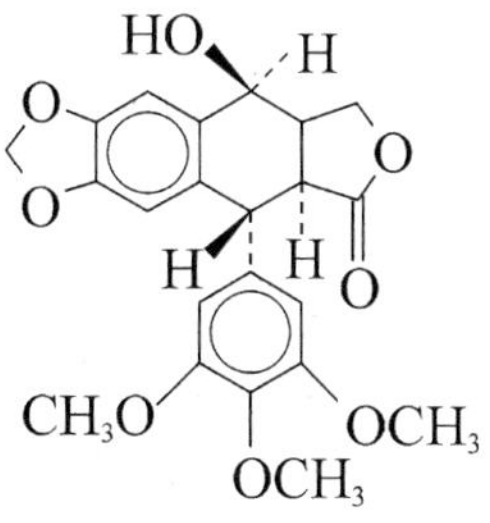 (D)

m/z 298	(C)	(D)
相对丰度/%	10.6	100

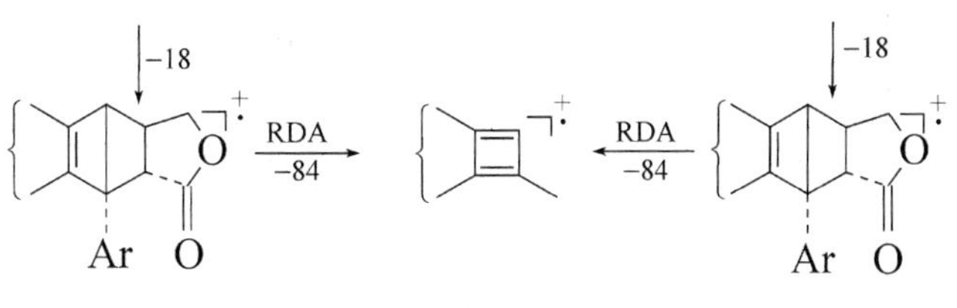

m/z 382 m/z 298 m/z 382

C 环为船式构象时,1,4-位失水很方便,失水后的产物可相继发生反-第尔斯-阿尔德(Diels-Alder)反应(RDA),得 m/z 298 离子。

RDA 为协同的同面-同面消除反应。(D)的失水产物可以满足进行 RDA 反应的立体化学要求,得到 m/z 298 峰为基峰;而(C)的失水产物没有这种结构优势,m/z 298 峰丰度较小。因此,用 m/z 298 的丰度区别这两个异构体的构型也是很确切的。

1.5.3　质谱断裂反应类型

分析大量实验数据，将有机分子质谱中的裂解反应总结为几种类型，将有助于了解碎片离子峰与分子结构间的关系，便于谱图解析。

1. 简单裂解

在自由基或正电荷的诱发下，断裂一个单键形成正离子和中性碎片两个部分的裂解反应称为简单裂解。简单裂解包括 σ-断裂、i-断裂和 α-断裂三种断键方式的裂解反应，由分子离子发生简单裂解反应总是得到偶电子离子和奇电子的中性碎片。

(1) 饱和烃缺乏较高能级的成键分子轨道，只能首先发生 σ-断裂。饱和烃质谱的特点是碎片峰成群(图 1-17)，相邻碎片峰之间相差 14 个质量单位(CH_2)，每群峰中最强的峰代表 C_nH_{2n+1} 质量碎片，即系列离子 29、43、57、71、85、…，并伴有 C_nH_{2n-1}、C_nH_{2n} 峰，以 C_nH_{2n-1} 峰较强。整个质谱图中丰度最大的碎片为 C_3 和 C_4 烷基正离子，表明异丙基正离子$\left[(CH_3)_2—\overset{+}{C}H\right]$和叔丁基正离子$[(CH_3)_3—C^+]$最为稳定。直链烷烃与带支链的烷烃质谱图的外貌显著不同，直链烷烃由低质量到高质量离子的丰度呈平稳下降的排布，至 M－29、M－15 丰度很小或消失。带支链的烷烃，支链处优先断裂，正电荷保留在带支链的碳上，呈起伏下降的排布。

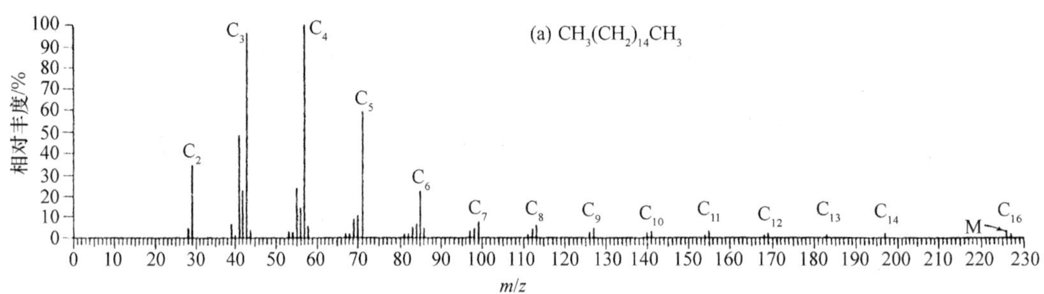

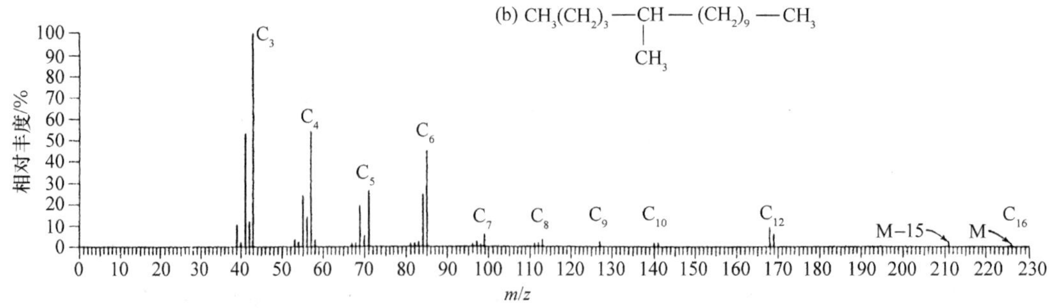

图 1-17　十六烷烃的质谱

(a) 正十六烷；(b) 5-甲基十五烷

饱和烷烃质谱的特征给研究链烃的异构状况带来很大方便。例如，曾用质谱研究非洲的一种雌性采采蝇(tsetse fly)的外性激素[10]，经提取分离得到三种有生理活性的液体物质，红外光谱鉴定均为饱和烃，其中之一的部分质谱如图 1-18 所示，发现 m/z 547 为 M—15峰，即 $M^{+\cdot}$ 562，分子式为 $C_{40}H_{82}$。质谱图具有支链烃的特点，除基峰 m/z 57 ($C_4H_9^+$)外，还有 m/z 225($C_{16}H_{33}^+$)、m/z 295($C_{21}H_{43}^+$)、m/z 365($C_{26}H_{54}^+$)较强峰，不难推断这种蝇外性激素的结构为 15,19,23-三甲基三十七烷烃，结构如图 1-18 所示。

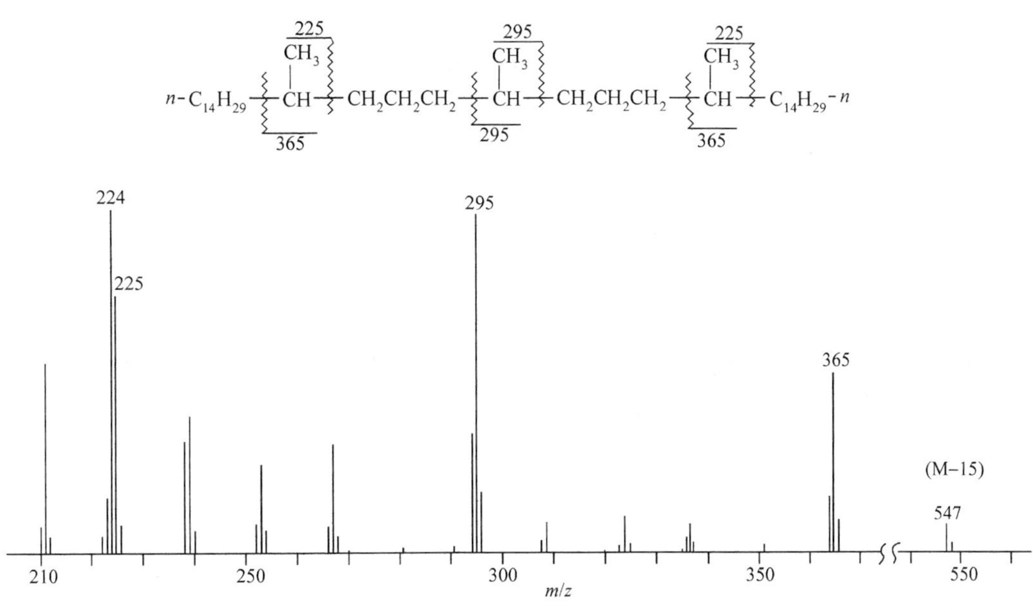

图 1-18 一种采采蝇外性激素的部分质谱

带支链的环烷烃[如 1-甲基-3-正戊基环己烷(图 1-19)]容易丢失支链，将正电荷留在环碎片上，形成基峰与环己烷(图 1-20)比较，环的断裂在其次。

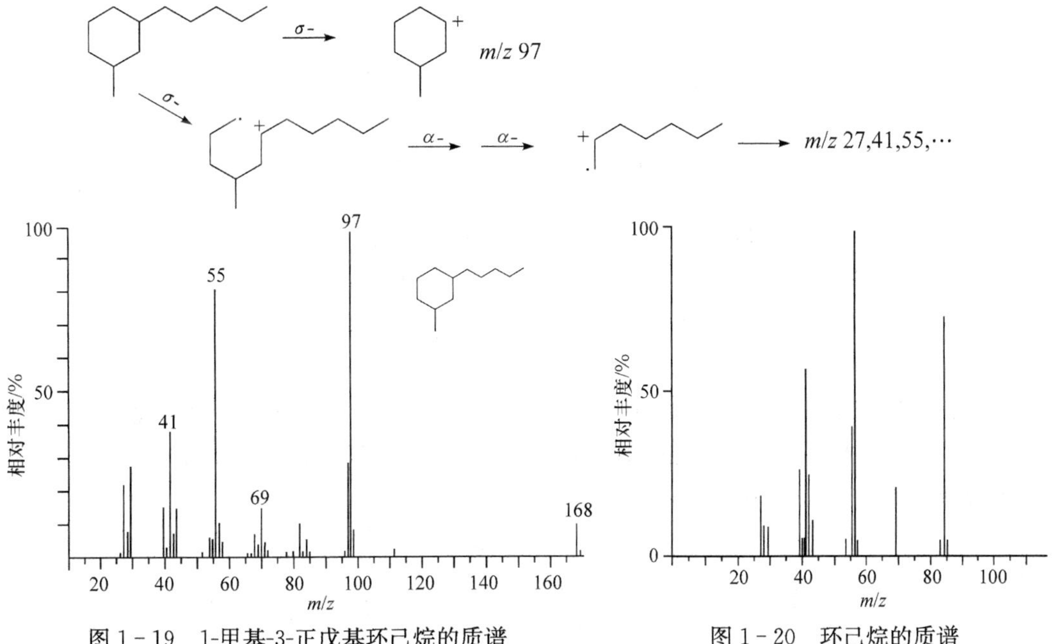

图 1-19 1-甲基-3-正戊基环己烷的质谱

图 1-20 环己烷的质谱

(2) 不饱和烃和芳香烃将在双键和芳香环上形成正离子自由基，伴随着 π 键的迁移发生 α-断裂，产生丰度很高的烯丙基正离子和苄基正离子(草鎓离子)。

$$\mathrm{R{-}CH_2{-}CH{=}CH_2 \xrightarrow{-e^-} R{-}CH_2{-}\overset{+\cdot}{CH}{-}CH_2 \xrightarrow{\alpha-} CH_2{=}CH{-}CH_2^+ + R\cdot}$$

m/z 41

$$\mathrm{C_6H_5{-}CH_2{-}R \xrightarrow{-e^-} [C_6H_5]^{+\cdot}{-}CH_2{-}R}$$

或

$$\xrightarrow{\alpha-} \mathrm{C_6H_5CH_2^+} \longleftrightarrow \mathrm{C_7H_7^+}$$

m/z 91

很多苯的衍生物都能产生强的 m/z 91 峰，甲苯的质谱以 M—1 峰(草鎓离子)为基峰。图 1－21 为正丙基苯的质谱，除基峰 m/z 91(草鎓离子)外，碎片离子的丰度都比较低。

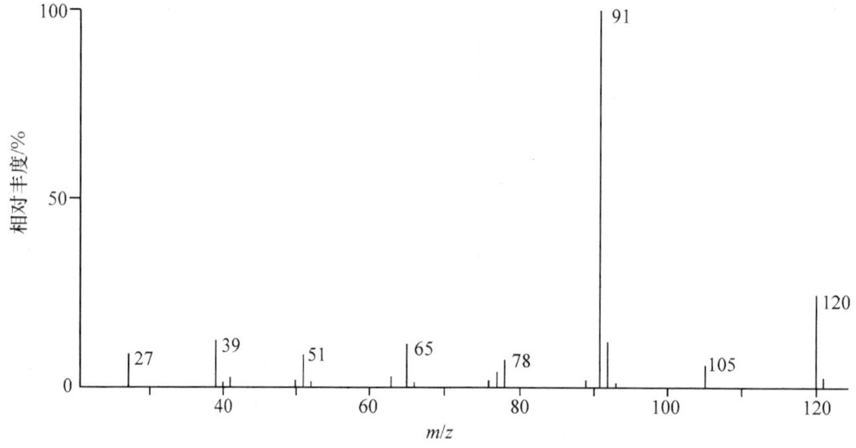

图 1－21 正丙基苯的质谱

图 1－22 为 1-十一烯的质谱，除经 α-断裂形成基峰 m/z 41 外，还表现出烯烃的系列离子 $C_nH_{2n-1}^+$：27、41、55、69、83、…和相应烷烃的系列离子。

(3) 含有 n 电子的杂原子化合物，正离子自由基优先定位在杂原子上而发生一系列裂解反应。

元素周期表第三周期以后的杂原子(如 S、Si、P)的 C—X σ 键也可以发生 σ-断裂，一般正电荷留在杂原子上，如己硫醚质谱中 m/z 117 离子。其他 m/z 131 和 m/z 85 离子是 α-断裂和 i-断裂，两者是相互竞争的反应。

$$\mathrm{C_6H_{13}{-}\overset{+\cdot}{S}{-}C_6H_{13}} \xrightarrow{\sigma-} \mathrm{C_6H_{13}{-}\overset{+}{S}} \quad m/z\ 117$$

$$\xrightarrow{\alpha-} \mathrm{C_6H_{13}{-}\overset{+}{S}{=}CH_2} \quad m/z\ 131$$

$$\xrightarrow{i-} \mathrm{C_6H_{13}{-}\dot{S}} + \mathrm{C_6H_{13}^+} \quad m/z\ 85$$

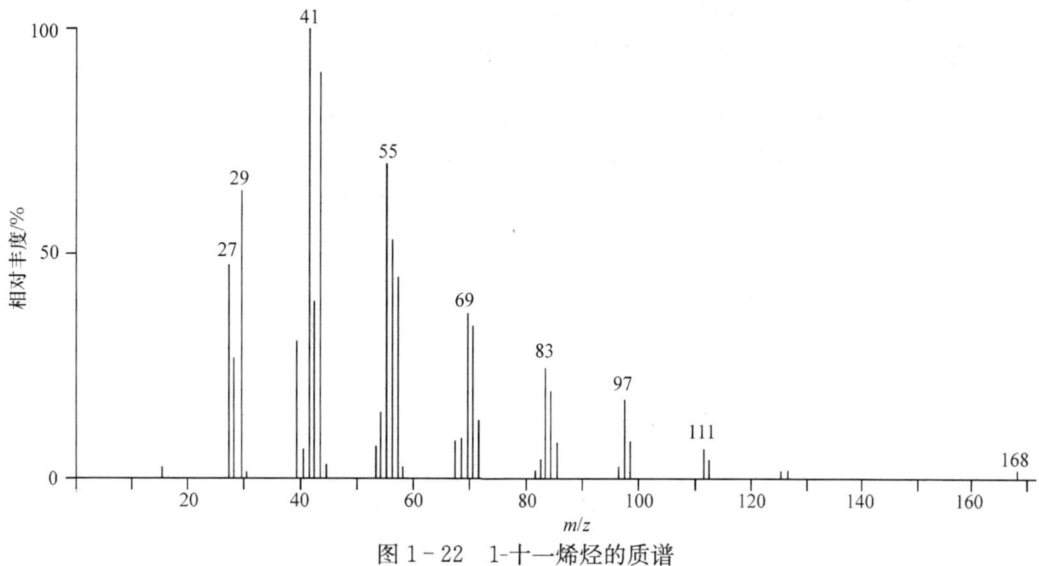

图 1-22　1-十一烯烃的质谱

i-断裂竞争力与杂原子的电负性(诱导能力)有关：卤素＞O＞S≫N。所以卤化物的 *i*-断裂最常见，由 *i*-断裂形成的正离子相对丰度也较高，醚和硫醚也能发生 *i*-断裂。图1-23为异丙基正戊基醚的质谱，其中 m/z 43、71 可以通过 *i*-断裂形成。

$$n\text{-}C_4H_9—CH_2—\dot{O}^{+}—CH(CH_3)_2 \xrightarrow{i-} n\text{-}C_5H_{11}O\cdot + \overset{+}{C}H(CH_3)_2 \quad m/z\ 43$$

$$n\text{-}C_4H_9—CH_2—\dot{O}^{+}—CH(CH_3)_2 \xrightarrow{i-} i\text{-}C_3H_7O\cdot + n\text{-}C_5H_{11}^{+} \quad m/z\ 71$$

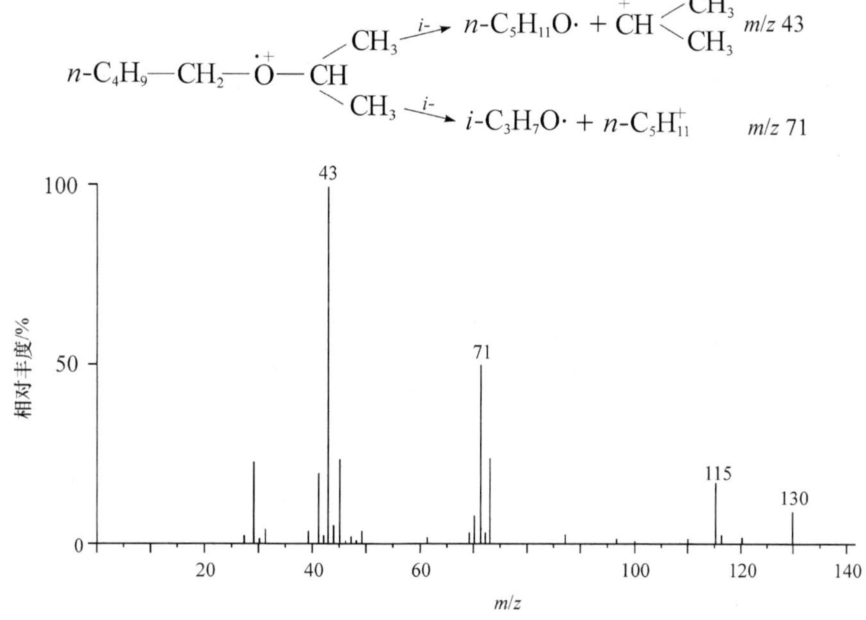

图 1-23　异丙基正戊基醚的质谱

在含氮化合物中，氮的电负性较弱，$\cdot NH_2$ 又极不稳定，所以胺类不能发生 *i*-断裂。而硝基化合物中，由于硝基强的电负性，出现明显的 *i*-断裂碎片。

$$R—CH_2—NO_2^{+\cdot} \xrightarrow{i-} RCH_2^{+} + \dot{N}O_2$$

芳香族硝基化合物相应的 i-断裂大为减弱。

一般烃基正离子碎片也可能相继发生 i-断裂：

$$—C—C—C—C^{+} \longrightarrow —C—C^{+} + C{=}C$$

含杂原子的化合物更普遍的是发生以均裂为特点的 α-断裂。

醇经 α-断裂，伯醇出现 m/z 31($CH_2{=}\overset{+}{O}H$)，仲醇出现 m/z 45 或 59、73 等 ($RCH{=}\overset{+}{O}H$)，叔醇出现 m/z 59 或 73、87 等 ($RR'C{=}\overset{+}{O}H$)。

$$R—CH_2—\overset{+\cdot}{O}H \xrightarrow{\alpha-} R\cdot + CH_2{=}\overset{+}{O}H$$

$$RR'CH—\overset{+\cdot}{O}H \xrightarrow{\alpha-} R\cdot + R'CH_2{=}\overset{+}{O}H$$

$$RR'R''C—\overset{+\cdot}{O}H \longrightarrow R\cdot + R''R'C{=}\overset{+}{O}H$$

图 1-24 为各级醇的质谱。

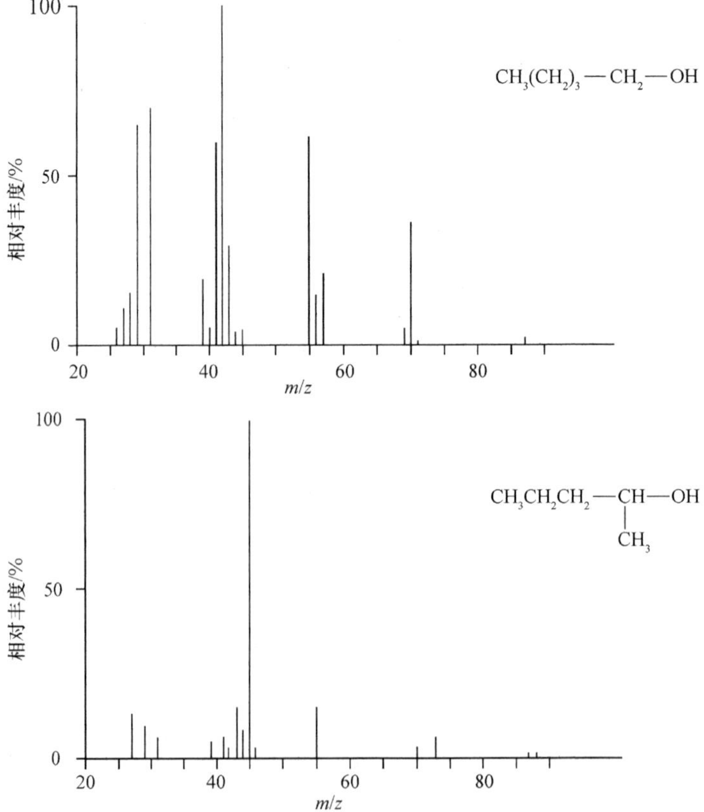

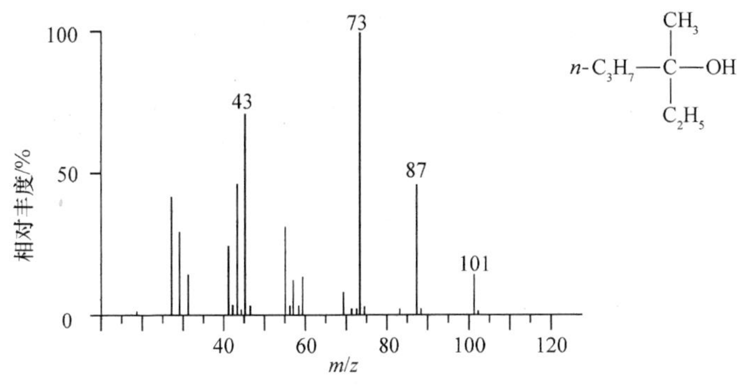

图 1-24 各级醇的质谱

图 1-25 为 $CH_3(CH_2)_{14}CH_2OH$ 的质谱，除出现 m/z 31 和脱水峰外，主要显示烃基质谱特征。

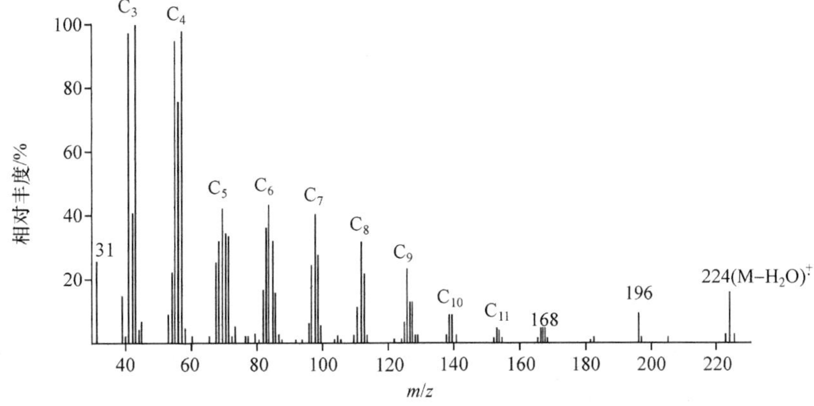

图 1-25 $CH_3(CH_2)_{14}CH_2OH$ 的质谱

不饱和醇（如丙烯醇）有各种可能的 α-断裂方式。例如

$$CH_2{=}CH{-}CH_2OH^{\urcorner +\cdot} \xrightarrow{\alpha-} \underset{m/z\ 57(B)}{CH_2{=}CH{-}CH{=}\overset{+}{O}H} + \underset{m/z\ 31(65\%)}{CH_2{=}\overset{+}{O}H} + \underset{m/z\ 41(少量)}{\overset{+}{C}H_2{-}CH{=}CH_2}$$

胺的 α-断裂与醇相似，伯胺出现 m/z 30 峰（$CH_2{=}\overset{+}{N}H_2$），仲胺和叔胺经 α-断裂后发生进一步氢重排也可能得到 m/z 30。此外，它们都可能产生 44、58、72 等 α-断裂的碎片离子，并经常给出丰度相当高的 M−H 峰。

经 α-断裂形成正离子碎片的稳定性与杂原子推电子倾向的次序平行，即 N>S>O>卤素。因此，若一个分子中同时有巯基和羟基，在质谱中以 α-断裂形成硫基正离子为主。

$$\underset{SH\quad\ \ OH}{CH_2{-}CH_2}^{\urcorner +\cdot} \xrightarrow{\alpha-} HO{-}CH_2^{\cdot} + \underset{m/z\ 47(B)}{CH_2{=}\overset{+}{S}H}$$

$$\underset{SH\quad\ \ OH}{CH_2{-}CH_2}^{\urcorner +\cdot} \xrightarrow{\alpha-} HS{-}CH_2^{\cdot} + \underset{m/z\ 31(61\%)}{CH_2{=}\overset{+}{O}H}$$

醚的 α-断裂(如异丙基正戊基醚)产生 2 个主要的含氧正离子碎片(图 1 - 23)：

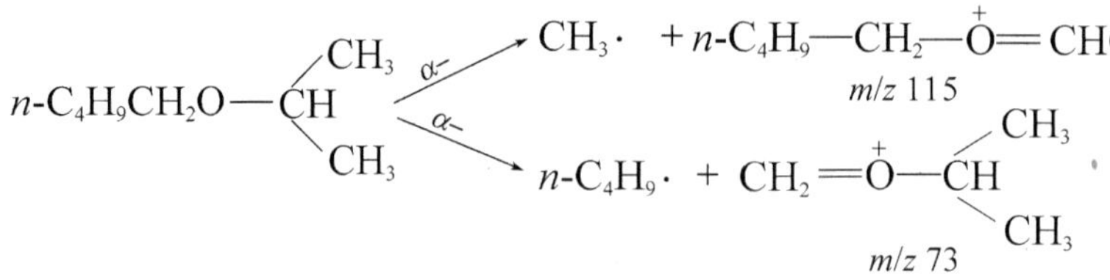

$$n\text{-}C_4H_9CH_2O-CH(CH_3)_2 \xrightarrow{\alpha-} CH_3\cdot + n\text{-}C_4H_9-CH_2-\overset{+}{O}=CHCH_3 \quad (m/z\ 115)$$

$$n\text{-}C_4H_9CH_2O-CH(CH_3)_2 \xrightarrow{\alpha-} n\text{-}C_4H_9\cdot + CH_2=\overset{+}{O}-CH(CH_3)_2 \quad (m/z\ 73)$$

缩酮也是一种醚,有类似的裂解途径。例如

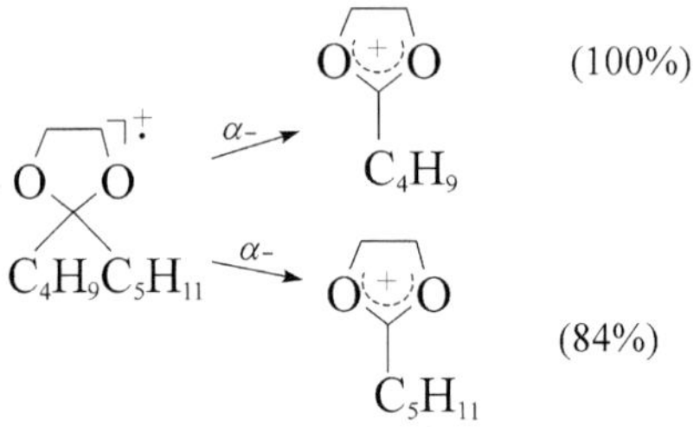

$$\text{C}_4\text{H}_9\text{C}_5\text{H}_{11}\text{(1,3-二氧戊环)}^{+\cdot} \xrightarrow{\alpha-} \text{(1,3-二氧戊环正离子)}-C_4H_9 \quad (100\%)$$

$$\xrightarrow{\alpha-} \text{(1,3-二氧戊环正离子)}-C_5H_{11} \quad (84\%)$$

通常醚在发生 α-断裂后得到的偶电子离子还可以相继发生 i-断裂。例如

$$n\text{-}C_4H_9-CH_2-\overset{+}{O}=CH-CH_3 \xrightarrow{i-} CH_3CHO + n\text{-}C_4H_9-CH_2^+ \quad (m/z\,71)$$

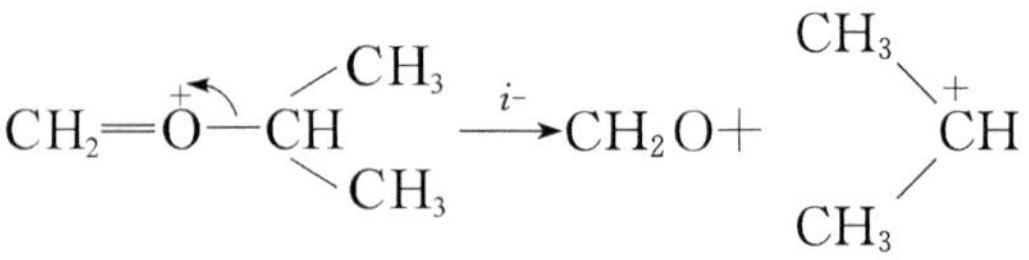

$$CH_2=\overset{+}{O}-CH(CH_3)_2 \xrightarrow{i-} CH_2O + (CH_3)_2\overset{+}{C}H$$

醚发生 α-断裂后,在氧正离子有 β-H 的情况下,相继发生 rH,可得到醇的系列离子 31、45、73(图1 - 23)。α-断裂的难易还与邻近基团的结构有关,图 1 - 26 为单萜烯环醚的两个异构体(a)和(b)的质谱。按 α-断裂方式丢失侧链后,(a)可得到碎片离子m/z 85,(b)则得到 m/z 99,且它们的丰度相差很大,(a)的 m/z 85 为基峰,(b)的 m/z 99 丰度很小,这是由于(a)的 α-断裂在侧链的烯丙位,可以得到稳定的正离子,同时丢失稳定的烯丙位自由基。但(b)的类似断裂必须发生在乙烯位,由于靠近双键的碳-碳键不易断裂而采取连续 α-断裂方式,得到 m/z 139 为基峰。

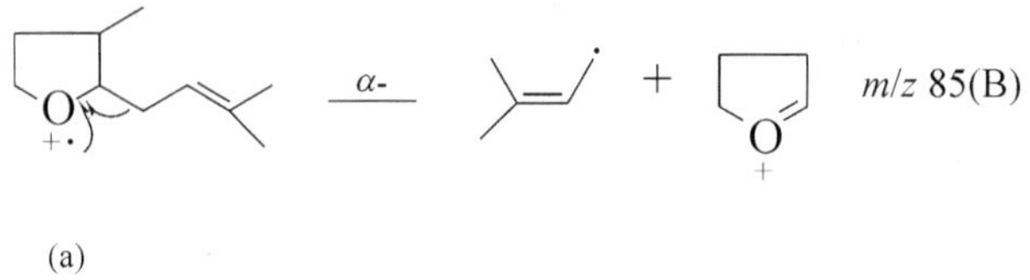

(a) $\xrightarrow{\alpha-}$ 自由基 + 氧鎓离子　m/z 85(B)

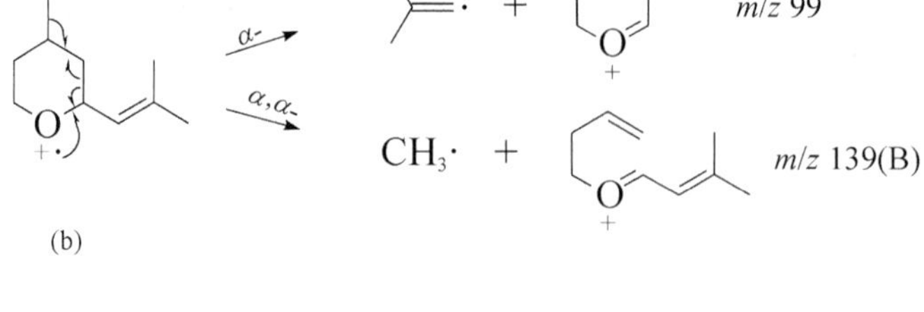

(b) $\xrightarrow{\alpha-}$ 自由基 + 氧鎓离子　m/z 99

(b) $\xrightarrow{\alpha,\alpha-}$ $CH_3\cdot$ + 氧鎓离子　m/z 139(B)

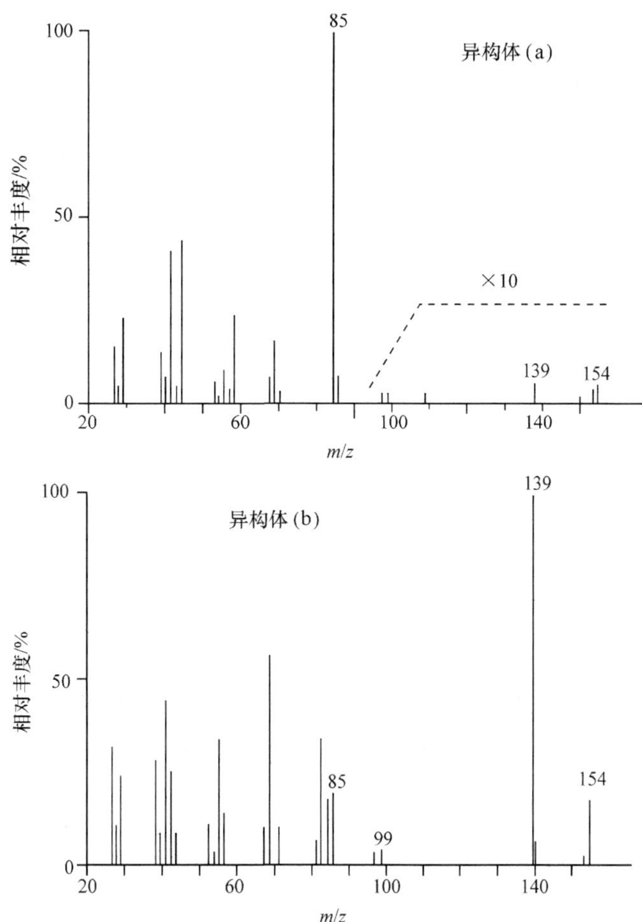

图 1-26 单萜烯环醚的两个异构体的质谱

羰基化合物经常发生 α-断裂：

$$R-\overset{\overset{+\cdot}{O}}{\overset{\|}{C}}-X \xrightarrow{\alpha^-} X\cdot \quad + \quad R-C\equiv\overset{+}{O} \qquad (X=OR',R',H,NR'_2)$$

脂肪酮于羰基两侧发生 α-断裂，得到两种酰基正离子：

$$C_3H_7-\overset{\overset{O^{+\cdot}}{\|}}{C}-C_5H_{11} \xrightarrow{\alpha^-} \begin{cases} C_5H_{11}C\equiv\overset{+}{O} & m/z\ 99 \\ C_3H_7C\equiv\overset{+}{O} & m/z\ 71 \end{cases}$$

不饱和键与羰基共轭的酮(如正丙基苯甲酮)，α-断裂发生在烷基羰基间形成的苯甲酰基正离子 m/z 105，具有高度稳定性而成为基峰。芳羰基键较稳定，不易发生断裂，这种断裂生成的羰基正离子 m/z 71 丰度极低，如图 1-27 所示。

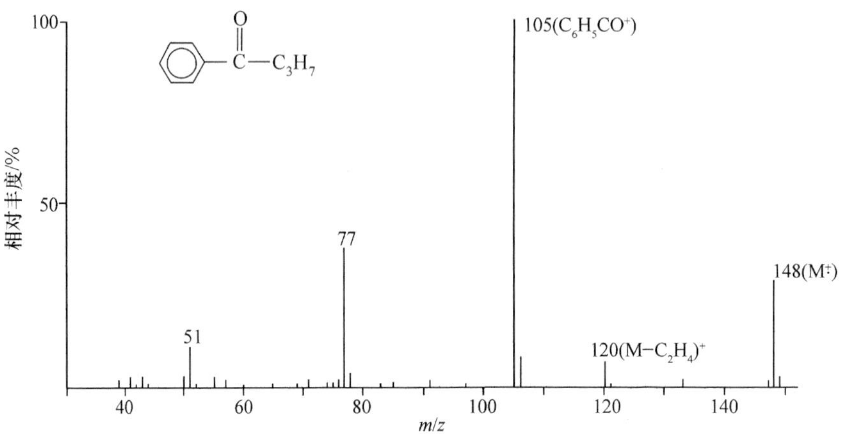

图 1-27　正丙基苯甲酮的质谱

$$C_6H_5-\overset{\overset{+\cdot}{O}}{\overset{\|}{C}}-C_3H_7 \longrightarrow C_3H_7\cdot + C_6H_5-C\equiv O^+$$

m/z 105

醛的 α-断裂将产生特征峰 M—1 和 M—R(m/z 29)，同位素^{18}O标记证明，小分子醛的 m/z 29 来自羰基的 α-断裂，而长链醛的 m/z 29 主要是烃的系列离子，如图 1-28 所示。

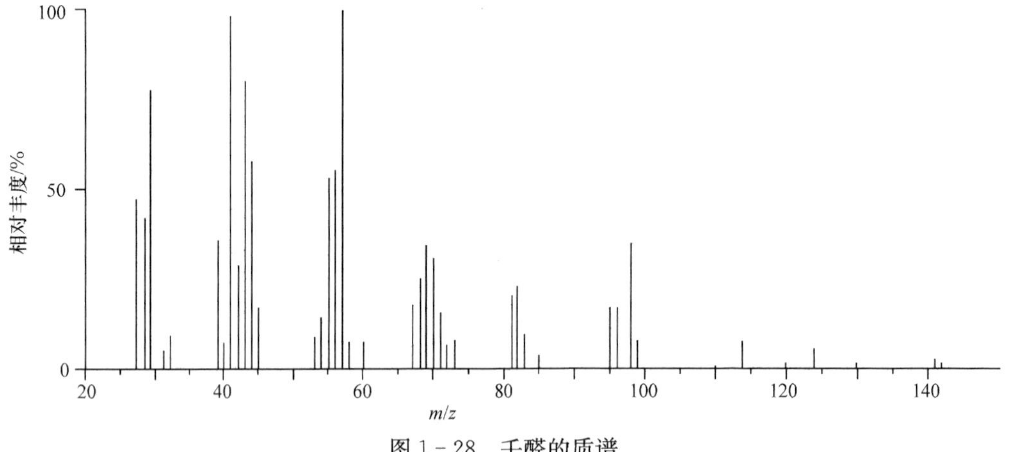

图 1-28　壬醛的质谱

图 1-28 中 m/z 43、57、71、…为长链烃基的系列裂片。脂肪醛随着链长的增加，官能团的特性逐渐下降，烃基的质谱特性显现出来，这是长链衍生物的普遍现象，如长链醇、烷基酯、卤代烷等。

脂肪酯类可发生两种方式的 α-断裂：

$$R-\overset{\overset{O^{+\cdot}}{\|}}{C}-O-R' \xrightarrow{\alpha-} R'O\cdot + R-C\equiv\overset{+}{O}$$

$$R-\overset{\overset{O^{+\cdot}}{\|}}{C}-O-R' \xrightarrow{\alpha-} R\cdot + R'-O-C\equiv\overset{+}{O}$$

与酮的裂解反应相似，芳香羧酸酯的 α-断裂主要形成芳羰基正离子。

多数羰基化合物由 α-断裂形成的羰基正离子都有可能继续发生 i-断裂，生成相应的烃基正离子：

$$R—C\equiv\overset{+}{O} \longrightarrow R^{+} + CO$$

酰胺可能在氧或氮原子上形成正离子自由基，以两种方式发生 α-断裂，得到相同的碎片离子。不过这种断裂的概率很小，如图 1-29 所示，其中基峰 m/z 59 是氢重排断裂产物。

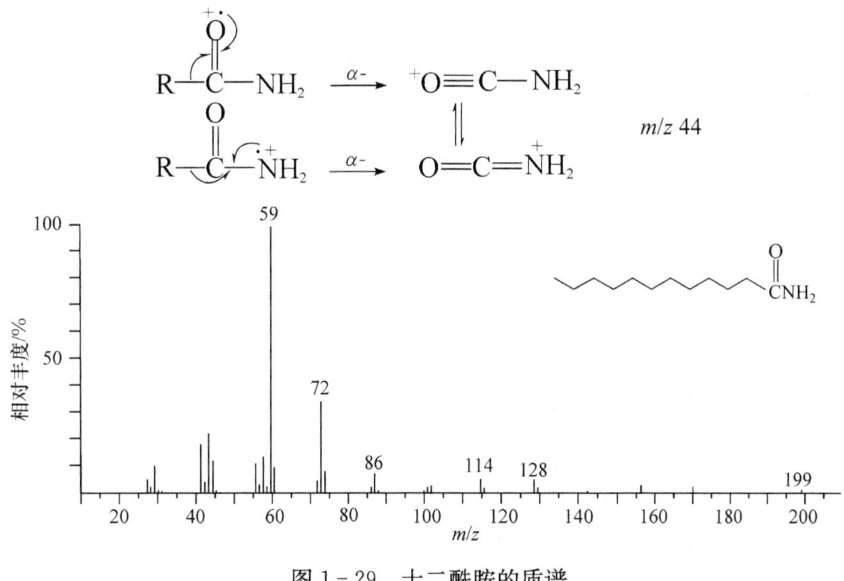

图 1-29 十二酰胺的质谱

考察可以在两个方向发生 α-断裂的化合物醚、醇、酮、胺等的质谱，如图 1-23(m/z 115 和 73)、图 1-24(m/z 101,87 和 73)所示，当可能丢失的基团具有类似结构时，总是优先丢失较大基团而得到较小正离子的碎片，这是 α-断裂选择性的一般规律。

2. 氢重排裂解

氢重排裂解是分子离子或碎片离子在裂解过程中伴随氢转移，同时丢失稳定的中性分子的裂解反应。

氢重排裂解是经常发生的裂解反应，在离子源中，烷基正离子可以发生多种形式的重排裂解。例如

$$C_8H_{17}^{+} \begin{cases} \longrightarrow C_6H_{13}^{+} + C_2H_4 \\ \longrightarrow C_5H_{11}^{+} + C_3H_6 \\ \longrightarrow C_4H_9^{+} + C_4H_8 \\ \quad\cdots \end{cases}$$

这类重排称为随机重排。

质谱中对结构鉴定有意义的氢重排是自由基电荷定位而引起的特定的氢重排，氢原子向饱和的杂原子迁移，也可以向不饱和基团迁移。重排可通过四元、五元或六元环过渡态进行，常见的是通过六元环或四元环过渡态的氢重排裂解。

1）向饱和杂原子迁移的氢重排裂解

卤代烃(Cl、Br)通过四元环过渡态，氢原子向卤素迁移，消除卤化氢。

$$CH_3-CH(H)-CH_2\overset{\cdot +}{Br} \xrightarrow{rH,\alpha-} CH_3-\dot{C}H-\overset{+}{C}H_2 + HBr$$

醚和硫醚、酯等也可能通过四元环过渡态发生类似反应。

$$CH_2(CH_2-H)-\overset{\cdot +}{O}-CH_2CH(CH_3)_2 \xrightarrow{rH} H\overset{\cdot +}{O}-CH_2-CH(CH_3)_2 + CH_2=CH_2$$

$$CH_2(CH_2-H)-\overset{\cdot +}{S}-C_2H_5 \xrightarrow{rH} H\overset{\cdot +}{S}-C_2H_5 + CH_2=CH_2$$

$$C_6H_5-X-C(=O)^{\urcorner\dot{+}}-CHR(H) \xrightarrow{rH} C_6H_5-XH^{\urcorner\dot{+}} + RCH=C=O$$

X=O，NH

如 R=H，可出现 M−42 离子，是乙酸酯或其酰胺的常见断裂方式。

氯代烃有时也可通过五元环过渡态进行氢重排。

$$C_2H_5-CH(H)-CH_2CH_2\overset{\cdot +}{Cl} \xrightarrow{rH,i-} C_2H_5-\text{cyclopropane}^{\urcorner\dot{+}}$$

通过六元环过渡态进行的氢重排更为常见，如醇失水、硫醇失 H_2S。

$$R-\text{(ring, H/H}\overset{\cdot +}{O}) \xrightarrow{rH} R-\dot{C}H(\overset{+}{H_2O}) \xrightarrow[\text{(环化取代)}]{\text{取代重排}} R-\text{cyclobutane} + H_2O^{\dot{+}}$$

$$\downarrow i-$$

$$R-\dot{C}H\cdots^{+} \xrightarrow{i-} R-CH-\overset{+}{C}H_2 + \|$$

$$R-\text{(ring, H/H}\overset{\cdot +}{S}) \xrightarrow{rH} R-\dot{C}H(\overset{+}{H_2S}) \xrightarrow[-H_2S]{i-} \xrightarrow{i-} R-CH-\overset{\cdot +}{C}H_2 + \|$$

一些长链硫醇的质谱，除 M−34 离子外，还呈现烯烃系列离子，如图 1-30 所示。

具有一定结构的苯的邻位取代基间容易形成六元环过渡态而发生氢重排裂解，称为邻位效应(ortho effect)。

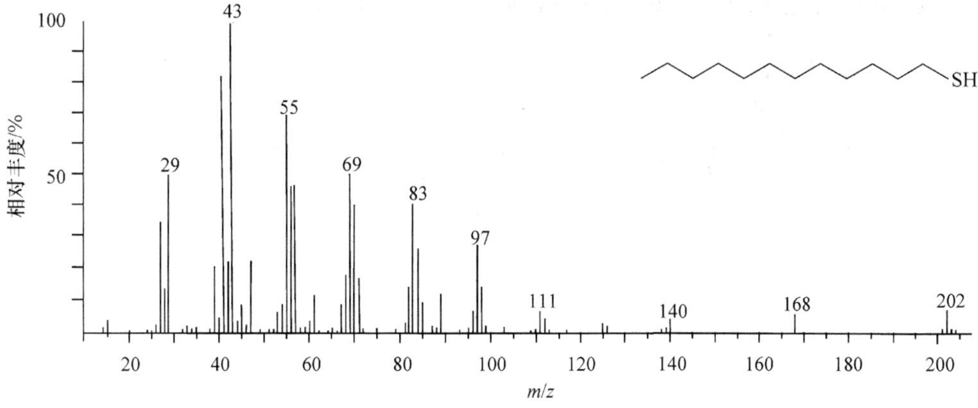

图 1-30 正十二烷基硫醇的质谱

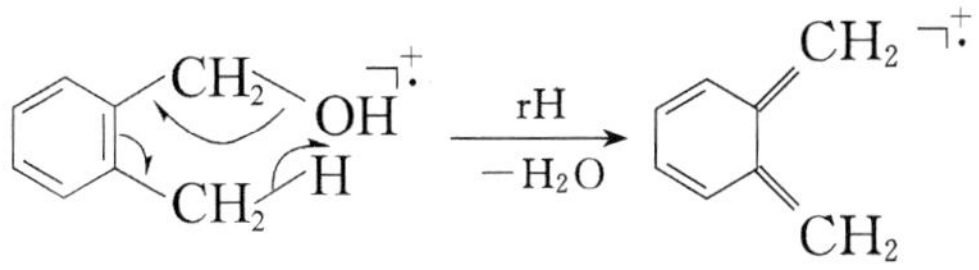

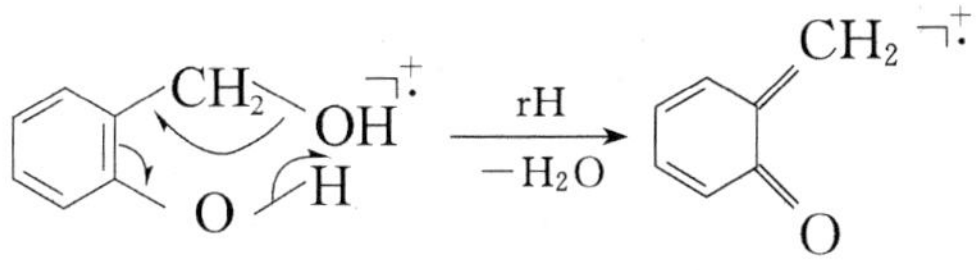

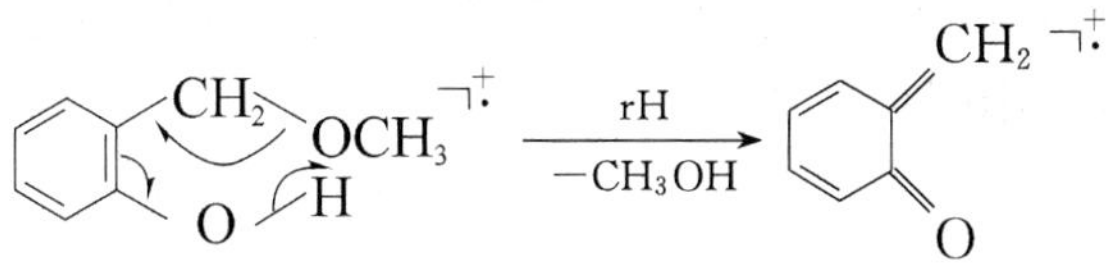

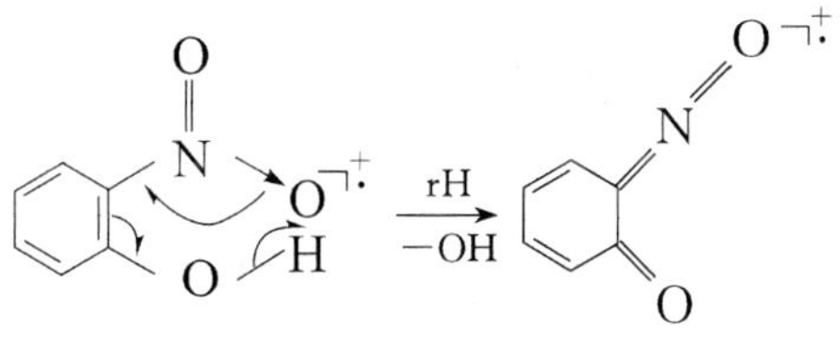

rH, $-H_2O$

rH, $-H_2O$

rH, $-CH_3OH$

rH, $-OH$

具有如下结构特点的邻二取代苯都可发生氢重排：

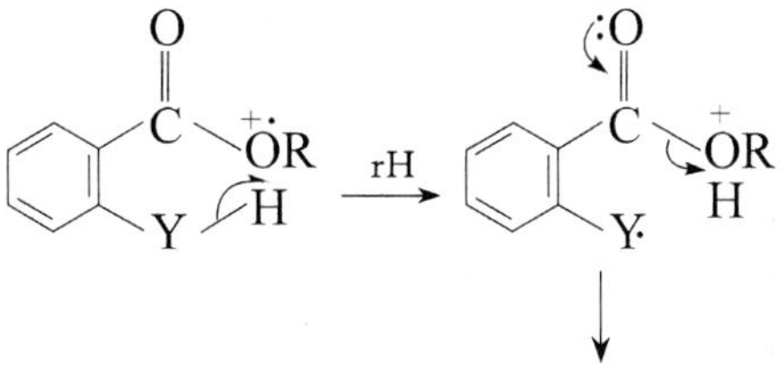

rH

Y=R,O,NH,S等

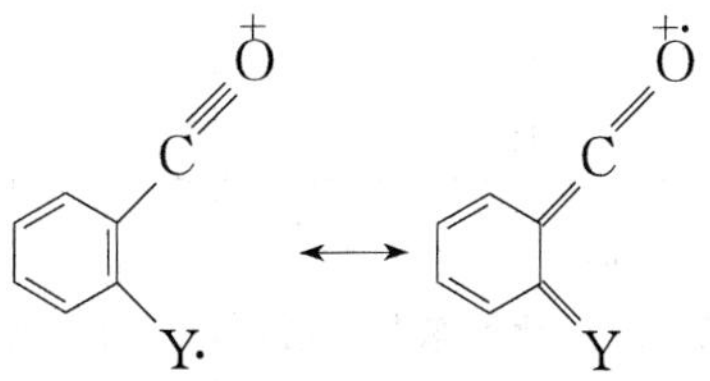

例如，水杨酸正丁酯经氢重排裂解得 m/z 120 为基峰(图 1－31)。

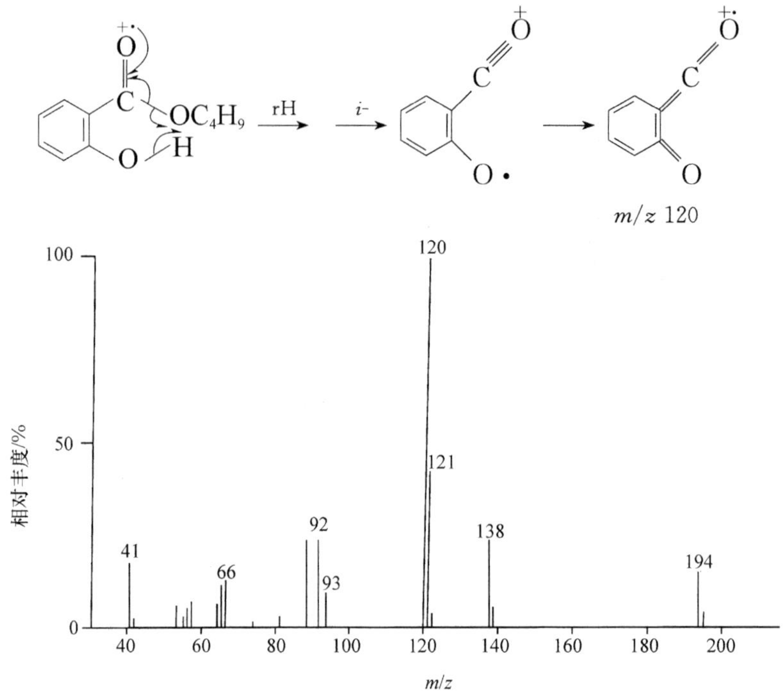

图 1－31　水杨酸正丁酯的质谱

邻甲基苯甲酸甲酯的质谱比对甲基苯甲酸甲酯增加一个较强的 m/z 118 峰，即为“邻位效应”的氢重排产物，如图 1－32 所示。

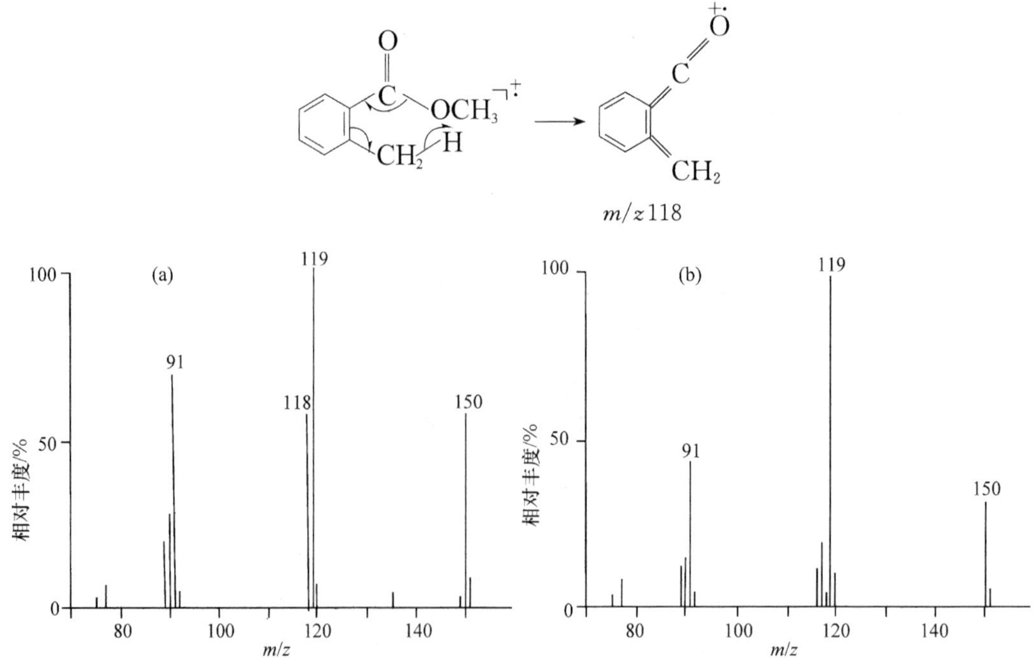

图 1－32　邻甲基苯甲酸甲酯 (a)和对甲基苯甲酸甲酯 (b)的质谱

烯烃衍生物的顺式异构体也有相似的“邻位效应”，可发生氢重排裂解。

$$R-CH(H)-CH=CH-C(=O)OH^{+\cdot} \xrightarrow{rH} R-\dot{C}H-CH=CH-C(=O)\overset{+}{O}H_2 \xrightarrow{i-} R\dot{C}H-CH=CH-\overset{+}{C}=O \longleftrightarrow RCH=CH-CH=C=O^{+\cdot}$$

2）向不饱和基团迁移的氢重排裂解

通过六元环过渡态向不饱和基团发生氢重排的 McLafferty 重排是最普遍的氢重排裂解反应。如图 1－27 所示，正丙基苯甲酮质谱中的m/z 120 即为这类重排产物。

$$C_6H_5-C(=\overset{+\cdot}{O}H\cdots)-CH_2-CH_2-CH_2 \longrightarrow C_6H_5-C(=\overset{+}{H}O)-CH_2\cdot + CH_2=CH_2$$

m/z 120

McLafferty 重排是伴随着氢重排，不饱和基团的 β-键发生断裂，消去中性分子，产生 OE^+ 的反应，简言之，氢重排 β-断裂，以“rH/β-”表示。rH/β-断裂实际上是相继的 rH 和 α-断裂的结合，这种重排广泛涉及酮、醛、羧酸、酯、酰胺、腈、肟、腙、亚胺、乙烯醚、烯、炔、磷酸酯、亚硫酸酯等各类化合物的裂解。凡是不饱和基团的 γ-位含有 H 的化合物都有可能发生这类重排。

$$Y-C(=\overset{+\cdot}{X}\cdots H)-CH_2-CH_2-CR_2 \xrightarrow{rH/\beta-} Y-C(=\overset{+\cdot}{X}H)=CH_2 \longleftrightarrow Y-C(=\overset{+}{X}H)-CH_2\cdot \longleftrightarrow Y-\overset{+}{C}(XH)-CH_2\cdot$$

$$\xrightarrow{rH} \left(Y-C(=\overset{+}{X}H)-CH_2-CH_2-\dot{C}R_2\right) \xrightarrow{\alpha-}$$

X=O,NH,CH_2,…

Y=H,R,OR,OH,NR_2,…

McLafferty 重排的结果在质谱中往往出现较强的特征峰，有时为基峰。例如，正丙基苯基酮的 m/z 120(图 1－27)、壬醛的 m/z 44(图 1－28)，长链酰胺的 m/z 59(图 1－29)，水杨酸丁酯的 m/z 138(图1－31)。水杨酸丁酯的质谱表明，发生 McLafferty 重排后得 m/z 138，还可以发生氢重排失去 1 分子水，形成 m/z 120 碎片离子，这是邻位效应的氢重排。

$$o\text{-}HO-C_6H_4-C(=O)-O-CH_2-CH_2-CH(H)-C_2H_5^{+\cdot} \xrightarrow{rH/\beta-} o\text{-}HO-C_6H_4-C(=O)OH^{+\cdot} \xrightarrow{rH/i-} O=C=C_6H_4=O^{+\cdot}$$

m/z 138　　m/z 120

薄荷酮的 McLafferty 重排形成的碎片离子 m/z 112 作为基峰出现。

rH/β- m/z 112

所有 α-位没有支链的长链羧酸经 McLafferty 重排都将产生特征的 m/z 60 碎片离子 $CH_3—\overset{\overset{\displaystyle O^{\cdot+}}{\|}}{C}—OH$ 。芳香环、环氧基也可以作为 McLafferty 的自由基电荷定位基团。

正丙基苯经 McLafferty 重排得到碎片离子 m/z 92(图 1－21),α-丁基吡啶得碎片离子 m/z 93;1,2-环氧戊烷得碎片离子 m/z 58。苯乙醇质谱的 m/z 92 也可看作是 rH/β-产物。

rH/β- m/z 92

rH/β- m/z 93

rH/β- m/z 58

长链烷基腈(如正十二烷基腈)除发生正常的 McLafferty 重排给出碎片离子 m/z 41 外,还进行一种特殊成环氢重排,形成 m/z 97 碎片(图 1－33)。

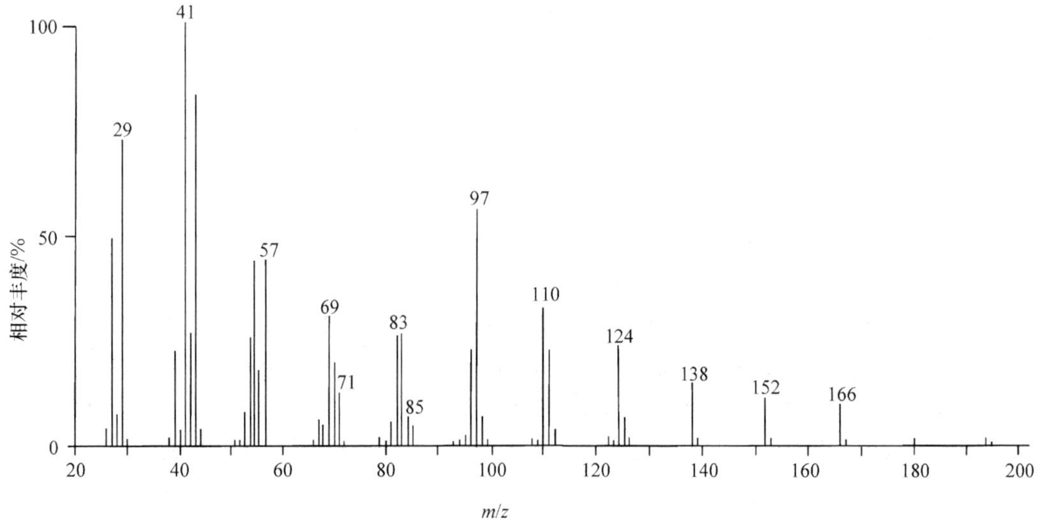

图 1－33 正十二烷基腈的质谱

C_9H_{19} — $\overset{+}{N}$ (H·) →[rH/β-, $-C_9H_{19}—CH=CH_2$] $H\overset{+}{N}≡C—\dot{C}H_2$ ⟷ $H\dot{\overset{+}{N}}=C=CH_2$　m/z 41

C_5H_{11} — (H·, $\overset{+}{N}$=C) →[rH, $-C_5H_{11}—CH=CH_2$] (cyclohexylidene $H\dot{\overset{+}{N}}$)　m/z 97

脂族硝基化合物(如硝基丙烷)也可以作为 rH/β-的自由基定位基团,产生 m/z 61 离子(图 1 - 34)。

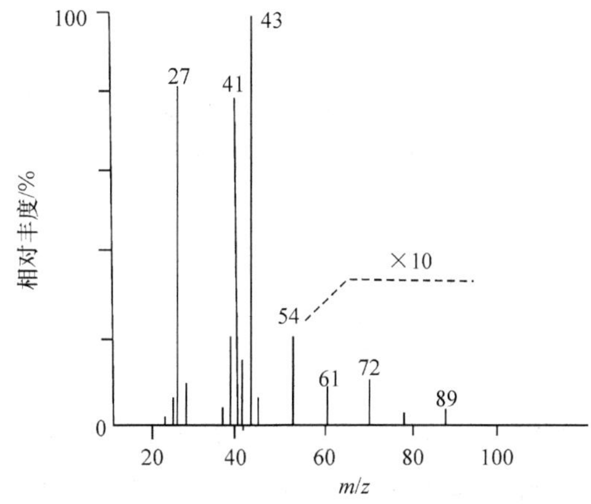

图 1 - 34　硝基丙烷的质谱

经 McLafferty 重排,正电荷一般主要留在原来的不饱和基团上,如果在不饱和基团的γ-位具有共轭稳定化的基团,重排断裂后正电荷也可转移到烯键上,发生歧化的rH/β-反应。

R—(H·, $\overset{+}{O}$) → R—·　$H\overset{+}{O}$ →[α-] R(alkene) + $H\overset{+}{O}$(·)　m/z 58　　R=CH_3　(40%)　R=C_6H_5　(5%)

↕

R—·　HO(+) →[i-] HO(alkene) + R(+)　　R=CH_3, m/z 42　(5%)　R=C_6H_5, m/z 104 (100%)

当可能产生的两种正离子基的稳定性相近时,质谱中两种离子基的丰度也趋于接近。例如,壬醛的两个 McLafferty 重排碎片离子(图 1 - 28)m/z 44($CH_2=CH—\dot{\overset{+}{O}}H$)和m/z 98[$CH_3—(CH_2)_4—CH\overset{\cdot+}{—}CH_2$]的相对丰度相差不大。

在不饱和基团两边的取代基都含有 γ-H 时,可发生两次 McLafferty 重排反应,或称 rH/β+1裂解反应,4-壬酮质谱中 m/z 86 和 58 两个正离子碎片就是 rH/β+1 裂解产物。

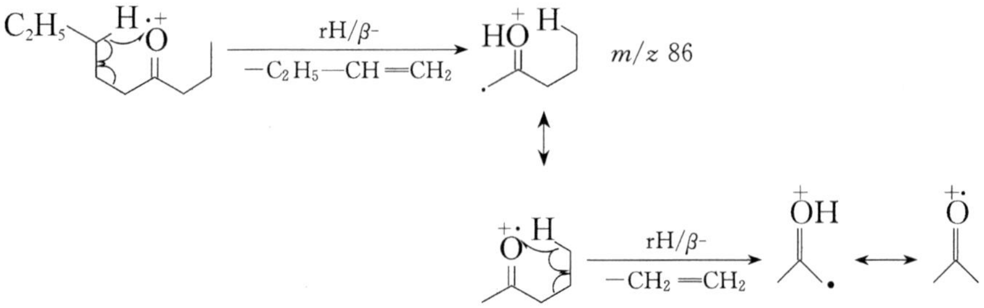

长链的亚硫酸酯也会发生两次重排。

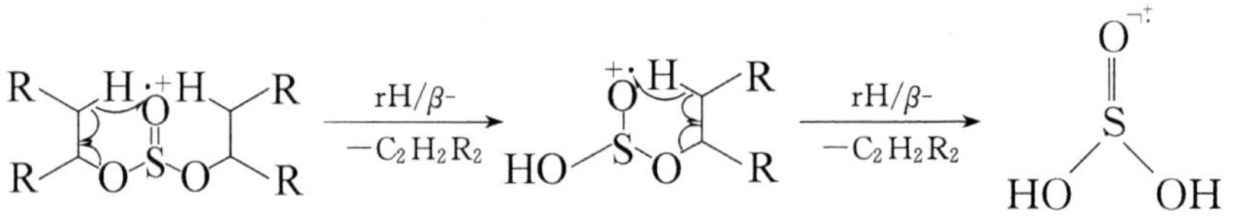

丁酸-2-苯基乙酯本应具有发生两次 McLafferty 重排的结构条件，但由于苯基对其 α-氢的活化，优先在苯基这边发生重排，而且电荷留在共轭稳定的苯乙烯碎片上，所以抑制了二次重排的可能。

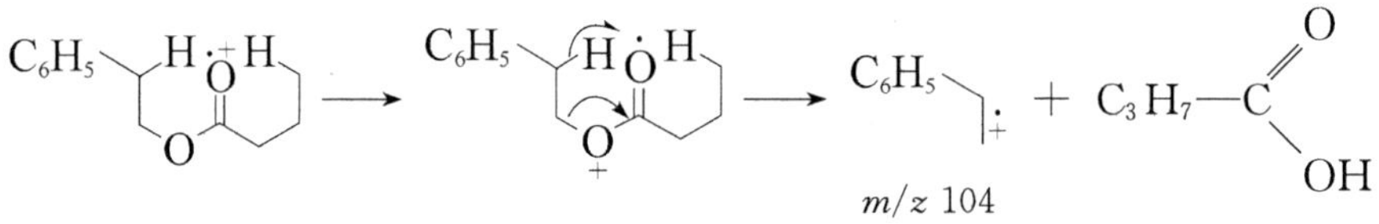

重排峰很容易从质谱的 m/z 值辨认，一个不发生重排的裂解，若分子离子是偶数质量单位，将给出奇数质量的碎片离子，反之亦然。因此，若观察到碎片离子比一般预期的离子差一个质量单位，即表明有氢重排发生。

氢重排反应有时也可通过四元环或五元环过渡态发生，如环己烯质谱的 m/z 67 和正丙基苯的 m/z 105 离子(图 1-21)。

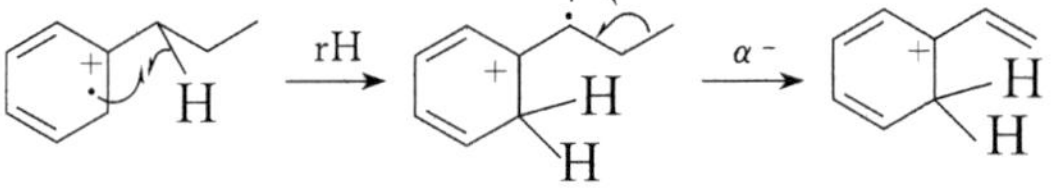

由 α-断裂产生的偶电离子 $R—CH=\overset{+}{X}CH_2CH_2—R'$ (X=O, S, NH) 也可发生类似 rH/β-形式的重排，如长链的伯胺 m/z 44 离子的形成，这里是 H^- 重排。

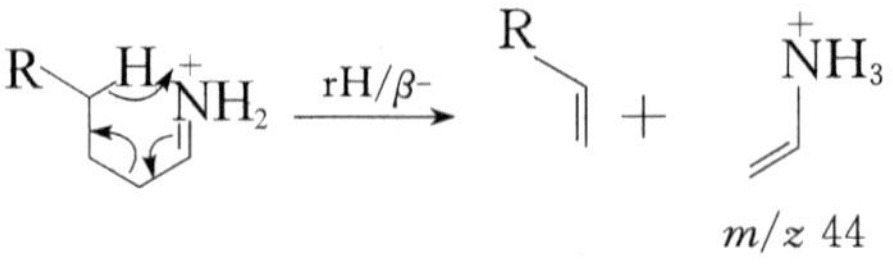

β-氢还可以通过四元环过渡态发生重排裂解。

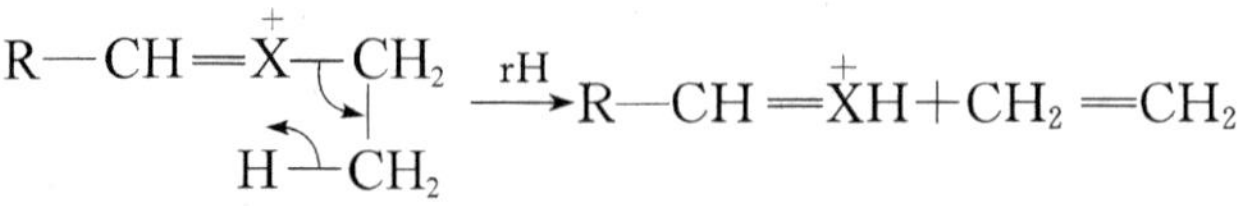

$$R—CH=\overset{+}{X}—CH_2—CH_2—H \xrightarrow{rH} R—CH=\overset{+}{X}H+CH_2=CH_2$$

这种 β-氢向不饱和杂原子的重排比上述通过四元环过渡态向饱和杂原子的重排裂解更

为普遍。

异丙基正戊基醚的质谱(图 1-23)中的 m/z 45、31 就是由 α-断裂得到的偶电子离子相继发生氢重排的结果。

C_5H_{10} + $HO^{+}=CHCH_3$ m/z 45

C_3H_6 + $CH_2=\overset{+}{O}H$ m/z 31

因此长链醚的质谱经常得到 m/z 31、45、59 等醇的某些系列离子。

仲胺和叔胺的质谱也可能观察到 m/z 30($CH_2=\overset{+}{N}H_2$)。

$$RCH_2CH_2-\overset{+\cdot}{N}H-CH(CH_3)_2 \xrightarrow{\alpha-} CH_2=\overset{+}{N}H-CH(CH_3)_2 \xrightarrow{rH} C_3H_6+CH_2=\overset{+}{N}H_2$$

$$R-CH_2CH_2-\overset{+\cdot}{N}(C_2H_5)_2 \xrightarrow{\alpha-} CH_2=\overset{+}{N}(C_2H_5)_2 \xrightarrow[-C_2H_4]{rH} CH_2=\overset{+}{N}H-CH_2CH_3 \xrightarrow{rH} CH_2=\overset{+}{N}H_2$$

m/z 30

五元环过渡态断裂过程也经常发生。例如

m/z 55 (B)

m/z 56(30%)

$$\xrightarrow[-CH_2=O]{rH/\beta-} \xrightarrow[-H\cdot]{\alpha-}$$

m/z 77

三元环过渡态断裂过程多见于消除重排(re)。

3) 其他氢重排

长链脂肪酸甲酯的质谱，如正二十六酸甲酯(图 1-35)，除通过 McLafferty 重排得基峰m/z 74外，还有一系列特征峰 m/z 87、143、199、255、…。显然这一系列特征峰不是由简单裂解或一般氢重排裂解产生的，它们之间的质量差均为—$(CH_2)_4$—，经重氢标记研究证明，m/z 87 是通过六元环过渡态的双氢重排(以符号 r2H 表示)得到的。

$$\text{R—(H)(H)—C}(=\overset{+}{\text{O}})\text{—OCH}_3 \xrightarrow{\text{r2H}} \text{RCH}_2\cdot \quad + \quad \text{CH}_2\text{=CH—}\underset{}{\text{C}}(=\overset{+}{\text{O}}\text{H})\text{—OCH}_3$$

m/z 87

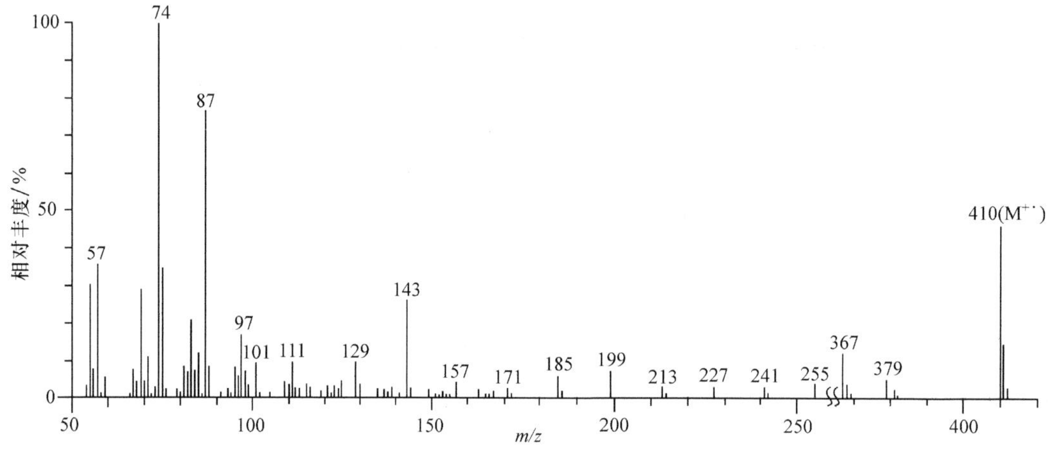

图 1-35　正二十六酸甲酯的质谱

其他一系列离子 143、199、255、311 等均相差—$(CH_2)_4$—，是通过更大的多元环过渡态双氢重排而来。

$$\text{R—(H)—}(\text{CH}_2)_n\text{—(H)—C}(=\overset{+}{\text{O}})\text{—OCH}_3 \xrightarrow{\text{r2H}} \widehat{(\text{CH}_2)_n\text{—CH}}\text{—C}(=\overset{+}{\text{O}}\text{H})\text{—OCH}_3$$

$(n=1,5,9,13,\cdots)$

同样，长链的脂肪酸也有类似的大环过渡态的双氢重排(图 1-36)，其中 m/z 73、129 为碎片离子$\left[\widehat{(\text{CH}_2)_n\text{—CH}}\text{—C}(=\overset{+}{\text{O}}\text{H})\text{—OH},\ n=1,5\right]$。

长链酰胺(图 1-29)也有 r2H 反应的碎片离子 72、86、114、128、…。

一些酯类和醚类化物还可发生另一类型的“双重氢重排”(用符号 2rH 表示)，重排时有的通过双五元环过渡态，也有的通过双四元环过渡态。

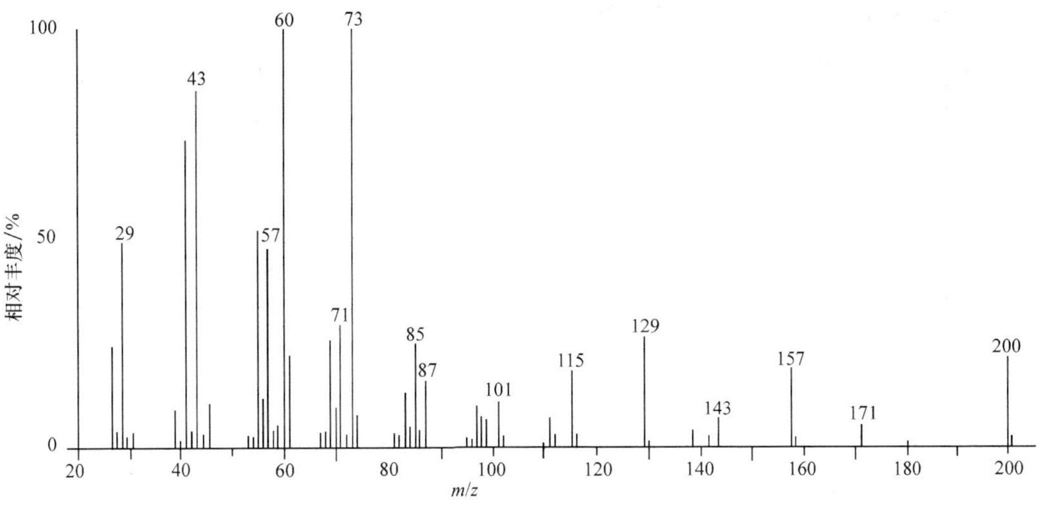

图 1 - 36　正十二羧酸的质谱

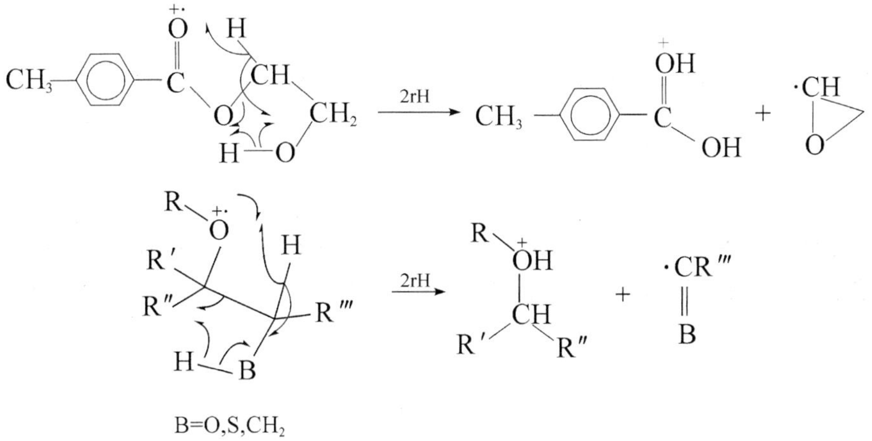

2rH

2rH

$B=O,S,CH_2$

乙二醇的 m/z 33 相对丰度较高，也为双重氢重排的结果。

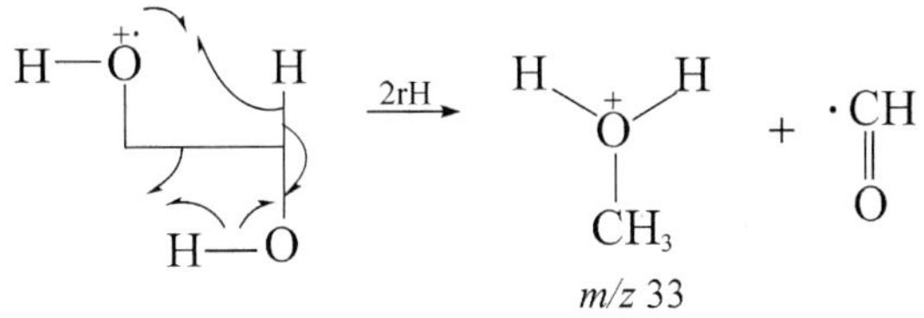

2rH

m/z 33

3. 环裂解——多键断裂

一些环状化物的裂解需要两个或两个以上的多键断裂。

1）一般的多键断裂

普通的环状化物常发生简单断裂和氢重排相互组合的多键断裂，如环己醇的质谱(图 1 - 37)，基峰 m/z 57 为 α-、rH、α-组合，m/z 44 为 α-、α-、α-组合断裂的结果。m/z 82离子为脱水峰，从几何关系考虑，1，4-或 1，3-失水为宜，但由于质谱出现m/z 67、54离子，似应为 1,2-失水,通过环己烯 M$^{+\cdot}$ 的断裂方式形成。

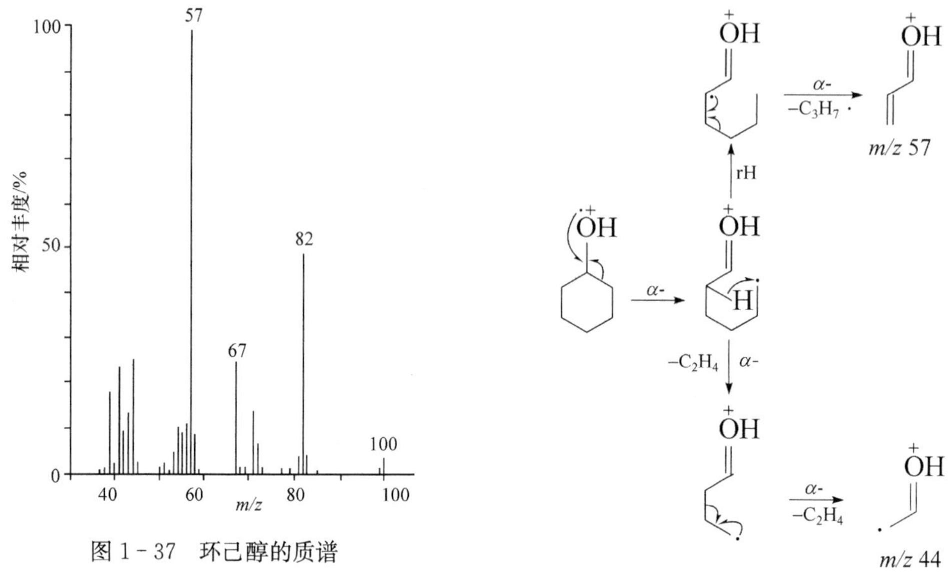

图 1-37　环己醇的质谱

类似地,环己基醚、环己基胺、环己基硫醚和环己酮等都能形成相似的特征离子。

这类多键裂解的特点是正电荷与自由基相分离,并由自由基驱动反应而进行的。

α-萘烷酮的裂解也有相似的过程,只是反应渠道多了一些,由这类裂解得到的碎片离子也多一些。

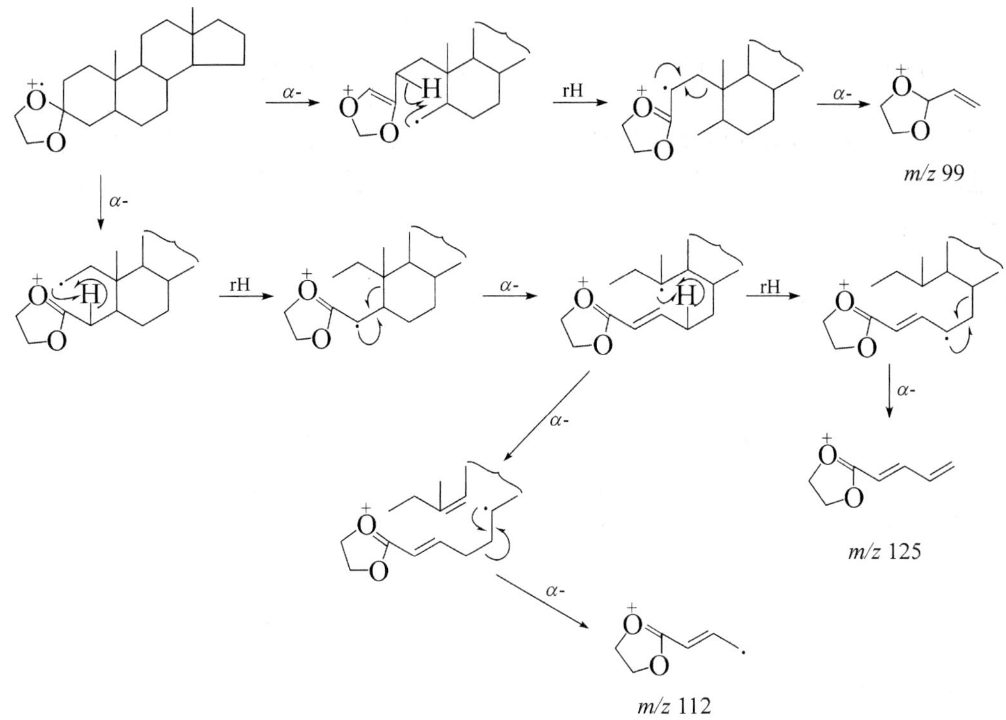

α-
rH
α-
m/z 99
α-
rH
α-
rH
α-
α-
m/z 125
α-
m/z 112

一些复杂的化合物将经历更多的断裂过程，如 5-α-雄甾烷-3-酮的乙二醇缩合物的质谱(图 1 - 38)。其中三个主要的碎片离子生成机理如上所述。

100
50
0
相对丰度/%
99
125
112
149
189
260
303
318
40
80
120
160
200
240
280
320
m/z

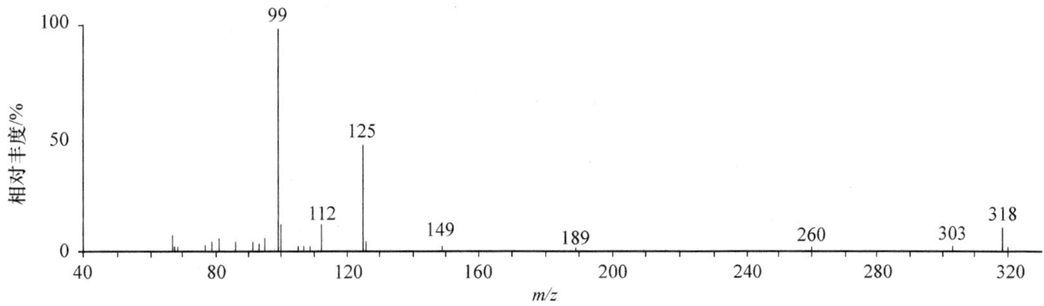

图 1 - 37　5-α-雄甾烷-3-酮的乙二醇缩合物的质谱

从结构上看，这种缩合物与其胺基取代物应具有相同的裂解机理。

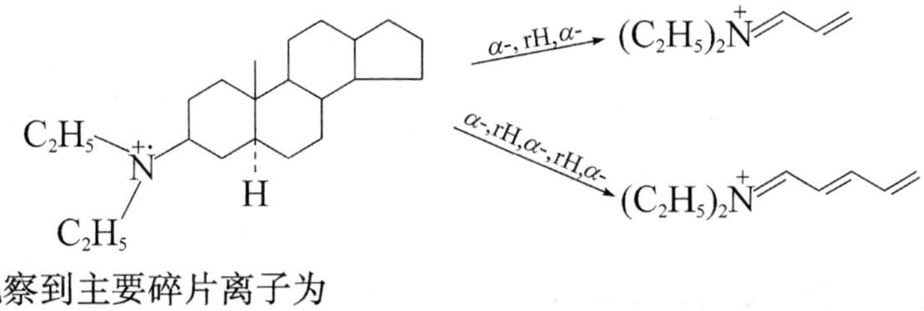

α-, rH, α-
(C2H5)2N
α-, rH, α-, rH, α-
(C2H5)2N
C2H5
N
C2H5
H

质谱中可以观察到主要碎片离子为

m/z 112　$(C_2H_5)_2\overset{+}{N}$═∕∖∕═ ，　m/z 138　$(C_2H_5)_2\overset{+}{N}$═∕∖∕═∖∕═

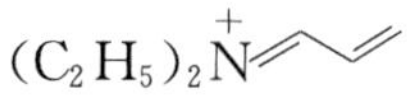

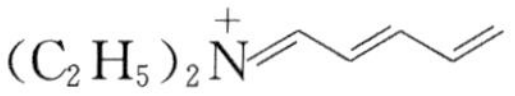

苯酚和苯胺的质谱有相似的裂解过程，当存在有邻位氢的情况下，会发生氢重排断裂，然后经 α-断裂、i-断裂、丢失 CO，形成碎片离子。同样，苯胺将消除 HCN，也得到 m/z 65碎片离子。

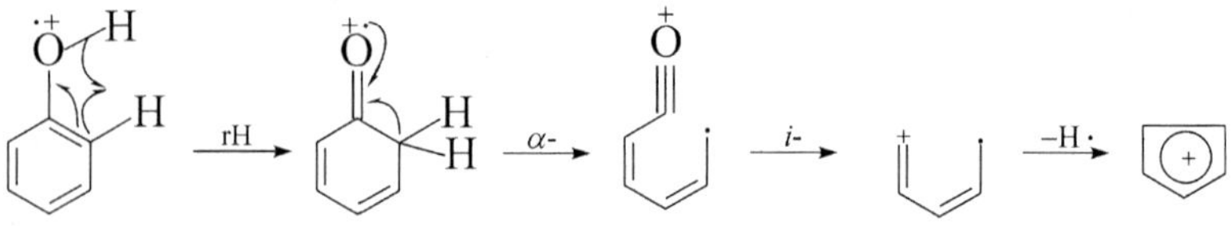

若苯酚或苯胺的芳环上有其他烃基取代，除发生上述消除 CO 或 HCN 的反应外，主要还是倾向保留芳香环，首先在取代基处发生 α-断裂。图 1－39 中的基峰 m/z 121 即为这类裂解的产物。

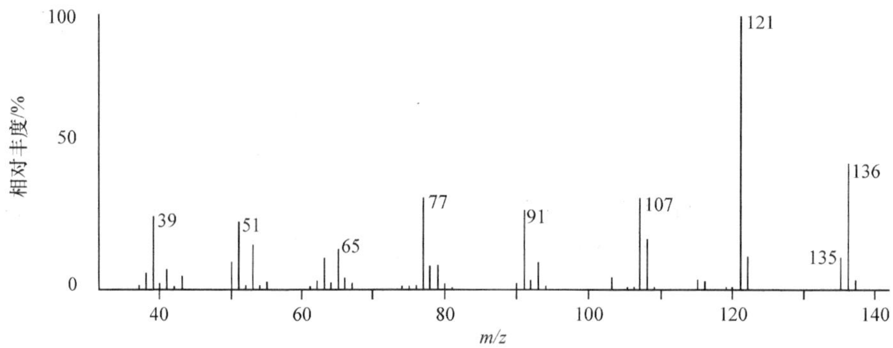

图 1－39　4-甲基-2-乙基苯酚的质谱

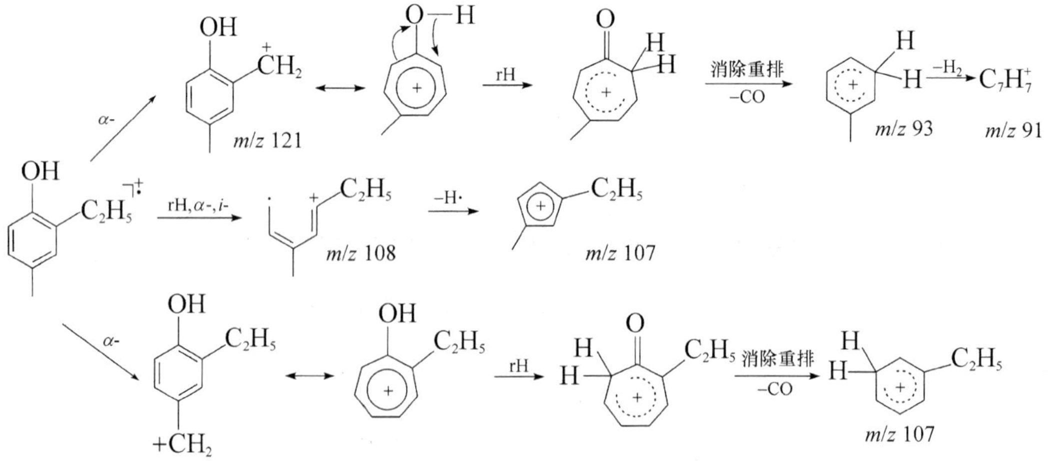

一些杂环化物的裂解多是经过多键断裂进行的，如呋喃、吡咯、噻吩的裂解。

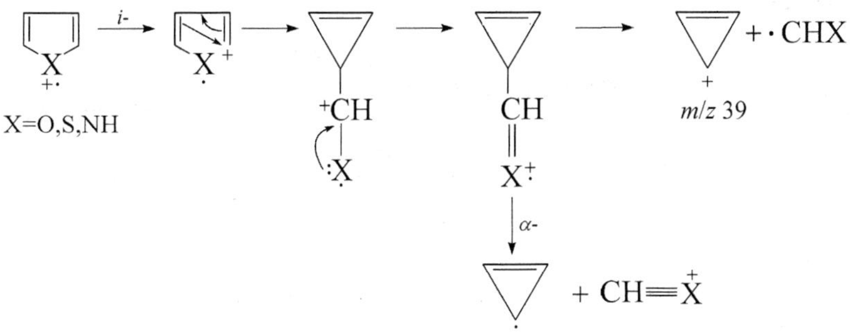
i-
X
X=O,S,NH
X
CH
X
CH
X
α-
+ CH≡X
+ · CHX
m/z 39

吡喃酮的裂解：

α-吡喃酮

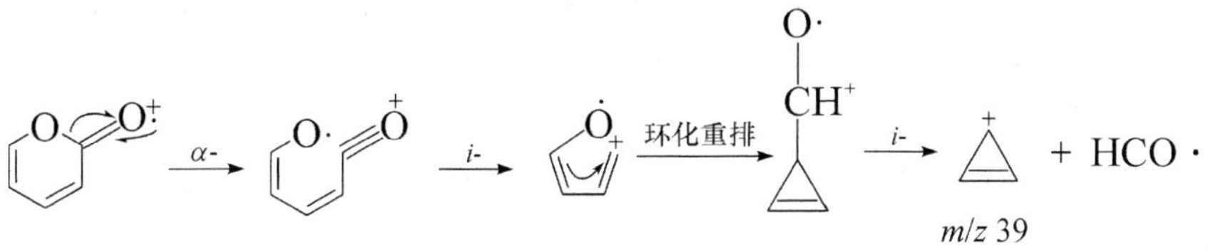
α-
i-
环化重排
i-
+ HCO ·
m/z 39

γ-吡喃酮

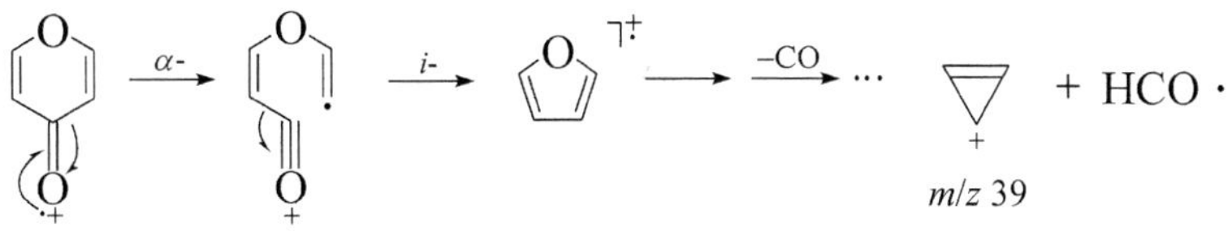
α-
i-
−CO
+ HCO ·
m/z 39

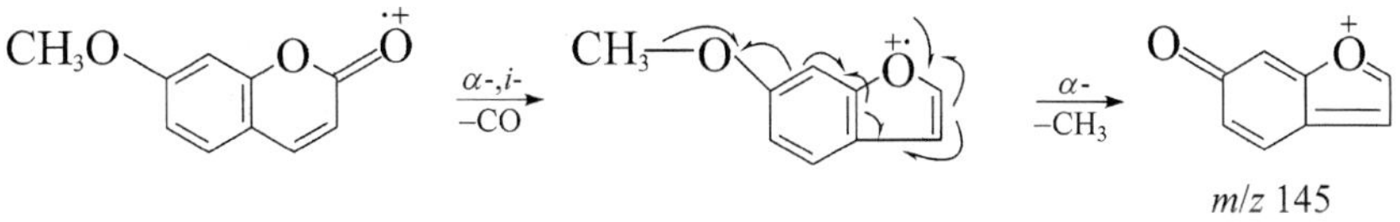
CH₃O
α-,i-
−CO
α-
−CH₃
m/z 145

吡喃酮的衍生物香豆精类和黄酮类化物也有相似的裂解方式。

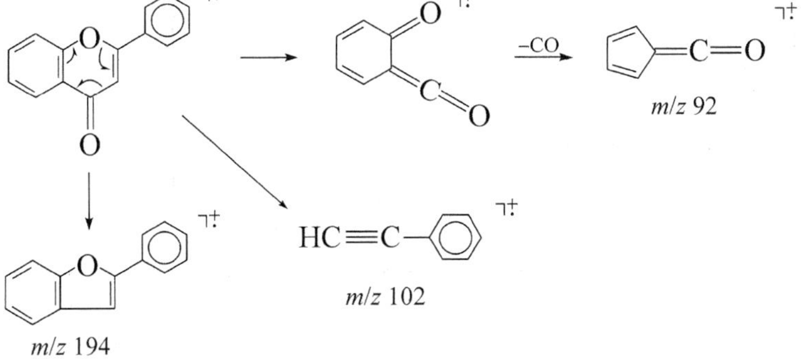
−CO
m/z 92
m/z 102
m/z 194

吡嗪类的裂解：

$\xrightarrow{\alpha\text{-}}$ $CH_3—C\equiv\overset{+}{N}—C(=\dot{C}—CH_3)—CH_3$　　$\xrightarrow{i\text{-}}$ $CH_3—C\overset{+\cdot}{=}C—CH_3$

m/z 95　　m/z 54

↓ rH

$\longrightarrow$ $CH_3—\dot{C}=N—C(CH_3)=C=CH_2 + CH_3—C\equiv\overset{+}{N}H$

m/z 42

2）RDA 裂解反应

RDA 裂解为环状不饱和烃的另一类重要的环裂解反应，是有机化学中协同的 Diels-Alder 成环反应的逆反应，反应结果消除中性分子，形成奇电子离子。

例如，环己烯（图 1－40）离子基定位于重键处而发生多键断裂：经 RDA 反应产生碎片离子 m/z 54，是丁二烯离子基。其竞争反应通过 rH 得到 m/z 67，是更为稳定的离子，表现为基峰。

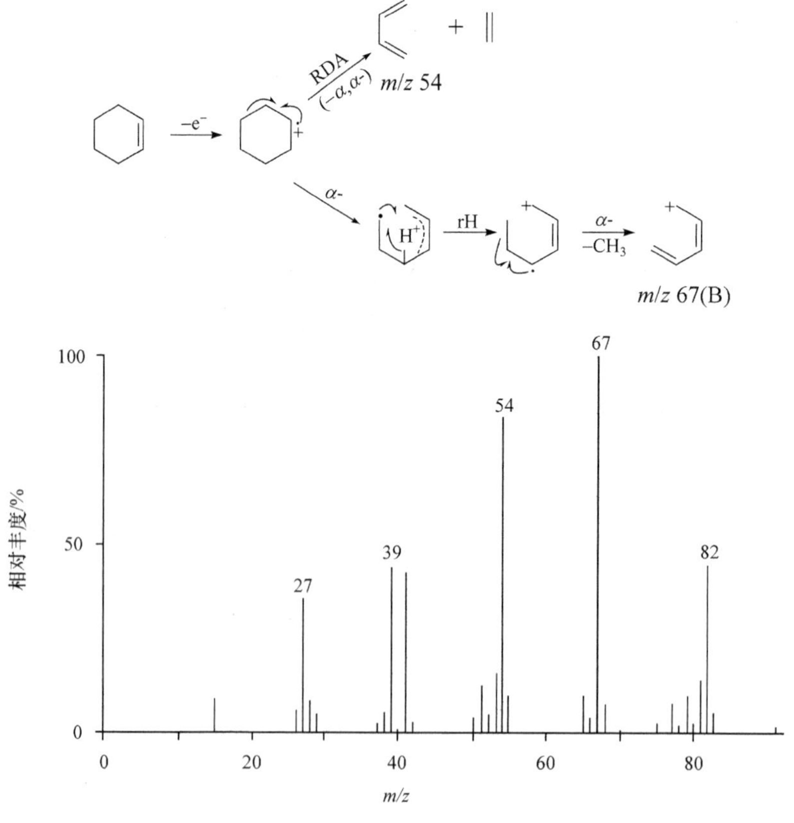

图 1－40　环己烯的质谱

RDA 裂解是不饱和环烃的普遍断裂方式，如萜烯降冰片的环裂解。

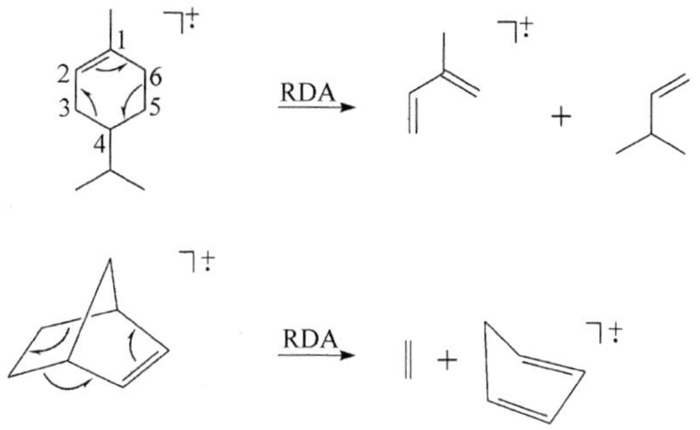

环中的不饱和键也可能是其他环的一部分，像萘满分子那样，可以发生 RDA 反应。

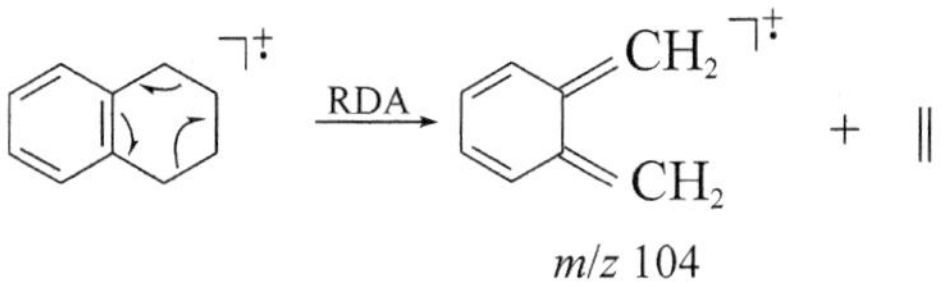

m/z 104

有些饱和环状化合物在裂解过程中形成环己烯骨架，提供了进一步发生 RDA 裂解的结构条件。例如，薄荷酮的质谱中 m/z 112 碎片，经 RDA 裂解得到 m/z 70。

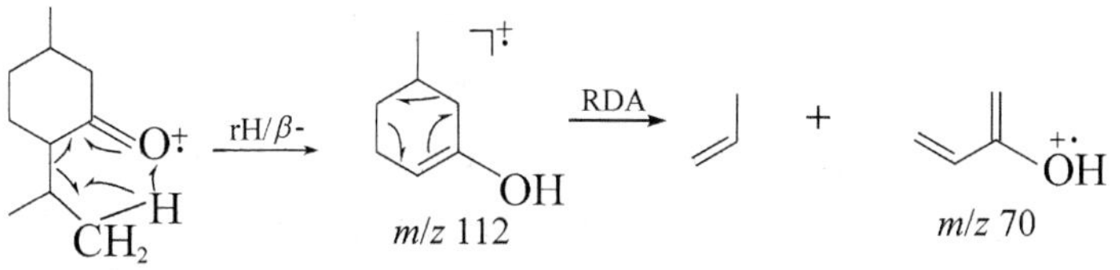

m/z 112　　m/z 70

RDA 裂解结果，正电荷一般留在二烯部分碎片上，但如果环上有取代基，则随取代基的位置和性质不同，按 Stevenson 规则，正电荷主要留在 IP 值低的碎片上。在上述萜烯的例子中，如果 3,6-位有烷基取代时，有利于降低二烯体系的 IP 值，二烯正离子的丰度会增加；当烷基取代处于 4,5-位，则有利于稳定烯正离子而出现丰度较高的烯的碎片离子峰，特别是取代基具有共轭稳定性作用时，这种影响更大。4-苯基环己烯的质谱 m/z 104 为基峰，而 m/z 54 的丰度很小，可能的断裂途径为

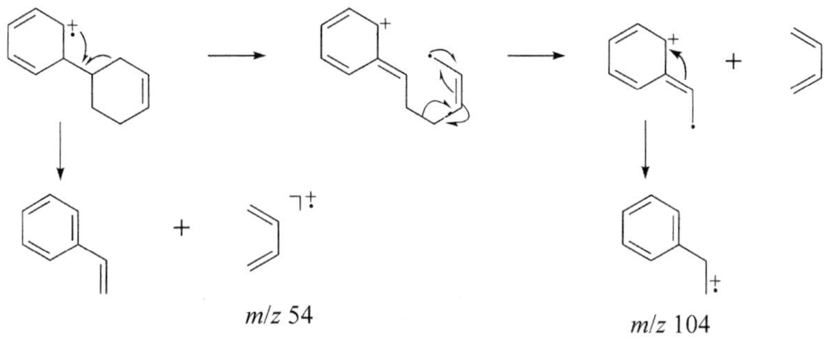

m/z 54　　m/z 104

含有双键的环烷衍生物都会发生 RDA 反应，但其反应发生的可能性大小还与其他结构因素有关。α-紫罗酮的质谱出现强的 m/z 136 峰，而 β-紫罗酮极易发生 α-断裂，失去

甲基形成 m/z 177 稳定的正离子而抑制了 RDA 反应。

RDA

α-紫罗酮　　m/z 136　　m/z 121(B)

α-, $-CH_3$　　m/z 177(B)

RDA, $-C_2H_4$

β-紫罗酮　　m/z 164(<1%)

4. 骨架重排

除了上述重排外，分子在裂解过程中还经常发生骨架重排。分析这些骨架重排裂解的碎片对推断相应化合物的结构是很有用的，这种类型的重排主要有取代重排(displacement rearrangement，rd)和消除重排(elimination rearrangement，re)[11]。

取代重排是一种自由基的邻助取代，取代的同时发生环化，反应过程断掉一根键而形成新键，在能量上是有利的。

取代重排反应最直观的例子是长键氯代烃可以通过五元环过渡态形成 m/z 91 环状离子，也可通过六元环过渡态形成 m/z 105 环状离子，如图 1－41 所示，这两种离子的丰度比大约为 4∶1。

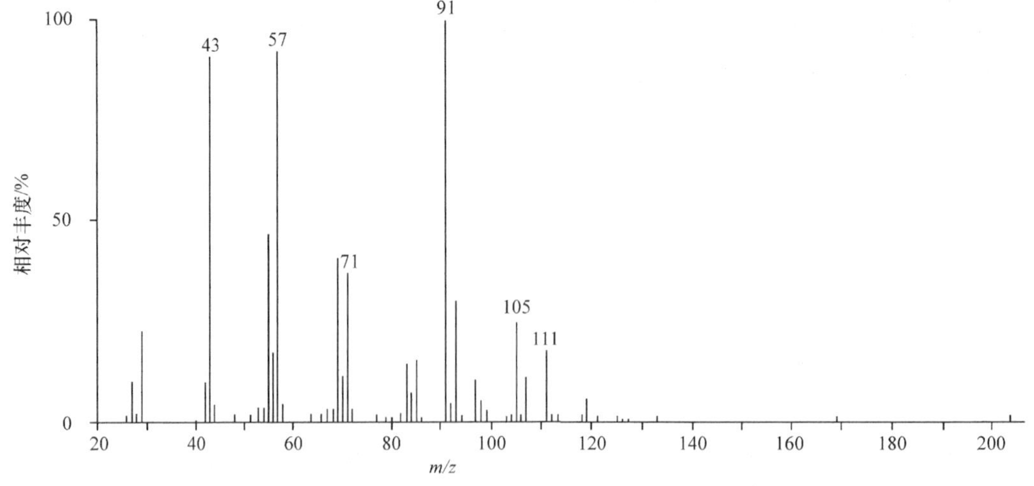

图 1－41　1-氯代十二烷的质谱

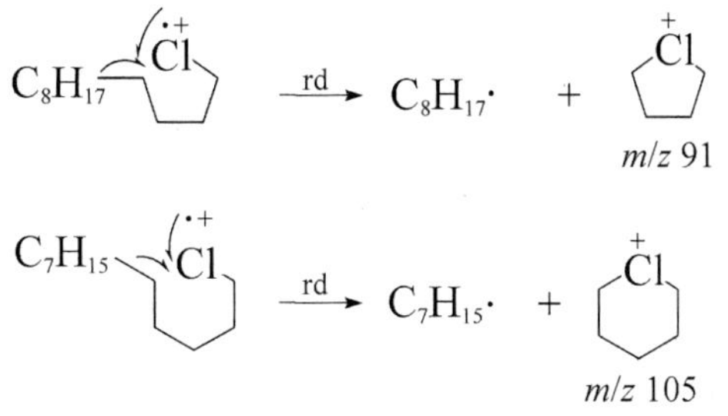

$$C_8H_{17}\text{-}\overset{\cdot+}{Cl}(\text{五元环}) \xrightarrow{rd} C_8H_{17}\cdot + \overset{+}{Cl}(\text{五元环})\quad m/z\ 91$$

$$C_7H_{15}\text{-}\overset{\cdot+}{Cl}(\text{六元环}) \xrightarrow{rd} C_7H_{15}\cdot + \overset{+}{Cl}(\text{六元环})\quad m/z\ 105$$

相应的溴代烷也可通过五元环、六元环两种过渡态形成 m/z 135 和 m/z 149 两种环状碎片离子，由于溴的共价半径比氯大，前一种离子也多一些，它们的丰度比大约为5∶1。

脂链上的卤素衍生物可能发生多种断裂反应(α-，i-，rH/i-，rd)。处于芳环或烯键上的卤素一般相当稳定，对氯硝基苯的质谱裂解直到芳环濒于破碎时，氯才断裂下来。

长链硫醇经取代重排得到五元和六元环状离子丰度较低，硫醇或硫醚通过三元环过渡态发生取代重排反应的可能性更大。如图 1-42 所示，己硫醚的质谱中除 m/z 117(σ-)、131(α-)外，m/z 145(三元环过渡态)较 m/z 173(五元环过渡态)、m/z 187(六元环过渡态)显示相当的丰度。

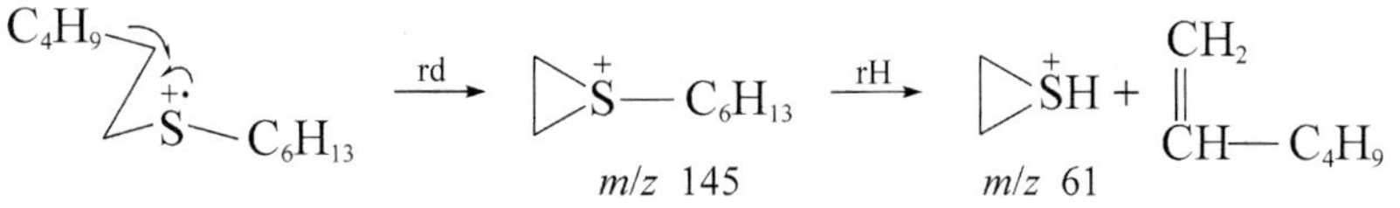

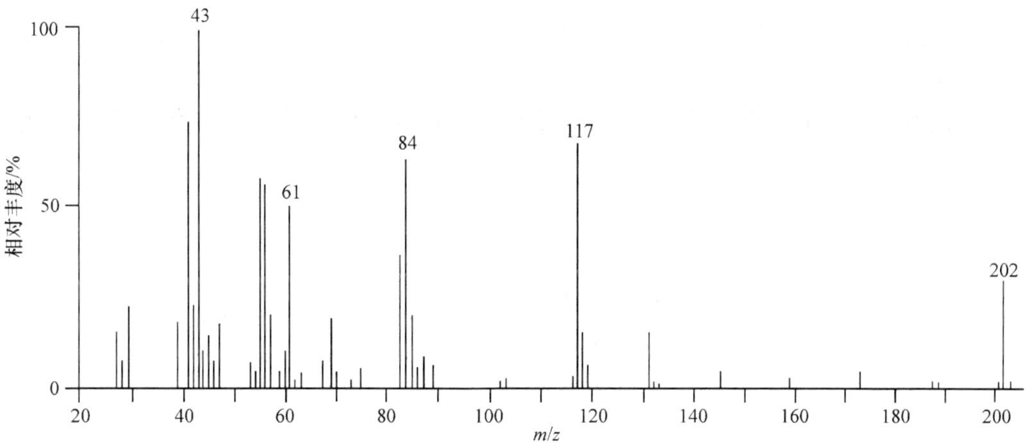

$$C_4H_9\text{-}\overset{+\cdot}{S}\text{-}C_6H_{13} \xrightarrow{rd} \triangleright\overset{+}{S}\text{—}C_6H_{13}\ (m/z\ 145) \xrightarrow{rH} \triangleright\overset{+}{S}H\ (m/z\ 61) + CH_2\text{=}CH\text{—}C_4H_9$$

图 1-42　己硫醚的质谱

氮原子比较小，长链伯胺的取代重排反应除通过三元环过渡态形成 m/z 44 环状离子外，通过六元环过渡态形成相应的 m/z 86 环状离子也有相当丰度，如图 1-43 所示。

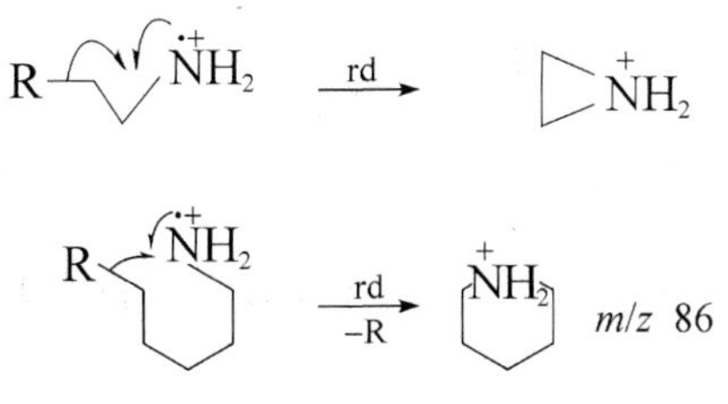

$$R\text{-}\overset{\cdot+}{N}H_2 \xrightarrow{rd} \triangleright\overset{+}{N}H_2\quad m/z\ 44$$

$$R\text{-}\overset{\cdot+}{N}H_2(\text{六元环}) \xrightarrow[-R]{rd} \overset{+}{N}H_2(\text{六元环})\quad m/z\ 86$$

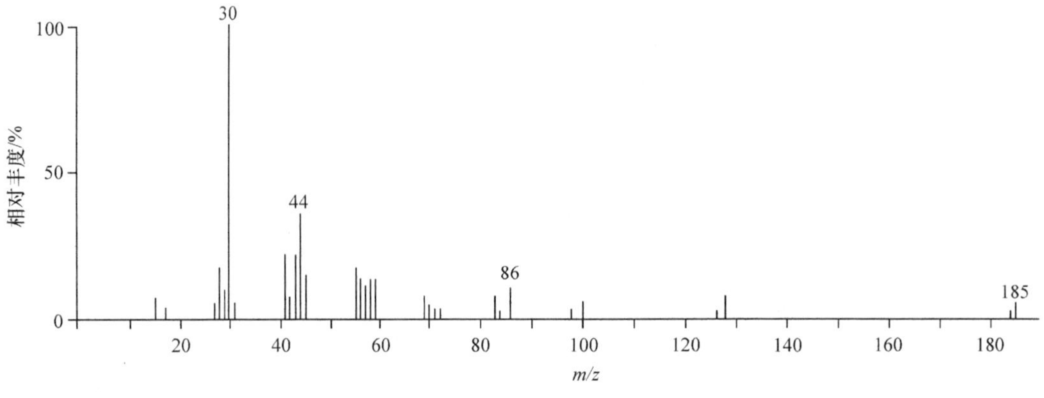

图 1 - 43　正十二烷基胺的质谱

烷基腈的质谱(图 1 - 33)显示一系列离子碎片 m/z 82、96、110、124、…，都是取代重排裂解产物。

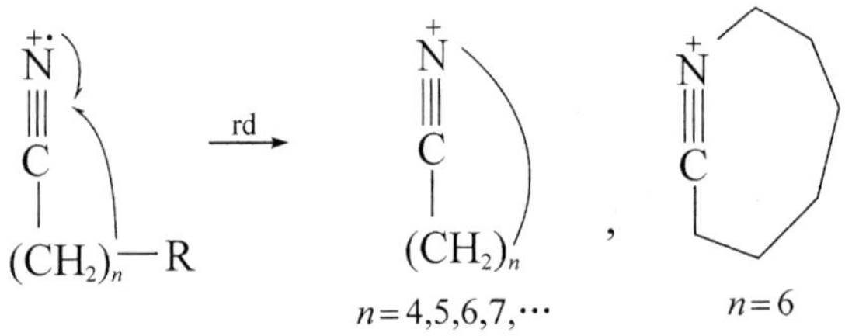

rd

$(CH_2)_n$—R　　$(CH_2)_n$，

$n=4,5,6,7,\cdots$　　$n=6$

由于腈基的线性结构所限，环过大、过小都不太合适，只有 $n=6$ 的八元环是最恰当的，所以 m/z 110 具有较高的丰度。

取代重排也可能由电荷诱导引起，如哌啶衍生物，反应结果与 α,β-不饱和酯的取代重排很相似。

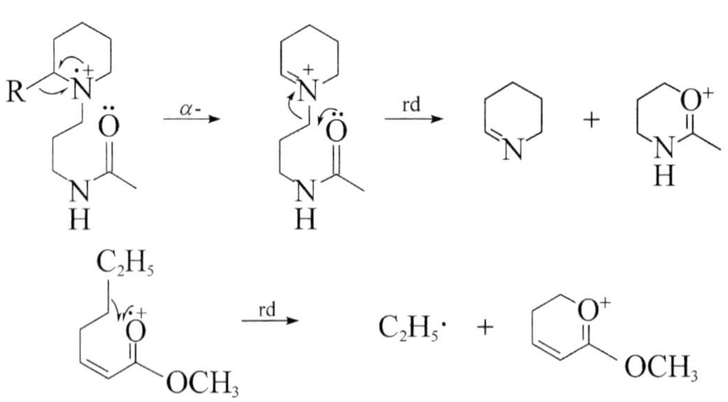

α-　　rd　　+

C_2H_5　　rd　　$C_2H_5\cdot$ + 　OCH_3

肉桂酸酯经如下裂解可得 M—1 峰：

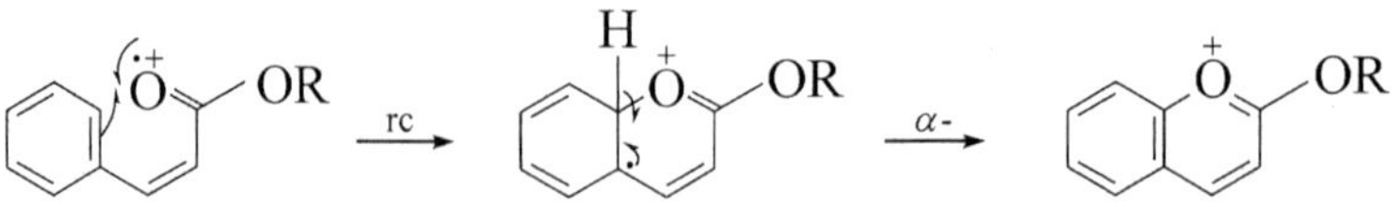

OR　　rc　　OR　　α-　　OR

结果得到偶电子离子，反应的第一步不同于取代重排，没有自由基被取代下来，称为环化重排(cyclization rearrangement，rc)。

环化重排经常在质谱裂解反应过程中出现，如图 1-44 所示，其中 m/z 149 为邻苯二甲酸二酯的特征峰（甲酯除外），其形成途径主要经过环化重排。

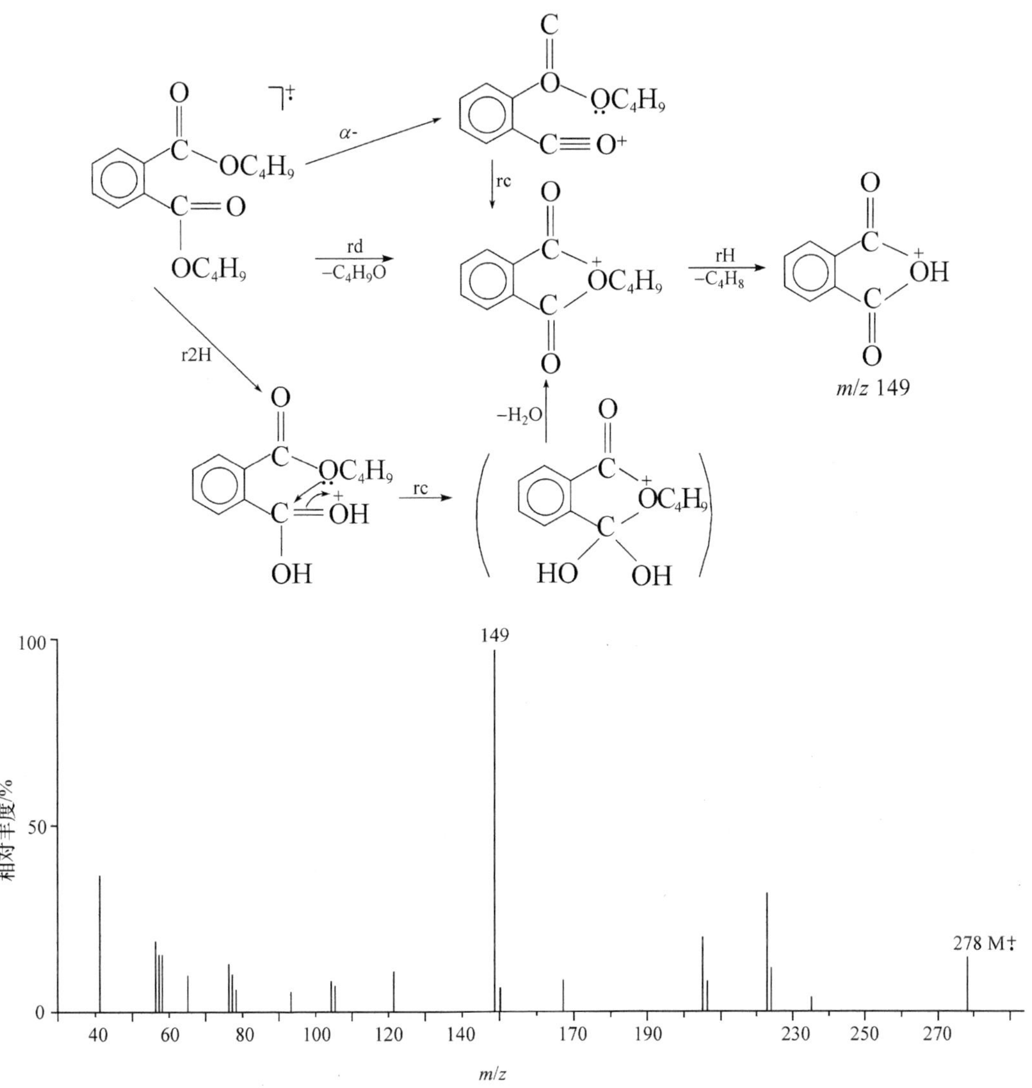

图 1-44 邻苯二甲酸二丁酯的质谱

消除重排的特点是随着基团的迁移同时消除小分子或自由基碎片，反应与氢重排相似，只是迁移的不是氢而是一种基团，也称“非氢重排”（non-H rearrangement）。

在消除重排中，消除中性碎片通常是具有较高 IP 值的小分子或自由基，如 CO、CO_2、CS_2、SO_2、HCN、CH_3CN、CH_3 等。消除重排形式多样，这里仅举一些例子为谱图解析开拓思路。

甲基迁移：

$$C_6H_5—O—\underset{\underset{X}{\|}}{C}—X—CH_3^{\urcorner +\cdot} \xrightarrow[-CX_2]{re} C_6H_5OCH_3^{\urcorner +\cdot}$$

$$\xrightarrow{re} \left(\quad \right) \longrightarrow \quad m/z\ 69$$

$$HC\equiv C—\overset{\overset{O}{\|}}{C}—OCH_3^{\urcorner +\cdot} \xrightarrow[-CO_2]{re} HC\equiv C—CH_3^{\urcorner +\cdot}$$

乙基和其他脂烃基的迁移：

$$C_6H_5NH\overset{\overset{O}{\|}}{C}—OC_2H_5^{\urcorner +\cdot} \xrightarrow[-CO_2]{re} C_6H_5NH—C_2H_5^{\urcorner +\cdot}$$

$$C_2H_5OOC—C\equiv C—COOC_2H_5^{\urcorner +\cdot} \xrightarrow[-CO_2]{re} C_2H_5OOC—C\equiv C—C_2H_5^{\urcorner +\cdot}$$

$$CH_2(OCH_2R)_2^{\urcorner +\cdot} \xrightarrow[-CH_2O]{re} RCH_2OCH_2R^{\urcorner +\cdot}$$

$$C_6H_5OCH_2OR^{\urcorner +\cdot} \xrightarrow[-CH_2O]{re} C_6H_5OR^{\urcorner +\cdot}$$

$$R—CH_2—O—\overset{\overset{O}{\|}}{C}—R'^{\urcorner +\cdot} \xrightarrow[-CH_2O]{re} R—\overset{\overset{\overset{+\cdot}{O}}{\|}}{C}—R'$$

芳基迁移：

$$C_6H_5—\overset{\overset{O}{\uparrow}}{S}—C_6H_5^{\urcorner +\cdot} \xrightarrow[-SO]{re} C_6H_5—C_6H_5^{\urcorner +\cdot}$$

$$\uparrow re$$

$$C_6H_5—S—O—C_6H_5^{\urcorner +\cdot} \xrightarrow{\sigma-} C_6H_5—O^+ \xrightarrow[-CO]{re} C_5H_5^+$$

$$CH_3—\underset{\underset{CH_3}{|}}{\overset{\overset{S}{\|}}{P}}—OC_6H_5^{\urcorner +\cdot} \xrightarrow{re} C_6H_5S\cdot + (CH_3)_2\overset{+}{P}=O$$

$$C_6H_5SO_2—C_6H_5^{\urcorner +\cdot} \xrightarrow[-SO_2]{re} C_6H_5—C_6H_5^{\urcorner +\cdot}$$

$$C_6H_5O—\overset{\overset{O}{\|}}{C}—OC_6H_5^{\urcorner +\cdot} \xrightarrow[-CO_2]{re} C_6H_5OC_6H_5^{\urcorner +\cdot}$$

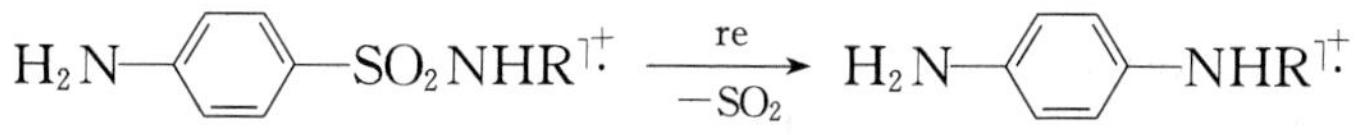

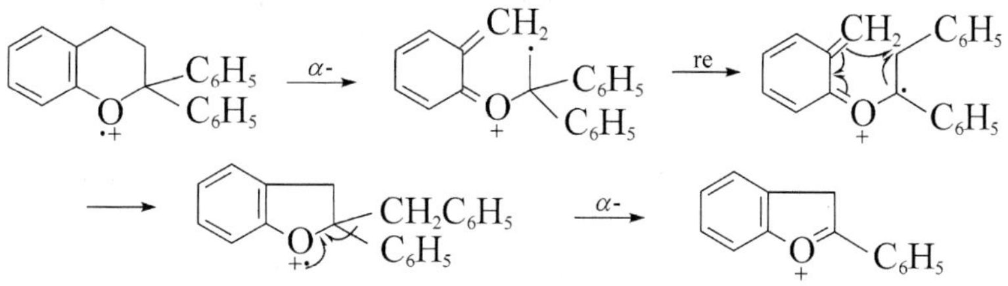

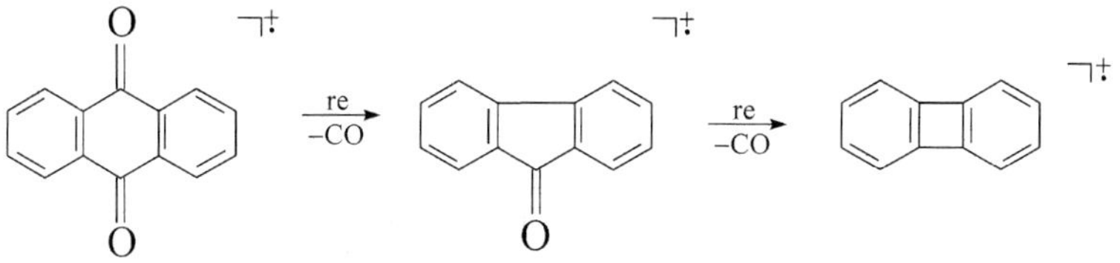

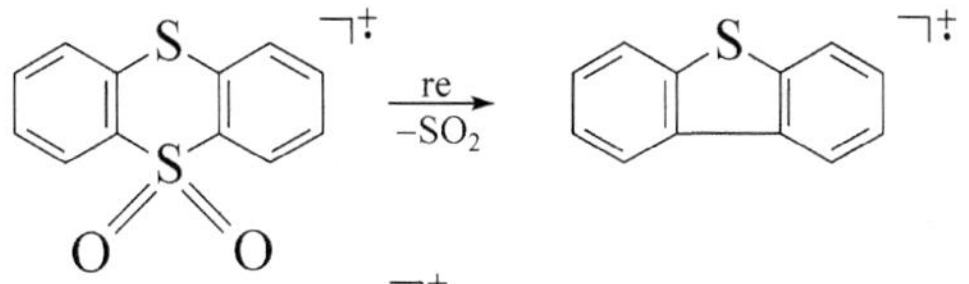

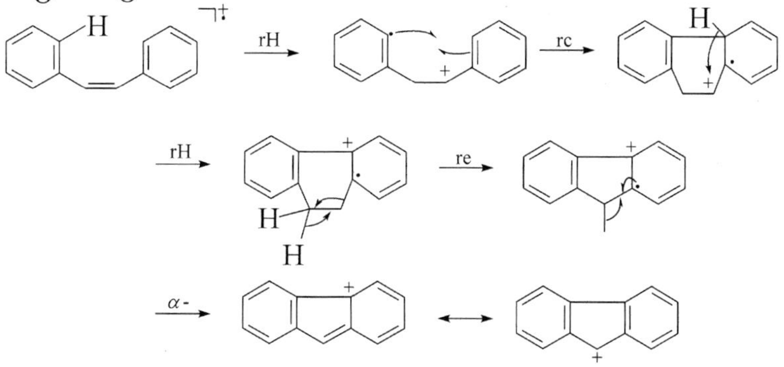

$$H_2N-C_6H_4-SO_2NHR^{\urcorner +\cdot} \xrightarrow[-SO_2]{re} H_2N-C_6H_4-NHR^{\urcorner +\cdot}$$

α- re CH_2 C_6H_5 $CH_2C_6H_5$ α- C_6H_5

re −CO re −CO

re $-SO_2$

rH rc

rH re

α-

烷氧基迁移：

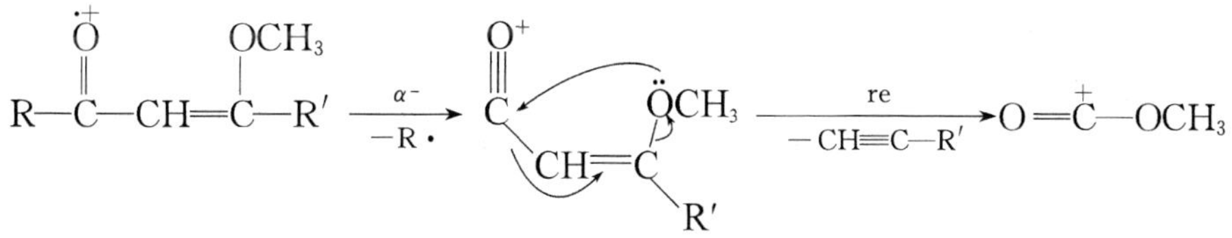

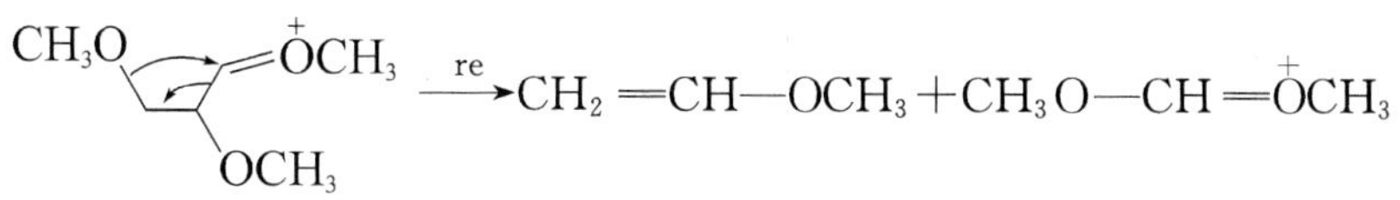

$$R-\overset{\overset{+\cdot}{O}}{\overset{\|}{C}}-CH=\overset{OCH_3}{\overset{|}{C}}-R' \xrightarrow[-R\cdot]{\alpha^-} O^+\equiv C-CH=C(\ddot{O}CH_3)R' \xrightarrow[-CH\equiv C-R']{re} O=\overset{+}{C}-OCH_3$$

$$CH_3O-CH_2-C(OCH_3)=\overset{+}{O}CH_3 \xrightarrow{re} CH_2=CH-OCH_3+CH_3O-CH=\overset{+}{O}CH_3$$

甲硅基迁移：

$$C_6H_5-CH_2-CH_2-OSi(CH_3)_3^{\urcorner +\cdot} \xrightarrow{\sigma^-} C_6H_5-CH_2CH_2O-\overset{+}{Si}(CH_3)_2$$

$$\xrightarrow{re} C_6H_5-\overset{+}{Si}(CH_3)_2+C_2H_4O$$

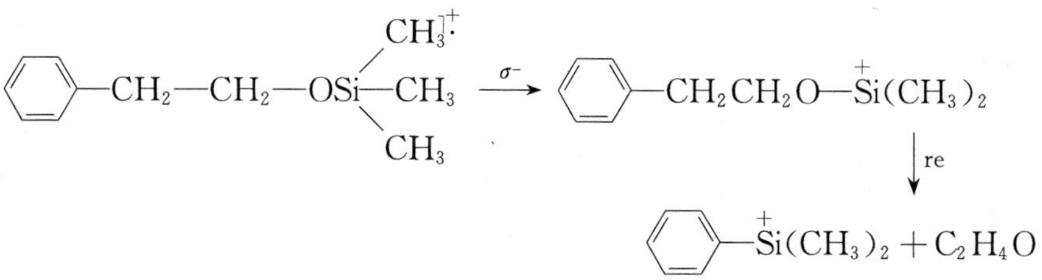

$$(CH_3)_3Si\overset{+}{O}{=}Si(CH_3)_2 \;(\text{O}-(CH_2)_n) \xrightarrow{re} \text{O}(CH_2)_n + (CH_3)_3Si{-}\overset{+}{O}{=}Si(CH_3)_2$$

羟基迁移：

$$\xrightarrow{\ \ } \quad \xrightarrow{re} \quad \xrightarrow{rH} \quad \xrightarrow{\alpha-} \ HO{-}C(CH_3){=}\overset{+}{O}H \longleftrightarrow CH_3{-}C(\overset{+\cdot}{O}){-}OH \quad m/z\ 60$$

氨基迁移：

$$R{-}C_6H_4{-}C(CH_3){=}N{-}NH{-}CONH_2^{\urcorner +\cdot} \xrightarrow[-HNC=O]{re} R{-}C_6H_4{-}C(CH_3){=}N{-}NH_2^{\urcorner +\cdot}$$

$$\xrightarrow[-CH_3CN]{re} R{-}C_6H_4{-}NH_2^{\urcorner +\cdot}$$

硝基芳烃(如对氯硝基苯)的质谱 M－16、M－30、M－30－28 等碎片离子形成涉及 re 和 rd 过程，如图 1－45 所示。

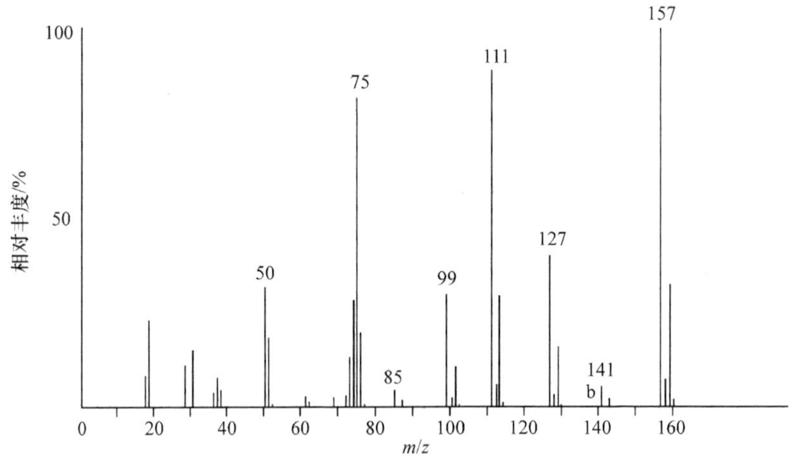

图 1－45　对氯硝基苯的质谱

$$Cl{-}C_6H_4{-}NO_2^{\urcorner +\cdot} \xrightarrow[-NO\cdot\ \ m\cdot 102.7]{re} Cl{-}C_6H_4{-}O^+ \equiv \ (m/z\ 127) \xrightarrow[-CO\ \ m\cdot 77.1]{rd} Cl{-}C_5H_4^+ \equiv \ (m/z\ 99)$$

骨架重排比较复杂，在重排反应中产生的离子或中性碎片往往并不存在于原来的分子中，而是经过重排后形成的，从而给质谱解析带来一定的难度，因此也引起人们的注意。

1.5.4　各类有机化合物主要的裂解反应类型

各类有机化合物主要的裂解反应类型列于表 1－7。

表 1－7　各类有机化合物主要断裂方式和碎片离子特征

化合物类型	主要断裂方式	系列离子和特征离子	附　注	图　例
烷烃	σ-，σ-rH(随机)，i-	15，29，43，57，71，…，$C_nH_{2n+1}^+$	烷基系列离子，伴随有低强度的烯系列离子	1－16
烯烃	α-，rH/β-	27，41，55，69，…，$C_nH_{2n-1}^+$	烯基系列离子	1－21
不饱和脂环	α-，rH，RDA			1－39
芳烃	α-，rH/β-，re	38，39，52±1，64±1，75－78，91		1－20
脂醇	α-，α-rH，rd，rH-i(－H_2O)	31，45，59，…，$C_nH_{2n+1}O^+$，M－18	$M^{+\cdot}$很弱或无	1－23
醚	α-，i-，α-rH，α-i-	31，45，59，73，87，…，$C_nH_{2n+1}O^+$		1－22
酚	rH，α-i，re	M－28(失 CO)		1－38
醛	α-，i-，rH/β-	M－1，29，44，M－44	M－1 较强	1－27
酮	α-，i-，rH/β-	58，(72，86，…) $C_nH_{2n}O^+$(rH/β-)	长链醛酮出现烷基系列离子	1－1 1－26
酯	α-，i-，α-i-，rH/β-，r2H，2rH	74(甲酯 rH/β-) 149(邻苯二甲酸酯) 87，143，199，255，…(长链甲酯 r2H)		1－31 1－34
脂肪羧酸	α-，rH/β-，r2H	60(rH/β-)，M－61 73，129，185，…(r2H)		1－35
脂肪胺	α-，α-rH，rd	30，44，58，72，86，… $C_nH_{2n+2}N^+$	M－1 较强，α-断裂形成离子常为基峰	1－42
酰胺	α-，rH/β-，r2H	44，(58)，72，…(α-) 59，73，87，…(rH/β-) 60(r2H)		1－28
脂肪腈	rH/β-，rd	41，55，69，83，…(rH/β-) 97(长链腈 rH/β-) 68，82，96，110，124，…(rd)		1－32
硫醇	α-，i-，rH-i(－H_2S)，rd	47，61，75，…(α-) 33(σ-)，M－34(rH，i)	长链硫醇出现烯基系列离子	1－29
硫醚	σ-，α-，rH，i，α-rH，rd	47，61，75，…(α-)		1－41
卤化物	α-，i-，rd，rH			1－40
芳硝基化合物	i-，rH，re，rd	M－30，M－16，M－46，…		1－44
脂肪链硝基化合物	i-，rH/β-，re	M－46　61(长链)		1－33

1.6　有机质谱解析

1.6.1　质谱解析的一般程序

质谱是具有极高灵敏度的分析方法，为有效地应用这种技术，获得一张能真实反映样品分子结构状况的谱图是非常重要的。

首先，样品的纯度要求很高，微量杂质，特别是高相对分子质量杂质的引入会给谱图解析带来很大的困难。

其次，确定分子离子峰在谱图解析中至关重要。应注意实验条件的选择，采用恰当的轰击电压或合适的气化温度等条件以得到并识别出分子离子峰。对用 EI 离子源不能观察到分子离子峰的样品，则需要考虑配合使用其他软电离离子源或用制备衍生物的方法得到分子离子的信息。另外，过高的离子化温度和气化温度会出现热分解产物的谱线，过低的离子化温度又导致样品分子重新凝聚。进样量过大，造成样品气压增高，会出现M+1峰，通过用储气器进样又容易引起催化脱氢等化学反应，……以上各种实验条件选择不当都会不同程度地造成谱图变形，对正确地解析图谱和与标准图谱核对都是不利的。

最后，数据处理包括将得到的数据加工成为方便解析的棒图或数据表，还可以利用低分辨质谱的同位素丰度估算分子式，或使用高分辨质谱确定元素组成。在用高分辨质谱确定元素组成时，最好先通过元素分析，了解含有哪些元素，以免得出错误结论。

确定分子式后，根据式(1－13)计算不饱和数。

1. 谱图全貌的特点

统观质谱棒图的全貌，注意分子离子峰的相对丰度和谱图全貌特点，可提供分子的稳定性和结构类型的信息。

图 1－46 为具有相同相对分子质量的芳香族和脂环类化合物的质谱，图 1－46(a)中的分子结构稳定，除$M^{+\cdot}$(B)外，其他碎片离子都很小，可识别出为苯系芳香族化合物；而图 1－46(b)中则 $M^{+\cdot}$ 很小，谱图复杂，表现为烯烃或脂环烃的质谱特点。

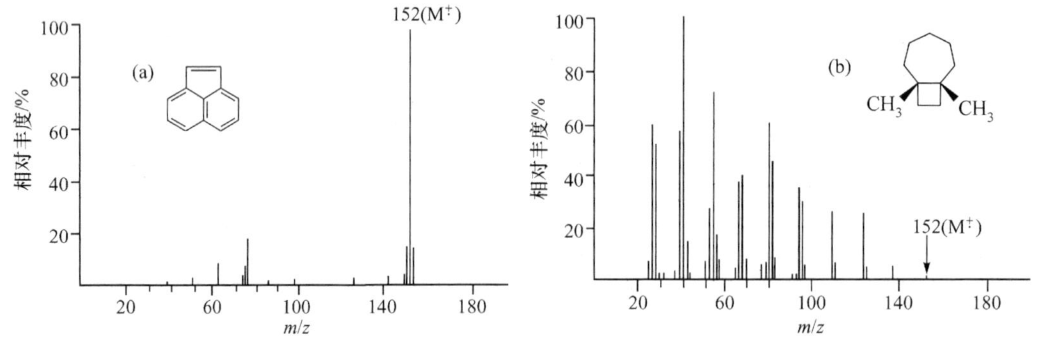

图 1－46　相同相对分子质量的芳香族(a)和脂环类化合物(b)的质谱

例1-9质谱图的基峰在中质量段，其他碎片离子丰度都较小，又显示出另一种特点，相应的分子结构应当是分子由两部分组成，其间由容易断裂的弱键相连而裂解成两个较稳定的碎片。了解谱图全貌的特点与其结构类型的相关性有助于谱图解析，提高判断分子结构的准确性。

2. 考察低质量端的离子

低质量端的离子产生的途径比较复杂，除由简单裂解直接产生的离子外，多为二级裂解或更高级裂解的产物，因此不能对每一个碎片离子的来源给以确切地解释。但在这个离子区域内，每一类化合物往往会出现一系列的谱峰。例如，饱和烃出现 $C_nH_{2n+1}^+$ 系列离子，芳香烃则经常出现39、51、65、77、91等系列离子。一些类型化合物的系列离子列于表1-7。虽然不同类型的化合物系列离子之间有重叠的部分或完全重叠，但可以借助高质量端的特征和某些特征离子予以区别。例如，饱和脂肪醇和醚的系列离子同为 $C_nH_{2n+1}O^+$，醇在高质量端经常出现M－18的失水峰，醚则没有，由此可以区分。分析低质量端离子碎片有助于推断分子的骨架结构，常见低质量端碎片离子及其元素组成列于表1-5。

3. 考察高质量端的离子

高质量端的离子碎片记录分子消除小的中性碎片的特性。例如，M－18峰表示分子离子消除1分子水，说明分子中有羟基存在，M－28峰则表示消除中性碎片CO、$CH_2{=}CH_2$ 或 N_2。高质量端的离子碎片主要反映分子骨架结构上的取代基、官能团的性质，该区域内的碎片离子即使丰度很小，对结构的推定也可能是很有用的。

一些常见丢失的中性碎片列于表1-6。由于分子离子失去中性碎片而形成高质量区的离子碎片峰与分子(或碎片)的结构有关，所以这些中性碎片的丢失也反映出骨架结构的某些特性。表1-6中同时列出失去的中性碎片与其母体结构类型的关系，此表也适用于对二级裂解反应的分析。

需要指出的是，有些官能团受分子整体结构影响，并不呈现其特征断裂离子，此时应注意参考红外光谱。例如，长链羧酸观察不到M－17(OH)和M－45(COOH)离子。

4. 对亚稳离子和特征峰的分析

一般结构简单的有机化合物，通过对质谱低质量端和高质量端离子碎片的考察，已大体能够推测其裂解途径，提供推断结构的必要条件。对结构复杂的化合物有时还要研究中部质量区的碎片离子及其与高质量端和低质量端的关系，特别要注意处于中部质量区的特征峰和亚稳峰。

表1-7列出一些化合物的特征离子，可以反映化合物的骨架或分子的局部结构，在质谱中识别它们往往是推断分子结构的关键。例如，图1-44中的 m/z 149离子是一些邻苯二甲酸、邻羰基苯甲酸及其酯(甲酯除外)的特征峰，这是很稳定的离子，一般呈现较高的丰度，容易识别。

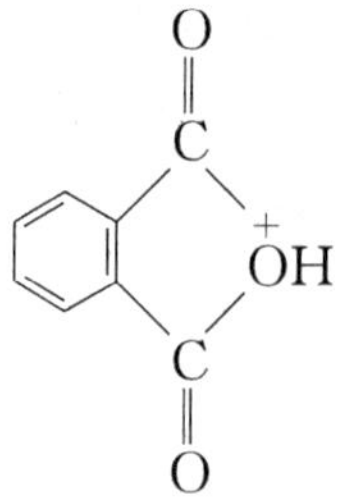

然而有些复杂分子的特征峰丰度不一定很高，往往不容易发现和辨认。为解决这个困难，可考虑在认为可能是特征峰的离子结构上引入一个稳定的取代基(如甲基、甲氧基等)，引入的取代基要求不影响原来分子的裂解方式，且对这个特征峰的丰度影响也不明显。引入如上基团的样品再送入离子源，若所研究的离子在质谱上作相应的位移，则可进一步确定这个离子是能够揭示分子局部结构的特征离子，这就是“位移技术”。位移技术的使用对研究复杂分子特别是天然产物的结构是很有用的。

亚稳离子对阐明分子的部分结构的帮助很直观，这点已在 1.2.4 中做过介绍。

5. 推断结构

对一般有机化合物的质谱，通过如上对质谱的考察，灵活运用裂解规律，一步一步地将碎片的局部结构合理地组合起来，可以推出“工作结构”，然后写出主要裂解过程的断裂机理，或查阅载有一定裂解机理的文献，了解同一类型化合物的裂解过程。一个正确的裂解方式不仅能在质谱上找到相应相对分子质量的碎片离子，而且其相应丰度也是合理的。在分析过程中出现矛盾时，有必要返回到原来的步骤，提出另一种工作结构，甚至怀疑所推算的分子式有无问题。

如果研究的有机化合物是已知的，还可与标准光谱数据核对，常用图谱集和数表如下：

(1) E Stenhagen, S Abrahamsson, F W McLafferty. 1974. *The Wiley/NBS Registry of Mass Spectral Data*. New York: Wiley-Interscience。它收集了近 2 万种化合物的质谱。

(2) Mass spectrometry Data Center, Imperial Chemical Industries. 1974. *Eight Peak Index of Mass Spectra*. 2nd ed. Nottingham: MSDC。

(3) E Stenhagen, S Abrahamsson, F W McLafferty. 1969. *The Wiley Atlas of Mass Spectral Data*. New York: Interscience-Wiley。

为协助谱图解析，除参考上述谱图集外，还可以利用计算机中存储的质谱库进行检索，以大量已知的谱图与实验测试结果对照。各种不同的检索系统各自有一定的运行程序和计算方法，都是旨在简化检索步骤，并尽量提高正确判断的概率，但不论采用哪一种检索系统得到的结果，最后还是需要研究者按照质谱断裂规律，经谱图解析，做出最后的判断。因为不同的有机化合物有可能呈现相似的质谱，同一个有机化合物，因实验条件不完全相同，谱图也可能有差异，所以虽然计算机检索可以大为缩小结构鉴定的范围，并给予许多有益的启示，但是提高研究者谱图解析水平还是最为重要的。

1.6.2　有机质谱例解

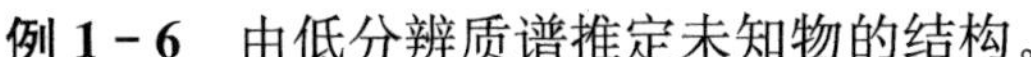

例 1－6　由低分辨质谱推定未知物的结构。

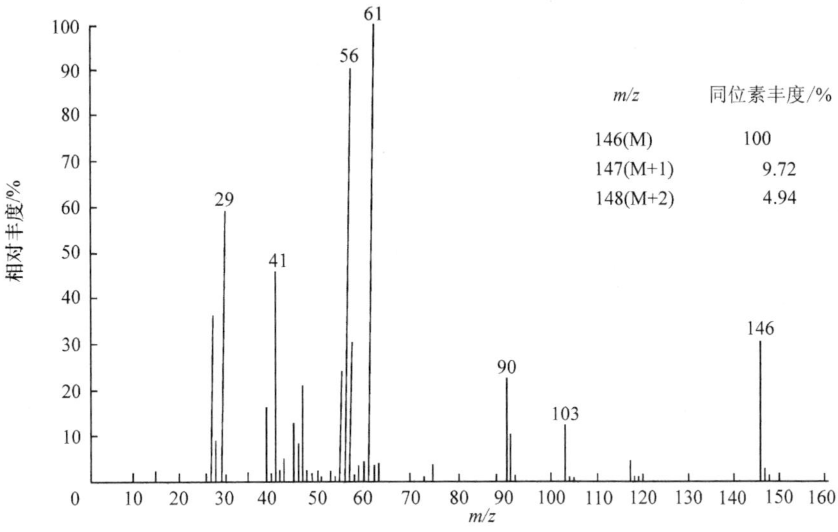

解　分子离子 $M^{+\cdot}$ 146。

由同位素峰 M＋2 的丰度可知分子中应有一个硫原子，从相对分子质量中减去硫的相对原子质量 32，并由 M＋1 和 M＋2 同位素峰中扣除硫同位素的贡献：

$$146-32=114 \qquad 100$$

$$M+1: \qquad 9.72-0.78=8.94$$

$$M+2: \qquad 4.94-4.42=0.52$$

由 M＋1 的相对丰度估算，分子中含有 8 个碳原子，M＋2 丰度减去 ^{34}S 和 ^{13}C 的贡献，仍可能含有氧原子，若含有 1 个氧原子，分子式为 C_8H_2OS，不合理，所以不应当含有氧，分子式为 $C_8H_{18}S$。

计算不饱和数 UN＝0，该未知物应为饱和非环化合物硫醇或硫醚，在质谱上未见脱 H_2S 离子碎片 m/z 114(146－32)，故未知物可能是一种硫醚。

考察质谱的低质量端，出现 m/z 29、43、57 和 27、41、55 系列离子，分子中似存在直链烃的部分结构，R—S—R′。

考察高质量端，m/z 117 为 M－29，乙基自由基的丢失相应离子丰度很低，不应为 α-断裂产生，可考虑硫醚的 rd 反应，形成三元环离子碎片，相继发生 rH，得到 m/z 61。这样，未知物很可能是对称的硫醚，即 R＝R′＝C_4H_9。

C_2H_5—…—$\overset{+\cdot}{S}$—C_4H_9 $\xrightarrow{rd}$ $\overset{+}{S}$(三元环)—$CH_2CH(H)C_2H_5$ $\xrightarrow{rH}$ $\overset{+}{S}H$(三元环) ＋ $CH_2=CH-C_2H_5$

m/z 117　　m/z 61

m/z 103 为 M－43，丰度较高，丢失 C_3H_7 较为合理。

$$C_4H_9—\overset{+\cdot}{S}—CH_2—C_3H_7 \xrightarrow{\alpha-} C_4H_9—\overset{+}{S}=CH_2 + C_3H_7\cdot$$

m/z 103

m/z 90 为重排峰，重排裂解后再次氢重排失去 H_2S 得 m/z 56。

$$\text{H—CHC}_2\text{H}_5,\ C_4H_9—\overset{\cdot+}{S}—CH_2 \xrightarrow{rH} C_2H_5—CH(H)—CH_2(SH^{\cdot+}) \xrightarrow[-H_2S]{rH,i-} C_2H_5—CH\overset{\cdot+}{—}CH_2$$

m/z 90　　m/z 56

m/z 103 碎片离子结构，提供了 McLafferty 重排的形式，从而也可以得到 m/z 61。

$$CH_2=\overset{+}{S}(\text{环}) \longrightarrow CH_3—\overset{+}{S}=CH_2 + \text{丙烯}$$

高质量端没有观察到由 rd 反应形成的 M－15 碎片离子，可以认为 R、R′都是正构的丁基，故该化合物为正丁基硫醚$(n\text{-}C_4H_9)_2S$。

例 1－7　由质谱推断相应有机化合物的结构。

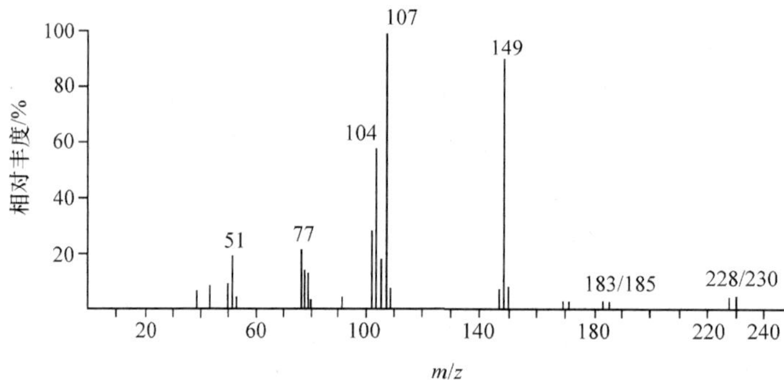

解　设 228/230 为 $M^{\cdot+}$ 是合理，分子中含有 1 个溴原子。

低质量端 m/z 39、51、77 为苯环系列离子。

高质量端 m/z 169/171（M－59）为含有苯环和溴原的碎片离子 $C_6H_5CHBr^{\urcorner +}$，m/z 149（M－Br）丰度较高，也可表明溴取代在苯环侧链的 α-位。m/z 183/185（M－45）为丢失—COOH或—OC_2H_5的碎片，未知物的分子结构可能为

$$C_6H_5—CH(Br)—CH_2—COOH \quad \text{或} \quad C_6H_5—CH(Br)—CH_2—O—C_2H_5$$

质谱未见有醚的 α-断裂形成的 m/z 59 离子（$CH_2=\overset{+}{O}—C_2H_5$），后者可予以否定，该化合物的结构应为前者，其断裂途径如下：

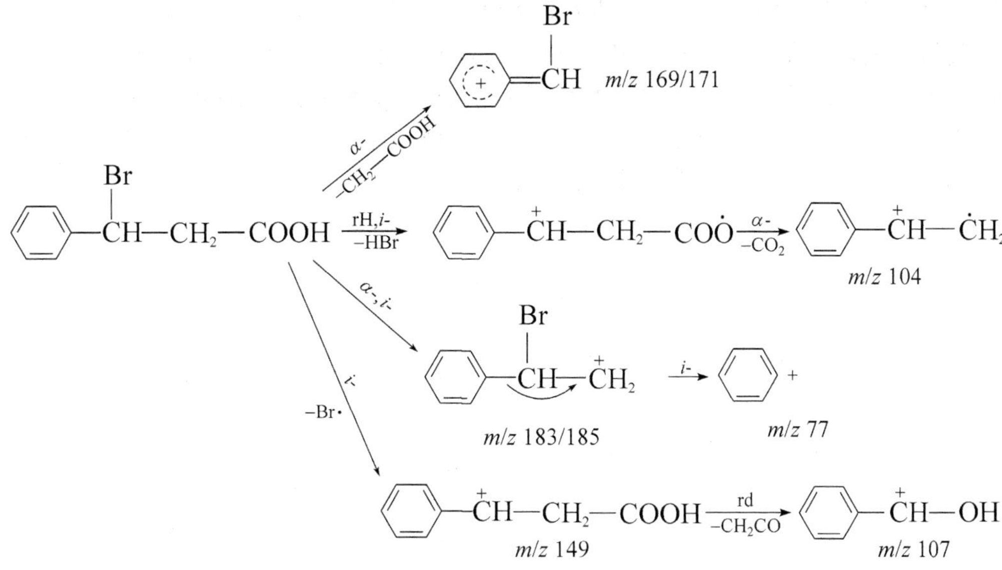

例 1-8 已经验证分子离子为 m/z 150 的有机化合物，根据质谱推测其结构。

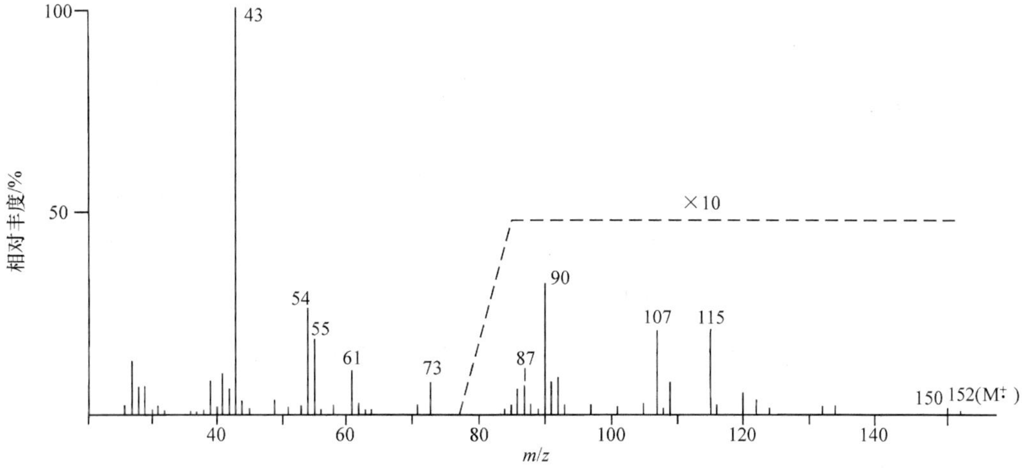

解 $M^{+\cdot}$ 经放大 10 倍才能观察到，可见相应该质谱的化合物是相当不稳定的。虽然分子离子峰的丰度很低，但从 M+2 的同位素峰贡献还可看出分子内含有一个氯原子，这点也为其他含氯碎片离子(如 m/z 90、m/z 107 等)所证实。

考察低质量端：由于 m/z 41 丰度较低，基峰 m/z 43 可能是乙酰基离子 $CH_3—C\equiv\overset{+}{O}$ 。此种推断由 m/z 61 峰的存在得到支持，这个离子经常出现在乙酸酯的质谱中(表 1-5)。低质量端的其他离子碎片都缺乏特征性。

考察高质量端：m/z 120(M－30)可能为丢失 CH_2O 后的碎片离子，在一些脂肪族酯类中，这种丢失是常见的(表 1-6)，由其同位素峰的丰度可知此碎片离子仍含有氯。

m/z 115($M^{+\cdot}$－35)为分子离子丢失氯原子后的碎片离子，氯原子应连在脂链上或为酰氯，而不直接连在芳香环或烯键上。

另一个不含氯离子的裂片 m/z 101($M^{+\cdot}$－49)与低质量端 m/z 49 含氯离子的裂片相

对应，虽然丰度都很低，似乎还能说明分子中有—CH_2Cl部分结构。

其他含氯碎片离子 m/z 107($M^{+\cdot}$−43)与 m/z 43 相对应，m/z 90($M^{+\cdot}$−60)当为丢失中性分子乙酸后的裂片，与 m/z 61 相关，都说明这个化合物为氯代烃基乙酸酯。

中质量段 m/z 87 应为乙酸酯的 r2H 裂解产物，与其他不含氯的离子碎片构成系列离子，m/z 73、87、101、115。推断该化合物的结构应为

$$Cl-(CH_2)_4-O-\overset{\overset{\displaystyle O}{\|}}{C}-CH_3$$

由以上推测，全部裂解机理表示如下：

Cl—CH_2CH_2 … 歧化 rH/β- / −CH_3COOH → m/z 90 ；rd → m/z 55 ；−HCl → m/z 54

$Cl(CH_2)_4O(C=O^{+\cdot})CH_3$ ≡ … 2rH → m/z 61 ； CHCl

$M^{+\cdot}$ α-, i- → $Cl(CH_2)_4O^+$ m/z 107

$ClCH_2$ CH … CH … H … r2H → m/z 87

其他简单裂解还有

$Cl(CH_2)_4-O-C(=O)-CH_3\ ^{\neg +\cdot}$

re → $Cl(CH_2)_3-C(=O)-CH_3\ ^{\neg +\cdot}$ m/z 120/122

i- → $^+(CH_2)_4-O-C(=O)-CH_3$ m/z 115

α- → $\overset{+}{Cl}=CH_2$ m/z 49

α- → $CH_2=\overset{+}{O}-C(=O)-CH_3$ m/z 73

例 1-9 由质谱推断有机化合物的结构。

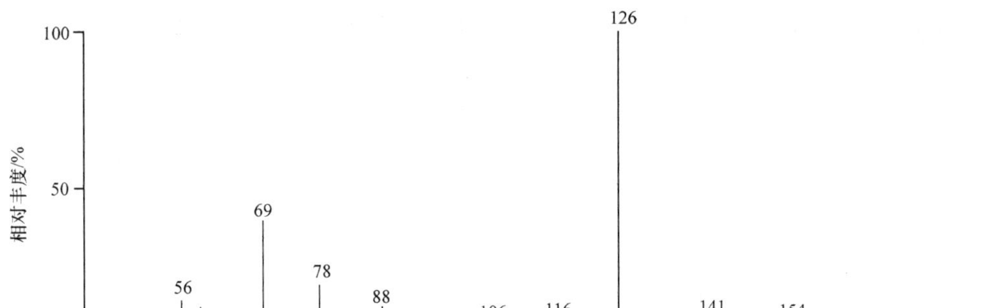

解 最高质量 m/z 185，作为 $M^{+\cdot}$ 丢失了质量为 31 的中性碎片得 m/z 154 是合理的。分子中应含奇数氮原子，$M^{+\cdot}$ 丰度较小，为不稳定分子。除基峰 m/z 126 外，其他碎片离子都很小，可见分子可分为两部分，两部分结构都有一定的稳定性。

低质量端缺乏突出的特征离子和系列离子，m/z 59 恰是分子丢失 m/z 126 后的碎片离子，查表 1-5，m/z 59 可能包括碎片离子 $CH_3O—C{\equiv}\overset{+}{O}$ 或 $\overset{+}{O}C_3H_7$，与高质量端对照，出现 M－31，而无 M－15 或 M－29，足见 m/z 59 应为碎片离子 $CH_3O—C{\equiv}\overset{+}{O}$，形成 m/z 126 丢失的中性碎片可能为 $\cdot COOCH_3$。

另一个较为突出的碎片离子是 m/z 69，在高质量端相应地出现 m/z 116(185－69)丢失质量单位为 69 的中性碎片。由表 1-5 查得 m/z 69 可能是 CF_3^+、$C_4H_5O^+$ 或 $C_5H_9^+$，后两个离子应有相应的同位素贡献，但在谱图上这个同位素峰很小，基本观察不到，所以 m/z 69是正离子 CF_3^+ 的可能性最大。

高质量端 m/z 154(185－31)为 $M^{+\cdot}$ 丢失 $\cdot OCH_3$的结果，m/z 141(185－44)则可能是甲酯经甲基迁移脱除 CO_2 而得。这种推测也与分子中含有 m/z 59 的碎片离子 $CH_3O—C{\equiv}\overset{+}{O}$ 相符。

至此可推得分子结构为

$$CF_3—X—\overset{\overset{\large O}{\|}}{C}OCH_3$$

式量为 185－59－69＝57 的 X 结构单元应是含奇数氮组分。

考察中段质量 m/z 88 和 97 两碎片离子之和正好等于相对分子质量 185，若由 m/z 88裂解丢失中性碎片 19 形成 m/z 69 的可能性较小，而由 m/z 97 丢失中性碎片 28 形成 m/z 69 较为合理。由表 1-6，28 质量单位的中性碎片可能为 $CH_2{=}CH_2$ 或 CO，即

$$CF_3—CH_2\overset{+}{C}H_2 \xrightarrow{-C_2H_4} CF_3^+$$

或

$$CF_3—C≡\overset{+}{O} \xrightarrow{-CO} CF_3^+$$

由 m/z 97 和 69 的相对丰度推测，后一种情况可能性较大，进一步推得分子结构为

$$CF_3—\overset{\overset{O}{\|}}{C}—Z—\overset{\overset{O}{\|}}{C}OCH_3$$

Z 为式量 29 的含奇数氮组分 CH_3N，因此，分子结构有 4 种可能：

$$CF_3—\underset{\underset{O}{\|}}{C}—\underset{\underset{NH_2}{|}}{CH}—\overset{\overset{O}{\|}}{C}OCH_3 \qquad CF_3—\underset{\underset{O}{\|}}{C}—\underset{\underset{CH_3}{|}}{N}—\overset{\overset{O}{\|}}{C}OCH_3$$

(A)　　　　(B)

$$CF_3—\underset{\underset{O}{\|}}{C}—CH_2—NH—\overset{\overset{O}{\|}}{C}OCH_3 \qquad CF_3—\underset{\underset{O}{\|}}{C}—NH—CH_2—\overset{\overset{O}{\|}}{C}OCH_3$$

(C)　　　　(D)

(A)应当有较强的 M－1 峰和差不多与 m/z 126 等强度的 m/z 88 峰，与质谱图不符，可以否定。很强的 m/z 126 峰说明基团 $—\overset{\overset{O}{\|}}{C}OCH_3$ 不能与氮直接相连，因为只有自由基定位在氮上才能发生 α-断裂而形成强峰，所以这个化合物的结构应当为(D)。

全部裂解过程可以表示如下：

$$CF_3—\overset{\overset{O}{\|}}{C}NHCH_2C≡O^+ \ (m/z\ 154) \xrightarrow{i-} CF_3—\overset{\overset{O}{\|}}{C}—\overset{+}{N}H═CH_2 \ (m/z\ 126(B))$$

$$CF_3—\overset{\overset{O}{\|}}{C}—NHCH_2—\overset{\overset{O}{\|}}{C}—OCH_3\ \rceil^{+\cdot} \ (M^{+\cdot})$$

- $M^{+\cdot} \xrightarrow{\alpha-} m/z$ 154
- $M^{+\cdot} \xrightarrow{\alpha-} CF_3—\overset{\overset{O}{\|}}{C}—\overset{+}{N}H═CH_2$ (m/z 126(B))
- $M^{+\cdot} \xrightarrow[-CO_2]{re} CF_3—\overset{\overset{O}{\|}}{C}—\overset{+\cdot}{N}H—CH_2CH_3$ (m/z 141) $\xrightarrow{\alpha-,\ -CH_3^{\cdot}}$ m/z 126(B)
- $M^{+\cdot} \xrightarrow{\alpha-} CF_3C≡\overset{+}{O}$ (m/z 97) $\xrightarrow{i-} CF_3^+$ (m/z 69)
- $M^{+\cdot} \xrightarrow{\alpha-} \overset{+}{O}≡C—OCH_3$ (m/z 59)
- $M^{+\cdot} \xrightarrow{\alpha-} \overset{+}{O}≡C—NH—CH_2—\overset{\overset{O}{\|}}{C}OCH_3$ (m/z 116) $\xrightarrow[-CO]{i-} \overset{+}{N}H—CH_2—\overset{\overset{O}{\|}}{C}OCH_3$ (m/z 88) $\longleftrightarrow H_2\overset{+}{N}═CH—\overset{\overset{O}{\|}}{C}OCH_3$

参考文献

[1] 刘静明,周维善. 化学学报,1979,37(2):129

[2] Castro M E,Russell D H. Anal Chem,1984,56:578

[3] Michael M,Bordeli R S,et al. J Chem Soc Chem Commun,1981,325

[4] Takeuchi T,Ishii D. J Chromatogr,1981,25:213

[5] Tanaka K,et al. Rapid Commun Mass Spectrom, 1988,2:151

[6] Karas M, Hillenkramp F. Anal Chem, 1988, 60:2299

[7] Beynon J H, Williams A E. Mass and Abundance Tables for Use in Mass Spectrometry. Amsterdam:Elsevier,1963

[8] Lederberg J. Computation of Molecular Formulas for Mass Spectrometry. San Francisco:Holden-Day,1964

[9] 陈耀祖,华苏明,陈能煜. 化学学报,1985,43:960

[10] Carlson D A,Langley P A,Huyton P. Science,1978,210:750

[11] Bently T W. Adv Phys Org Chem, 1970,8:206

第 2 章　红 外 光 谱

2.1　电磁辐射与分子光谱

2.1.1　电磁辐射与电磁波谱

通常电磁波可以用其能量来描述，标志电磁波能量的物理量有波长 λ、频率 ν 或波数 $\bar{\nu}$（每厘米振动的次数，cm^{-1}），光速 c 的单位用 $cm \cdot s^{-1}$。

按 Planck 方程，电磁波的能量为

$$E = h\nu = hc\bar{\nu} \tag{2-1}$$

Planck 常量 $h=6.626\times10^{-34}J \cdot s^{-1}$。频率与能量呈线性关系，用波数来表征能量更为广泛。本章与第 3 章中电磁波的能量将用波长（μm，nm）或波数（cm^{-1}）来表示。波数与波长的关系为

$$\bar{\nu}(cm^{-1}) = \frac{1}{\lambda(\mu m)} \times 10^4 \tag{2-2}$$

连续波长辐射光的系列称为电磁波谱（electro magnetic spectra），相应于不同波长的辐射光，沿用历史习惯赋予各种名称，如图 2－1 所示。

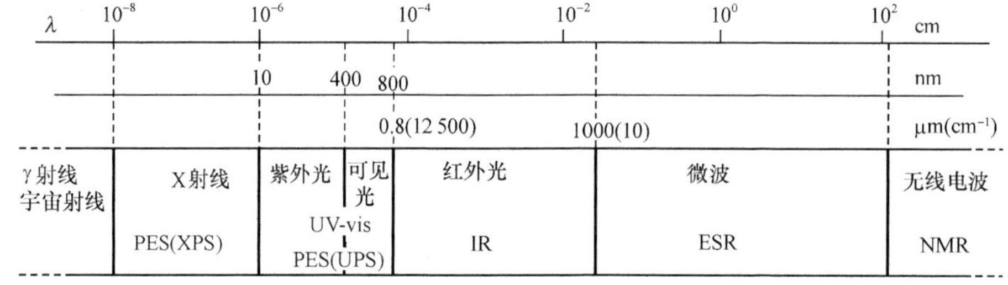

图 2－1　电磁波谱的区域和名称

不同能量的电磁波将引起物质不同运动状态的变化，促使一定能态的基态跃迁至激发态，在连续的电磁波谱上出现吸收信号。无线电波可引起磁性核的自旋改变，微波可引起单电子的自旋改变，红外光将导致分子的振动和转动状态的变化，紫外-可见光将引起价电子能级跃迁，X 射线能逸出内层轨道电子，γ 射线能引起原子核的裂变。用以考察这些变化的核磁共振（NMR）、电子自旋共振（ESR）、红外光谱（IR）、紫外-可见光谱（UV-vis）、光电子能谱（photoelectron spectroscopy，PES）等，可从不同角度给出分子结构信息。质谱中的离子形成虽然也涉及电子能级的跃迁过程，但其主要特点是一种质量谱，提供的是另一类结构信息。

2.1.2　能级跃迁和分子光谱

分子吸收一定波长的电磁波，可能引起分子的能量变化，发生不同能级跃迁，而呈现

相应的分子吸收光谱。分子的能量包括原子核的能量 E_n、分子平动能量 E_t、电子能量 E_e、键的振动能量 E_v、分子的转动能量 E_r、分子的内旋转能量 E_i 以及核的自旋能量 E_N。其中,分子中的 E_n 是不变的,E_t、E_i、E_N 能量都很小,所以分子的能量约为 E_e、E_v 和 E_r 的总和,即

$$E = E_e + E_v + E_r \tag{2-3}$$

分子吸收电磁波的能量发生能级跃迁的激发能 ΔE 也是其中各种能态变化的总和

$$\Delta E = \Delta E_e + \Delta E_v + \Delta E_r \tag{2-4}$$

分子所处状态能量和能量跃迁都是量子化的。以双原子分子为例,分子的吸收和发射过程的雅布伦斯基(Jablonski)图如图 2-2 所示。

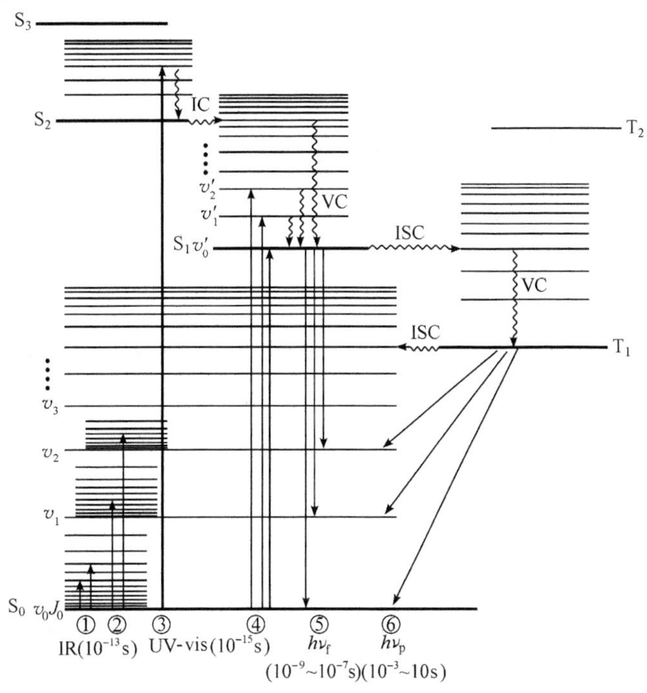

图 2-2 双原子分子能级和能级跃迁的 Jablonski 图

在通常条件下,分子处于单重态的基态(S_0,$v=0$,$J=0$)。分子接受远红外光能后,一般只会引起转动能级跃迁 ΔE_r,得到转动光谱①;若接受能量相当于振动激发能 ΔE_v 的红外光照射,可发生不同振动能级的跃迁,得到振动光谱②;受能量更高的电磁波照射时,则会引起电子能级的跃迁 ΔE_e,得到电子吸收光谱——紫外-可见光谱③和④;转动光谱、振动光谱和电子光谱都属分子吸收光谱。分子受激后,处于电子激发的单重态(S_1,S_2,…)的某种振动激发态($v\neq 0$)的分子,或通过内部转换(IC)和阶梯消失(vibrational cascad,VC)的非辐射方式落到 S_1($v'=0$),相继发射荧光,回到电子基态S_0($v=0,1,\cdots$),得到荧光光谱 $h\nu_f$⑤;或通过激发单重态 S_1 和激发三重态 T_1 间的系间窜越(intersystem crossing,ISC)和阶梯消失至 T_1($v=0$),放出能量回到基态 S_0($v=0,1,\cdots$),得到磷光光谱 $h\nu_p$⑥。荧光光谱和磷光光谱均为分子发射光谱。

在分子能级跃迁过程中，高能级跃迁总包含着低能级的跃迁，因此振动光谱、紫外-可见光谱均呈现一定宽度的“谱带”。

根据红外光谱的研究范围和仪器设计技术，红外光谱可分为三个区域：

(1) 中红外光谱。中红外光谱即普通所指的红外光谱，为 4000～625cm^{-1}(2.5～16μm)红外区的光谱，后来由于仪器技术的发展，中红外光谱区延伸到 400cm^{-1}(25μm)。这段光谱区正好适合研究有机化合物分子的振动跃迁基频，为本章介绍的重点内容。

(2) 远红外光谱。远红外光谱为 400～10cm^{-1}(25～1000μm)的长波红外区的光谱，用于研究分子的转动光谱，以及重原子成键、氢键和一些配合物、超分子化合物的非共价键的振动光谱。

(3) 近红外光谱。近红外光谱指可见光的长波末端至中红外区 12 500～4000cm^{-1}(0.8～2.5μm)的红外区光谱，用于研究氢原子成键(O—H、N—H、C—H 等)的振动倍频与合频。

2.2 红外光谱的基本原理

2.2.1 振动方程和振动能级跃迁选律

1. 分子振动频率

分子中成键原子间的振动可以近似地用经典力学模型来描述，最简单的情况是A—H键的伸缩振动，根据胡克(Hooke)定律和牛顿(Newton)定律导出振动频率。

$$\nu = \frac{1}{2\pi}\sqrt{\frac{K}{m}} \tag{2-5}$$

频率用波数表示为

$$\bar{\nu} = \frac{1}{2\pi c}\sqrt{\frac{K}{m}} \tag{2-6}$$

式中，c 为光速，单位为 $cm \cdot s^{-1}$；K 为键的力常数，单位为 $N \cdot cm^{-1}$；m 为氢原子的质量 1.66×10^{-24}g。

对于一般成键双原子间的伸缩振动，振动频率表达式为

$$\bar{\nu} = \frac{1}{2\pi c}\sqrt{\frac{K}{M}} \tag{2-7}$$

式中，M 为质量 m_1 和 m_2 两原子的折合质量(reduced mass)，即

$$M = \frac{m_1 m_2}{m_1 + m_2} \tag{2-8}$$

式(2-6)和式(2-7)表明，分子中键的振动频率是分子的固有性质，它只与成键原子的质量(m 或 M)和键的力常数(K)有关。

力常数是键的属性，与键的电子云分布有关，代表键发生振动的难易程度。戈迪(Gordy)曾提出一个有关力常数的计算式：

$$K = aN\left(\frac{x_1 x_2}{d^2}\right)^{\frac{3}{4}} + b \tag{2-9}$$

式中，N 为键级(bond order)；x_1 和 x_2 分别为成键两原子的鲍林(Pauling)电负性；d 为核间距，10^{-1}nm；常数 $a=1.67$，$b=0.30$。各种键的键长 d 和伸缩振动力常数 K 的统计数据列于表2-1。

表2-1 各种键的键长 d 和伸缩振动力常数 K

键	$d/(10^{-1}\text{nm})$	$K/(\text{N}\cdot\text{cm}^{-1})$	键	$d/(10^{-1}\text{nm})$	$K/(\text{N}\cdot\text{cm}^{-1})$	键	$d/(10^{-1}\text{nm})$	$K/(\text{N}\cdot\text{cm}^{-1})$
O—H	0.96	7.7	—C≡C—	1.20	15.6	＞C—O	14.3	5.4
＞N—H	1.09	6.4	＞C=C＜	1.35	9.6	＞C—F	1.41	5.9
≡C—H	1.05	5.9	＞C—C＜	1.54	4.5	＞C—Cl	1.76	3.6
=C—H	1.06	5.1	—C≡N	1.16	18	＞C—Br	1.94	3.1
—C—H	1.07	4.8	＞C=O	1.22	12	＞C—I	2.14	2.7

如果 K 的单位用 $\text{N}\cdot\text{cm}^{-1}$，$M$ 用原子质量单位，c 用 $\text{cm}\cdot\text{s}^{-1}$，则式(2-7)可以简化为

$$\bar{\nu}=1303\sqrt{\frac{K}{M}} \tag{2-10}$$

这种按经典力学模型把基团孤立起来的计算十分粗略、过于简化，实际上分子振动遵从量子力学规律，分子中各原子之间存在复杂的相互作用，对基团振动频率有不同程度的影响。

2. 振动能级跃迁选律、基频、合频和热带

简谐振动方式的振动能级为

$$E=\left(v+\frac{1}{2}\right)h\nu=\left(v+\frac{1}{2}\right)\frac{h}{2\pi}\sqrt{\frac{K}{M}} \tag{2-11}$$

式中，振动量子数 $v=0,1,2,\cdots$。由此可见，任何两个相邻能级间的能量差都是相等的，即

$$\Delta E=E_{v+1}-E_v=h\nu=\frac{h}{2\pi}\sqrt{\frac{K}{M}} \tag{2-12}$$

谐振子的能级跃迁选律为

$$\Delta v=\pm 1$$

即振动能级跃迁只能发生在相邻能级之间。

在正常情况下，分子多数处于振动基态($v=0$)。因此，分子吸收电磁波后，主要发生振动基态→第一激态($v=1$)的跃迁。这种跃迁的吸收频率称为基频(transition-fundamental, ν_f)，有机化合物红外光谱的基频谱带大都出现在 4000～400cm^{-1}，最高的吸收频率是处于 3958cm^{-1}的 H—F 伸缩振动谱带。

实际上，分子的振动不是严格的谐振子。非谐性振动能级可用式(2-13)表达：

$$E = h\nu\left[\left(v+\frac{1}{2}\right)-\left(v+\frac{1}{2}\right)^{2}\chi\right] \tag{2-13}$$

相邻能级间的能量差为

$$\Delta E = h\nu(1-2\chi) \tag{2-14}$$

相应振动频率——基频为

$$\nu_f = \frac{\Delta E}{h} = \nu - 2\nu\chi \tag{2-15}$$

式中，χ 为非谐性常数，数值很小，一般情况下为正数；ν 为谐振子的振动频率。所以，基频的振动频率比谐振子的低 $2\nu\chi$。

非谐振子的跃迁选律不局限于 $\Delta v=\pm 1$，它可等于任何整数值，即

$$\Delta v = \pm 1, \pm 2, \pm 3, \cdots$$

由振动基态到第二激发态($v=2$)的吸收频率称为倍频(overtone)ν_o 或"泛频"

$$\nu_o = 2\nu - 6\nu\chi \tag{2-16}$$

倍频比谐振子基频的 2 倍低 $6\nu\chi$，倍频谱带一般较弱。振动基态也可能跃迁到第三激发态($v=3$)，强度就更弱了。

当电磁波的能量正好等于两个基频跃迁能量之和时，则可能同时激发两个基频振动到相应激发态，即

$$\nu_c = \nu_m + \nu_n \tag{2-17}$$

这种吸收称为和频。和频吸收谱带的强度比倍频更弱。

当辐射电磁波的能量等于两个基频跃迁能量之差时，相应两个振动相互作用，也可能产生频率等于这两个基频频率之差的吸收谱带，称为差频，即

$$\nu_c = \nu_m - \nu_n \tag{2-18}$$

差频的吸收过程实际上是一个振动状态由基态跃迁到激发态，同时另一个振动状态由激发态回到基态的过程。由于在正常情况下，处于激发振动态的分子很少[式(2-19)]，所以差频谱带的强度较和频更弱，和频与差频统称为合频(combination tone)。

有时跃迁也可能在第一激发态和第二激发态之间发生，这种情况所产生的谱带称为"热带"。

按玻耳兹曼(Boltzmann)分布定律，分子处于第一激发态和基态数目之比为

$$\frac{N_1}{N_0} = \mathrm{e}^{-(E_1-E_0)/kT} = \mathrm{e}^{-hc\bar{\nu}/kT} = \mathrm{e}^{-1.44\bar{\nu}/T} \tag{2-19}$$

式中，Boltzmann 常量 $k=1.38\times10^{-23}\,\mathrm{J\cdot K^{-1}}$。在常温(298K)下，当吸收谱带出现在 600cm^{-1}以上时，这个比值仅为百分之几。随着振动频率升高，激发态分子数下降。可见"热带"的强度是很小的，温度升高略有增加。由于振动的非谐性，热带的频率比相应的基频频率低，一般被基频掩盖而导致基频谱带变宽，很少能单独观察到。苯甲酰氯(图 2-3)在 1780cm^{-1}附近出现两个吸收谱带，低频弱带在温度降低后逐渐消失，有人认为是羰基

振动的热带。

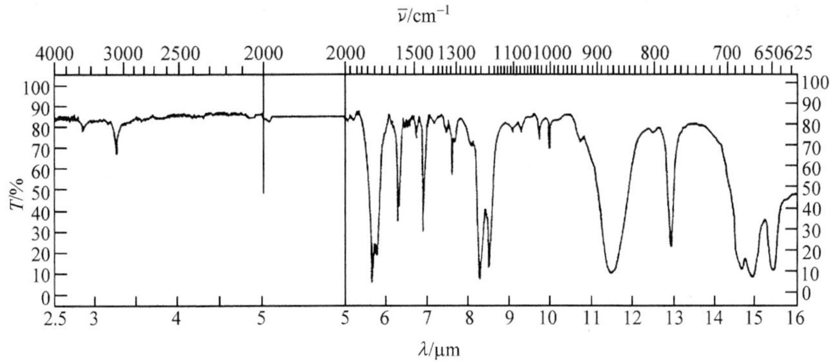

图 2-3　苯甲酰氯的红外光谱

2.2.2　多原子分子的振动光谱

1. 简正振动

分子中的每一个原子都可以沿空间坐标的 x、y、z 轴方向运动，有 3 个自由度。一个由 N 个原子组成的分子应有 $3N$ 个自由度。除去其中包括的 3 个平动自由度、3 个转动自由度，一般非线性分子应有 $3N-6$ 个振动自由度。在线性分子中，不会有沿分子轴的转动，非线性分子中沿 x 轴的转动在线性分子中相应地变为弯曲振动。所以，线性分子的振动自由度增加一个，为 $3N-5$ 个。这 $3N-6$（或 $3N-5$）个独立的振动称为分子的简正振动。

虽然多原子分子的振动很复杂，但它们都是由许多简正振动组合而成。每个简正振动都具有一定的能量，可以在特定的频率发生吸收。

例如，线性的 CO_2 分子有 $3N-5=4$ 个简正振动；非线性的 H_2O 分子有 $3N-6=3$ 个简正振动；苯分子有 $3N-6=30$ 个简正振动。但是它们的红外光谱不一定都出现与计算的简正振动数目相同的吸收谱带。倍频、合频的产生将使振动谱带数目增加，而振动的简并以及振动的红外非活性又导致表观的谱带数目减少。

2. 多原子分子的振动形式和振动的简并

分子的振动形式分为两大类：伸缩振动（stretching vibration），以 ν 表示，是沿着键的方向的振动，只改变键长，对键角没有影响；弯曲振动（bending vibration）或变形振动（deformation vibration）以 δ 表示，为垂直化学键方向的振动，只改变键角而不影响键长。

水分子的三种振动形式相应地呈现 3 个吸收谱带。谱带 $\bar{\nu}_1$ 3557cm^{-1} 是对称伸缩振动（symmetrical stretching vibration，ν_s），谱带 $\bar{\nu}_2$ 3756cm^{-1} 是不对称伸缩振动（asymmetrical stretching vibration，ν_{as}），$\bar{\nu}_3$ 1595cm^{-1} 为变形振动（δ）。

CO_2 应有 4 种振动形式，但光谱图中只可能出现 3 个吸收谱带，其中 ν_3 有两种不同方向的变形振动，振动频率相同，它们的振动模式是等效的，称为振动的简并。CO_2 分子有二重简并，复杂的分子可能存在多重简并。

$\nu_1 = 1340\text{cm}^{-1}(\nu_s)$ $\nu_2 = 2350\text{cm}^{-1}(\nu_{as})$ $\nu_3 = 666\text{cm}^{-1}(\delta)$

苯分子的简正振动数为 30，而苯的红外光谱(图 2-4)仅观察到 9 个吸收谱带，可能存在多重简并和红外非活性振动(见 2.2.3)。

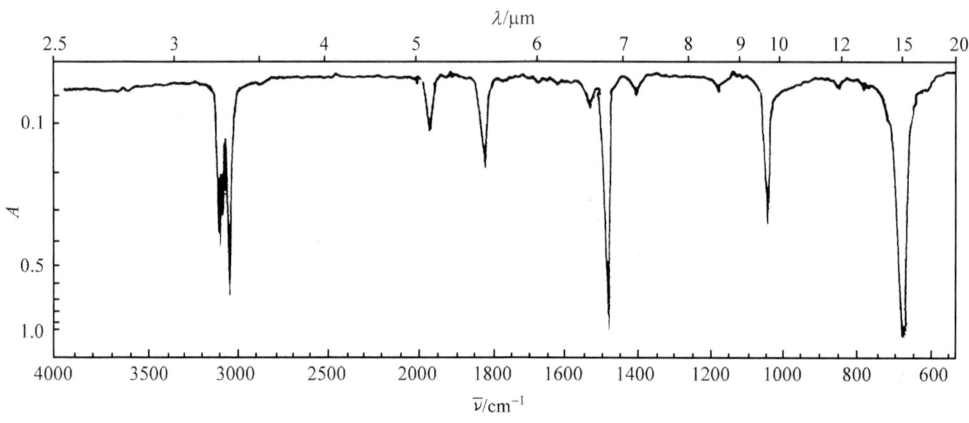

图 2-4 苯的红外光谱

复杂分子振动的形式更多，一个正构烷烃的光谱(图 2-5)包含多种振动形式的谱带。其中亚甲基的$\bar{\nu}_1$、$\bar{\nu}_2$ 伸缩振动在高分辨仪器的测绘图谱上看得很清楚；$\bar{\nu}_3(\delta)$振动是面内变形，又称剪式振动(scissoring vibration)。其他$\bar{\nu}_4(\gamma)$、$\bar{\nu}_5(r)$、$\bar{\nu}_6(t)$都属变形振动，但与$\bar{\nu}_3$ 不同，它们各具特点：$\bar{\nu}_4$ 为面外摇摆振动(out-of-plane wagging vibration，ω 或 γ)，基团作为整体，沿基团所在平面的法线方向前后摆动；$\bar{\nu}_5$ 为面内摇摆振动(in-plane rocking vibration，r)，基团作为整体，在其所在平面内左右摇动；$\bar{\nu}_6$ 为扭曲振动(twisting vibration，t)，整个基团绕两个与之连接的键旋转谐振。

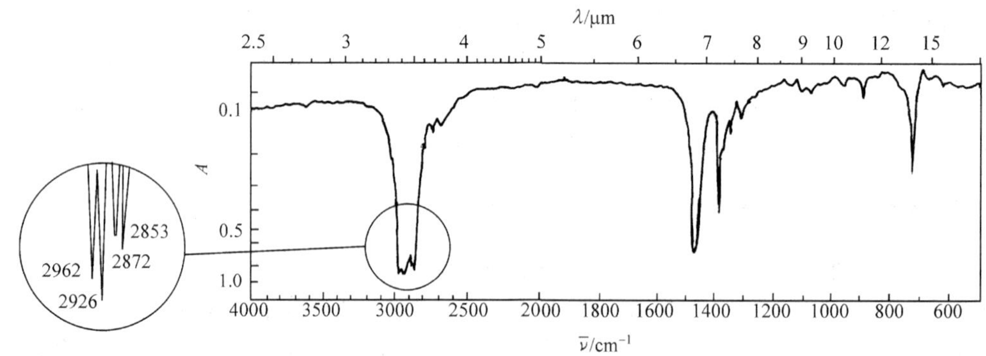

图 2-5 正十二烷的红外光谱

图 2-5 中亚甲基($>CH_2$)的振动形式及其对应的谱带位置如图 2-6 所示。

甲基也有 6 种振动形式：对称伸缩振动 $\bar{\nu}_s$(2872cm^{-1})、不对称伸缩振动 $\bar{\nu}_{as}$(2962cm^{-1})、对称变形振动 δ_s(1380cm^{-1})、不对称变形振动 δ_{as}(1460cm^{-1})、摇摆振动

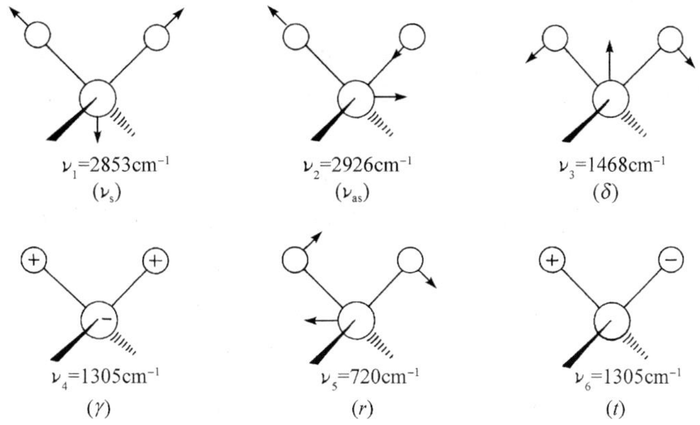

图 2-6　亚甲基的振动形式

ρ(1000cm^{-1})和扭转振动 t(400cm^{-1}以下)。甲基的扭转振动与亚甲基的扭曲振动不同，扭转振动是甲基绕 C—C 单键的旋转谐振，所以能量很小。

饱和烃中还有 C—C 单键的伸缩振动、变形振动，强度都很小。

在有机化合物分子中，还有对应于其他振动形式的特殊名称，如环结构的呼吸振动(breathing vibration)、碳链的骨架振动(skeletal vibration)和折叠振动(puckering vibration)等。

2.2.3　吸收谱带的强度和振动能级跃迁的对称性选择定则

1. 谱带强度的表示方法

谱带强度单位为透射率(percent transmittance)T 或吸收度(absorbance)A。它们可以用透过样品的出射光强度 I 与入射光强度 I_0 表示：

$$T = \frac{I}{I_0} \tag{2-20a}$$

$$A = \lg\frac{I_0}{I} = \lg\frac{1}{T} \tag{2-20b}$$

以 T_0 表示测量谱带基线的透射比，可将式(2-20b)写为

$$A = \lg\frac{T_0}{T} \tag{2-21}$$

测得一个谱带的透射率，根据式(2-21)可以计算出这个谱带的吸收度。例如，甲苯的 3050cm^{-1}谱带，其最大吸收透射率 $T=44\%$，基线的透射率 $T_0=93\%$，这个谱带的吸收度为

$$A = \lg\frac{T_0}{T} = \lg\frac{93}{44} = 0.33$$

在单色光和稀溶液的实验条件下，溶液的吸收可遵从朗伯-比尔(Lambert-Beer)定律：吸收度与溶液的浓度 c 和吸收池的厚度 l 成正比，即

$$A = alc \tag{2-22}$$

式中，a 为吸收系数(absorptivity)。如果用物质的量浓度(mol·L^{-1})、池厚以 cm 为单

位,则 Beer 定律可表达为

$$A = \varepsilon lc$$

ε 为摩尔吸收系数(molar absorption coefficient)

$$\varepsilon = \frac{A}{lc} \tag{2-23}$$

ε 值是表示被检测物质分子在某波段对辐射光的吸收性能,为谱带绝对强度的标度:

ε>100	吸收谱带很强(vs)
ε=100～20	强吸收谱带(s)
ε=20～10	中强吸收谱带(m)
ε=10～1	弱吸收谱带(w)
ε<1	吸收谱带很弱(vw)

式(2-22)和式(2-23)仅在一定条件下作定量分析时使用。红外光谱用于结构鉴定时经常使用 T 或 A 为相对强度,此时所指的强吸收谱带或弱吸收谱带是对整个光谱图的相对强度而言,并不代表一定的 ε 值范围。

2. 决定吸收强度的因素及对称性选择定则

在各个可能发生的振动能级跃迁中,吸收谱带的强弱取决于跃迁概率的大小。$\Delta v = \pm 1$ 时,跃迁概率最大,因此基频谱带比相应倍频、合频谱带的强度高。

基频吸收谱带的强度取决于振动过程中偶极矩变化的大小。按照经典的电磁理论,为使体系能够发射或吸收电磁波,体系的电偶极矩在跃迁过程中需要有变化。量子力学也证明,仅当两个状态能级之间的跃迁电偶极矩不为零($\Delta\mu \neq 0$)时,它们之间的跃迁才伴随电磁波的发射和吸收。只有具有极性的键在振动过程中才出现偶极矩的变化,在键周围产生稳定的交变电场才能与频率相同的辐射电磁波作用,从而吸收相应能量使振动跃迁到激发态,得到振动光谱。这种振动称为红外活性振动。高极性键的振动产生强度大的吸收谱带,如羟基、羰基、硝基等强度极性基团都具有很强的红外吸收谱带。一些对称性很高的分子,如炔烃(R—C≡C—R)两边取代基相同,重键的伸缩振动没有偶极矩的变化,不发生红外吸收,称为红外非活性的振动。

CO_2 分子的不对称伸缩振动(ν_{as} 2350cm^{-1})是红外活性的,而对称伸缩振动(ν_s 1340cm^{-1})是红外非活性的。具有中心对称的反式 1,2-二氯乙烯分子的双键伸缩振动($\nu_{C=C}$ 1580cm^{-1})是红外非活性的,顺式 1,2-二氯乙烯分子的双键伸缩振动则是红外活性的。在多原子分子中,各种振动模式的红外活性和非活性是由分子结构及其振动模式所具有的对称性质决定的,这种关系构成对称性选择定则。

2.2.4 红外光谱检测

本章重点讨论中红外光谱。自 1940 年商品红外光谱仪问世以来,红外光谱在化学研究中得到广泛应用,其仪器设计和实验方法不断得到更新和发展。色散型仪器采用双光速光平衡的逐步扫描方式。初始的色散型红外分光光度计应用碱金属卤化物晶体制成的棱镜作色散元件,为第一代光谱仪,扫描的光谱图,横坐标以波长(μm)线性刻画记录,测量的范围不大，分辨率较低。第二代红外光谱仪采用反射光栅为色散元件，扩大扫描范围，提高分辨率，谱图横坐标以波数(cm^{-1})线性刻画。例如，图 2-7 为聚苯乙烯的红外光谱。

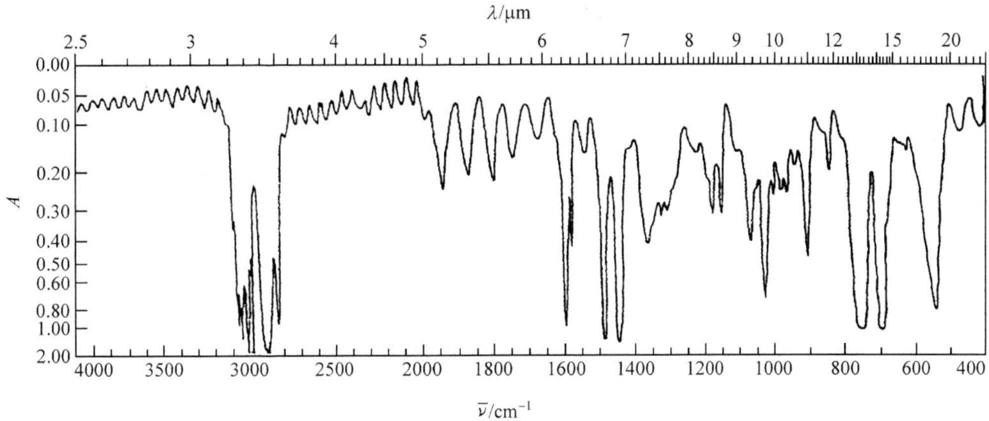

图 2-7　聚苯乙烯的红外光谱

第三代干涉型红外光谱仪的光学检测元件是迈克尔孙(Michelson)干涉仪，配有计算机系统，样品置于干涉仪光路中，红外光吸收某些范围的能量，输出干涉信号，多次叠加的干涉图经 FT 数学处理，还原为熟悉的红外光谱图。FT-IR 谱图与色散型仪器检测的谱图没有太大区别，优点是分辨率和精确度都有提高，特别是检测范围扩展为 10 000～$10cm^{-1}$，可获得部分近红外和远红外光谱，并且每一瞬间的测量均包括所有频率范围的吸收信息，有利于动力学研究和通过差示光谱技术进行某些混合物的检测[1]。

红外光谱可以检测无机化合物、有机化合物、高分子聚合物等一切化学物质分子的振动-转动状况，可以采取透射吸收法或反射吸收法，用于检测固体、液体、气体、纯样、溶液、固溶体等不同状态的物质，得到物质内层或表面的分子结构信息。适应于不同对象和目的采取不同的制样和检测方式，均能得到预期的结果。

红外光谱可给出非常丰富的结构信息：谱图中的特征基团频率指出分子中官能团的存在；全部光谱图则反映整个分子的结构特征。除光学对映体外，任何两个不同的化合物都具有不同的红外光谱。因此，为鉴定一个未知化合物的结构，在考察特征基团频率的基础上与标准品谱图对照，是红外光谱用于有机结构鉴定最方便也是最可靠的方法。现已积累和总结了大量资料，收集了比较完备的标准图谱集和数据表。

2.3　有机基团与振动频率的关系

了解基团与振动频率的关系是红外光谱用于有机结构鉴定的基础。本节在进一步论述振动频率与质量和键能关系的基础上，提出基团频率概念，并系统地讨论影响谱带位移的因素。

2.3.1 振动频率与成键原子的质量、键能的关系

如 2.2.1 所述，线性谐振子的伸缩振动吸收位置以式(2-6)表示，这个公式基本上适用于各种基团的不同类型振动。它表明振动频率随力常数的增大而上升，随成键原子质量的增大而降低。O—H、N—H、C—H 等键的伸缩振动出现在较高频率区域 3700～2800cm^{-1}，而C—O、C—N、C—C 键的伸缩振动出现在较低振动频率区域 1300～1000cm^{-1}。除不同力常数的因素外，这里主要是成键原子质量增大的质量效应(mass effect)所致。含有更重原子成键的伸缩振动频率还要低，如C—Cl键出现在 800～600cm^{-1}、C—Br键出现在 600～500cm^{-1}、C—I键出现在 530～470cm^{-1}。

若成键两原子之一(m_2)用其同位素(m'_2)标记，则将发生明显的质量效应，其振动频率 ν_L 与未标记时的振动频率 ν_0 的关系为

$$\nu_L = \nu_0 \sqrt{\frac{\frac{1}{m_1}+\frac{1}{m'_2}}{\frac{1}{m_1}+\frac{1}{m_2}}} \tag{2-24}$$

例如，用式(2-6)计算 O—H 伸缩振动吸收位置为 3726.9cm^{-1}，氘代后的O—D伸缩振动频率可按式(2-24)计算，降低为 2711.7cm^{-1}。

与氢原子成键的伸缩振动频率变化有如下次序：

$$\nu_{O-H} > \nu_{N-H} > \nu_{C-H}$$

其中力常数起主要作用，而质量效应居于次要地位。两个质量相同的原子间的单键、双键和叁键的伸缩振动频率大小则完全由力常数决定。C—C、C═C和 C≡C 的振动频率由式(2-7)计算分别为 1050cm^{-1}、1650cm^{-1}和 2100cm^{-1}，这些数值与实测的乙烷、乙烯、乙炔的红外光谱和拉曼(Raman)光谱结果是一致的。

2.3.2 有机分子的基团频率

在有机分子中，一定的原子之间主要作用力是价键力，其作用的大小以力常数 K 表示。虽然影响谱带位置的因素很多，但在大多数情况下，这些影响因素相对于力常数的作用都是很小的，而且各种影响因素的作用方向不同，使诸因素的综合影响经常可以降低到最低程度。可以认为，一定原子间的力常数在不同分子中的变化是很小的。因此，处于不同有机分子中一些基团(或官能团)的简正振动频率总是恒定地在一个较窄的范围内变动，而分子的其余部分对它的影响较小，它们在红外光谱中似乎表现为相对独立的结构单元。显示这些基团存在的特征振动频率即为"基团特征频率"或称"基团频率"。

复杂分子红外光谱的理论处理要经过非常繁琐的计算，虽有计算机的帮助也不能完全如愿。化学工作者可以依靠一些把红外光谱与分子结构单元联系起来的经验数据解决化学中的问题，其中主要的是"基团频率"。灵活地运用基团频率进行谱图解析，是目前化学工作者普遍应用且行之有效的方法。

显然，成键原子的力常数越大，其他因素的影响将相应地越小，"基团频率"的特征性越强。一般弯曲振动的力常数较小，受其他因素的影响较大，多出现在较低频率区且频率

变化范围较宽，大多数难以用于谱带与结构的对应联系。而伸缩振动的力常数较大，频率变化范围窄，特征性强。根据式(2-7)，振动频率主要取决于成键原子的质量和力常数的关系，出现在红外光谱中的谱带可分为以下 5 个区域：①泛频区，3700cm^{-1}以上(接“近红外”区)；②氢原子成键(A—H)伸缩振动频率区，3700～2400cm^{-1}；③叁键和聚集双键伸缩振动频率区，2400～1900cm^{-1}；④双键伸缩振动频率区，1900～1600cm^{-1}；⑤骨架振动和指纹区，1600cm^{-1}以下(接“远红外”区)。

在 1600cm^{-1}以上区域内，谱带有比较明确的基团和频率的对应关系，且谱带分布稀疏、容易辨认，可以准确地提供某官能团存在的信息。1600～1350cm^{-1}虽然谱带增多，不同模式的振动谱带经常密集在一起，但基团与频率的对应关系大部分尚可确定。1350cm^{-1}以下区域的谱带数目很多，各种振动模式及其相互作用繁杂，除了几种特殊的振动模式外，很难一一指认其归属。但是一些同系物或结构相似的化合物即使靠基团频率仍不能区分，这个区域内的光谱也有一定的差异，如同人的指纹一样，可用以最后判断化合物同、异。根据上述各光谱区域的特点，可将红外光谱以 1350cm^{-1}为界，分为基团频率区和指纹区两个部分。兹将不同谱带分布区域示于图 2-8。

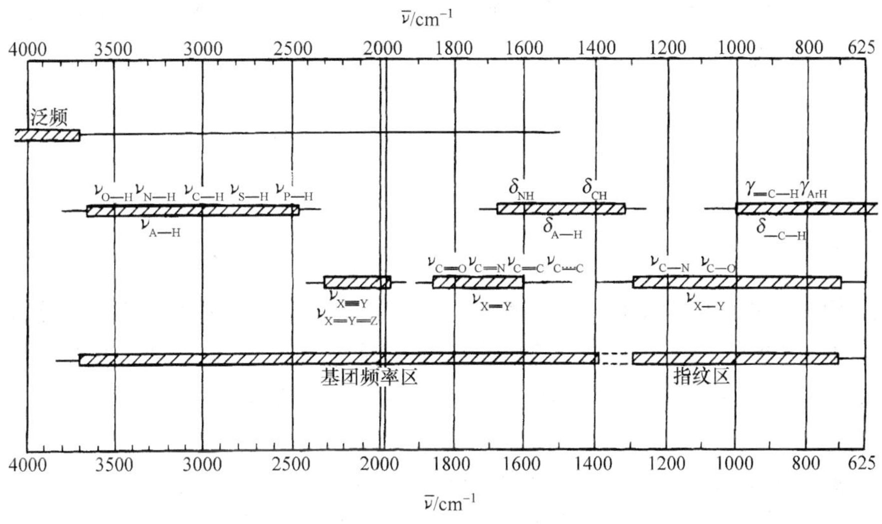

图 2-8　有机化合物红外吸收频率区域

2.3.3　影响谱带位移的因素

在复杂的有机分子中，基团频率除由质量和力常数两个主要因素支配外，还受到参与作用的许多其他因素的影响，这些作用的总结果决定了该吸收谱带的准确位置。不同分子中的同一基团的吸收谱带位置总是在一定的频率范围内变化，如酮、酯、酰氯等各类化合物的羰基振动频率都有差别。深入研究这些次要因素的影响将有助于了解特定基团邻近结构和环境变化情况以及对谱带与结构间关系的认识，是红外光谱用于结构鉴定的基本方法。

影响谱带位移的因素很多，一部分来自分子内部结构影响，如与特定基团相连的取代基的电子效应、分子的几何形状和振动的偶合等；另一部分则来自分子的外围环境包括溶剂和物态变化等。

以上诸因素对伸缩振动与弯曲振动的影响是不同的，因为同一种化学键的两种振动模式力的作用方向不同，所以引起伸缩振动向低频位移的作用，必然导致同一键的弯曲振动变得困难，振动频率向高频位移。反之亦然。

1. 电子效应

诱导效应、共轭效应和场效应都会导致成键原子间电子杂化状况与电子云分布发生变化，因而改变力常数而影响相应谱带的位置。

1) 诱导效应

一些极性共价键随着取代基电负性的不同，电子密度发生变化，引起键的振动谱带位移，称为诱导效应(inductive effect，I)。诱导效应的影响沿着分子中的 σ 键传递，与分子的几何形状无关。

推电子的诱导效应(+I)将引起羰基成键电子密度更加偏离键的几何中心而移向氧原子，降低羰基的双键性，使羰基伸缩振动吸收谱带向低频位移；吸电子的诱导效应(−I)相反，会引起成键的电子密度向键的几何中心接近，降低了羰基的极性，增加了双键性，导致羰基伸缩振动吸收谱带移向高频。吸电子性基团越多，羰基伸缩振动频率向高频移动越明显。例如

	$CH_3C(=O)CH_3$	$CH_3C(=O)—OH$	$CH_3C(=O)—Cl$	$F—C(=O)—F$
$\nu_{C=O}$	$1715cm^{-1}$	$1760cm^{-1}$	$1780cm^{-1}$	$1942cm^{-1}$

脂肪族取代羧酸 R—COOH 的酸性与取代基电负性的关系也是研究诱导效应较好的模型。丙酸与单氯、二氯、三氯乙酸的羰基振动频率依次上升与 pK_a 值逐渐下降呈线性关系，其系差为 α-位每增加一个氯原子，相应的羰基振动频率约上升 $20cm^{-1}$。

2) 共轭效应

共轭效应(conjugation effect，C)为共轭体系中电子离域的现象。共轭效应通过 π 键传递，常引起双键的极性增加，双键性降低，因而使其伸缩振动频率下降。

在 π,π-共轭体系中，共轭效应比较简单。例如，1-癸烯的 C═C 伸缩振动频率在 $1650cm^{-1}$处；1，3-丁二烯的相应振动频率位移到 $1597cm^{-1}$；苯乙烯的烯键伸缩振动出现在 $1625cm^{-1}$。α,β-不饱和羰基化物中 C═C 与 C═O 共轭，两种双键的伸缩振动频率都向低频位移。一般烷基酮的羰基伸缩振动频率在 $1715cm^{-1}$处，α,β-不饱和酮的羰基振动谱带出现在 $1685\sim1670cm^{-1}$。在 p，π-共轭体系中，诱导效应与共轭效应常同时存在，谱带的位移方向取决于哪一个作用占主导地位。例如，酰胺 C>I，与酮比较，羰基伸缩振动频率下降；与此相反，酯和酰氯分子中 I>C，羰基振动频率上升。

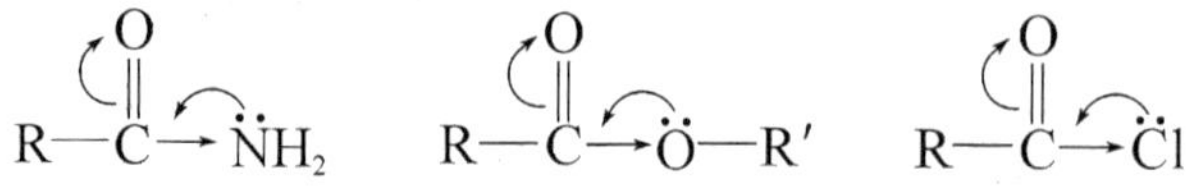

	$R—C(=O)—\ddot{N}H_2$	$R—C(=O)—\ddot{O}—R'$	$R—C(=O)—\ddot{Cl}$
$\nu_{C=O}$	$1690cm^{-1}$	$1735cm^{-1}$	$1810cm^{-1}$

3）场效应

不同原子或基团间不是通过化学键，而是以它们的静电场通过空间相互作用，发生相互极化，引起相应键的红外吸收谱带位移，称为场效应(field effect，F)。α-卤代羰基化物是最好的模型。α-氯代乙酰苯光谱中发现两个羰基吸收谱带，一个谱带与未取代的丙酮接近，另一个则在较低的频率位置出现。在极性较大的溶剂中检测其红外光谱时，相应于较高频率的谱带强度增大，显然，这两个谱带的出现是对应于如下共处于一个体系中的两种不同构象的氯代酮引起的。

$\nu_{C=O}$　1715cm^{-1}　1695cm^{-1}

早年在关于环状 α-卤代酮的研究中也曾发现类似现象，环己酮和 4，4-二甲基环己酮在 1712cm^{-1}附近有几乎相同的羰基吸收频率。前者的 α-溴代衍生物的羰基吸收频率与未溴代的环己酮差不多相同，而后者的 α-溴代衍生物的羰基吸收频率却显著地上升。贝拉米(Bellamy)认为这种现象的产生是由于在同一分子中带部分负电荷的卤素与因极化而带负电荷的羰基氧原子相互接近，彼此发生相反的诱导极化，结果导致卤素和羰基氧上的负电性都相应减小，羰基双键性升高，所以吸收频率增加。这种解释与构象分析结果是一致的，在 α-溴代环己酮分子中，溴居于直立键的构象较为稳定，这时，溴原子只能以微弱的诱导效应对羰基发生影响。而在 α-溴代-4，4-二甲基环己酮中，由于 4-位存在的 2 个甲基迫使溴取代基主要采取平伏键的构象，在这种情况下即发生了如 Bellamy 所述的场效应，使羰基振动频率上升。

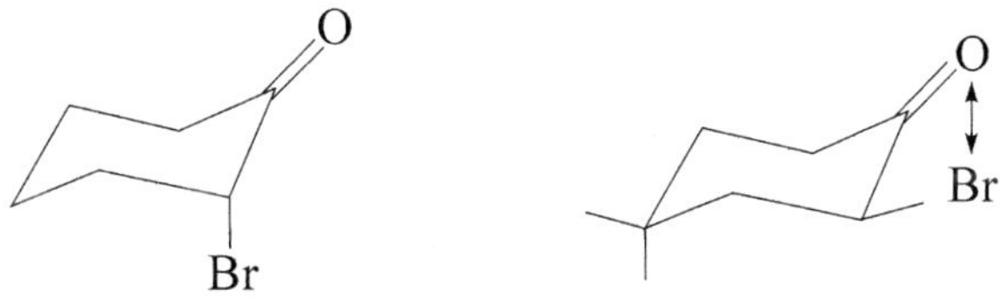

$\nu_{C=O}$　1716cm^{-1}　1728cm^{-1}

在甾体化学研究中，发生像 α-卤代酮的这类场效应的现象很普遍，称为“α-卤代酮规律”。

4）跨环效应

跨环效应(transannular effect)是一种特殊的、通过空间发生的电子效应。例如，在环状的氨基酮化合物中，当氨基和羰基的空间位置接近时，可能出现羰基伸缩振动频率大幅度降低的不正常现象，这是跨环效应引起的，也可以看作分子内的场效应。

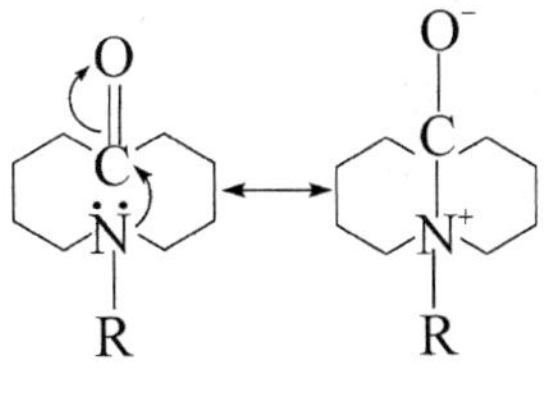

一种中草药成分稳品碱(cryptopine),经红外光谱检测在 $1675cm^{-1}$ 处出现羰基吸收谱带,比一般酮的羰基振动频率低得多,这是通过跨环效应发生如下两种结构共振的结果。如果将稳品碱与过氯酸作用,则可以形成稳定的盐,而看不到羰基吸收谱带。

2. 键的张力和空间位阻

在有机化合物中,sp^3 杂化的C—C σ 键键角大约是 109°,sp^2 杂化的 σ 键键角是 120°。当由于成环或其他原因而出现键的张力时,可能因为杂化状态的变化而引起相关的基团频率发生位移。

在脂环酮系列中,随着环的缩小,环的张力逐渐增大,羰基吸收频率相应升高。

具有环外双键的亚甲基环烷系列化合物中,C═C 伸缩振动的频率也有类似变化。而在具有环内双键的系列化合物中则有着相反的趋势:双键作为环的一部分,将随环的缩小,键角逐渐减小,C═C的伸缩振动频率逐渐降低。

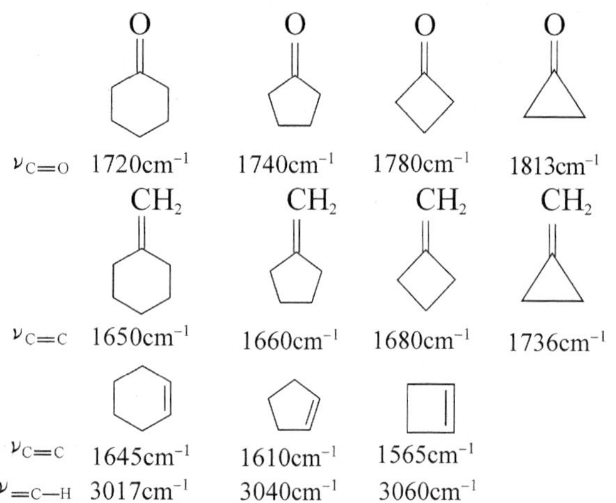

由价键理论分析,在环己酮和亚甲基环己烷中有正常的 120°键角和 σ 电子的 sp^2 杂化状态,与相应的开链化合物相同,吸收谱带出现于正常的位置。随着环的缩小,环内角逐渐减小,成环 σ 键的 p 电子成分增加,而环外 σ 键的 p 电子成分相应减少,s 电子成分增加,键长变短,因此羰基或环外双键的伸缩振动频率逐渐上升。处于环内的双键恰好相反,由于环的缩小,成环 σ 键变长,必然导致双键的振动频率下降,与此同时相关的 C—H 伸缩振动频率逐渐上升。可以预料,由于环的缩小,所有环外键的伸缩振动波数都应随着增加,所以环丙烷的 C—H 伸缩振动达 $3000cm^{-1}$ 左右[$\nu_{as(CH)}$ 3100～$3070cm^{-1}$,$\nu_{s(CH)}$ 2970～$3000cm^{-1}$]。

空间位阻对谱带位置的影响是指同一分子中各基团间在空间的位阻作用。由于这种空间作用，分子的几何形状发生变化，改变正常的电子效应或杂化状态而导致谱带位移，有时谱带还会发生变形。

共轭效应对空间位阻最为敏感。在 2,6-二取代的苯乙酮分子中，当取代基 R 增大时，共轭体系的共平面性受到破坏，羰基伸缩振动频率将移向高频，向接近孤立羰基振动频率的方向变化。

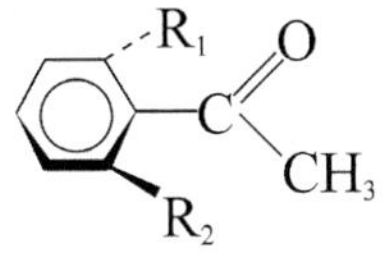

$R_1=R_2=H$　　$\nu_{C=O}$　　$1683cm^{-1}$

$R_1=CH_3, R_2=H$　　$\nu_{C=O}$　　$1686cm^{-1}$

$R_1=R_2=t\text{-}Bu$　　$\nu_{C=O}$　　$1693cm^{-1}$

取代乙烯类化物由于空间位阻，σ 键角变大，双键 σ 键的 p 电子成分增多，所以双键的伸缩振动频率向低频位移，这是由键张力引起的另一类空间位阻作用的结果。

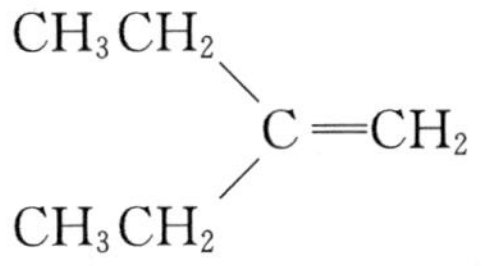

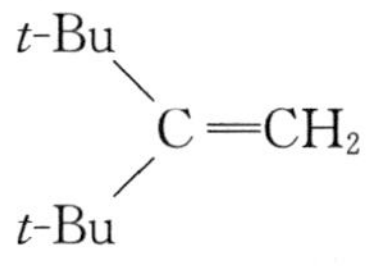

$(CH_3CH_2)_2C=CH_2$　　$(t\text{-}Bu)_2C=CH_2$

$\nu_{C=C}$　　$1652cm^{-1}$　　$1621cm^{-1}$

3. 偶合效应和费米共振

具有相近的振动频率和相同对称性的同一分子中，两个邻近基团的振动模式间可以相互干扰而发生振动的偶合，在原来谱带位置的高频和低频两侧各出现一条谱带。例如，在丙二烯分子中，两个碳碳双键共用一个碳原子，一般预料在 $1600cm^{-1}$ 附近可能观察到双键的伸缩振动谱带，然而在其红外光谱中并未见到预料的谱带，却在 $1960cm^{-1}$ 和 $1070cm^{-1}$ 出现两个新的吸收，这是两个双键振动机械偶合的结果。高频的谱带相应于两个双键不对称伸缩振动，低频的谱带则相应于对称伸缩振动。

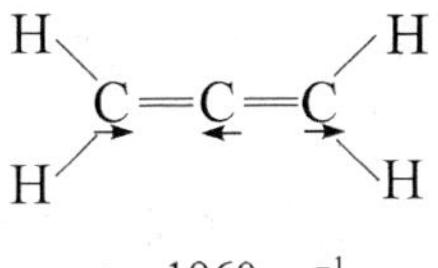

$H_2C=C=CH_2$　　$\nu_{as}\sim1960cm^{-1}$　　　$H_2C=C=CH_2$　　$\nu_s\sim1070cm^{-1}$

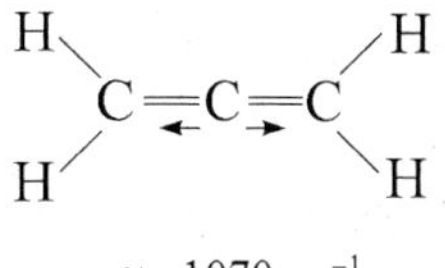

在红外光谱中，谱带间的偶合效应是常见的。丙二烯中由于两个双键关系密切，干扰严重，两个偶合谱带相差约 $900cm^{-1}$。对于距离稍远一些或非线性分子，因偶合而产生两个谱带的位差则要小得多。丙酸酐在 $1845cm^{-1}$ 和 $1775cm^{-1}$ 出现两个都相当强的谱带，前者是两个羰基反对称振动的偶合谱带，后者是对称的振动偶合谱带，如图 2-9 所示。

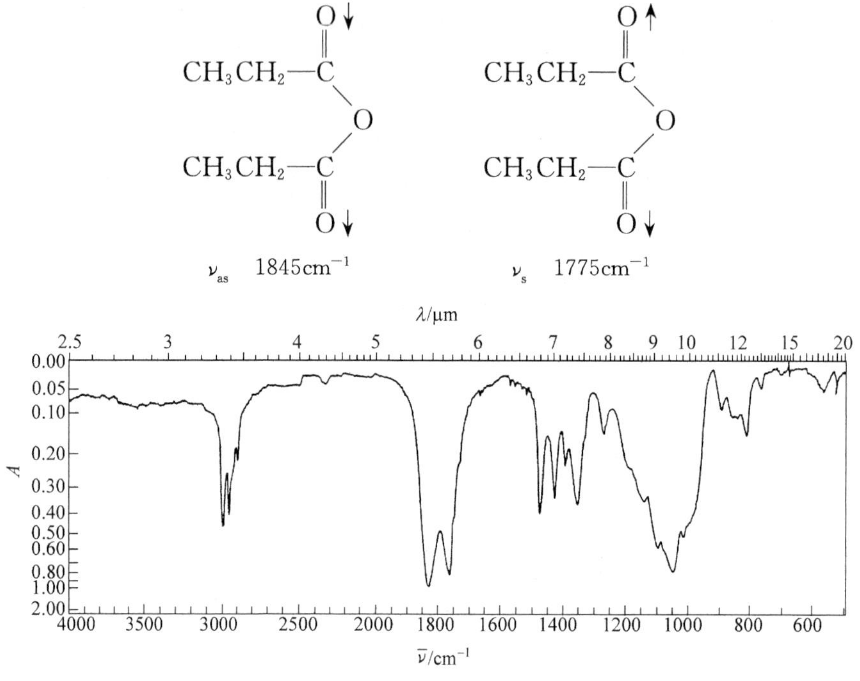

图 2-9　丙酸酐的红外光谱

异丙基中两个甲基的变形振动也会相互作用产生偶合的两个谱带：1385cm^{-1}和1365cm^{-1}。这两个特征的吸收谱带一般强度相等，对判断分子中异丙基的存在有应用价值。

在同一分子中两个不同基团位置接近的情况下，偶合效应也会发生在基团振动频率相近的不同振动方式之间。例如，用以判断二级酰胺特征吸收谱带的酰胺带Ⅱ(1550cm^{-1})和酰胺带Ⅲ(1270cm^{-1})是二级酰胺的C—N伸缩振动和N—H的变形振动之间偶合效应产生的。类似的偶合也可以发生在羧酸分子中，它们在1300cm^{-1}附近出现的两个特征谱带，为C—O伸缩振动和O—H的变形振动偶合而成。这类偶合效应很容易用氘代方法证明，羟基或氨基氘代后按式(2-24)计算，振动频率将为氘代的$\frac{1}{\sqrt{2}}$。当不发生偶合时，氘代后测得的振动频率应与上述计算值基本相符，若发生了偶合效应，则频率的位移与计算值相差甚远。

当一个基团振动的倍频或合频与其另一种振动模式的基频或同分子中的另一基团基频的频率相近，并且具有相同的对称性时，由于相互作用也可能发生共振偶合，使谱带分裂，并且原来强度很弱的倍频或合频谱带的强度显著地增加，这种特殊的偶合效应称为费米(Fermi)共振。大多数醛的红外光谱在2800cm^{-1}和2700cm^{-1}附近出现强度相近的双谱带是Fermi共振典型的例子，如图2-10所示。这两条谱带的产生是醛基的C—H伸缩振动及其变形振动1390cm^{-1}的倍频之间发生Fermi共振的结果。另一个例子是如图2-3所示的苯甲酰氯红外光谱在羰基伸缩振动频率范围1790cm^{-1}附近的双谱带，也有认为是羰基伸缩振动与谱带875cm^{-1}的倍频之间发生Fermi共振引起的。

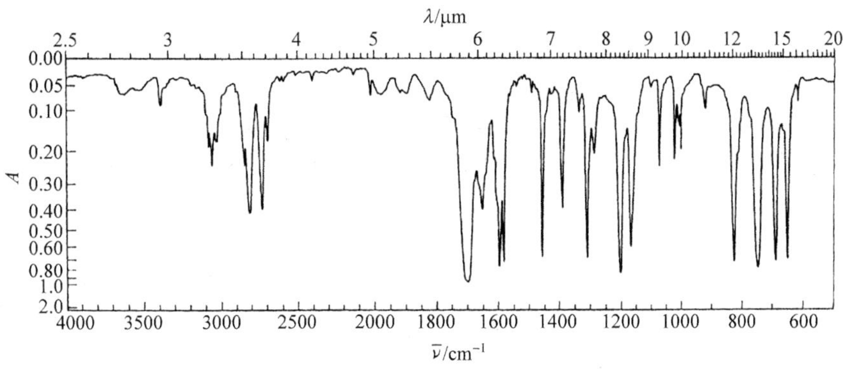

图 2-10　苯甲醛的红外光谱

以上两类 Fermi 共振现象所产生的双谱带强度都是相当大的，很难分辨出哪个谱带是基本的。

Fermi 共振的产生可以用环戊酮的红外光谱研究予以阐明。环戊酮在羰基伸缩振动区出现两个吸收谱带：1746cm^{-1}和 1728cm^{-1}（图 2-11）。初看上去，这两个谱带好像是两个羰基的振动谱带，经研究认为是羰基的振动基频和环呼吸振动倍频间发生 Fermi 共振引起的。环戊酮的呼吸振动频率出现在 889cm^{-1}，是红外非活性的，但由于振动的非谐性，其倍频变为红外活性的，且与羰基振动基频接近，从而引起 Fermi 共振。如果环戊酮的 α,α'-位 4 个氢原子都被重氢取代，则环的呼吸振动频率将移至 827cm^{-1}，其倍频和羰基振动基频相差较远，不再发生 Fermi 共振，仅在 1734cm^{-1}出现一个强的羰基吸收谱带。

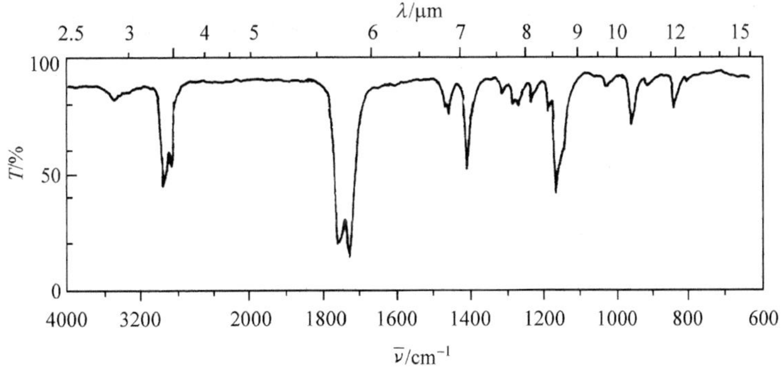

图 2-11　环戊酮的红外光谱

4. 互变异构

在互变异构体系中，两个或多个异构体同时存在，当它们各自具有不同的特征谱带时，可以根据这些谱带的相对强度估计它们的含量。

硬脂酰乙酸乙酯的红外光谱存在酮式和烯醇式的互变异构平衡，如图 2-12 所示。图中 1738cm^{-1}和 1717cm^{-1}谱带比 1650cm^{-1}谱带的强度大得多，说明在这个互变异构体系中，酮式比烯醇式多得多。

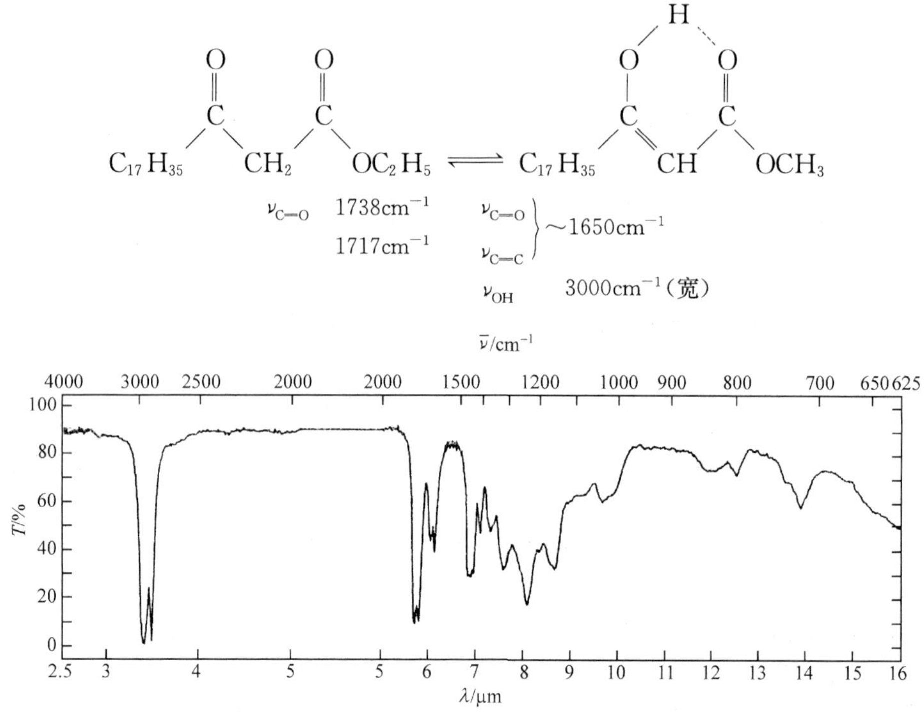

图 2-12　硬脂酰乙酸乙酯的红外光谱

在乙酰丙酮的互变异构体系中,代表烯醇式的羰基吸收和碳碳双键吸收的 1613cm^{-1} 谱带强度比酮式的羰基吸收谱带大,表明烯醇式比酮式的异构体多一些。

$$CH_3COCH_2COCH_3 \rightleftharpoons CH_3C(OH)=CHCOCH_3$$

$\nu_{C=O}$　1740cm^{-1}　1710cm^{-1}　　$\left.\begin{matrix}\nu_{C=O}\\ \nu_{C=C}\end{matrix}\right\}$ ~1613cm^{-1}　ν_{OH}　3200~2800cm^{-1}(宽)

5. 氢键和溶剂效应

偶极矩很大的 X—H 键与带部分负电荷的原子 Y 充分接近时,产生强烈的静电吸引作用,构成氢键 X—H…Y。氢键的形成使质子的给予基团和接受基团的振动频率都发生变化:伸缩振动向低频位移,谱带变宽,强度增大;而弯曲振动向高频位移,谱带变得更为尖锐。

氢键可以在分子内形成,也可以在分子间形成。例如,α-羟基蒽醌容易形成分子内氢键,而 β-羟基蒽醌只可能形成分子间氢键。

$\nu_{C=O}$	$1622cm^{-1}$	$\nu_{C=O}$	$1676cm^{-1}$
	$1675cm^{-1}$		$1673cm^{-1}$
ν_{OH}	$2843cm^{-1}$(宽)	ν_{OH}	$3615\sim3605cm^{-1}$

分子内氢键不受溶剂的影响，而分子间氢键对溶剂的种类(质子性的和非质子性的)、极性和溶液的浓度、温度都比较敏感。在惰性溶剂的稀溶液中，分子间的氢键可以完全被破坏而恢复游离分子的光谱。因此，用稀释的方法可以很方便地区别是分子内氢键还是分子间氢键。

醇和酚在惰性溶剂的稀溶液中，羟基以游离的状态存在，羟基的伸缩振动谱带出现在 $3640\sim3610cm^{-1}$，图 2-13 为乙醇的 CCl_4 溶液部分光谱。在稀溶液中只观察到游离羟基的伸缩振动谱带($3640cm^{-1}$)，随着浓度的增加，分子间开始形成氢键，谱带 $3640cm^{-1}$ 逐渐缩小，同时出现 $3515cm^{-1}$(二聚体)、$3300cm^{-1}$(多聚体)谱带，并逐渐增加。

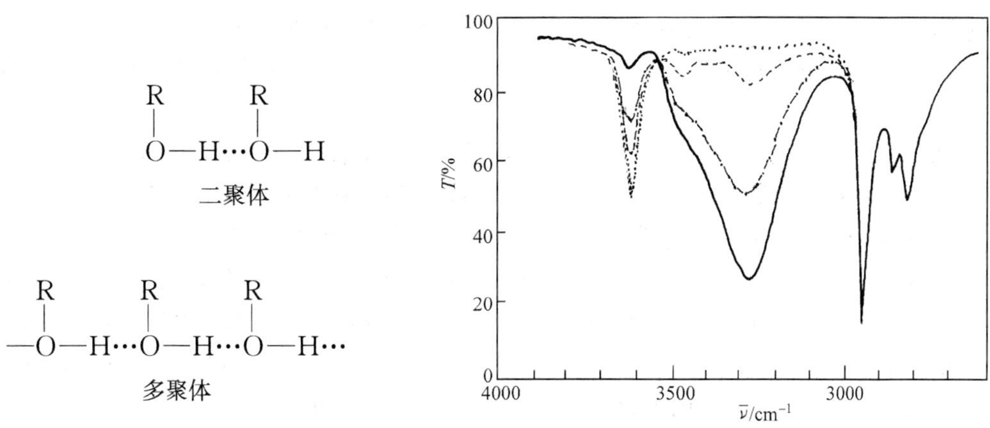

图 2-13　不同浓度的乙醇 CCl_4 溶液的部分红外光谱

········ $0.01mol\cdot L^{-1}$；- · - · - $0.10mol\cdot L^{-1}$；
------ $0.25mol\cdot L^{-1}$；—— $1.0mol\cdot L^{-1}$

羧酸具有形成分子间氢键的强烈倾向，在固态和液态一般均以二聚体存在，羰基伸缩振动谱带在 $1705\sim1720cm^{-1}$。缔合的羟基伸缩振动频率较低，形成跨越 $3500\sim2500cm^{-1}$ 的宽带，有时也会形成多聚体。

二聚体　　　　多聚体

羧酸的 CCl_4 溶液稀释到一定程度可以解离为游离的羧酸，羰基伸缩振动频率恢复到 $1760cm^{-1}$ 附近。

一般分子中不含极性基团的样品，其光谱与溶剂的性质无关；当含有极性基团时，溶剂的性质、溶液的浓度和温度对光谱都有影响。极性溶剂与极性基团间由于氢键或偶极-偶极的相互作用，总是使有关基团的伸缩振动频率不同程度地降低，谱带变宽。

在非极性溶剂中，一些极性基团（如羰基、酰胺基、氰基等）的伸缩振动频率随着溶剂的介电常数增加略有降低，服从柯克伍德-鲍尔-马加特（Kirkwood-Bauer-Magat）关系式

$$\frac{\nu_v - \nu_s}{\nu_v} = \frac{K(D-1)}{2D-1} \tag{2-25}$$

式中，ν_v 和 ν_s 分别为样品的极性基团在气态和溶液中的伸缩振动频率；D 为极性溶剂的介电常数；K 为常数。

6. 物态的变化

红外光谱可以在样品的各种物理状态（气、液、固相，弹性体或溶液、悬浮液）下进行检测。由于相的不同，它们的吸收光谱往往也有不同程度的变化。

气态分子间距离较远，除少数情况（如 HF、小分子羧酸等）外，基本上可以视为游离的，不受其他分子的影响，可能观察到分子振动-转动光谱的精细结构。

在液态时，分子间的相互作用较强，有的分子可以形成分子间氢键，如前所述，使相应谱带向低频位移。

由液态变为固态后，由于分子间的作用力继续增强，固体中的分子按一定晶格排列有序，与液体、气体的光谱之间有一定的差异。有的分子因 σ 键旋转产生的构象异构平衡不再存在于固体中而消失相应的谱带，如 α-氯乙酰苯液态的光谱在 $1715cm^{-1}$ 和 $1690cm^{-1}$ 出现两个吸收强度相近的羰基振动谱带，在固态的光谱中只有一种羰基吸收谱带；有的分子则因晶格中各种振动偶合，谱带有所增加，如图 2-14 所示，长链硬脂酸晶体光谱由于其中亚甲基的全反式排列，振动的相互偶合，在 $1350\sim1180cm^{-1}$ 区域出现一系列间隔相等的吸收谱带，而液膜法测得的光谱在这个区域内仅呈现一条很宽的谱带。

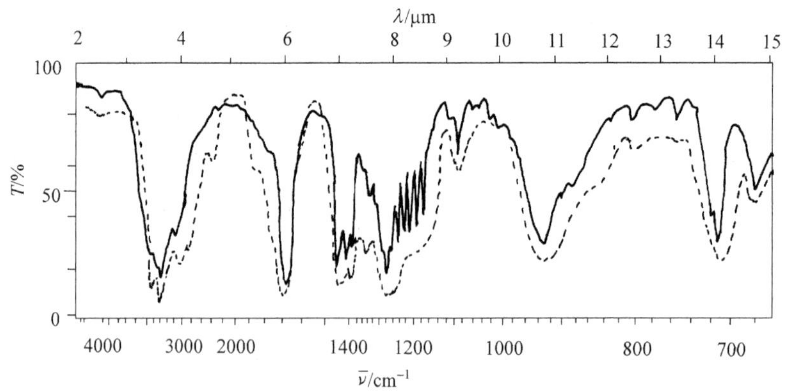

图 2-14　硬脂酸的红外光谱

实线为晶体样品用压片法测得；虚线为液体样品用液膜法测得

综上所述，不同物理状态下，化合物的一些极性基团伸缩振动频率依气体、溶液、固体的次序逐渐下降，这与不同相中分子间距离逐渐缩短、相互作用逐渐增强的次序一致。在固态时，一些弯曲振动、骨架振动还经常相互作用，使指纹区的光谱发生变化，相同样品、不同晶形的光谱也有区别。探讨此类变化规律是用红外光谱研究晶体结构的基本方法。

2.4　基团频率与分子结构

本节将具体讨论各类基团振动吸收谱带在上述红外光谱区域内的分布与分子结构的关系。泛频区仅呈现少数强度较弱的倍频或合频，如醇和酚的羟基伸缩振动倍频谱带出现在 7150～6850cm^{-1}，通常泛频区谱带对作定量分析比对结构鉴别更有用。这里着重讨论振动的基频。

2.4.1　氢原子成键的伸缩振动频率区（3700～2400cm^{-1}）

1. 羟基和 N—H 伸缩振动吸收谱带（3700～3200cm^{-1}）

一般羟基或氨基的伸缩振动吸收在此频率范围内出现中到强的吸收谱带。

游离的羟基伸缩振动（ν_{OH}）频率出现在 3650～3580cm^{-1}，呈现尖的谱带。图2－15为气态乙醇的红外光谱。

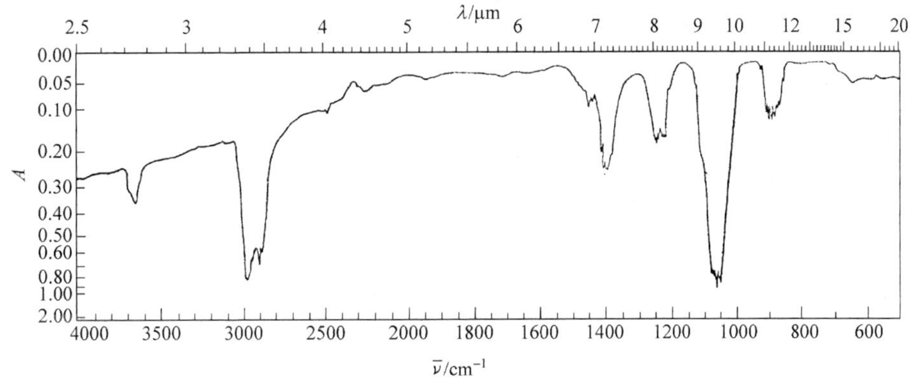

图 2－15　气态乙醇的红外光谱

羟基的伸缩振动经常由于分子内或分子间形成氢键而大幅度地向低频移动，同时强度增加，谱带变宽，如图 2－13 所示。

图 2－16 为液态苯酚的红外光谱，其羟基伸缩振动吸收频率也向低频位移，谱带变得更宽，向低频延伸到 3000cm^{-1}以下。在形成分子内氢键的情况下，酚羟基伸缩振动谱带向低频移动更为明显。例如

	苯酚（—OH）	邻硝基苯酚（O—H…O—N→O）	邻羟基苯乙酮（O—H…O═C—CH$_3$）
ν_{OH}	3610cm^{-1}（游离）	3243cm^{-1}	3077cm^{-1}

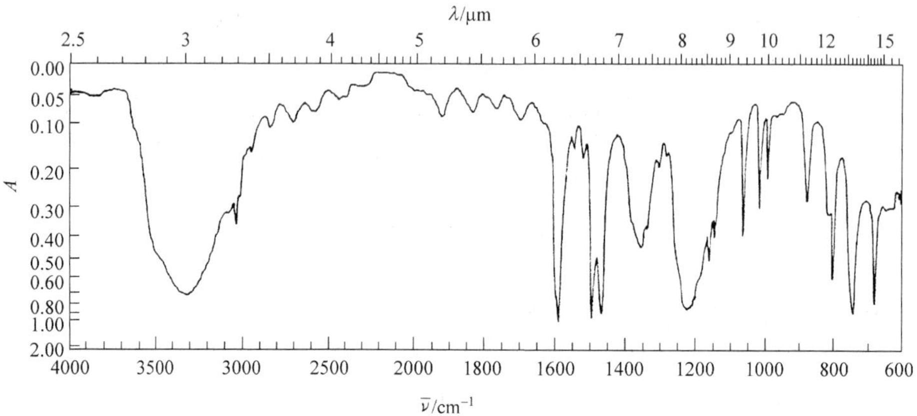

图 2-16　液态苯酚的红外光谱

取代基的电子效应对醇羟基的伸缩振动频率影响较小，而对酚羟基的影响较为明显。曾发现取代基对酚羟基伸缩振动频率的影响 $\Delta\nu$ 与哈米特(Hammett)取代基常数 σ 值呈线性关系，如表 2-2 所示，这是取代基与酚羟基之间的电子效应通过苯环传递的结果。取代基处于对位，共轭效应与诱导效应同时起作用，以共轭效应为主。推电子的取代基使 O—H 键的力常数增加，而吸电子的取代基导致这个键的力常数降低。间位取代基与酚羟基之间只存在诱导效应，相互影响相对较小。

表 2-2　酚羟基 ν_{OH} 的取代基效应

酚的取代基	Hammett σ 值	ν_{OH}/cm^{-1}	位移 $\Delta\nu/cm^{-1}$
p-OH	−0.36	3617	+7
p-OMe	−0.27	3614	+4
p-CH_3	−0.17	3612	+2
H	0.00	3610	0
p-Cl	0.23	3610	0
m-Cl	0.37	3607	−3
m-NO_2	0.71	3600	−10
p-CN	0.63	3594	−16
p-NO_2	0.78	3593	−17

羧酸在固态、液态、极性溶剂的溶液或在浓度大于 $0.01mol \cdot L^{-1}$ 的惰性溶剂(CCl_4)中，由于氢键的形成而以二聚体存在。二聚体羧酸的羟基伸缩振动谱带也很强，与醇的缔合羟基比较，羧酸的相应谱带更宽。图 2-14 的硬脂酸和图 2-17 的邻甲基苯甲酸的红外谱图中，这个谱带跨越 $3500\sim2500cm^{-1}$，将 $3000cm^{-1}$ 附近的 C—H 伸缩振动谱带覆盖。

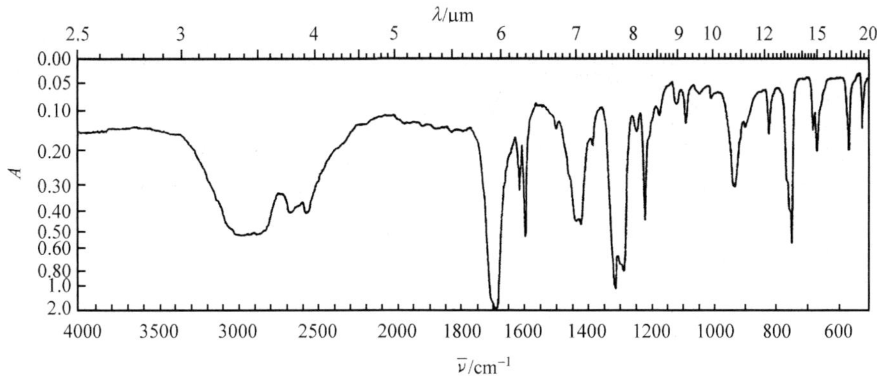

图 2 - 17　邻甲基苯甲酸的红外光谱

几乎所有二聚羧酸的羟基谱带在 2600cm^{-1}附近都出现几个较弱的谱带，为二聚羧酸的羟基伸缩振动基频与其 C—O 伸缩振动和 O—H 变形振动合频间的 Fermi 共振谱带。

羧酸只有在稀的惰性溶剂或气相中才能以单体存在，在 3540cm^{-1}附近出现游离的羧基的羟基振动谱带。图 2 - 18 表明，即使在较高的温度下，乙酸也有少量二聚体存在。

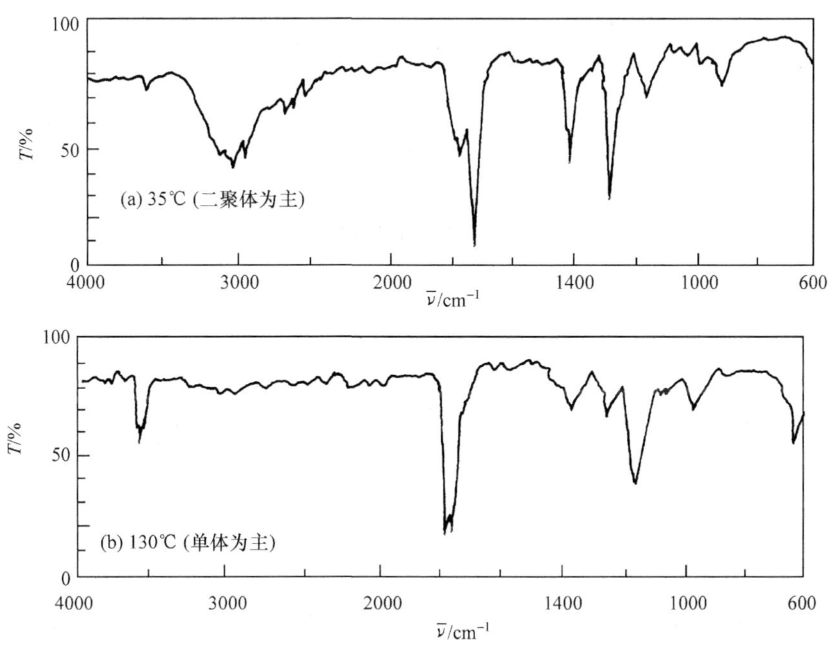

图 2 - 18　不同温度下气相乙酸的红外光谱

胺类或酰胺类中的氨基在 3500～3200cm^{-1} 出现弱到中强的 ν_{N-H} 谱带，如图2 - 19～图 2 - 21 所示。ν_{N-H} 比 ν_{OH} 吸收强度弱。在非极性溶剂中，伯胺和伯酰胺(图 2 - 19 和图 2 - 20)的光谱在此区域呈现 2 个谱带，为 2 个N—H伸缩振动偶合的结果，反对称的在 3360cm^{-1}附近，对称的在 3200cm^{-1}附近。仲胺和仲酰胺(图 2 - 21)的光谱只有 1 个 N—H吸收带出现在 3300cm^{-1}附近。

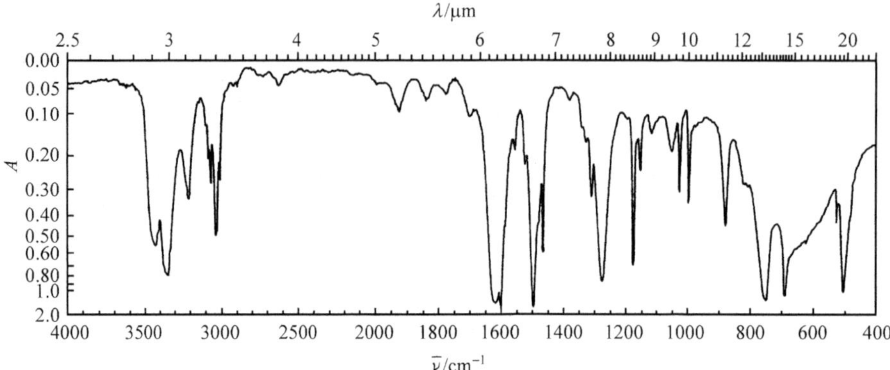

图 2-19　苯基甲胺的红外光谱

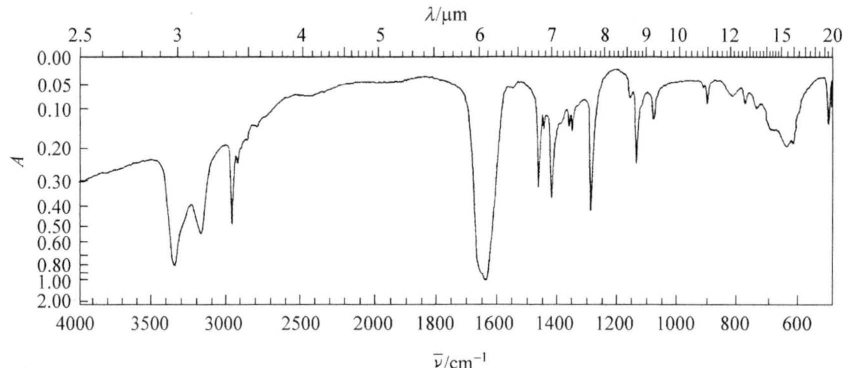

图 2-20　2-甲基丙酰胺的红外光谱

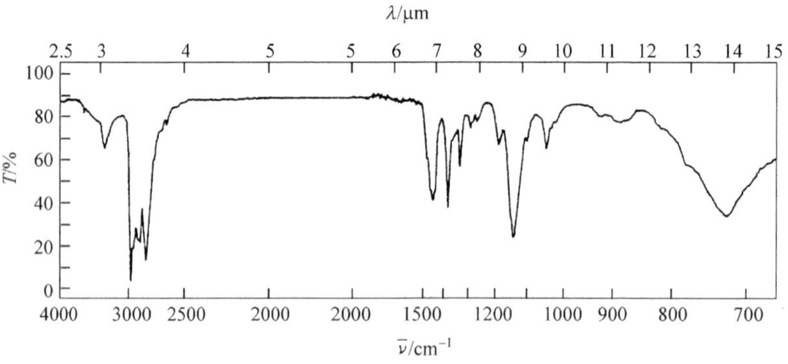

图 2-21　二乙胺的红外光谱

在极性溶剂中或液相检测时，由于形成氢键，N—H 伸缩振动频率向低频位移。用液膜法或高浓度检测时可能出现几个吸收谱带，这表明存在各种不同的缔合状态。

当胺成盐时，氨基转化为铵离子，与 N—H 伸缩振动频率比较(图 2-21)，$\overset{+}{\mathrm{N}}$—H 的伸缩振动频率大幅度地向低频位移(图 2-22)，在 3200～2200cm^{-1}形成宽的谱带。各级

铵盐的 $\overset{+}{N}$—H 吸收谱带的范围和形状略有差别：

伯铵盐离子 —$\overset{+}{N}H_3$　　$3200 \sim 2250cm^{-1}$宽谱带

$2600cm^{-1}$附近有几个中等强度谱带

$2100cm^{-1}$附近出现弱谱带(有时不出现)

仲铵盐离子 $\overset{+}{N}H_2$　　$3000 \sim 2200cm^{-1}$强吸收，宽谱带

$2500cm^{-1}$附近有明显的多重吸收带

叔铵盐离子 —$\overset{+}{N}H$　　$2750 \sim 2200cm^{-1}$宽谱带

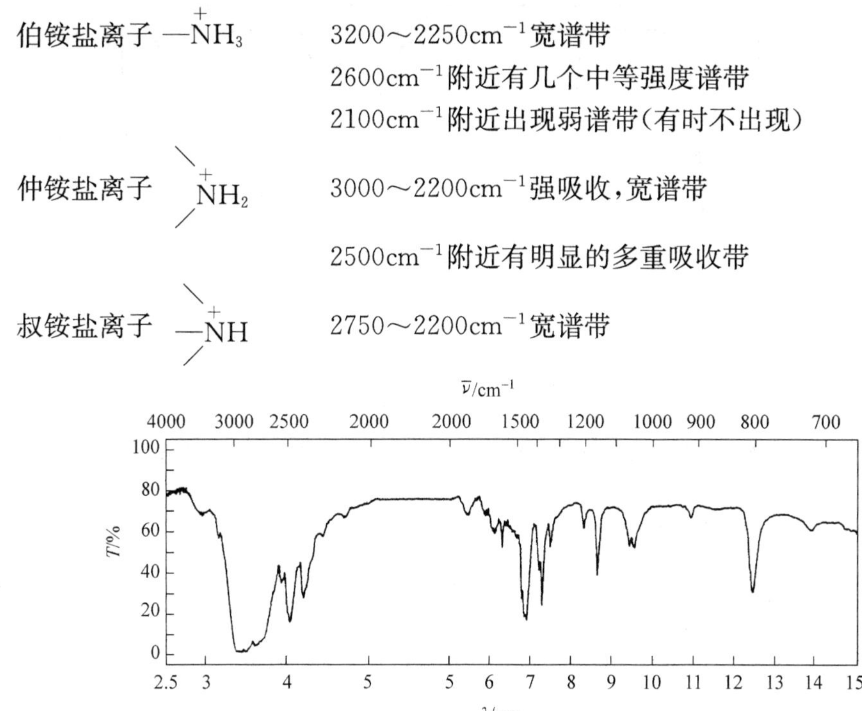

图 2 - 22　二乙胺盐酸盐的红外光谱

氨基酸一般以内盐形式存在，其红外光谱具有伯铵盐离子的谱带。

铵正离子的 N^+—H 伸缩振动吸收谱带与二聚体羧酸的羟基谱带位置相近，它们的光谱可以通过比较谱带的宽度和精细结构予以区别。

当胺的鉴定遇到疑难时，可以用形成无机酸盐的方法，由谱带发生显著的移动和变形得到进一步确证。

在用溴化钾压片法检测羟基或氨基化合物时，往往由于带入微量水分而受到干扰，这时可使用氘代法排除。将样品溶于重水中，蒸干，此时所有的活泼氢都被氘取代。然后用石蜡糊法检测，若含有羟基和氨基，相应谱带将遵循方程式(2 - 24)分别向低频率移到 $2600cm^{-1}$和 $2390cm^{-1}$附近。

2. C—H 伸缩振动吸收谱带($3300 \sim 2700cm^{-1}$)

$3300cm^{-1}$附近出现的中强度吸收谱带为含炔氢的伸缩振动吸收谱带($\nu_{\equiv C-H}$)。这个谱带与 ν_{OH}和 ν_{NH}谱带处于相同区域内，它们之间很容易由谱带的强度和形状予以区别。图 2 - 23 为 1 -己炔的红外光谱。$\nu_{\equiv C-H}$的特点一般为比缔合的 ν_{OH}吸收弱，比 ν_{N-H}吸收强的尖锐谱带。

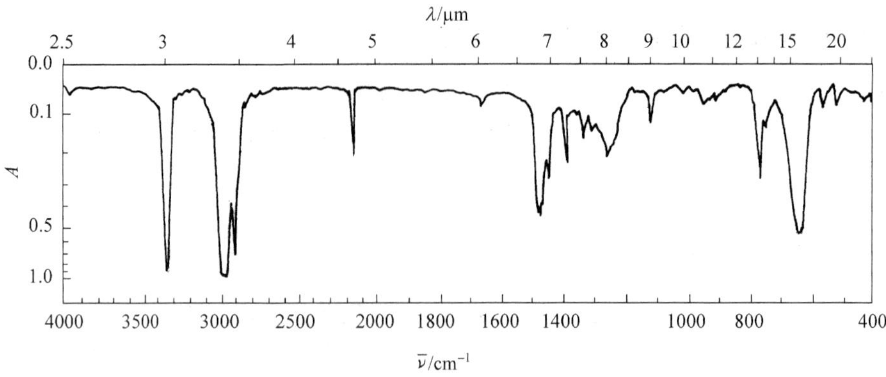

图 2-23　1-己炔的红外光谱

3100～3000cm^{-1}为烯或芳环的 C—H 伸缩振动频率区($\nu_{=C-H}$)。1-癸烯的红外光谱(图 2-24)中,$\nu_{=C-H}$最大吸收频率为 3049cm^{-1}。这样的末端烯烃用高分辨仪器测定应出现 3 个谱带：$>C=CH_2$ 的对称伸缩振动吸收出现在 2975cm^{-1}与甲基的伸缩振动吸收重叠；反对称伸缩振动吸收频率较高,可达 3080cm^{-1}；另外在 3030cm^{-1}还有 $-CH=C<$ 伸缩振动吸收。

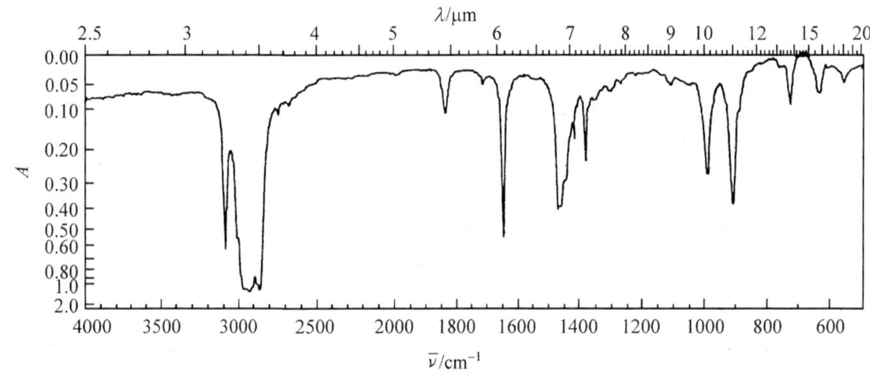

图 2-24　1-癸烯的红外光谱

用高分辨仪器检测芳香族化合物,在 3100～3000cm^{-1}观察到的多条谱带为芳环$\nu_{=C-H}$和芳环骨架振动合频的共同贡献。较强的谱带来源于 $\nu_{=C-H}$,大多处于 3075～3030cm^{-1}。带有推电子取代基者这些谱带移向较低频,如茴香醚 $\nu_{=C-H}$在 3060cm^{-1}、3030cm^{-1}和 3000cm^{-1}；带有吸电子取代基时则移向较高频,硝基苯 $\nu_{=C-H}$升至 3100cm^{-1}、3080cm^{-1}。芳环骨架振动的合频强度较弱,经常被掩盖而观察不到或表现为“肩”(shoulder)。芳杂环的 $\nu_{=C-H}$也出现在此区域。

除 $\nu_{=C-H}$谱带外,在此区域出现吸收谱带的还有张力较大的三元环体系的饱和C—H伸缩振动,如环丙烷所代表的环氧乙烷衍生物。

其他饱和卤代烃中与卤素直接相连的 ν_{C-H}谱带也落在这个范围内,如 CH_3I 3060cm^{-1}、CH_3Br 3050cm^{-1}、CH_3Cl 3042cm^{-1}。

3000～2700cm^{-1}为饱和的C—H伸缩振动频率区(ν_{C-H})。甲基、亚甲基的ν_{C-H}谱带已在2.2.2作了讨论，含有三级氢的次甲基($\rangle$C—H)伸缩振动强度很弱，经常观察不到，应用价值不大。

醛基的C—H伸缩振动谱带$\nu_{\underset{\|}{\overset{}{C}}-H}$(C=O) 在这个区域的低频部位2800～2600cm^{-1}，归因于醛基C—H伸缩振动及其变形振动(1390cm^{-1})倍频间的Fermi共振，表现为双谱带，这是醛基的特征谱带。图2-10苯甲醛的红外光谱中，Fermi共振谱带居于2810cm^{-1}和2720cm^{-1}。若同时具有高强度烃基的ν_{C-H}谱带时，Fermi共振双谱带高频部分往往被掩盖而表现不明显(图2-25)。只要仔细读出$\nu_{\underset{\overset{\|}{O}}{C}-H}$ 振动的低频谱带频率和烃基ν_{C-H}谱带侧面的肩或分支位置，也不难辨认。

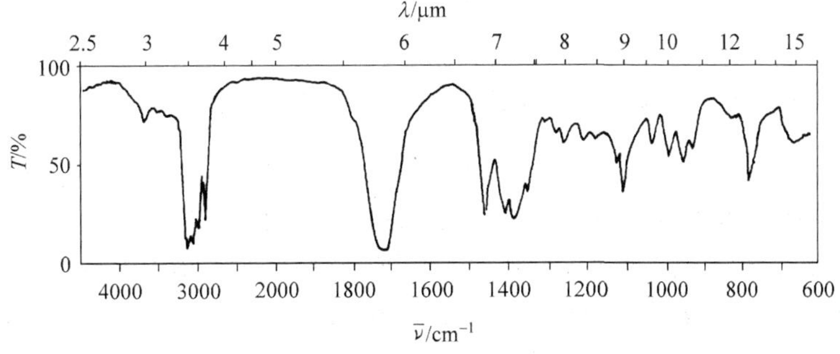

图2-25 正丁醛的光谱

绝大多数含醛基有机化合物的红外光谱都显示Fermi共振双谱带，但也有个别化合物当醛基的C—H变形振动频率明显地偏离1390cm^{-1}时，则仅能观察到$\nu_{\underset{\overset{\|}{O}}{C}-H}$ 一个谱带而不发生Fermi共振，如三氯乙醛(Cl_3C—CHO)仅在2851cm^{-1}呈现单谱带。

经考察大量化合物的谱图发现，氮甲基(CH_3—N)、氧甲基(CH_3—O)和不与芳环相连的仲胺、叔胺中的亚甲基(N—CH_2—)可在2850～2720cm^{-1}产生中等强度的吸收谱带[2]。一个含氮的碱性化合物若在3400～3200cm^{-1}无吸收谱带，而在2850～2700cm^{-1}出现中等强度的吸收，可推断具有叔胺结构，这是判断脂肪叔胺的最好办法。这类谱带可能对醛基的Fermi共振谱带的检出发生干扰。在此情况下除检查羰基和ν_{N-H}光谱外，还可以考察甲基的对称变形振动$\delta_{s(CH_3)}$作为辅证。氧甲基和氮甲基的对称变形振动频率都在1400cm^{-1}以上。

2700～2400cm^{-1}为S—H和P—H键的伸缩振动吸收频率区。ν_{S-H}出现在2600～2500cm^{-1}(图2-26)，ν_{P-H}在2400cm^{-1}附近，都是尖锐的谱带，很容易辨认。

在分析氢原子成键伸缩振动频率区的光谱时，还要注意经常出现在这个区域内的两个倍频谱带。一个是醛、酮、酯等羰基化合物的光谱经常在3500～3400cm^{-1}出现$\nu_{C=O}$的倍频谱带(图2-10和图2-11)，有的尖锐，有的呈现宽的不规则形状，其强度比出现在这一范围内的ν_{OH}和ν_{N-H}谱带弱得多；另一个是仲酰胺以及聚酰胺和蛋白质等多在3100～

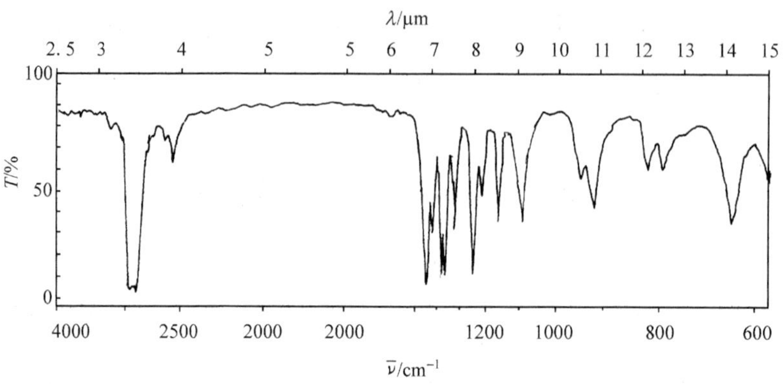

图 2-26　2-甲基丙硫醇的红外光谱

$3050cm^{-1}$附近出现 N—H 变形振动的倍频谱带，形状尖锐，强度弱到中等，很容易与$\nu_{=C-H}$谱带混淆。

2.4.2　叁键和聚集双键伸缩振动频率区($2400\sim1900cm^{-1}$)

具有叁键的炔、氰、重氮盐等类化合物的叁键伸缩振动频率靠近这个区域较高频部位。炔键的伸缩振动频率$\nu_{C\equiv C}$在$2260\sim2100cm^{-1}$(图 2-23)。乙炔及其全对称的二取代物在红外光谱中不出现$\nu_{C\equiv C}$谱带，其振动状况可在 Raman 光谱中观察(见 2.6 节)。实际上，除末端炔基外，大多数非对称的二取代乙炔的$\nu_{C\equiv C}$也都是很弱的，往往观察不到。

当 C≡C 键与 C═C 键或芳基共轭时，可引起$\nu_{C\equiv C}$向低频位移，吸收强度增加。强度的增加是 C≡C 键极化的结果，因此当叁键与羰基共轭时，对吸收位置虽然影响不大，但由于受羰基的强烈极化，强度急剧增加，甚至大于$\nu_{C=O}$的强度。

$$\mathrm{R{-}C{\equiv}C{-}\underset{\underset{R'}{|}}{C}{=}O} \longleftrightarrow \mathrm{R{-}\overset{+}{C}{=}C{=}\underset{\underset{R'}{|}}{C}{-}O^-}$$

腈化物的氰基伸缩振动($\nu_{C\equiv N}$)谱带常出现在$2240cm^{-1}$附近。$\nu_{C\equiv N}$强度一般都比较高，只有在α-碳上连有含 Cl、O、N 等电负性基团时强度才相应下降。当与不饱和键共轭时，这个吸收谱带大约向低频位移$30cm^{-1}$，如邻氰基甲苯的$\nu_{C\equiv N}$谱带出现在$2210cm^{-1}$。

重氮盐($\mathrm{R{-}\overset{+}{N}{\equiv}NX^-}$)的重氮基伸缩振动$\nu_{\overset{+}{N}\equiv N}$在$2290\sim2240cm^{-1}$出现较强的谱带。

聚集双键化合物，如丙二烯($\mathrm{>C{=}C{=}C<}$)、烯酮($\mathrm{>C{=}C{=}O}$)、异氰酸酯(—N═C═O)、叠氮化物($\mathrm{{-}N{=}\overset{+}{N}{=}N^-}$)等，都有振动偶合谱带。反对称的振动偶合出现在$2100cm^{-1}$附近，对称的振动偶合带一般都落在指纹区，强度很弱，应用价值不大。

异腈基结构(R—N═C)也可写成$\mathrm{R{-}\overset{+}{N}{\equiv}\overset{-}{C}}$，同时出现$\nu_{\overset{+}{N}\equiv\overset{-}{C}}$($2150cm^{-1}$)强谱带和$\nu_{N=C}$($1594cm^{-1}$)弱谱带。

此外，二聚的羧酸和铵盐的 ν_{OH}、ν_{NH} 宽吸收谱带经常延伸到这个区域的高频部位。芳环C—H变形（面外）振动的泛频谱带有的出现在这个区域的低频部位，但它们一般较弱、较宽，对叁键和聚集双键的特征谱带检出影响不大。

2.4.3　双键伸缩振动频率区（1900～1600cm^{-1}）

双键伸缩振动包括 C＝O、C＝C、C＝N 键等伸缩振动谱带 $\nu_{C=O}$、$\nu_{C=C}$、$\nu_{C=N}$，是结构鉴定的重要频率区。

1. 羰基伸缩振动吸收谱带

羰基伸缩振动吸收谱带居于双键振动频率区的高频部位，吸收强度都相当大。如前所述，不同的羰基化合物受各种因素的影响，$\nu_{C=O}$ 谱带位置发生有规律的变化。

一般脂肪醛的 $\nu_{C=O}$ 频率在 1730cm^{-1} 附近。改变羰基两边的取代基，由于电子效应谱带位置会作相应的移动，如乙酸乙酯（图 2 - 27）的 $\nu_{C=O}$ 频率移至 1745cm^{-1} 处。

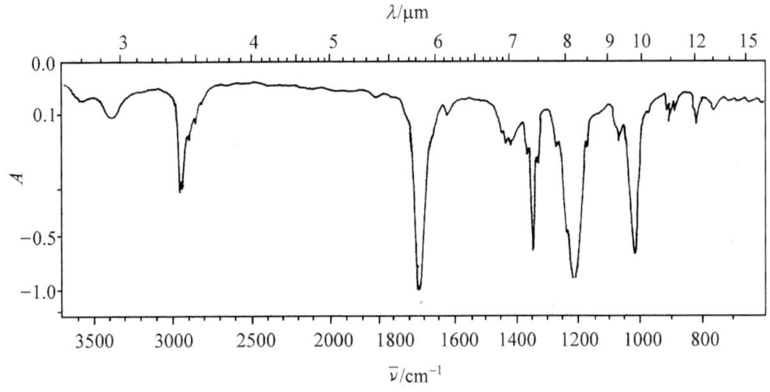

图 2 - 27　乙酸乙酯的红外光谱

形成氢键或共轭效应可以导致 $\nu_{C=O}$ 谱带降低 50～100cm^{-1}。在极性溶剂或非极性的浓溶液中，偶极-偶极相互作用也将使 $\nu_{C=O}$ 谱带下降 20cm^{-1} 左右。$\nu_{C=O}$ 谱带的位移与电子效应作用下 C＝O 键的键序变化相对是平行的，用有机结构理论的观点不难给予合理的解释。

$$F_2C{=}O > R{-}C({=}O){-}Cl > R{-}C({=}O){-}OPh > R{-}C({=}O){-}\ddot{O}H > R{-}C({=}O){-}\ddot{O}R >$$

$$R{-}C({=}O){-}H > R{-}C({=}O){-}R > R{-}C({=}O){-}\ddot{N}H_2,\quad C_6H_5{-}C({=}O){-}R > R\ddot{O}{-}C_6H_4{-}C({=}O){-}R$$

通过对取代苯甲酸光谱的系统研究发现，$\nu_{C=O}$ 频率的变迁与芳环上取代基的 Hammett 取代基常数 σ 值存在线性关系。

一般酰胺的 $\nu_{C=O}$ 谱带位于 1690～1630cm^{-1}，变化比较复杂。伯酰胺的 $\nu_{C=O}$ 出现在 1690cm^{-1} 附近，称为酰胺Ⅰ带（图 2 - 20），在不同情况下，由于氢键缔合会向低频移动。

氨基(—NH_2)的剪式振动称为酰胺Ⅱ带，约在 1610cm^{-1}附近，由于缔合向高频移渐与$\nu_{C=O}$谱带靠近，甚至重叠在一起成为较宽的谱带。在测定浓溶液时，由于游离状态与缔合状态间的平衡，有时可同时看到～1690cm^{-1}、～1650cm^{-1}、～1640cm^{-1}和～1600cm^{-1} 4 个谱带。仲酰胺的 $\nu_{C=O}$谱带出现在 1680～1650cm^{-1}(酰胺Ⅰ带)，其 N—H 变形振动的酰胺Ⅱ带在低频区 1550cm^{-1}附近，很容易区别。叔酰胺的酰胺Ⅰ带位于 1670～1630cm^{-1}，受其他基团的影响较小。

此外，醌类实际上为共轭的不饱和酮结构，对苯醌的 $\nu_{C=O}$谱带位于 1670cm^{-1}附近，邻苯醌相应谱带频率低一点，$\nu_{C=O}$频率往往降到 1600cm^{-1}以下。

2. *碳碳双键伸缩振动吸收谱带*

$\nu_{C=C}$谱带位于双键振动频率区的低频部分，一般出现在 1680～1610cm^{-1}，与羰基相比强度弱得多。各类烯键伸缩振动吸收谱带的位置和强度与其分子结构的对称性、共轭效应和张力等因素有关。完全对称取代的 C═C 键振动为红外非活性，如八碳烯烃。

异构体结构	$\nu_{C=C}$相对强度
$CH_3—C(CH_3)_2—CH_2—C(CH_3)=CH_2$	1
$CH_3—C(CH_3)_2—CH=C(CH_3)_2$	0.35
$(CH_3)_2CH—C(CH_3)=C(CH_3)—CH_3$	0.14
$(CH_3)(CH_3CH_2)C=C(CH_2CH_3)(CH_3)$	0

羰基或带有孤电子对的基团与 C═C 共轭时都会使 C═C 极化，减小双键性，因而增加其谱带强度并向低频位移。例如，图 2-28 为一叶秋碱的红外光谱，$\nu_{C=C}$出现在 1625cm^{-1}，吸收强度增大，与 $\nu_{C=O}$接近。

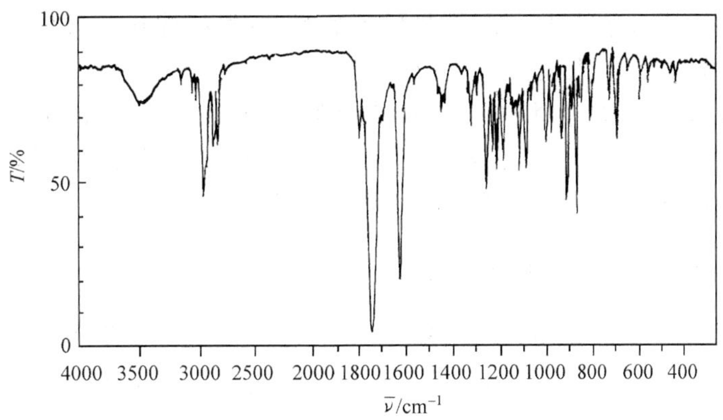

图 2－28　一叶秋碱的红外光谱

共轭多烯可以发生 C═C 键的振动偶合。如图 2－29 所示，异戊二烯的红外光谱在 1640cm^{-1}出现一个很弱的谱带为对称的振动偶合，不对称的振动偶合出现在 1598cm^{-1}，为强的谱带，对称的 1,3-丁二烯、2,3-二甲基丁二烯只在 1600cm^{-1}处出现 1 个谱带而看不到对称的振动偶合谱带。3 个 C═C 键共轭的多烯在 1600cm^{-1}和 1650cm^{-1}也出现 2 个谱带，高频谱带一般很弱。更高的 C═C 键共轭多烯在该区的光谱变得复杂，往往形成一个宽的谱带。

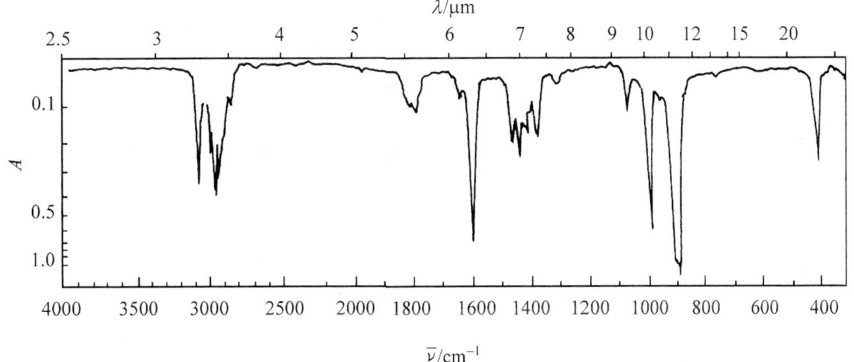

图 2－29　异戊二烯的红外光谱

$\nu_{C═N}$、$\nu_{N═O}$与 $\nu_{C═C}$谱带差不多出现在同一频率范围内，需要考察各自的相关谱带。例如，>C═NH 在 1600cm^{-1}附近出现 δ_{NH}和 >C═N—OH 则呈现 ν_{OH}，脂肪族酮肟或醛肟的 $\nu_{C═N}$谱带较弱，与苯环共轭的肟该谱带明显增强。

出现在这个振动频率区的 $\nu_{N═O}$谱带有亚硝酸酯及硝酸酯。亚硝酸酯有旋转异构体，相应地呈现两个 $\nu_{N═O}$吸收谱带。

	R—O—N═O（反式）	R—O—N═O（顺式）
$\nu_{N═O}$	1680～1650cm^{-1}	1625～1610cm^{-1}

这两个吸收谱带都相当强，不同类型亚硝酸酯的顺、反异构体相对含量不同，可以根据两个 $\nu_{N=O}$ 的强度估计它们的比例。

经常出现在双键伸缩振动频率区的其他类型谱带，在高频部分有芳环及烯烃的 $2\gamma_{=C-H}$ 。芳环的 $2\gamma_{=C-H}$ 为一组很弱的谱带，对 $\nu_{C=O}$ 谱带干扰不大，烯烃的 $2\gamma_{=C-H}$ 的强度有时相当大，需要注意与 $\nu_{C=O}$ 区别。

2.4.4 骨架振动和指纹区（1600cm^{-1}以下）

这个频率区的谱带复杂，尤其是 1350cm^{-1}以下指纹区的谱带很难一一指认，这里仅对其中在结构鉴定上特别有价值的几种吸收谱带和频率区予以讨论。

1. 芳环骨架振动 $\nu_{C=C}$ 频率区（1600～1450cm^{-1}）

苯环、吡啶及一些其他芳环衍生物的红外光谱（图 2－30 和图 2－31）在 1600cm^{-1}、1580cm^{-1}、1500cm^{-1}和 1450cm^{-1}附近经常出现 2～4 个吸收谱带，这组谱带与其芳环 Ar—H伸缩振动吸收谱带（3100～3000cm^{-1}）一起作为判断化合物有无芳环的主要依据。

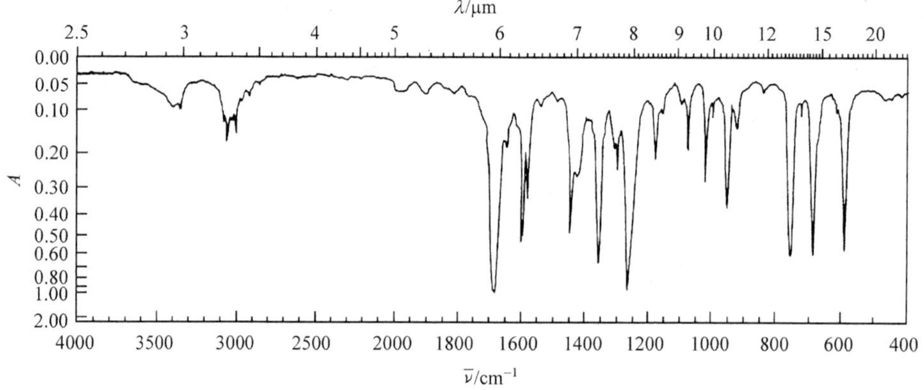

图 2－30 苯乙酮的红外光谱

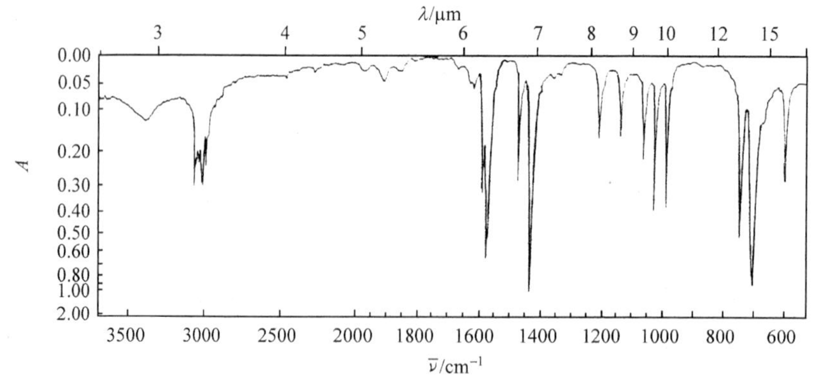

图 2－31 吡啶的红外光谱

1600cm^{-1}处谱带为除苯和高对称性的多取代苯外大多数芳族化合物都会出现的谱带，一般强度较弱，随着取代基极性的增加吸收强度变大。

$1580cm^{-1}$谱带变化较大，一般烃基苯光谱中很弱或观察不到，当芳环与不饱和取代基或带孤电子对基团共轭时这个谱带变得显著(图2－30)，有些情况下比 $1600cm^{-1}$ 谱带还强。

$1500cm^{-1}$谱带一般强度较大且随取代基极性增加其强度同 $1600cm^{-1}$ 谱带一起增大，但当取代基为与芳环共轭的强吸电子取代基(如 $\rangle C{=}O$、$—NO_2$、$—SO_2—$等)时，则强度大大削弱，有时观察不到。杂芳环化合物在 $1600\sim1500cm^{-1}$ 出现一两个较强谱带。

$1450cm^{-1}$谱带经常与饱和烃基的 C—H 键变形振动吸收频率重叠，应用价值不大。

2. 饱和 C—H 变形振动频率区($1500\sim1350cm^{-1}$)

甲基和亚甲基的变形振动吸收谱带已在 2.2.2 介绍过，它们对结构环境的变化十分敏感(表 2－3)，在结构鉴定中很重要。其中与羰基相连的甲基吸收强度比其他与碳相连的甲基都强，成为这类结构的特征。

表 2－3　不同结构环境中甲基和亚甲基的变形振动频率(cm^{-1})

X	X—CH_3		X—CH_2—(δ_{CH_2})
	δ_{as}	δ_s	
—O—	1470～1450	1460～1430(m～s)	1475～1445
$\rangle$N—	1460	1430～1415(s)	1475～1445
—C— (四价碳)	1475～1445	1400～1360(m～s)	1475～1445
—C=C—	1460	1380	1445～1430
—C(=O)—	1450～1400	1370～1350(s)	1425～1405
—S—	1440～1415	1330～1290(s)	1440～1415
$\rangle$P—	1430～1390	1210～1280(m)	1445～1405
—Si— (四价硅)	1430～1290	1230～1260(s)	1410
$\rangle$B—	1460～1400(m)	1330～1280(m～s)	

叔丁基—$C(CH_3)_3$ 和偕二甲基(gem dimethyl)—$CH(CH_3)_2$、$\rangle C(CH_3)_2$ 将发生振动偶合，在 $1375cm^{-1}$ 附近共振偶合分裂成为具有特种形状的两个谱带，叔丁基则分裂为两个强度不同的谱带，较高频($1400\sim1385cm^{-1}$)的强度很小，较低频($1375\sim1360cm^{-1}$)的强度较大，两个谱带相距较远[图 2－32(a)]。偕二甲基分裂为强度基本相等、距离较近($1390\sim1380cm^{-1}$，$1372\sim1365cm^{-1}$)的两个谱带[图 2－32(b)]。然而，也有少数化合物的红外光谱，这两类特征的谱带发生形变，表现不那么典型，在这种情况下可以考察它们的骨架振动谱带作为辅证。

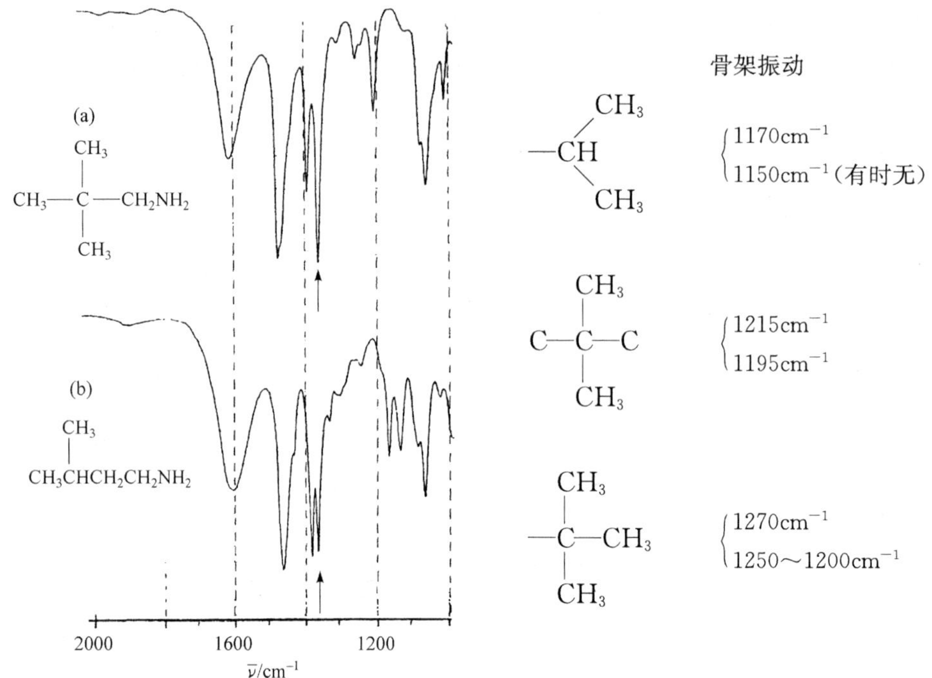

图 2－32　2,2-二甲基丙胺(a)和 3-甲基丁胺(b)的部分红外光谱

此外,在 1600～1350cm^{-1}还有几个重要的基团振动吸收谱带。

硝基的伸缩振动出现两个较强的吸收谱带:

$$-\overset{+}{N}\langle^{O}_{O} \qquad -N\langle^{O}_{O} \qquad -N\langle^{O}_{O}$$

$$\nu_{as(NO_2)}\ 1580\sim1500cm^{-1} \qquad \nu_{s(NO_2)}\ 1380\sim1340cm^{-1}$$

芳香族硝基化合物由于硝基与芳环共轭,吸收谱带比相应的脂肪族硝基化合物吸收的频率位置低一些。

硝酸酯中硝基与氧相连,由于氧的电负性较强,硝基的两个振动谱带距离加大,不对称振动吸收谱带向高频移至 1640cm^{-1}附近,而对称振动吸收谱带则降低到 1280cm^{-1}左右。

羧基负离子也在此区域内出现两个谱带,高频的较强,低频的较弱。

$$-\overset{+}{C}\langle^{O}_{O} \qquad -C\langle^{O}_{O} \qquad -C\langle^{O}_{O}$$

$$\nu_{as(COO^-)}1600\sim1550cm^{-1} \qquad \nu_{s(COO^-)}\sim1400cm^{-1}$$

图 2－33 为亮氨酸的红外光谱,图中 1580cm^{-1}和 1405cm^{-1}为 ν_{COO^-} 谱带。

1610cm^{-1}和 1505cm^{-1}分别归属于氨基正离子的不对称变形振动 $\nu_{as(\overset{+}{N}H_3)}$ 和对称变形振动 $\nu_{s(\overset{+}{N}H_3)}$,低频谱带的强度比高频的大,因此氨基酸的红外光谱经常在 1650～1300cm^{-1}形成宽的谱带。

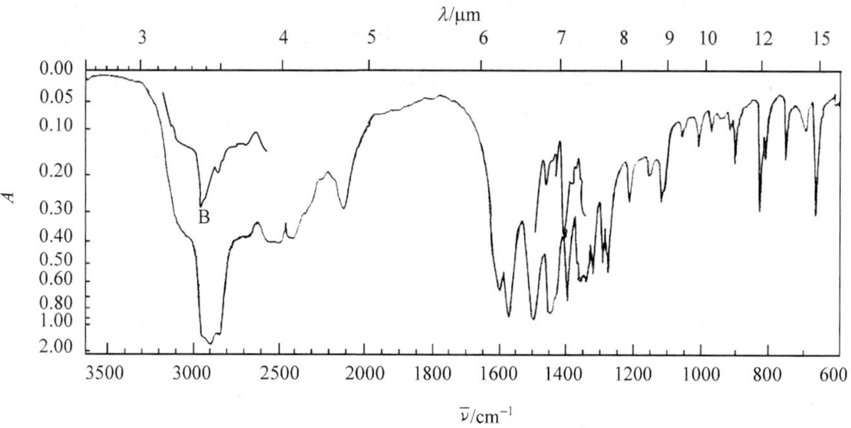

图 2-33 亮氨酸的红外光谱

其他 $\delta_{\underset{\underset{O}{\|}}{C}-H}$ 和 $\delta_{=C-H}$（面内）都在 $1400cm^{-1}$ 附近呈现弱的吸收谱带。

3. $1350\sim1000cm^{-1}$ 的谱带

这一频率范围包括 C—O 伸缩振动、C—C 伸缩振动、C—N 伸缩振动、饱和 C—H 键其他类型弯曲振动、不饱和 C—H 面内弯曲振动以及芳环 Ar—H 面内变形振动（苯指）。C—O 伸缩振动在此范围内表现为强而宽的谱带，对醇、醚和酯类化合物的鉴定很有价值。

醇的 C—O 伸缩振动 ν_{C-O} 出现在 $1000\sim1200cm^{-1}$，酚的相应谱带在较高频率 $1200\sim1280cm^{-1}$（图 2-15 和图 2-16）。由这类吸收谱带结合它们的 ν_{OH} 谱带，可以确认醇或酚的存在，而且根据表 2-4 所示 ν_{C-O} 的位置，还可以估计醇烃基的大体结构。

表 2-4 醇的 ν_{C-O} 吸收频率与烃基结构关系

醇类型	吸收范围/cm^{-1}
(1) 饱和的伯醇 α-不饱和的仲醇 五元、六元环仲醇	1085～1050
(2) 饱和的仲醇 α-不饱和的或环状烃基的叔醇	1124～1085
(3) 饱和的叔醇 高对称的二级醇	1205～1124
(4) α-不饱和的高级叔醇 二 α-不饱和的仲醇 α-不饱和及 α-支链的仲醇 七元或八元环的脂环仲醇 α-不饱和的或(和)α-支链的仲醇	<1050

醚具有两个相连的 C—O 键，应有两个 C—O—C 伸缩振动，大都出现在 1250～1050cm^{-1}。对称的醚（如正丙醚、二苯醚等）只出现不对称的 C—O—C 伸缩振动吸收谱带 $\nu_{as(C-O-C)}$，而 $\nu_{s(C-O-C)}$ 观察不到。不对称的醚，特别是连有不饱和烃基或芳环（图 2-34）时，由于氧上的孤电子对与不饱和键共轭作用增大其 C—O 键的力常数，$\nu_{as(C-O-C)}$ 向高频位移至 1240cm^{-1}附近，吸收特强；$\nu_{s(C-O-C)}$ 吸收谱带则位于低频 1050cm^{-1}附近，强度要小一些。

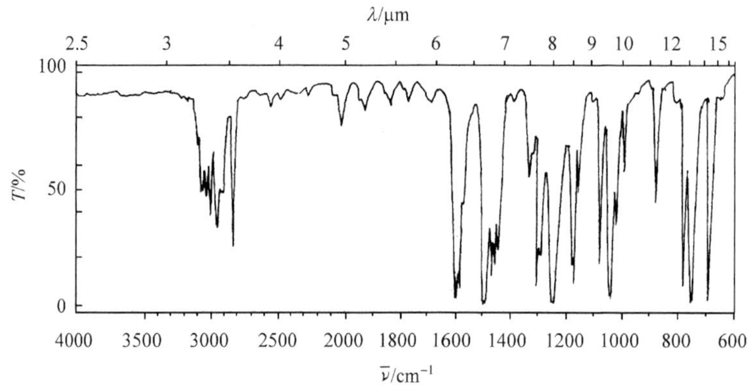

图 2-34　茴香醚的红外光谱

甲基醚很重要，它大量地存在于天然产物中。如前所述，其中甲基的光谱特征性很强，$\nu_{s(CH_3)}$ 吸收向低频位移，$\delta_{s(CH_3)}$ 吸收向高频位移。在茴香醚的红外光谱中分别为 2838cm^{-1}和 1450cm^{-1}。

环醚在 1260～780cm^{-1}出现两个以上的谱带，一般高频的谱带为 $\nu_{as(C-O-C)}$，低频的属 $\nu_{s(C-O-C)}$。随着环的缩小，$\nu_{as(C-O-C)}$ 逐渐向低频位移，$\nu_{s(C-O-C)}$ 却移向高频，至三元环醚——环氧乙烷（如氯甲基环氧乙烷，图 2-35），两种 C—O—C 振动频率的位置正好反过来，$\nu_{s(C-O-C)}$ 谱带出现于 1270cm^{-1}附近（8μm 带），而 $\nu_{as(C-O-C)}$ 谱带则降低到 850cm^{-1}附近（12μm 带）；另外还有归属于环氧乙烷骨架振动的 11μm 带（930cm^{-1}附近）。在天然产物中包含环氧乙烷结构的很多，识别上述三个特征谱带对这类化合物的结构鉴定是很重要的。

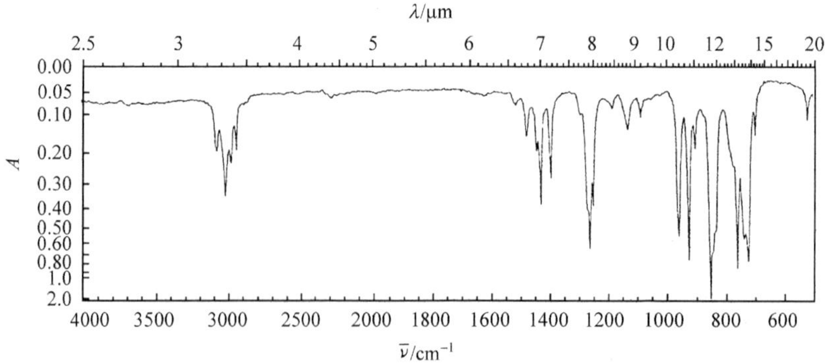

图 2-35　氯甲基环氧乙烷的红外光谱

与环氧乙烷相似，环丙烷在这个频率区出现两个归属于骨架振动吸收谱带：一个在 $1026cm^{-1}$ 附近，为中等强度；一个在 $866cm^{-1}$ 附近，吸收强度较高。

缩醛和缩酮分子中，由于两个 C—O—C 键连在一起而发生振动偶合，光谱比较复杂，相应的吸收谱带常分裂为三个，分别归属于以下振动模式：

← ← O—C C O—C → →	→ ← O—C C O—C → ←	→ ← O—C C O—C ← ←
$1190\sim1160cm^{-1}$	$1140\sim1125cm^{-1}$	$1090\sim1060cm^{-1}$

有时在更低频率（$1050\sim1035cm^{-1}$）还可以观察到第四个谱带，可以认为是对称振动引起的。

O—C
↗
C
↘
O—C

酯在 $1280\sim1050cm^{-1}$ 出现两个 C—O—C 伸缩振动吸收谱带，处于高频的为反对称伸缩振动，强度很高，出现在低频的为对称的伸缩振动，强度较小。一般的酯这两个谱带相距 $130cm^{-1}$ 左右（图 2－27），乙烯醇酯的 $\nu_{s(C—O—C)}$ 谱带向高频位移，两个谱带相互接近，苯酯（如乙酸苯酯，图 2－36）的这两个谱带几乎重合在一起。

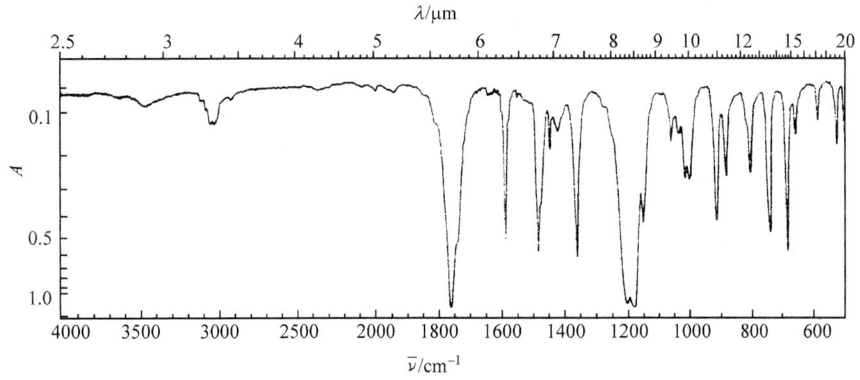

图 2－36　乙酸苯酯的红外光谱

酸酐的 C—O—C 伸缩振动吸收谱带强度很高，在 $1050cm^{-1}$ 处形成宽谱带（图 2－9）。环状酸酐由于张力增加，$\nu_{C—O—C}$ 谱带向高频位移可达 $1300cm^{-1}$。

C—N 键的伸缩振动 $\nu_{C—N}$ 频率比相应的 $\nu_{C—O}$ 高一些，与饱和碳相连的 $\nu_{C—N}$ 谱带在 $1100\sim1250cm^{-1}$，与不饱和碳或芳环相连的 $\nu_{C—N}$ 谱带出现在 $1250\sim1350cm^{-1}$。但强吸电子的硝基衍生物的谱带频率很低，硝基苯的 $\nu_{C—N}$ 为 $870cm^{-1}$。$\nu_{C—N}$ 吸收强度比 $\nu_{C—O}$ 低，又由于处在复杂的指纹区，其特征性和结构鉴定的应用价值都比 $\nu_{C—O}$ 谱带差得多。二级酰胺中的 $\nu_{C—N}$ 振动与其 $\delta_{N—H}$ 振动发生偶合，相应谱带在 $1320cm^{-1}$ 附近，称为酰胺Ⅲ带，对二级酰胺的鉴定有实用价值。

C—C 键振动吸收一般很弱，应用价值较小。只有酮的 C—C(=O)—C 结构在 1300～1100cm^{-1}出现一个或几个吸收谱带，归因于这类结构 C—C 键的伸缩和弯曲振动，或称为酮的骨架振动。其中一个强度较大，可以作为未知结构中有无酮存在的辅证。脂肪酮的这类振动谱带在 1230～1100cm^{-1}，不饱和酮和芳香酮骨架振动吸收频率高一些(图2－28 和图 2－30)，均在 1260cm^{-1}附近出现较强吸收。

4. 1000～635cm^{-1}低频区

此波段最为重要的有烯烃和芳环的不饱和 C—H 面外变形振动吸收谱带 $\gamma_{=C-H}$，若在 3100～3000cm^{-1}发现吸收，则在该区域内可能出现相应的面外变形振动的强吸收。这类谱带的数目和出现的位置是判断烯键和芳环取代类型的重要依据。

烯烃的 $\gamma_{=C-H}$吸收谱带出现于 1000～700cm^{-1}，与取代类型的关系见表 2－5。有的烯烃还可能在 1800cm^{-1}附近观察到 $\gamma_{=C-H}$的倍频谱带。

表 2－5　几种取代乙烯的 $\gamma_{=C-H}$谱带位置(cm^{-1})

取代乙烯类型	$\gamma_{=C-H}$
$CH_2=CH_2$	949
R—CH=CH_2	1000～983(=CH—，s)　($2\gamma_{=CH}$1860～1800，w) 937～885(=CH_2，s)　($2\gamma_{=CH}$1800～1730，w)
$R_2C=CH_2$	905～885(s)
(R)(H)C=C(H)(R′)（反式）	1000～950(s)
(R)(H)C=C(R′)(H)（顺式）	730～670(s)
(R_1)(R_2)C=C(R_3)(H)	840～790(s)

芳环的 $\gamma_{=C-H}$振动吸收在 900～650cm^{-1}出现一两个强度相当大的谱带，它们的位置取决于苯环的取代类型。在芳环上具有孤立氢的五取代衍生物的 $\gamma_{=C-H}$频率较高，出现在 900～860cm^{-1}，二氢相邻的对二取代或 1，2，3，4-四取代衍生物的 $\gamma_{=CH}$频率相对低一些，在 820～800cm^{-1}，依次相邻的氢越多的芳环，其 $\gamma_{=C-H}$的频率也越低。它们的吸收位置一般与取代基的性质无关，只有当强吸电子取代基(如硝基等)取代时，相应谱带才向高频位移。芳环的 $\gamma_{=C-H}$谱带的泛频(倍频与合频)在 2000～1660cm^{-1}显示一组弱的谱带(表 2－6)，一定的芳环取代类型都有特定的泛频吸收谱带形状，与其基频一起，为判别芳环取代的类型提供论据。

表 2-6　取代苯的 $\gamma_{=C-H}$ 及其倍频、合频吸收谱带

取代类型	$\gamma_{=C-H}$泛频(cm^{-1}) 2000　1667	$\gamma_{=C-H}$(cm^{-1})	取代类型	$\gamma_{=C-H}$泛频(cm^{-1}) 2000　1667	$\gamma_{=C-H}$(cm^{-1})
单取代	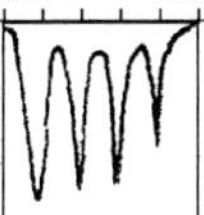	770～730(s) 710～690(s)	1,2,4-三取代	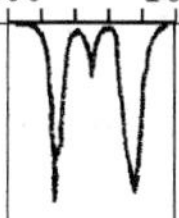	890～870(m) 860～800(s)
邻二取代	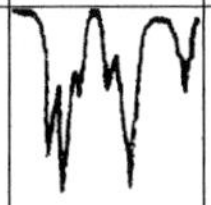	770～735(s)	1,2,3,4-四取代	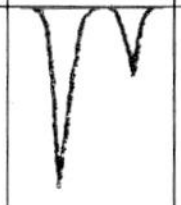	820～800(m)
间二取代	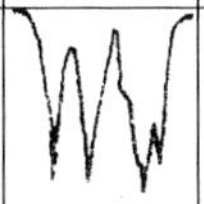	810～750(s) 725～680(s)	1,2,4,5-四取代		890～850(m)
对二取代	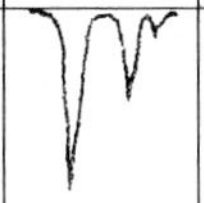	860～800(s)	1,2,3,5-四取代	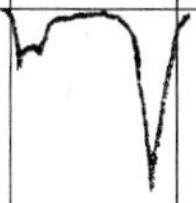	850～840(m)
1,2,3-三取代		800～760(vs) 725～680(m)	五取代		900～860(m)
1,3,5-三取代	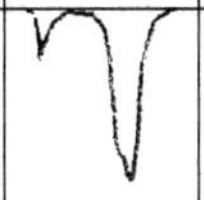	865～810(s) 730～670(s)	六取代		—

芳环 C—H 面内变形振动吸收在 1225～950cm^{-1}，与 1030cm^{-1}附近的苯环呼吸振动构成“苯指”区，出现较多的多重谱带，由于干扰严重，所以较少应用，但在核对标准谱图时有重要价值。

经常出现在 1350cm^{-1}以下频率范围的还有羟基的变形振动 δ_{OH}、氨基面外摇摆振动 γ_{N-H}和炔氢的变形振动 $\delta_{\equiv C-H}$。

δ_{OH}一般在 1350cm^{-1}左右出现中等强度的谱带，酚的相应吸收谱带比醇的吸收频率位置高一些(图 2-16)。

δ_{OH}对样品的物态变化和溶剂性质敏感程度与 ν_{OH}相似，但对吸收谱带位移的影响则相反，在液态或在极性大的溶剂中，由于形成氢键，δ_{OH}吸收谱带向高频方向移动。例如，甲醇的气态光谱 δ_{OH}吸收在 1346cm^{-1}，而在液态则移至 1420cm^{-1}。由于这类谱带强度不太高，位置又如此多变，因而降低了其在结构鉴定中的应用价值。

羧酸的羟基面内变形振动 δ_{OH}在 1400cm^{-1}附近表现中强的谱带，缔合的羧酸在960～910cm^{-1}呈中等强度的羟基面外变形振动 γ_{OH}的宽谱带。

γ_{NH}吸收一般出现在 840～650cm^{-1}，为较强的宽谱带，如有缔合则向高频移至 910～770cm^{-1}。当形成铵盐时(图 2-21 与图 2-22 比较)，这个谱带消失。

$\delta_{\equiv C-H}$ 吸收在 680～600cm^{-1}呈现较强的宽谱带(图 2-37)，其倍频在 1250cm^{-1}附近有相当的吸收强度，有助于该谱带的指认。一般具有炔氢的脂肪族炔烃只呈现一个 $\delta_{\equiv C-H}$ 谱带，而相应的芳炔烃(如苯乙炔，图 2－37)的光谱有两个 $\delta_{\equiv C-H}$ 谱带。一个属于垂直苯环方向的变形振动，另一个则是在苯环平面内的变形振动，分别出现在 $640cm^{-1}$ 和 $610cm^{-1}$。

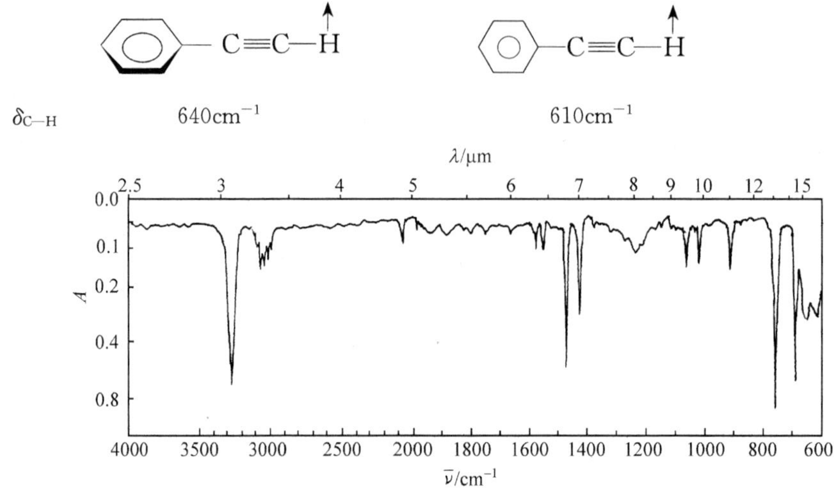

图 2－37　苯乙炔的红外光谱

此外，在 $720cm^{-1}$ 附近出现的亚甲基面内摇摆振动吸收谱带 γ_{CH_2} 对于鉴定 $+CH_2+_n$ 结构有一定的价值，$n<4$ 时吸收很弱，不易观察到；$n\geqslant4$ 的长链结构单元则表现出明显的吸收谱带，且随着 n 值的增大谱带强度增加，位置略向低频移动。

5. 含其他杂原子化合物的光谱

硫、磷、硅的有机化合物中，杂原子碳键及杂原子间成键的振动吸收强度一般较小；它们与氧形成键的振动吸收经常在 $1400\sim1000cm^{-1}$ 出现较强甚至特强的谱带。例如，砜 $\left(-\overset{\overset{\displaystyle O}{\|}}{\underset{\underset{\displaystyle O}{\|}}{S}}-\right)$ 在 $1350\sim1300cm^{-1}$ 和 $1160\sim1120cm^{-1}$ 出现两个强到特强的谱带，分别由不对称伸缩振动 $\nu_{as(SO_2)}$ 和对称伸缩振动 $\nu_{s(SO_2)}$ 引起。类似的磺酸酯—SO_3R、硫酸酯 $(RO)_2SO_2$、磺酰氯—SO_3Cl 的相应谱带频率位置都较高，若与芳香体系相连，则振动频率略有降低。图 2－38 为对甲苯磺酸乙酯的红外光谱[$\nu_{as(SO_2)}$ $1351cm^{-1}$，$\nu_{s(SO_2)}$ $1176cm^{-1}$]。

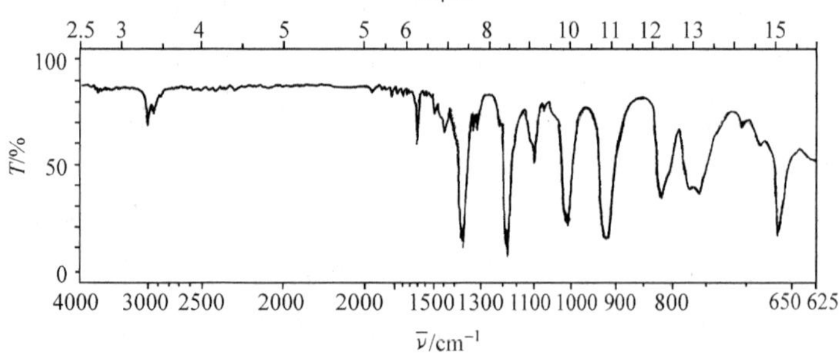

图 2－38　对甲苯磺酸乙酯的红外光谱

亚砜（$\overset{\overset{\displaystyle O}{\|}}{—S—}$）在 1070～1030cm^{-1}处只有一个强的吸收谱带，如二甲亚砜（DMSO）的 $\nu_{S=O}$为 1050cm^{-1}。当亚砜基与芳环相连时，吸收频率仅稍有降低，不像相应的芳香酮比脂肪酮 $\nu_{C=O}$降低的那样明显。

磷酸脂和亚磷酸酯均在 1050～910cm^{-1}出现特强的宽谱带，归属于 $\nu_{P—O}$或 $\nu_{p—O}$与 $\nu_{C—O}$振动偶合。磷酸酯或氢膦酸酯 $>P(=O)H$ 在 1300～1250cm^{-1}还有中到强的 $\nu_{P=O}$吸收谱带。图 2－39 为 *O,O'*-二异丙基亚磷酸酯的红外光谱。酸性亚磷酸酯常与氢膦酸酯间形成互变异构平衡：

$$(i\text{-}C_3H_7O)_2POH \rightleftharpoons (i\text{-}C_3H_7O)_2P(=O)H$$

图 2－39 显示出 $\nu_{P—H}$（2410cm^{-1}）和 $\nu_{P=O}$（1258cm^{-1}）而未见有宽的 $\nu_{O—H}$谱带，可见上述平衡强烈地偏向右方，实际上图 2－39 为氢膦酸酯的光谱。

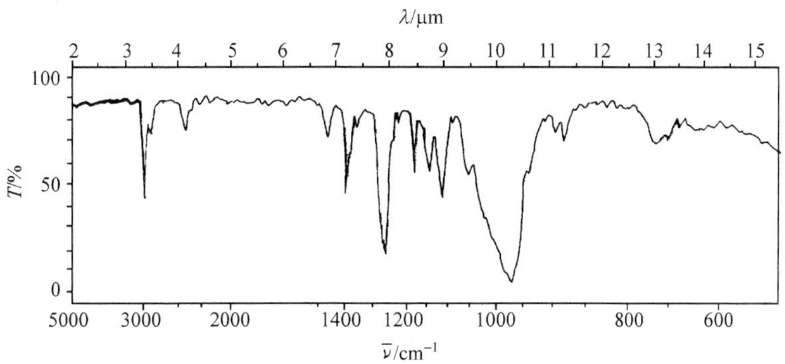

图 2－39　*O,O'*-二异丙基亚磷酸脂的红外光谱

硅酸及其酯的 $\nu_{Si—O}$在 1100～1000cm^{-1}出现强的吸收谱带。

硼的有机化合物中，B—C、B—N 键的振动吸收强度都相对大一些。最常见的氟硼化物中的 $\nu_{B—F}$表现强的吸收，三氟化硼的 $\nu_{B—F}$出现在 1500～1410cm^{-1}，当其中硼的空轨道填入电子对形成配合物或负离子时，这个谱带大幅度移向低频，BF_4^- 的 $\nu_{B—F}$在 1030cm^{-1}出现特强的宽谱带。

含卤化合物由于卤元素较重且 C—X 键极性增加，所以 $\nu_{C—X}$吸收在较低频率区，为较强的谱带，其中以氟的影响最大，多氟取代可以引起 $\nu_{C—F}$强度急剧增加，氟代烯烃还可以导致 $\nu_{C=C}$向高频方向位移。例如

	$CH_2=CH_2$	$CH_2=CHF$	$CH_2=CF_2$
$\nu_{C=C}$	1626cm^{-1}	1650cm^{-1}	1730cm^{-1}

另外由于卤素体积较大，键的旋转受阻，在它们的衍生物中往往存在比较稳定的不同

构象，原来的吸收谱带附近会出现多个吸收谱带，致使光谱复杂化。

2.4.5　重要有机化合物的红外光谱与结构的关系

烃类及一些重要衍生物的官能团吸收频率范围与结构的相关图示于图 2－40 和图2－41。

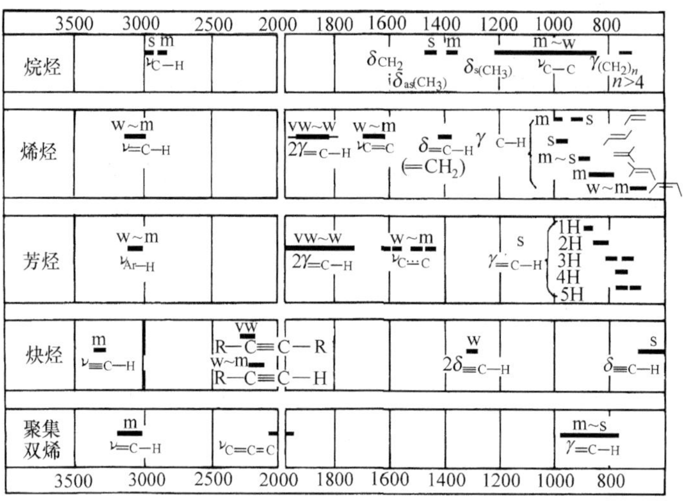

图 2－40　烃的谱带-结构相关图

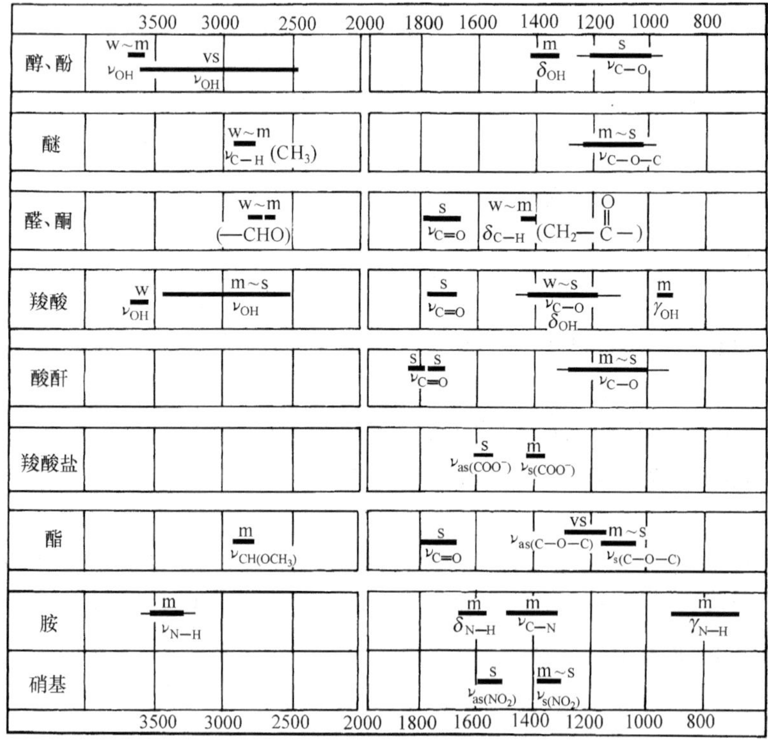

图 2－41　一些重要官能团的谱带-结构相关图

2.5　远红外光谱和近红外光谱

2.5.1　远红外光谱

严格的远红外光谱的界定是 200～10cm^{-1}(50～100μm)，由于仪器制造方面的原因，过去大多数色散型红外光谱仪的测定波数极限为 400cm^{-1}(25μm)，所以一般公认的远红外光谱的范围是 400～10cm^{-1}。长期以来，化学家一直认为这是获得化学结构信息很有意义的光谱区域。但是，以往因为仪器测量上的困难，远红外光谱研究甚少。自 FT-IR 问世和高灵敏性的检测器使用以来，人们在此区域的研究兴趣剧增，其应用价值也比预期高得多。

远红外光谱在许多研究领域中能给出独特的结构信息，一些重原子成键的振动基频，电荷转移光谱，氢键等非共价键的振动光谱，环状分子的折叠振动、分子内受阻旋转的扭转振动，以及晶体中的晶带，半导体中的电子价带/导带传递等，常在远红外区呈现特征的谱带。

对重原子成键的振动基频考察直接用于无机化合物和金属有机化合物的研究，对有机硫化物、有机磷化物等研究也非常有用，常作为中红外光谱的补充，许多相近的化合物具有十分相似的中红外光谱，但在远红外区的表现明显不同。

研究生物大分子、配合物和一些超分子化合物中的电荷转移、氢键等非共价键的弱相互作用，远红外光谱几乎为常规手段。曾用远红外光谱研究取代苯基四氟硼酸重氮盐与 18-冠-6 配合物的成键作用[3]（图 2－42）。将重氮盐、18-冠-6与它们形成的配合物的远红外光谱进行比较（图2－43），在 250cm^{-1}附近发现一个堆形谱带，被指认为这类配合物的配位键振动谱带。考察这类谱带位置移动的取代基增值 $\Delta\bar{\nu}_C$ 与 Hammett 取代基常数($\sigma_p^+ - \sigma_m^+$)呈线性关系，得到负的 ρ 值，表明推电子取代基将增加配位键的键能，谱带向短波方向位移，可以判断配合物的形成是 π 电子由重氮盐的 β-氮向冠醚转移而配位成键的。氢键等非共价键的弱相互作用也常用中红外光谱研

图 2－42　取代苯基四氟硼酸重氮盐-18-冠-6 配合物

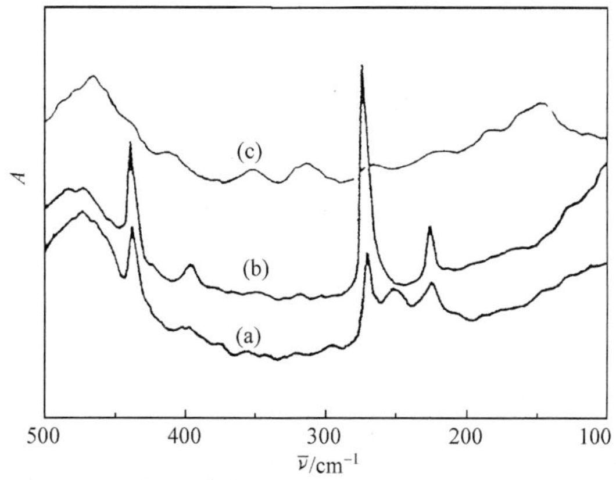

图 2－43　对溴苯基重氮盐及其冠醚配合物的远红外光谱

(a) 重氮盐-18-冠-6 配合物；(b) 重氮盐；(c) 18-冠-6

究，但那是根据形成氢键的相关基团的某种振动模式在形成氢键前后振动频率的变化所做的间接推论，远没有远红外光谱研究来得直接明确。

与此类似，也可对晶体的晶格作中红外光谱研究。例如，高聚物的结晶状态，在中红外光谱中所观察到的所谓结晶谱带大部分都不是真正的“晶带”，而是结晶形成后的一定构型或构象的分子振动的变化，这种光谱与分子的构型或构象的规整性有关。而在远红外区出现的晶带往往只与规整排列分子链间的相互作用有关，可直接反映晶体的结构。

远红外光谱研究均用 FT-IR 仪进行。固体样品可以制成膜，或用聚乙烯压片，或研磨成石蜡糊。气体、液体、溶液则装入样品池中检测，常用的溶剂有已烷、苯、CCl_4、$CHCl_3$ 等，样品池的结构与中红外区的相同，只是光程需长一些，窗片材料不同。远红外光谱常用高密度聚乙烯作为窗片材料，长波段测量改用聚丙烯（150～50cm^{-1}）或石英材料（200～300cm^{-1}），在选用溶剂和窗片材料时，除注意它们的透明情况外，还应考虑它们之间长期接触是否会发生作用等。

2.5.2 近红外光谱

近红外光谱（near infrared spectroscopy，NIR）是比可见光能量低，波长为 800～2500nm（12 500～4000cm^{-1}）的光谱，归属于中红外光谱基频的倍频及合频。只有中红外光谱的基频在 2000cm^{-1}以上的振动，才能在近红外区出现一级倍频。所以，近红外光谱主要是针对具有 ν_{OH}、ν_{N-H}、ν_{C-H}、ν_{S-H}、ν_{P-H} 等的有机化合物进行研究。

NIR 仪的设计光路与 UV-vis 仪相似，早期是采用 UV-vis 仪附加近红外检测器，或设计为 UV-vis-NIR 分光光度计。20 世纪后期，相继研制专用近红外光谱仪和 FT-NIR 光谱仪。测绘的近红外光谱通常又划分为近红外短波区和近红外长波区。近红外长波区是 1100～2500nm，以一级倍频（$2\bar{\nu}_f$）为主的谱带，近红外短波区范围是 780～1100nm，为三、四级倍频和合频为主的谱带，强度很弱。近红外区中的每个谱带都可能是若干个倍频与合频谱带的组合，呈现复杂的重叠谱峰和肩峰的谱形。图 2-44 是正己烷和丙酮的近红外光谱，两类化合物的图谱粗看相似，又各有不同，即使同系列的烃类，近红外光谱的峰

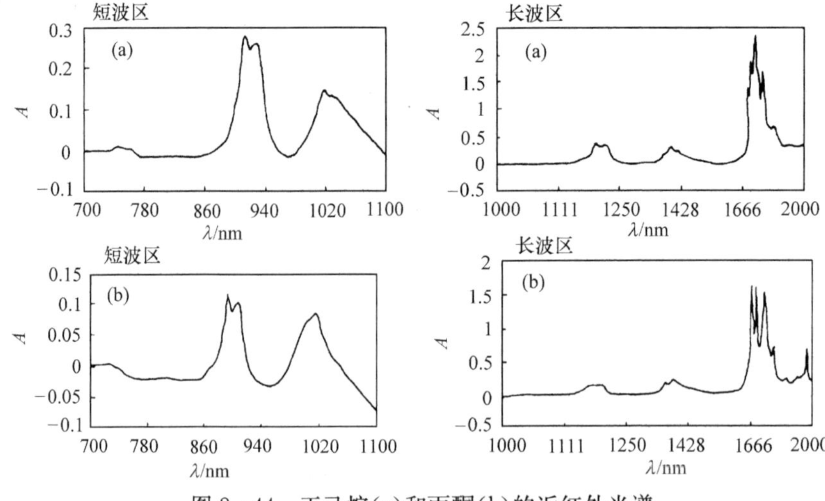

图 2-44 正己烷(a)和丙酮(b)的近红外光谱

位、强度分布和峰形也都有细微的差别，这也是近红外光谱进行定量和定性分析的基础。

近红外光谱的信息特征与中红外和远红外光谱的不同，谱带的归属很困难，不仅因为谱带强度很低，多重谱带重叠严重，而且样品的浓度、温度、湿度、氢键形成，样品状态以及仪器环境干扰等诸多因素的变化对谱带都有显著的影响，导致近红外光谱解析复杂化，难以获得明确的信息，这是近红外光谱在一段时间内几乎被“遗忘”而得不到发展的原因。

20 世纪 80 年代以来，由于计算机技术的发展和化学计量学方法的应用，对近红外光谱采用多元校正法，将样品光谱及其质量参数进行关联，建立光谱与组成和性质间关系的“校正模型”，然后通过“校正模型”预测未知样品的组成和性质，用以作定量和定性分析[4]。用这种方法进行的定性分析与用中红外光谱所作的结构鉴定的含义不同，近红外光谱的定性分析目的是判别所分析的样品是否适合所建立的“校正模型”，确切地说，这种定性分析只是一种归类判断。

近红外光谱解析研究的成功，使其成为一门经济实用、被广泛推广的分析技术，在工农业生产上发挥日益重要的作用。除传统的对农副产品、食品的水分、蛋白质、纤维、糖分和脂肪的组分、品质和污染情况作精确分析外，在织物、药物、高分子材料和化工产品、石油化工等领域都有应用，并逐渐建立起近红外分析的质量标准，经不断发展完善后，有望作为商检的标准方法。

鉴于近红外光具有较大的散射效应和强的穿透性，赋予近红外光谱以独特的分析方法，可用透射、漫反射和散射多种检测技术。样品能以各种物理状态、不经处理直接进行测试。还可用光纤传输近红外辐射光，光纤长距离传输可远离现场 200m，实现实验、生产过程的远距离、快速、在线检测；也可将分析系统直接伸向样品表面，或将光纤测样探头对准待测样品部位，预测目标部位的组成和性质。将来有可能用近红外光谱实现生产加工过程的质量监测和流程控制，便于困难条件下或在危险环境中的采样分析，还有希望用于生命科学和天体科学的研究。

2.6 Raman 光谱

红外光谱和 Raman 光谱都是研究分子振动和转动能级跃迁的光谱方法，但它们产生的机理和实验方法大不相同。红外光谱为吸收光谱，Raman 光谱则是散射光谱，如图 2-45所示。当用单色光——蓝汞线(波长 435.8nm)照射物质时，在入射光垂直的方向上可以观察到波长与入射光完全相同的散射光，称为瑞利(Rayleigh)散射，这是物质与光子发生弹性碰撞产生的。此外，在大于和小于入射光波长的两侧，还出现一系列散射线，这种现象于 1928 年为 Raman 发现，称为 Raman 效应(或综合散射效应)。

Raman 效应是光与物质分子进行能量交换发生非弹性碰撞的结果。当被碰撞的分子为振动基态，进行能量交换后，散射光的频率比入射光的低，为斯托克斯(Stokes)线。

$$\nu = \nu_0 - \Delta\nu \tag{2-26}$$

若被碰撞的分子是振动激发态，进行能量交换后则散射光的频率比入射光的高，出现反 Stokes 线。

$$\nu = \nu_0 + \Delta\nu \tag{2-27}$$

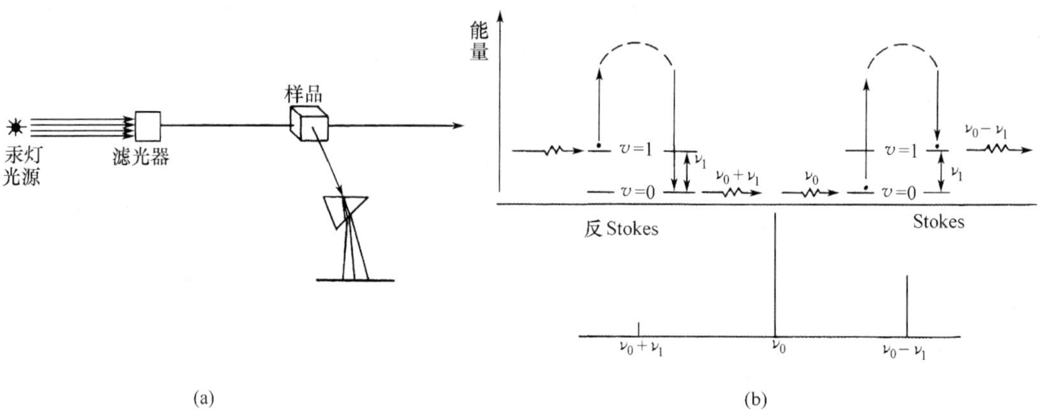

图 2-45　Raman 光谱原理示意图(a)和 Raman 散射机理(b)

如图 2-45 所示，在 Rayleigh 散射母线 ν_0 的两侧出现对称分布的两条谱线。

Stokes 谱线的产生表示光子把一部分能量交给分子，使其振动的基态激发，落到振动的第一激发态；反 Stokes 谱线的产生则表示原来处于第一振动激发态的分子与光子碰撞后把一部分能量交给光子而回到振动基态。通常情况下处于激发态的分子很少，所以反 Stokes 线的强度极弱。入射光经过这两个过程所保持的频率与 Rayleigh 散射母线的频率之差 $\Delta\nu$ 相应于分子振动的基频，称为 Raman 位移频率。只要在 Raman 光谱中测量得 $\Delta\nu$ 及其谱线强度等数据，就可以同红外光谱一样用来研究分子的结构。

红外吸收谱带的强度与分子振动过程中产生偶极矩变化的大小有关，而 Raman 效应则与产生诱导偶极矩变化的振动相联系，瞬间诱导偶极矩 μ^{ind} 的大小与辐射光的电场强度 E 和键的极化率 α 成正比，即

$$\mu^{\text{ind}} = \alpha E \qquad (2-28)$$

Raman 谱带强度的对称性选择定则与红外光谱相反，极性强的基团极化性很低（α 小），将产生强的红外光谱，弱的Raman 光谱，反之亦然。如图 2-46 所示，硝基苯的光谱表明，硝基的对称性伸缩振动 $\nu_{s(NO_2)}$ 过程中产生较大的诱导偶极矩，表现了较强的 Raman 光谱[图 2-46(b)]，而伴有较大偶极矩变化的不对称伸缩振动 $\nu_{as(NO_2)}$，则呈现很小的 Raman 活性，显示很强的红外谱带。苯的骨架极性很小，出现很弱的红外吸收和较强的 Raman谱带。

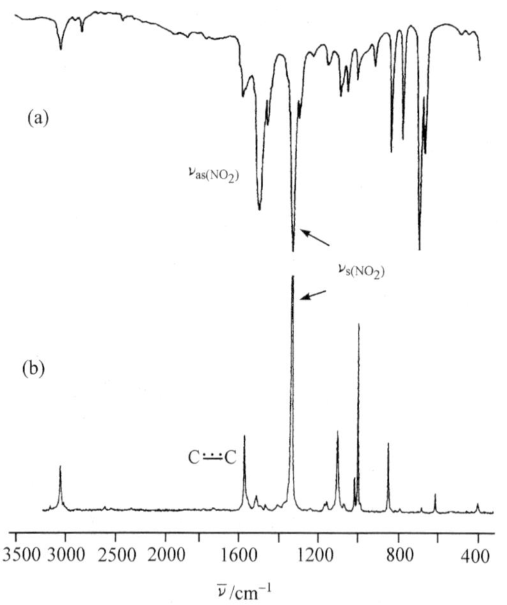

图 2-46　硝基苯的部分光谱
(a) IR 光谱；(b) Raman 光谱

Raman 散射的另一个性质是它的偏振行为。气体和液体的 Raman 光谱除考虑散射位移频率和强度外，还可注意

其振动模式的退偏振比，以判断分子结构和振动模式的对称性。当用偏振的入射光照射样品时，对应于 Raman 散射的每一条谱带都可以应用偏振分析器分别测量该谱带在垂直入射光电矢量方向的强度 $I_{\perp}$ 和平行于入射光电矢量方向的强度 $I_{\parallel}$，这两者的比值定义为退偏振比(depolarization ratio)ρ，如图 2－47 所示。

$$\rho=\frac{I_{\perp}}{I_{\parallel}} \tag{2-29}$$

退偏振比是 Raman 谱带偏振行为的表征，所有的 Raman 谱带都可分为偏振的和退偏振的两类。凡是 $\rho<\frac{3}{4}$ 的谱带均称为偏振的，对应于全对称振动；$\rho=\frac{3}{4}$ 的谱带为退偏振的，对应于分子较低对称性的振动，一般对称性越高，ρ 值越小。图 2－48 为非球形的氯仿分子的部分 Raman 光谱。

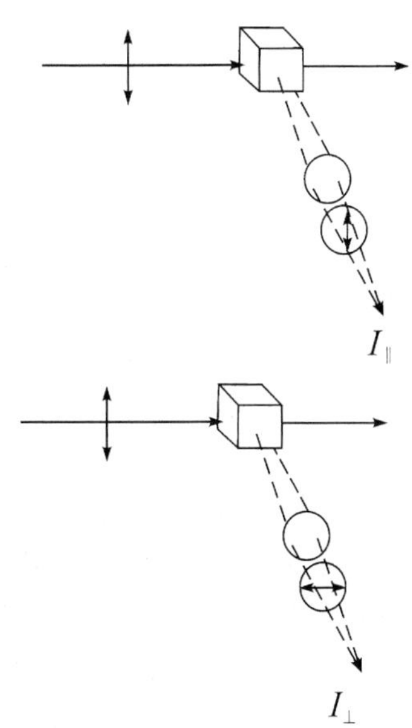

图 2－47　退偏振比的测量

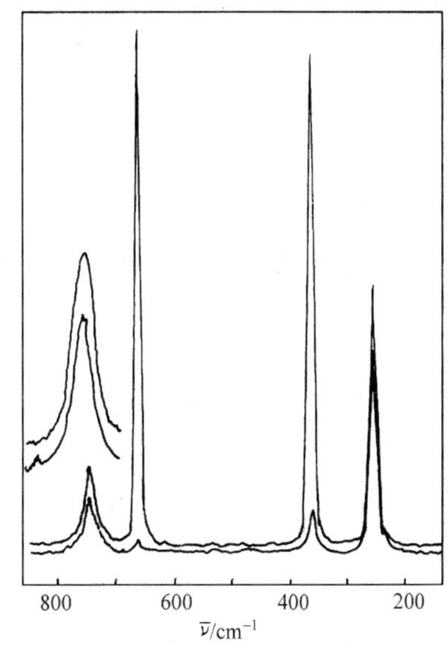

图 2－48　氯仿的部分 Raman 光谱

出现在 760cm^{-1}和 261cm^{-1}的 Raman 谱带为退偏振的，分别为 C—Cl 不对称伸缩振动 $\nu_{as(CCl_3)}$ 和 C—Cl 不对称变形振动 $\delta_{as(CCl_3)}$；667cm^{-1}和 366cm^{-1}的谱带属偏振的，分别对应于 $\nu_{s(CCl_3)}$ 和 $\delta_{s(CCl_3)}$。

因为散射光很弱，Rayleigh 散射约为入射光强度的 10^{-3}，Raman 散射仅有入射光强度的 $10^{-6}\sim10^{-7}$，再加上用汞灯作为激发光源，能量有限，为得到可观测到的 Raman 光谱需要大量的样品，而且对有色的、产生荧光的以及气体样品的测量都难以进行，所以初期 Raman 光谱的应用多限于光谱学和无机化学方面，难以用于有机化合物的研究。

1962 年，激光(laser)作为光源应用于 Raman 光谱测量，不久后推出商品化的激光 Raman光谱仪。20 世纪 80 年代后发展为 FI-Raman 光谱，并移植 FT-IR 的许多技术，促进了 Raman 光谱的应用研究，FT-Raman 光谱以近红外激光代替氦-氖激光(632.8nm)、氩离子激光(488.0nm)、镉-氖激光(441.6nm)和氪离子激光(647.1nm)等可见光激光光源，避免了光分解和荧光干涉。FT-Raman 光谱具有很高的灵敏度，可用以快速检测微克级样品，固体、液体、气体物质都能直接用激光照射获得光谱。

与红外光谱相比，Raman 光谱用于有机化合物结构鉴定有一定的优点。如前所述，红外光谱和 Raman 光谱的选择定则是不同的，对红外吸收很弱的C≡C 、C ═C、C—S、S—S等键的伸缩振动及其他对称振动的模式都有很强的 Raman 散射强度。Raman 光谱制样简单，很多情况下，样品不需处理，粉、块、薄膜状的固体、液体、溶液及溶液中的沉淀物都可直接用激光照射到样品上得到散射光谱。特别重要的是可用水作为溶剂(水是弱的散射体)，给生物分子、配合物、水污染等问题的研究提供了很大方便。Raman 光谱退偏振比的测量有助于确定分子的全对称振动模式，便于对振动光谱进行全分析。红外光谱和 Raman 光谱是相互搭配的工具，在有机化合物、高分子材料和生物分子研究中的应用日益广泛，特别是 FT-Raman 光谱可用作合适的非破坏现场测试方法，对生命科学、医学以及考古、文物保护等方面的应用更有其独到之处。

2.7　红外光谱解析

2.7.1　谱图解析的一般程序

红外光谱解析主要依靠对光谱与化学结构关系的理解，灵活运用基团频率及影响其变迁的规律，与指认谱带归属的经验资料联系起来，逐步推出化合物的结构，与其他光谱方法比较，红外光谱的解析更带有经验性，解析时可参照如下程序：

(1) 了解样品的来源。了解样品的来源、背景，测定其熔点或沸点，经元素分析，相对分子质量测定，推出分子式，计算不饱和数，这些数据都能提供一定的结构信息。

(2) 检查谱图质量。注意制样方法对谱图的影响，排除制样过程中由于引入水分、CO_2、硅胶等可能出现的“假谱带”，注意识别倍频、合频提供的信息及其对基频的干扰。

(3) 考察 1350cm^{-1}以上基团振动频率区的特征谱带。这些特征谱带大多源于键的伸缩振动吸收，容易指认其归属，再与其他频率区的相关谱带进行对照，可以推断分子结构类型和存在的相应官能团。例如，在 1800～1700cm^{-1}出现 $\nu_{C═O}$特征谱带，若为醛基，一般在 2695～2800cm^{-1}会同时出现相关的 Fermi 共振双谱带；如果认定是酯基，则要检查在 1300～1050cm^{-1}有无强的 $\nu_{C—O—C}$吸收。

(4) 重点考察指纹区的相关谱带，特别注意 1000～1250cm^{-1}的 $\nu_{C—O}$谱带和 1000～650cm^{-1}可能出现的不饱和 C—H 面外变形振动吸收谱带，与其泛频吸收(2000～1660cm^{-1})结合起来分析，确定烯键和芳环的取代类型。

(5) 确定以官能团为主的结构单元，比较简单的分子也可能写出结构式。

(6) 研究各种影响因素对谱带引起的位移，对化合物的结构作进一步的分析。例如，确定为酮类化合物，当 $\nu_{C═O}$谱带低于 1700cm^{-1}时应为 α,β-不饱和酮、芳香酮或羰基参与形成氢键。而当 $\nu_{C═O}$吸收高于 1720cm^{-1}时，则或者羰基的 α-位有强吸电子取代基，或者为结构具有张力的五元环及五元环以下的环酮。一般甲基的对称变形振动在 1375cm^{-1}附近出现较弱的吸收谱带，如果这个谱带出现在 1370cm^{-1}以下，而且强度增强为中等吸收，可能推测为与羰基相连的甲基，而出现在 1400cm^{-1}以上的甲基对称变形振动谱带则应估计甲基与氮或氧相连。

对归属不明确的谱带应尝试改变测试方法，或与化学反应相配合，反复考察求得确证。如果含羟基，可改用石蜡糊法或配成 CCl_4 稀溶液测试，也可用氘代法观察 ν_{OH} 变为 ν_{O-D} 的位移。为证实羧基，可形成盐，观察离子吸收谱带。

(7) 与标准谱图核对。红外光谱是很复杂的，一般化合物结构很难仅凭红外光谱来确定。经常要与已知标样的谱图或标准谱图核对，特别要注意与指纹区的谱带核对，只有特征谱带与指纹区的光谱都与标准光谱完全一致才能最后判断所研究的化合物结构与标准光谱所代表的化合物结构相同。带有计算机的光谱仪常配有"谱库"的磁盘，可借助于计算机完成与标准光谱核对的工作。

重要的光谱集有美国萨德勒(Sadtler)研究实验室编集和出版的大型光谱集 *Sadtler Reference Spectra Collections*，1947 开始出版，逐年递增，可利用其完备的索引查找。

其中常用的是 *Sadtler Reference Spectra* 索引，包括：

(1) 总光谱索引(total spectra index)。包括 4 种形式的索引：字顺索引(alphabetical index)、序号索引(numerical index)、分子式索引(molecular formula index)、化学分类索引(chemical class index)。

(2) 红外谱线索引(infrared spec-finder)。棱镜光谱用波长索引(wave length index)，光栅光谱用波数索引(wave number index)，在得到光谱图，而对化合物的类型和结构一无所知的情况下使用。

(3) 紫外光谱探知表(ultraviolet spectra locator)。

(4) 核磁共振化学位移索引(NMR chemical shift index)。

其他光谱集还包括：

(1) C. J. Pouchert Aldrich 化学公司出版的 *The Aldrich Library of Infrared Spectra*。1970 年初版，1983 年第 3 版收集 12 000 种有机化合物的红外光谱。

(2) *Coblenz Society Spectra*。以红外光谱先驱科布伦茨(Coblenz)命名的光谱学会开始收集 9000 种化合物的红外光谱，每年递增约 1000 种。

2.7.2 红外光谱例解

例 2-1　解析红外光谱，推断相对分子质量为 84 的有机化合物分子的结构。

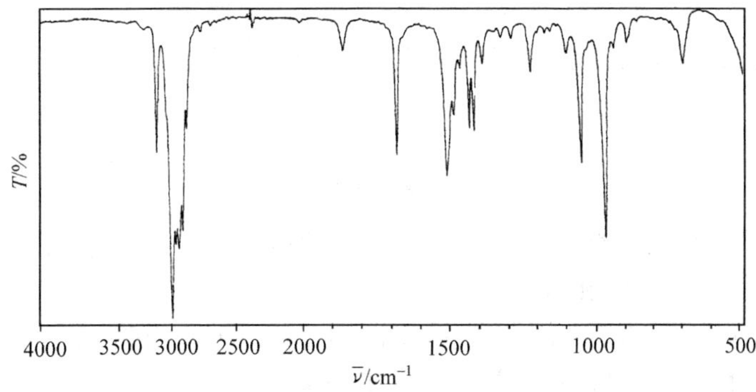

解 3000cm^{-1}附近有ν_{C-H}谱带，1640cm^{-1}出现中等强度的$\nu_{C=C}$，900～1000cm^{-1}的$\gamma_{=C-H}$表明为末端乙烯基，1365～1380cm^{-1}的双谱带显示异丙基的特点，1170cm^{-1}骨架振动给以辅证。

相对分子质量84，减去已知基团，还有14式量，基团应为CH_2。分子结构为

$$(CH_3)_2CH—CH_2—CH=CH_2$$

例 2-2 推断分子式为$C_6H_{12}O$的化合物结构。

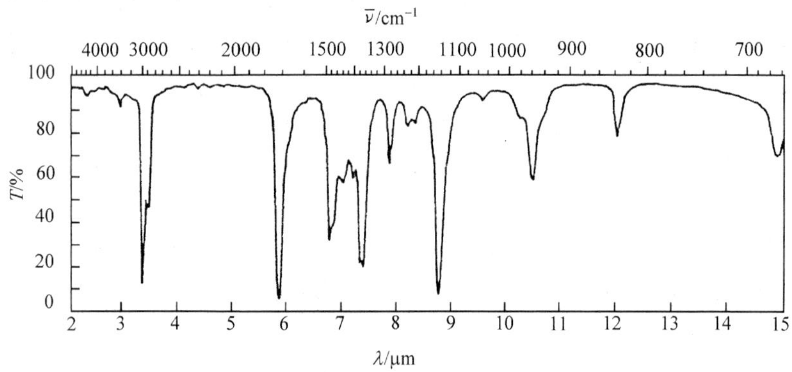

解 计算化合物的不饱和数UN=1。

C—H伸缩振动吸收都在3000cm^{-1}以下，3000cm^{-1}以上未见不饱和C—H振动吸收谱带。

1720cm^{-1}处的强吸收谱带表明含有羰基，没有观察到Fermi共振现象，一般应为酮羰基，出现在1150cm^{-1}的谱带为酮存在的辅证(酮的骨架振动)。

1400～1360cm^{-1}的甲基对称变形振动出现3个谱带：1400cm^{-1}和1360cm^{-1}处的两个谱带表现叔丁基的特征，在指纹区1280cm^{-1}和1230cm^{-1}的骨架振动为叔丁基存在的辅证。1370cm^{-1}谱带几乎与叔丁基谱带重叠，强度较高，为$CH_3\overset{O}{\overset{\|}{C}}—$结构中的甲基对称变形振动吸收，其不对称变形振动在1430cm^{-1}表现为弱吸收。

综上所述，这个羰基化合物为甲基叔丁基酮，分子结构为

$$CH_3—\overset{O}{\overset{\|}{C}}—C(CH_3)_3$$

例 2-3 根据红外光谱(液膜法)推断分子式为$C_4H_6O_2$化合物的结构。

解 由分子式计算不饱和数UN=2。

1350cm^{-1}以上光谱：3070cm^{-1}有弱的不饱和C—H振动吸收，与1650cm^{-1}的$\nu_{C=C}$谱带对映表明有烯键存在，谱带较强，是被极化了的烯键。

1765cm^{-1}强吸收谱带表明有羰基存在，结合最强吸收谱带1230cm^{-1}和1140cm^{-1}的

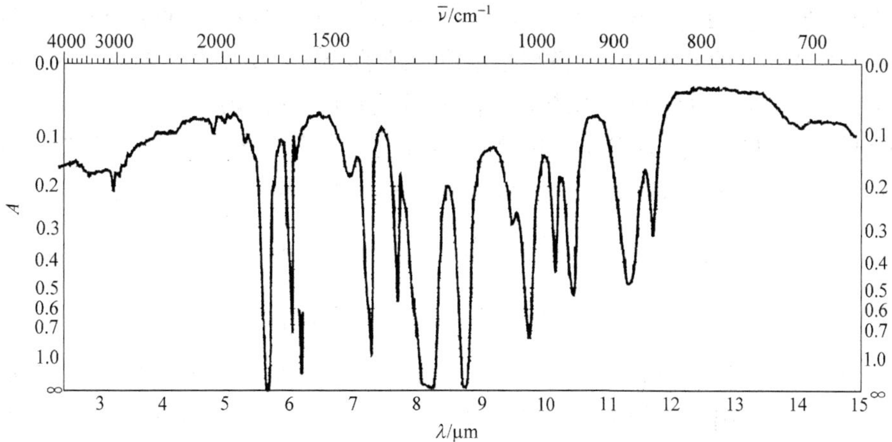

ν_{C-O-C}吸收应为酯基。

这个化合物属不饱和酯，根据分子式有如下两种可能的结构：

$$\text{(1)}\quad CH_2{=}CH{-}\overset{\overset{\large O}{\|}}{C}{-}OCH_3 \qquad \text{丙烯酸甲酯}$$

$$\text{(2)}\quad CH_3{-}\overset{\overset{\large O}{\|}}{C}{-}O{-}CH{=}CH_2 \qquad \text{乙酸乙烯酯}$$

这两种结构的烯键都受到邻近基团的极化，吸收强度较高。

普通酯的 $\nu_{C=O}$ 在 1745cm^{-1} 附近，结构(1)由于共轭效应 $\nu_{C=O}$ 频率较低，估计在 1700cm^{-1}左右，且甲基的对称变形振动频率在 1440cm^{-1}处，与谱图不符。谱图的特点与结构(2)一致，$\nu_{C=O}$频率较高以及甲基对称变形振动吸收向低频位移(1365cm^{-1})，强度增加，表明有 $CH_3\overset{\overset{\large O}{\|}}{C}{-}$ 结构单元。$\nu_{s(C-O-C)}$ 升高至 1140cm^{-1}，且强度增加，表明化合物为不饱和酯。

指纹区的其他吸收谱带：$\gamma_{=CH}$出现在 955cm^{-1}和 880cm^{-1}，由于烯键受到极化，比正常的乙烯基 $\gamma_{=CH}$位置(990cm^{-1}和 910cm^{-1})稍低。

例 2-4　相对分子质量 134，含 C、H、O 的有机化合物，由 IR 鉴定其结构。

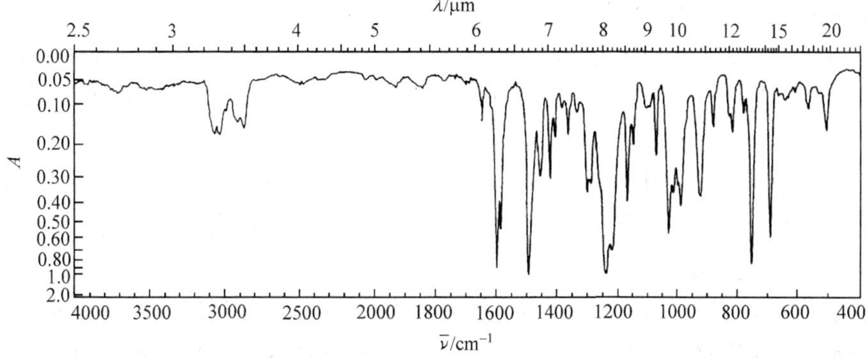

解　考察 1350cm^{-1}以上的光谱：在 3000cm^{-1}左右均呈现吸收谱带，分子中有饱和的

和不饱和的烃结构。$1600cm^{-1}$、$1585cm^{-1}$、$1490cm^{-1}$和$1450cm^{-1}$的苯环骨架振动以及$760cm^{-1}$和$690cm^{-1}$的芳氢$\gamma_{=C-H}$谱带是单取代苯的特征。出现在$1650cm^{-1}$的弱谱带似为$\nu_{C=C}$，在$990cm^{-1}$和$920cm^{-1}$烯烃$\gamma_{=C-H}$吸收证明有端基乙烯。

剩下的30式量应为—OCH_2结构单元，与上述两个不饱和结构单元键合，$1240cm^{-1}$和$1040cm^{-1}$谱为不饱和醚的ν_{C-O-C}。可写出两种分子结构：

(1) $C_6H_5—CH_2—O—CH=CH_2$

(2) $C_6H_5—O—CH_2—CH=CH_2$

两个结构式的醚结构都合理，其不饱和基团相关谱带的位置有些差别，最明确的区别是谱带的强度大不相同。结构式(1)苯环受极化的影响很小，$1600cm^{-1}$谱带应当很弱，$1585cm^{-1}$谱带观察不到，而乙烯基受氧的极化，$1650cm^{-1}$附近的$\nu_{C=C}$强度相当高，与光谱不符。结构式(2)则相反，醚氧对苯环发生极化，而对乙烯基没有影响，所以$1600cm^{-1}$谱带相当强，1650^{-1}谱很弱。因此，结构式(2)为所示光谱的结构。

例2-5 一个含C、H、N、O四种元素的固体化合物，熔点146℃，有很好的水溶性，由红外光谱(石蜡糊法)推其结构。

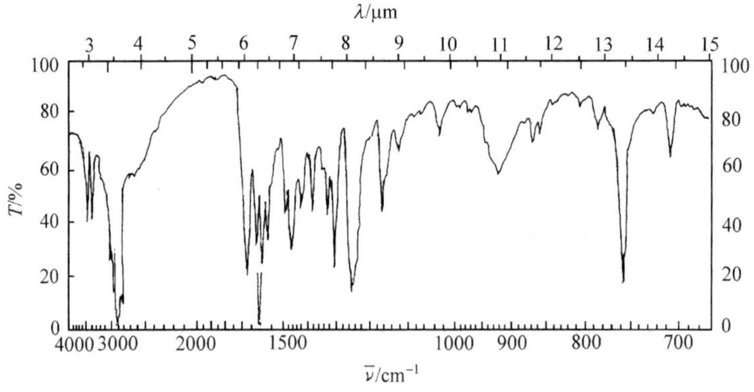

解 这个化合物是脂肪族化合物还是芳香族化合物？$3000\sim3050cm^{-1}$似有可疑的不饱和C—H振动吸收，结合$1603cm^{-1}$、$1580cm^{-1}$以及$1450cm^{-1}$的谱带推测有苯环存在。$755cm^{-1}$的强吸收进一步证明为邻二取代的苯环衍生物，若增加样品的厚度测定时还可能在$2000\sim1660cm^{-1}$出现表征邻二取代的$2\gamma_{=C-H}$泛频光谱。

$1580cm^{-1}$吸收谱带较强，指出芳环的两个取代基至少有一个与苯环发生共轭效应。

$3420cm^{-1}$和$3310cm^{-1}$两个谱带明确指出有伯胺或伯酰胺存在，$930cm^{-1}$处的宽谱带是其γ_{N-H}吸收，$1560cm^{-1}$可归属为δ_{N-H}(面内)谱带。

$1670cm^{-1}$为$\nu_{C=O}$，可能由不饱和醛、酮、羧酸或酰胺产生，根据$3300\sim2400cm^{-1}$ ν_{OH}宽谱带特点，并在$2600cm^{-1}$附近几个Fermi共振弱谱带应为羧酸的特征，$1250cm^{-1}$处强吸收是羧酸的相关谱带ν_{C-O}。

该化合物为含有羧基和氨基的芳香族化合物。没有观察到形成内盐的信息，羧基直接与芳环相连，氨基的ν_{C-N}吸收位置在$1300cm^{-1}$也应直接与苯环相连，可能是邻氨基苯甲酸，分子结构为

$$\text{C}_6\text{H}_4(\text{COOH})(\text{NH}_2)$$

由于用石蜡糊法制样不便分析 3000～2800cm^{-1}、1470～1360cm^{-1}、720～740cm^{-1}区域的光谱。为进一步考察以上光谱区的吸收状况，可改用 KBr 压片法或六氯丁二烯、浆糊法重新绘图。

根据给出的熔点，并参考元素组成，查阅 *CRC Atlas of Spectra Data and Physical Constants for Organic Compounds* 的分子式索引和熔点索引，找到两种索引中都出现的 *b*1845 光谱序号，即为该化合物的数表号码，其中记载有主要光谱和物理常数数据及 Sadtler 红外光谱序号。核对标准光谱，求得确证。由于羧基和氨基处于苯环的邻位，没有形成内盐也是合理的。

参考文献

[1] 冯子刚等. 光谱学与光谱分析，1987，5：55

[2] 宋果男. 化学学报，1985，43：184

[3] 赵瑶兴，孙祥玉，李前荣. 有机化学，1992，12：172

[4] 袁洪福，陆婉珍. 石油炼制与化工，1998，29(9)：27

第 3 章　紫外-可见光谱

3.1　紫外光谱的基本原理

3.1.1　分子轨道能级和电子跃迁类型

根据分子轨道理论,分子轨道是由原子轨道组合而成的,即原子轨道线性组合形成分子轨道(LCAO-MO)。原子轨道和分子轨道都可用电子运动的波函数来描述。以双原子分子为例,原子轨道 ψ_A 和 ψ_B 相互作用后形成两个分子轨道 Ψ_1 和 Ψ_2:

$$\Psi_1 = \psi_A + \psi_B$$

$$\Psi_2 = \psi_A - \psi_B$$

一个是成键轨道,比原来的原子轨道能量低,另一个是反键轨道,比原来的原子轨道能量高,这样形成的分子轨道可由两个原子的原子轨道沿着两核间的轴线相互重叠而成。依分子轨道对于核间轴线的对称情况不同,主要可分为以下两类:σ 轨道和 σ 键、π 轨道和 π 键。

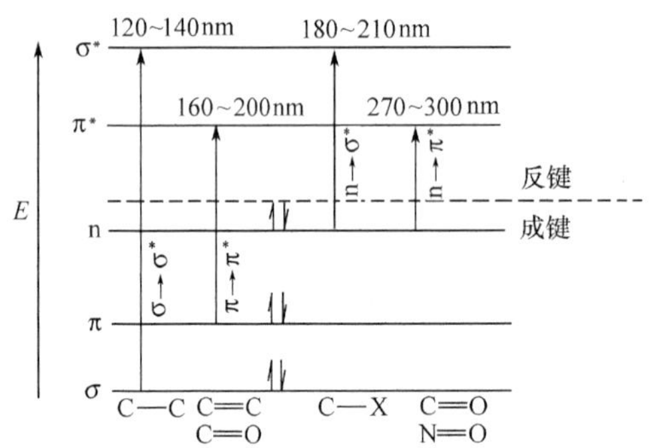

图 3-1　分子轨道的能级和电子跃迁

除成键分子轨道和反键分子轨道外,含杂原子(O、N、S、卤素等)的分子中还存在未分享电子对(unshared electronic pair)居于非键分子轨道(nonbonding orbitals, n)中。各种分子轨道的能量不同,其能级次序示于图 3-1。

一定数目的原子轨道相互作用总是给出相同数目的分子轨道,而一个成键的轨道最多只能容纳两个自旋相反的电子,因此电子总是首先填充在能级较低的成键轨道(或非键轨道)中,在基态时,反键轨道是空着的。当吸收一定能量(波长)的光能时,电子即由具有能量 E 的成键轨道推进到另一个具有较高能量 E_1 的反键轨道,称为电子跃迁,分子由基态变为激发态。在连续电磁波的相应能量的波长位置出现吸收谱带。

电子能级的跃迁主要是价电子吸收相应的能量而发生的跃迁。通常有机化合物的价电子包括成键的 σ 电子、成键的 π 电子和非键电子。可能发生的跃迁类型(图 3-1)有 $\sigma\rightarrow\sigma^*$、$\pi\rightarrow\pi^*$、$n\rightarrow\sigma^*$ 和 $n\rightarrow\pi^*$ 等。各类型的电子跃迁吸收电磁波的波长取决于电子初始的占有轨道及跃迁至较高轨道之间的能量差额。

$\sigma\rightarrow\sigma^*$ 跃迁仅在远紫外区可能观察到它们的吸收光谱,只有环丙烷的 $\sigma\rightarrow\sigma^*$ 跃迁稍近一些,λ_{max}约为 190nm。

$n\rightarrow\sigma^*$ 跃迁为杂原子的非键轨道中的电子向 σ^* 轨道跃迁,一般在 200nm 左右。原子半径较大的硫或碘的衍生物 n 电子能级较高,吸收光谱的 λ_{max}在近紫外区 220～250nm

附近。

$\pi \to \pi^*$ 跃迁比 $n \to \sigma^*$ 跃迁吸收谱带的波长短一些。例如，具有一个孤立 π 键的乙烯 $\pi \to \pi^*$ 跃迁的吸收光谱约在 165nm。分子中如有两个或多个 π 键处于共轭的关系，则这种谱带将随共轭体系的增大而向长波方向移动。

$n \to \pi^*$ 跃迁，π 键的一端连接含非键电子对的杂原子，如 —C═O 、—C═S、—N═O 等基团，则杂原子上的非键电子可激发到 π^* 反键轨道，称为 $n \to \pi^*$ 跃迁。饱和醛、酮在紫外区可以出现两个谱带，一个是 $\pi \to \pi^*$ 跃迁，λ_{max} 约为 180nm 的强谱带；另一个则是出现在 270～290nm 附近的 $n \to \pi^*$ 跃迁弱谱带。

其他还有电荷转移跃迁和配位体微扰的 $d \to d^*$ 跃迁。

当分子形成配合物或分子内的两个大 π 体系相互接近时，可以发生电荷由一个部分跃迁到另一部分而产生电荷转移吸收光谱，这种跃迁的一般表达式为

$$D—A \xrightarrow{h\nu} D^+A^-$$

D—A 为配合物或一个分子中的两个 π 体系，D 是电子给体(donor)，A 是电子受体(acceptor)，如黄色的四氯苯醌与无色的六甲基苯形成深红色的配合物。这种现象也可出现在同一分子内部两个部分之间。

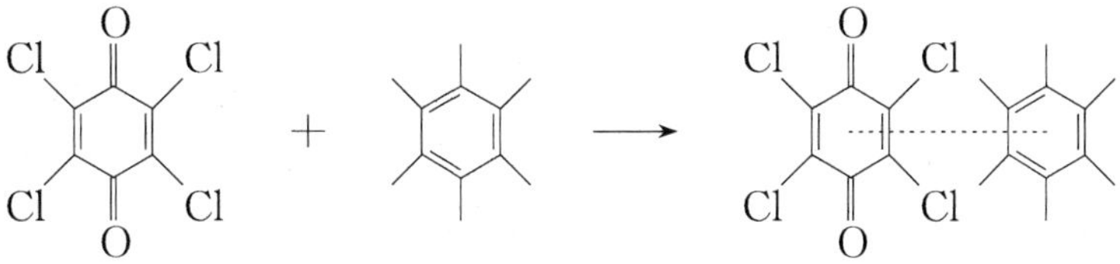

(黄色)　　(无色)　　(深红色)

$d \to d^*$ 跃迁为发生在过渡金属配合物的中心原子内部的电子跃迁。在过渡金属配位形成配合物的过程中，原来能级简并的 d 轨道由于配位体的场作用而发生能级分裂，若 d 轨道是未充满的，则可能吸收电磁波，电子由低能级的 d 轨道跃迁到较高能级空的d轨道($d \to d^*$)而产生吸收光谱。例如，$Ti(H_2O)_6^{3+}$ 的配位场跃迁吸收谱带 λ_{max}为 490nm，显橙黄色。

3.1.2　Franck-Condon 原理，电子光谱的振动精细结构

如图 3 - 2(a)所示，分子在电子基态和激发态都存在不同的振动能级。通常基态分子多处于最低的振动能级($v=0$)。由电子的基态到激发态的许多振动能级都可能发生电子跃迁，即如前所述，电子跃迁一定伴随着能量较小变化的振动能级和转动能级的跃迁。因此，促使电子跃迁所需要的能量可在一个有限的范围内变化，所以一般紫外光谱都呈现宽的吸收谱带。在气态或惰性溶剂的溶液中测得的紫外光谱，经常可以看到光谱的振动甚至转动的精细结构，如图 3 - 2(b)所示。不同的化合物或在温度、溶剂不同的条件下，电子跃迁吸收谱带的形状和最大吸收位置(λ_{max})即吸收谱带的强度分布应有一定的变化，这种变化的实质可以用 Franck-Condon 原理予以解释。

Franck-Condon 原理的基本思想首先由 Franck 提出，不久被 Condon 用量子力学证明。他们认为在电子激发所需要的时间内，核的运动状况是可以忽略不计的。这就是说，

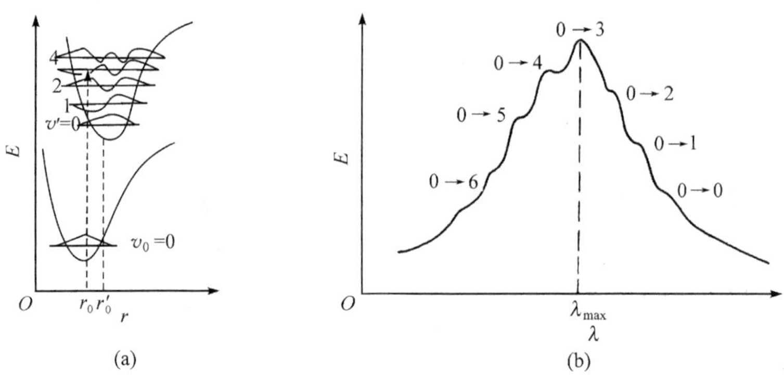

图 3-2 分子势能曲线及其振动能级波函数的分布(a)和电子跃迁吸收光谱(b)

电子由基态跃迁到激发态($\sim10^{-15}$ s),分子的键能和键长理应发生相应的变化,但相对于核间(键)的振动($10^{-12}\sim10^{-13}$ s),电子跃迁非常迅速(其间相差约 10^3 倍),分子还来不及发生任何变化,电子跃迁过程就完成了。这说明一个电子受激所包含的振动能级跃迁的最大概率是在核间距不变的情况下确定的。

电子跃迁是一个非常迅速的过程,在电子激发的瞬间,电子态发生变化,但核的运动状态(核间距和键的振动速度)可视为不变。

在一般情况下,激发态键的强度比基态的低,所以激发态的平衡核间距 r'_0 也比基态的平衡核间距 r_0 长,它们的势能曲线示于图 3-2(a),按照 Franck-Condon 原理,当电子从基态(S_0,v_0)向激发态(S_1)某一振动能级跃迁时,为判断将跃迁到哪个振动能级的概率最大,可由基态(v_0)的平衡位置向激发态作一垂线(所谓“垂直跃迁”),交于某一振动能级的振动波函数最大处,在这个振动能级跃迁概率最大。如按图 3-2(a)所示的分子状态,“垂直跃迁”到激发态 $v'=3$ 的振动能级,此时,两种振动波函数(v_0 和 v'_3)有最大的重合,因此电子跃迁吸收谱带的 $v_0\rightarrow v'_3$(0→3)强度最大,其他的 0→2,0→1,0→0 和0→4,0→5,0→6 等强度依次降低,构成有振动精细结构的紫外吸收谱带,如图 3-2(b)所示。

当两个态的平衡核间距相近时,电子跃迁 $v_0\rightarrow v'_0$ 概率最大,随着 v' 增高,跃迁概率迅速减小。也有少数情况,激发态的平衡核间距远远大于基态平衡核间距时,$v_0\rightarrow v'_0$ 跃迁概率很小,随着 v' 增加概率逐渐增加,直到键的离解发生连续吸收。

代表某种电子跃迁类型的紫外吸收谱带,其最大吸收强度的波长位置 λ_{max} 是特征的,通常作为最重要的光谱数据记录下来。

3.1.3 吸收强度和吸光度的加合性

1. 吸收强度

吸收带的强度标志着相应电子能级跃迁的概率,近似地以摩尔吸收系数 ε 表示。它可以由 Lambert-Beer 定律[式(2-22)和式(2-23)],并结合实际测定得到,其中吸光度 A 可用实验方法按式(2-21)求得。图 3-3 表示在双光束光谱仪上测量吸光度 A 的具体方法。这里 I_0 为透过纯溶剂的“空白”参比池的光强度,I 为透过溶液的样品池的光强度,如果测得两个相应透射光的相对强度比值为 4,则可得到溶质的吸光度为 0.602。

$$A = \lg\frac{I_0}{I} = \lg 4 = 0.602$$

吸光度可用更准确的积分吸收强度 S_i 表示：

$$S_i = \int_{\bar{\nu}_1}^{\bar{\nu}_2} \varepsilon d\bar{\nu} \qquad (3-1)$$

横坐标用波数单位，$\bar{\nu}_1$ 和 $\bar{\nu}_2$ 为吸收谱带的边界。

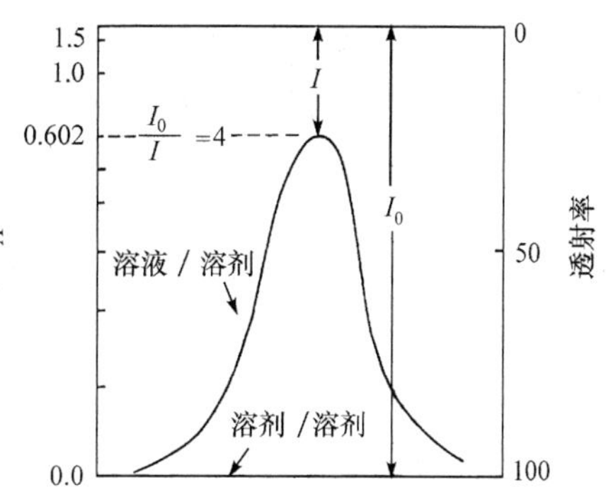

图 3－3　在双光束光谱仪上溶质吸光度的测定

与红外光谱不同，一个有机化合物的紫外光谱在一定波长下的摩尔吸收系数 ε 值一般相当稳定，只要不用强光（如激光），均遵守 Lambert-Beer 定律，在一定的测量条件下是常数，因此它在紫外光谱中是另一个很重要的数据。一般 $\varepsilon_{max}>5000$ 的为强吸收，$5000>\varepsilon_{max}>200$ 的为中等吸收，$\varepsilon_{max}<200$ 的为弱吸收。

2. 吸光度的加合性

按 Beer 定律，吸光度 A 在一定波长下与物质的量浓度（$mol \cdot L^{-1}$）成正比，即与吸收辐射能的分子数成正比。所以，如果在同一溶液中含有两种以上有吸收辐射作用的分子存在时，该溶液在这个波长的吸光度等于在这个波长有吸收的各种分子的吸光度总和。这就是吸光度的加合性。

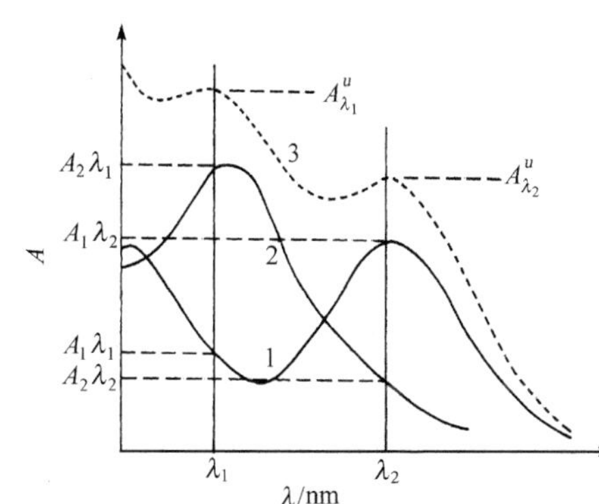

图 3－4　两组分的吸光度加合

实线 1 和 2 分别为组分 1 和组分 2 单独在溶液中的吸收光谱曲线；虚线3为两组分混合于同一溶液的吸收光谱曲线

$$A = \sum A_i = L\sum \varepsilon_i c_i \qquad (3-2)$$

例如，在具有特定吸收波长的两组分混合液中，混合液的吸光度 A^u 与各组分在同一吸收池测定的相应吸光度（图 3－4）应有如下关系：

$$\begin{cases} A^u_{\lambda_1} = A_1\lambda_1 + A_2\lambda_1 \\ A^u_{\lambda_2} = A_1\lambda_2 + A_2\lambda_2 \end{cases}$$

如两组分物质在 λ_1 和 λ_2 的摩尔吸收系数分别为 $(\varepsilon_1)_{\lambda_1}$、$(\varepsilon_2)_{\lambda_1}$ 和 $(\varepsilon_2)_{\lambda_2}$、$(\varepsilon_2)_{\lambda_2}$，则上式可写作

$$\begin{cases} A^u_{\lambda_1} = c_1(\varepsilon_1)_{\lambda_1} + c_2(\varepsilon_2)_{\lambda_1} \\ A^u_{\lambda_2} = c_1(\varepsilon_1)_{\lambda_2} + c_2(\varepsilon_2)_{\lambda_2} \end{cases}$$

吸光度的加合性在定量分析和推断未知物的结构方面都是很有用的。

3.1.4　自旋多重性和电子跃迁选择定则

根据泡利（Pauli）原理，两个电子处于分子的同一轨道中必然是自旋相反的。这两个电子的自旋量子数分别为 $+\frac{1}{2}$ 和 $-\frac{1}{2}$，其自旋量子数的代数和 s 为零，此时自旋多重性（$2s+1$）为 1。大多数具有偶数电子的分子在基态时都属于多重性为 1 的分子，称为单重

态(singlet),以S表示,氧分子例外,在基态时是三重态。当电子由一个分子轨道(如π轨道)激发到另一个能量比较高的分子轨道(如π^*轨道)时,它的自旋方向可以保持,也可以反转。

$$(\pi\downarrow\uparrow)^2 \rightarrow (\pi\downarrow)^1(\pi^*\ \uparrow)^1$$

$$(\pi\downarrow\uparrow)^2 \rightarrow (\pi\uparrow)^1(\pi^*\ \uparrow)^1$$

前者$s=0$仍然是单重态,后者处于两个分子轨道上的两个电子自旋平行,此时自旋量子数的代数和$s=1$,自旋多重性$2s+1=3$,这种情况下的电子构型称为三重态(triplet),以T表示。

分子在基态时电子的能量最低,单重态以S_0表示,电子由基态占有轨道跃迁到空轨道上形成激发的单重态或产生三重态。第一激发态分别以S_1、T_1表示,跃迁到能量更高的空轨道上时,产生比S_1、T_1能量更高的激发态,分别以S_2、S_3、…和T_2、T_3、…表示。按洪德(Hund)规则,激发单重态的能量比其相应的激发三重态的能量高一些,它们的势能变化如图2-2所示。

电子跃迁的概率有的很高,有的很低。允许的跃迁,跃迁概率大,吸收强度高(ε_{max}值大);禁阻的跃迁,跃迁概率小,吸收强度低(ε_{max}值小)或者观察不到。

所谓允许和禁阻是把量子力学理论应用于激发过程所得到的一系列选择定则决定的,主要有以下几点:

1. 自旋选择定则

允许的跃迁要求电子的自旋方向不变,$\Delta s=0$,如$S_0\leftrightarrow S_1$、$T_1\leftrightarrow T_2$等的跃迁都是允许的。$S_0\rightarrow S_1$的跃迁(UV)的概率很大,同样,$S_1\rightarrow S_0(h\nu_f)$发射的荧光寿命很短,而$T_1\rightarrow S_0(h\nu_p)$发射的磷光寿命较长。

2. 对称性选择定则

同核双原子键的分子轨道都是中心对称的,其分子轨道的波函数ψ通过对称中心反演到三维空间的相应位置时,若符号不改变,则称为对称波函数(偶宇称态),表示为$\psi(-x,-y,-z)=\psi(x,y,z)$,标记为$\psi_g$,这种轨道称为g型轨道(g源于德文gerade,偶的);若通过反演操作,波函数ψ变号,$\psi(-x,-y,-z)=-\psi(x,y,z)$,则为反对称的,谓之奇对称波函数(奇宇称态),标记为ψ_u,相应轨道称为u型轨道(u源于德文ungerade,奇的)。以乙烯分子轨道波函数ψ为例,σ和π^*轨道是偶宇称态,σ^*和π轨道则是奇宇称的。电子跃迁选择定则指出,电子只有在反演对称性不同的能级间跃迁才是允许的,即$g\leftrightarrow u$是宇称允许的跃迁,而$g\leftrightarrow g$、$u\leftrightarrow u$是宇称禁阻的跃迁。$\sigma\rightarrow\sigma^*$、$\pi\rightarrow\pi^*$跃迁是允许的,所以跃迁概率很高,摩尔吸收系数(ε)很大,一般$\pi\rightarrow\pi^*$跃迁的ε值为$10^4\sim10^5$数量级。

3. 轨道重叠程度

电子轨道跃迁涉及两个分子轨道在空间的同一区域相互重叠,可以重叠是允许的,否则是禁阻的。

$n\rightarrow\pi^*$跃迁的概率很低。例如,丙酮出现在275nm处的$n\rightarrow\pi^*$跃迁谱带ε值仅为22,原因在于这种跃迁是氧原子上的$2p_y$轨道的非键电子向羰基的π^*反键轨道跃迁,是空间禁阻的，如图 3-5 所示，羰基的 π 成键轨道与 π^* 反键轨道构成的 xz 平面与氧的非键电子的 $2p_y$ 轨道所在 xy 平面相互垂直，两个相关的轨道空间重叠很小。

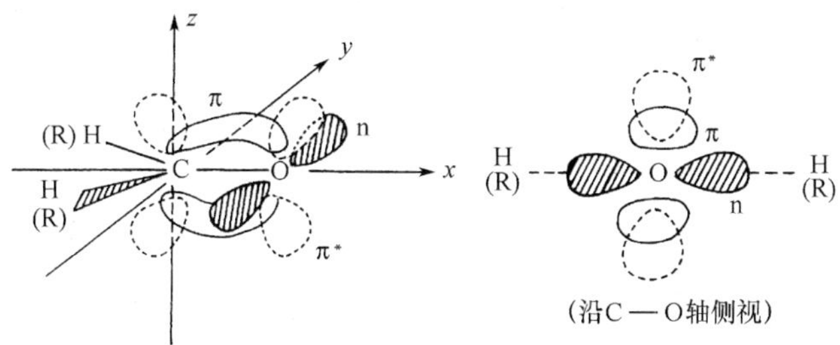

图 3-5　羰基的 π-π^* 和 n 轨道的空间关系

为使电子由非键轨道跃迁到 π^* 反键轨道，在分子的几何形状没有很大变化的情况下是很困难的。

4. 角动量改变最小原则

允许的电子能级跃迁的结果，两相关状态总角动量在键轴方向的分量之差为 0、±1，任何导致角动量有较大变化的跃迁都是禁阻的。

上述定则是电子跃迁的一般选择定则。实际上有时一种跃迁类型按选择定则判断是禁阻的，但仍然能观察到较小的跃迁概率，这是因为除了分子的电偶极矩与电磁波作用而发生电偶极矩跃迁外，还可能发生磁偶极矩与电磁波相互作用的磁偶极矩跃迁和分子的电四极矩在电场梯度改变时而吸收能量的电四极矩跃迁。后两种跃迁比前者小五六个数量级。另外对空间禁阻的跃迁，若分子轨道由于张力或偶极作用而发生扭曲变形时，也会提高跃迁概率，羰基的 $n\rightarrow\pi^*$ 跃迁在较复杂的分子中跃迁概率有相当大的变化幅度，可能出现中等强度的相应谱带。

3.1.5　溶剂效应

溶剂对紫外光谱的影响是很复杂的，最明显的是极性不同的溶剂可以引起谱带形状的变化。一般气态的谱图可以显示出较清晰的精细结构，在非极性溶剂(如己烷)中，还能观察到振动跃迁甚至转动跃迁的精细结构。但非极性溶剂改换为极性溶剂后，由于溶剂与溶质分子的作用增强，谱带的精细结构变得模糊，以致完全消失成为平滑的吸收谱带。图 3-6 是对称四嗪在气态和不同溶剂中的紫外光谱，苯的紫外光谱 B 带也有类似图像。

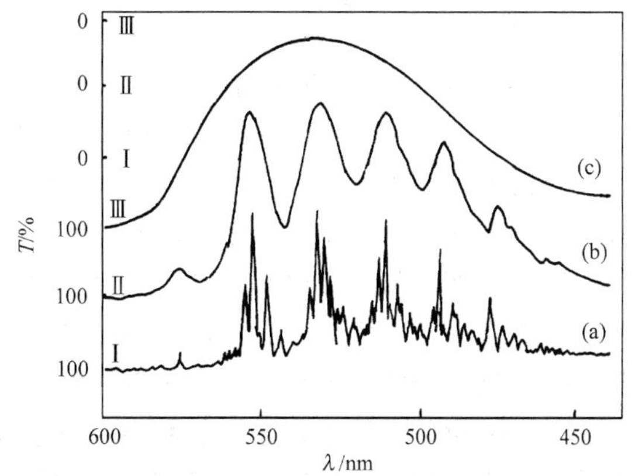

图 3-6　对称四嗪在室温下不同环境的紫外光谱

(a) 气态；(b) 在烃类溶液中；(c) 在水溶液中

溶剂对吸收谱带的另一种重要影响是可能改变最大吸收的位置(λ_{max})。这种

影响对 $n\rightarrow\sigma^*$、$n\rightarrow\pi^*$ 和 $\pi\rightarrow\pi^*$ 跃迁类型是不同的。图 3－7 是异丙叉丙酮分别在己烷和甲醇中的紫外光谱。$n\rightarrow\pi^*$ 和$\pi\rightarrow\pi^*$ 的 λ_{max}位置向不同方向位移。

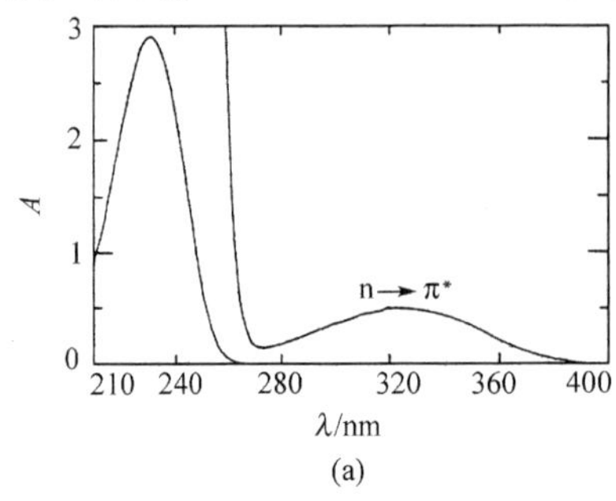

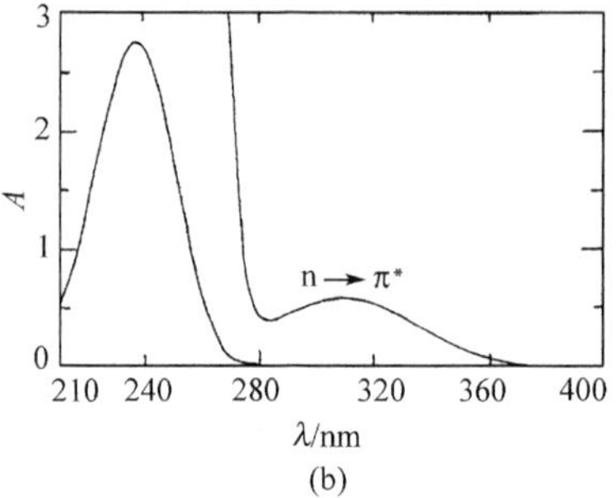

图 3－7 异丙叉丙酮的紫外光谱

(a) 在己烷中，0.014mol · L^{-1}和 2.8×10^{-4}mol · L^{-1}(1cm 池)；

(b) 在甲醇中，0.0105mol · L^{-1}和 2.63×10^{-4}mol · L^{-1}(1cm 池)

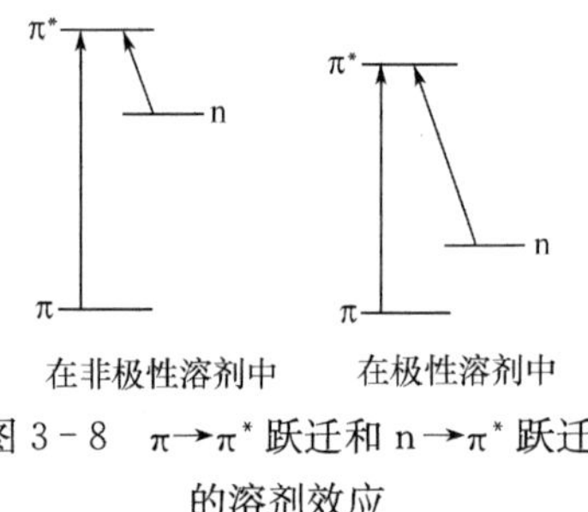

图 3－8 $\pi\rightarrow\pi^*$ 跃迁和 $n\rightarrow\pi^*$ 跃迁的溶剂效应

图 3－8 表明，溶剂极性的增加将有利于稳定极性键的基态和非极性键的激发态。n 轨道和 π^* 轨道能量都相应降低，n 轨道能量降低更显著，因此 $n\rightarrow\sigma^*$ 和 $n\rightarrow\pi^*$ 跃迁谱带向短波方向移动，而 $\pi\rightarrow\pi^*$ 跃迁谱带向长波方向移动。

图 3－7 的光谱相对于非极性溶剂，在极性溶剂中 $n\rightarrow\pi^*$ 跃迁向短波移动 24nm，$\pi\rightarrow\pi^*$ 跃迁向长波移动 7nm，表明 $n\rightarrow\pi^*$ 跃迁对溶剂性质更为敏感。

如果羰基化合物处于酸性溶剂中，氧原子上的 n 电子质子化，可以使 $n\rightarrow\pi^*$ 的吸收位置向更短的波段移动，甚至在普通仪器的测量范围内消失。

还应指出，在考察紫外吸收的溶剂效应时，溶剂的纯度非常重要。在一非极性溶剂中测量一个极性化合物的紫外光谱，溶剂中含有微量极性溶剂的组分时，由于偶极-偶极相互作用，其中极性溶剂将浓集在分子的极性基团周围，所得光谱将与在极性溶剂中测量的相似。

3.1.6 紫外光谱检测

紫外-可见吸收光谱(ultraviolet-visible absorption spectroscopy)是分子吸收紫外-可见光区 10～800nm 的电磁波而产生的吸收光谱，简称紫外光谱(UV)。

一般的紫外光谱仪包括紫外光和可见光两部分(200～800nm)，有的更宽至 190～1000nm，也有的与近红外或红外光谱联用。

与色散型红外光谱仪类似，通用的紫外光谱仪也采用双光束光学平衡自动记录式的紫外分光光度计。配有紫外和可见光源，用石英或反射光栅为色散元件，以记录样品池稀溶液和相同溶剂的参比池吸收差额，得到无背景的紫外-可见光谱。

紫外光谱的检测都是在样品稀溶液中进行，溶剂的选择非常重要，除要考虑溶剂与样品不会发生任何化学反应、对样品有一定溶解度和溶剂的极性对光谱的影响外，最直观的就是所选用的溶剂在样品的吸收波段没有吸收。衡量溶剂吸收范围的指标是剪切点。

以水为参比液，在某一波长紫外光通过池厚 1cm 的溶剂，吸光度(A)接近 1 时，这个波长称为该溶剂的剪切点(cutoff point)。在剪切点以下的短波区域，该溶液有明显的吸收，在剪切点以上的长波区域溶液是透明的。

一些常用作紫外光谱实验的溶剂和它们的短波剪切极限列于表 3-1。

表 3-1　各种溶剂的短波剪切极限

溶　剂	剪切点 λ/nm		沸点/℃
	10mm 池	0.1mm 池	
乙腈	190	180	81.6
己烷	195	173	68.8
庚烷	197	173	98.4
乙醇(95%)	204	187	78.1
水	205	172	100.0
环己烷	205	180	80.8
异丙醇	205	187	82.4
甲醇	205	186	64.7
EPA*	212	190	—
乙醚	215	197	34.6
1,4-二氧六环	215	205	101.4
二(2-甲氧基)乙醚	220	199	162
二氯甲烷	232	220	41.6
氯仿	245	235	62.1
四氯化碳	265	255	76.9
N,*N*-二甲基甲酰胺	270	258	153.0
苯	280	265	80.1
甲苯	285	268	110.8
四氯乙烯	290	278	121.2
吡啶	305	292	116.0
丙酮	330	325	56.0

* 乙醚、异戊烷和乙醇的体积比为 5∶5∶2 的混合物。

环己烷是检测芳香化合物常用的理想溶剂。当需要较高极性的溶剂时，95%的乙醇是首先考虑选择的溶剂。其他极性溶剂(如水和甲醇等)以及作为非极性溶剂的脂肪烃(如己烷、戊烷等)都是紫外光透明的溶剂。

在紫外光谱实验中，所用溶剂和其他试剂的纯度是极其重要的。商业上供应的溶剂虽以“光谱纯”标明，但不一定是纯的，用时要在光谱仪上检查，必要时作一定处理。

吸收池也称比色槽(管)，用石英或熔硅玻璃制成，可用于 185nm 以上波段的测量。若仅在可见光区测量，可采用光学玻璃，这类吸收池在大约 280nm 以上是透明的。用作样品池和参比池的一对吸收池必须严格地匹配，为校正吸收池的光学不等性，在实际测量中可用交换样品池和参比池的办法，采取它们的平均值作为实际吸光度。

一般吸收池的吸收光程(池厚)为 10mm,当需要使溶剂的吸收减少到最小时,应使用短光程的吸收池(如 1mm 或 0.1mm)。

配制样品选用的溶剂除应与样品不发生任何化学反应及在所测定的样品吸收范围内不发生吸收以外,对样品还应有一定的溶解度,对极性样品还要考虑溶剂的极性对所测吸收光谱的影响。

配制样品溶液的浓度以控制吸光度为 0.7～1.2 最为合适。不同生色团,如共轭二烯生色团的 ε_{max}值为 8000～20 000,测量浓度应在 $4\times10^{-5}mol\cdot L^{-1}$左右;而对于 $n\rightarrow\pi^*$ 跃迁的羰基生色团 ε_{max}值为 10～100,浓度应在 $10^{-2}mol\cdot L^{-1}$左右。一个分子内有多种生色团,应当兼顾采取适当的浓度,或以不同的浓度测定不同生色团的吸光度,如图 3-7 的紫外光谱。

紫外光谱发展至今,仍不失为有机化合物结构鉴定的重要工具。近年来,激光光源的应用、有色反应的探索,与其他高效分离方法(如液相色谱、毛细管电泳)联用,以及输出方式和数据处理的改进,进一步提高了光谱的分辨率和灵敏度,使紫外光谱得到较大的发展。

3.1.7 双波长分光光度法

当一种化合物的紫外光谱呈现重叠时,所观察到的吸收谱带的强度和 λ_{max}实际上不是单一跃迁的表现,而是不同跃迁谱带加和的重叠吸收带,各种重叠光谱的例子如图 3-9 所示。采用直接测量重叠吸收带的吸收度和吸收波长的方法,对常规的定性、定量分析是可行的,但在理论处理和谱带的归属上就困难了。另一方面,做多组分混合物测量或对混浊样品(如生物组织液)测量时,各种谱带相互重叠和散射严重,导致背景升高,使特征吸收被掩盖,甚至观察不到,更无法定量测量。为解决上述问题,可将仪器改进与计算技术相结合,改变输出方式,发展为双波长、多波长分光光度法。

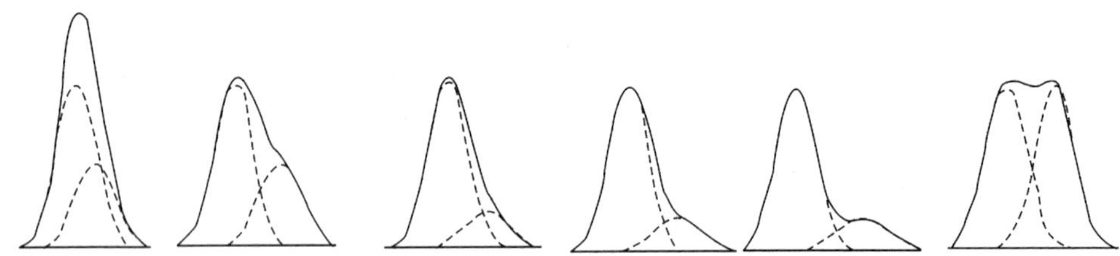

图 3-9　不同吸收的重叠谱带

双波长分光光度法用光束分裂器将由光源发出的光分为两束分别经过两个可调的单色器,得到两束预定波长 λ_1 和 λ_2 的单色光,并利用斩光器使它们交替地通过同一个盛有样品的吸收池,然后测量并记录它们之间的吸光度差值 ΔA,得到双波长光谱。两个波长的选择要求在这两者波长处其他干扰组分应有相同的吸光度,即同样强的背景吸收,并且待测组分在这两个波长的吸光度差值足够大,如果一个波长(如 λ_1)选择在待测组分吸收曲线的 λ_{max}(峰)上,而另一波长(λ_2)选在待测组分吸收曲线与 λ_{max}相邻近的某一较小吸收值处,则这两个波长的吸光度差值(ΔA)可以表征待测物质的吸收特征。

由于 λ_1 和 λ_2 相近，两者应有差不多相等的照射强度 I_0 和相等的吸收背景。按式(2－20)和式(2－22)，λ_1 和 λ_2 处的吸光度分别为

$$-\lg\frac{I_1}{I_0}=A_{\lambda_1}=\varepsilon_{\lambda_1}lc+A_s \tag{3-3}$$

$$-\lg\frac{I_2}{I_0}=A_{\lambda_2}=\varepsilon_{\lambda_2}lc-A_s \tag{3-4}$$

式中，A_s 为光散射或背景吸收，在两波长处相互抵消。

$$\Delta A=A_{\lambda_1}-A_{\lambda_2}=-\lg\frac{I_1}{I_2}=(\varepsilon_{\lambda_2}-\varepsilon_{\lambda_2})lc \tag{3-5}$$

式(3－5)表明，试样溶液在 λ_1 和 λ_2 的吸光度差值 ΔA 与溶液中待测物质的浓度 c 成正比。

按照上述原理，可以测定混合物中微量已知物的含量，分离和归属重叠的谱带。

在双波长原理的基础上发展了多波长分光法，应用于多组分混合物和导数光谱测定。

3.1.8　光声光谱

光声光谱法(photoacoustic spectroscopy，PAS)是测量样品被光(紫外-可见光、红外光)辐射后膨胀的声信号给出的信息，是光谱技术与显热技术相互结合测量跃迁能量的新方法。

当一束光以一定频率间歇地照射封闭池中的物质(固、液或气体)时，可以产生音频信号。这种光声效应早在 1801 年已为贝尔(Bell)发现，以后对光声效应的本质曾提出各种设想，经多次实验和理论推导，近年来科学家认为光声信号产生是由于物质吸收光能后被激发到某一激发态，再以非辐射跃迁形式放出热量回到基态，光照物质即以相同的光照频率周期性地加热，热量向周围气体传播产生压力振荡而形成疏密波——声波。声波的振幅与样品物质吸收辐射所产生的热量相当，因此波长为 λ 处的光声信号的能量 $P_{\mathrm{PAS},\lambda}$ 与样品的吸光性质是相关的，正比于吸收层厚度 l、摩尔吸收系数 ε_λ 和浓度 c，即

$$P_{\mathrm{PAS},\lambda}=2.3\varepsilon_\lambda cl\beta P_{0,\lambda} \tag{3-6}$$

式中，$P_{0,\lambda}$ 为波长 λ 处入射光的能量；β 为非辐射跃迁频率因子，若吸光物质不存在辐射跃迁或光化学反应，则 $\beta=1$。

光声光谱仪的设计与一般的分光光度计相似，主要区别是用光声池作检测器，光声池是在一个恒定的封闭系统中填充不吸收光辐射的气体或压电陶瓷作为介质，以传递样品物质周期性释放出的热量，产生压力震荡作用于微声器，经放大后作为吸收光波长的函数记录下来，便获得光声光谱。按光源不同，分为光声红外光谱仪、光声紫外-可见光谱仪、光声 Raman 光谱仪等。

光声光谱测量的是样品吸收光能的大小，对样品的反射、散射等干扰影响很小，可用于气体、液体、晶体、粉末、胶体多种状态物质的测量。其突出的特点是，可以测量生物样品中的微量成分，无需特别制样，可作无损分析。例如，用光声紫外光谱法测定 β-胡萝卜素，检出限为 $0.08\times10^{-9}\,\mathrm{g\cdot mL^{-1}}$，灵敏度比常用的分光光度法高 30 倍。在生物学研究中，光声光谱可以提供如叶绿体这样复杂植物体的全部光学特性，能够直接从全血血浆中获得血红蛋白质和其他细胞色素的含量，不必采取离心、萃取、层析等繁杂的处理步骤，这将对动植物的生理研究及医学上对人体病理、癌症病变的早期检查和诊断提供极大的

方便。

光声光谱另一突出特点是可以改变调制频率,变化相应的光声效应获得样品表面不同深度的结构信息。例如,曾用光声红外光谱采用不同的光照频率,测得牙齿不同深度所含蛋白质和磷酸盐的不同分布[1]。

3.2 紫外光谱与有机化合物结构的关系

3.2.1 简单分子的吸收光谱

1. 饱和烃及其含杂原子的简单衍生物的吸收光谱

饱和烃的 $\sigma\rightarrow\sigma^*$ 光谱出现在远紫外区。如果饱和烃中的氢原子被 O、S、N、X 等杂原子或由它们组成的基团取代,可以产生较低能量的 $n\rightarrow\sigma^*$ 跃迁和 $\sigma\rightarrow\sigma^*$ 跃迁。

	$\lambda_{max}(\sigma\rightarrow\sigma^*)$/nm	$\lambda_{max}(n\rightarrow\sigma^*)$/nm
CH_4	125	
C_2H_6	135	
CH_3Cl	161～154	173
CH_3OH	150	183
CH_3NH_2	173	213
CH_3I	210～150	258

2. 烯烃

烯烃同时具有 σ 键和 π 键,因此可以发生 $\sigma\rightarrow\sigma^*$ 和 $\pi\rightarrow\pi^*$ 两种类型跃迁,其中以 $\pi\rightarrow\pi^*$ 光谱最重要。

	$CH_2=CH_2$	$R-CH=CH_2$	$(CH_3)_2C=C(CH_3)_2$
$\lambda_{max}(\varepsilon)$	165nm(12 000)	187nm(9000)	197nm(11 500)

最简单的烯烃是乙烯,其相应的 $\pi\rightarrow\pi^*$ 跃迁在远紫外区。当连接在双键碳原子上的氢被含 α-氢的烷基取代时,由于相邻的 C—H(α-H)σ 轨道与 π 轨道部分重叠,相互作用而产生 σ,π-超共轭效应,电子活动范围扩大,引起吸收峰向长波方向移动,双键上每增加一个烃基,吸收谱带位置向长波移动约 5nm,逐渐接近仪器测量的范围,因此在近紫外区大多不出现吸收峰,仅能观察到在吸收曲线的长波末端出现较强的吸收,称为末端吸收。凡是在光谱图上显示出末端吸收的化合物,在分子中往往含有孤立的烯键。

在环状烯烃中,吸收光谱与双键所处的位置有关,当双键处于环外时,吸收峰明显地向长波移动。若双键同时与两个环结构相连,这种移动更大。

$\lambda_{max}(\varepsilon)$	183nm(6800)	191nm(10 200)	206nm(11 200)

简单烯类的末端吸收虽然不能给出 λ_{max} 数值，在结构分析中不能作为可靠的依据。但在核磁共振出现以前，依靠比较末端吸收的强度和曲线性状仍可获得一些在双键上烃基取代状况的信息，并能借以猜测双键周围的结构环境，曾在甾族化合物和萜类化合物的研究上起到一定的作用。

如前所述，$\pi\rightarrow\pi^*$ 跃迁概率很大，相应吸收光谱的强度很高，受溶剂的影响较小。

3. 羰基化合物

简单羰基化合物除有 σ 电子、π 电子外，还有 n 电子，可发生 $\sigma\rightarrow\sigma^*$、$\pi\rightarrow\pi^*$、$n\rightarrow\pi^*$ 和 $n\rightarrow\sigma^*$ 四种跃迁，研究较多的是 $n\rightarrow\pi^*$ 跃迁，吸收谱带出现在 270～300nm，一般呈低吸收强度（ε=10～20）的宽谱带，吸收位置的变化对溶剂很敏感，为羰基化合物的特征谱带，称为 R 带（源于德文 Radikalartig）。羰基的轨道能级和跃迁吸收波长如图 3－1 所示。

羰基的吸收光谱受取代基的影响显著，醛和酮羰基的 $n\rightarrow\pi^*$ 跃迁能量略有差别。一般酮在 270～285nm，而醛略向长波一边，在 280～300nm 附近。这是因为酮比醛多了一个烃基，由于超共轭效应，π^* 能级升高，$n\rightarrow\pi^*$ 跃迁需较高能量（表 3－2）。其中，3，3-二甲基-2-丁酮只有一侧发生 σ-π 共轭，具有与乙醛相近的 λ_{max} 数值，而另一侧显示叔丁基的空间效应，导致羰基分子轨道扭曲，因此 ε_{max} 值增大。在环酮分子中，影响因素是复杂的，有张力大小和超共轭效应程度差别。例如，环己酮直立键的 α-H 有利于超共轭效应，因此比环戊酮的 R 带的波长短，而 2，2，6，6-四取代环己酮的吸收谱带与甲醛相近是可以理解的。

表 3－2　脂肪族醛、酮的 $n\rightarrow\pi^*$ 跃迁吸收

化合物	溶　剂	λ_{max}/nm	ε
H(C=O)H	蒸气	304	18
	异戊烷	310	5
CH3CHO	甲醇	285	—
	己烷	293	12
CH3COCH3	甲醇	270	12
	环己烷	279	15
CH3CH2COCH3	乙醇	277	20

续表

化合物	溶　剂	λ_{max}/nm	ε
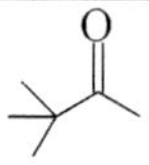	乙醇	285	21.2
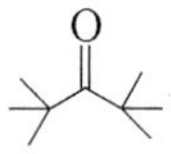	乙醇	295	20
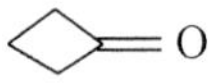	甲醇	278	—
	异辛烷	281	20
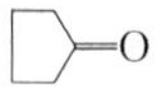	甲醇	287	—
	异辛烷	300	18
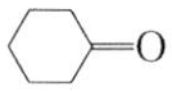	甲醇	283	—
	异辛烷	291	15
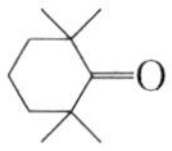	己烷	305	21

羰基的碳原子与带 n 电子的杂原子的基团(如—OH、—OR、—X、—NH_2 等)连接，得到羧基、酯、酰卤、酰胺等，在这些羧酸及其衍生物中，羰基的 $n\rightarrow\pi^*$ 跃迁吸收较醛、酮以较大幅度向短波移动，但吸收强度与醛和酮大致相近(表 3-3)。

表 3-3　羧酸及其衍生物的 $n\rightarrow\pi^*$ 跃迁吸收

X	溶　剂	λ_{max}/nm	ε_{max}
OH	95%乙醇	204	41
SH	环己烷	219	2200
OCH_3	异辛烷	210	57
OC_2H_5	95%乙醇	208	58
	异辛烷	211	58
$C-\overset{O}{\overset{\Vert}{C}}CH_3$	异辛烷	225	47
Cl	庚烷	240	40
NH_2	甲醇	205	160

羧酸及其衍生物实际上已不是简单分子了，它们的成键状况将在共轭分子的吸收光谱中讨论。

4. 氮杂双键化合物

重要的氮杂双键化合物有亚胺基化合物、偶氮化合物和硝基、亚硝基化合物，它们具有与羰基相似的电子结构。

亚胺基化合物的亚胺基可能出现两个谱带，一个相应于 $\pi\rightarrow\pi^*$ 跃迁，大约出现在

172nm，距一般仪器测量的范围较远；另一个吸收带落在 244nm 左右，强度为 $\varepsilon \sim 100$，相应于 $n \rightarrow \pi^*$ 跃迁。酮亚胺与醛亚胺不完全相同，酮亚胺的吸收略偏短波方向，一些亚胺基化合物在已烷中的吸收数据如下：

	$Me_3CCH=NBu$	$C_6H_{11}CMe=NOH$	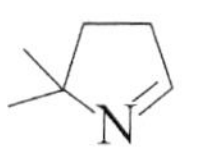 （2,2-二甲基吡咯啉，环内 C=N）	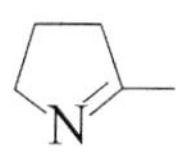 （2-甲基吡咯啉，环内 C=N）
$\lambda_{max}(\varepsilon_{max})$	244nm(87)	205nm(1380)	231nm(87)	277nm(214)

偶氮化合物的偶氮基一般呈现三个吸收带，两个分别出现在 165nm 和 195nm 附近，第三个具有特殊性质的吸收谱带出现在 360nm 左右，为 $n \rightarrow \pi^*$ 跃迁引起，故一些偶氮化合物主要表现为黄色。偶氮基 $n \rightarrow \pi^*$ 跃迁吸收强度随着取代基的不同而有较大幅度的变化，特别是顺、反异构体间的吸收相差很大，反式异构体吸收强度较低，大约在 20 左右，而顺式异构体由于分子轨道变形，吸收强度则高达 100～500。一些偶氮化合物的吸收特征如下：

	$MeN=NMe$(*trans*)（水）	$MeN=NMe$(*cis*)（水）	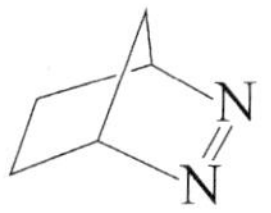 （双环偶氮化合物，N=N）（异辛烷）
$\lambda_{max}(\varepsilon_{max})$	343nm(25)	353nm(240)	342nm(420)

硝基的饱和烃衍生物出现两个吸收谱带，一个在 200nm（～4400）附近，是高强度的吸收带，为 $\pi \rightarrow \pi^*$ 跃迁引起；另一个是由 $n \rightarrow \pi^*$ 跃迁产生的低强度的吸收带，在 275nm（～20）附近。在碱性溶液中一级和二级硝基化合物 $\pi \rightarrow \pi^*$ 吸收峰的位置向长波移至 235nm（～8100），$n \rightarrow \pi^*$ 谱带向短波移动，消失在 $\pi \rightarrow \pi^*$ 谱带中，这是由于生成的碳负离子与硝基共轭，其电子结构与羧酸及其衍生物相似。

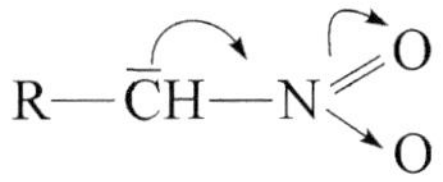

$$R-\bar{C}H-NO_2$$

5. 生色团和助色团

生色团也称发色团，早期对有色的有机化合物研究发现，颜色的产生与分子中存在不饱和的基团或体系有关，如 $>C=O$、$-NO_2$、$-COOH$、$>C=N$、$>C=C<$、苯环等，这些基团或体系称为生色团。

生色团的结构特征是都含有 π 电子。当这些基团在分子内独立存在，与其他基团或系统没有共轭或其他复杂因素影响时，它们将在紫外光区发生特定波长的吸收。分子中含有两个或两个以上生色团且相互间没有作用时，紫外光谱图上看到的是各个单独生色团吸收的加合谱，一些典型生色团的紫外吸收数据列于表 3-4。

表 3-4 若干生色团的紫外吸收特征

生色团	实 例	溶 剂	λ_{max}/nm	ε_{max}	跃迁类型
$>C=C<$	1-己烯	庚烷	180	12 500	$\pi \rightarrow \pi^*$
$-C\equiv C-$	1-丁炔	蒸气	172	4 500	$\pi \rightarrow \pi^*$

续表

生色团	实 例	溶 剂	λ_{max}/nm	ε_{max}	跃迁类型
>C=O	乙醛	蒸气	289 182	12.5 10 000	$n\to\pi^*$ $\pi\to\pi^*$
	丙酮	环己烷	275 190	22 1 000	$n\to\pi^*$ $\pi\to\pi^*$
—COOH	乙酸	乙醇	204	41	$n\to\pi^*$
—COCl	乙酰氯	戊烷	240	34	$n\to\pi^*$
—COOR	乙酸乙酯	水	204	60	$n\to\pi^*$
$—CONH_2$	乙酰胺	甲醇	205	160	$n\to\pi^*$
$—NO_2$	硝基甲烷	乙烷	279 202	15.8 4 400	$n\to\pi^*$ $\pi\to\pi^*$
$=\overset{+}{N}=\overset{-}{N}$	重氮甲烷	乙醚	417	7	$n\to\pi^*$
—N=N—	偶氮甲烷	水	343	25	$n\to\pi^*$
>C=N—	$C_2H_5CH=NC_4H_9$	异辛烷	238	200	$n\to\pi^*$
苯环	苯	水	254 203.5	250 7 400	$\pi\to\pi^*$ $\pi\to\pi^*$
	甲苯	水	261 206.5	225 7 000	$\pi\to\pi^*$ $\pi\to\pi^*$
$—NO_2$	硝基甲烷	乙醇	271	18.6	$n\to\pi^*$
—NO	亚硝基丙烷	乙醚	300	100	$n\to\pi^*$
—C≡N	乙腈	蒸气	167	弱	
>C=S	硫酮		205	强	
>S→O	亚砜	乙醇	210	1 500	

另一些基团，如—OH、—OR、—SH、$—NR_2$、卤素等，当它们与生色团相连时，能使生色团的吸收谱带向长波移动，通常吸收强度也相应地增加，这样的基团称为助色团。

助色团的结构特点在于都带有 n 电子，当它们与生色团相连时，由于 n 电子与 π 电子的 p-π 共轭，形成多电子的较大共轭体系，$\pi\to\pi^*$ 跃迁能量降低，吸收向长波移动，颜色加深。

由于取代基的作用或溶剂效应导致生色团的吸收峰向长波移动的现象称为向红移动(bathochromic shift)或称红移(red shift)。凡因助色团的作用使生色团产生红移的，其吸收强度一般都有所增加，称为增色作用(hyperchromic effect)。

由于取代基的作用或溶剂效应导致生色团的吸收峰向短波方向移动的现象称为向蓝移动(hypsochromic shift)或蓝移(blue shift)，相应地使吸收带强度降低的作用称为减色作用(hypochromic effect)。

3.2.2　脂肪族共轭分子的吸收光谱

1. 共轭烯烃体系

在最简单的共轭多烯 1,3-丁二烯分子中,4 个(碳)原子轨道(p 轨道)线性组合成为 4 个分子轨道(π 轨道),它们分别用波函数 ψ_1、ψ_2、ψ_3、ψ_4 描述。量子力学处理结果显示,这 4 个分子轨道能级逐渐升高(图 3－10),其中 ψ_1 和 ψ_2 的能量低于未成键时的 p 轨道能量,为成键轨道 π_1 和 π_2;ψ_3 和 ψ_4 的能量高于未成键时的 p 轨道能量,为反键轨道 π_3^* 和 π_4^*。1,3-丁二烯处于基态时,4 个 π 电子两两填充在能量较低的成键轨道 π_1 和 π_2,为占据轨道,反键轨道 π_3^* 和 π_4^* 为空轨道,其中 π_2 成键轨道在占据轨道中能级较高,称为最高占据轨道(highest occupied molecular orbital,HOMO),π_3^* 反键轨道在空轨道中能级最低,称为最低空轨道(lowest unoccupied molecular orbital,LUMO)。在共轭多烯中,$\pi\rightarrow\pi^*$ 跃迁电子总是由 HOMO 跃迁到 LUMO,按照休克尔(Hückel)分子轨道理论,随着共轭多烯双键数目增加,HOMO 的能量逐渐增高,LUMO 的能量逐渐降低,因此 π 电子跃迁所需要的能量 $\Delta E(\Delta E=E_{LUMO}-E_{HOMO})$逐渐减少。相应吸收谱带逐渐红移,吸收强度也随着增加,这类共轭体系的 $\pi\rightarrow\pi^*$ 跃迁吸收谱带称为 K 带(源于德文 Konjugierte)。

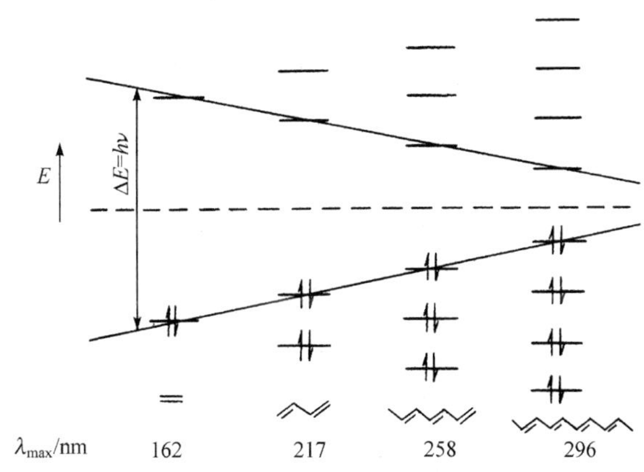

图 3－10　共轭多烯分子轨道能级示意图

在烯类化合物中,共轭多烯,特别是具有环状的共轭多烯的甾族和萜类化合物的紫外光谱研究得最多,在这些研究的基础上,伍德沃德(Woodward)和菲泽(Fieser)总结出一些预测各种共轭体系 K 带 λ_{max}的经验规则,称为 Woodward-Fieser 规则。

对 2～4 个双键共轭的烯烃及其衍生物,K 带 λ_{max}值按 Woodward-Fieser 规则计算如下:首先选择一个共轭双烯作为母体,确定其最大吸收位置基数,然后加上表 3－5 所列与 π 共轭体系相关的经验参数,计算所得数值与实测的 λ_{max}比较,以确定推断的共轭体系骨架结构正确与否。

表 3-5　共轭烯烃 K 带 λ_{max} 值的经验计算参数

非环或异环共轭双烯母体	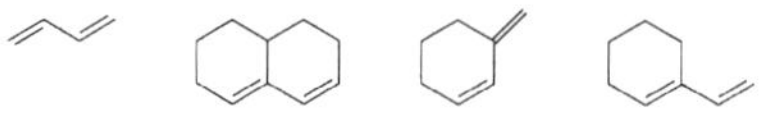 214nm
同环双烯母体	 253nm
	增值/nm
增加一个共轭双键	+30
烷基或环烷基取代	+5
环外双键	+5
极性基团 OAc	0
OR	+6
SR	+30
Cl,Br	+5
NR_2	+60
溶剂校正	0

应用 Woodward-Fieser 规则计算烯类 K 带的 λ_{max}值时应注意以下几点：

(1) 当有多个可供选择的双烯母体时，应优先选择较长波长的母体，若同时存在同环和异环双键时，应选取同环双键作为母体。例如

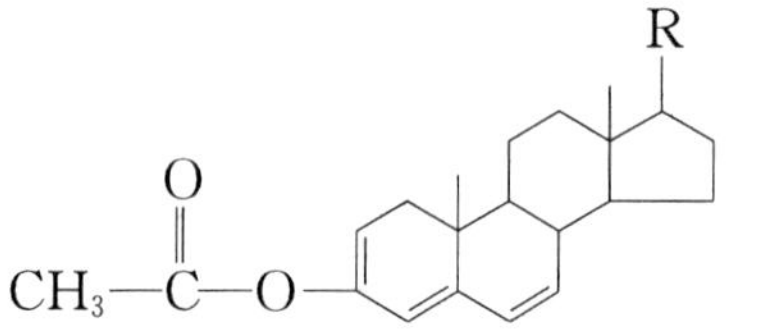

同环双键母体	253
延长一个双键	30
三个取代烃基	5×3
一个环外双键	5
酰氧基	0
计算 λ_{max}值	303nm
实测值	304nm

(2) 交叉共轭体系只能选取一个共轭键，分叉上的双键不算延长双键，其取代基也不计算在内。例如

同环双键母体	253
五个取代烃基	5×5
三个环外双键	15
计算 λ_{max}值	293nm
实测值	285nm

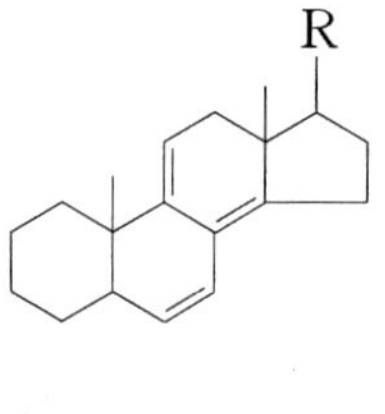

这个例子的计算值与实测值相差较大，$\Delta\lambda$=8nm。一般可以认为结构式推断有误，而在这种情况下考虑双键桥联两个环，张力较大，造成这种误差也可能是合理的。

(3) 共轭体系的所有取代基及所有的环外双键均应考虑在内。例如

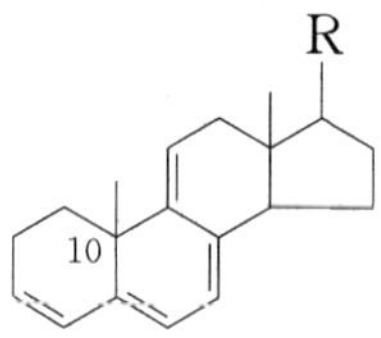

应取同环双键作为母体，具有两个延长双键、三个环外双键和五个取代烃基，这里 C_{10} 应作为两个取代烃基，计算两次。

具有四个以上双键的共轭体系，K 带 λ_{max} 和 ε_{max} 值按 Fieser-库恩(Kuhn)规则计算

$$\lambda_{max} = 114 + 5M + n(48.0 - 1.7n) - 16.5R_{endo} - 10R_{exo} \qquad (3-7)$$

$$\varepsilon_{max} = (1.74 \times 10^4)n \qquad (3-8)$$

式中，n 为共轭双键数；M 为共轭体系上取代烷基(或类烷基)数；R_{endo} 为共轭体系上带环内双键的环数；R_{exo} 为共轭体系上带环外双键的环数。以 β-胡萝卜素为例

$\lambda_{max}^{计} = 114 + 5 \times 10 + 11(48.0 - 1.7 \times 11) - 16.5 \times 2 = 453.3\text{nm}$

$\lambda_{max}^{测} = 452\text{nm}$(己烷)

$\varepsilon_{max}^{计} = (1.74 \times 10^4) \times 11 = 19.1 \times 10^4$

$\varepsilon_{max}^{测} = 15.2 \times 10^4$(己烷)

2. 不饱和羰基化合物

α,β-不饱和醛、酮的 C═C 与 C═O 处于共轭状态，其 K 带和 R 带与相应孤立生色团的吸收相比均处于较长波段，如图 3-11 所示。K 带由 $\pi_2 \rightarrow \pi_3^*$ 跃迁产生，λ_{max} 约在 220nm 附近，为强吸收带，ε_{max} 一般大于 10 000；R 带由 $n \rightarrow \pi_3^*$ 跃迁产生，λ_{max} 大约出现在 300nm 附近，为一弱的吸收带，$\varepsilon_{max} = 10 \sim 1000$。

光离子化实验指出，n 轨道能量相对地为常数，所以在此红移的最大可能是来自 π 体系的 LUMO 能级的降低和 HOMO 能级的升高。

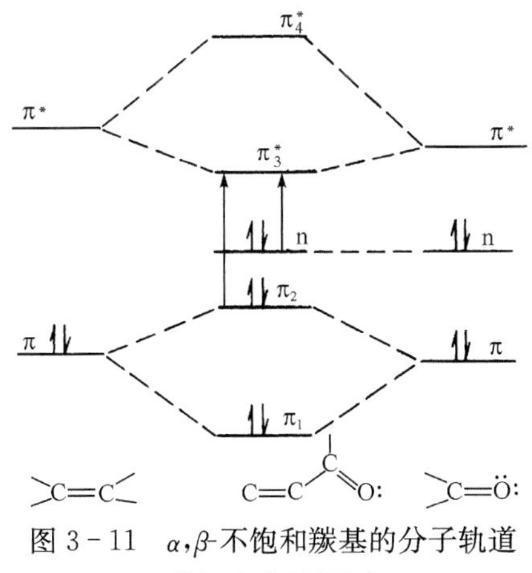

图 3-11　α,β-不饱和羰基的分子轨道能级和电子跃迁

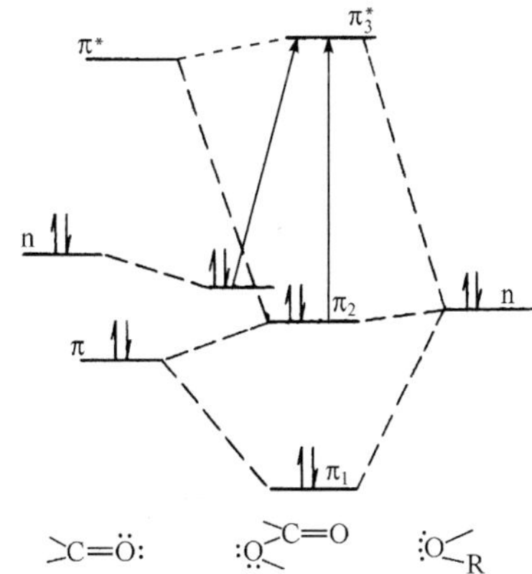

图 3-12　羧酸及其衍生物的分子轨道能级和电子跃迁

羧酸及其衍生物为羰基生色团的 π 轨道与助色团的 n 轨道相互作用组成的多电子体系。如图 3-12 所示，助色团的 n 轨道电子与羰基的 π 轨道发生 p-π 共轭，产生两个 π 成

键轨道 π_1、π_2 和一个反键轨道 π_3^*，其中 π_2 比孤立羰基的 π 轨道能级高，π_3^* 比孤立的羰基 π^* 轨道能级也略高一点。由于 X—基团的吸电子诱导效应，原来羰基的n轨道能级略有下降，所以羧基及其衍生物的 $\pi\rightarrow\pi^*$ 跃迁谱带红移，而 R 带比相应醛、酮有较大幅度的蓝移。

不饱和羰基化合物随着与羰基共轭的双键数目增加，$\pi\rightarrow\pi^*$ 跃迁的能量不断降低，吸收波长迅速红移，且吸收强度随之增加(与共轭多烯相似)，$n\rightarrow\pi^*$ 跃迁因共轭链的增加影响较小，结果这个低强度的吸收带在长共轭体系的羰基化合物光谱中经常看不清楚，或者表现为"肩"(sh)的形式或被 $\pi\rightarrow\pi^*$ 吸收带完全掩盖起来。

共轭不饱和醛、酮 $\pi\rightarrow\pi^*$ 跃迁 K 带的 λ_{max} 值也可以应用 Woodward-Fieser 规则计算预测，选择 α,β-不饱和羰基母体，确定计算 λ_{max} 值的基数，加上表 3-6 的经验计算参数的增值。

表 3-6　共轭不饱和醛、酮 $\pi\rightarrow\pi^*$ 跃迁 λ_{max} 值的经验计算参数

	$\overset{\delta}{C}=\overset{\gamma}{C}-\overset{\beta}{C}=\overset{\alpha}{C}-C=O$			λ_{max}/nm
基数	无环 α,β-不饱和酮			215
	六元环 α,β-不饱和酮			215
	五元环 α,β-不饱和酮			202
	α,β-不饱和醛			210
	α,β-不饱和羧酸和酯			195
增值	延长共轭双键			+30
	烃基和环烃基	α-		+10
		β-		+12
		γ-和更高位		+18
	极性取代基	—OH	α-	+35
			β-	+30
			δ-	+50
		—OAc	α-，β-，δ-	+6
		—OCH_3	α-	+35
			β-	+30
			γ-	+17
			δ-	+31
		—SR	β-	−85
		—Cl	α-	+15
			β-	+12
		—Br	α-	+25
			β-	+30
		—NR_2	β-	+95
	环外双键			+5
	同环共轭双键			+39
溶剂校正	乙醇			0
	甲醇			0
	二氧六环			+5
	氯仿			+1
	乙醚			+7
	水			−8
	己烷			+11
	环己烷			+11

应用这一规则应注意的是，有两个可供选用的 α,β-不饱和羰基母体时，应优先选择具有波长较大的一个。例如

六元环不饱和酮母体	215
延长两个双键	30×2
同环双键	39
β-位取代烃基	12
γ-位以远取代烃基	18×3
环外双键	5
计算 λ_{max} 值	385nm
实测值（乙醇）	388nm

O

环上的羰基不作为环外双键，共轭体系有两个羰基，其中之一不作延长双键，仅作为取代基 R 计算。例如

O O

六元环不饱和酮母体	215
α-位烃基	10
β-位烃基	12×2
环外双键	5×2
计算 λ_{max} 值	259nm
实测值（乙醇）	254nm

烃基取代的 α,β-不饱和羧酸及其衍生物 K 带的 λ_{max} 值可按表 3－6 计算。更接近实测值的计算方法是用表 3－7 的基数加表 3－6 中各增值参数。

表 3－7　计算共轭不饱和羧酸及其酯的 K 带 λ_{max} 值的基数

	λ_{max}/nm
α-或 β-单取代	208±5
α,β-或 β,β-双取代	217±5
α,β,β-三取代	225±5
环外的 α,β-双键	＋5
不饱和双键构成五元或七元环的一部分	＋5

例如

β α ═CH—COOH　　$\lambda_{max}^{计}=217+5=222(nm)$，$\lambda_{max}^{测}=220nm$

3.2.3　芳香体系的紫外光谱

1. 苯及其衍生物

苯的紫外光谱在 180nm 以上由三个轮廓清晰的吸收带组成，这些谱带都是由 $\pi\rightarrow\pi^*$ 跃迁引起，在己烷中的光谱如图 3－13(b)所示。

E_1 带即烯带（ethylenic band），强度较大，为芳香环的结构特征谱带，没有精细结构。E_2 带在 204nm 附近有分辨不清的振动结构，与 E_1 带相重叠，B 带（benzenoid band）为芳

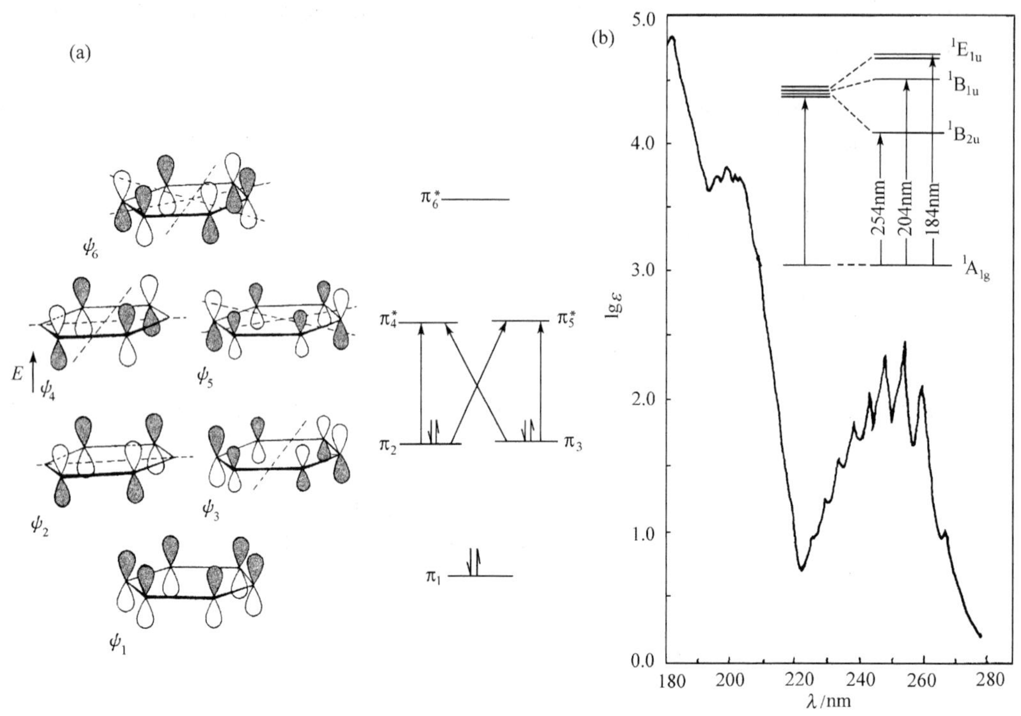

图 3-13 苯分子轨道能级(a)及其紫外光谱(己烷)(b)

香环(六元芳杂环)的另一特征谱带,它以低强度和明显的振动精细结构为特征,B 带的溶剂效应很敏感。

按照 Hückel 分子轨道理论,苯分子由六个 p 电子组合成六个 π 分子轨道 $\pi_1 \sim \pi_6$,相应的波函数为 $\psi_1 \sim \psi_6$。在群论的运算中,ψ_1 的对称性为 c_{2u};ψ_2 和 ψ_3 是简并的,各有一个节面,对称性属 e_{1g};ψ_4 和 ψ_5 也是简并的,各有两个节面,对称性属 e_{2u};ψ_6 对称性为 b_{2g},其能级如图 3-13(a)所示。在基态时,苯分子的六个 π 电子占据 π_1、π_2、π_3 成键轨道,对称性为 $a_{2u}^2 e_{1g}^4$,属于全对称构型,为偶宇称态 $^1A_{1g}$。电子跃迁有四种可能,相应的激发态为 $\psi_1^2\psi_2^2\psi_3\psi_4$、$\psi_1^2\psi_2^2\psi_3\psi_5$、$\psi_1^2\psi_2\psi_3^2\psi_4$ 和 $\psi_1^2\psi_2\psi_3^2\psi_5$,其对称性表示为 $a_{1u}^2 e_{1g}^3 e_{2u}^1$,从群论推算,产生三类状态 B_{2u}、B_{1u} 和 E_{1u},均为奇宇称态。因此苯应产生三个吸收谱带 $^1B_{2u} \leftarrow {}^1A_{1g}$、$^1B_{1u} \leftarrow {}^1A_{1g}$ 和 $^1E_{1u} \leftarrow {}^1A_{1g}$,都属电子单重-单重自旋允许的跃迁,且符合 $g \leftrightarrow u$ 选择定则,其中 A、B、E 为群论推算的点群符号,左上角的 1 表示自旋单重态。由简单的分子轨道理论 π_2、π_3 和 π_4^*、π_5^* 为两组简并轨道,这两类跃迁能量似乎相等,实际上,分子各组态中电子间的相互作用而发生能级分裂,导致这三种激发态的能量不同。根据群论分析,$^1B_{2u} \leftarrow {}^1A_{1g}$ (B 带)和 $^1B_{1u} \leftarrow {}^1A_{1g}$ (E_2 带)不符合对称性选择定则,是禁止的跃迁,吸收强度较小,只有 $^1E_{1u} \leftarrow {}^1A_{1g}$ (E_1 带)是允许的跃迁,吸收强度较大。

对苯的三个吸收谱带的表述,在各著作和文献中常沿用不同的命名符号,相应于 E_1、E_2 和 B 带的其他命名符号见表 3-8。

表 3-8　苯的吸收谱带及各种命名符号

$\lambda_{max}(\varepsilon_{max})$	184nm(68 000)	204nm(8 800)	254nm(250)
命名符号	E_1	E_2	B
	^1B	^1La	^1Lb
	β	P	α
		E	B
		K	B
	$^1E_{1u} \leftarrow {^1A_{1g}}$	$^1B_{1u} \leftarrow {^1A_{1g}}$	$^1B_{2u} \leftarrow {^1A_{1g}}$
	第二主带(second primary)	第一主带(primary)	副带(secondary)

识别紫外光谱的四个特征性的吸收谱带——K 带、R 带、E 带和 B 带，对应用紫外光谱进行结构鉴定是很重要的。

取代苯的光谱列于表 3-9 和表 3-10。

表 3-9　烷基和助色团取代苯的吸收光谱数据

化合物	溶　剂	E_2 带		B 带		R 带	
		λ_{max}/nm	ε_{max}	λ_{max}/nm	ε_{max}	λ_{max}/nm	ε_{max}
苯	乙烷	204	8800	254	250		
	水	203.5	7000	254	205		
甲苯	水	206	7000	261	225		
间二甲苯	25%甲醇	212	7300	264	300		
对二甲苯	乙醇	216	7600	274	620		
1,3,5-三甲苯	乙醇	215	7500	265	220		
氯代苯	乙醇	210	7500	257	170		
碘代苯	己烷	207	7000	258	610	285(sh)	180
苯酚	水	211	6200	270	1450		
酚盐离子	NaOH 水溶液	236	9400	287	2600		
苯铵离子	酸性水溶液	203	7500	254	160		
苯胺	水	230	8600	280	1450		
苯甲醚	水	217	6400	269	1500		

表 3-10　一些生色团取代苯的吸收特征 $\lambda_{max}(\varepsilon_{max})$

化合物	E_1 带	K 带	B 带	R 带	溶　剂
苯	204(8 800)		254(250)		己烷
$C_6H_5CH{=}CH_2$		248(15 000)	282(740)		己烷
$C_6H_5CH{=}O$	200(28 500)	240(13 600)	278(1 100)	336(25)	庚烷
$C_6H_5NO_2$	208(9 800)	251(9 000)	292(1 200)	322(150)	石油醚
C_6H_5COOH		230(10 000)	270(800)		水
$C_6H_5COCH_3$		243(13 000)	279(1 200)	315(55)	乙醇
$C_6H_5CH{=}CH{-}COOH$(*trans*)	215(35 000)	284(56 000)	—		己烷
(*cis*)	215(17 000)	280(25 000)			己烷
$C_6H_5CH{=}CH{-}C_6H_5$(*trans*)	229(16 400)	296(29 000)			己烷
(*cis*)	225(24 000)	274(10 000)			乙醇

烷基取代苯中，烷基仅对苯环的电子结构产生很小的影响，超共轭效应一般导致 E_2 带和 B 带红移，同时降低了 B 带的精细结构特征。

助色团取代苯，由于助色团的 n 电子与苯环形成 p-π 共轭体系，一方面使 E_2 带和 B 带均红移，B 带的强度增大，失去其精细结构的特征；另一方面，产生新的谱带 R 带，通常 R 带的 λ_{max} 为 275～330nm，为低强度的吸收带，故常被增强 B 带所掩盖而观察不到，或偶尔以肩的形式出现。

在表 3－9 所列例子中，苯酚转化为苯氧负离子以及苯胺转化为苯铵正离子所观察到的光谱的变化是相当有趣且特别重要的。在苯胺分子中，与苯比较，由于共轭效应，氨基的 n 电子向苯环转移，导致苯胺的 B 带红移至 280nm 且强度增加。当苯胺在酸性溶液中转变为铵正离子时，由于质子与氨基的 n 电子结合而不再与苯环的 π 电子共轭。这种离子吸收带的位置和强度变得与苯相似，结果苯胺的吸收带蓝移至与苯相同的位置。苯胺-苯铵离子相互转化反应在光谱上的变迁可以很方便地用于结构鉴定。例如，在测定某化合物的紫外光谱时，向样品的吸收池内加一滴 0.1mol · L^{-1} 的盐酸，发现 λ_{max} 蓝移，然后加一滴 0.1mol · L^{-1} 的氢氧化钠溶液，再测其紫外光谱，若 λ_{max} 又红移至原位，则可判断该化合物有—NH_2、—NR_2 等基团与芳香环相连。

NH_2 $\xrightarrow{H^+}$ $^+NH_3$

同样，苯酚转化为酚盐负离子时，增加了一对可用以共轭的电子对，结果酚的吸收波长和强度都有增加。

OH $\xrightarrow{OH^-}$ $:O^-$

再加入盐酸，吸收峰又回到原处，苯酚-苯酚盐的相互转化同样可以用来检查化合物中是否有羟基与芳环相连的结构。

生色团取代苯（表 3－10）由于延长了 π-π 共轭体系，除 B 带明显地红移，且吸收强度增加外，体系中还增加了 π 和 π^* 分子轨道，因而产生新的 K 带，这种 K 带通常与 E_2 带合并出现在 E_1 带和 B 带之间，引入不同的生色团，K 带的变化范围很大，随着基团的共轭体系延伸 λ_{max} 进一步红移，ε_{max} 进一步增加，在一些大共轭体系中 B 带可以被 K 带完全掩盖。

带有 n 电子对的生色团取代苯的光谱将出现低强度的 R 带。这种体系的LUMO能级很低，使得由 n→π^* 跃迁引起的 R 带吸收出现在 B 带后面的较长波段。例如，苯乙酮 R 带 λ_{max}＝315nm，而 B 带 λ_{max}＝279nm，这两个谱带都发生红移，其吸收强度由于苯环的 π 电子与羰基的 π 电子共轭而有相当的增加。

多取代苯的 E_2(K)带的取代基增值经验计算参数列于表 3－11。计算方法是，以 E_2 带 λ＝203.5nm 为基数，与各取代基的位移增值加和，为这个苯系物的 E_2(K)带的 λ_{max}。计算值对 *o*-、*m*-取代基的计算与实测值较接近，对 *p*-二取代苯则不能应用。如两个不同的取代基电性质一致，λ_{max}接近电性能较强的一元苯系取代物；如二取代基电性质相近或相同，则计算值远小于实测值；如二取代基电性质相反，且都很强，则实测值远大于计算值。

表 3-11　取代苯的 E_2(K)带 λ_{max} 值经验计算参数

取代基	位 移	取代基	位 移	取代基	位 移
$—CH_3$	3.0	—Br	6.5	—OH	7.0
—CN	20.5	—Cl	6.0	$—O^-$	31.5
—CHO	46.0	$—NH_2$	26.5	$—OCH_3$	13.5
$—COCH_3$	42.0	$—NHCOCH_3$	38.5		
—COOH	25.5	$—NO_2$	65.0		

含有苯甲酰基的苯系物按表 3-12 用斯科特(Scott)规则计算该体系 K 带的 λ_{max} 值，可靠性较好。

表 3-12　苯甲酰基衍生物 K 带 λ_{max} 值的经验计算参数

	ArCOR/ArCHO/ArCOOH/ArCOOR		λ_{max}^{EtOH}/nm
母体生色团			
$Ar=C_6H_5$	Ar—COR		246
	Ar—CHO		250
	Ar—COOH，ArCOOR		230
取代基 R′增值	烷基或环烷基	*o*-，*m*-	+3
		p-	+10
	—OH，$—OCH_3$，—OR，	*o*-，*m*-	+7
		p-	+25
	$—O^-$	*o*-	+11
		m-	+20
		p-	+78
	—Cl	*o*-，*m*-	+0
		p-	+10
	—Br	*o*-，*m*-	+2
		p-	+15
	$—NH_2$	*o*-，*m*-	+13
		p-	+58
	$—NHCOCH_3$	*o*-，*m*-	+20
		p-	+45
	$—NHCH_3$	*p*-	+73
	$—N(CH_3)_2$	*o*-，*m*-	+20
		p-	+80

表 3－12 中取代基的位置是指相对于羰基的位置。例如

芳香酮母体	246
m-OH	7
p-OCH_3	25
o-环烷基	3
计算 λ_{max} 值	281nm
实测值	279nm

2. 多核芳香族化合物

(1) 多联苯。两个或多个苯环以单键相连时，随着链长的增加，苯环逐渐趋于处在同一平面上，电子的离域程度扩大，K 带向长波区移动且吸收强度增加，将 B 带掩盖，这种对位的多联苯苯环越多，红移越显著，逐渐进入可见区呈现颜色。

(2) 骈环芳香化合物。骈环芳香化合物可分为两类：一类（如萘、蒽等）为线性骈环系统的分子，对称性较强，一般表现出苯的三个典型谱带，与苯相比，这三个谱带都强烈红移而产生明显的振动精细结构，随着环的增加逐渐达到可见区；另一类（如菲、䓛等）为角形骈环系统的分子，也可表现出三个典型的苯环谱带，与苯相比都在长波区，这类吸收曲线比较复杂，在 E_1 带以外的短波区出现新的谱带。图 3－14 给出一些骈环芳烃的紫外吸收光谱。

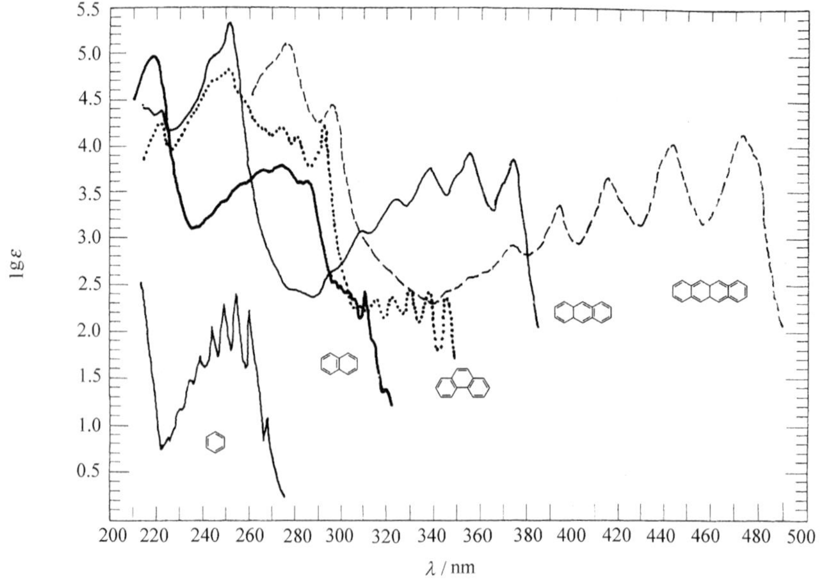

图 3－14　苯和骈环芳烃的紫外吸收光谱

由于骈环芳香化合物的芳烃母体较大，取代基的效应相应地显得很小，所以骈环芳烃衍生物的吸收光谱与其母体烃相似。

非苯芳香化合物（如薁与草酚酮）呈现一系列 $\pi\rightarrow\pi^*$ 跃迁谱带，吸收位置红移到可

见区。

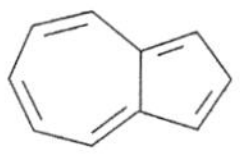

$\lambda_{max}^{己烷}$/nm	236	274	340	569	698
$\lg\varepsilon_{max}$	4.30	4.79	3.67	2.51	2.25

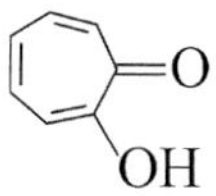

$\lambda_{max}^{异辛烷}$/nm	225	297	310
$\lg\varepsilon_{max}$	4.34	3.74	3.67

3. 杂环芳香化合物

与碳环化合物类似的六元芳杂环(如吡啶)的光谱通常与芳香环相似,但由于氮原子引起分子的对称性变化,所以 B 带的强度比苯相应谱带强 10 倍,并且可能产生 $n\rightarrow\pi^*$ 跃迁出现 R 带。

五元芳杂环与六元杂环的紫外光谱十分不同,五元芳杂环的光谱较少显示芳香性特征,类似于杂原子处于顺式结构的双烯衍生物。例如,吡咯与呋喃的吸收光谱与环戊二烯和二乙烯醚的吸收光谱相近。

一些芳杂环化合物的光谱数据列于表 3-13。

表 3-13　杂环化合物母体的吸收光谱数据

化合物	λ_{max}/nm	ε_{max}	溶　剂
吡啶 	176	70 000	己烷
	198	6 000	
	251	2 000	
	270	450	
吡嗪 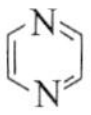	194	6 100	己烷
	260	6 000	
	328	1 040	
三嗪 	218	135	己烷
	272	770	
呋喃 	207	9 100	环己烷
吡咯 	208	7 700	己烷
噻吩 	231	76 100	环己烷
嘌呤 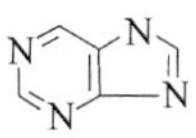	200	22 000	甲醇
	263	7 000	

续表

化合物	λ_{max}/nm	ε_{max}	溶　剂
喹啉 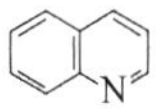	203	43 000	甲醇
	226	34 000	
	281	3 600	
	308	3 850	
吖啶 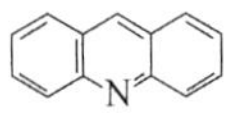	249	166 000	乙醇
	351	10 000	

3.2.4　立体结构因素对紫外光谱的影响

1. 位阻和张力

在共轭体系中，由于取代基的位阻效应或刚性结构的张力，生色团或助色团之间相互拥挤程度不同，导致体系中的单键或双键发生一定程度的扭曲，对光谱产生明显的影响。在共轭体系中，一个电子基态跃迁到激发态，以双键为主的键级将会降低，而以单键为主的键级相应升高。因此，单键在激发态比基态具有更多双键的性质。扭曲单键会降低激发态的稳定性，激态的能量升高较高，增加共轭体系的跃迁能量，光谱蓝移。扭曲双键则降低基态的稳定性，基态能量的升高比激发态多，减少共轭体系相应的跃迁能，光谱红移。

单取代的生色团取代苯(如苯甲酰基化合物)，取代基体积增大，与苯环邻位氢间产生的位阻在一定程度上对光谱的影响较小，若在邻位引入取代基，将扭曲酰基与苯环间的单键，苯环与生色团离开共平面，光谱出现蓝移，吸收强度随之降低。例如

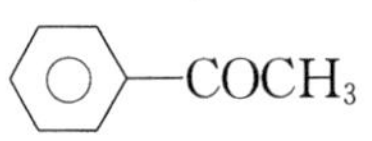

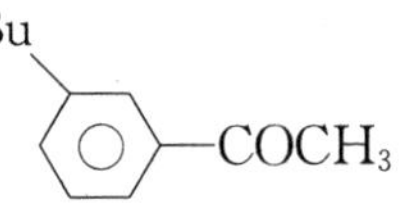

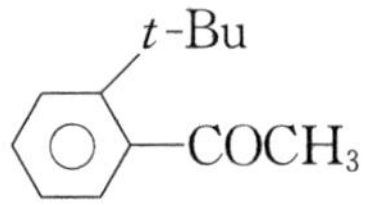

	C_6H_5—$COCH_3$	间-t-Bu-C_6H_4—$COCH_3$	邻-t-Bu-C_6H_4—$COCH_3$
K 带 $\lambda_{max}(\varepsilon_{max})$	243nm(13 000)	244nm(13 400)	230nm(3280)

因单键受到扭曲而导致光谱蓝移，在联苯和顺、反异构共轭体系中最为常见，表3－10中肉桂酸和芪(1,2-二苯乙烯)的顺式异构体的光谱比其反式异构体蓝移，吸收强度大幅度降低。由于顺式异构体中两个取代基的位阻效应，影响 π 体系的共平面性，单键受到扭曲，顺-α,α'-二取代衍生物的共轭体系生色团平面间夹角增大，这种扭曲更显著，进一步蓝移。

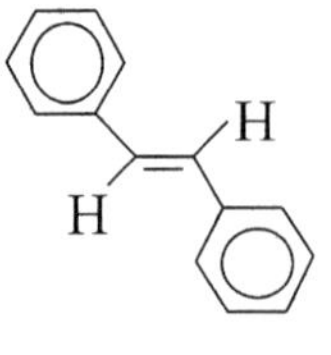

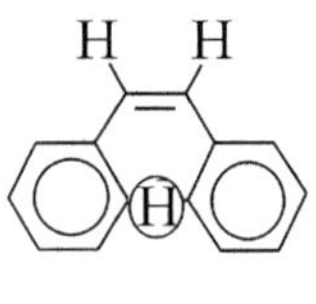

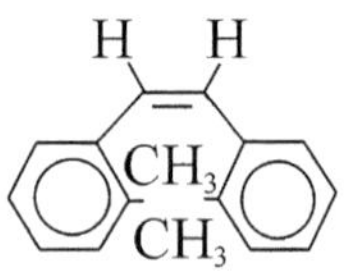

	反式芪	顺式芪	顺式 α,α'-二甲基取代物 (CH_3, CH_3)
K带 $\lambda_{max}(\varepsilon_{max})$	294nm(27 950)	280nm(10 450)	253nm(8880)

在联苯系列衍生物中，联苯分子由于 α,α'-二氢位阻，两个苯环间的夹角成 23°。与预

期相比，光谱在较短波，当 α-位取代基的位阻效应增大时（如 α,α'-二甲基取代联苯），苯环间的单键进一步扭曲，两个苯环离开共平面更远，光谱明显发生蓝移。有趣的是 9，10-二氢菲，由于环的张力，迫使两个苯环向共平面接近，光谱出现红移，ε 值增大。当 2，2′，6，6′-为二乙撑连接成对称结构时，两个苯环将处于共平面上，光谱进一步红移。

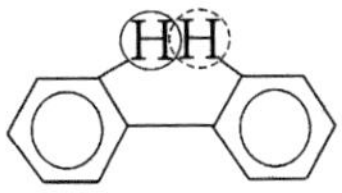

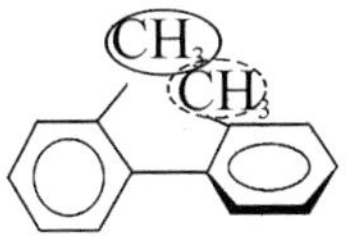

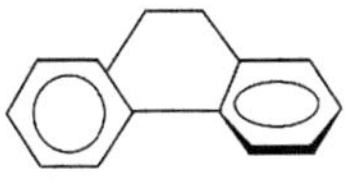

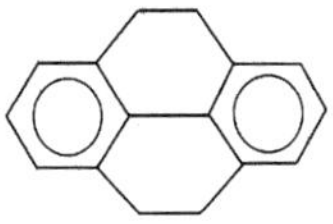

在 s-顺、反异构体的共轭体系中，s-顺式由于张力双键受到一定扭曲，光谱发生红移，ε 降低，这在脂肪链中差别不大，主要表现吸收强度变化较为显著。

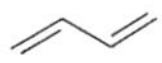

	s-反式	s-顺式
K 带 $\lambda_{max}(\varepsilon_{max})$	223nm(26 000)	226nm(22 000)

在环体系中，s-顺式、s-反式异构体吸收谱带的 λ_{max} 和 ε_{max} 的差别都相当显著。例如，仅有两个双键共轭的松香酸和左旋海松酸，左旋海松酸含同环双键，张力较大，双键受到扭曲，K 带红移，强度降低。

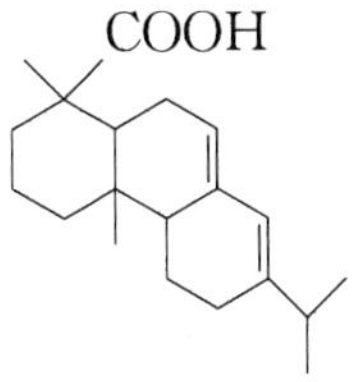

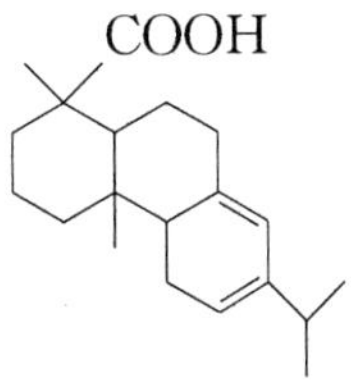

	松香酸	左旋海松酸
K 带 $\lambda_{max}(\varepsilon_{max})$	235nm(16 100)	270nm(7100)

在如下花青色素结构的化合物中，由于 R_1 和 R_1 之间的空间位阻作用的增加，中间脂链的双键受到扭曲，K 带红移。

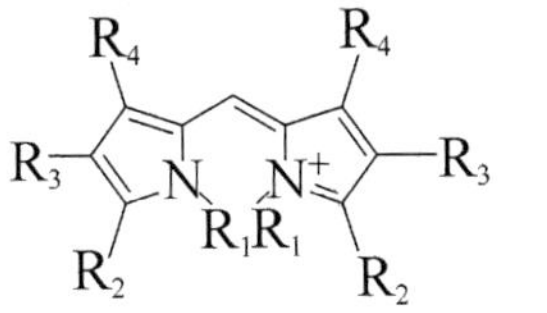

	λ_{max}/nm
$R_1=R_2=R_3=R_4=H$	470
$R_1=CH_3,R_2=R_3=R_4=H$	510
$R_1=R_2=R_3=H,R_4=CH_3$	473
$R_1=CH_3,R_2=R_3=H,R_4=CH_3$	510

2．不共轭基团间电子轨道相互作用

同一分子的基团间没有直接共轭关系，吸收光谱为单独基团光谱的加和。当由于刚性结构的张力限制，迫使它们相互接近时，为保持一定的空间和方位排列，可能因轨道间的相互重叠，发生相互作用，引起轨道能级变化，发生光谱位移或产生新的谱带。按轨道作用方式不同可分为两类：一类为 π 式相互作用，重叠时，类似于共轭体系中的方位，重叠

后保持原来的 π 轨道或 p 轨道的节面；另一类为 σ 式相互作用，两个 π 轨道（或 p 轨道）以轨道的一页按一定方位与另一体系的 π 轨道相互重叠。

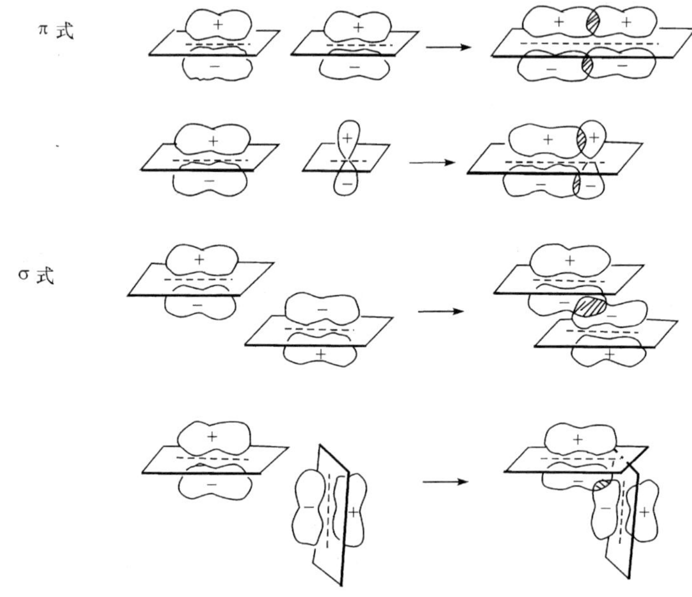

5-甲叉基-二环[2.2.1]-2-庚烯（A）和二环[2.2.1]-2，5-庚二烯（B）的紫外光谱的 K 带均出现在孤立双烯与 1，3-丁二烯的光谱之间。

R—CH═CH—R′　　(A)　　(B)　　CH_2═CH—CH═CH_2

$\lambda_{max}(\varepsilon_{max})$ 180～190nm　　207nm(10 500)　　206nm(21 000)
214nm(14 800)　　217nm

这是（A）、（B）分子中存在两个 π 体系，π 轨道轴相互接近平行，以 π 式轨道重叠的典型例子。

杜鹃酮的 λ＝211nm 谱带归因于轨道间 π 式相互作用，识别这类谱带在结构鉴定中起到一定作用。

π 式重叠也可能发生在烯键与羰基之间，如（C）和（D）两种甲叉基环酮，都产生类似的 α，β-不饱和酮的光谱，在 214nm 附近出现新的谱带。

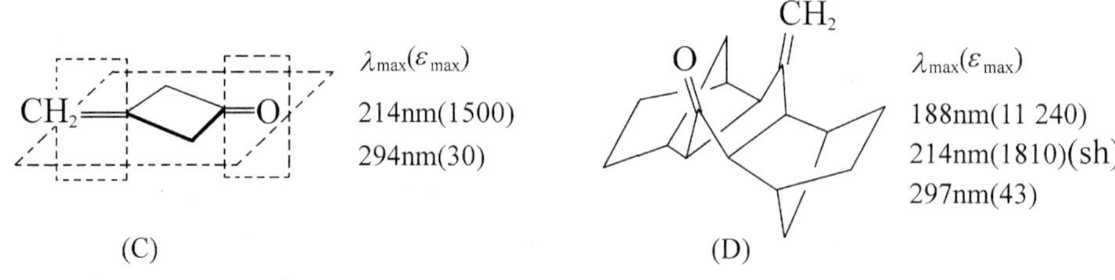

(C)　　(D)

这些生色团轨道间的跨越环系发生相互作用，故称为跨环效应(transannular effect)。

σ 式轨道重叠多数也是通过跨环效应实现的。分子(E)与降樟脑(G)比较，π 轨道间发生 σ 式重叠，出现 π→π* 新谱带，R 带不受影响。分子(F)与(G)比较，羰基的 π 轨道与 p 轨道都是通过跨环效应，分别与另一个烯键的 π 轨道以一定方式发生π式和 σ 式轨道重叠，出现新的 π→π* 谱带，并且(F)的 R 带发生红移。

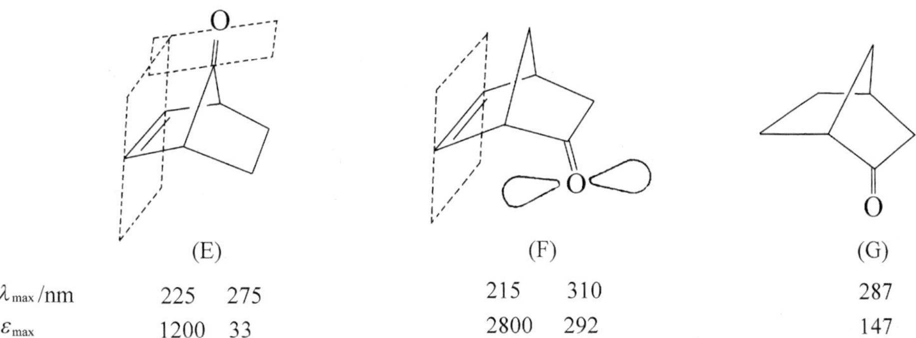

p 轨道与 π 轨道间的 σ 式重叠在 α-取代环己酮构象分析中曾进行过有趣的研究。

α-取代的环己酮有两种可能的构象，(H)取代基在直立键(a 键)上和(I)取代基在平伏键(e 键)上。

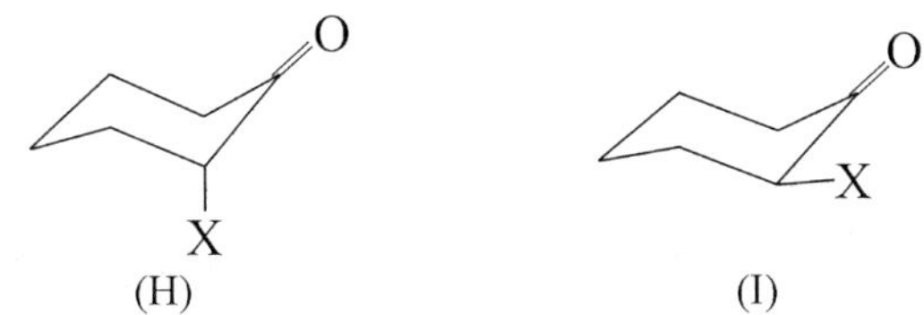

当取代基 X 为卤素、羟基、苯环等基团时，它们在 a 键还是 e 键上将对羰基的吸收光谱产生不同的影响。例如，卤素处于 e 键与羰基的距离较近，由于两个基团的反极化作用，羰基的n→π* 跃迁能量稍有增加，R 带略向短波移动。卤素处于 a 键时，卤素的 p 轨道与羰基的 π* 轨道发生 σ 式作用，结果 R 带较明显地向长波方向移动，同时导致羰基的分子轨道变形，增加了 R 带的吸收强度。在下列 2-氯-4-叔丁基环己酮紫外光谱的例子中，α-氯代异构体 R 带与其环己酮母体光谱相比向长波移动 18nm，吸收强度增加了 3 倍以上。

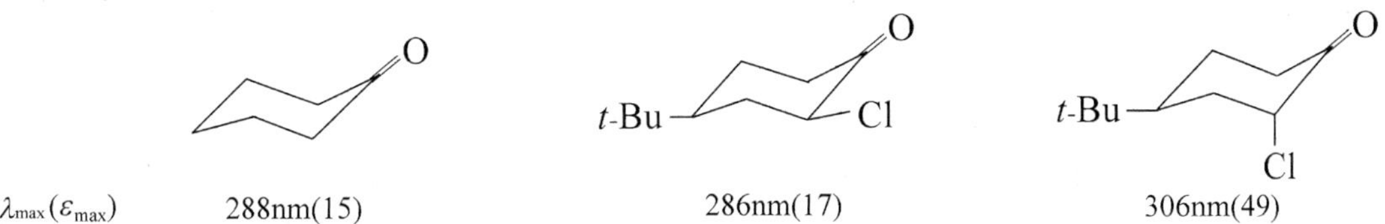

不共轭苯环的 π 轨道也可参与 σ 式重叠而影响光谱变化。

3-苯基取代胆甾烷-2-酮分子中，当苯基处于 a 键(α-构型)和 e 键(β-构型)的不同位置时，其吸收光谱也有类似的变化规律，这是苯基的π 轨道与羰基 π* 轨道的 σ 作用不同的结果。

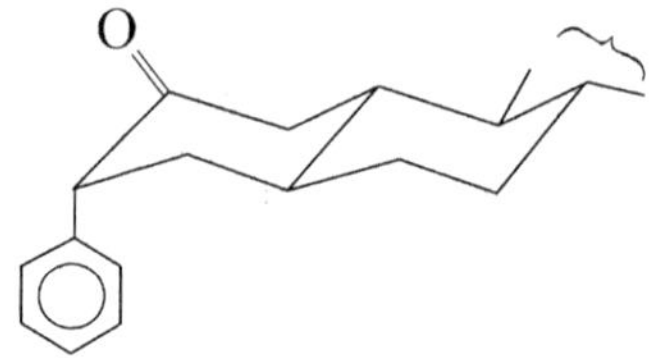

3-β-苯基胆甾烷-2-酮　　3-α-苯基胆甾烷-2-酮

$\lambda_{max}^{EtOH}(\varepsilon_{max})$　　282nm(60)　　299nm(220)

α-取代环己酮的立体异构对紫外光谱的影响在甾体和萜类化合物的构象研究中起着重要的作用。

由脂肪链连接的二-对芳烃(J)，当 $n=m\geqslant 4$ 时，吸收光谱与开链(K)相近，当 n、$m\leqslant 3$ 时，B 带明显红移，这是两个苯环的 π 轨道发生 σ 式重叠以及环缩小张力增加导致环扭曲综合作用的结果。

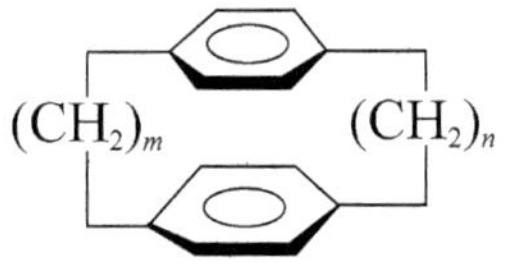

$(CH_2)_m$　$(CH_2)_n$

$C_2H_5-C_6H_4-(CH_2)_n-C_6H_4-C_2H_5$

(J) 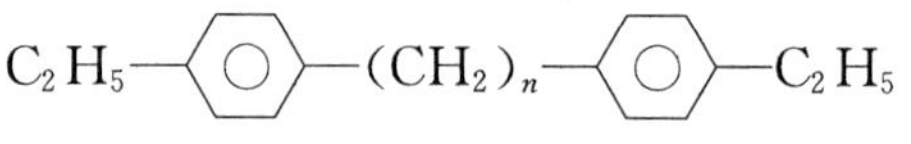　　(K)

		λ_{max}/nm			
B 带	$n=m\geqslant 4$	259	265	273	~270
	$n=m=3$	261	269	294	
	$m=m=2$		286	302	

杂原子的 p 轨道与极化的 π^* 轨道(如 C=O)可通过 σ 式重叠，发生电荷转移光谱，这种结构特点可用红外光谱检测(详见 2.3.3)，用紫外光谱考察也有其特色。例如

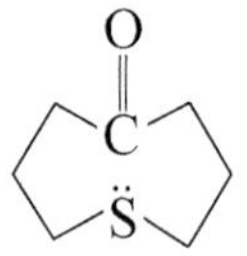

$\lambda_{max}(\varepsilon_{max})$
238nm(2355)

这种紫外光谱的跨环效应不但与分子刚性结构(基团间的空间距离)有关，且相关基团间的电子效应、介质的极性和 pH 等都有很大影响。例如，化合物(L)，当 $R=CH_3$ 时，在乙醚溶液中的光谱相对(M)，除出现 $n\rightarrow\pi^*$ 弱吸收外，还产生新的中等吸收强度的谱带，表明平衡强烈地向右移动，当 R 为吸电子基团或体系的 pH 减小时，中强的谱带即消失，表明平衡向左转移。

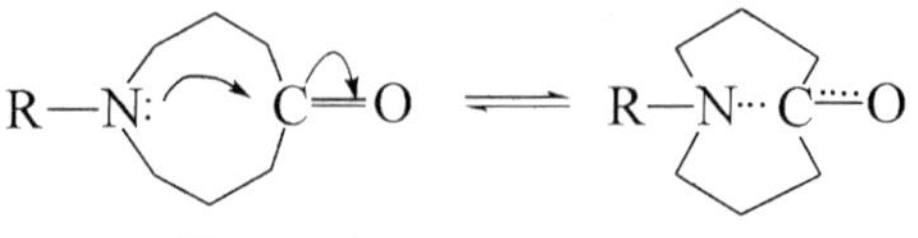

R—N:　C=O　⇌　R—N···C····O　　$(CH_2)_9$　C=O

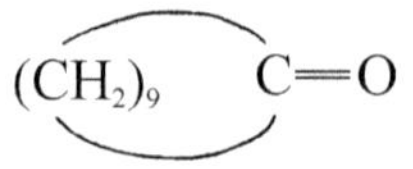

(L)　　(M)

$\lambda_{max}(\varepsilon_{max})$　　255nm(5500)　　264nm(135)
264nm(w)

类似地，桥环体系化合物(N)结构有利于氮的 n 电子与苯甲酰基间的电荷转移，而降低了

苯甲酰基衍生物的光谱特色(244nm 的强吸收谱带)，当溶剂由 CH_2Cl_2 改为甲醇，又进一步增强了跨环的电子转移作用，特征光谱更弱，与其成盐的光谱相差不多。

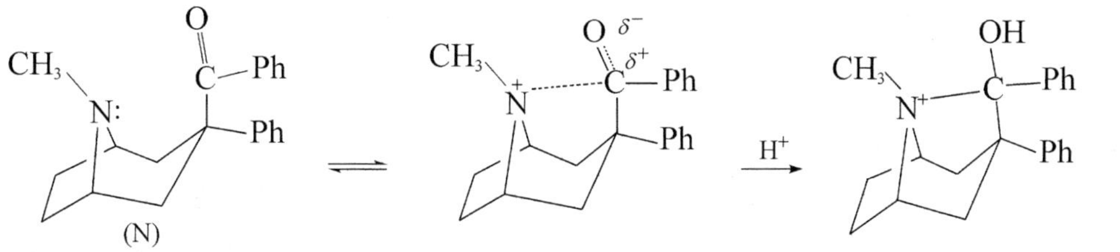

(N)

氮原子的 n 电子在适当的位置也能与极化的 π 体系发生跨环效应。例如，一叶秋碱光谱，除出现预期的 α,β-不饱和内酯的吸收光谱 $\lambda_{max}(\varepsilon_{max})=256nm(18\ 600)$外，由于氮的 n 电子与共轭体系轨道间的 σ 式重叠——跨环效应，在 $\lambda_{max}(\varepsilon_{max})=330nm(1700)$附近还呈现弱的吸收带，游离状态呈黄色。成盐后，氮的 n 电被质子占据，长波段的谱带消失，变为白色[2,3]。

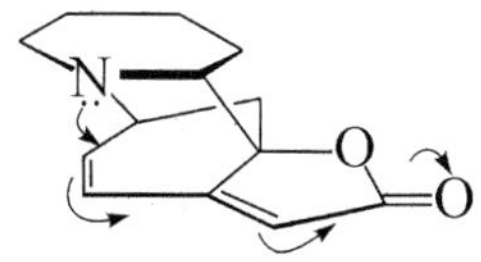

开链分子中若有多个位置合适而性质不同的生色团，在一定的溶剂环境中，也可能发生 σ 式相互作用。一系列 α,ω-双(4-硝基苯氧基)直链烷烃在乙二醇-水混合溶剂中的 320nm K 带，随着混合溶剂水的组分增加，系列化合物 $n=1\sim3$ 均同参照物(O)一样，出现少量红移，表现一般的 $\pi\rightarrow\pi^*$ 溶剂效应；$n\geqslant5$ 系列物，溶剂中水成分增加，光谱有较大红移，只有 $n=4$ 化合物在混合溶剂中的水含量为～0.5%，光谱首先发生蓝移，然后随着水含量的增加出现红移。蓝移的出现可能由于疏水-亲脂相互作用，分子倾向自挠曲，在 $n=4$ 的结构中，脂链有条件形成热力学能较低的构象，恰使一端的硝基坐落在另一端的苯环上而发生电荷转移，形成基态配合物[4]。

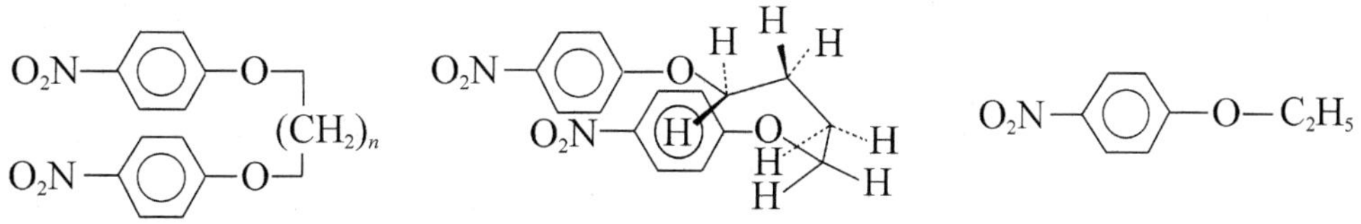

$n=1,2,3,4,5,6,10$　　$n=4$　　(O)

3.2.5　平衡体系的紫外光谱

有些特殊的极性化合物在极性或 pH 不同的溶剂中光谱有很大的变化，表明结构存在某种平衡体系，常见的有互变异构平衡和酸碱平衡。

乙酰乙酸乙酯、乙酰丙酮等 β-二羰基化合物都存在酮式和烯醇式互变异构平衡，在极性溶剂中以酮式为主，两者光谱不同。例如，乙酰乙酸乙酯在水中显示低强度的 R 带，在已烷中则出现高强度的 K 带。在极性不同的溶剂中，平衡常数不同。

$$CH_3-\overset{O}{\overset{\|}{C}}-CH_2-\overset{O}{\overset{\|}{C}}-OC_2H_5 \rightleftharpoons CH_3-\overset{O-H\cdots}{C}=CH-\overset{\cdots O}{\overset{\|}{C}}-OC_2H_5$$

	（酮式）	（烯醇式）
$\lambda_{max}(\varepsilon)$	275nm(20)	245nm(18 000)
	在水溶剂中为主	在己烷溶剂中为主

溶剂极性对酚蓝的影响相反，在其互变异构体系中，吸收在长波的离子化异构体受溶剂化而稳定，所以随着溶剂极性的增加，光谱红移。

$$(CH_3)_2\ddot{N}-C_6H_4-CH=C_6H_4=O \rightleftharpoons (CH_3)_2N^+=C_6H_4=CH-C_6H_4-O^-$$

苯甲酰基乙酰替苯胺在中性溶剂中为酮式（Ⅰ）和烯醇式（Ⅱ）的互变异构平衡体系，与乙酰乙酸乙酯相似，在不同极性的溶剂中显示某种异构体为主的光谱。在碱性介质中，λ_{max}值逐渐增大，介质 pH 调至 12 以上，λ_{max}将红移至 323nm，为烯醇负离子（Ⅲ）的 λ_{max}值，降低 pH，又向短波方向移动，后者为酸碱平衡体系。

$$C_6H_5-\overset{O}{\overset{\|}{C}}-CH_2-\overset{O}{\overset{\|}{C}}-NH-C_6H_5 \rightleftharpoons C_6H_5-\overset{OH}{C}=CH-\overset{O}{\overset{\|}{C}}-NH-C_6H_5 \rightleftharpoons C_6H_5-\overset{O^-}{C}=CH-\overset{O}{\overset{\|}{C}}-NH-C_6H_5$$

	（Ⅰ）	（Ⅱ）	（Ⅲ）
λ_{max}	245nm	308nm	323nm

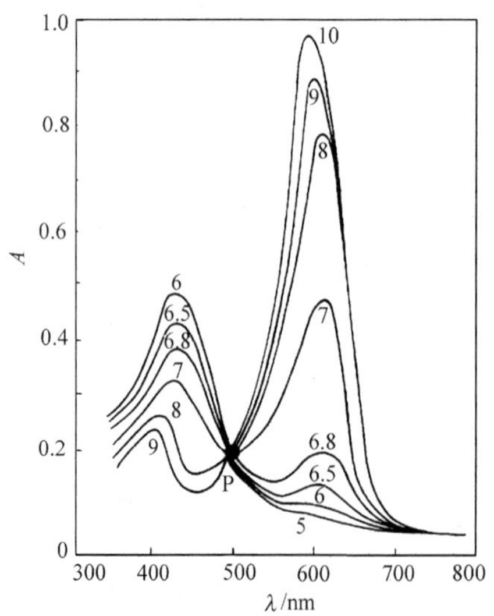

图 3－15　酚红在不同 pH 时的紫外光谱

苯酚-苯酚负离子、苯胺-苯铵正离子都存在于酸碱平衡体系中。这类平衡体系的紫外光谱多呈现一个或多个等吸收点（isosbestic point），图 3－15 为酚红（phenolsulfonphthalein）在不同 pH 时的紫外光谱。在平衡体系中的两种物质浓度互有消长，但总浓度维持不变，若这两种物质都遵守 Beer 定律，且彼此的吸收光谱有重叠，则在不同 pH 的平衡条件下，吸收曲线必交于一点 P，此点即为等吸收点。酚红的等吸收点为 495nm。在等吸收点，处于相互平衡中的两种物质的 ε 值相同。利用等吸收点作为平衡体系的两种物质总量的定量分析是很方便的。

3.3　旋光光谱和圆二色谱

旋光光谱(optical rotatory dispersion,ORD)和圆二色谱(circular dichroism,CD)是分别于 20 世纪 50 年代和 60 年代发展起来的物理分析方法,都是利用电磁波和手性物质相互作用的信息,用于研究化合物的立体结构及其他有关问题。对于解决立体化学问题可以得到相同的结论,但在应用方面各有所长,可以相互补充。

圆偏振光中包含两个频率和振幅相同的左旋和右旋圆偏振光。圆偏振光在手性介质中传播时有两个特点:①左、右旋圆偏振光在手性介质中传播速率不等,导致透射出的面偏振光与入射角成一角度 α,表现出旋光性;②手性介质对两种圆偏振光的吸收强度不同,由它们叠合成的出射光不再是一个平面的偏振光,而是一个右旋或左旋的椭圆偏振光,图 3-16 为右旋圆偏光被吸收的程度小于左旋圆偏光,但传播速率快,透射的是一个右旋椭圆圆偏光,其中 OR 和 OL 分别表示吸收后的右旋和左旋的圆偏振光的振幅,OE 是它们的向量和。手性物质与圆偏光作用的这种性质称为圆二色性,以椭圆度 ψ 或吸收系数差 $\Delta\varepsilon$ 表示。

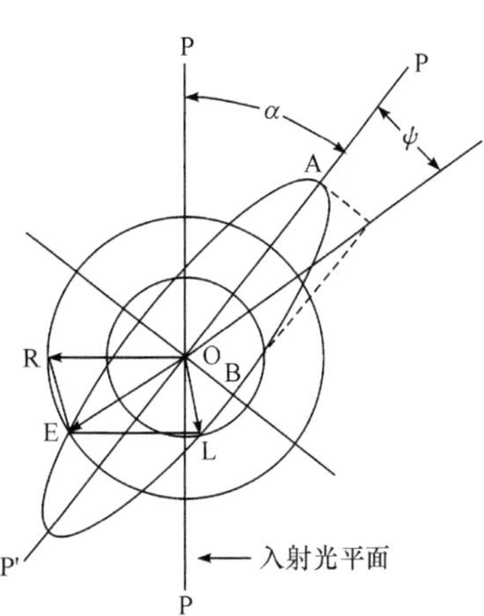

图 3-16　$\varepsilon_L < \varepsilon_R$ 的椭圆偏振光

$$\tan\psi = \frac{a_R - a_L}{a_R + a_L}$$

式中:a_R 和 a_L 分别为右旋的圆偏光和左旋的圆偏光的振幅。

3.3.1　旋光光谱

左、右圆偏光在手性介质中传播的速度和被吸收的程度与入射光的波长 λ 有关,以比旋光度$[\alpha]$或摩尔旋光度$[\Phi]$为纵坐标、波长为横坐标,记录不同波长的旋光曲线称为旋光光谱。

$$[\alpha] = \frac{\alpha}{Lc} \tag{3-9}$$

$$[\Phi] = [\alpha] \times M/100 \tag{3-10}$$

式中,α 为一定浓度所测得的旋光度;c 为质量分数;L 为旋光管的长度;M 为相对分子质量,除以 100 是人为指定的,以防$[\Phi]$过大。

根据手性介质所含生色团吸收带的波长及仪器所检测的波长范围,旋光光谱可以产生两种类型曲线:平滑型和科顿(Cotton)效应型。

平滑型曲线中没有峰和谷,随波长变短比旋光度增加的曲线为正型曲线;反之,为负型曲线。这种曲线的产生是由于手性分子的紫外吸收在仪器测量范围之外,所见的是"末端吸收"拖延下来的背景。

若手性分子的紫外吸收在所用仪器检测范围之内，即出现 S 型曲线，称 Cotton 效应曲线(CE)。峰在长波段，谷在短波段的曲线为正型曲线(＋CE)，反之为负型曲线(－CE)，如图 3－17 所示。

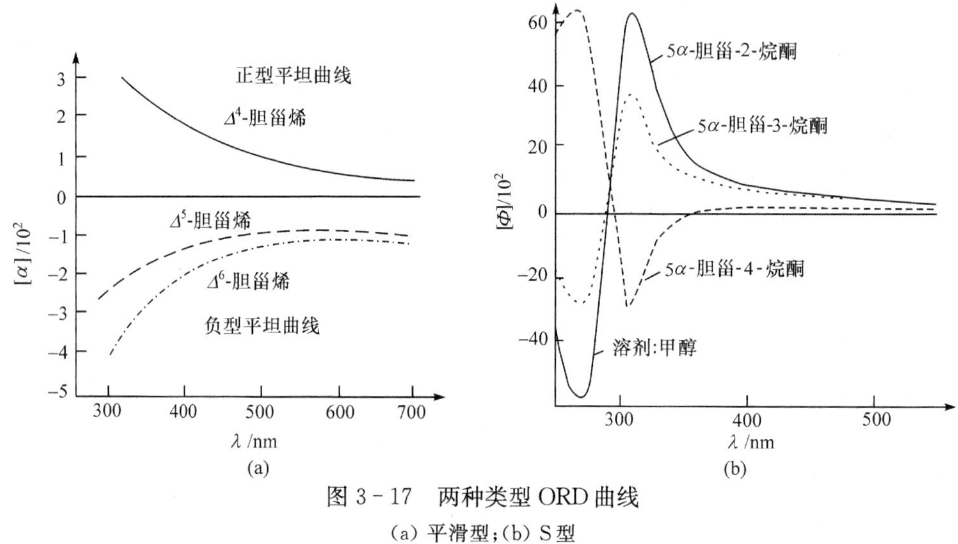

图 3－17　两种类型 ORD 曲线

(a) 平滑型；(b) S 型

3.3.2　圆二色谱

记录不同波长的 ε 之差 Δε 或摩尔椭圆度[θ]的曲线为圆二色谱，如图 3－18 所示。

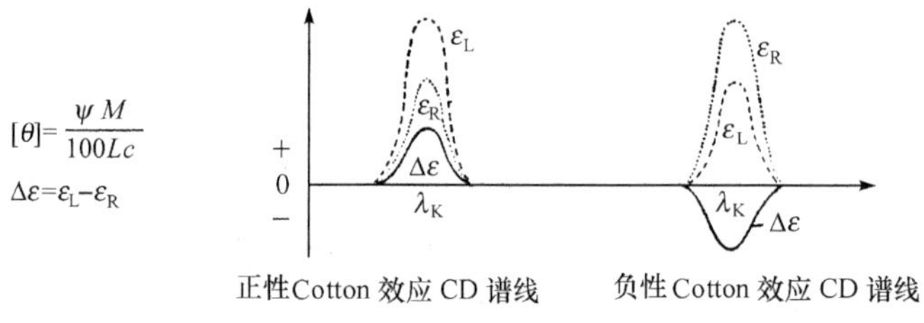

图 3－18　Cotton 效应 CD 谱

只有当手性介质的紫外吸收在仪器的检测范围之内才能呈现圆二色谱，其谱线的形状类似于一个钟形，覆盖的钟形为＋CE，钟口向上者为－CE。

一对对映体的紫外吸收光谱相同，它们的 ORD 和 CD 一为正型，一为负型，谱形互为镜影。

ORD 谱中峰和谷之间的零交叉点接近于正常的 UV 波长 λ_{max}，CD 谱中波峰的波长与 UV 的 λ_{max}相当靠近。图 3－19 示出樟脑的 CD、ORD 和 UV λ_{max}的相互关系。

手性分子中含有多个生色基团时，应用 CD 谱分析，常比分析呈现相互交叠的 S 型线的 ORD 更为直观简捷。如图 3－20 所示，分子中出现两个吸收谱带相当接近，从它们叠加后的 ORD 谱线中看不出相应于这两个吸收的 Cotton 效应的性质，而由 CD 谱则可显示出 λ_{max}～340nm 的吸收峰为－CE，λ_{max}295 为＋CE。

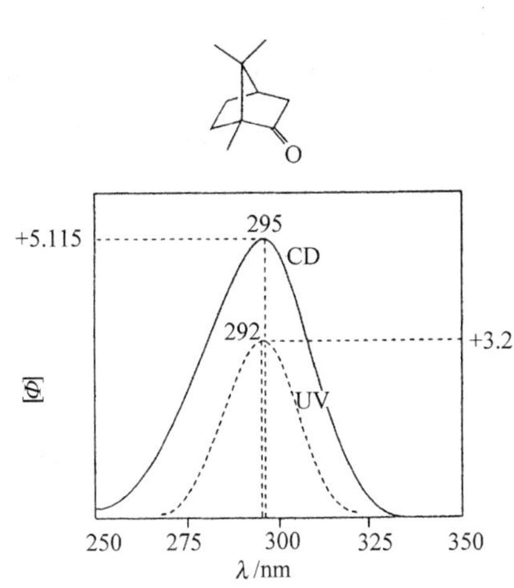

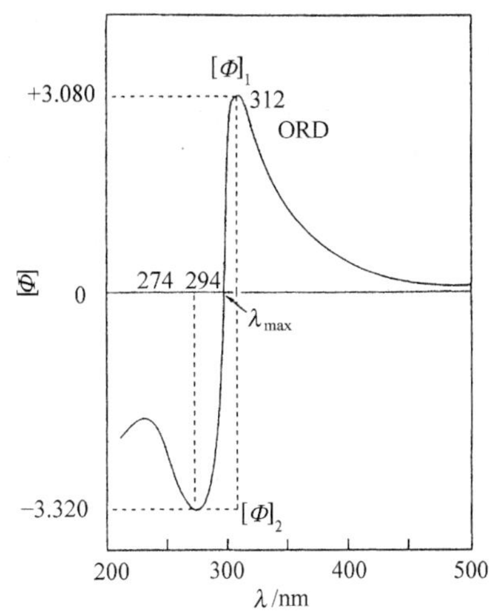

图 3-19 樟脑的 CD、ORD 和 UV 谱

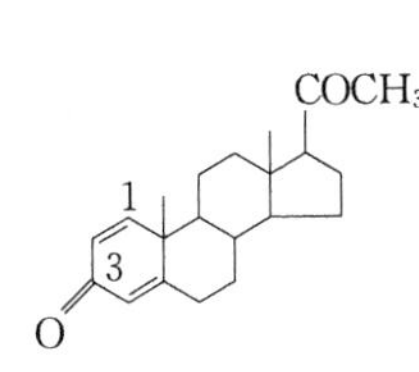

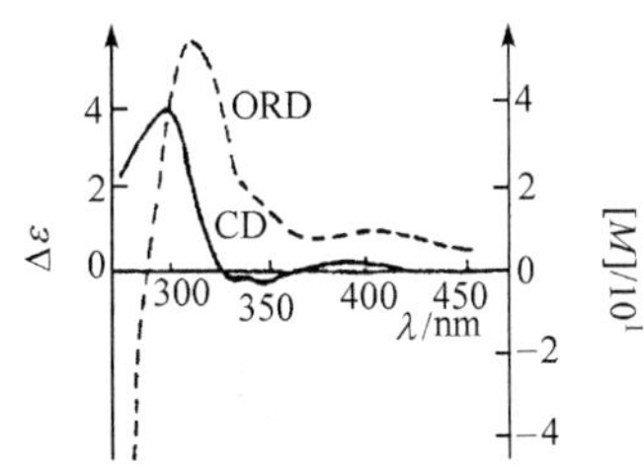

图 3-20 一种甾族化合物的 ORD 和 CD 谱

3.3.3 ORD 和 CD 在研究立体化学中的应用

ORD 和 CD 经常用于测定手性分子的构型和构象。为此，需找出不同类型的手性分子谱线的谱形和 Cotton 效应与该类分子构型和构象之间的关系，若能掌握这种关系的规律，即可用于确定该类型化合物的立体结构。对于那些尚未能找到它们的结构与谱线间确切规律的化合物，通常只能采用将其与立体结构相似或相反的已知化合物与未知物谱线进行比较，来推断未知物的立体结构。

对于羰基化合物，尤其是环酮类化合物的研究较多，刚性环酮的光学活性或其立体异构可以从半经验的"八区律"来推测，以环己酮衍生物为例，八个区域的划分如图3-21 所示。

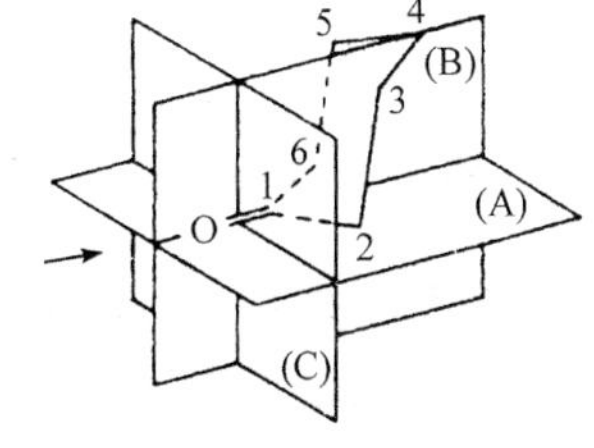

图 3-21 环己酮的八区透视图

让环己酮的羰基位置向前，面向读者，以三个相互垂直的平面 A、B、C 将环己酮分割成八个区，C_1、C_2、C_6 在 A 面上，C_2、C_6 的 e 键几乎在 A 面上，C_2、C_6 的 a 键分别在八区的下右和下左；O、C_1、C_4 在 B 面上，C 平面平分羰基双键和 A、B 面垂直，把 A、B 两平面所形成的四个区再分

成前四区和后四区，共八个区。

八区律即位于三个平面上的取代基的旋光分担为零，相邻两区的旋光分担符号相反，其相对位置取代基的旋光分担可以抵消，一个取代基的旋光分担随着它与羰基的距离增加而减少。取代基旋光分担的大小与其性质有关，氢原子的旋光分担可以忽略不计。八区的旋光分担符号如下：

−	+
+	−

前　区

+	−
−	+

后　区

大部分环己酮分子的取代基处于后区。例如，10-甲基萘烷-3-酮由八区律预测结果与其立体异构体的对应关系如下：

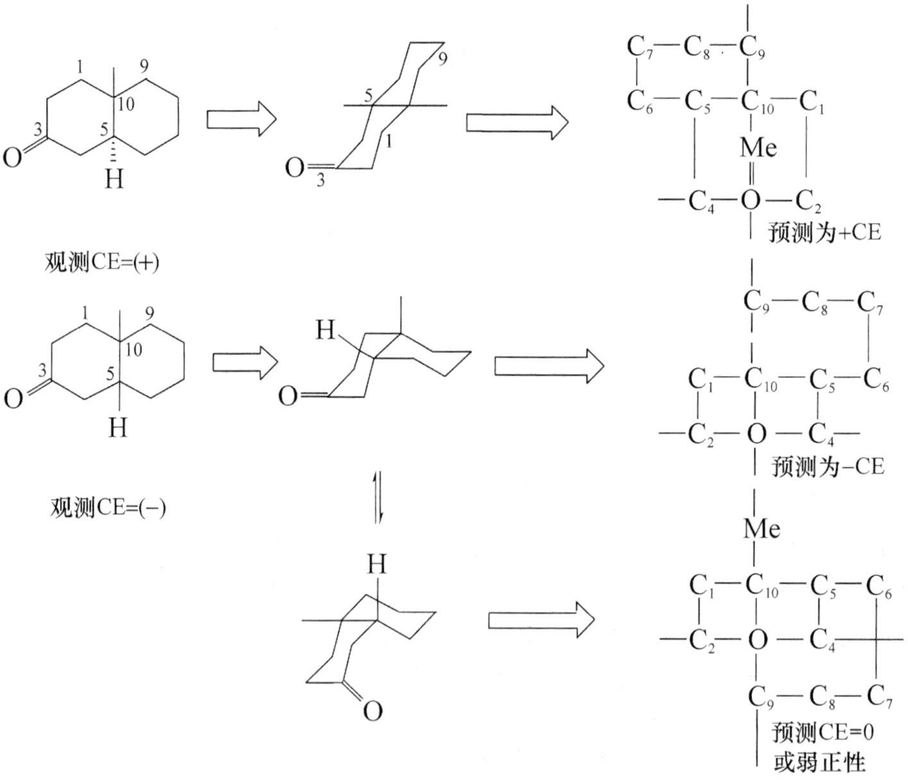

观测CE=(+)

预测为+CE

观测CE=(−)

预测为−CE

预测CE=0
或弱正性

3.4　紫外光谱解析

3.4.1　紫外光谱解析的一般方法

紫外光谱在有机结构鉴定中的作用和地位与其他的光谱方法相比有较大的不同，紫外光谱仅提供分子中的共轭体系和某些基团的结构信息，通常不能仅用紫外光谱推断未知有机分子的结构，这是应用上的局限性。其优点在于灵敏度较高，对光谱与有机分子结构及其环境变化的关系判断简捷明确。

运用紫外光谱对未知有机分子结构特点可作大范围的明确判断。例如，在 210～800nm 紫外透明，可认为分子中不含共轭体系、杂原子重键和饱和烃的溴、碘及多氯取代衍生物；在 210～250nm 有高强度的吸收（ε＞10 000）则为 K 带，应含有两个 π 键共轭体系，若 250～300nm 有中等强度吸收，且在非极性溶剂中呈现精细结构，可能是芳香环的 B 带；在 270～300nm 出现弱吸收，应是醛、酮类羰基的 R 带，260nm 以上出现强吸收谱带，表明存在大的共轭体系，或中等长度共轭体系中有助色团存在，随着共轭体系的延长，吸收波长逐渐红移，颜色一般加深。

由于紫外吸收性质是分子中的生色团、助色团间相互关系的特征，不表现整个分子的特征，用于结构分析需要在对紫外光谱解析的基础上，与其他光谱方法相互配合才能发挥其独特的作用，对分子结构作出可靠的分析结论。

一般解析方法如下：

（1）测定相对分子质量和分子式、计算不饱和数有助于了解分子中可能存在的生色团。对反应产物的结构鉴定应了解反应类型和反应条件，估计几种可能产物的结构，有助于光谱解析。

（2）根据谱带的位置（λ_{max}）、强度（ε_{max}）和形状，归属可能的电子跃迁类型。

（3）充分利用溶剂效应和介质的 pH 影响与光谱变化的相关性，用以确定较低强度的 K 带和较高强度的 R、B 带的归属，对酚羟基、芳香胺、不饱和羧酸、互变异构体的识别更为灵敏。

（4）根据谱带的 λ_{max} 和 ε_{max} 值估计分子中的生色团和共轭体系的部分骨架结构。由 K 带的位置判别共轭体系的大小和某些基团间的相对关系。在此，与红外光谱检测的官能团结构信息相配合特别有应用价值。预测 K 带吸收位置的几个经验规则计算结果与最后推定的结构进行核对，对判断所推测的共轭体系结构正确与否的可靠性较高。

（5）对复杂的有机化合物，特别是某些天然产物的结构分析，难以精确计算谱带的 λ_{max}，可用已知同类化合物的光谱对照，根据该类型光谱与结构变化规律作适当判断。一些天然产物（如黄酮类、香豆精类、蒽酮类、苯甲酰衍生物等）都有其光谱特征，可方便地利用母体光谱研究它们衍生物的结构。

3.4.2　模型化合物的应用

紫外光谱对一些共轭体系的同分异构体的识别是很简捷的。例如，由花精油合成得到的紫罗兰酮有 α-、β-两种异构体，两者的紫外光谱 K 带位置相差甚远，很容易区别。

	α-紫罗兰酮	β-紫罗兰酮
K 带 $\lambda_{max}(\varepsilon_{max})$	228nm(14 000)	296nm(11 000)

紫外光谱可能推断一些有机分子的共轭体系骨架，甚至可能指出某些取代基的位置和种类，还可能对某些结构部分的构型和构象，给予有益的启示。但是，这种推断仅涉及分子结构的共轭体系部分，而对其有类似共轭体系骨架，显示近似光谱的不同有机化合物

不能区别。例如，以下两组化合物的紫外光谱相似，分子结构却不大相同，这是紫外光谱应用的局限性。

（1）

（2）

从另一角度看，也正显示其特点和在分子结构鉴定中的优势。因为有近似的光谱，就有可能具有类似的部分结构，可利用与模型化合物对照和吸收度的加和性，推断复杂分子中有紫外活性的部分结构，可用以阐明研究对象的主要结构部分。

利血平具有两个共轭体系结构（见绪论），水解得到利血平酸（A）和 3，4，5-三甲氧基苯甲酸（D），利血平酸经 $LiAlH_4$ 还原转变为利血平醇（B），其光谱（图 3－22）与 2，34-二

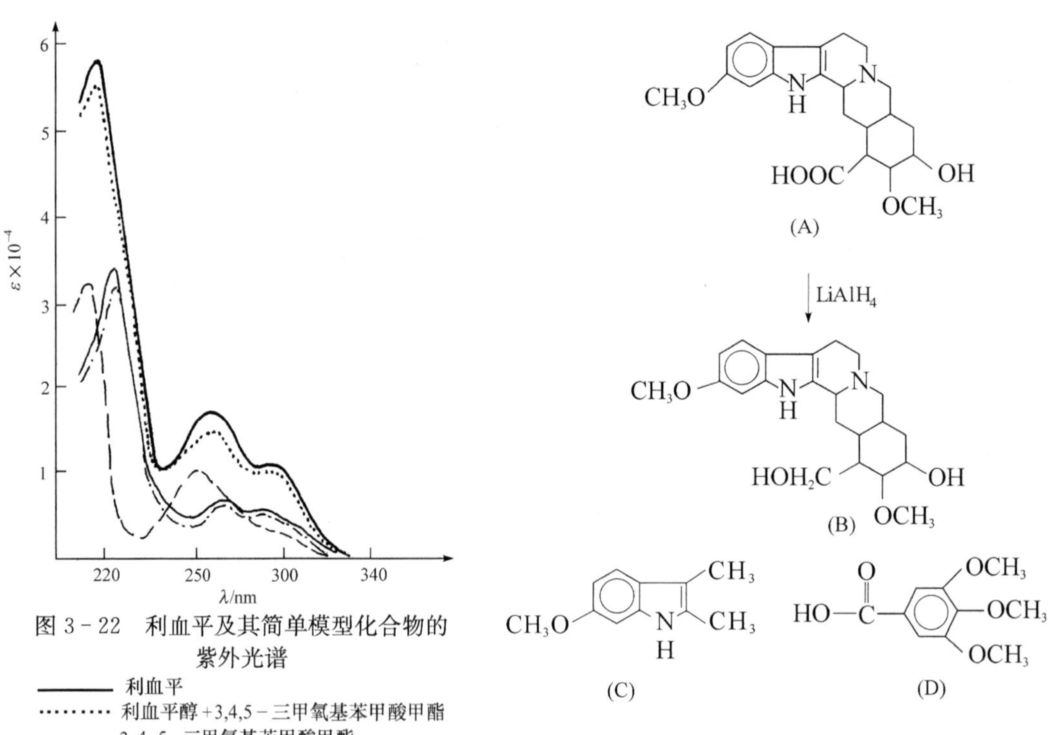

图 3－22　利血平及其简单模型化合物的紫外光谱

———— 利血平
········ 利血平醇＋3,4,5－三甲氧基苯甲酸甲酯
— — — 3,4,5－三甲氧基苯甲酸甲酯
———— 利血平醇
—·—·— 2,3－二甲基－6－甲氧基吲哚

甲基-6-甲氧基吲哚(C)的紫外光谱相似。将合成的利血平醇与 3,4,5-三甲氧基苯甲酸的紫外光谱叠加起来所得谱线与利血平的吸收曲线基本吻合[5],进一步由合成最后确定利血平的结构。

在选择简单模型结构与复杂分子对照时,立体化学因素往往起到很重要的作用。例如,由北五味子中分离得到的降转氨酶的化合物,在芳香环上有两个甲氧基和两个亚甲二氧基,用红外光谱及核磁共振等方法证明,可能为结构(E)和(F)之一。

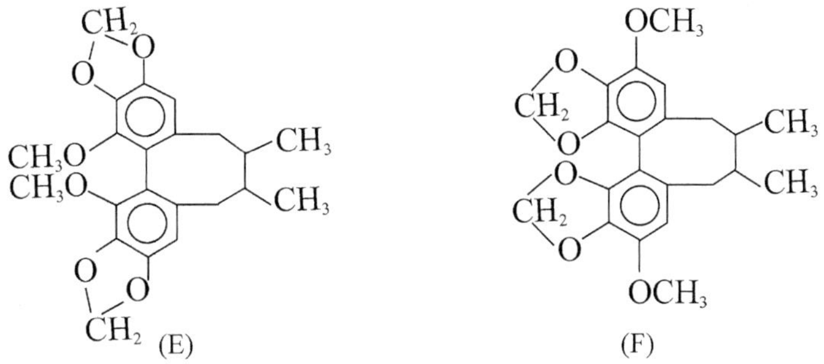

(E)　　(F)

为确定其结构,选择(G)和(H)两个模型化合物与之对照。

(G)　　(H)

结构(F)与模型化合物(H)的两个苯环近于同一平面上,两者的吸收光谱应当相似,都有较大的吸收强度。而结构式(E)与模型化合物(G)由于两个苯环相连的邻位基团的位阻效应,两个苯环的共平面性被破坏,紫外吸收强度都相应地减弱。结果证明由北五味子提取的这种化合物的紫外光谱与模型化合物(G)相似,其结构式应为(E),与 X 射线衍射所得结果一致。

3.4.3　试剂和化学反应的配合作用

对于直接用紫外光谱不易鉴定其结构的有机分子,应用适当的试剂和化学反应,可能显示其不同的光谱特征,便于解析。也可以首先通过反应机理比较明确的化学反应,得到更方便用光谱方法推断其结构的产物,再用来推测原来化合物的分子结构;还有些试剂能够通过与所研究的化合物发生特殊的化学反应,而表现出明显的光谱变化,用以判断某些共轭体系中取代基的位置和性质。

例如,以下两种取代苯酚内酯衍生物难以用光谱方法予以区别,可通过水解,内酯开环,生成间苯二酚和对苯二酚衍生物,它们的光谱差别很大,从而容易判别原来内酯的结构。

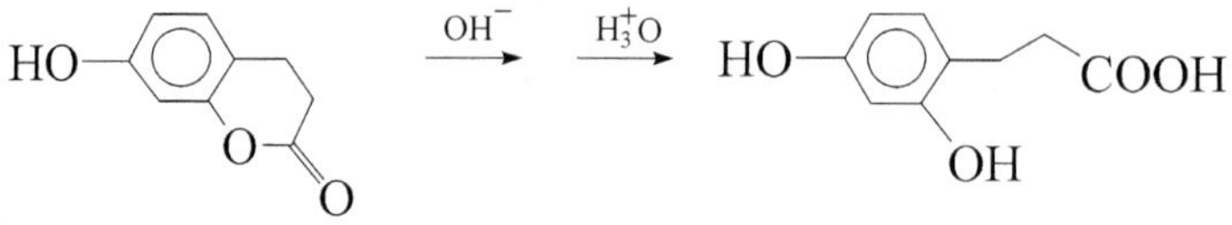

290nm(红移)

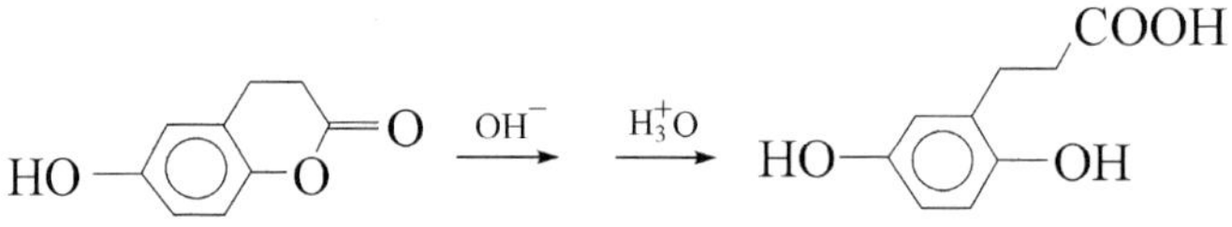

K带　286nm　265nm(蓝移)

如下色酮衍生物牛膝色酮(rubrofusarin)分子中甲氧基在何处？曾用化学反应与光谱相结合得到启示。先通过碱性降解，得到黄色晶体的降解产物，将产物羟基乙酰基化，即显示出与β-甲氧基萘相近的光谱，从而推测甲氧基的取代位置。

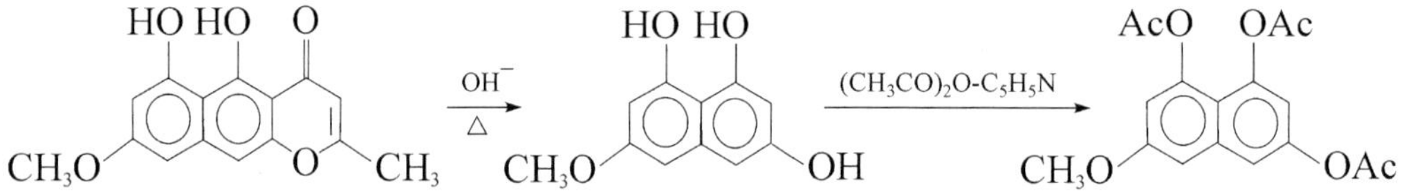

与化学反应配合，根据紫外光谱的变化推测共轭体系中取代基的位置和性质，以黄酮类化合物结构研究的例子最为有趣。

黄酮类化合物是以黄酮为主要骨架的多羟基衍生物，广泛存在于植物体内的黄色素，其中有一些具有明显的生理活性。

黄酮结构有两个共轭体系，显示相应的两个吸收谱带：

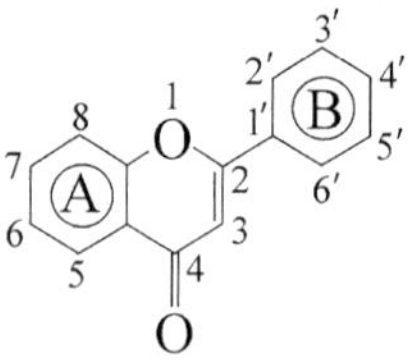

以A环为主的苯甲酰基体系 λ_{max}250nm (谱带Ⅱ)
以B环为主的肉桂酰基体系 λ_{max}297nm (谱带Ⅰ)

A环、B环和双键上引入羟基等取代基，相应谱带将发生红移。变化范围为谱带Ⅱ 250～280nm，谱带Ⅰ297～400nm。

7,4′-OH酸性最强，加入弱碱NaOAc，这类羟基离子化，谱带Ⅰ、Ⅱ发生红移。A、B环上如有邻二羟基取代，加入Na_3BO_3，将会生成 >B— 结构，相应的谱带发生红移，但5,6-邻二羟基除外，因为5-OH与羰基形成较稳定的氢键，不再发生上述反应。3-OH也能与羰基形成较稳定的氢键。鉴于这种结构特点，5-位或3-位有羟基，加入$AlCl_3$将形成配合物，相应谱带发生红移，这种螯合物体系加酸不变。A环或B环在无3-、5-羟基而存在邻二羟基时，在$AlCl_3$作用下光谱也会红移，但加酸后又恢复到原来的光谱。

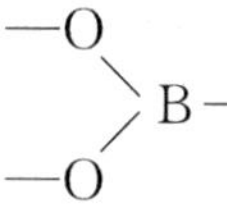

黄酮上任何位置引入的羟基在 $NaOC_2H_5$ 作用下都会离子化，导致相应的谱带红移，通常酸化后，又回复为原来的光谱。只有 3，4′-位同时存在羟基时，加入 $NaOC_2H_5$ 将引起黄酮骨架碎裂，加酸后不再显示原来的光谱。

以上这些用以鉴定黄酮类化合物分子中取代状况的试剂称为黄酮试剂。

曾用黄酮试剂推断杜鹃黄苷(azalein)的结构。经化学降解初步认定杜鹃黄苷为黄酮衍生物槲皮素(3，5，7，3′，4′-五羟基黄酮)的单甲醚糖苷，为确定甲醚和糖苷的位置，依次用黄酮试剂检测，其紫外光谱变化示于图 3－23：与 NaOAc 作用谱带Ⅰ、Ⅱ都红移，表明 7-位和4′-位都有羟基，与 Na_3BO_3 作用，谱带Ⅱ变化很小，谱带Ⅰ明显红移，表示 3′-位也有羟基，甲醚化和糖苷形成必在 3-位和 5-位，当然与 $NaOC_2H_5$ 作用谱带Ⅰ、Ⅱ都红移，酸化后又回复为杜鹃黄苷的光谱。为确定 3-位还是 5-位苷化，将杜鹃黄苷在温和条件下水解，再与 $NaOC_2H_5$ 作用，黄酮骨架遭到破坏。由以上现象可以肯定糖苷在 3-位，5-位甲醚化。确定azalein为如下结构，全部测试仅消耗样品 1mg[6]。

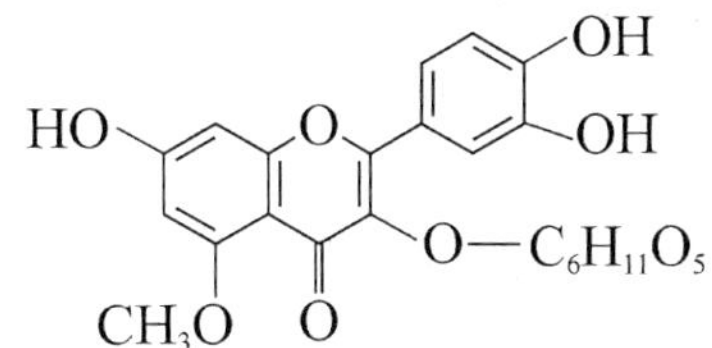

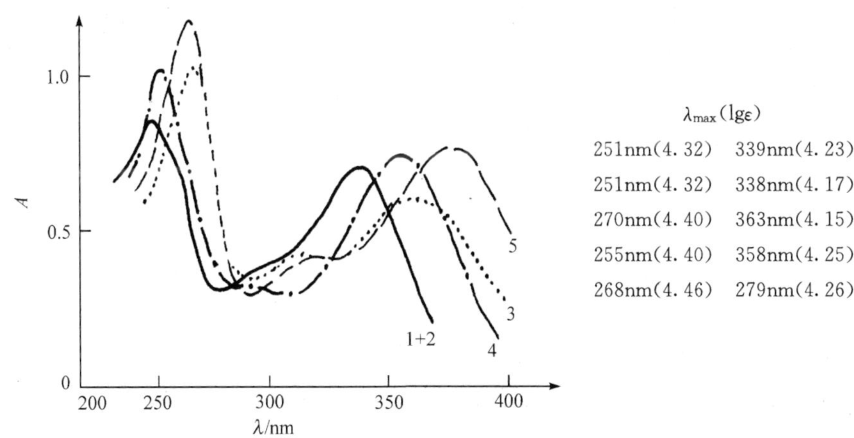

图 3－23　杜鹃黄苷及其与试剂作用的紫外光谱

1. 乙醇；2. 乙醇钠溶液酸化后 30min；3. 乙酸钠乙醇液；4. 乙酸钠-硼酸乙醇液；5. 0.002mol · L^{-1} 乙醇钠乙醇液

3.4.4　紫外光谱例解

例 3－1　从如下反应中用高效液相色谱分离得到一种纯品，经紫外光谱测试，在 λ_{max} 254nm 呈现强吸收谱带，由有机反应机理估计，列出产物的四种可能结构，请指出哪种结构符合光谱检测的结果。

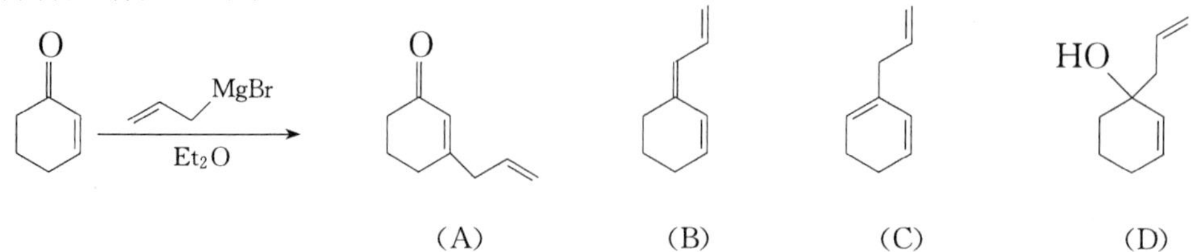

解　λ_{max} 254nm 的强吸收应属 K 带，这样的吸收波长为两个 π 键以上的共轭体系的光谱。(D)不存在共轭体系，可以排除。(A)为 α，β-不饱和酮，(C)为环内双键体系，(A)和(C)K 带的吸收位置按 Woodward-Fieser 经验规则计算，分别为 215＋12＝227(nm)和 253＋5×3＝268(nm)，均与测量值相差较远。(B)为共轭多烯，按经验规则计算，K 带的吸收位置为 214＋30＋5×2＋5＝259(nm)，与实测的吸收位置接近，只有(B)结构可以表明这样的光谱特征。

例 3－2　分子式为 $C_{10}H_{16}$ 的水芹素有 α-、β-两种异构体，红外光谱如下：

α-水芹素：$1640cm^{-1}$(w)　$1387cm^{-1}$(m)　$1369cm^{-1}$(m)　$820cm^{-1}$(s)　$700cm^{-1}$(m～s)

β-水芹素：$1750cm^{-1}$(w)　$1645cm^{-1}$(m)　$1383cm^{-1}$(m)　$1370cm^{-1}$(m)　$890cm^{-1}$(s)

紫外光谱如下：

α-水芹素：λ_{max}263nm(ε 2500)；β-水芹素：λ_{max}231nm(ε 9000)

两种水芹素经催化氢化都得到蓋烷(menthane)。推测水芹素两种异构体可能的结构。

蓋烷

解　由分子式 $C_{10}H_{16}$ 计算不饱和数 UN＝3。其中一个属环结构，其他应为两个双键。

红外光谱：$1640cm^{-1}$ 和 $1645cm^{-1}$ 为 $\nu_{C=C}$，1380 和 $1370cm^{-1}$ 附近的为异丙基的特征双谱带，表明双键不在异丙基支链上。

β-水芹素的红外光谱 $890cm^{-1}$ 谱带还表明有末端烯键结构($C=CH_2$)。紫外光谱 231nm(ε 9000)为 K 带，表示有共轭双键。因此，只能写出如下结构：

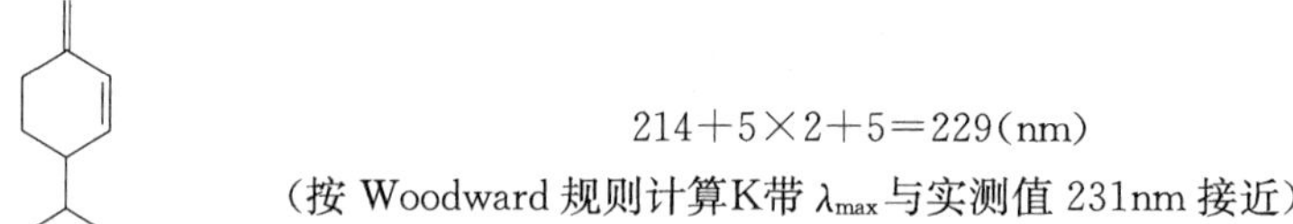

α-水芹素的红外光谱中 $820cm^{-1}$ 和 $700cm^{-1}$ 附近谱带似表明烯键为三取代和顺式二取代类型，没有末端烯键，可以写出(A)、(B)、(C)、(D) 四种可能的结构式。

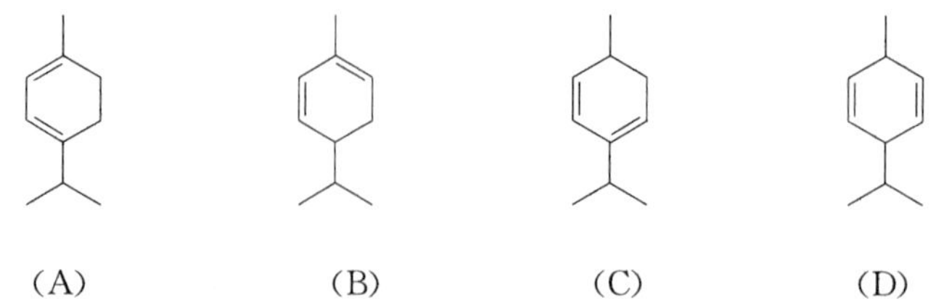

紫外光谱 263nm(ε 2500)指出 2 个双键是共轭的，故(D)可以否定，其余 3 个共轭双

烯结构中(A)有 4 个取代烯基,(B)、(C)都含有 3 个取代烃基,按经验规则计算,含 3 个取代基的 λ_{max}值为 253＋5×3＝268(nm),与实测值 263nm 接近。因此,α-水芹素的结构可能为(B)或(C)。对于这两者进一步辨认除与红外标准谱图核对外,还可由核磁共振鉴定,α-水芹素的结构是(B)。

例 3－3　2-(1-环己烯基)-2-丙醇在硫酸存在下加热处理,得到主要产物的分子式为 C_9H_{14},产物经纯化,测得紫外光谱 λ_{max} 242nm(ε 10 100)。推断这个主要产物的结构,并讨论其反应过程。

解　这是醇在硫酸作用下消去水的反应,按一般反应结果应得到 2-(1-环己烯基)-丙烯,与测定分子式相符。

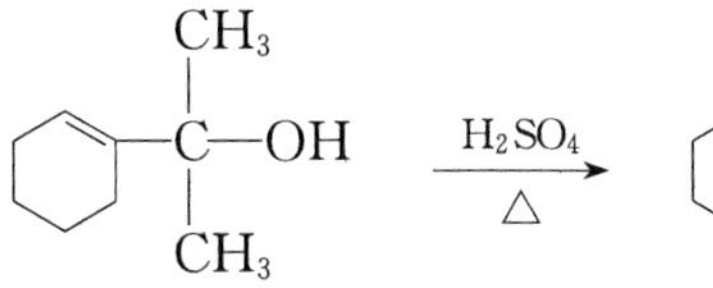

CH₃ / C—OH / CH₃ $\xrightarrow[\triangle]{H_2SO_4}$ C(=CH₂)CH₃

按 Woodward-Fieser 经验规则计算这个预期产物的 λ_{max}值为 215＋5×3＝229(nm),与产物的 λ_{max}实测值 242nm 相差甚远,以上结构应予否定。如采取以下反应过程将得到 3-丙叉基环己烯的产物:

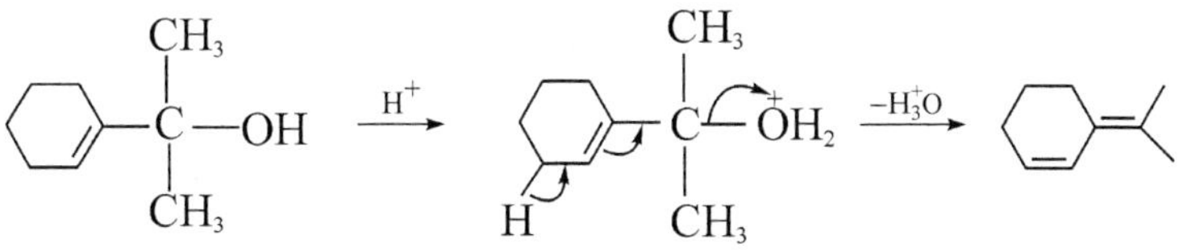

$\xrightarrow{H^+}$ $\xrightarrow{-H_3^+O}$

按经验规则计算 λ_{max}值为 215＋5×4＋5＝240(nm),与实测值接近,表明后一种反应过程的设想和预计反应产物是正确的。

参 考 文 献

[1] Sowa M G,Manlsch H H. Appl Spectrosc,1994,48:316

[2] 梁晓天. 中国科学,1963,Ⅶ:1525

[3] 陈淑凤,谢晶曦,梁晓天. 药学学报,1963,10(4):223

[4] 孙祥玉,赵瑶兴,梁晓天. 中国化学快报(CCL),1991,2(2):175

[5] Neuss N,Boaz H E,Forbes J W. J Am Chem Soc,1954,76:2463

[6] Jurd L,Horowitz R M. J Org Chem,1957,22:1618

第 4 章　^{1}H-核磁共振

4.1　核磁共振的基本原理

4.1.1　核的自旋与核磁共振

自旋量子数 $I \neq 0$ 的原子核(如^{1}H、^{13}C、^{19}F、^{31}P 等)有自旋现象,因此具有一定的自旋角动量(P)。

$$P=\frac{h}{2\pi}\sqrt{I(I+1)} \tag{4-1}$$

式中,h 为 Planck 常量;I 为核的自旋量子数。核都是带电体,凡是自旋量子数 I 不等于零的核都有磁矩。设^{1}H 核的质量为 M,电荷为 e,根据经典的电磁学其总磁矩 μ_a 为

$$\mu_a=\frac{Pe}{2cM} \tag{4-2}$$

式中,c 为光速。将式(4-1)代入式(4-2)得

$$\mu_a=\frac{eh}{4\pi cM}\sqrt{I(I+1)}=\beta_N\sqrt{I(I+1)} \tag{4-3}$$

$$\beta_N=\frac{eh}{4\pi cM} \tag{4-4}$$

式中,β_N称为核磁子,作为核磁矩的单位。

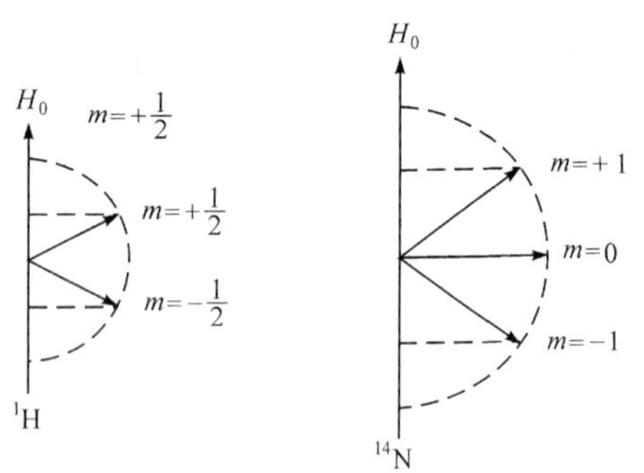

图 4-1　核磁的取向

具有磁矩的磁性核置于恒定的磁场 H_0 中,核磁矩 μ 与 H_0 相互作用使核磁有不同的排列,共有 $2I+1$ 个取向,每个取向可由一个磁量子数(m)表示。如图 4-1 所示,^{1}H,$I=\frac{1}{2}$有 2 个取向;^{14}N,$I=1$ 有 3 个取向。这些取向都是量子化的,不能等于任意数值。

核磁矩在磁场中出现不同取向的现象源于核塞曼效应(nuclear Zeeman effect),称为能级分裂。以^{1}H 为例,$m=-\frac{1}{2}$的取向与 H_0 方向相反,为高能级,$m=\frac{1}{2}$的取向为低能级。

核在磁场中发生能级分裂,此时核的总磁矩(μ_a)与其在外磁场方向上的分量 μ 的关系为(μ_a和 μ 均以 β_N为单位,省去不写)

$$\mu_a=\frac{\mu}{I}\sqrt{I(I+1)} \tag{4-5}$$

核磁化的另一个现象是,由于核磁的轴(自旋轴)与外加磁场(H_0)方向有一定的角度,自旋的核受到一定的扭力而导致自旋轴绕磁场方向发生回旋,核回旋的频率(ν_0)与核

实受的外加磁场成正比，即

$$\nu_0=\frac{\gamma}{2\pi}H_0 \tag{4-6}$$

式(4-6)称为拉莫尔(Larmor)方程，ν_0 为 Larmor 频率。

对^{1}H 核外电子的运动产生了对抗的感应磁场，使核的实受磁场(H)比外加磁场 H_0 小，即所谓核受到屏蔽，其屏蔽作用的大小以屏蔽常数 σ 表示，因此式(4-6)应写作

$$\nu_0=\frac{\gamma}{2\pi}H=\frac{\gamma}{2\pi}H_0(1-\sigma) \tag{4-7}$$

式中，γ 为核磁矩与其自旋角动量之比。由式(4-1)和式(4-3)得

$$\gamma=\frac{\mu_a}{P}=\frac{2\pi\mu\beta_N}{hI}$$

γ 称为磁旋比(magnetogyric ratio)，有的称为旋磁比(gyromagnetic ratio)，由式(4-7)看，前者较为合理。

^{1}H 核两个能级间的能量差为

$$\Delta E=E_{(m=-\frac{1}{2})}-E_{(m=+\frac{1}{2})}=h\nu_0=\frac{\gamma h}{2\pi}H=\frac{\gamma h}{2\pi}H_0(1-\sigma) \tag{4-8}$$

若在 H_0 的垂直方向上增加一个频率为 ν_1 的交变磁场，即射频场 H_1，调节 $\nu_1=\nu_0$ 时，即可发生能级跃迁，其跃迁选律 $\Delta m=\pm1$，低能态的^{1}H 核将吸收射频场的能量 ΔE 跃迁到高能态，称为核磁共振，被记录下来的吸收信号构成核磁共振谱图。

图 4-2 是乙基苄基醚的共振谱。

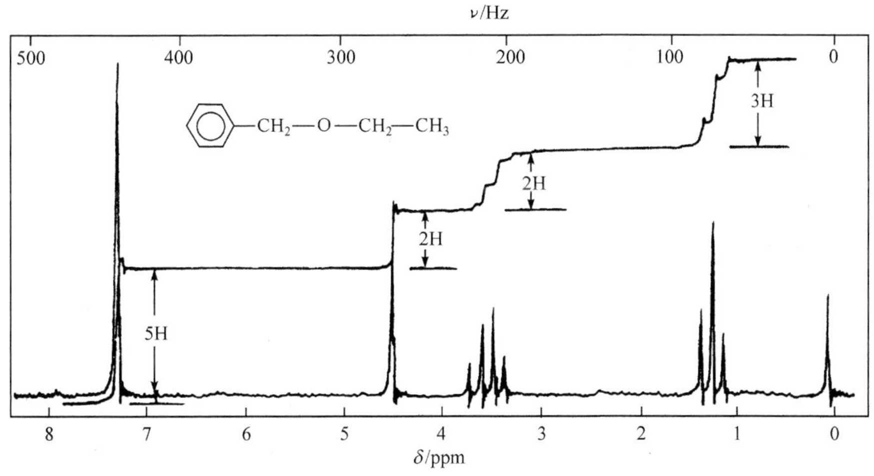

图 4-2　乙基苄基醚的共振谱

ppm 表示百万分之一(10^{-6})，下同

四种不同类型质子的吸收峰出现在谱图中的不同频率位置，这种不同的频率位置通常用化学位移(δ)表示，由吸收峰的分裂状况可得出偶合常数(J)，表明各组质子在分子中的关系，δ 和 J 与结构之间的密切联系有助于化合物结构的分析与鉴定。同氢核引起的核磁共振称为^{1}H-核磁共振(^{1}H-nuclear magnetic resonance，^{1}H-NMR)或质子核磁共

振(proton magnetic resonance,PMR)。

在 1×10^4Gs(高斯,Gauss)的磁场下,^{1}H 核需用 42.6MHz 的射频,而^{13}C 核则需用 10.7MHz。因此一种射频只能观测某一种核的核磁共振现象,不存在其他核的掺杂和干扰问题。在其他相应装置的配合下,能分别给出不同的射频,以分别观测各种核的核磁共振,这就是多核核磁共振仪的设计原理。

核磁共振的频率在无线电波区,质子的质量是电子的 2000 倍,因此电子的磁矩比核磁矩大 3 个数量级,电子自旋共振(electron spin resonance,ESR)的共振频率在微波区。

一些有机化合物中常见核的常数列于表 4-1。

表 4-1 一些有机化合物中常见核的常数

核 素	天然丰度/%	自旋量子数 I	磁矩 μ (核磁子单位)	回旋频率/MHz (磁场为 1×10^4Gs)	相对敏感度*	四极矩 Q ($c\times10^{-2}$cm)
^{1}H	99.984 4	1/2	2.792 70	42.57	1.000	
^{2}H	0.015 6	1	0.857 38	6.536	0.009 64	0.002 77
^{3}H	0.0	1/2	2.978 8	45.414	1.21	
^{12}C	98.931	0				
^{13}C	1.069	1/2	0.702 16	10.705	0.015 9	
^{14}N	99.620	1	0.403 57	3.076	0.001 01	0.02
^{15}N	0.380	1/2	−0.283 04	4.315	0.001 04	
^{16}O	99.761	0				
^{17}O	0.039	5/2	−1.893 0	5.772	0.029 1	−0.004
^{18}O	0.200	0				
^{19}F	100	1/2	2.627 3	40.055	0.834	
^{31}P	100	1/2	1.130 5	17.235	0.064	
^{32}S	95.06	0				
^{33}S	0.71	3/2	0.642 74	3.266	0.002 26	−0.064
^{35}Cl	75.4	3/2	0.820 89	4.172	0.004 71	−0.079
^{37}Cl	24.6	3/2	0.683 29	3.472	0.002 72	−0.062
^{79}Br	50.57	3/2	2.099 0	10.667	0.078 6	0.33
^{81}Br	49.43	3/2	2.262 6	11.498	0.098 4	0.28
^{127}I	100	5/2	2.793 9	8.519	0.093 5	−0.75

* 相同磁场下,相同数量的核。

由表 4-1,可将核的自旋分为三类:

(1) 质量数为奇数的核,如^{1}H、^{13}C、^{17}O、^{19}F、^{31}P 等,自旋量子数为“半整数”

$\left(\frac{1}{2},\frac{3}{2},\frac{5}{2},\cdots\right)$。

(2) 质量数为偶数，而电荷数(原子序数)为奇数的核，如^{2}H、^{14}N 等，自旋量子数为整数(1,2,…)。

(3) 质量数与电荷数都为偶数的核，如^{12}C、^{16}O 等，自旋量子数为零，即没有磁矩。

在化学上以第(1)类中^{1}H、^{13}C、^{19}F、^{31}P 等核的磁共振研究最多。

自旋量子数 $I=\frac{1}{2}$ 的核可以看作电荷均匀分布于球面的旋转球体，$I>\frac{1}{2}$ 时，电荷分布不均匀，可视为形状不同的椭圆体，都具有电四极矩(electric quadrupole moment, Q)。用电四极矩来描述，有的电荷分布如椭圆体，两极较密，中心稀疏，Q 为正；有的分布为扁椭圆体，Q 为负。凡是有电四极矩的核都将发生复杂的影响，一般使谱线加宽。

4.1.2　宏观磁化强度矢量和旋转坐标

实际研究工作所处理的自旋体系是核的群体行为，需考虑其宏观的性质和规律。在一个自旋体系的微小体积中，N 个核的核磁矩总和称为磁化强度矢量，以 $\boldsymbol{M}$ 表示。

体系处于 Boltzmann 平衡时，低能级的核略多于高能级的核，两类核磁矩布居数之差显示净宏观磁化强度 $\boldsymbol{M}_0$。将 $\boldsymbol{H}_0$ 置于笛卡尔(Descartes)坐标 z 方向，平衡状态时 $\boldsymbol{M}_0$ 与 $\boldsymbol{M}_z$ 平行，在 x、y 轴的磁化矢量分量 $\boldsymbol{M}_x$、$\boldsymbol{M}_y$ 为零，如图 4-3(a)所示。

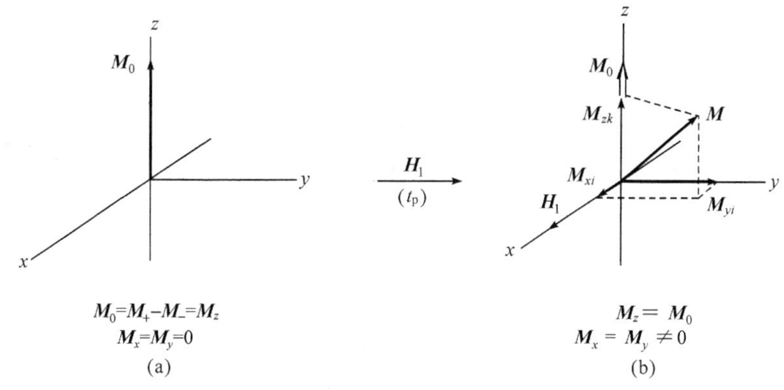

图 4-3　平衡(a)和共振(b)时的宏观磁化矢量

核自旋体系受到垂直于 $\boldsymbol{H}_0$ 的 x 轴方向的交变射频场 $\boldsymbol{H}_1$ 的照射，当 $\nu_1\sim\nu_0$ 时，部分核将吸收一定能量发生能级跃迁，核分布不再遵循 Boltzmann 平衡。这时核的宏观磁化矢量在绕 $\boldsymbol{H}_0$ 进动的同时还要绕 $\boldsymbol{H}_1$ 进动，即 $\boldsymbol{M}_0$ 绕 x 轴向 y 轴倾倒，磁化强度矢量将由 x、y、z 轴三个分量组成，如图 4-3(b)所示。

如采用 x、y、z 轴的单位矢量 i、j、k，则 $\boldsymbol{M}=\boldsymbol{M}_{xi}+\boldsymbol{M}_{yj}+\boldsymbol{M}_{zk}$，其中 $\boldsymbol{M}_{zk}$ 是沿 z 轴的纵向磁化强度，$\boldsymbol{M}_{xi}$、$\boldsymbol{M}_{yj}$ 组成 xy 平面上的横化磁化强度。如果再加上去偶场 $\boldsymbol{H}_2$，表现这些过程的图像就很复杂了，描述磁化强度随时间变化的规律的布洛克(Bloch)方程也变得更为复杂。为简化物理图像和计算公式，在核磁共振的讨论中通常采用旋转坐标(x', y', z')，旋转坐标是将 z' 轴与 Descartes 坐标的 z 轴重合，$x'y'$ 平面在 xy 平面上，绕 z 轴旋

转，旋转速率与射频场 $\boldsymbol{H}_1$ 的频率一致。在旋转坐标体系中，$\boldsymbol{M}$ 可以视为相对静止的，在 $\boldsymbol{H}_0$ 与 $\boldsymbol{H}_1$ 或其他场作用下，其运动方程和图像变化的讨论大为简化。例如，用以讨论检测过程：未施加射频场时，$\boldsymbol{M}$ 沿 z' 方向，在 y' 轴无分量，无信号检出；在 x' 轴施加射频场时，$\boldsymbol{M}$ 向 y' 轴倾倒，在 y' 轴产生分量，此分量旋转不断切割 y 轴的接收线圈，即可观察到共振信号。

4.1.3 弛豫和弛豫机理

核自旋体系在 $\boldsymbol{H}_0$ 中平衡时，相应于式(2-19)，高能级核的数目 N_- 和低能级核的数目 N_+ 的布居比 N_+/N_- 可以用 Boltzmann 因子表示为

$$\frac{N_+}{N_-}=\mathrm{e}^{\frac{\Delta E}{kT}}=\mathrm{e}^{\frac{\gamma hH}{2\pi kT}} \tag{4-9}$$

由于两个能级间能量相差很小，若外加磁场强度为 14 092Gs(相当于 60MHz 的射频)，在常温(300K)下，$N_+/N_-=1.000\,009\,9$。低能级核的数目 N_+ 仅占极微的优势，能维持产生净吸收现象不致达到饱和主要靠其他非辐射途径使高能级的核不断回到低能级。高能级的核通过非辐射方式回到低能级自旋取向的过程称为弛豫(relaxation)。

弛豫的机理分为两类。一类为自旋-晶格(spin-lattice)弛豫，即高能级核将能量转移给周围分子的其他核(固体的晶格或液体的同类分子、溶剂分子等)而变为热运动，使高能级核的数目下降，就全体观测的核而言，总能量下降了。通过自旋-晶格弛豫，体系重新达到平衡状态需要一定时间，其半衰期以 T_1 表示。T_1 越小，则表示通过这种弛豫的效率 $1/T_1$ 越高。固体中的核固定在一定晶格中，分子的热运动很受限制，因此 T_1 一般很大，有时可达几小时，液体或气体则没有这种限制，T_1 为 1s 左右，或更小些。另一类为自旋-自旋(spin-spin)弛豫，体系中高能级核的能量转移给低能级同类核，各级能量的核总数未改变，核的磁化强度矢量总和不变，这是自旋体系内部核与核间的能量交换过程，其半衰期以 T_2 表示。气体和液体样品的 T_2 为 1s 左右，液体黏度越大时 T_2 越小；固体样品中各核的相对位置比较固定，有利于核间能量相互转移，因此 T_2 特别小。

可由宏观磁化强度矢量分量的变化来描述弛豫：共振以后，自旋-晶格弛豫是 $\boldsymbol{M}_0$ 从不平衡状态恢复到纵向磁化矢量 $\boldsymbol{M}_z$ 达到最大值 $\boldsymbol{M}_0$ 的过程，又称为纵向弛豫；而自旋-自旋弛豫是核磁矩的相位趋向从集中到均匀消散的过程，图 4-3(b)到(a)，即横向磁化矢量 $\boldsymbol{M}_x$、$\boldsymbol{M}_y$ 趋于零的过程，相应地称为横向弛豫。

弛豫时间虽分为 T_1 和 T_2，但对于每一个核磁来说，在某一高能级停留的平均时间仅取决于 T_1 及 T_2 之较小者，一般 $T_1 \geqslant T_2$。

弛豫时间对谱线的宽度影响很大，其原因来自海森堡(Heisenberg)测不准原理

$$\Delta E \cdot \Delta t \approx h \qquad \Delta E = h\Delta\nu$$

故

$$\Delta\nu \cdot \Delta t = 1$$

可见谱线的宽度与弛豫时间成反比，固体样品的 T_2 很小，所以谱线非常宽。为得到分辨率较高的共振谱，必须配成溶液，黏度较大的溶液也不适宜，液体样品最好也配成溶液测试，以免浓度过大谱线变宽影响分辨。

对于红外光谱和紫外光谱 ΔE 较大，在吸收电磁波后，均能通过自发辐射过程由高能级回到低能级，弛豫时间对于谱线宽度影响较小。

4.1.4　化学位移及其表示方法

式(4-7)指出，分子中同一类核由于所处的化学环境不同(化学不等价)而具有不同的屏蔽常数 σ，在一定的外磁场作用下，其回旋频率 ν_0 也不同，因而需要相应频率的射频磁场才能发生共振得到吸收信号。例如，乙基苄基醚的共振谱(图 4-2)中，以甲基受屏蔽最强，在同一照射之下，需要外加磁场强度最高，或者说，甲基的共振峰出现在较高场；若外加磁场不变，则它所需要的照射频率最低。但实验发现，化合物中各化学不等价的同一类核所吸收的频率相差甚微，如^{1}H 核，其范围仅为百万分之十，很难精确地测定出其绝对值，所以采取其相对数值表示，即以某标准物质的共振峰为原点，测定样品各共振峰与原点的相对距离，其精确度可达 1Hz 以内，相对值比较容易测量，这种相对距离称为化学位移(chemical shift)。

由于核外电子的感应磁场与外加磁场强度成正比，由屏蔽作用引起的化学位移大小也应与外加磁场强度成正比。所用仪器的频率不同，同一个核化学位移的频率也不相同。例如，60MHz 的仪器，外加磁场为 14 092Gs，所得 600Hz 范围与 140.9mGs 相应。若用 100MHz 的仪器，外加磁场相应为 23 487Gs，则 1000Hz 范围与 234.9mGs 相应。为便于比较，对不同仪器使用统一的标度，可将以 Hz 为单位的化学位移用照射频率来除，即得无因次的化学位移单位 δ，即

$$\delta=\frac{\nu_{样品}-\nu_{标准}}{\nu_{标准}}\times10^6=\frac{H_{标}-H_{样品}}{H_{标准}}\times10^6 \tag{4-10}$$

乘以 10^6 是为了使数值易于读写。此时 δ 的单位是百万分之一(ppm)。由于 ν 与 H 成正比，所以 δ 值也可用 H 表示。

1970 年，国际纯粹与应用化学联合会(IUPAC)建议，化学位移一律采用 δ 值，以标准物质四甲基硅烷(tetramethylsilane，TMS)共振峰为原点(δ 值为零)，向左 δ 为正值，向右 δ 为负值。文献中化学位移曾采用 τ 值，标度方法为 TMS 的 τ 值为 10，向左为负值(9，8，7，…)，向右为正值(11，12，…)。因此文献中的 τ 值与 IUPAC 建议的 δ 值关系为

$$\delta=10-\tau \tag{4-11}$$

本书均用 IUPAC 建议的 δ 值。

4.1.5　核磁共振检测

核磁共振仪由电磁铁、射频发射器、探头和接收器组成，普通核磁共振仪采用永久磁铁或电磁铁，装有电磁铁的仪器也仅限 100MHz 以内，更高频率的核磁共振仪其外磁场需采取低温超导装置。一般实验以改变磁场的扫描方式检测称为扫场(field-sweep)；若采取改变射频的扫描方式则称为扫频(frequency-sweep)，这种扫描方式通常仅在双照射时使用。以上两种方式均为连续扫描，其相应的仪器称为连续波(continuous wave，CW)核磁共振仪。

20 世纪 70 年代核磁共振逐渐发展并应用脉冲 Fourier 变换技术。

脉冲 Fourier 变换核磁共振（pulse Fourier transform-NMR，PFT-NMR）是在CW-NMR的基础上，在探头设置锁场频道、发射频道和接收频道（$\boldsymbol{H}_1$）、去偶频道（$\boldsymbol{H}_2$）等多个通道，当 x'轴方向对样品施加瞬间（t_p）射频场 $\boldsymbol{H}_1$ 时［图 4－4(a)］，$\boldsymbol{H}_1$ 包括选定的磁性核（如^{1}H）的全部共振频率，这类核即同时被激发，从低能级跃迁到高能级，体系的Boltzmann平衡遭到破坏，随之宏观磁化强度 $\boldsymbol{M}_0$ 偏离 $\boldsymbol{H}_0$ 方向绕 x'轴向 y'轴转动 θ，倾斜角 θ 的大小取决于 $\boldsymbol{H}_1$ 的强度（或脉冲的角频率 ω_1）及其作用的时间 t_p

$$\theta = \gamma \cdot H_1 \cdot t_p = \omega_1 t_p \qquad (4-12)$$

此时，在 y 轴方向的接收线圈开始接收到感应信号，为横向磁化矢量 $\boldsymbol{M}_\perp$

$$\boldsymbol{M}_\perp = \boldsymbol{M}_{y'} = \boldsymbol{M}_0 \cdot \sin\theta = \boldsymbol{M}_0 \cdot \sin\omega_1 t_p \qquad (4-13)$$

若施加的脉冲场强 $\boldsymbol{H}_1$ 使 $\theta=90°$，$M_\perp$ 刚好倾倒在 y'轴上，这时的感应信号最强，称为 90°脉冲［图 4－4(b)］。脉冲停止时，$\boldsymbol{M}$ 仍然绕 $\boldsymbol{H}_0$ 进动，经自旋-自旋弛豫向 z 轴恢复到平衡状态，接收到的为宏观核磁化强度随时间逐渐衰减的 FID 信号 $f(t)$。如果 $\boldsymbol{H}_1$ 的中心频率 ν_1 正好与核的 ν_0 相同，$\nu_1 - \nu_0 = 0$，$\boldsymbol{M}_{y'}$ 在旋转坐标中相对 $\boldsymbol{H}_1$ 总有一个 $\pi/2$ 的相移，则样品的FID信号以指数衰减为零［图4-4(c)］。在大多数实验中，$\boldsymbol{H}_1$ 是在偏共振状况发

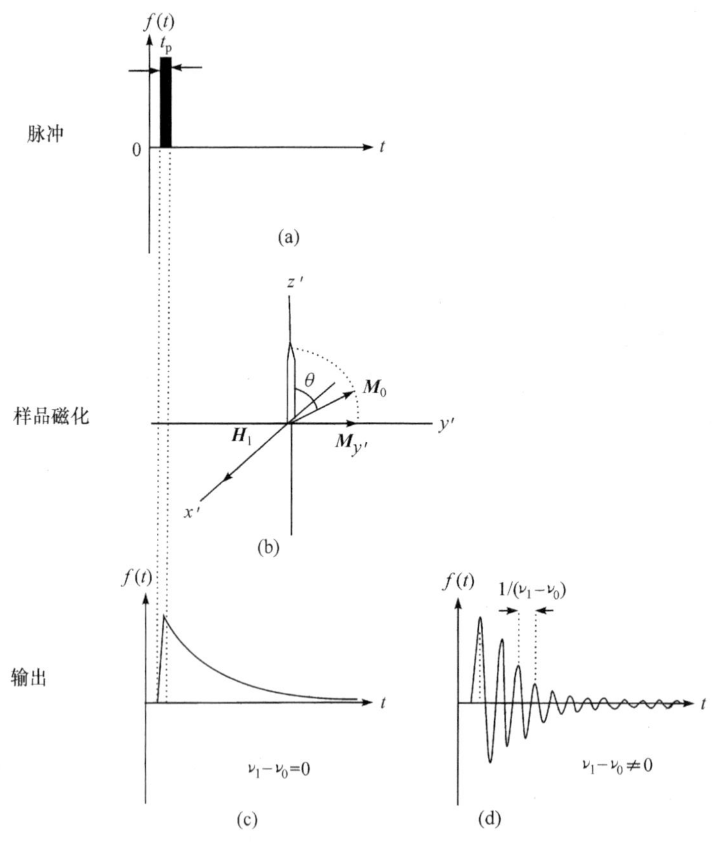

图 4－4　自由感应衰减过程

射的，$\nu_1-\nu_0\neq0$，横向磁化强度是由两个分量合成的结果，一个与 $\boldsymbol{H}_1$ 同相，另一个分量相对于 $\boldsymbol{H}_1$ 有 $\pi/2$ 位移($\boldsymbol{M}_{y'}$)，$\boldsymbol{M}_{y'}$ 和 $\boldsymbol{H}_1$ 相位周期性地变化，接收到的 FID 信号是振荡衰减的干涉图[图 4-4(d)]，图中两个差拍峰之间的距离是脉冲频率 ν_1 和核的 Larmor 频率 ν_0 差值的倒数 $1/(\nu_1-\nu_0)$。由式(4-13)可知，当 $\omega_1 t_p=\pi/2$(90°脉冲)时，FID 信号有极大值；当$\omega_1 t_p=\pi$(180°脉冲)时，FID 信号为零。这种 FID 信号为时间域函数 $f(t)$，计算机在完成采样、存储、累加，进行 FT 数学处理变为频率函数 $f(\nu)$后，得到 NMR 谱图。

PFT-NMR 技术的优点在于采用短而强的脉冲射频，且能对样品的信号快速累加，经多次累加，虽然信号和噪声都在加强，但它们变化的因次不同：

$$\text{信号 } S \propto \text{扫描次数}$$

$$\text{噪声 } N \propto \sqrt{\text{扫描次数}}$$

结果使信噪比增加

$$\frac{S}{N} \propto \sqrt{\text{扫描次数}} \tag{4-14}$$

例如，扫描 50 000 次，信噪比的改善理论上应为 224 倍，实际上一般可达 100 倍左右。只要磁场稳定性好，在仪器配备计算机的动态范围内连续累加几昼夜也是可行的，大大提高了仪器的灵敏度，对低灵敏度、低天然丰度的^{13}C、^{15}N、^{17}O 等核的检测成为可能；另一方面，方便去偶实验和各种多脉冲序列技术的应用，促进 NMR 的进一步发展。

普通核磁共振检测需配成溶液在样品管中进行，样品要求较高的纯度。常规测试(CW)需将 20～80mg 的样品及少量标准物质(内标)加入溶剂配成 0.4mL 的溶液，使用 FT 核磁共振仪，常规的样品量 1～5mg，微克级的样品也可检测。

配制试样所用溶剂与其他光谱方法相似，需满足以下条件：①对样品有较大的溶解度；②与样品不发生化学反应；③溶剂的共振谱对样品的信号没有干扰。为满足第③个条件，最好用不含氢的溶剂。常用溶剂有 CCl_4、CS_2，三氟乙酸(CF_3COOH)中羟基的吸收峰在较低场(δ12.5)，也常采用。其他含氢溶剂可选用重氢溶剂。商品重氢溶剂一般纯度为 99%左右，残余质子共振峰的化学位移列于表 4-2。

表 4-2 重氢溶剂残余质子的化学位移 δ

溶 剂	基 团	δ/ppm	基 团	δ/ppm	基 团	δ/ppm
乙酸-d_4	CH_3	2.05	OH	11.53*		
丙酮-d_6	CH_3	2.05				
乙腈-d_3	CH_3	1.95				
苯-d_6		7.20				
氯仿-d		7.25				
环已烷-d_{12}		1.40				
重水		4.75*				
二甲基亚砜-d_6	CH_3	2.50				
1,4-二氧六环-d_8		3.55				
乙醇-d_6	CH_3	1.17	CH_2	3.59	OH	2.60*
甲醇-d_4	CH_3	3.35	OH	4.84*		

续表

溶　剂	基　团	δ/ppm	基　团	δ/ppm	基　团	δ/ppm
二氯甲烷-d_2		5.35				
吡啶-d_5	α-H	8.70	β-H	7.20	γ-H	7.58
四氢呋喃-d_8	α-H	3.60	β-H	0.75		

* δ 值依赖于溶质和温度有相当大的变化。

最常用的标准物质是$(CH_3)_4Si$(TMS)，有些极性大的有机化合物只能用重水或其他极性大的溶剂，不便采用不能相溶的 TMS，可用水溶性更好的 4,4-二甲基-4-硅代戊磺酸钠(4,4-dimethyl-4-silapentane sodium sulfonate，DSS)为内标，如果用重氢 DSS(DSS-d_6)作标准物质，消除了 δ0.5～3.0 的溶剂峰则更为理想。

$$(CH_3)_3SiCH_2CH_2CH_2SO_3^- Na^+ \qquad (CH_3)_3SiCD_2CD_2CD_2SO_3^- Na^+$$

DSS　　　　　　　　DSS-d_6

共振谱中各组峰的面积由积分曲线或打印的数值表示，与其相应质子的数目成正比。由于各类质子的弛豫时间不一致，饱和程度不同，会引起误差，积分面积很难严格地与质子数目成比例。经常发现芳氢及烯氢较易饱和，它们的面积积分往往偏低。

4.2　^{1}H 化学位移和结构的关系

4.2.1　屏蔽和屏蔽常数

核的化学位移与该核所处化学环境所决定的屏蔽常数有关[式(4-7)]。凡能够引起核磁共振信号移向高场的称为屏蔽作用(shielding effect)，引起信号移向低场的称为去屏蔽作用(deshielding effect)。

核的屏蔽常数 σ 是抗磁屏蔽常数 σ^{dia}、顺磁屏蔽常数 σ^{para}、邻近基团的各向异性屏蔽 σ^N 以及介质的屏蔽 σ^{med} 四项的加和，即

$$\sigma_i = \sigma^{dia} + \sigma^{para} + \sigma^N + \sigma^{med} \qquad (4-15)$$

σ^{dia} 为核外球形对称的局部电子流引起。^{1}H 只有 s 轨道，以 σ^{dia} 为主，其次还有 σ^N、σ^{med}。由兰姆(Lamb)公式

$$\sigma^{dia} = \frac{e^2}{3mc^2}\sum_i (r_i^{-1}) \qquad (4-16)$$

式中，电荷 e、质量 m、光速 c 均为常数，只有 1 个电子，$i=1$，因此 σ^{dia} 与核外电子距核的平均距离(r)的倒数成正比。由此出发，可定性地讨论影响^{1}H 核化学位移的因素。

4.2.2　影响化学位移的结构因素

1. 电子效应

分子中某一氢核的化学位移与其外围电子对这个核的屏蔽有关。

不同卤素的卤代甲烷，甲基的化学位移 δ 值随着卤素电负性的增加而增大，显然是卤素的吸电子诱导效应的去屏蔽作用引起的。

	卤原子的电负性增强 ↓		去屏蔽作用增大 ↓
CH_3I		δ=2.16	
CH_3Br		2.68	
CH_3Cl		3.05	
CH_3F		4.26	

在共轭体系中，除考虑原子的电负性(诱导效应)外，还需考虑因共轭效应引起的电子云密度分布的变化。下列各类氢核的化学位移与共轭体系中电子云转移的方向相应。

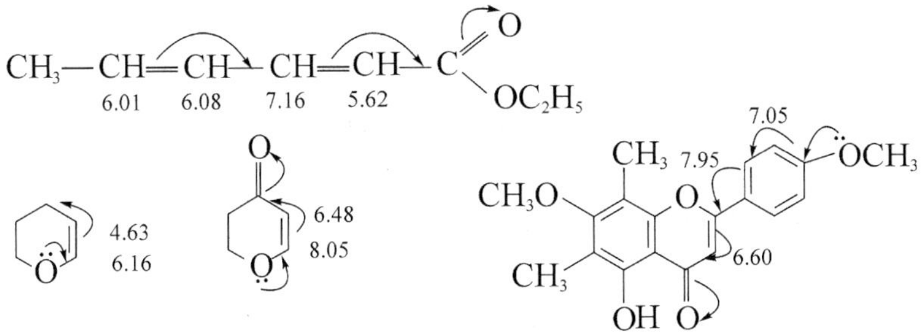
CH₃—CH═CH—CH═CH—C(═O)OC₂H₅
6.01
6.08
7.16
5.62
4.63
6.16
6.48
8.05
7.05
7.95
6.60
CH₃
CH₃O
CH₃
OH
OCH₃

一些与氢核不直接相连的原子在适当距离的位置也可通过空间传递其电子效应——场效应。不同构型的邻二肟，其 10-位甲基和 4-位氢的化学位移有相当大的差异。

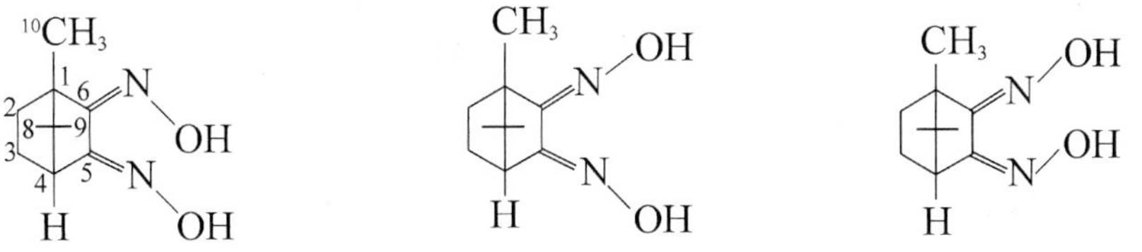
10CH₃
1
2
3
4
5
6
8
9
N
OH
H
CH₃

10-位甲基	δ0.99	1.32	1.31
4-位氢	δ3.07	2.99	2.18

由结构特点分析可知，肟分子的远程去屏蔽作用主要来源于羟基氧的场效应。

2. 邻近基团的磁各向异性

键或基团表现各向异性的屏蔽作用是通过空间传递的，为另一种更普遍的远程屏蔽作用。

(1) 芳环。芳环氢的 δ 数值都比较大，苯环氢 δ7.25，如图 4－5(a)所示，这是因为苯环的抗磁环流所引起的各向异性的结果。

在苯环平面的上下方，由于感生磁场与外加磁场(H_0)方向相反而产生抗磁屏蔽，环的上、下方成为屏蔽区(以正号表示)；而在芳环平面的周围则由于感生磁场方向与外加磁场方向一致而表现顺磁屏蔽，成为去屏蔽区(以负号表示)。所以处于芳环周围氢核的化学位移都出现在较低场，而处于芳环上、下方或一些具有 $4n+2\pi$ 电子的大环轮烯中间的氢核的化学位移则出现在较高场[图 4－5(b)、(c)]。

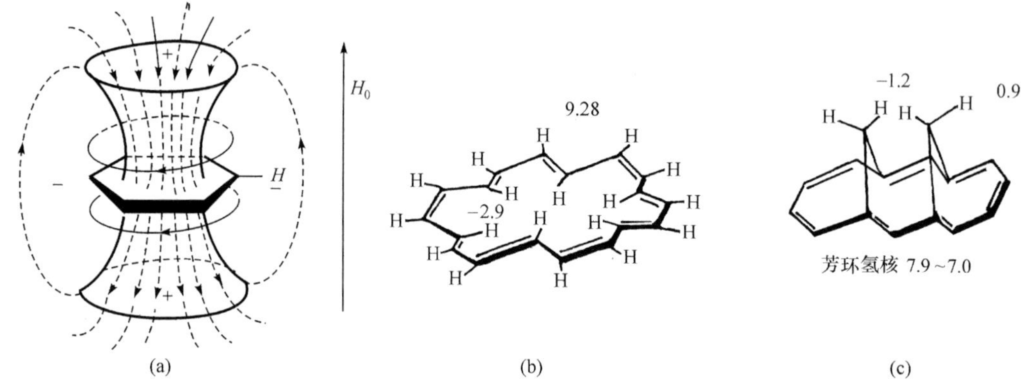

图 4-5　芳环屏蔽作用示意图

(a) 苯；(b) [18]-轮烯；(c) 1,10-3,8-二亚甲基[14]-轮烯

(2) 羰基。羰基的屏蔽作用与芳环相仿，其平面的上、下各有一个锥形的屏蔽区，其他方向为去屏蔽区。由以下例子可见羰基所在平面上、下锥形区内的氢核因屏蔽作用移向高场，处于这种锥形区以外的氢核则移向低场，距羰基近的这种位移更为明显。

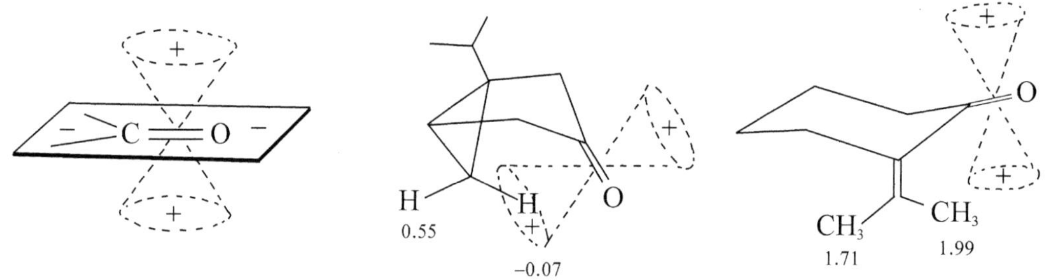

(3) 碳碳双键。双键的各向异性也与芳环相似。考察以下两对化合物，相应基团氢核的化学位移不同，明确显示双键所在平面的上、下锥形为屏蔽区，锥形以外为去屏蔽区。双键(羰基和碳碳双键)屏蔽区角锥体的角度大小尚未见定量研究。

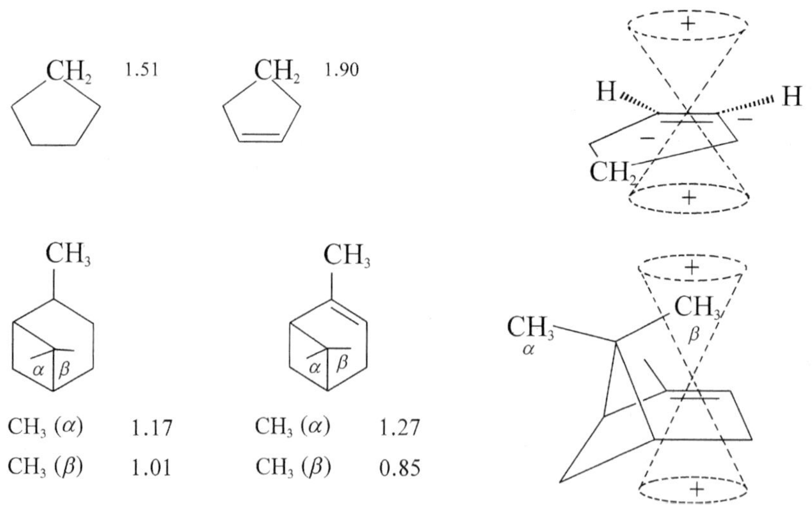

(4) 叁键。炔氢有一定的酸性，其化学位移与烯质子相比似应处于较低场。但事实上与估计的相反，这是由于叁键的 2 个 π 轨道组成以 σ 键为轴的圆筒形状使炔氢处于叁键的屏蔽区。

(5) 单键。单键也有屏蔽效应，其方向与双键类似。环己烷中由于 C—C 单键的屏蔽，直立氢的化学位移 δ 值比平伏氢的化学位移 δ 值低 0.1～0.7ppm。二环[1.1.1]戊烷次甲基七重峰 $\delta_{4.47}$ 是三个 C—C 单键去屏蔽效应加和的结果。

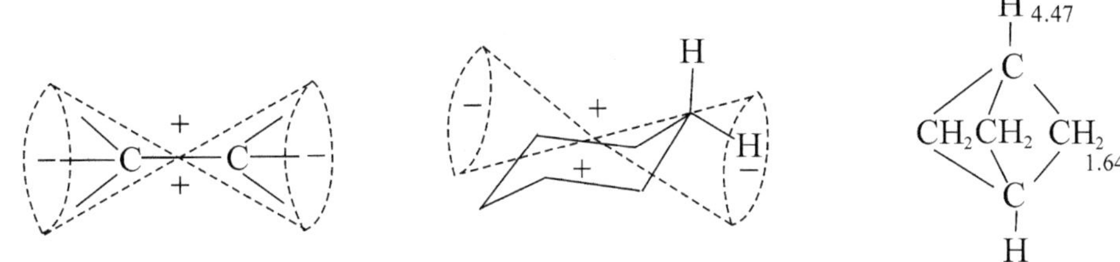

(6) 环丙烷体系。环的上、下方为屏蔽区，因此环丙烷本身的氢处于较高场，δ 值为 0.22。在如下具有三元环的甾体化合物中，由于平伏氢受到三元环的屏蔽作用，与普通甾体化合物比较，平伏氢与直立氢的 δ 值发生倒转，平伏氢的 δ 值小于直立氢。

3. 范德华效应

当两个氢原子在空间相距很近时，由于原子外电子的相互排斥，这些氢核周围的电子云密度相对降低，其化学位移向低场移动，称为范德华(van der Waals)效应。例如，化合物(A)中，羰基α-位直立键的氢比较拥挤，与化合物(B)中相应的 α-氢的化学位移相比处于较低场。

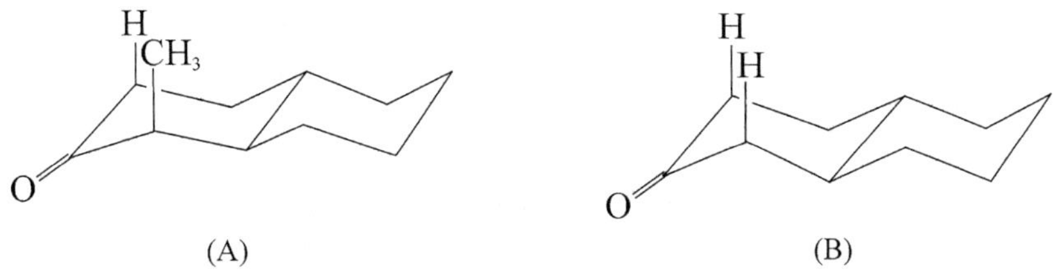

(A)　　(B)

一些刚性结构化合物的 van der Waals 效应更为明显，如异构体(C)和(D)。H_b 化学位移的差异主要由羟基的场效应引起，H_a 的不同则是起因于 van der Waals 效应。

H_c　H_b　H_a　OH

H_a　4.68

H_b　2.40

(C)

H_c　H_b　HO　H_a

H_a　3.92

H_b　3.55

(D)

若[1]H 核存在多种屏蔽作用，其 δ 值为多重影响因子的总和。例如，丙烯酸 H_b 的共振信号处于 H_a 和 H_c 之间，是共轭效应、场效应和基团各向异性共同影响的结果。

OH

H_a　C=O

C=C

H_c　H_b

4.2.3　氢键和溶剂效应

1. 氢键

由于氧的顺磁性屏蔽，形成氢键的羟基质子比没有形成氢键时易在较低场发生共振，分子内形成氢键，浓度对 δ 值影响较小，分子间形成氢键则 δ 值与浓度有关。

图 4－6 表明乙醇在不同浓度时，羟基峰随浓度的降低氢键减弱，δ 值向高场移动。

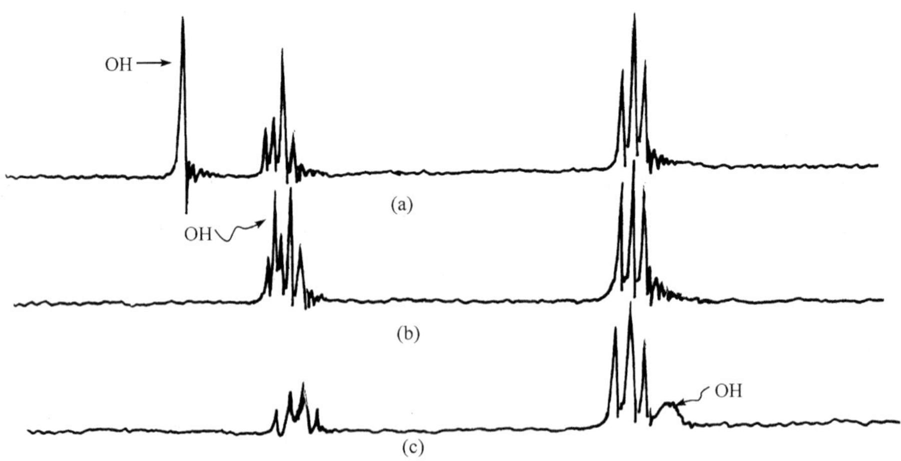

图 4－6　CCl_4 中不同浓度乙醇的共振谱

(a) 10%；(b) 5%；(c) 0.5%

由于羧基形成氢键的能力很强，所以羧酸羟基的化学位移都出现在低场。图 4－7 为丙烯酸的[1]H-NMR 谱。

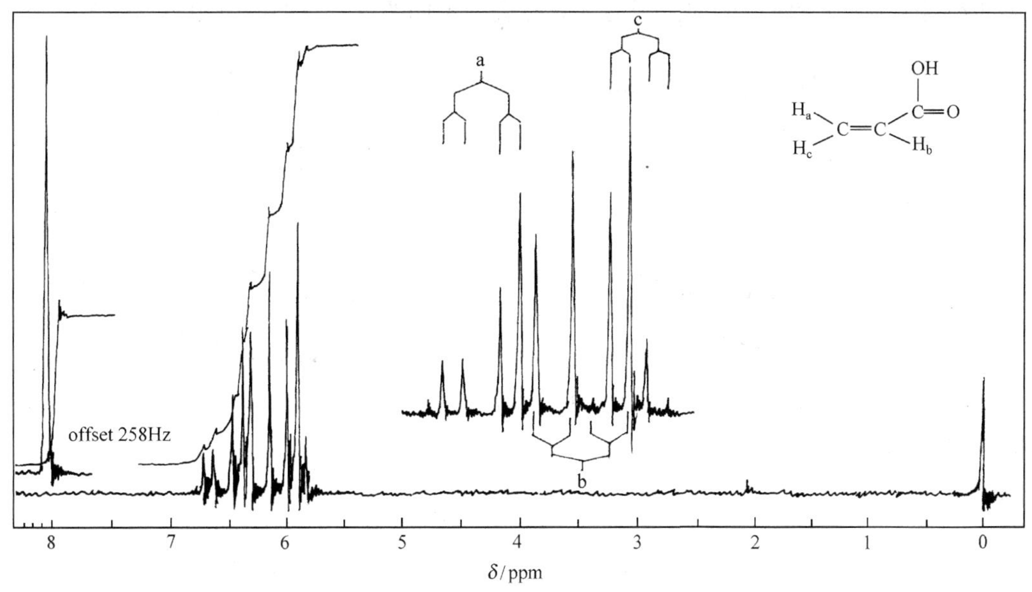

图 4-7 丙烯酸的¹H-NMR 谱(60MHz)

2. 溶剂效应

同一种样品,所用溶剂不同,其化学位移也有一定的差异,这是由于溶剂与溶质之间有不同作用的结果,称为溶剂效应。有些溶剂(如苯)对化合物的化学位移有相当大的影响。在苯作溶剂的溶液中,苯与溶质中极性较大的基团相互作用,其正电荷较集中的一端与电子云丰富的苯环形成瞬间的“复合物”,因此溶剂对溶质分子的各部分有不同的影响。以环己酮衍生物为例,在氯仿与苯中测定的化学位移差值 $\Delta(\delta_{CDCl_3}-\delta_{C_6H_6})$ 对环己酮羰基邻位的直立氢或直立甲基为正值(屏蔽),而对邻位平伏氢或甲基氢则为很小的正值或负值。

(a)CH_3　CH_3(e)　CH_3(e)　O

O　CH_3　CH_3 (a)(0.26)　CH_3 (e)(−0.09)

α,β-不饱和酮的不同构象(s-顺式、s-反式)相应位置的化学位移也不同。在苯溶剂中,s-顺式异构体的α-位氢的Δ值为正,β-位氢的Δ值为负,而在s-反式异构体中正相反。

α,Δ_-　O　β,Δ_+　$\Delta\sim0$

β,Δ_-　O　α,Δ_+　$\Delta\sim0$

吡啶衍生物及吡咯衍生物由于溶剂效应表现不同的 Δ 值，也可得到同样的解释。

H　H (−0.47)
CH_3　N　CH_3 (0.03)
CH_3 (0.72)
δ^-　δ^+ NH

CH_3 (0.58)
(0.40)
(−0.10)
N
δ^+　Nδ^-

在二甲基甲酰胺分子中，由于氮上未分享电子对与羰基的共轭效应，赋予 N—CO 键部分双键性质。

$$H—C(=O)—\ddot{N}(CH_3)_2 \longleftrightarrow {}^-O(H)C=\overset{+}{N}(CH_{3(\beta)})(CH_{3(\alpha)})$$

氮上两个甲基是不等价的。在 $CDCl_3$ 溶剂中的核磁共振谱上出现两个积分相等的甲基信号，β-甲基在羰基一边，与醛氢的偶合常数较大，出现在较高场，明显地裂分为两重峰。α-甲基处于羰基的另一边，近于单峰，出现在较低场。在 $CDCl_3$-C_6D_6 混合溶剂中，随着 C_6D_6 溶剂的增加，α-甲基的化学位移逐渐移向高场，最后越过 β-甲基，如图 4-8 所示。

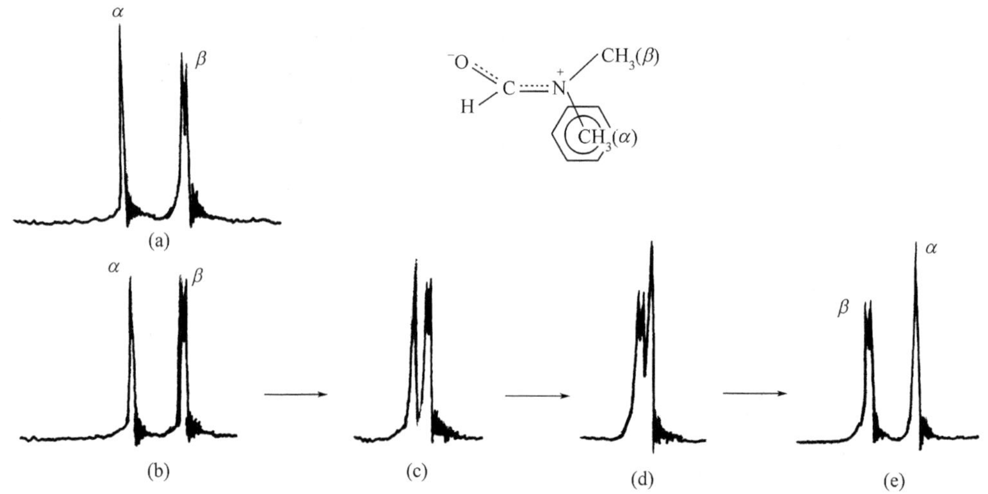

图 4-8　溶剂对二甲基甲酰胺中甲基共振峰的影响

(a) $CDCl_3$ 溶剂；(b)～(e) $CDCl_3$-C_6D_6 混合溶剂中 C_6D_6 成分逐渐增加

在苯与二甲基甲酰胺的复合物中，苯环较多地靠近带正电荷的氮而远离带负电氧的一端，使 α-甲基受到苯环的屏蔽，因此向高场位移。

由于溶剂效应而发生化学位移变化还有形成氢键等因素。

用三氟乙酸作溶剂测定含羧基及羟基的化合物时，这些基团的质子与三氟乙酸质子快速交换而看不到它们的共振信号。测定胺类化合物时，由于生成盐而使胺基质子信号发生较大的顺磁性位移，出现在较低场。

4.2.4 各类氢核的化学位移及其经验计算参数

各类^{1}H 的 δ_H 值范围如图 4－9 所示。

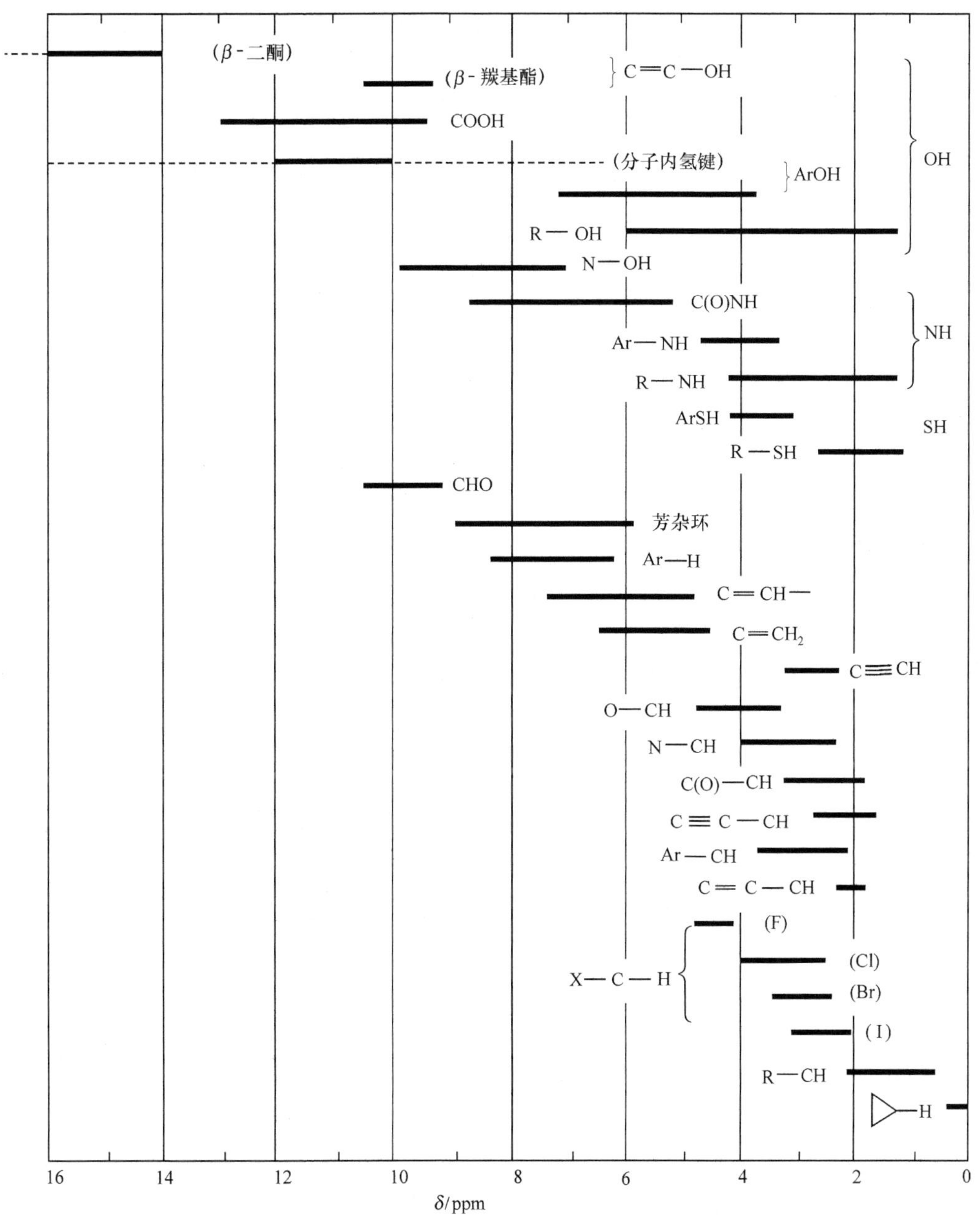

图 4－9 各类氢核的 δ_H 范围

1. 饱和碳-氢的化学位移

烷基(单取代烷烃)中甲基、亚甲基和次甲基的化学位移列于表 4-3。

表 4-3 烷基化物(RY)的化学位移

Y	CH_3Y	CH_3CH_2Y		$CH_3CH_2CH_2Y$			$(CH_3)_2CHY$		$(CH_3)_3CY$
	CH_3	CH_2	CH_3	α-CH_2	β-CH_2	CH_3	CH	CH_3	CH_3
H	0.23	0.86	0.86	0.91	1.33	0.91	1.33	0.91	0.89
$—CH=CH_2$	1.71	2.00	1.00				1.73		1.02
$—C≡CH$	1.80	2.16	1.15	2.10	1.50	0.97	2.59	1.15	1.22
$—C_6H_5$	2.35	2.63	1.21	2.59	1.65	0.95	2.89	1.25	1.32
—F	4.27	4.36	1.24						
—Cl	3.06	3.47	1.33	3.47	1.81	1.06	4.14	1.55	1.60
—Br	2.69	3.37	1.66	3.35	1.89	1.06	4.21	1.73	1.76
—I	2.16	3.16	1.88	3.16	1.88	1.03	4.24	1.89	1.95
—OH	3.39	3.59	1.18	3.49	1.53	0.93	3.94	1.16	1.22
—O—	3.24	3.37	1.15	3.27	1.55	0.93	3.55	1.08	1.24
$—OC_6H_5$	3.73	3.98	1.38	3.86	1.70	1.05	4.51	1.31	
$—OCOCH_3$	3.67	4.05	1.21	3.98	1.56	0.97	4.94	1.22	1.45
$—OCOC_6H_5$	3.88	4.37	1.38	4.25	1.76	1.07	5.22	1.37	1.58
$—OSO_2—C_6H_4CH_3$	3.70	3.87	1.13	3.94	1.60	0.95	4.70	1.25	
		4.07	1.30						
—CHO	2.18	2.46	1.13	2.35	1.65	0.98	2.39	1.13	1.07
$—COCH_3$	2.09	2.47	1.05	2.32	1.56	0.93	2.54	1.08	1.12
$—COC_6H_5$	2.55	2.92	1.18	2.86	1.72	1.02	3.58	1.22	
—COOH	2.08	2.36	1.16	2.31	1.68	1.00	2.56	1.21	1.23
$—CO_2CH_3$	2.01	2.28	1.12	2.22	1.65	0.98	2.48	1.15	1.16
$—CONH_2$	2.02	2.23	1.13	2.19	1.68	0.99	2.44	1.18	1.22
$—NH_2$	2.47	2.74	1.10	2.61	1.43	0.93	3.07	1.03	1.15
$—NHCOCH_3$	2.71	3.21	1.12	3.18	1.55	0.96	4.01	1.13	
—SH	2.00	2.44	1.31	2.46	1.57	1.02	3.15	1.34	1.43
—S—	2.09	2.49	1.25	2.43	1.59	0.98	2.93	1.25	
—S—S—	2.30	2.67	1.35	2.63	1.71	1.03			1.32
—CN	1.98	2.35	1.31	2.29	1.71	1.11	2.67	1.35	1.37
—N=C	2.85			3.30*			4.83	1.45	1.44
$—NO_2$	4.29	4.37	1.58	4.28	2.01	1.03	4.44	1.53	

* $CH_3(CH_2)_3NC$ 的数据(无溶剂)。

若有两个取代基,则其影响可以粗略地用叠加值。举例如下:

$$(CH_3)_2C\begin{matrix}OH \\ CN\end{matrix}$$

取模型$(CH_3)_2CHY$

Y=OH 或 CN

以 Y=H δ 0.91 为基数(表 4-3)

Y=OH 增值：1.16−0.91=0.25

Y=CN 增值：1.35−0.91=0.44

δ_{CN_3} 计算值：　0.91+0.25+0.44=1.60

实测值：　1.63

CH_3CHBr_2　　取模型 CH_3CH_2Y

以 Y=H δ 0.86 为基数

Y=Br 增值：1.66−0.86=0.80

δ_{CH_3} 计算值：　0.86+0.8×2=2.46

实测值：　2.47

$$CH_3\overset{O}{\overset{\|}{C}}\underset{a}{CH_2}\underset{b}{CH_2}\overset{O}{\overset{\|}{C}}OC_2H_5$$

取模型　$CH_3\underset{\beta}{CH_2}\underset{\alpha}{CH_2}Y$

由表 4-3，有

Y	β	α
—H	1.33	—
$—COCH_3$	1.56	2.32
$—COOCH_3$	1.65	2.22

(甲酯的影响与乙酯相差甚微)

对 a 质子有一个相邻的酮羰基和一个不相邻的酯羰基。可用相邻为酮羰基的模型，α-H δ 2.32为基数

β-位取代酯羰基的增值：1.65−1.33=0.32

$\delta_{CH_2(a)}$ 计算值：　2.32+(1.65−1.33)=2.64

实测值：　2.67

对 b 质子有一个相邻的酯羰基和一个不相邻的酮羰基。用相邻为酯羰基的模型，α-H δ 2.22为基数

β-位取代酮羰基的增值：1.56−1.33=0.23

$\delta_{CH_2(b)}$ 计算值：　2.22+(1.56−1.33)=2.45

实测值：　2.43

若不考虑场效应、van der Waals 效应和氢键形成的可能等空间作用，距离较远的基团一般对化学位移影响很小，可以略而不计。

非单取代烃的亚甲基和次甲基的化学位移可用经验公式——Shoolery 公式进行

计算[1]。

以甲烷的 δ 值为基数，有

$$\delta = 0.23 + \sum \sigma_i \tag{4-17}$$

式中，σ 为屏蔽常数，各基团的 σ 值列于表 4－4。

表 4－4　亚甲基和次甲基取代基的屏蔽常数 σ

取代基	σ	取代基	σ	取代基	σ	取代基	σ
—Cl	2.53	—COR	1.70	$—CH_3$	0.47	$—CF_2$	1.21
—Br	2.33	—COOR	1.55	—C═C	1.32	$—CF_3$	1.14
—I	1.82	$—CONR_2$	1.59	—C≡C	1.44	—NCS	2.86
—OH	2.56	$—NR_2$	1.57	—C≡C—Ar	1.65	$—NO_2$	2.46
—OR	2.36	$—N_3$	1.97	—C≡C—C≡C—R	1.65		
$—OC_6H_5$	3.23	—SR	1.64	$—C_6H_5$	1.85		
—OCOR	3.13	—SCN	2.30	—CN	1.70		

例如，$BrCH_2Cl$ 中亚甲基化学位移计算值为

$$\delta = 0.23 + 2.33 + 2.53 = 5.09$$

实测值为

$$\delta = 5.16$$

这个公式对计算亚甲基的化学位移较为合适。应用于次甲基则误差较大。有时误差可达 1.0ppm 以上。

2. 不饱和碳—氢的化学位移

烯氢化学位移经验公式：

$$\delta_{\mathrm{C=C\text{-}H}} = 5.25 + Z_{同} + Z_{顺} + Z_{反} \tag{4-18}$$

式中，Z 为同碳取代基及顺式与反式取代基对于烯氢化学位移(以 5.25 为基数)的影响因子，其值列于表 4－5[2]。

对那些共轭体系延伸或具有竞争性吸电子基团、立体位阻或环张力等因素的烯氢化学位移，按表 4－5 数据计算常有较大误差。例如

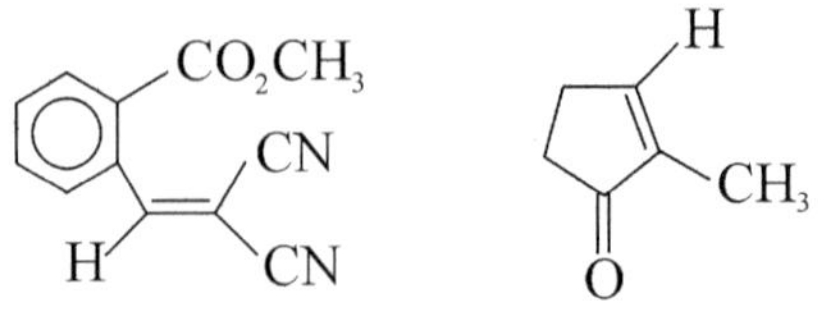

CO_2CH_3　CN　CN　H　　　H　CH_3　O

($CDCl_3$)　实测值 8.72　　　实测值 7.23

　　　　　计算值 8.20　　　计算值 6.59

炔氢的化学位移为 δ2.5～3，与其他类型的氢核重叠较多，但也有其特点，即除乙炔外，仅存在远程偶合(见 4.3.2)。

表 4-5 取代基对烯氢化学位移的影响

取代基	$Z_{同}$	$Z_{顺}$	$Z_{反}$	取代基	$Z_{同}$	$Z_{顺}$	$Z_{反}$
—H	0	0	0	—OR(R 饱和)	1.22	−1.07	−1.21
—R	0.45	−0.22	−0.28	—OR(R 共轭)	1.21	−0.60	−1.00
—R(环)*	0.69	−0.25	−0.28	—OCOR	2.11	−0.35	−0.64
—CH_2—O,I	0.64	−0.01	−0.02	—Cl	1.08	0.18	0.13
—CH_2—S—	0.71	−0.13	−0.22	—Br	1.07	0.45	0.55
—CH_2F,Cl,Br	0.70	0.11	−0.04	—I***	1.14	0.81	0.88
—CH_2—N<	0.58	−0.10	−0.08	>N—R	0.80	−1.26	−1.21
—CH_2—C═O —CH_2—CN	0.69	−0.08	−0.06	>N—R(R 共轭)	1.17	−0.53	−0.99
—CH_2—Ar	1.05	−0.29	−0.32	>N—C═O	2.08	−0.57	−0.72
—C═C	1.00	−0.09	−0.23				
—C═C(共轭)**	1.24	0.02	−0.05	—Ar	1.38	0.36	−0.07
—CN	0.27	0.75	0.55	—Ar(固定)	1.60	—	−0.05
—C≡C	0.47	0.38	0.12	—Ar(邻位有取代)	1.65	0.19	0.09
>C═O	1.10	1.12	0.87	—SR	1.11	−0.29	−0.13
>C═O (共轭)	1.06	0.91	0.74	—SO_2	1.55	1.16	0.93
—COOH	0.97	1.41	0.71	—SF_3	1.68	0.61	0.49
—COOH(共轭)	0.80	0.98	0.32	—SCN	0.80	1.17	1.11
—COOR	0.80	1.18	0.55	—CF_3	0.66	0.61	0.31
—COOR(共轭)	0.78	1.01	0.46	—$SCOCH_3$	1.41	0.06	0.02
—CHO	1.02	0.95	1.17	—$PO(C_2H_5)_2$	0.66	0.88	0.67
—CO—N<	1.37	0.98	0.46	—F	1.54	−0.40	−1.02
—COCl	1.11	1.46	1.01	—CHF_2	0.66	0.32	0.21

* 指讨论的双键是环的一部分。

** 指取代基间或讨论的双键与其他基团 sp^2 体系进一步共轭。

*** 仅有四种化合物的数据。

甲酰衍生物,如醛、甲酸及其酯、甲酰胺等,甲酰基的氢均处于羰基去屏蔽区,其化学位移都在较低场,醛氢 δ9.3～10.3,甲酸酯和甲酰胺 δ7.8～8.5。

醛氢的化学位移变化不大,很难根据 δ 值区别脂肪醛和芳香醛。醛的取代烃基的状况只能从偶合关系加以区别。一般共轭醛与邻位氢的偶合常数为 7Hz,而饱和醛仅为 3Hz。

3. 芳氢的化学位移

取代芳环的芳氢谱图比较复杂。一些电子效应较弱的烃基芳环、氯代苯或相同基团的对二取代苯在普通仪器上可以近似呈现单峰,其他电子效应较强的取代苯都呈现不同的复杂谱峰。

取代苯芳氢化学位移的经验公式为[3]

$$\delta = 7.30 - \sum S \tag{4-19}$$

δ 值计算参数列于表 4-6(a)和表 4-6(b)。表 4-6(b)所列取代基的影响数值中有一些准确度较差。

表 4-6(a)　取代基对苯环芳氢化学位移的影响

取代基	$S_{邻}$	$S_{间}$	$S_{对}$	取代基	$S_{邻}$	$S_{间}$	$S_{对}$
—OH	0.45	0.10	0.40	—CH═CHR	−0.10	0.00	−0.10
—OR	0.45	0.10	0.40	—CHO	−0.65	−0.25	−0.10
—OCOR	0.20	−0.10	0.20	—COR	−0.70	−0.25	−0.10
$—NH_2$	0.55	0.15	0.55	—COOH(R)	−0.80	−0.25	−0.20
$—CH_3$	0.15	0.10	0.10	—Cl	−0.10	0.00	0.00
$—CH_2—$	0.10	0.10	0.10	—Br	−0.10	0.00	0.00
—CH<	0.00	0.00	0.00	$—NO_2$	−0.85	−0.10	−0.55

表 4-6(b)　取代基对苯环芳氢化学位移的影响

取代基	$S_{邻}$	$S_{间}$	$S_{对}$	取代基	$S_{邻}$	$S_{间}$	$S_{对}$
—CN	−0.21	−0.08	−0.27	$—NHCOCH_3$	−0.28	−0.03	
—Ph	−0.15	0.03	0.11	—NCO	0.10	0.07	
$—CCl_3$	−0.8	−0.17	−0.17	—NO	−0.48	0.11	
$—CHCl_2$	−0.07	−0.03	−0.07	—N═NPh	−0.75	−0.12	
$—CH_2Cl$	0.03	0.02	0.03	$—NHNH_2$	0.48	0.35	
$—CMe_3$	0.02	0.13	0.27	—OTs	0.26	0.05	
$—CH_2OH$	0.13	0.13	0.13	—OPh	0.26	0.03	
$—CH_2NH_2$	0.03	0.03	0.03	—SH	−0.01	0.10	
—F	0.33	0.05	0.25	$—SCH_3$	0.03	0.00	
—I	−0.37	0.29	0.06	$—SO_3H$	−0.55	−0.21	
				$—SO_2Na$	−0.45	0.11	
				$—SO_2Cl$	−0.83	−0.26	
				$—SO_2NH_2$	−0.60	−0.22	
				—COPh	−0.57	−0.15	

在复杂的结构中，由于各种基团的各向异性及其他结构因素的影响，计算值与实测值差别较大。

多环芳烃因抗磁环流的去屏蔽效应增强，芳氢化学位移的 δ 值比苯环大一些。

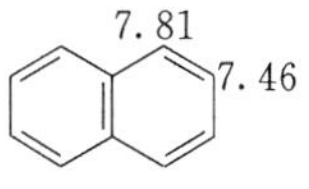

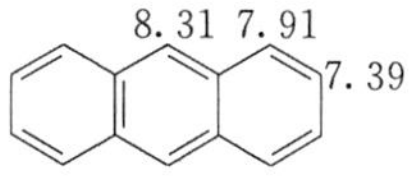

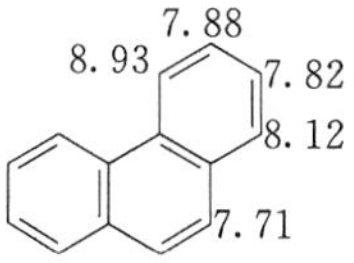

其他芳杂环的化学位移影响因素比较复杂，受溶剂的影响也较大。一些典型芳杂环化合物的化学位移列于表 4－7。

表 4－7 一些典型芳杂环化合物的化学位移($CDCl_3$)

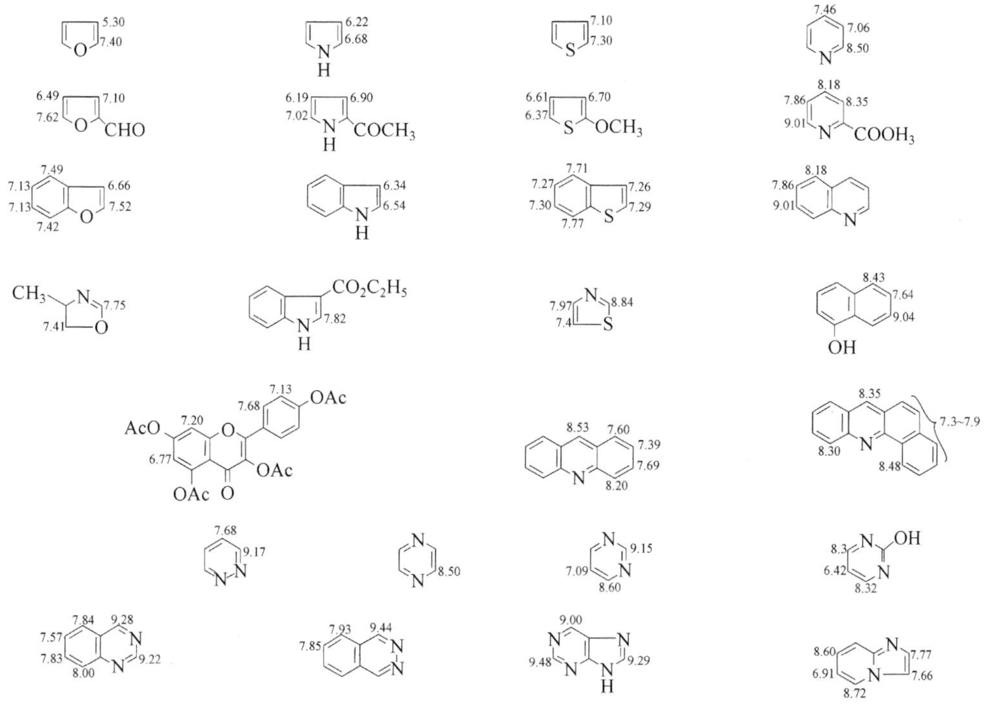

4. 各类活泼氢的化学位移

常见的活泼氢，如—OH、—NH、—SH，由于在溶剂中质子交换速率较快，并受形成氢键等因素影响(与温度、溶剂、浓度都有很大关系)，它们的 δ 值很不固定。图 4－9 示出各种活泼氢 δ 值的大致范围。各文献引用的总结数据相差甚大，其中 δ 值仅供参考。

5. 一些环状化合物的化学位移

脂环化合物，特别是多个脂环稠合在一起的具有刚性骨架的笼状化合物中，不同的取代基及不同的取代位置与其周围的各种氢核间有复杂的立体化学关系。它们对化学位移的影响与开链化合物有很大的不同，考虑它们的化学位移时只能与结构类似的模型化合物进行比较，以免得出错误结论。表 4－8 列出一些模型环状化合物的化学位移。

表 4－8　一些模型环状化合物的化学位移

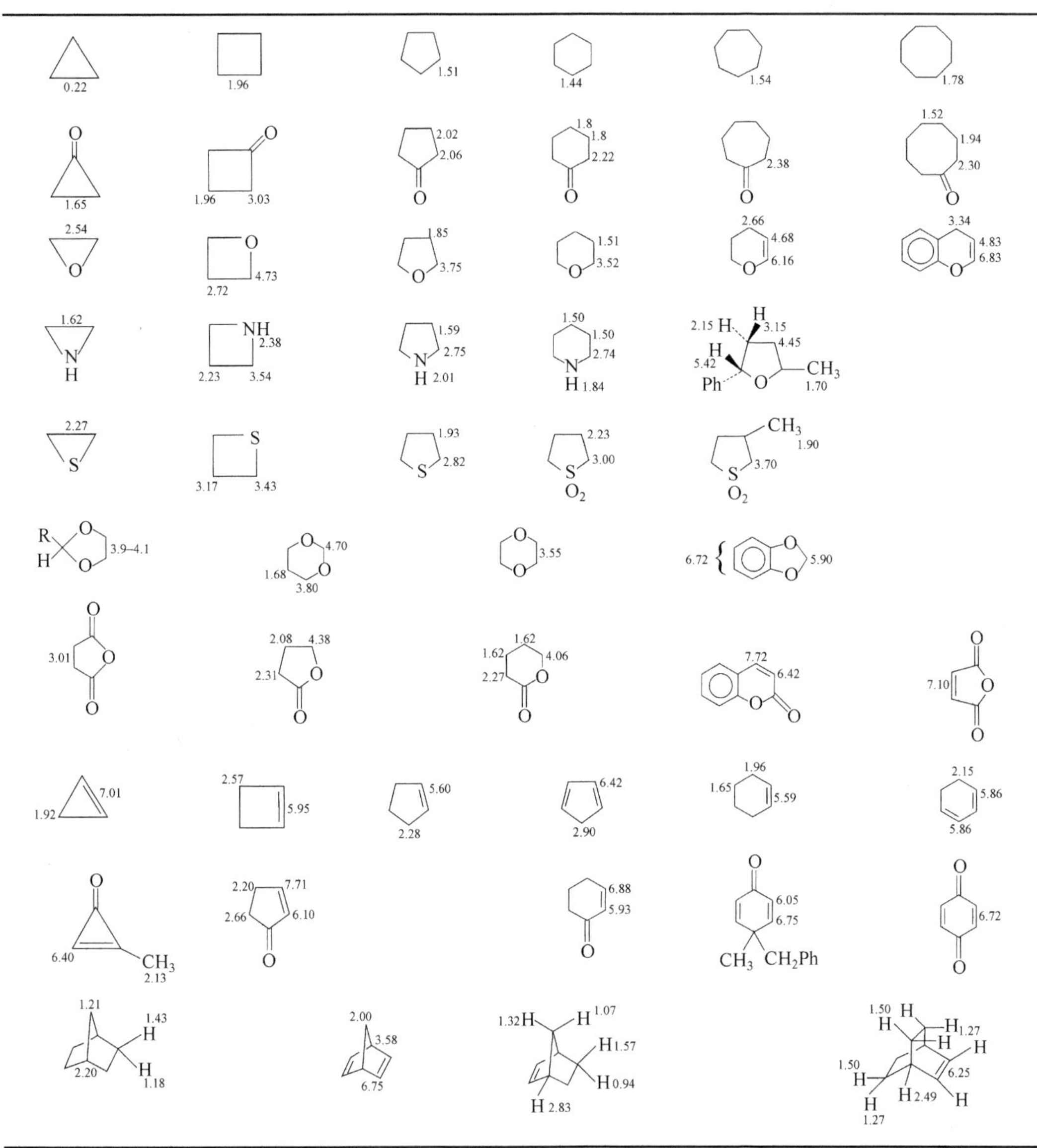

其他还有酰胺类、联苯类化合物，由于受阻旋转，形成各氢核的不同环境，表现不同的化学位移。这种受阻旋转受温度影响较大，将在 4.5.6 讨论。

4.3　自旋偶合与偶合常数

4.3.1　自旋偶合和自旋分裂

在乙基苄基醚的共振谱（图 4－2）中有四组峰，乙基中亚甲基和甲基峰均呈现复峰，前者四重峰，后者三重峰，是自旋的氢核之间相互干扰的结果。这种现象称为自旋-自旋偶合(spin-spin coupling)，简称自旋偶合。由自旋偶合引起的吸收峰分裂使谱线增多的现象称为自旋-自旋分裂，简称自旋分裂。

如前所述，氢核在磁场中有两种取向，图 4-2 的乙基中，亚甲基两个氢核的取向可以相同，也可以相反。总共有三种自旋组合态 M，构成了不同局部磁场，如图 4-10 所示，使甲基的吸收峰分裂为 3，其高度比应为 1∶2∶1。同理，次甲基的氢核受甲基的作用被分裂为 4，其高度比为 1∶3∶3∶1。

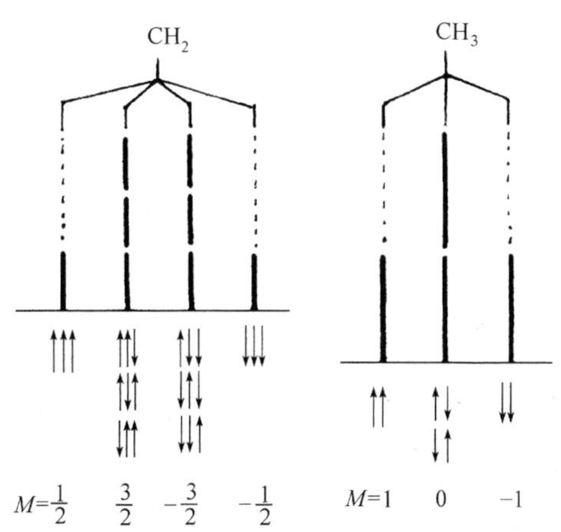

图 4-10　乙氧基的甲基和亚甲基间^{1}H 自旋相互影响

M 为自旋组合态：⊕号，偶合时信号向低场位移；⊖号，偶合时信号向高场位移；$M=0$，偶合时信号不移动

原子间的自旋偶合相互作用是通过成键电子传递的，这种作用强度以偶合常数(coupling constant)J 表示，并以 Hz 为单位。乙基中甲基和亚甲基氢核之间相隔 3 个单键(H—C—C—H)，偶合常数约为 7Hz。由于它们裂分是相互干扰引起的，所以偶合常数相同。相隔 4 个和 4 个以上单键的氢核间，偶合常数趋于零。若此时 $J\neq 0$，则称为远程自旋偶合(long-range spin-spin coupling)，或简称远程偶合。在图 4-2 的高分辨谱图中所观察到的芳氢与 δ4.5 亚甲基之间的偶合分裂都是一种远程偶合现象。

由于偶合常数起源于核磁间的相互干扰，其作用大小与外加磁场无关。对于偶合引起的自旋分裂完满地加以解析，将有助于确定分子中各类氢核的相对位置及其立体化学关系。例如，次甲基显示四重峰，表示它有 3 个相邻的氢；甲基显示三重峰表明它有 2 个相邻的氢，若氢核的邻近有 n 个与之偶合常数相同的氢，则将分裂为 $n+1$ 重峰($2nI+1$，$I=\dfrac{1}{2}$时为 $n+1$)，即所谓 $n+1$ 规律。当氢核有不同的近邻，若 n 个氢为一种偶合常数，n' 个氢为另一种偶合常数时，则将呈现$(n+1)(n'+1)$重峰。

由 $n+1$ 规律所得到的复峰，其强度比为 1∶1(双峰)、1∶2∶1(三重峰)、1∶3∶3∶1(四重峰)、……比例数字为展开二项式的系数，呈帕斯卡尔(Pascal)三角形。图 4-11 列出按 $n+1$规律多重峰的相对强度和分裂成复峰的例子。

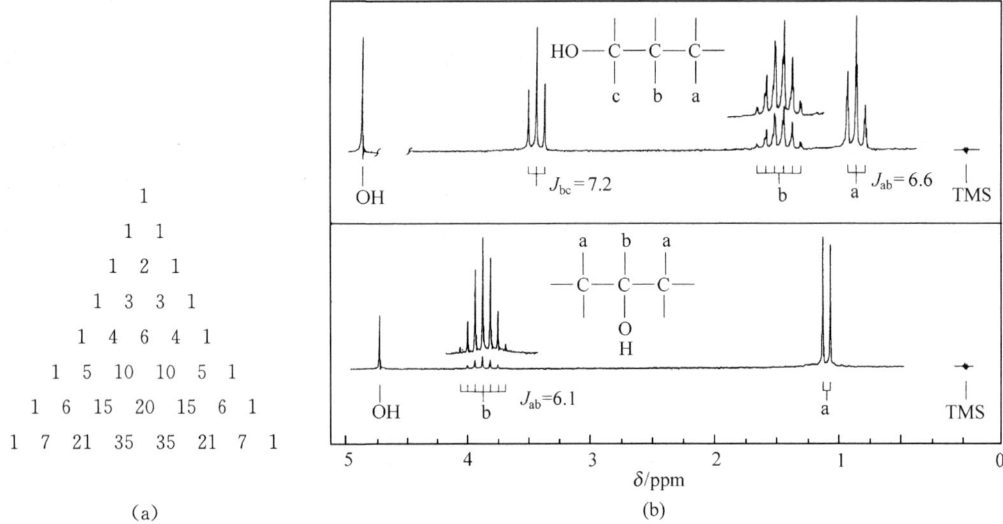

图 4-11 $n+1$ 规律裂分的多重峰相对强度(a)和偶合裂分实例(b)

$n+1$ 规律是一种相当粗略的解析手段，能用此规律估计偶合常数的方法称为一级近似，这种谱图称为一级图谱。只有当两峰之间的化学位移差距($\Delta\nu$)为偶合常数的 10 倍以上时，应用这一规律才是准确的。

$n+1$ 规律存在如下局限性：

(1) 它不能解释谱图的精细结构。下面将要介绍，乙醇分子中乙基的氢核应为 A_3B_2X 系统，具有 32 个能级，210 种跃迁方式，由于能量的简并和巧合，有的很弱，简化为 $n+1$ 规律。用纯制的乙醇在 60MHz 仪器上检测，并拉宽图谱，将会观察到精细结构。

(2) 各组分裂复峰的强度比绝大部分不等于二项展开式展开的系数。如图 4-2 所示，乙基中的四重峰的强度比不是 1∶3∶3∶1，其右侧的峰偏高，三重峰也不是 1∶2∶1，左侧的峰偏高(两组相干扰的峰间“向心”规律)，实际上在 60MHz 的 ^{1}H-NMR 谱中，找不到完全符合计算比例的实例。

(3) 每组裂分峰间距不一定相同，这种间隔也不一定代表偶合常数。

以上情况都将导致不同程度地偏离一级图谱。图 4-12 为不同磁场强度的仪器测试的正己醇的 ^{1}H-NMR 谱。在 600MHz 高场仪器测试的谱图[图 4-12(a)]中，甲基的信号基本遵从 $n+1$ 规律；图 4-12(b)300MHz 谱图中的甲基信号有一定偏离；图4-12(c)60MHz 谱图中甲基的三重峰非常勉强，虽然如此，在这种情况下，还是可以用 $n+1$ 规律来处理。图中的三重峰虽不好看，仍然可以识别。利用这种规律可以近似地求出化学位移和偶合常数值，只是情况不同，所得的化学位移和偶合常数的精确度不同。假如 J 和 $\Delta\nu$ 接近到一定程度，甚至 $J \gg \Delta\nu$ 时，以上考虑就行不通了。以后将会看到有些例子，$n+1$ 规律根本不能应用，这时就必须考虑其精细结构或二级裂分的处理。

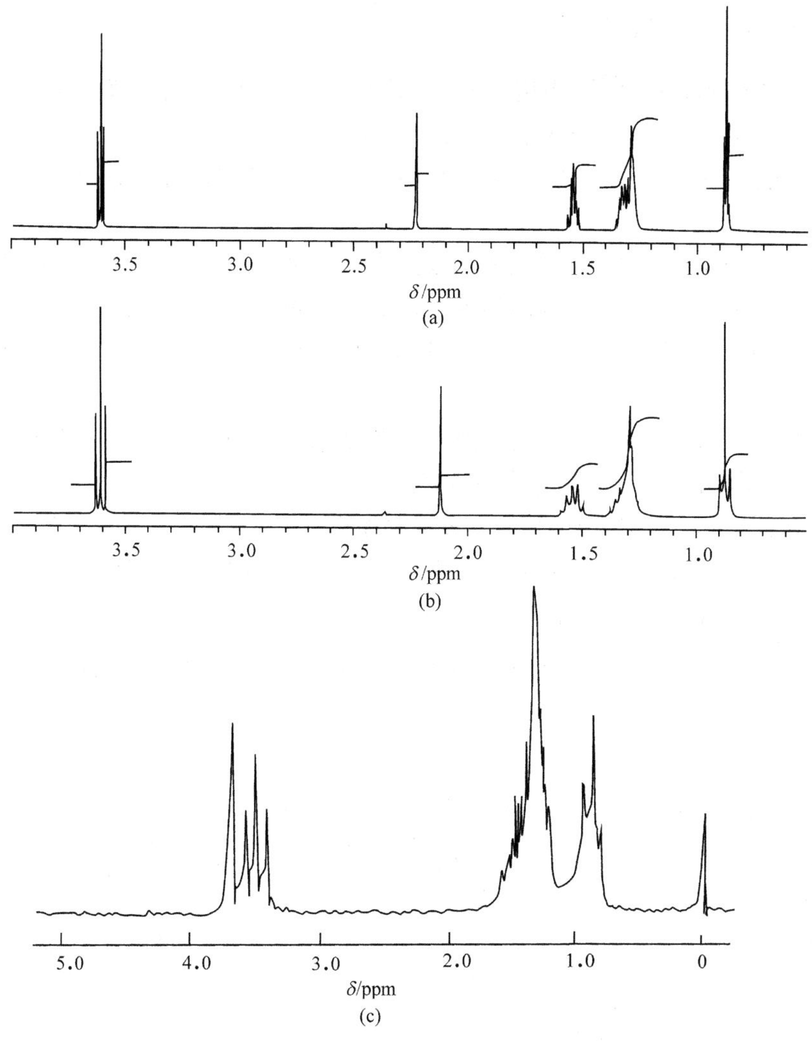

图 4－12　正己醇的^{1}H-NMR 谱

(a) 600MHz；(b) 300MHz；(c) 60MHz

4.3.2　偶合常数与结构的关系

由于自旋核间的相互干扰作用是通过它们之间的成键电子传递的，所以偶合常数的大小主要与其间键的数目和键的性质有关，因此也与成键电子的杂化状态、取代基的电负性、立体化学等结构因素有关。

通过两个键的偶合常数(^2J)一般为负值。双键上的同碳偶合($C=CH_2$)^2J 可为正也可为负，与取代基有关，三元环的^2J 为正，^4J 有正有负，取决于几何构型。

通过单数键的偶合常数(^3J，^5J 等)为正值，在多数情况下，通过四个或四个以上单键的偶合常数接近于零。

1. 同碳偶合常数($J_{同}$, ^2J)

^2J 的变化范围较大，与结构密切相关，情况比较复杂，一般大多数饱和烃的 ^2J 为 $-12\sim-15$Hz，末端双键 $C=CH_2$ 的 ^2J 为 ±2Hz。

在开链化合物中—CH_2—与 π 键(包括环丙基)为邻，^2J 的代数值降低，如化合物(A)～(D)。

环系化合物中，环己烷的 ^2J 与甲烷一致，其他环的 ^2J，由构象不同 ^2J 略有增减，环丙烷的 ^2J 为 $-3\sim-9$Hz。π 键对刚性环系 ^2J 的影响与构象有关。例如，化合物(E)为普通 π 键的影响，与(F)的 ^2J 差别较大，原因在于两者的 α-C—H 伸展方向与 C=O 平面的关系不同。

取代烃 X—CH_2—Y 的 ^2J 的代数值与取代基 X、Y 的电负性成比例，如(A)、(G)、(H)，在 β-位的取代基电负性的贡献为负值。

末端双键 Y=CH_2 的 ^2J 随 Y 的电负性增加绝对值变大，如(I)、(J)、(K)。对于环外双键 R=CH_2 的 ^2J 值，则不能仅与取代基的电负性有关，如(L)、(M)。

以下结构式右侧数值为 ^2J 值，单位为 Hz。

CH_4　−12.4
(A)

$C_6H_5—CH_3$　−14.3
(B)

CH_3COCH_3　−14.9
(C)

$CH_2(CN)_2$　−20.3
(D)

(1-茚酮，2-位 CH_2 的两个 H)　−16.0
(E)

(环戊-1,3-二酮，CH_2)　−21.5
(F)

CH_3F　−9.6
(G)

CH_2Br_2　−5.5
(H)

R—CH=CH_2　～1.6
(I)

ArNH—N=CH_2　−11～−12
(J)

O=CH_2　42
(K)

(亚甲基丁二酸酐，=CH_2)　～0
(L)

O=(氧杂环丁酮)=CH_2　−3.8
(M)

2. 邻位偶合常数($J_{邻}$, ^3J)

(1) 不饱和型。直链烯 CH_2=CH—Y、X—CH=CH—Y 中，$J_{反}>J_{顺}$，并有如表 4-9和表 4-10 的规律。随着 Y 电负性 E_Y 的增加，^3J 值减小。Y 以 π 键与双键共轭时，^3J 普遍增大。

表 4－9 CH_2 ═CHY 的^3J 变化

Y	E_Y	$J_{同}$	$J_{顺}$	$J_{反}$
F	3.95	−3.2	4.65	12.75
Br	3.0	−1.8	7.1	15.2
CN	2.5	1.3	11.3	18.2
R	2.5	1.6	10.3	17.3
Ph	2.5	1.3	11.0	18.0

表 4－10 X—C 的 X—CH ═CH—Y 的^3J 变化

X	Y	$J_{顺}$	$J_{反}$
F	F	−2.0	9.5
Br	Br	4.7	11.8
OR	R	6.5	12.8
Ph	COOH	12.3	15.8

环烯烃 $(CH_2)_n$（环上 C═C，各连一个 H）中，环的大小影响 C ═C—H 夹角，随着环的扩大，夹角减小，^3J 值相应增加，如表 4－11 所示。

表 4－11 环烯的 $J_{顺}$ 变化

n	$J_{H-C=C-H}$	n	$J_{H-C=C-H}$
3	0.5～1.5	7	9～12.5
4	2.5～3.7	8	10～13
5	5.1～7.0	9	10.7
6	8.8～11	10	10.8

（2）饱和型。饱和体系中的邻位偶合作用是通过 3 个单键（H—C—C—H）发生的，偶合常数为 0～16Hz。在开链化合物中由于自由旋转的均化作用而变为 6～8Hz，偶合常数的符号为正值。

邻位偶合常数与双面夹角（Φ）有关，可由 Karplus 公式[式（4－20）]或图 4－13 表示：

$$\left.\begin{aligned} J &= J^0\cos^2\Phi - C \qquad (0°\leqslant\Phi\leqslant 90°) \\ J &= J^{180}\cos^2\Phi - C \qquad (90°\leqslant\Phi\leqslant 180°) \end{aligned}\right\} \tag{4-20}$$

联系 $J_{邻}$ 与双面夹角关系的 Karplus 公式及其相应的关系图只能用于作出粗略的估计，由于还有各种复杂因素的干扰，不能用分子模型精确地预计 $J_{邻}$ 的大小，或由 $J_{邻}$ 测量值推断其双面夹角的精确值。

影响 $J_{邻}$ 的其他因素较多，如取代基电负性增加会导致 $J_{邻}$ 降低、环的大小不同时 $J_{邻}$ 也不同。

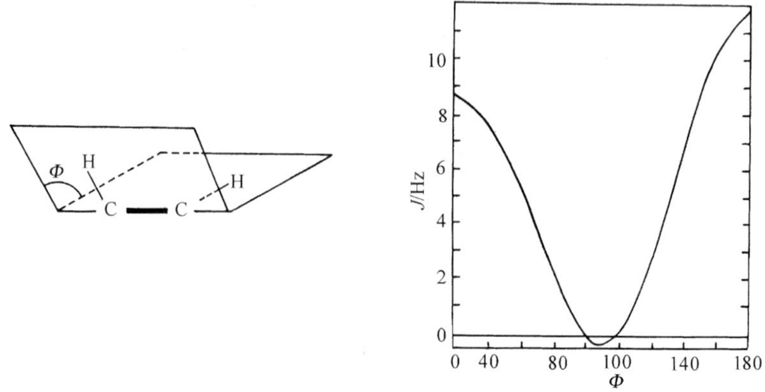

图 4-13　$J_{邻}$ 与双面夹角(Φ)的关系

$J^0=8.5Hz, J^{180}=11.5Hz, C=0.28Hz$

3. 芳氢偶合

芳环中，氢核间的偶合常数为正值，邻位较大，对位较小，对位芳氢的偶合在常规操作时不易察觉。例如，苯环 $J_{邻}=6.0\sim9.4$，$J_{间}=0.8\sim3.1$，$J_{对}=0.2\sim1.5$。间位的几何位置有利于远程偶合，间位偶合常数与芳环的大小(五元或六元)关系不大；邻位偶合则由于键角的改变，五元环的 $J_{邻}$ 小于六元环。取代基的电负性也有一定影响。

表 4-12 列出一些有机化合物中氢核间的偶合常数 J 范围和典型值。

表 4-12　一些有机化合物中氢核间的偶合常数 J 范围和典型值

化合物类型	J_{ab}/Hz	典型的 J_{ab}	化合物类型	J_{ab}/Hz	典型的 J_{ab}
H_a—C—H_b（同碳）	0～30	12～15	CH_a—C≡CH_b	2～3	
CH—CH（自由旋转）	6～8	7	CH_a—NH_b CH_a—OH_b	4～10 4～10	5 5
CH_a—C—CH_b	0～1	0	CH_a—C(=O)H_b	1～3	2～3
环己烷 H_a、H_b	a-a 6～14 a-e 0～5 e-e 0～5	8～10 2～3 2～3	C=CH_a—C(=O)H_b	5～8	6
环戊烷 H_a、H_b	0～7 (顺或反)	4～5	H_a—C=C—H_b（反式）	12～18	17

续表

化合物类型	J_{ab}/Hz	典型的 J_{ab}	化合物类型	J_{ab}/Hz	典型的 J_{ab}
H_a H_b	6～10 （顺或反）	8	$C{=}C$ H_a H_b	0～3	0～2
$C{=}C$ CH_a H_b	4～10	7	H_a H_b $C{=}C$	6～12	10
$C{=}C$ CH_b H_a	0～3	1.5	CH_a CH_b $C{=}C$	0～3	1～2
H_a CH_b $C{=}C$	0～3	2	H_a C F_b	44～81	
$C{=}CH_a—CH_b{=}C$	9～13	10	$CH_a—C—F_b$	3～25	
$CH_a—C—C—F_b$	0		4 3 5 O 2	$J_{2,3}$ 1.3～2.0 $J_{3,4}$ 3.1～3.8 $J_{2,4}$ 0～1 $J_{2,5}$ 1～2	1.8 3.6 ～0 1.5
$C{=}C$ H_a F	1～8		4 3 5 S 2	$J_{2,3}$ 4.9～6.2 $J_{3,4}$ 3.0～5.0 $J_{2,4}$ 1.2～1.7 $J_{2,5}$ 3.2～3.7	5.4 4.0 1.5 3.4
H_a $C{=}C$ F_b	12～40				
H_a H_b		3～5	4 3 5 C 2	$J_{2,3}$ 1.3～2.0 $J_{3,4}$ 3.1～3.8 $J_{2,4}$ 0～1 $J_{2,5}$ 1～2	
H_a H_b O		6	4 3 5 N 2 H	$J_{1,2}$ 2～3 $J_{1,3}$ 2～3 $J_{2,3}$ 2～3 $J_{3,4}$ 3～4 $J_{2,4}$ 1～2 $J_{2,5}$ 1.5～2.5	
H_a H_b O		4	4 N 5 6 N 2	$J_{4,5}$ 4～6 $J_{2,5}$ 1～2 $J_{2,4}$ 0～1 $J_{4,6}$ 2～3	
H_b H_a O		2.5			

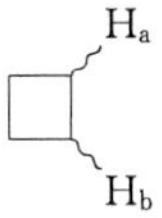

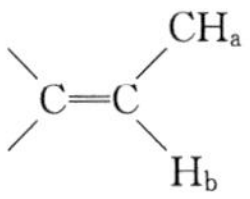

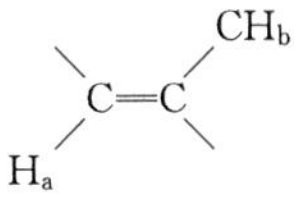

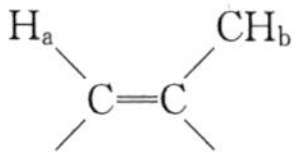

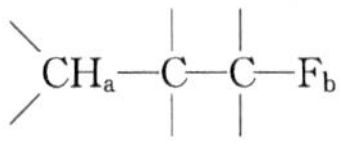

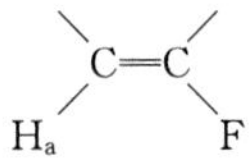

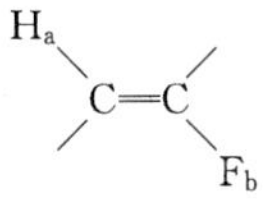

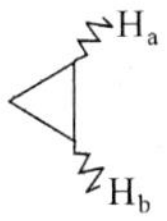

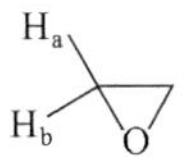

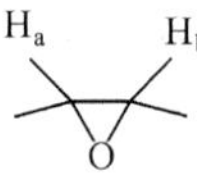

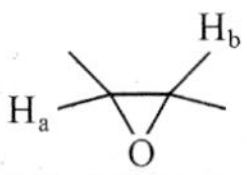

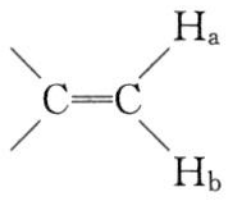

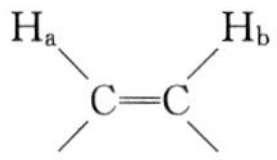

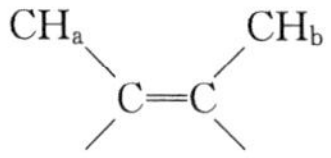

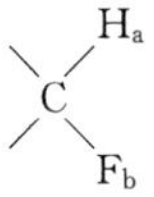

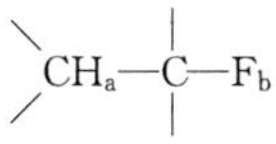

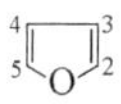

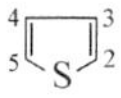

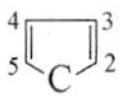

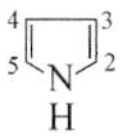

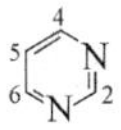

续表

化合物类型	J_{ab}/Hz	典型的 J_{ab}	化合物类型	J_{ab}/Hz	典型的 J_{ab}
	o- 6～10	9		$J_{4,5}$　3～4	
	m- 1～3	3		$J_{2,5}$　1～2	
	p- 0～1	0		$J_{2,4}$　～0	
	$J_{2,3}$　5～6	5		$J_{2,3}$　3.1	
	$J_{3,4}$　7～9	8		$J_{5,6}$　7.1	
	$J_{2,4}$　1～2	1.5		$J_{4,5}$　7.8	
	$J_{3,5}$　1～2	1.5		$J_{6,7}$　8.1	
	$J_{2,5}$　0～1	1		$J_{4,6}$　1.2	
	$J_{2,6}$　0～1	～0		$J_{5,7}$　1.3	
				$J_{4,7}$　0.9	

4. 远程偶合

通过 4 个或 4 个以上键的 2 个核间 $J\neq0$ 者称为远程偶合。远程偶合一般很小(0～3Hz),不易观察到,可由峰的半高宽度($W_{\frac{1}{2}}$)增加或加宽扫描宽度检查。

(1) 丙烯体系。$H_a—C=C—C—H_b$,$^4J_{ab}=0～3Hz$,如图 4 - 14 所示。

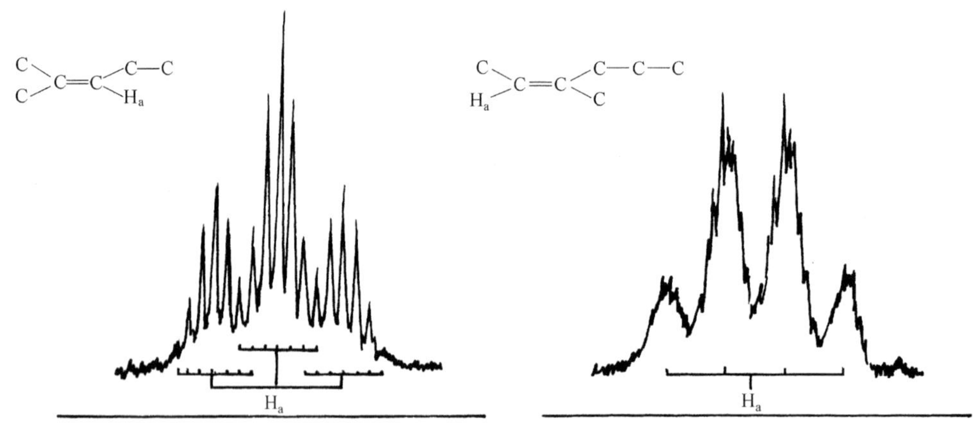

图 4 - 14　丙烯体系烯质子的共振谱

有多个烯氢的烃(如 1 -戊烯)的共振谱就复杂得多,如图 4 - 15 所示,属于 H_f 的四重主峰(详见 4.5.2)再被 H_c 以 ^3J 分裂为三重峰,通过解析容易观察到,属于 H_d、H_e 的共振谱,由于它们的 δ 值接近,且 $^2J_{de}$ 和 $^4J_{cd}$、$^4J_{ce}$ 相近,都很小,裂分后的谱线相互重叠,相当复杂,仅模糊地观察到 $^3J_{df}$ 和 $^3J_{ef}$。

丙烯体系远程偶合的大小取决于 σ、π 共轭,也就是丙烯位 $C—H_b$ σ 键与 π 轨道交盖的程度,交盖部分增加,^4J 值增大,这种交盖程度又与 π 体系所在平面与 $C—C—H_b$ 构成的平面间的夹角 θ 和 π 键键级及其极化的方向有关。$\theta=90°$,π 轨道与 $C—H_b\sigma$ 轨道共轭

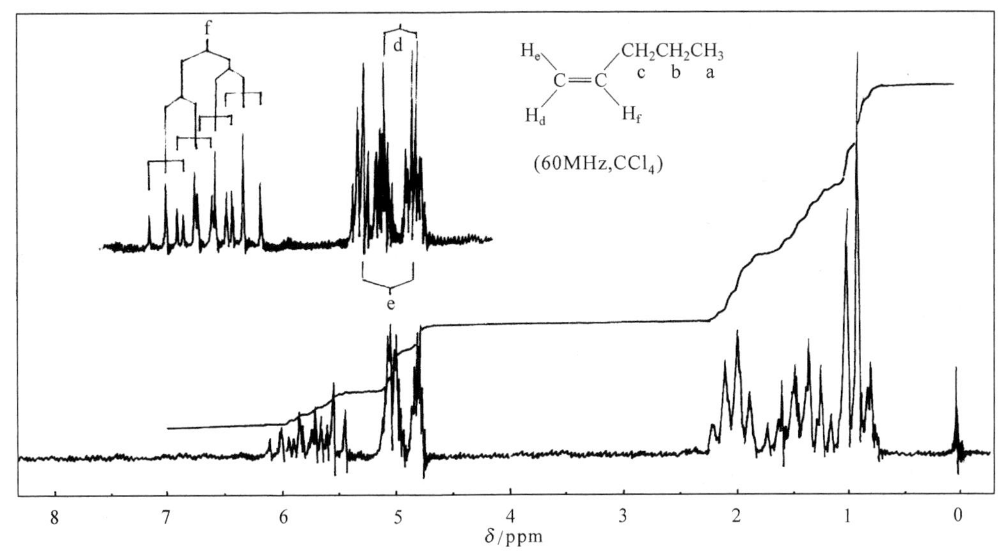

图 4-15 1-戊烯的共振谱(60MHz)

最好，$^4J_{CH}$也最大，偏离这个角度(或大或小)都将降低^4J 值。π 键的键级增高(双键性强)，^4J 值增加，极化的 π 轨道偏向 C—H_bσ 键一方，^4J 也将增大。例如，化合物(A)、(B)，θ 接近 90°，J_{ax}较大；化合物(C)、(D)、(E)π 键与 C═O 共轭，降低了 π 键键级，J_{ax}较小，其中(D)由于极化的 π 轨道向 CH_3 偏移，有利于 σ、π 共轭，J_{ax}降低较少；同理(F)J_{ab}比 J_{cd}低；(G)H_c 的 θ 接近 90°，而 H_b偏离较多，所以 J_{ac}比 J_{ab}大。

$J_{ax}=-1.99$ (A)

$J_{ax}=-2.1$ (B)

$J_{ax}=0.8$ (C)

$J_{ax}=1.5$ (D)

$J_{ax}=0.8$ (E)

$J_{ab}=1.0$，$J_{cd}=1.5$ ^4J (F)

$J_{bc}=18$，$J_{ab}=1.7$，$J_{ac}=2.5$，$J_{cd}=2.5$，$J_{bd}=0$ (G)

(2) 高丙烯体系。H_a—C—C═C—C—H_b，$^5J_{ab}=0\sim4$Hz。

一般$^5J_{反}$ 稍大于$^5J_{顺}$，下式中 J_{ac}为$^5J_{顺}$，J_{bc}为$^5J_{反}$。

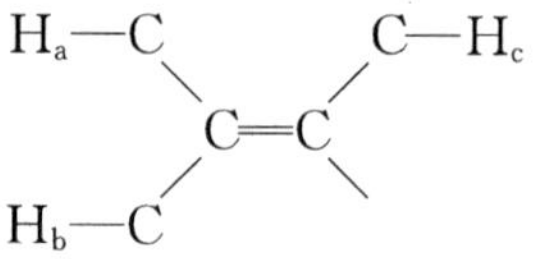

$$\begin{array}{c} H_a—C \quad\quad C—H_c \\ \diagdown \quad \diagup \\ C{=}C \\ \diagup \quad \diagdown \\ H_b—C \end{array}$$

高丙烯体系的偶合大小影响因素与丙烯体系相似，其偶合程度也与丙烯体系相近，只是^5J与π键键级和两边的θ角度有关，情况复杂一些，在分子(G)中，H_c和H_d的θ都接近90°，表现大的$^5J_{cd}$，而H_b的θ很小，因此观察不到J_{bd}。有一类高丙烯结构呈现特别大的^5J值，可能存在特殊的空间作用。

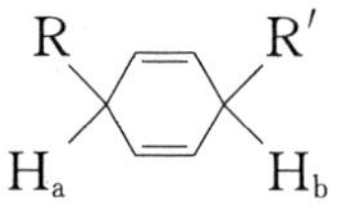

R=H,Ph;R′=Ph,COOH

$J_{ab}=7.5\sim11Hz$

相应的亚胺类化合物也有类似的远程偶合现象。

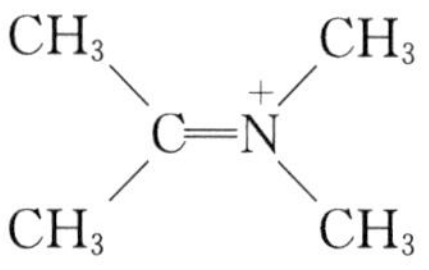

$$(CH_3)_2C{=}N^+(CH_3)_2 \qquad {}^5J_{顺}={}^5J_{反}\approx1$$

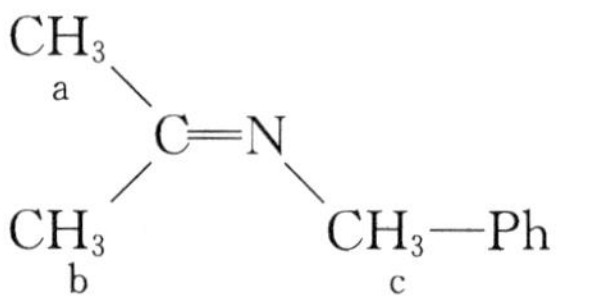

$$\underset{a}{CH_3}\underset{b}{CH_3}C{=}N—\underset{c}{CH_2}—Ph \qquad J_{ac}=1.0,\ J_{bc}=0$$

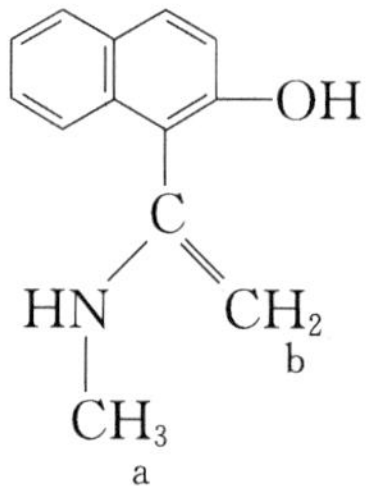

2-羟基萘-1-基—$C(=\underset{b}{CH_2})$—NH—$\underset{a}{CH_3}$　$J_{ab}=1.4$

(3) 炔和聚集双烯。炔键的圆柱形电子结构有利于传递偶合作用，有的甚至可以觉察到^9J的存在。

一些炔和聚集双烯体系中的偶合常数如下：

$H—C{\equiv}C—CH_3$	$^4J=2.93$
$CH_3—C{\equiv}C—CH_3$	$^5J=2.7$
$H—C{\equiv}C—C{\equiv}C—CH_3$	$^6J=1.27$
$CH_3—C{\equiv}C—C{\equiv}C—CH_3$	$^7J=1.3$
$H—C{\equiv}C—C{\equiv}C—C{\equiv}C—CH_3$	$^8J=0.65$
$CH_3—C{\equiv}C—C{\equiv}C—C{\equiv}C—CH_2OH$	$^9J=0.4$
$CH_3OOC(\underset{c}{CH_3})C{=}\overset{d}{CH}—\underset{a}{CH}{=}C{=}\underset{b}{CH_2}$	$J_{ab}=6.5(^4J)$ $J_{bd}=1.1(^5J)$ $J_{bc}=1.3(^7J)$

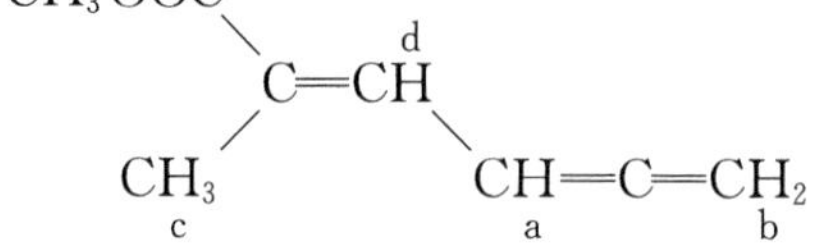

丙二烯体系两端的偶合作用较大，是因为双面夹角θ接近90°。

(4) 芳氢与侧链的偶合。芳氢与侧链的偶合情况与丙烯体系相似，芳氢与侧链的α-H呈现^4J、^5J和^6J的偶合作用。

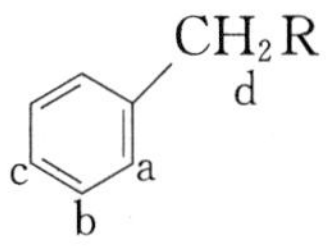

$J_{ad}=0.6\sim0.9(^4J)$

$J_{bd}\sim0.3\quad(^5J)$

$J_{cd}=0.5\sim0.6(^6J)$

所以芳环上的甲基、亚甲基的共振谱往往呈现矮胖的外形，其相应的芳氢则显示复峰，邻二甲苯的两个甲基间也发现类似高丙烯体系的偶合作用。

芳氢与侧链 C—H_a 的几何关系变化较小，其间的偶合常数主要与芳环的键级大小有关。例如，9-甲基菲共振谱呈现$^4J\sim$1Hz 的双峰，而甲基处在其他位置上几乎观察不到裂分。表明菲的 9，10-键键级较高。3-甲基呋喃的甲基与 2-H 的$^4J=1.20$Hz，而与 4-H 的$^4J=0.45$Hz，也表明呋喃环的 2—3 键比 3—4 键的键级高。

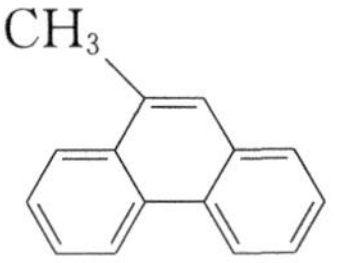

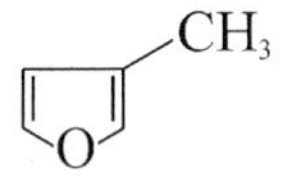

（5）^4JW 型和^5J 折线型远程偶合。在饱和体系中，当 4 个单键共处同一平面而构成伸展的折线 W 型时，^4J 可达 1～2Hz。例如

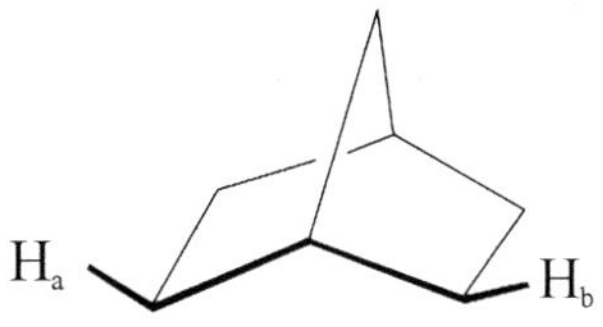

$J_{ab}\sim1$ 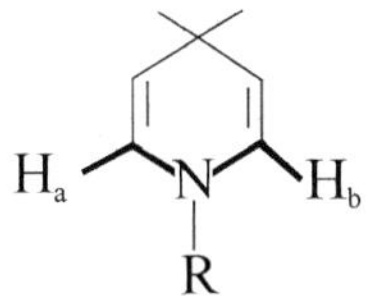　　$J_{ab}=1.2\sim1.6$ 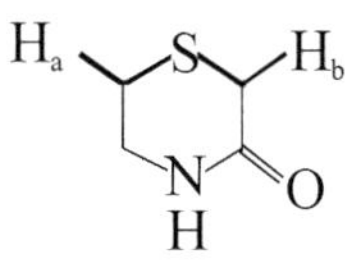　　$J_{ab}=1.05$ 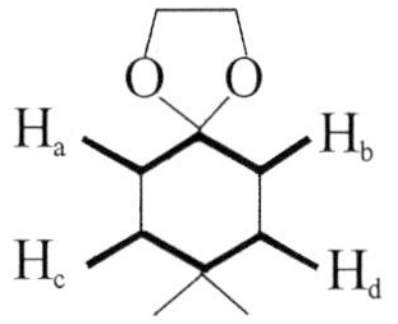　　$J_{ab}=J_{cd}=1.4$

张力较大的体系或可通过多重渠道发生^4J 偶合的偶合常数更大一些。

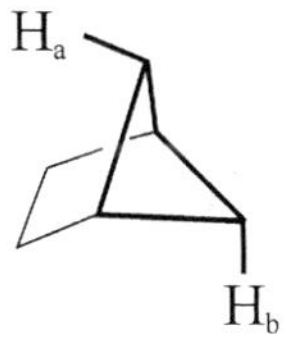

$J_{ab}=6\sim8$ 　　$J_{ab}=4.4\sim10.0$ 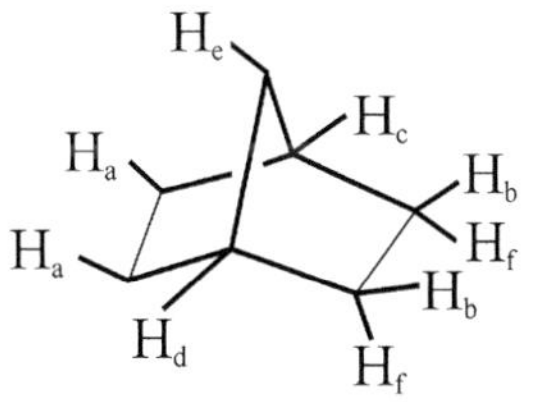　　$J_{ab}\approx J_{cd}=1\sim1.4$　　$J_{ef}=3\sim4$

在共轭体系中，5 个键构成延伸的折线时，$^5J\approx0.4\sim2.0$Hz。例如

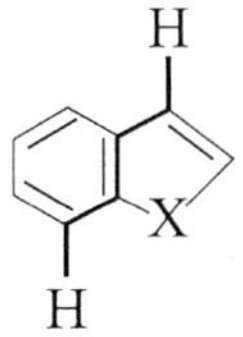

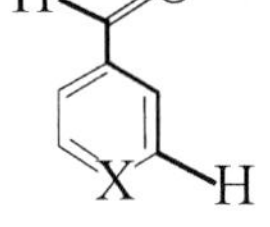

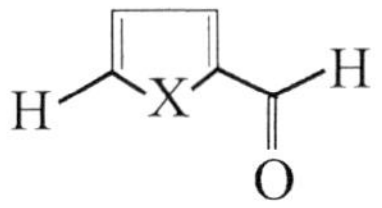

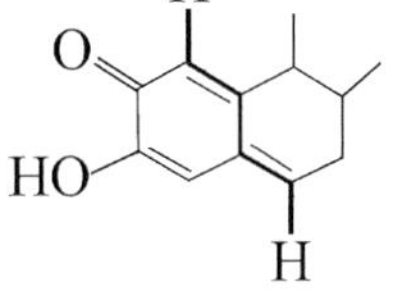

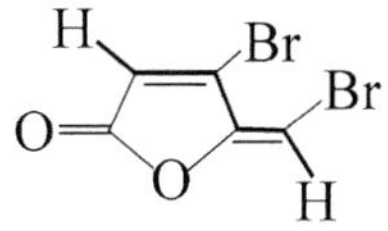

5. 氢与其他核的偶合

凡是 $I\neq0$ 的核处于氢的邻近位置都可以与之发生偶合而分裂。其中与^{13}C 的偶合非常重要，但因其天然丰度很低，偶合常数较大，对氢谱影响很小，将在第 5 章讨论。

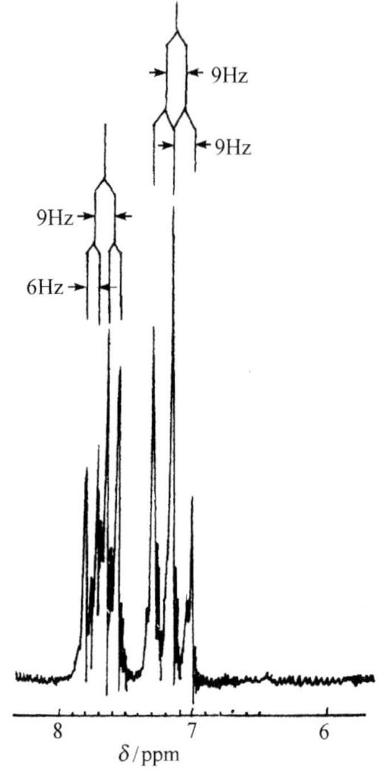

图 4-16　对氰基氟苯的共振谱

^{15}N的天然丰度更小，也可以不予考虑。由于^{14}N有四极矩，其弛豫过程产生复杂的影响因素，往往使与^{14}N邻近的^{1}H共振谱形成不同形状的宽峰而分辨不清。氘对氢核的偶合J_{DH}为同状况下J_{HH}的近1/7，一般观察不到。这里仅就^{19}F和^{31}P对氢核的偶合作简单介绍。

^{19}F及^{31}P的自旋均等于$\frac{1}{2}$，与氢核偶合产生的峰形分裂规律与^{1}H相同。除^{31}P与^{1}H直接相连的偶合常数$^{1}J_{PH}$较大外，其他情况的偶合常数均与^{1}H-^{1}H偶合具有相同的数量级。图 4-16 为对氰基氟苯的共振谱，若不考虑氟的作用，粗看起来为四重峰(实际为AA′BB′系统，见 4.5.2)，裂距$J_{邻}$约为 9Hz。由于氟的偶合再分别以$^{3}J_{FH}$为 9.0Hz 和$^{4}J_{FH}$为 6Hz 的裂距分裂，除小的分裂峰外，大致形成一组为三重峰一组为四重峰的谱图。

图 4-17 为 O,O'-二乙基-丙酮基膦酸酯的共振谱(60MHz，$CDCl_3$)。很明显在δ 3.2 的二重峰为磷与亚甲基偶合的结果，$^{2}J_{PH}$约为 23Hz。

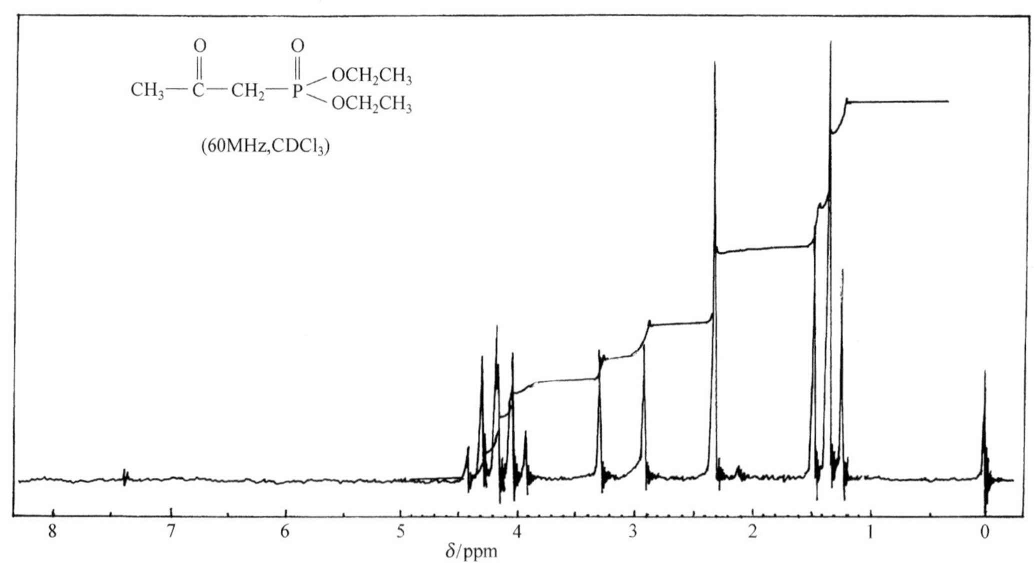

图 4-17　O,O'-二乙基-丙酮基膦酸酯的共振谱(60MHz，$CDCl_3$)

一些含氟及磷化合物的偶合常数列于表 4-13 和表 4-14。

表 4-13　^{1}H 与 ^{19}F 的偶合常数(Hz)

H—C—F	$^2J_{FH}$	45～50	CH_3F		$^2J_{FH}$	81
H—C—C—F	$^3J_{FH}$	0～30				
1-氟-1-氟环己烷(F, F, H, H)	$^2J_{FH}$	34.3(aa)	11.5(ae)		<8(ee,ea)	
$H_2C{=}CHF$	$^2J_{FH}$	72～90	$^3J_{FH}$	12～52(反)	−3～+20(顺)	
氟苯(F, H)	$^3J_{FH}$	6.2～10.3	$^4J_{HF}$	3.7～8.3	$^5J_{FH}$	0～2.5
邻氟甲苯(CH_3, F)	$^4J_{FH}$	2.5	$^5J_{FH}$	0	$^6J_{FH}$	1.5
F—CH=CH—CH_3	J_{CH_3F}	2.4～3.3				
H—C≡C—CF_3	$^4J_{HF}$	0～1	H—C—C—C—F		$^4J_{FH}$	0～3.6

表 4-14　^{1}H 与 ^{31}P 的偶合常数(Hz)

RPH_2	$^1J_{PH}$　180～200		$(RO)_2PH{\to}O$	$^1J_{PH}$　630～707
$(CH_3)_3P$	$^2J_{PH}$　2.7		$(CH_3)_3P{\to}O$	$^2J_{PH}$　13.4
$(CH_3CH_2)_3P$	$^2J_{PH}$　0.5，	$^3J_{PH}$　13.7	CH_3—C—P→O	$^3J_{PH}$　10～18
$(CH_3CH_2)_3P{\to}O$	$^2J_{PH}$　11.9	$^3J_{PH}$　16.3		
CH_3—C(=O)CH_2—P(→O)$(OR)_2$	$^2J_{PH}$　23		RCH_2OP	$^3J_{PH}$　6.5～10
R_2CH—O—P	$^3J_{PH}$　5～7		CH_3—N—P	$^3J_{PH}$　8.5～25

4.4 电子自旋共振和化学诱导动态核极化

4.4.1 电子自旋共振与自由基的结构

自由基是一种反应活性中间体，是具有未成对电子的顺磁性分子，其结构可以用电子顺磁共振（electron paramagnetic resonance，EPR）技术检测，此技术源于 1945 年 Zavoisky 的实验。

与质子（^{1}H 核）一样，自由基有磁矩，自旋量子数 $I=\frac{1}{2}$，在磁场中可能采取两种自旋进动定向$\left(m_s=\pm\frac{1}{2}\right)$，相应于两种不同的能级，与式（4－8）相似，其能量差 ΔE 与外加磁场强度 $\boldsymbol{H}$ 成正比。

$$\Delta E=h\nu=g\beta\boldsymbol{H}$$
$$\nu=\boldsymbol{H}\cdot g\beta/h \tag{4-21}$$

式中，g 称为 g 因子；β 为玻尔（Bohr）磁子。当外加射频能量符合上述关系时，即产生能级跃迁，给出共振信号，因此又称电子自旋共振。

与 NMR 谱相似，可以从 ESR 谱的共振吸收位置 g、吸收强度以及超精细分裂常数 a 获得自由基结构的信息。

式（4－21）中 $g\beta/h$ 决定一个未成对电子在给定磁场下的进动频率，与 NMR 中的 γ 非常相似。类似于 NMR，环境的细微改变也将引起未成对电子进动频率的微小变化，也像 δ 值那样，以 g 值作为 ESR 谱中信号位置参数。但由于大多数有机自由基的 g 值范围很窄（2.002～2.006），远没有 δ 值那样的应用价值。应用 FT-ESR 仪，$\boldsymbol{H}$ 将是固定的，通过扫频得到 ν 值，可用以计算信号的 g 值。由于用来研究的大多数自由基只具有一个未成对电子，所以图谱中一般只有一组信号。

由于 ESR 信号间大的频率差，解析时对谱线宽度、场强的均匀性以及稳定性等没有在 NMR 中那样重要，检测时不需要锁住信号，仪器能够容易地用任何已知的顺磁性自由基来校准，因此不一定要把样品溶解在溶液中，也无需要求样品管在探头中旋转，大部分 ESR 谱都可以以固态或玻璃态在较低温度下进行检测。

有些自由基（如 O═⟨N—Ȯ⟩）非常稳定，不受任何环境和许多化学反应影响，可长期存在，如以共价键接在其他分子（包括蛋白质、核酸等生物高分子）上，通过 ESR 可以研究其连接分子的运动状态和结构信息，这种研究方法称为自旋标记（spin label）。

自由基 ESR 信号也同 NMR 谱的自旋裂分一样能被“基”内的磁性核分裂——超精细偶合，分裂严格地遵从一级偶合规律，谱线裂分按 $2nI+1$，如 Pascal 三角形所呈现的规律（图 4－11）。与 NMR 不同的是，在 ESR 谱中超精细分裂用 a 表示，而不是用 J 值，其单位是磁场强度，用 Gauss 或 mT（milliTesla，10^{-3}T＝10Gs），而不是 Hz。

类似于 J 值，a 值的符号和大小依赖于单电子邻近的磁性核，一个单电子在分子中有一定程度的共振离域，这个未偶电子在离域体系中某个核出现的概率密度称为在该核上的自旋密度(ρ),电子对某核偶合 a 值的大小与在该核上的 ρ 值成比例。实际上 a 值是单电子在自由基中布居状况的最好的实验度量。例如,氢原子和甲基自由基的 a 值分别为 51mT 和 2.3mT,这是因为 H· 的电子定域在氢核的轨道中心,而甲基中的单电子形式上是定域在碳原子的轨道中心上,离开氢核有一个共价键的距离。相似地,丙基自由基 a 值:$a_\alpha=2.21$,$a_\beta=3.32$,$a_\gamma=0.04$,这表明单电子在 H_β 比 H_α 上有更高的自旋密度,这与单电子在整个基中的离域状况是一致的。

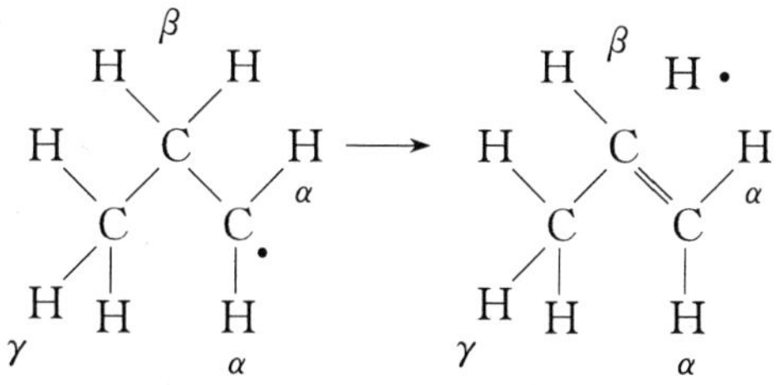

比较复杂的自由基,如 2,6-二叔丁基-4-甲基苯氧自由基,单电子在分子中的离域主要存在以下 5 种共振结构:

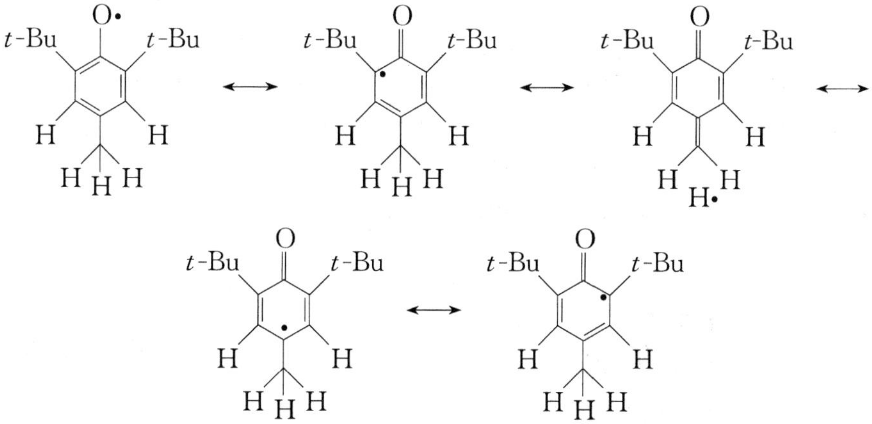

单电子由于受 $a^{H}_{p\text{-}CH_3}$ 裂分产生四重峰,其中每个信号又被 $a^{H}_{m\text{-}}$ 裂分为三重峰,ESR 谱如图 4-18 所示。

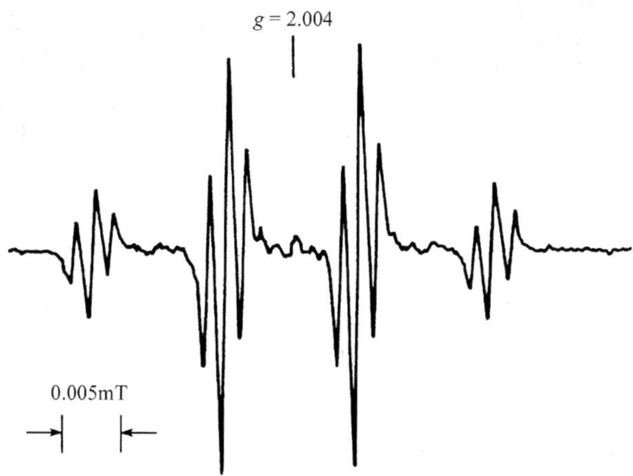

图 4-18 2,6-二叔丁基-4-甲基苯氧自由基的 ESR 谱

大多数出现在化学反应中的自由基是很活泼的，为检测和辨认这种短寿命的中间体，设计将一不饱和的抗磁性化合物预先加入反应体系中，与刚生成的自由基进行加成反应，而生成相对稳定的另一种自由基——自旋加合物(spin adduct)，结合 ESR 检测，根据自旋加合物的 ESR 谱图推断原来自由基的结构，以研究自由基反应机理。这是 ESR 另一个重要的应用，用作能形成自旋加合物的抗磁性化合物称为自旋捕捉剂(spin trap)。常用的自旋捕捉剂有亚硝基化合物如(A)、(B)和硝酮类化合物如(C)、(D)等[4]。

ND	MNP	PBN	DMPO
(四甲基苯基)—N═O	$(CH_3)_3C$—N═O	Ph—CH═N(→O)—*t*-Bu	(5,5-二甲基吡咯啉 N-氧化物)
(A)	(B)	(C)	(D)

曾用自旋捕捉和 ESR 相结合的方法考察芳基重氮盐及其冠醚配合物在 PBN 类型和 ND 捕捉剂存在下的电解和光解反应机理和反应物的稳定性[5,6]。ESR 检测表明，反应中产生芳基自由基，其自旋加合物的 ESR 谱如图 4－19 所示。图 4－19(a)波谱由 3(1∶1∶1)×2(1∶1)×3(1∶2∶1)的 18 重峰组成，因有重合，实测为 14 重峰，其中三重峰由 ^{14}N 引起，其余的二重裂分和三重裂分分别由 β_1-H 和 β_2-H 引起。图 4－19(b)波谱由 3(1∶1∶1)×6(1∶5∶10∶10∶5∶1)×3(1∶2∶1)54 重峰组成，实测为 40 重峰，其中 2 个三重裂分分别由 ^{14}N 和 *m*-芳氢引起，六重裂分由 *p*-CH_3 和 *o*-芳氢引起。由此可见，因甲基与芳环间的σ-π 超共轭效应，这 5 个氢核的自旋密度是相近的，均高于 *m*-芳氢。

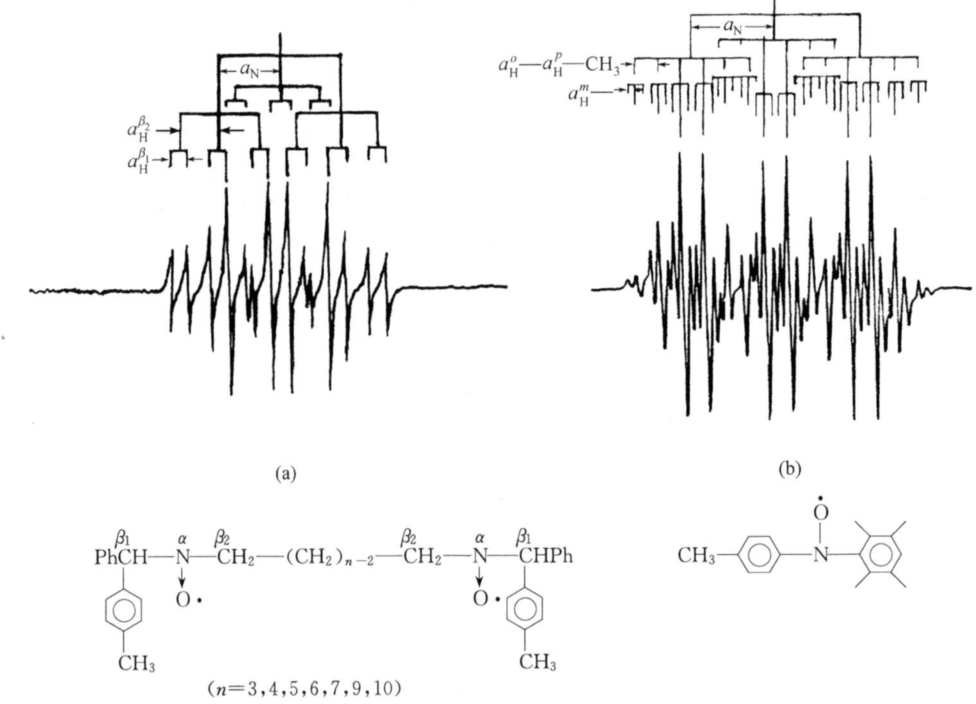

图 4－19　对甲苯自由基与 1,6-(碳芳基硝酮)烷(a)和 ND(b)自旋加合物的 ESR 谱

4.4.2　化学诱导动态核极化与自由基反应机理

1967 年两组化学家 Bargon、费歇尔(Fischer)和沃德(Ward)、劳勒(Lawler)在各自实验室中，分别用 NMR 跟踪正在进行的一些化学实验时，发现 NMR 谱的信号有些积分比明显增加(增强信号，enhanced absorption，A)，而另一些出现负的信号(发射信号，emission，E)；在有些情况下，多重谱线组合成既有增加信号也有发射信号。经研究，他们把引起这种现象的原因称为化学诱导动态核极化(chemically induced dynamic nuclear polarization，CIDNP)。

克洛斯(Closs)[7]和卡普斯坦(Kapstein)[8]基于笼蔽和自由基对的概念，对 CIDNP 现象予以解释。

1. 净效应

分子在热或光的作用下，化学键发生均裂，形成一对自由基，在溶液中新产生的自由基即被溶剂分子的笼壁所包围，这两个自由基所面临的出路是，或在笼内再结合起来，或者逃出笼外与笼内分子进行化学反应，采取哪一种途径，取决于相互作用的自由基对是单重态还是三重态。若为单重态，易在笼内自旋配对成键；若为三重态，则容易逃出笼外。

假定体系处于核磁共振仪的磁场中，单重态只有一种能态(S)，而三重态有三种能态(T_1，T_0，T_{-1})，如图 4 - 20 所示，未偶电子具有磁矩，在外磁场作用下，绕 $\boldsymbol{H}_0$ 进动，进动的频率同样取决于磁场强度。

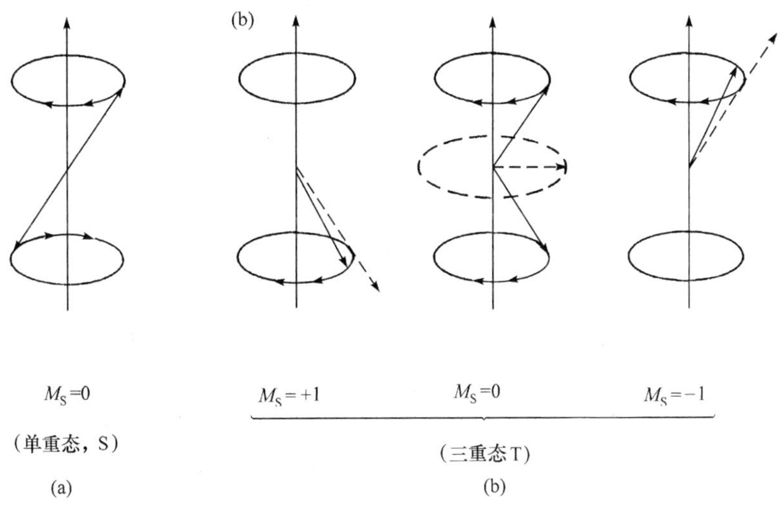

图 4 - 20　两个电子在磁场中的自旋态

如果溶剂笼中的自由基对是由两个不同的基组成，由于它们 g 值上的差别(参见 4.4.1)，这两个未偶电子以稍微不同的速度进动，它们相对的相将会随时间而改变，这种改变对 T_1 及 T_{-1}态没有重要影响，但却能使 T_0 态周期地变为单重态。同样，单重态也可周期地由 S 态变为 T_0 态。这种单重态与三重态互变混合的速度将随着两个未成对电子进动频率差别的增加而增大，因此，任何影响进动频率的因素(如与附近核的超精细偶

合)也将影响这种互变混合的速度。当然,两个完全相同的简单自由基不会发生这种情况。设想在自由基对中

$$R_2\text{—}\overset{\displaystyle R_1}{\underset{\displaystyle H_a}{C}}\cdot \qquad \cdot\overset{\displaystyle R_3}{\underset{\displaystyle R_5}{C}}\text{—}R_4$$

与自由基偶合的 H_a 本身也因外磁场作用处于两种核自旋态 α 或 β,核磁子构成一个小的磁场,将增强或抵消部分磁场。由于电子回旋频率取决于其所感受的磁场强度总和,因此基对中 $R_2\text{—}\overset{\displaystyle R_1}{\underset{\displaystyle H_a}{C}}\cdot$ 电子回旋频率将有赖于其 H_a 核处于 α 态还是 β 态,两个电子回旋步伐失调的速度也将有赖于 H_a 自旋态。若 α 态能更快地导致自由基对变为 T_0,则在笼内基对再结合的产物中 β 自旋态的布居数将高于正常分布,而那些转化为三重态的自由基对,由于彼此不能结合而逃出笼外与笼外分子形成逃逸产物,此产物的 α 自旋态,将高于正常分布。这种造成与正常布居数有差别的作用称为核极化。

在核磁共振过程中,当扫描磁场强度达到某一跃迁值时,射频场便导致发生能级间跃迁。在正常状态下,处于低能级的分子数略高于高能级的分子数,故自旋体系吸收能量有一向高能级的净转化。

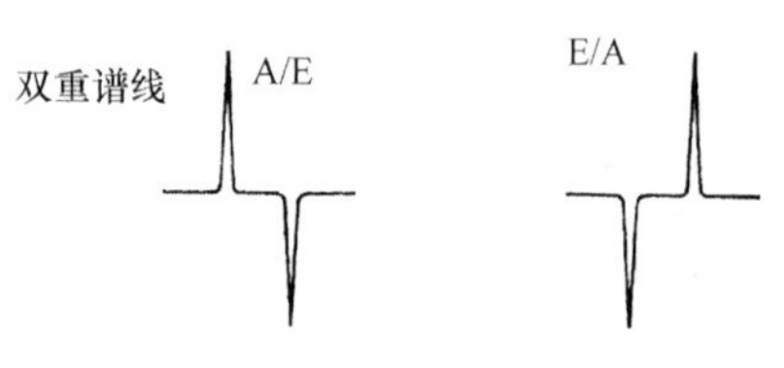

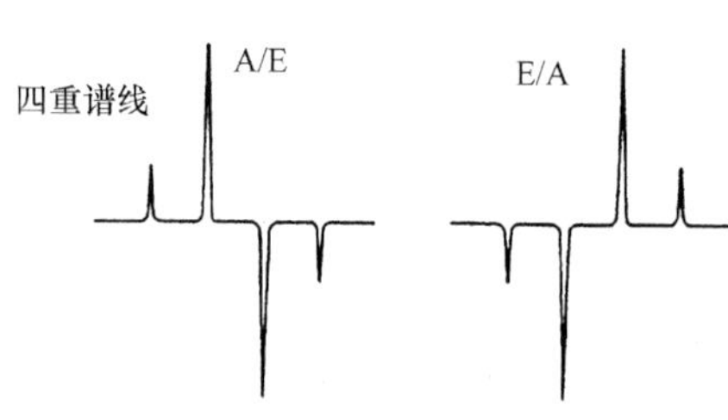

图 4-21 自由基对的多重谱线效应

当 α 自旋态高于正常布居时,向高能级跃迁的概率增加。若逃逸产物中 α 态高于正常布居,会出现增强的吸收(A),而笼内再结合的产物由于 β 态的布居数相对增多,则出现发射峰(E)。

2. 多重谱线效应

大多数在 NMR 谱中显示 CIDNP 效应的另一种情况是,在同一多重谱线中同时出现 A 和 E 的信号,有时多重谱线的左面一半为 A,右面的为 E[A/E多重谱线效应(the multiplet effect)],或者看到相反的信号(E/A 多重谱线效应),如图 4-21 所示。这种多重谱线效应也能在非平衡自旋态分布的基础上予以解释[9]。

CIDNP 现象的研究通常用于反应机理的讨论,如以下乙烯基溴化镁与三苯基氯甲烷的反应机理研究[10]:

$$CH_2{=}CHMgBr + Ph_3CCl \xrightarrow[(2)\ NH_4Cl,\ H_2O]{(1)\ THF,\ Ar} \underset{81\%}{Ph_3CH} + \underset{74\%}{CH{\equiv}CH}$$

其他还有少量 Ph_3COH 和 $Ph_3COOCPh_3$,微量 $Ph_3CCH{=}CH_2$ 和 $Ph_3C\text{—}C_6H_4\text{—}CHPh_2$。

反应中检测到$Ph_3C\cdot$ 的 ESR 信号(参见 4.4.1),用 NMR 跟踪反应,在 δ 4.87 处(Ph_2C=环己二烯-$C(H^*)(CPh_3)$)出现增强的 CIDNP 信号。据此,提出如下反应机理:

$$CH_2{=}CHMgBr + Ph_3CCl \longrightarrow Ph_3C{-}Cl\cdots Mg(Br)(CH{=}CH{-}H) \xrightarrow[\text{单电子转移}]{(1)}$$

$$\left[(Ph_3{-}Cl)^{\overline{\cdot}}\overset{+\cdot}{Mg}(Br)(CH{=}CH{-}H)\right] \longleftrightarrow \left[(Ph_3C{-}Cl^{\overline{\cdot}})\ \overset{\cdot}{Mg}(Br)(\overset{+}{C}H{-}CH{-}H)\right] \xrightarrow[\beta\text{-H 迁移}]{(2)}$$

$$\left[(Ph_3C{-}Cl)^{\overline{\cdot}}\cdots(HMgBr)^{\dot{+}}\right] + HC{\equiv}CH \xrightarrow{(3)}$$

$$\left[Ph_3C\cdot + Cl^- + (HMgBr)^{\dot{+}}\right] \xrightarrow{(4)} Ph_3CH$$

$$\Downarrow (5)$$

$$Ph_2C{=}C_6H_4(H)\cdot \quad \cdot MgBr \xrightarrow[\text{S-T}_0\text{ 混合(极化)}]{(6)} Ph_2C{=}C_6H_4(H^*)\cdot \xrightarrow[Ph_3C\cdot]{(7)}$$

$$Ph_2C{=}C_6H_4(H^*)(CPh_3) \xrightarrow{\text{H 迁移}} Ph_3C{-}C_6H_4{-}CHPh_2$$

其中第(6)步是 CIDNP 的起源。

在较为复杂的自由基反应中,净效应(the net effect)和多重谱线效应常同时显示在 NMR 谱中,这种 CIDNP 现象不仅限于¹H-NMR 谱,在¹³C -NMR 谱中也可看到。

应当提及,用 NMR 跟踪反应,若能发现 CIDNP 信号,说明其中包含自由基反应,并用以讨论其可能的反应过程,但检测不到 CIDNP 信号,并不表明一定不是自由基反应机理。

4.5 ¹H-NMR 谱图解析

4.5.1 核的等价性

分子中的一组核,其化学位移完全相等,则称它们为化学等价的核。例如,在碘代乙烷中,甲基的 3 个氢的化学位移完全相同,它们是化学等价的(chemically equivalent)。

同理，亚甲基的 2 个氢核也是化学等价的。

若分子中有一组核，其化学位移相同，且对自旋系统中组外任何一个磁性核的偶合常数都相同，则这组核称为磁等价(magnetically equivalent)。磁等价的核一定是化学等价的，但化学等价的核不一定磁等价。从几何关系上来说，如果这组核对系统中其他组中的每个核的键距和键角都相同，则这组核对系统内其他组核的偶合常数相同，这组核即为磁等价，否则应为磁不等价的。例如，CH_2F_2 分子中，2 个^1H 和 2 个^{19}F对任一核的偶合常数都相同，因此 2 个^1H 和 2 个^{19}F 分别都是磁等价的。而 1,1-二氟乙烯分子中 2 个^1H 和 2 个^{19}F 分别都是化学等价的，但组内的任一核同另一组核的偶合常数不同，即 $J_{H_2F_1}$，$J_{H_1F_2} \neq J_{H_2F_2}$，…，所以 2 个$^1H$ 是磁不等价的。同理，2 个^{19}F 也不是磁等价的核。

H_1　F_1
C═C
H_2　F_2

H_a
H_d　H_e
H_b　H_c
I

碘乙烷在通常条件下，其甲基中的 3 个氢核或亚甲基中的 2 个氢核也都是磁等价的。然而在低温下，当碘乙烷采取某种固定构象时，H_b、H_c 是化学等价的，但磁不等价。H_a 与 H_b 或 H_a 与 H_c 既不是磁等价，也不是化学等价的。H_d 和 H_e 是化学等价，但磁不等价。可是在通常条件下，由于分子的高速内旋转，甲基和亚甲基组内的氢核都处于平均的环境中，所有的氢核间只表现一个偶合常数，此时甲基的氢核或亚甲基的氢核都是磁等价的。

磁等价的核间也有一定的偶合常数，但彼此观察不到分裂，对共振谱不产生影响(和 $J=0$ 的情况外观相同)。例如，乙醇中的甲基仅被亚甲基分裂，亚甲基也仅被甲基分裂。

4.5.2 几种常见的自旋系统

对于二级分裂的谱图解析比一级近似谱图困难得多，理论的计算有些极为复杂。对于一些典型的二级分裂前人已做过计算，并归成相应的自旋系统。能识别常见的系统、谱图特点、了解它们的简单计算方法，对谱图解析是很有用的。

自旋系统是指分子中几个核互相发生自旋偶合作用的孤立体系。

系统内核间的 $\Delta\nu$ 接近或小于 J 值时，这些化学位移近似的核分别用 A、B、C 表示，若系统内 2 组核组内干扰较强($\Delta\nu \approx J$)，组间干扰较弱，则 1 组核标以 A、B、C、…，另 1 组核标以 X、Y、Z、…；若系统内有 3 组核，其中每组内各核的化学位移接近而 2 组核间的化学位移差都比较大($\Delta\nu \gg J$)，则 1 组用 A、B、C、…，1 组用 K、L、M、…，另一组用 X、Y、Z、…表示。若系统中某种核有几个磁等价的，可在其符号下面附加数字表示。例如，$C_6H_5CH_2CH_2C(=O)CH_3$ 中的 2 个亚甲基构成 A_2B_2 系统，CH_2F_2 则是 A_2X_2 系统。

分子中化学等价而磁不等价的核用同一字母表示，只在其中之一右上角加撇，如 $CH_2{=}CF_2$ 命名为 AA′XX′系统。

以上系统分类方法是按各组核间的干扰强弱($\Delta\nu$ 与 J 的关系)划分的，其间并没有严格的界限，而且随着仪器磁场强度的增加，相应的 $\Delta\nu$ 增大(J 值不变)，各核间的干扰减弱，使谱图简单化，本来复杂的 ABC 系统可以变为简单的 AMX 系统。

1. 二旋系统

(1) AX 系。所代表的两个氢核有相当大的化学位移差 $\Delta\nu$(一般 $\Delta\nu/J>6$)。用 $n+1$规律分析，为 2 组双峰，每对双峰裂距为 J_{AX}，4 条谱线高度相等，各核的化学位移位于相应 2 谱线中心(图 4-22)。AX 系统比较少见，属于此系统的例子有 H—F、CH≡CF 等。

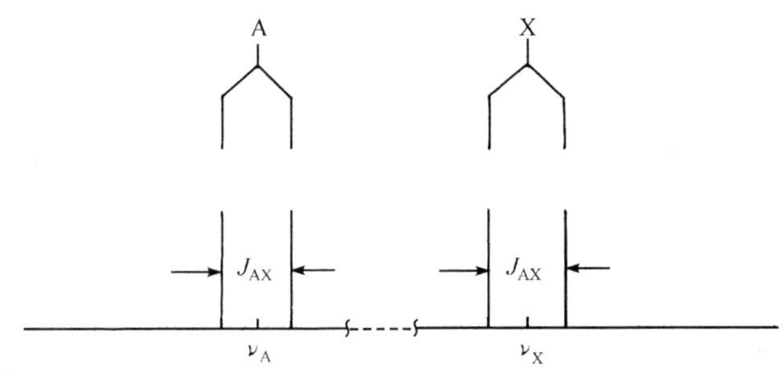

图 4-22　AX 系统

(2) AB 系。当 AX 系 $\Delta\nu_{AX}$不够大($\Delta\nu_{AX}/J_{AX}<6$)时，即构成 AB 系统。AB 系统仍为 4 条谱线，A、B 各占 2 条，每组双峰的 2 条谱线的距离仍为 J_{AB}，如图 4-23 所示。

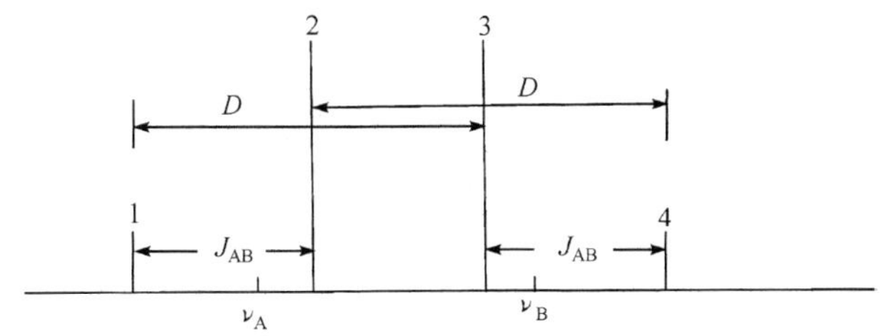

图 4-23　AB 系统

$$J_{AB}=[1-2]=[3-4]$$

4 条谱线强度(I)不等，谱线间强度比有如下关系：

设

$$D=[1-3]=[2-4]$$

$$\frac{I_2}{I_1}=\frac{I_3}{I_4}=\frac{D+J_{AB}}{D-J_{AB}}=\frac{[1-4]}{[2-3]}$$

AB 系统的化学位移 ν_A 和 ν_B 不在所属两线中心，而在中心和重心之间，需要通过计算求得

$$\Delta\nu_{AB}=\nu_A-\nu_B=\sqrt{D^2-J^2}=\sqrt{(D+J)(D-J)}$$
$$=\sqrt{(1-4)(2-3)}$$

由[2—3]谱线的中心向左、右各量$\frac{1}{2}\Delta\nu_{AB}$，即得到 A 和 B 的化学位移。

顺-β-乙氧基苯乙烯（H(C₆H₅)C=C(H)OCH₂CH₃，即 $C_6H_5CH=CHOCH_2CH_3$，两个 H 处于顺式）的[1]H-NMR 谱（图 4-24）中 δ5～6 的 4 条谱线为双键上的 2 个氢核，构成 AB 系统。

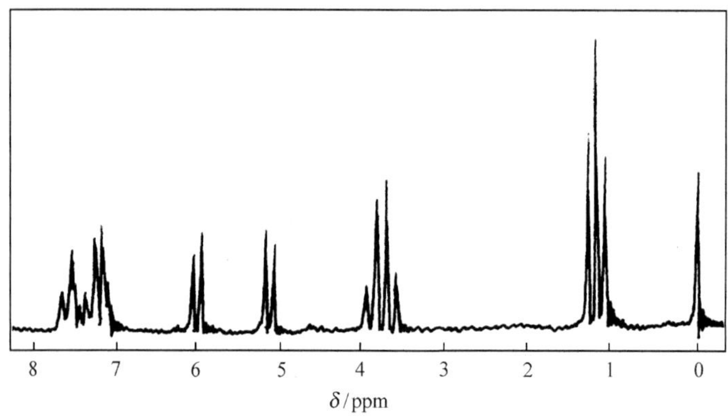

图 4－24　顺-β-乙氧基苯乙烯的[1]H-NMR 谱

2．三旋系统

(1) AX_2 系。按 $n+1$ 规律，AX_2 系统共有 5 条谱线，A 呈现三重峰，强度比为1∶2∶1，X 呈现两重峰，强度比为 4∶4，如图 4－25 所示。

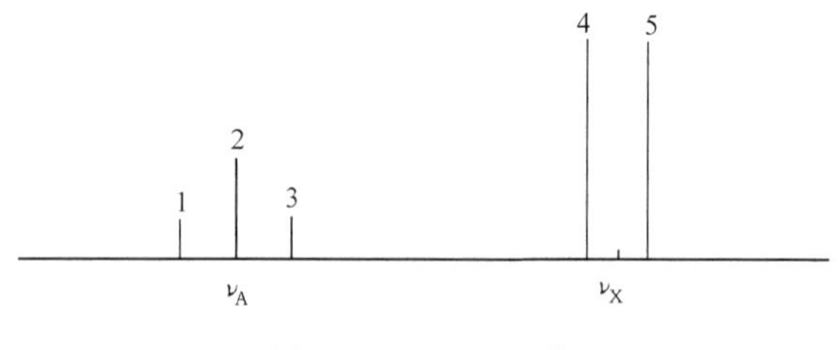

图 4－25　AX_2 系统

化学位移 ν_A 为第 2 条线，ν_X 为第 4、5 条线的中心线。偶合常数 J_{AX} 即为三重峰或双峰的裂距。

$$J_{AX}=[1-2]=[2-3]=[4-5]$$

如图 4－26 所示，1，1，2-三氯乙烷为 AX_2 系统的例子。

(2) AB_2 系。AB_2 系中两组核干扰较强，谱线比较复杂，最多可看到 9 条谱线。其中

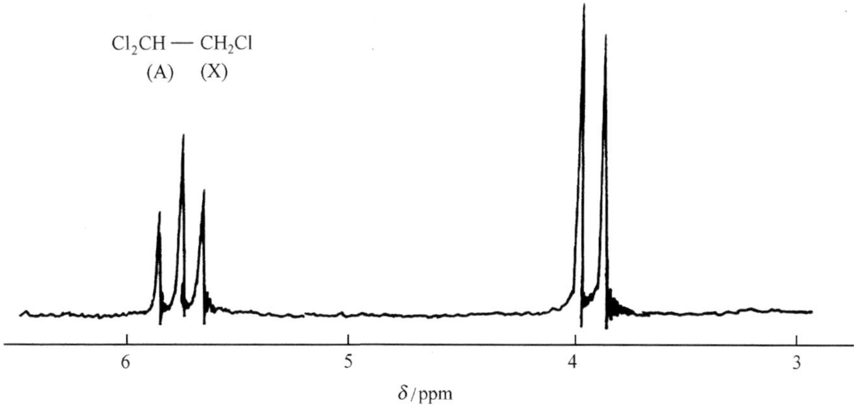

图 4-26　1,1,2-三氯乙烷的共振谱(60MHz,$CDCl_3$)

1～4条为 A 组,5～8 为 B 组。第 9 条为综合峰,强度较弱,往往观察不到。9 条谱线的位置随 $J/\Delta\nu$ 比值不同发生变化。图中各谱线的标号顺序为从左向右,即 $\nu_A>\nu_B$,若 $\nu_A<\nu_B$ 时,则谱线标号需从右向左。第 5、6 条线常重叠在一起呈现为单峰,谱线间的距离有如下规律:

$$[1-2]=[3-4]=[6-7]$$
$$[1-3]=[2-4]=[5-8]$$
$$[3-6]=[4-7]=[8-9]$$
$$[1-4]+[6-8]=3J_{AB}$$

故

$$J_{AB}=\frac{1}{3}([1-4]+[6-8])$$

图 4-27 和图 4-28 为两个 AB_2 系统的例子。

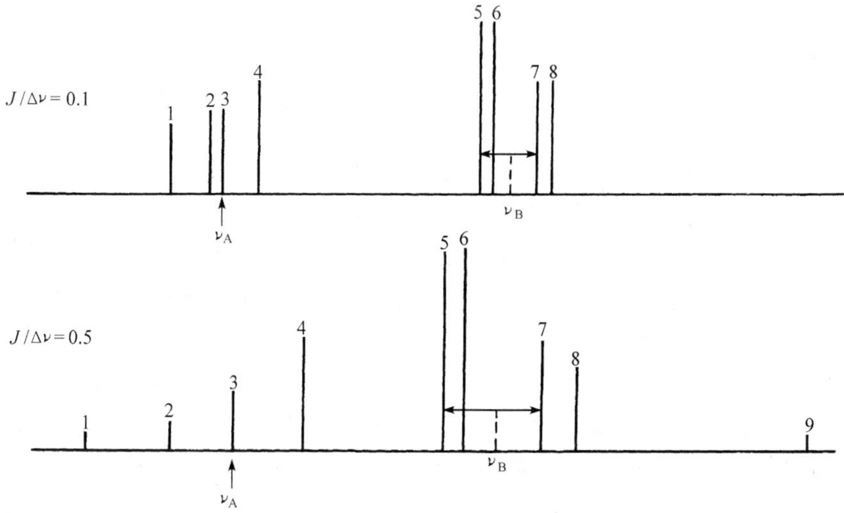

图 4-27　AB_2 系统

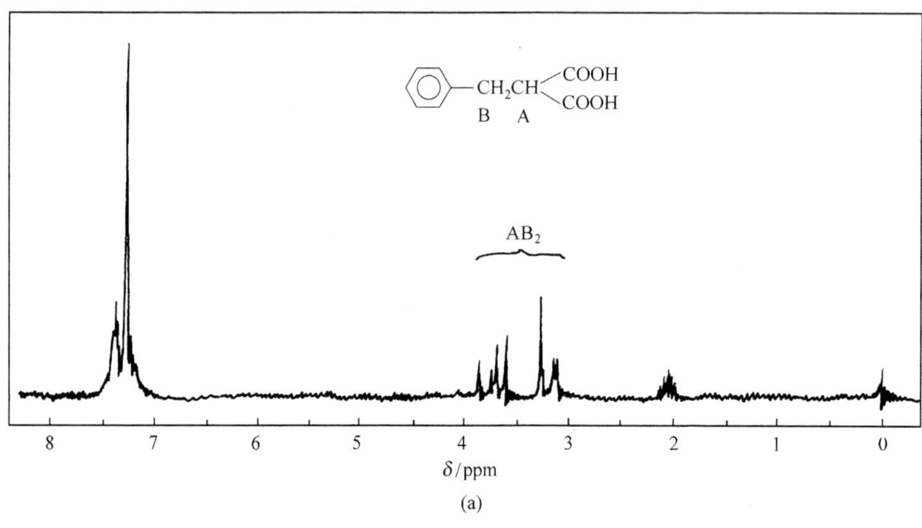

(a)

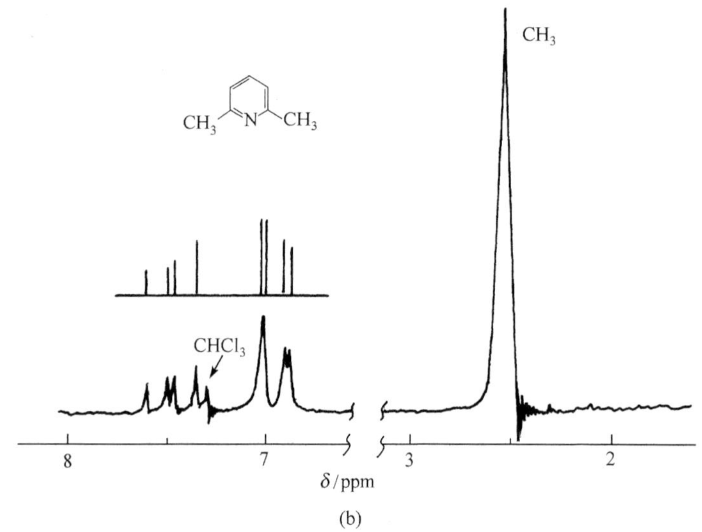

(b)

图 4-28　苄基丙二酸(a)和 2,6-二甲基吡啶(b)的共振谱(60MHz)

需要注意的是,AB_2 系统应遵从上述谱线间距离的规律,但符合此规律的不一定是 AB_2 系统,需与 AB_2 系统各谱线的理论值加以核对。

(3) AMX 系。在 AMX 系统中,各组核间的化学位移差距均远远大于任何偶合常数值。AMX 系呈现 12 条谱线,三个偶合常数。每核占 4 条,4 条谱线强度相等。每组四重峰的中点为化学位移,如图 4-29 所示。

一个典型的 AMX 系统出现在图 4-30 的 α-呋喃甲酸甲酯的共振谱中(δ6~8)。

(4) ABX 系。在 AMX 系统中,若 M 核的化学位移向 A 靠近,即构成 ABX 系统。谱线分裂情况与 AMX 系相似,但 AB 部分仅有一种裂距 J_{AB},其他裂距 a 及 b 一般近似地等于 J_{AX}、J_{BX}(图 4-31)。

ABX 系统最多可出现 14 条谱线,其中有 2 条(9 与 14)为综合峰,强度小,难以观测。

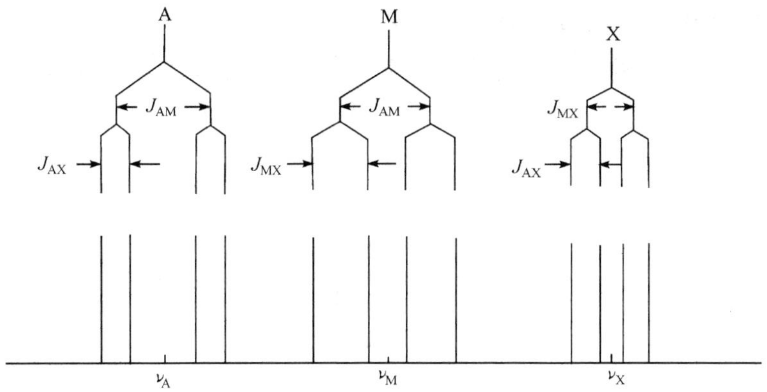

图 4-29 AMX 系统

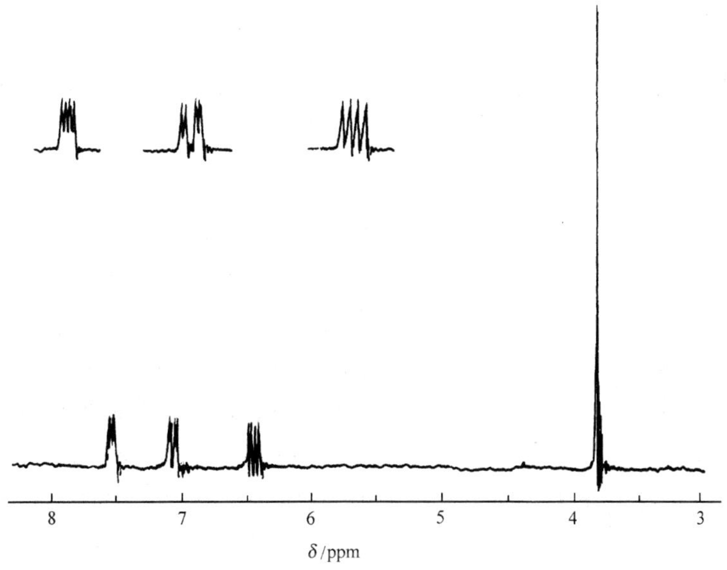

图 4-30 α-呋喃甲酸甲酯的共振谱

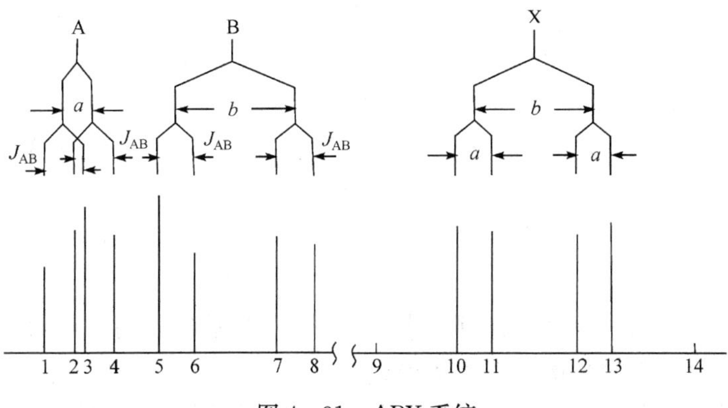

图 4-31 ABX 系统

ν_X 在 X 部分中心，ν_A、ν_B 的计算法比较复杂。

图 4－32 为环氧乙烷苯的 ABX 系共振谱，δ3.65 为 X 部，δ2.5～3 为 AB 部。

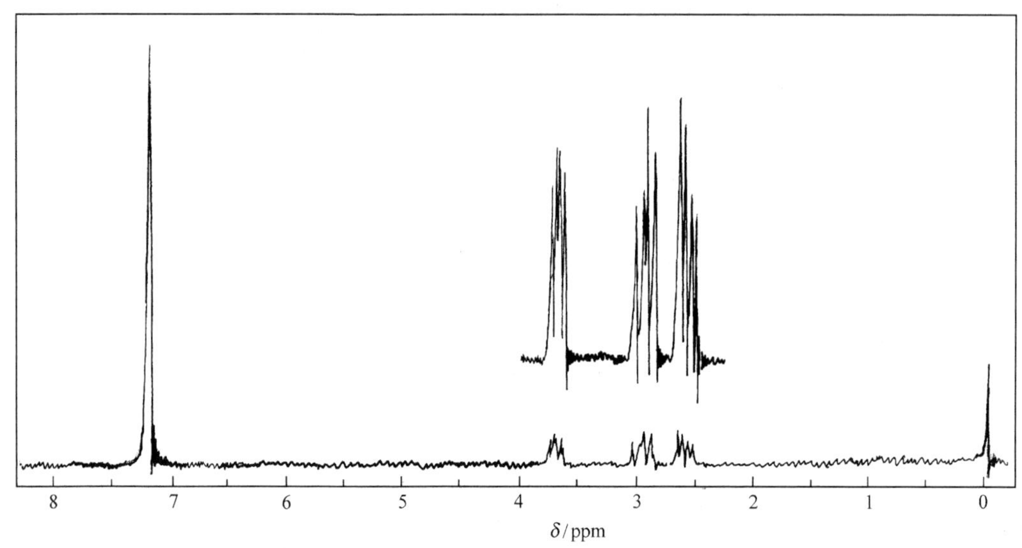

图 4－32　环氧乙烷苯的共振谱（60MHz，$CDCl_3$）

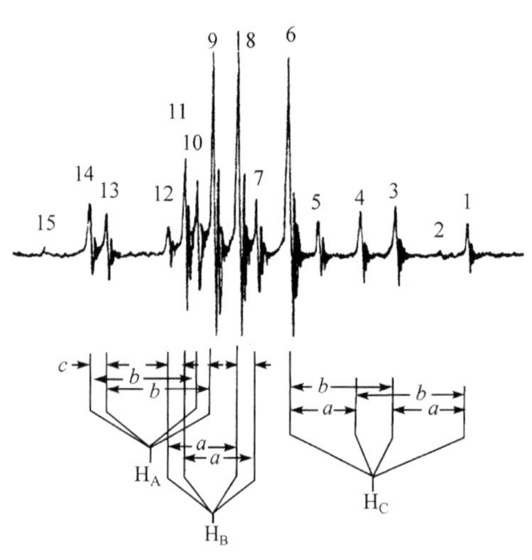

图 4－33　丙烯腈的共振谱（60MHz）

（5）ABC 系。ABC 系统是更为复杂的三旋系统，最多可出现 15 条谱线（图 4－33），15 条谱线中，3 条为综合峰，由于强度太弱，有时观察不到。这里只看到 2、5 两条。

ABC 系统的分裂情况与 AMX、ABX 系统相似。如果忽略综合峰，很多 ABC 系统的分裂情况可近似地作 AMX 系统处理。可以找到 3 个四重峰，每种裂距 a、b、c 重复出现 4 次，但都不等于偶合常数 J_{AB}、J_{AC}、J_{BC} 值，而仅可能与之相近，有时差别很大。如果 A、B、C 三组峰总强度为 12，则每组峰的强度总和差别不太大，一般均为 4 左右，但组内各峰的强度有时相差悬殊。在丙烯腈（图 4－33）谱图中，9、10、13、14 属 A 部，7、8、11、12 属 B 部，1、3、4、6 属于 C 部。它们的 δ 值接近重心。图 4－7 为丙烯酸的 ^{1}H-NMR 谱，也是 ABC 系统。

ABC 系统的计算更为复杂，有时要借助于计算机，梁晓天提出了解析法[11]，用来解析复杂的 ABC 系统，使繁琐的运算大为简化。

一些多取代芳环的 ABC 系统可近似地看作 AMX 系统，由谱图直接找出裂距，大致代表偶合常数，从而确定谱线的归属。图 4－34 为 1，2，4-三氯苯的共振谱。

3. 四旋系统

(1) A_2X_2 系。A_2X_2 系统比较简单，可用 $n+1$ 规律处理。A_2X_2 系统共有 6 条谱线，A 和 X 各 3 条。其强度比为 1∶2∶1，谱线裂距为 J_{AX}，3 条线的中间线的位置即为该组的化学位移，如图 4－35 所示。

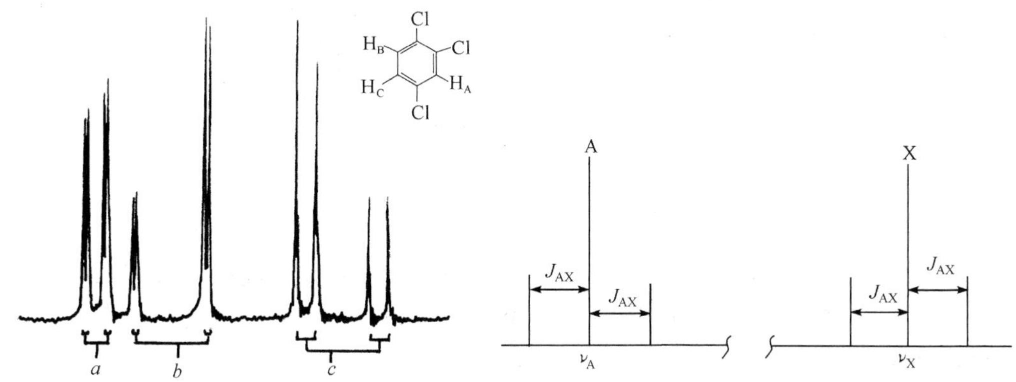

图 4－34　1,2,4-三氯苯的共振谱(100MHz,CCl_4)　　图 4－35　A_2X_2 系统

秦艽乙素的共振谱可作为 A_2X_2 系统的例子(图 4－36)。

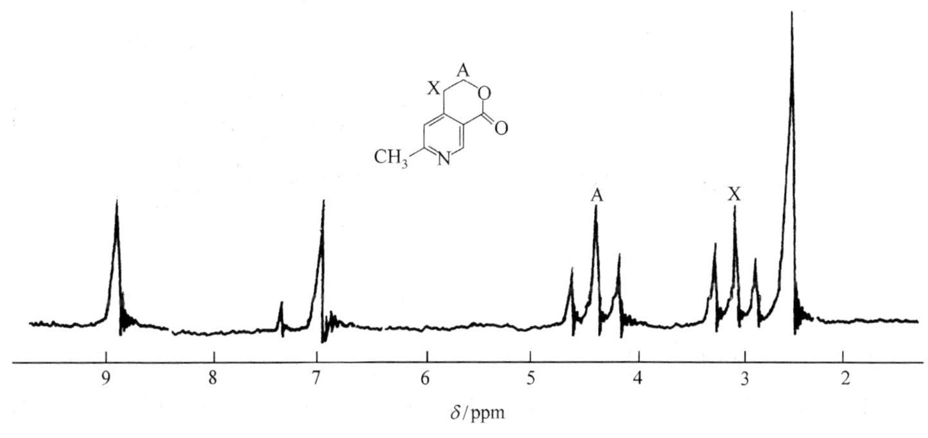

图 4－36　秦艽乙素的共振谱

(2) A_2B_2 系。A_2B_2 系统中，A_2 和 B_2 都是磁等价核，因此整个系统只有 1 个偶合常数 J_{AB}，共有 18 条谱线，其中 4 条为综合峰，强度很弱，难以观察。所以一般 A_2B_2 系统只出现 14 条谱线，A、B 各占 7 条，左右对称，并且 A_4 与 A_5(B_4 与 B_5)、A_6 与 A_7(B_6 与 B_7)不易分开，在图谱中表现为 2 个强的谱线，很容易识别，ν_A 在 A_5，ν_B 在 B_5，并且有如下关系：

$$[1-3]=[4-6]\qquad [1-6]=2J$$

所以

$$J=\frac{1}{2}[1-6]$$

图 4 - 37 是典型的 A_2B_2 系统共振谱。

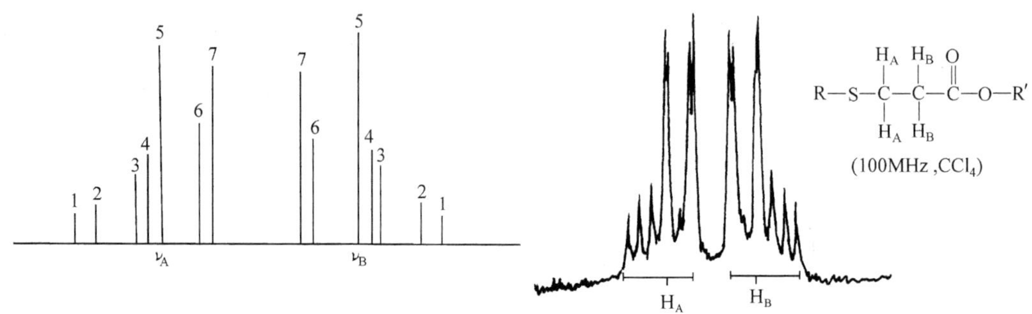

图 4 - 37 A_2B_2 系统及其共振谱示例

(3) AA'BB'系。AA'BB'系统为 A_2B_2 系统中 A_2 和 B_2 都不是磁等价的核构成。理论计算应有 28 条谱线，AA'和 BB'各占 14 条。图形也呈现左右对称(图 4 - 38)，有的由于谱线重叠或强度过小，仅看到少数几条谱带。

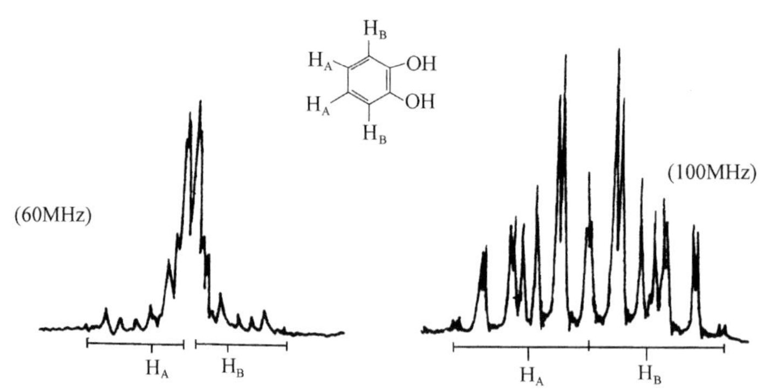

图 4 - 38 邻苯二酚中的 AA'BB'系

对二取代苯的 AA'BB'系统(图 4 - 39)，谱图中有明显接近 $J_{邻}$ 的裂距，表观上呈现对称的四重峰，可粗略地用解析 AB 系统的类似方法处理。这两种 AA'BB'类型都呈现对称图形，但外形不同。

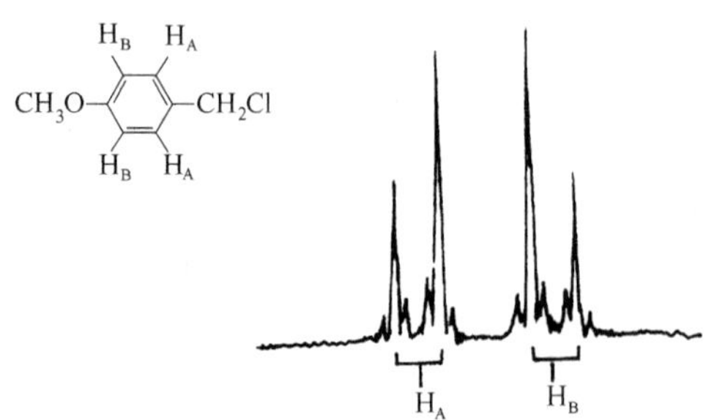

图 4 - 39 对二取代苯的芳氢共振谱 (60MHz, $CDCl_3$)

(4) ABCD 系。ABCD 系是更为复杂的系统，如图 4 - 40 所示。A、B、C、D 彼此既不是磁等价，也不是化学等价。理论计算有 56 条峰，包括 32 条主峰和 24 条综合峰。主峰可近似地用 $n+1$ 规律找出归属，但谱线密集的情况下，做这种归属是很困难的。

苯系芳氢谱图，三取代苯的 ABC 系统和对二取代苯的 AA'BB'系统还容易识别。取代基较少的苯环虽有比较准确计算化学位移

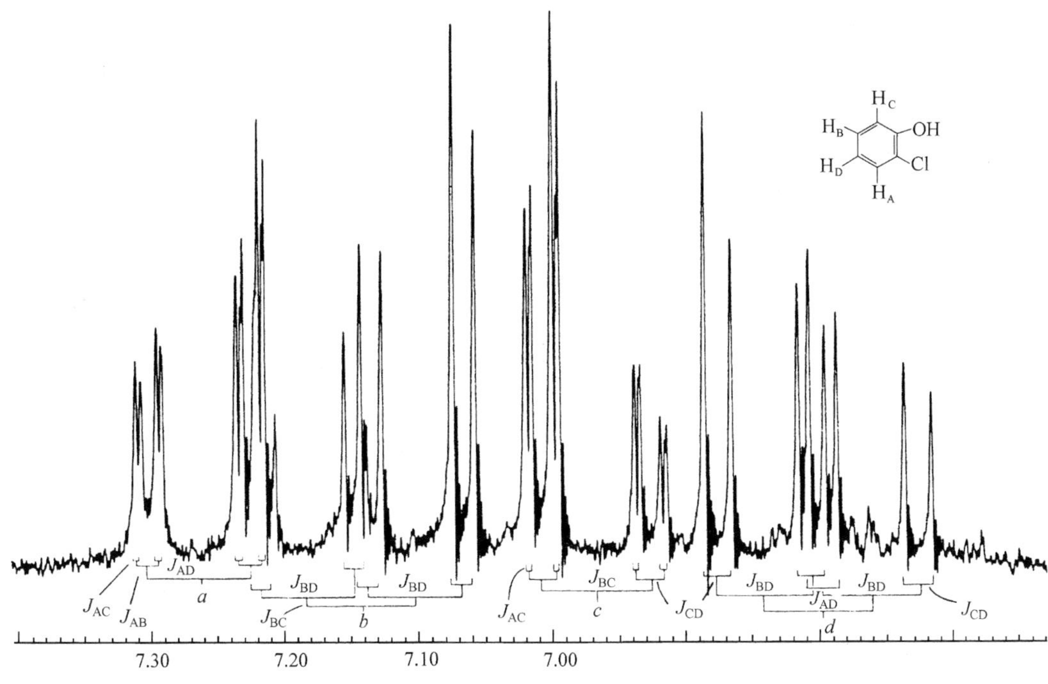

图 4－40　邻氯苯酚的芳氢共振谱(100MHz，$CDCl_3$)

的经验公式[式(4－19)]，但图形比较复杂，而且随着取代基性质不同，外形变化很大，从图4－41所示的取代苯环的例子可以看出，一般不易得出明确的数据，可由其积分面积作出初步估计，不必从理论出发作严格解析。

一元取代苯的共振谱，极性小的取代基(如烷基、—CH═CHR、—C≡CR 等)对苯环的影响较小，苯环氢核可呈现近似单峰[图 4－41(a)]。极性较大的取代基，苯环氢核谱线分为两组，积分比为 2∶3。推电子效应的取代基，如—OH、—OR、—NH_2、—NR_2 等，芳氢 δ 值相对未取代苯普遍向高场位移，处于较低场的 2 个间位氢核共振谱粗看起来近似三重峰[图 4－41(b)]；吸电子效应的取代基为—C(O)—、—NO_2、—N ═N—Ar、—SO_3H等取代苯较未取代的苯环氢核都向低场位移，邻位 2 个氢核向低场位移较大，粗看为二重峰[图 4－41(c)]。

二元取代苯最为复杂，除对二取代外，不同取代基的邻二取代苯组成如图 4－40 所示的 ABCD 系统。两个取代基性质差别较大，谱线繁多[图 4－41(f)]，若差别较小，则有的简并，有的变弱，变为貌似简单的谱图[图 4－41(d)]。两个相同的极性取代基的邻二取代苯呈现特征性很强的 AA′BB′系统[图 4－41(e)]。一般不同取代基的邻二取代苯和间二取代苯可借助于它们不同的偶合情况予以区别。图 4－41(i)可以近似作为 AX_2 系统。三元取代苯，不论取代基的性质和取代位置如何，都可以由观察其图形、计算化学位移，并利用其特定范围的邻、对、间位偶合常数加以确定[图 4－41(g)～(i)]。用此法即使计算多取代苯化学位移不够准确也无妨。芳杂环化合物取代基位置的确定也需求助于偶合常数。

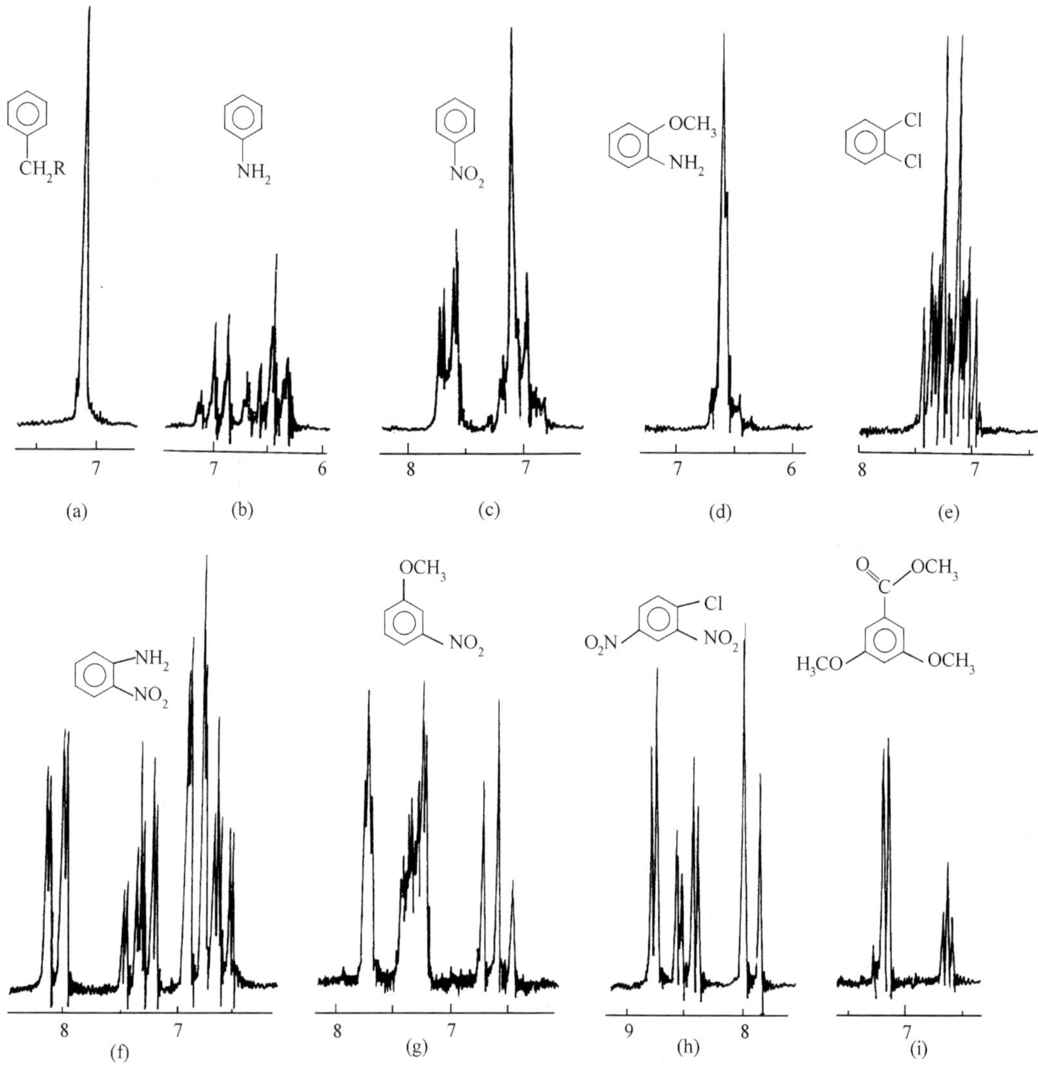

图 4－41　取代苯的芳氢共振谱示例(60MHz,$CDCl_3$)

表 4－15 列出一些自旋系统的谱图特点和谱线数，自旋系统的分类方法是按系统内核的多少和各组核间干扰的强弱($\Delta\nu$ 和 J 值)的关系划分的，其间没有严格的界限。随核磁共振仪磁场强度的增加，可以增大 $\Delta\nu$ 数值，从而使得核间干扰减小，谱图简化，原来系统名称也可随之改变。

表 4－15　各种自旋体系的预计谱线数

自旋系统	谱线数(综合峰数)	自旋系统	谱线数(综合峰数)
AX	4	AB_3	14(＋2)
AB	4	AB_4	21(＋4)
AB_2	8(＋1)	A_2X_2	6

续表

自旋系统	谱线数(综合峰数)	自旋系统	谱线数(综合峰数)
A_2B_2	14(+4)	AA′XX′	20
A_3B_2	25(+8)	AA′BB′	24(+4)
ABX	12(+2)	AA′BB′X	64
ABC	12(+3)	ABCX	32(+18)
ABX_2	18(+4)	ABCD	32(+24)
AB_2C	28(+6)		

4.5.3 分子的对称性

分子的对称性对共振谱有很大影响，两个相同基团的二取代苯异构体中，对二取代仅有一种氢，呈现单峰，邻二取代为 AA′BB′系统，间位取代在 60MHz 射频的共振谱则表现为复杂的 AB_2C 系统，可视为两个 AB_2 相结合构成的自旋体系，可见分子的对称性越高，谱图越简单。

一些高对称分子的共振谱除图形比较简单外，还经常具有特殊的积分比，为谱图解析提供方便。图 4 - 42 为一种反应产物乙酰化的共振谱[12]，由 δ 值和积分比确定，除(a)和(e)分别为乙酰基的甲基和芳氢外，(b)、(c)、(d) 3 个单峰各代表 2 个亚甲基，不难看出分子的对称性。(d)为高去屏蔽的未偶亚甲基，(b)和(c)两个单峰 $W_{\frac{1}{2}}$ 比(d)的尖峰大，即显得矮胖，是与芳环氢的远程偶合的结果。芳氢部分(e)也有小的裂分，也是远程偶合所致。由以上对称性特点，借质谱给出相对分子质量，可能推定其结构。

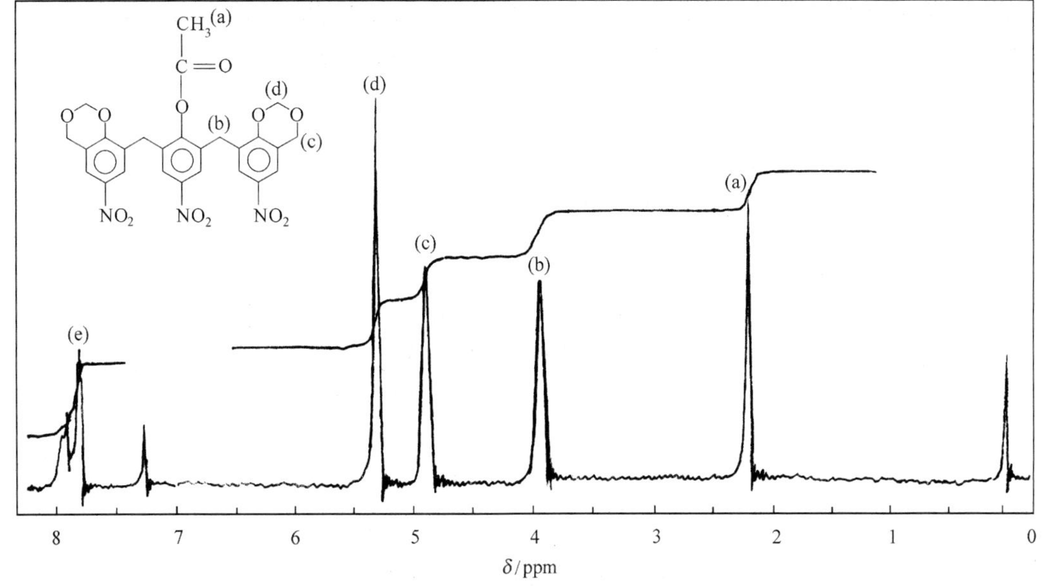

图 4 - 42 一种反应产物乙酰化的共振谱(100MHz，$CDCl_3$)

图 4－43 是萱草根素乙酰化物的共振谱，即使没有给出积分数值，也可看出高场 4 个单峰是甲基峰，共 12 个氢。低场部分一个是单峰，另外四重峰由其偶合常数大小可以肯定为处于苯环相邻位置的 2 个氢，组成 AB 系统，共 3 个芳氢。这个分子至少含 15 个氢，由元素分析知该化合物只含 C、H、O 3 种元素，故分子中只能含偶数氢原子。所以共振谱提供了最可靠的数据，从而得出这个分子是由两个完全相同的部分连接在一起的结论。这种简捷的判断是其他光谱方法很难做到的。

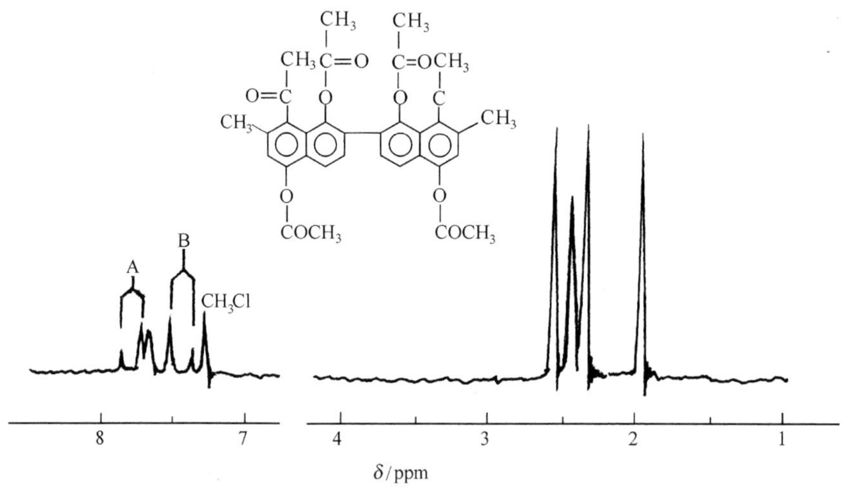

图 4－43　萱草根素乙酰化物的共振谱(60MHz，$CDCl_3$)

分子中含有不对称碳时，谱图复杂化，如吲哚衍生物的共振谱(图 4－44)，其中的亚甲基不是双峰而是八重峰。旁边不对称碳原子的存在使亚甲基上的 2 个氢环境不同，不是化学等价的，如不考虑甲基的影响，它们将成为 ABX 系统的 AB 部分。

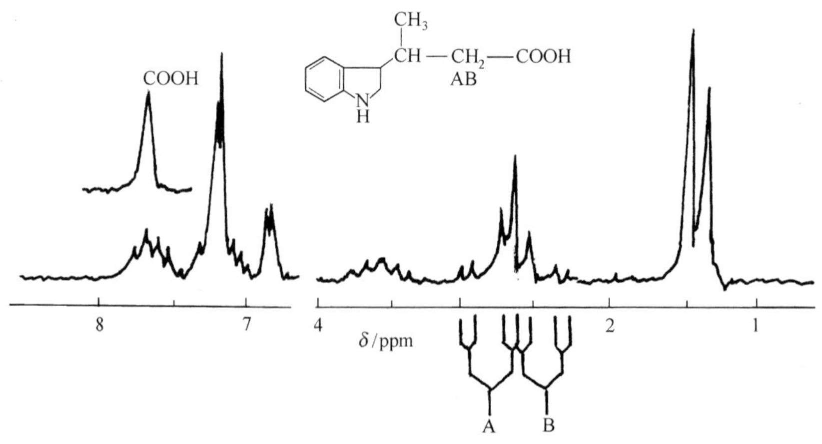

图 4－44　吲哚衍生物的共振谱(60MHz，$CDCl_3$)

如下类型的化合物是对称分子，H_a 和 H_b 的环境相同，且 $J_{ac}=J_{bc}$，$J_{ad}=J_{bd}$，它们是全同质子。而亚甲基 CH_cH_d 与不对称碳相连，无论 C—C 单键旋转多么迅速，H_c、H_d 的环境也不相同，它们是化学不等价的，当然也是磁不等价的，谱图是复杂的。

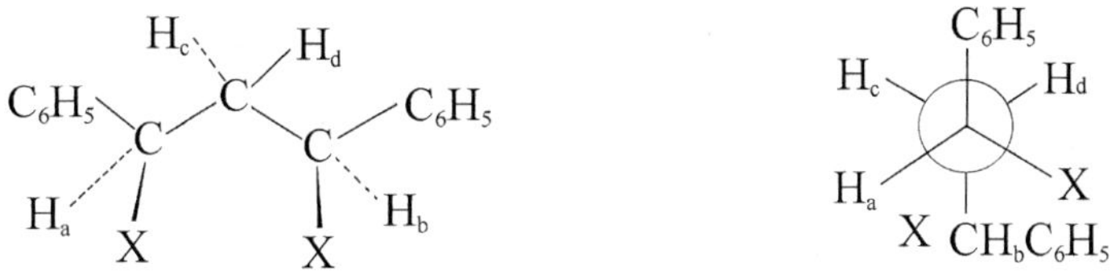

以上例子中，导致亚甲基的 2 个氢不等价的原因是邻近存在不对称碳。这种不对称碳与立体化学中光学异构体的不对称碳概念不完全相同，只要这个碳原子连有 3 个不同的取代基（* CXYZ）就可以了，不论另一个亚甲基取代基与 X、Y、Z 之一相同与否，都视为不对称碳。例如，下列化合物

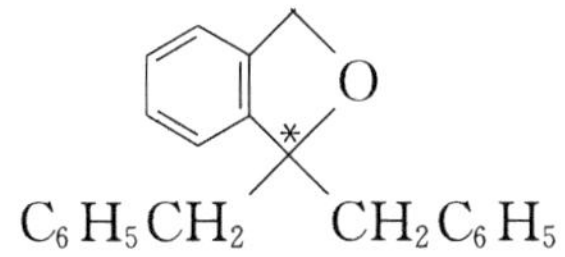

由于分子中有对称面，标以星号的碳对分子整体而言并非不对称碳，但由于这个带星号的碳连有 3 个不同的基团，亚甲基中 2 个氢的环境不同而表现 AB 系统，所以标以星号的碳仍称为不对称碳。基团 * CXYZ 称为手性（chiral）基团，由于手性基团的存在，相邻亚甲基上的 2 个氢出现差别，这种亚甲基则称为原手性（prochiral）基团。原手性基团的 2 个氢处于非对映异位（diastereotopic）时，它们的化学位移不同，即异频（anisochronous）。在分子中原手性基团与手性基团距离越近影响越大，与手性碳相连的异丙基上两个甲基也是不等价的，这种距离是空间距离，与间隔键的多少不一定有平行关系。图 4－45 山莨菪碱的共振谱中，6，7-位 2 个氢应为对称关系，但它们的化学位移相差 0.4ppm 之多，这是酯基上的不对称因素通过空间影响的结果[13]。

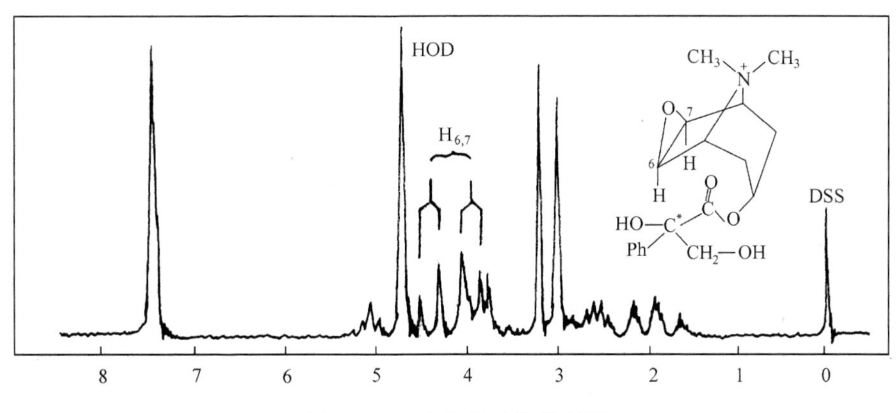

图 4－45　山莨菪碱的共振谱

与 2 个不同的基团相连的亚甲基都是原手性的基团，如乙醇中的亚甲基。这类原手性基团的 2 个氢处于对映异位（enantiotopic），对映异位的基团有相同的化学位移，称为同频（isochronous）。具有对映异位原手性的化合物只有在光活性的溶剂中，原手性基团才有可能呈现异频。

4.5.4　虚假远程偶合

如图 4－46(a)所示的一种多环化合物 3-位氢只有 2 个近邻 2-位氢，按照$(n+1)(n'+1)$规律，应呈现四重峰，如图 4－46(b)所示。但实际测量的却是 1 个复峰，复峰的产生，好像 1-位氢与 3-位氢也发生了远程偶合。但实际上 $J_{13}\approx 0$，并不存在远程偶合，这种现象称为虚假远程偶合(virtual long-range coupling)。

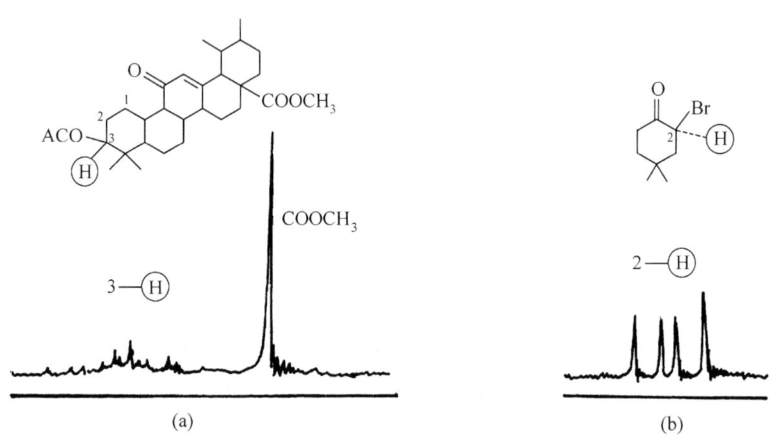

图 4－46　虚假远程偶合现象

这种现象的产生是由于 1，2-位上的氢的化学位移很接近，同时又有相当大的偶合常数(J_{12})，这 2 组氢的关系非常密切，以致 2-位氢不能单独与 3-位氢发生作用，而与1-位氢联合起来，共同对 3-位氢发生偶合作用。

虚假远程偶合是当把本来密切相关的事物人为地孤立起来处理行不通时产生的一种概念，它只是对于 $n+1$ 规律应用在一些特定情况下发生故障时的一种不够恰当的称呼。本来 $n+1$ 规律是不严格的，用以分析图谱是有条件的，一般说来，对于一个$A_mB_nX_p$系统，其中 $J_{AX}=0$，若 B 与 A 间的化学位移差距足够大，符合式(4－22)要求时

$$J_{AB}<\frac{1}{3}(\nu_A-\nu_B) \tag{4-22}$$

对 X 的分析可把 A 除去，将 X 看作 B_nX_p的 X_p部分。这是因为 B 与 A 间的关系不大，可以单独对外发生作用。这时不会产生所谓的虚假远程偶合。

当 ν_A、ν_B 相差不够大时，在普通仪器上会出现虚假远程偶合。然而在高磁场仪器上$\Delta\nu_{AB}$加大，这种偶合就可能消失。例如，青蒿素的 60MHz 共振谱(图 4－47)，其中 10-位甲基为复峰，而 4、11-位甲基表现正常的分裂，这是 1，9-位氢发生虚假远程偶合的结果。此时 10-位氢与 1，9-位氢的 $\Delta\nu$ 值较小，而它们之间的 J 值较大。在 250MHz 的共振谱中，由于 1，9-位氢的 $\Delta\nu$ 变大(J 不变)，这种虚假偶合大为降低，10-位甲基基本为双峰。

虚假远程偶合是具有一定结构化合物的共振谱中经常出现的现象，如图 4－12(c)甲基的信号。1，5-二溴戊烷，2，3-位氢的化学位移有一定的差别，1-位氢按 $n+1$ 规律呈现三重峰[图 4－48(a)]。而 1，4-二溴丁烷由于 2，3-位氢的化学位移接近，1-位氢的共振谱有虚假远程偶合而出现多重峰[图 4－48(b)]。这种虚假远程偶合，无论多强的磁场都不能

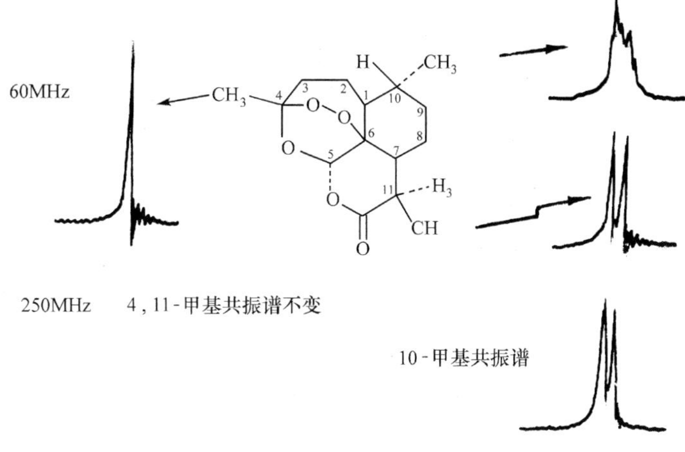

图 4-47　青蒿素的虚假远程偶合现象

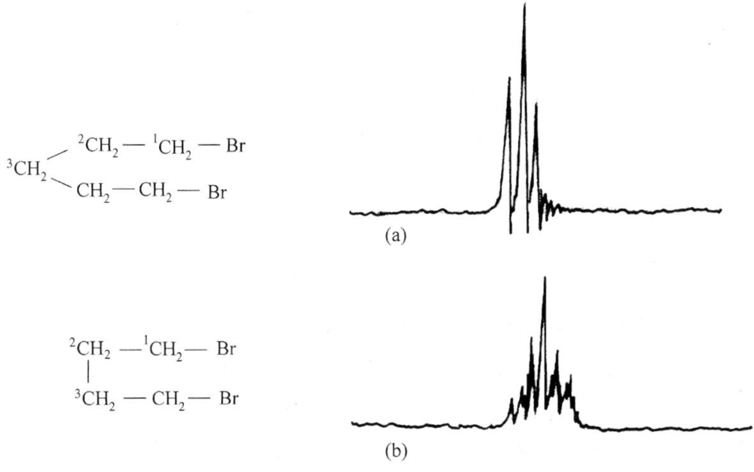

图 4-48　1,5-二溴戊烷(a)和 1,4-二溴丁烷(b)的虚假远程偶合

消失，因为 $\Delta\nu_{2,3}\approx0$。

4.5.5　假象简单图谱

有些谱图理论上有很多峰，由于某些峰强度太小，或有些发生重叠，实际上呈现比预期简单得多的谱图，给人以假象，很容易误作为一级近似处理，将偶合常数搞错。这类图谱称为假象简单谱图(deceptively simple spectrum)。

图 4-49 呋喃和环丁烯的共振谱中，呋喃的共振谱可能被误认为 $J_{\alpha\beta}$ 只有一种($J_{23}=J_{24}$)，出现 2 个三重峰，和 A_2X_2 系统相似。而实际上 $J_{23}=1.80$，$J_{24}=0.80$，此外，$J_{25}=1.55$，$J_{34}=3.54$，呋喃的 4 个氢应为 AA′BB′系统。由于有些谱线重叠，每组峰的外侧还有一些谱线强度太低而观察不到，从而造成这种假象。对环丁烯，可能认为 $J_{14}=0$，实际上有 6 个不同的 J 值($J_{14}=1.55$，$J_{13}=-0.80$，$J_{12}=2.70$，$J_{33}=-12.00$，$J_{34}=1.65$，$J'_{34}=4.35$)，由于与呋喃同样的原因，仅显示 2 个单峰。

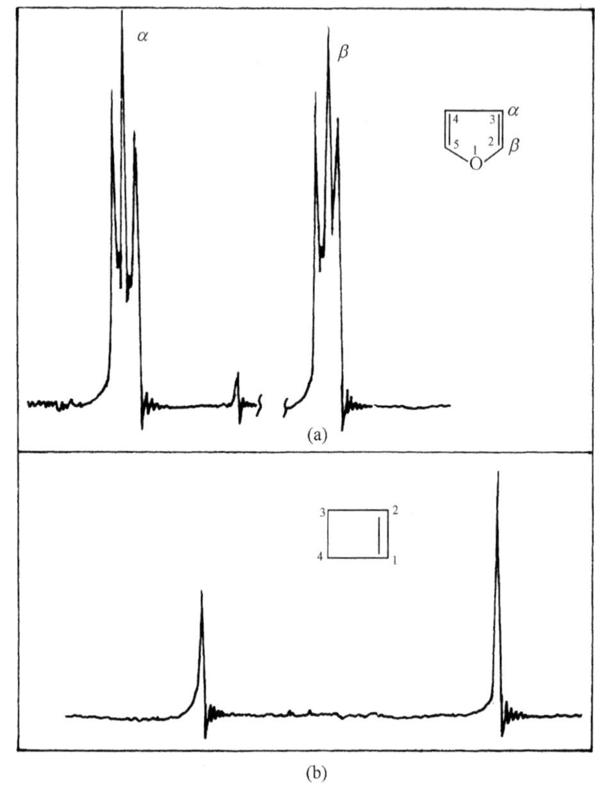

图 4 - 49　呋喃(a)和环丁烯(b)的共振谱(60MHz,$CDCl_3$)

遇到这种假象,可以改变溶剂以期得到更多的有关偶合常数的信息。

与此有关的还有由于化学位移发生巧合而使谱图简化的情况,其概念与假象简单图谱不同,用改变溶剂的方法也可能将巧合的谱峰分开。

值得注意的是,由于化学位移巧合,有关的核间有偶合也看不出分裂,将使谱图进一步简化。例如,化合物(A)在 $CDCl_3$ 溶剂中 2-位甲基与 2-位氢化学位移相同,这个甲基仅表现为单峰。化合物(B)的 H_A 和 H_B 化学位移相同,不再是 AB 系统,而表现单峰,也给人以假象。

(A)　　(B)

4.5.6　活泼氢与动态核磁共振

若一个分子在体系中以两种或两种以上的不同形式存在,在红外光谱和紫外光谱中各种分子形式都可以表现出来,谱图为各种形式分子光谱的叠加。在核磁共振谱中,若分子的两种形式间的相互转化速率为 $10\sim10^5$ Hz 数量级时,则会产生各种复杂情况:当这种转化速率远超过代表两种形式谱峰之间的距离时,两峰即合并在原来两峰的重心位置;

若转化速率很慢,则分别显示与两种结构相应的两种峰。处于这两个情况的中间状态可以出现各种复杂图形。这类图形往往随温度、酸度、溶剂性质等条件的不同而变化,即呈现核磁共振动力学现象或动态核磁共振(dynamic nuclear magnetic resonance,DNMR)。研究动态核磁共振可以得到很多体系的动力学数据,了解这种动力学现象对谱图解析也很重要。这里仅通过一些实例,定性地加以阐述。

核磁共振动力学现象经常在含有活泼氢化合物谱图中看到,也常为受阻旋转、互变异构、构象互变等结构因素引起。

1. 活泼氢的谱图

常见的活泼氢有—OH、—NH、—SH 等,它们的化学位移范围见图 4-9,其变化范围大小与它们在溶剂中质子交换速率有关,一般—OH>—NH>—SH。巯基质子交换速率较慢,通常与碳-氢一样可与邻近氢发生偶合,一级硫醇即表现为 AX_2 系统,$^3J=7.4$Hz。

羟基氢的核磁共振在不同情况下有很大变化。如前所述,若分子内或分子间形成氢键而缔合时,质子交换速率变慢,会呈现钝峰甚至"馒头峰",与之相邻的亚甲基也表现为偶合不明显的复峰[图 4-6(c)]。当样品和溶剂不含痕量的酸或碱(除非特殊处理,并在硬质玻璃容器中检测,一般不易做到),或使用能与醇羟基形成稳定氢键的溶剂(如二甲基亚砜)时,羟基质子由于交换特别慢,可以使多羟基分子中的不同羟基分别显示各自的信号,如槲皮素在 δ9~13 出现 5 个羟基信号(图 4-50),也可与邻近氢发生偶合。例如,可

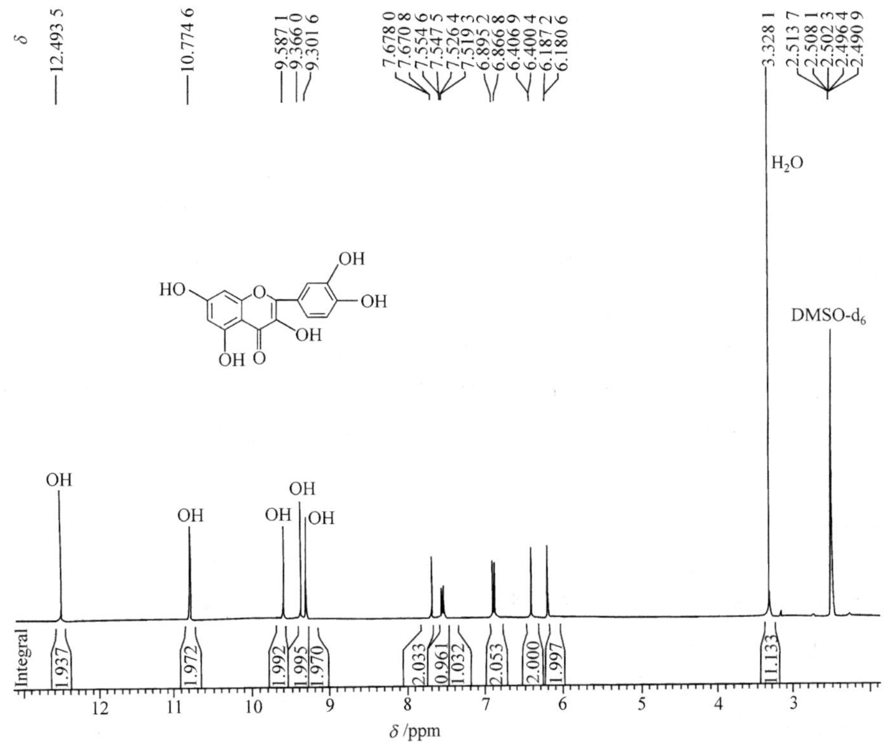

图 4-50 槲皮素的^{1}H-NMR 谱(DMSO-d_6,400MHz)

以由羟基峰的分裂情况区别各级醇(图 4－51)。

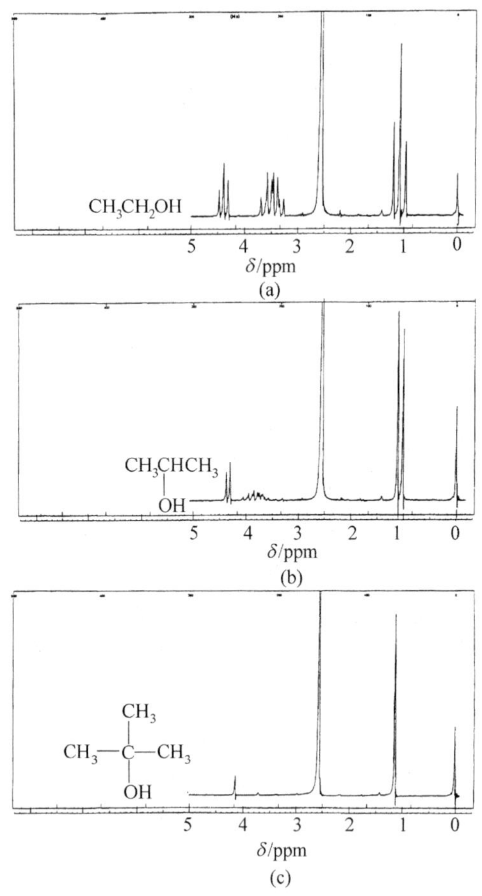

图 4－51　各级醇的共振谱(80MHz，CD_3SOCD_3)(δ2.6 为溶剂峰)

一般样品和溶剂很少是非常纯净的，羟基的质子受酸、碱等杂质的影响，质子交换速率很快，不与邻近氢发生偶合而呈现尖锐的单峰(图 4－6 和图 4－11)。当分子中存在几种不同的羟基(包括羧酸羟基)时，由于它们之间发生快速交换，谱图中只出现一个尖锐的单峰。例如，图 4－52(a)对羟基苯甲酸的酚羟基和羧酸的活泼氢都出现于 δ9.3 处。

这类活泼氢出现的位置为酚羟基和羧基化学位移的"重量平均值"。

$$\delta_{(重均)} = N_a\delta_a + N_b\delta_b \quad (4-23)$$

式中，N_a 和 N_b 分别为 H_a 和 H_b 的摩尔分数；δ_a 和 δ_b 分别为 H_a 和 H_b 单独存在时的 δ 值。如果体系内除有多个活泼氢外还有结晶水或含活泼氢的溶剂等，共振谱活泼氢的化学位移需将所有活泼氢按物质的量浓度比计入式(4－23)来估算。图 4－52(b)含 1 分子结晶水的没食子酸分子中的活泼氢出现在 δ6.9，为 3 个酚羟基、1 个羧基和 2 个水的活泼氢(1 分子水有 2 个氢参加交换)的贡献。

缔合的羟基和自由的羟基间可以不发生交换，将在不同的位置出现共振信号。例如，茜草中分离得到一个有止血活性的成分，经分析为如下(A)的骨架结构：

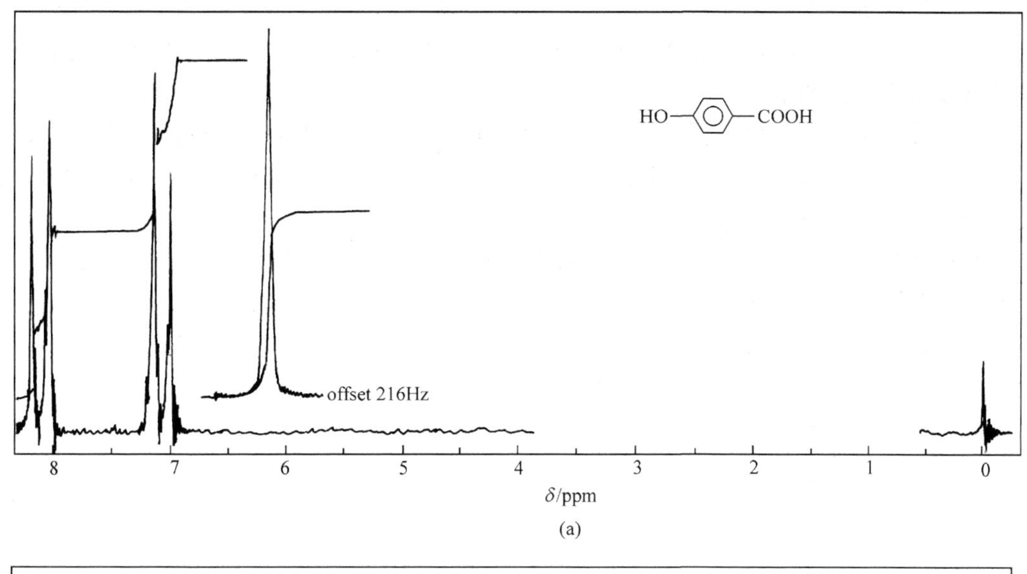

(a)

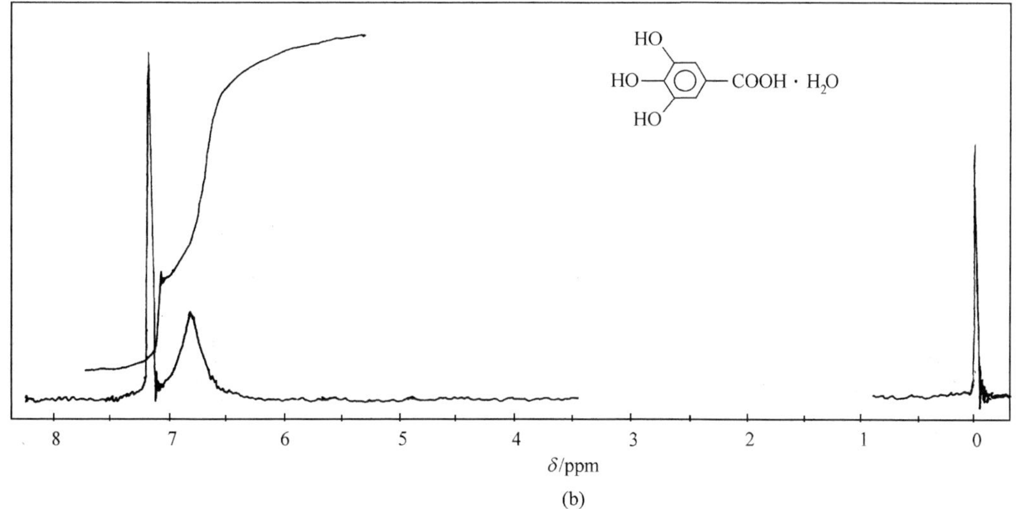

(b)

图 4-52 对羟基苯甲酸(a)和没食子酸(1 分子结晶水)(b)的共振谱(60MHz,CD_3COCD_3)

OR, $COCH_3$, OR (A) H, O, O, C, CH_3, OH (B) OCH_3, $COCH_3$, OH (C) OH, $COCH_3$, OG (D)

其中 R 为 H 或糖。为确定哪个羟基以糖苷形式存在,将苷水解得(B),测定其共振谱,分别在 δ11.6 和 δ6.0 出现一个钝的宽峰和一个尖峰,再将苷先甲基化,然后水解,结果仅在共振谱中的 δ6.0 处出现一个尖峰,应为结构(C)。两个实验结果比较,不难判断这个止血成分的结构为(D)。

氨基的氢在各种结构中交换速率不同。^{14}N 有四极矩，对弛豫过程产生不同的影响，其共振谱出现复杂的情况。

大多数一级胺、二级胺质子交换速率较快，多表现为尖的单峰。酰胺和吲哚等杂环分子中的 N—H 吸收峰很宽，甚至不易观测。若升高温度使分子运动加快，一般酰胺可得尖锐的 N—H 峰。

胺成盐后，不仅对 NH 和邻近 C—H 的化学位移有明显影响，而且铵离子的质子交换速率大为降低，因此^{14}N—H 之间及其与近邻氢之间都会发生偶合。例如，甲铵盐在低场给出相距 50～60Hz($^1J_{NH}$)积分比为 1∶1∶1 的三重宽峰，每个宽峰又进一步被甲基偶合分裂为四重峰，甲基也因偶合而呈四重峰，如图 4－53 所示。由于弛豫复杂，在一般胺的光谱中 N—H 变得很宽，往往埋在噪声中而观察不到。

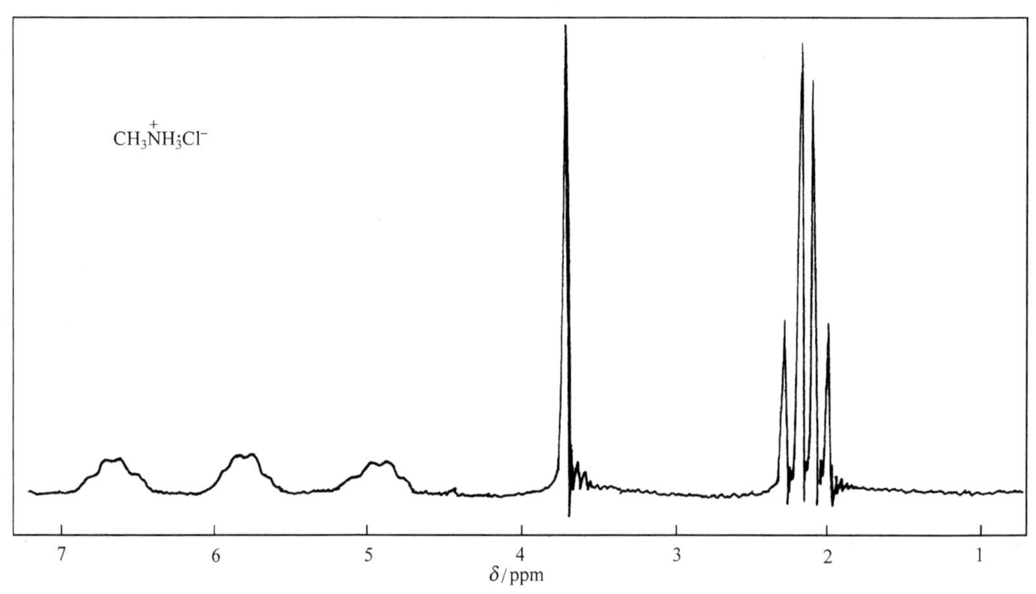

图 4－53　甲铵盐的共振谱(100MHz)

2. 受阻旋转

N,*N*-二甲基甲酰胺在常温下由于羰基与氮之间的键具有部分双键性质，阻碍了自由旋转，以致在共振谱中出现 2 个甲基峰(图 4－8)。

当温度逐渐升高时，C(O)—N 键可以克服上述阻力而加速旋转，谱图经中间不同形式最后变为一个尖锐的单峰，使 2 个甲基成为同频。随温度变化，两峰刚好融为 1 个峰的温度称为融合温度(coalescence temperature)T_c。*N*,*N*-二甲基甲酰胺的 T_c 为 123℃，如图 4－54 所示。

单键由于空间作用旋转受到阻碍而使谱图复杂化的例子也很多。例如，化合物(E)由于苯环与亚甲基间的单键旋转不自由，在室温或稍低温度下，亚甲基的 2 个氢即表现为

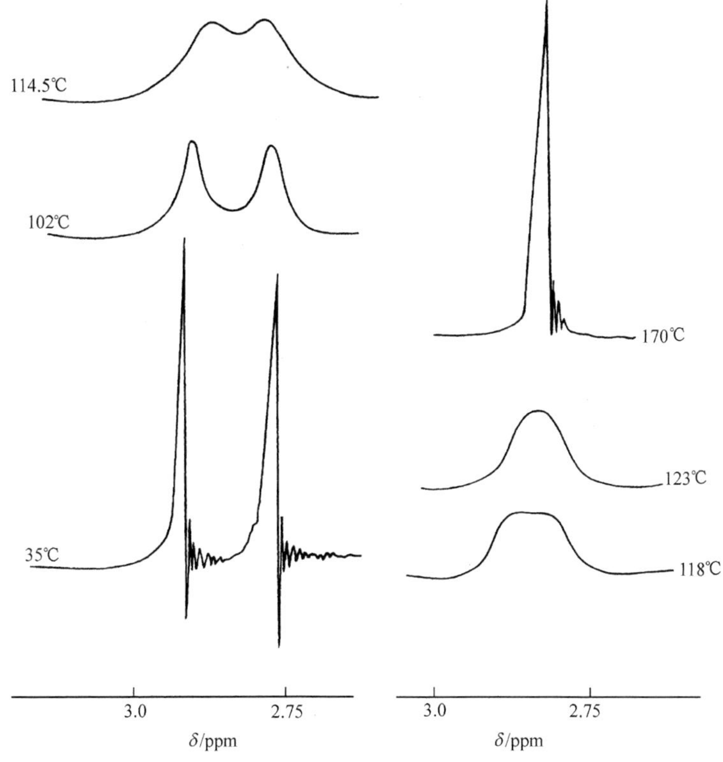

图 4 - 54　*N*,*N*-二甲基甲酰胺在不同温度下甲基的共振谱

AB 系统。联苯化合物(F)和(G)邻位取代基也阻碍两个苯环间单键的自由旋转,(F)的亚甲基也表现 AB 系统,(G)的异丙基上 2 个甲基在常温下化学位移不同,呈现 2 个双峰,升温到 110℃以上即融合在一起。

(E)　　(F)　　(G)

3. 构象互变

环己烷两种椅式构象间的相互转变是构象互变最常见的例子。如前所述,由于单键的各向异性,d_{11}-己烷($C_6D_{11}H$)中的 H_a 应出现在较高场,H_e 则在较低场。然而由于构象间高速互变平衡的结果,在常温至−49℃时双照射^{2}H 与^{1}H 去偶,谱图中仅呈现单峰,只有在更低的温度下才能呈现两个峰,如图 4 - 55 所示,由实验观察环己烷的 T_c 为−57℃。

4. 互变异构

互变异构也是最常见的动力学现象。例如,乙酰丙酮与其烯醇体间的互变异构,这类

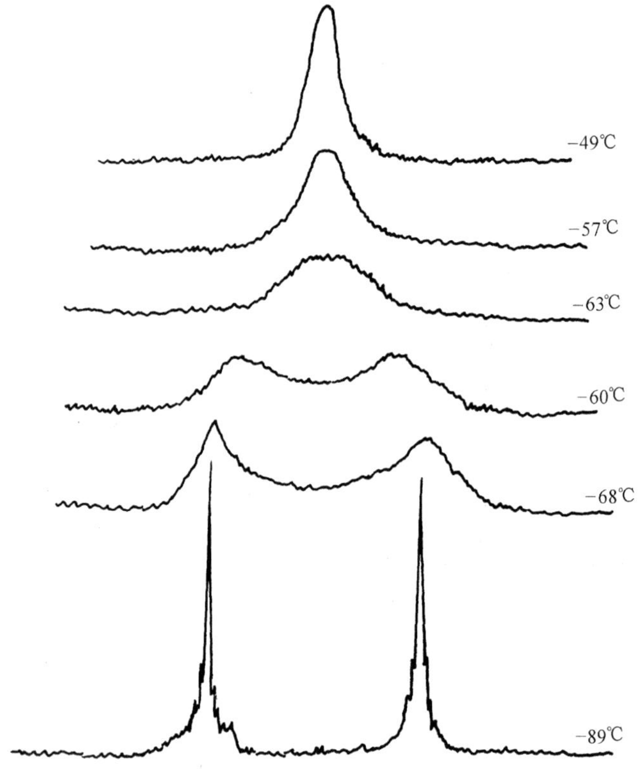

图 4－55　d_{11}-环己烷($C_6D_{11}H$)的低温^{1}H-NMR 谱(60MHz)

互变异构一般速率很低，在共振谱(图 4－56)中表现为混合物，因此可以借助积分估计体系中各种异构体的比例。δ1.98 为烯醇的甲基(a)，烯氢(d)在 δ5.40，羟基氢由于形成氢键在最低场 δ15.18；酮式的甲基(b)处于 δ2.16，与 δ3.46 的亚甲基相互发生远程偶合，放大后分别显示三重峰和七重峰。很明显，其中烯醇式的比例占优势。

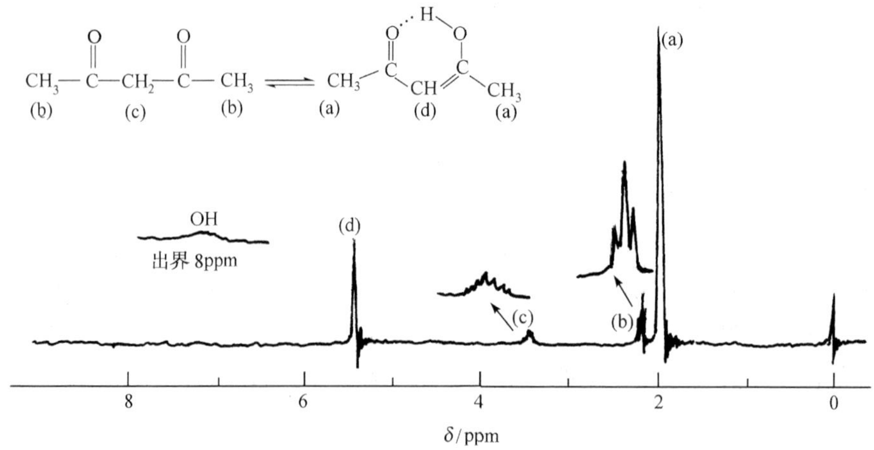

图 4－56　乙酰丙酮的共振谱

由于质子移变的互变异构和价键互变异构的例子很多。例如

这些体系的共振谱随温度而变，在较高温度时，迅速互变得到平均化的谱图，温度降低到 T_c，谱图中分别出现体系中互变异构体的共振谱，中间各温度范围则显示分辨不清，形状各异的宽峰。后 3 个体系的两种异构体实际为同一种化合物，称为简并的互变异构。

4.5.7 简化图谱的几种方法

多旋系统的解析往往有较大的难度，可适当地采用下列简化图谱的手段：

(1) 增大仪器的磁场，如用 400MHz 或更高强度的仪器测试，可使谱图相当程度地简化。

(2) 改变溶液的浓度或改用另一种溶剂，有时也能使谱线拉开而便于解析。

(3) 采用重氢交换通常使氨基、羟基等活泼氢交换后吸收峰消失。有些碳氢核，如羰基的 α-H(包括个别乙酰基的甲基)，在酸或碱催化下也可发生交换。例如

$$-\overset{\overset{\displaystyle O}{\|}}{C}-CH_3 \xrightarrow{(NaOD\text{-}D_2O)} -\overset{\overset{\displaystyle OH}{|}}{C}=CH_2 \xrightarrow[D_2O]{NaOD} -\overset{\overset{\displaystyle O}{\|}}{C}-CD_3$$

由于 J_{DH} 比 J_{HH} 小得多(见 4. 3. 2)，重氢交换后对—CH_2—邻位氢可以起到近似去偶合的效果。

以上各种方法已分别在前面章节涉及，下面着重讨论用双照射及添加位移试剂以简化谱图的方法。

1. 双照射

核间的相互偶合需要相互偶合的核在某一自旋态$\left(如^1H 在+\frac{1}{2}或-\frac{1}{2}\right)$的时间必须大于偶合常数的倒数。假如用强度足够大、频率等于某核共振频率的射频场照射此核，使其饱和(高速往返于各自旋态之间)，破坏了上述发生偶合的条件，即可达到去偶的目的，这种技术称为自旋去偶(spin-decoupling)。

双照射(double irradiation)是在扫描射频 ν_1 扫描图谱的同时，再加上另一射频 ν_2 照射相互发生偶合的某一核，即用两种不同的射频场同时作用于该体系上，射频场的频率分

别等于所要观察的核和所要消除其偶合作用核的共振频率。以 $A_m\{X_n\}$ 为双照射的符号，A_m 代表被射频 ν_1 所扫描的核，X_n 代表被射频 ν_2 所照射的核，m 和 n 分别代表 A 和 X 核的数目。

双照射可以分为同核(homonuclear)双照射和异核(heteronuclear)双照射。本章介绍的为 ^1H-^1H 同核双照射，第 5 章将讨论 ^1H-^{13}C 的异核双照射。

射频 ν_2 的照射强度不同，产生的影响也不同，各有不同的名称。例如，对 $A_m\{X_n\}$ 双照射时，当射频强度足够大($\gamma H_2/2\pi > nJ_{AX}$)即可产生自旋去偶。当 $\gamma H_2/2\pi \approx J_{AX}$ 时，A 的谱线部分简并，产生选择性自旋去偶。当照射强度等于被照射谱线的半高宽度 $W_{\frac{1}{2}}$ 即 $\gamma H_2/2\pi = W_{\frac{1}{2}} \ll J_{AX}$ 时，A 的有关峰发生小的分裂，称为自旋轻搔(spin tickling)。当照射强度小于被照射谱线的半高宽度($\gamma H_2/2\pi < W_{\frac{1}{2}}$)时，A 核的有关峰面积发生变化，称为核欧沃豪斯效应(nuclear Overhauser effect, NOE)，通常自旋去偶和 NOE 应用最多。

1) 自旋去偶

质子同核自旋去偶是一种重要的双共振实验，当谱线裂分比较复杂时，可采用此技术简化谱图，确定相互偶合信号之间的关系，发现隐藏的信号和得到偶合常数等。

图 4-57 是丁子香酚的共振谱，δ5.95(a)和 δ5.08、5.04(b、c)三组信号偶合状况分辨不清。当用足够强的频率照射 δ3.32(d)核时，扫描得到的谱图(a)、(b)、(c)都不同程度地得到简化，清楚地显示为乙烯基的 ABX 系统，(a)(dd，J=17、10Hz)，(b)(dd，J=17、2Hz)，(c)(dd，J=10、2Hz)。

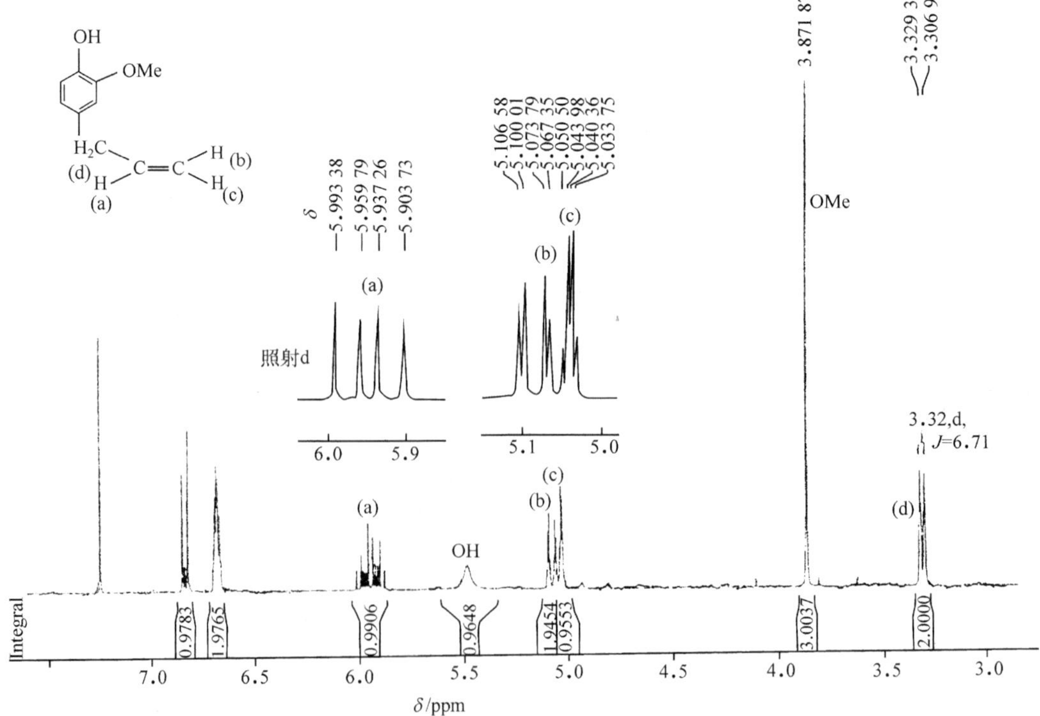

图 4-57 丁子香酚的 ^1H-NMR 同核自旋去偶谱(300MHz, $CDCl_3$)

穿心莲内酯结构的测定可以作为应用双照射去偶方法的例子。由化学反应及光谱数据不能确定其结构为(A)或(B)：

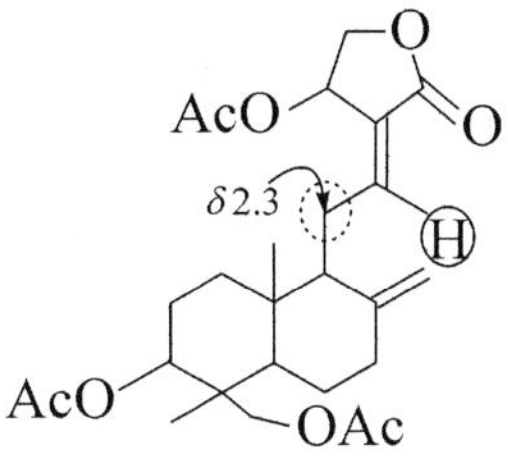

(A) 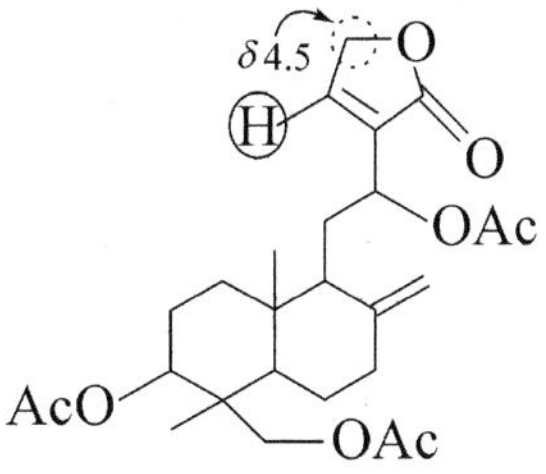 (B)

两个结构的烯氢分别与旁边 δ2.3 或 δ4.5 的亚甲基为邻，在 100MHz 共振谱中，这两个位置都是重叠的复峰，难以分辨。当照射 δ2.3 复峰时，δ7.2 烯氢的三重峰变为单峰，照射 δ4.5 复峰时 δ7.2 三重峰不变，从而确定穿心莲的结构是(A)。

2) NOE

NOE 是另一种类型的双照射。一个分子中，氢核之间不论相互偶合与否，只要彼此空间距离较近，也可以由这种照射使峰的强度发生变化。这种作用不是通过成键电子的传递，而是通过核与核之间的偶极相互影响。其变化程度与相关核之间的距离六次方成反比。一般使峰的面积增高，若 2 个氢核之间有第 3 个磁性核相隔，则也可能导致峰的强度下降。所以，NOE 可提供分子中相近的磁性核间空间关系的信息。例如，下列化合物(A)，当照射 5-位甲氧基时，4-位及 6-位氢的共振峰高度均增加 14%，3-位及 7-位氢分别降低 7%及 4%。

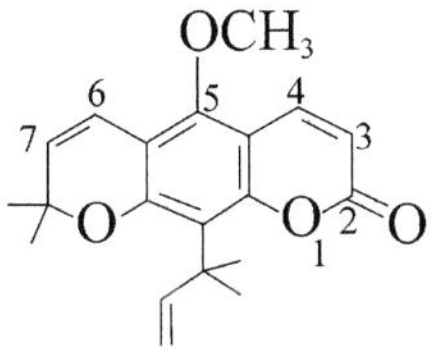

(A)

经研究，五味子丙素的结构可能为(B)或(C)，其结构的最后确定也曾借助于 NOE。

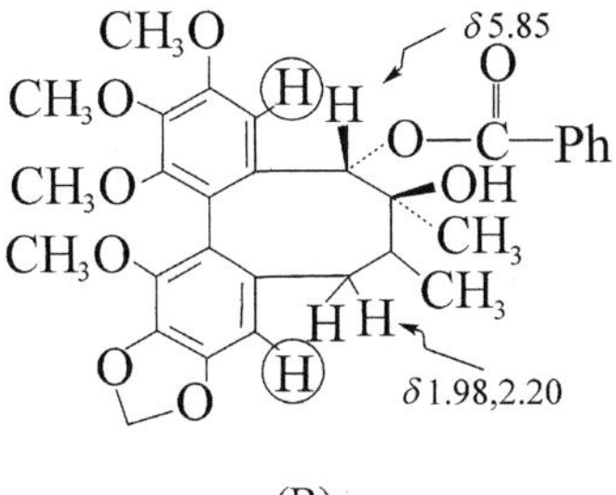

(B) 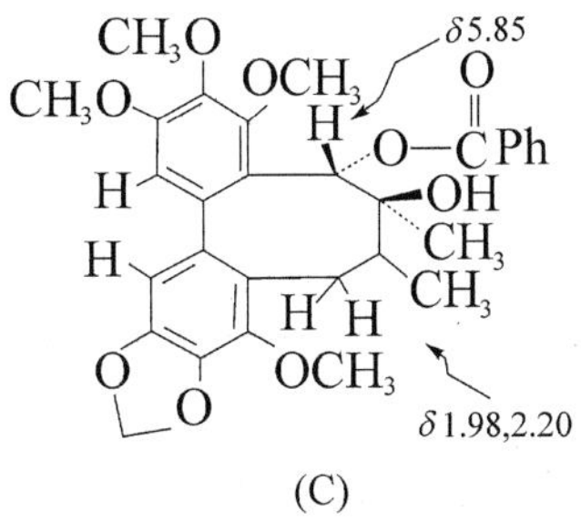 (C)

该化合物氢谱中有 2 个芳氢，δ6.76 和 δ6.43，芳环上有 4 个甲氧基，δ3.64、3.78、3.46、3.24。八元环上的氢分别处于 δ5.85、2.20 和 1.98。当照射 δ3.64 的甲氧基峰时，δ6.76 的芳氢强度增加 19%；照射其他三个甲氧基时，芳氢强度没有变化，说明 δ6.76 的氢一定在某一甲氧基旁边。照射 δ6.76 的氢时，δ5.85 的氢强度增加 13%。照射 δ1.98、2.20 时，δ6.43 的氢强度增加 14%。结果证明五味子丙素的结构为(B)。

为获得可靠的 NOE 数据，实验前必须排除顺磁性杂质氧等，即使如此，强度变化在 5%以内接近实验误差范围的，也难以作为依据。用 FT-NMR 做 NOE 差谱，成功地解决了这一难题[14]，将双照射前后的 FID 相减，FT 处理后，即得到 NOE 差谱，增强的是正信号，减少的是负信号，很小的变化差值也能可靠地检出，而且不存在与其他信号重叠的干扰。

图 4-58 是一个简单的 NOE 差谱的应用实例：将苯并二氮杂䓬酮衍生物乙酰基化物进行硝化反应，产物中新引进的硝基位于 C_7 还是 C_8，用一般自旋去偶不能解决，而采用 NOE 差谱予以确定。

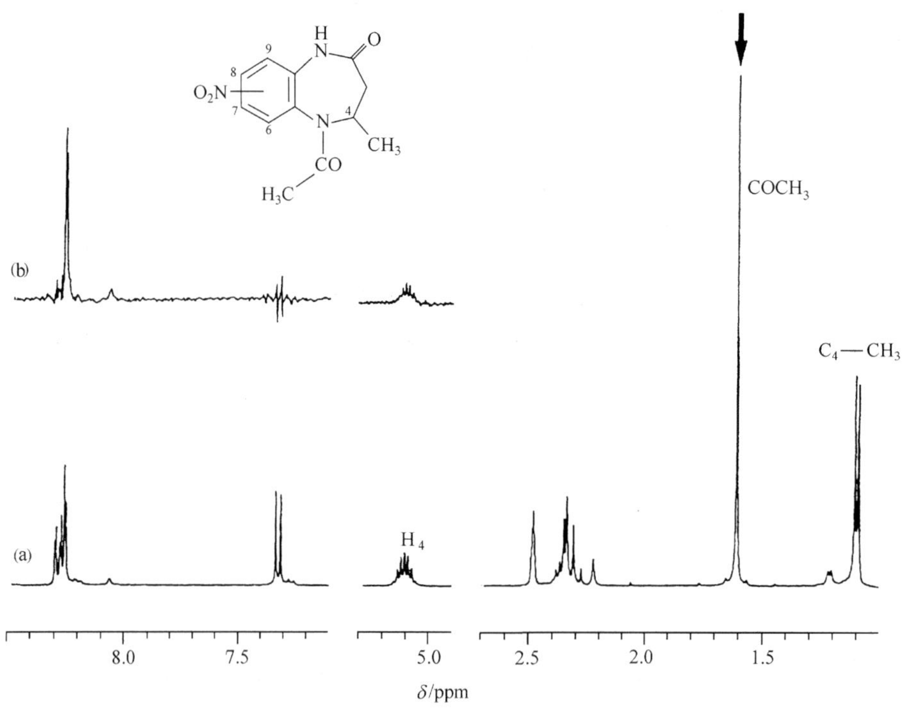

图 4-58　苯并二氮杂䓬酮硝化产物的 NOE 差谱检测

(a) 苯并二氮杂䓬酮硝化产物的 ^1H-NMR 谱；(b) 照射乙酰甲基信号的 NOE 差谱($DMSO-d_6$)

照射乙酰甲基氢，H_4 和一个芳氢产生明显的强度增益，而且发生增益的芳氢是一个尖的单峰，说明该氢不存在邻位偶合氢。由于空间靠近，该氢应是 H_6，由此证明硝基只能位于 C_7。

需指出的是，用 NOE 增益测定分子内核间距离难以得出确切的结论，因为信号的变化程度，除核间的偶极相互作用外，还受其他弛豫机理(见 5.4 节)以及去偶功率、照射时间等因素影响。所以这种测量结果仅限于在相同外界条件下对结构相似分子谱图作半定量性的解释。

2. 位移试剂

绘制谱图时，有的样品中加一些位移试剂可以使不同的峰组拉开距离，从而使谱图简化。

位移试剂为一些过渡金属配合物，顺磁性的金属配合物可使邻近氢核向低场位移，而抗磁性的金属配合物可使邻近氢核移向高场。常用的位移试剂，如(2,2,6,6-四甲基庚二酮-3,5)铕和镨等，可与试样中带有未分享电子对的基团（如—$\ddot{N}H_2$、—$\ddot{O}H$、$>C=\ddot{O}$：等）配位，同时，其中过渡金属的未成对电子与其他核间的相互作用将使这些核的化学位移发生不同程度的位移，位移的大小与试剂的浓度成正比。在浓度一定时，位移程度取决于作用点与受影响核间的距离 r，即与$\frac{1}{r^3}$成正比，距离越近，影响越大。

$(\ldots)_3$Eu　简称Eu(DPM)$_3$ 使谱线向低场位移

$(\ldots)_3$Pr　简称Pr(DPM)$_3$ 使谱线向高场位移

正己醇谱图中的 4 个亚甲基峰均集中在 δ1.2～1.7 分辨不清[图 4－12(c)]。当加入 0.29mol 的 Eu(DPM)$_3$ 后，4 个亚甲基峰即得以分离，并可清楚地看出每个亚甲基与相邻基团的偶合关系(图 4－59)。

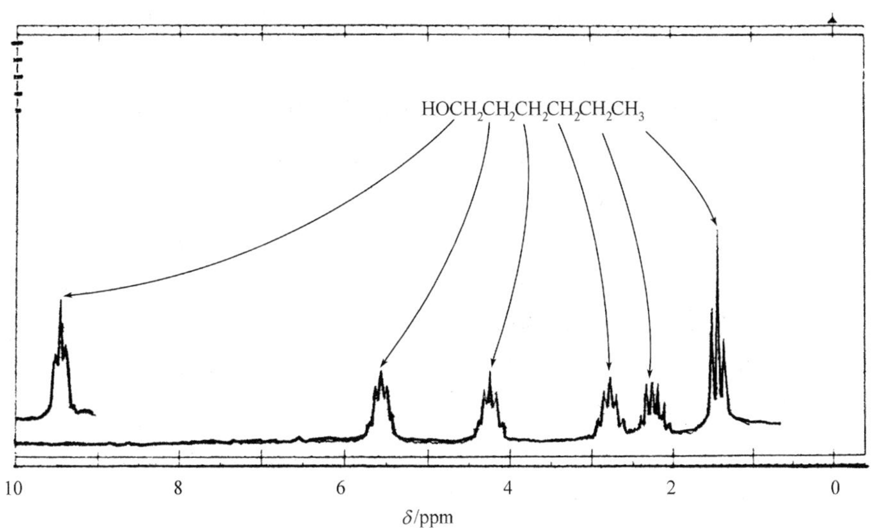

图 4－59　正己醇加位移试剂后的共振谱(100MHz)

4.5.8　谱图解析的一般程序

(1) 对全未知的有机化合物结构鉴定，应先测定相对分子质量、元素组成，得到分子式，计算其不饱和数。

(2) 根据化合物性质，提出绘图要求——溶剂、扫描宽度、积分、放大部分等，得到谱图应该检查质量，如标准物信号位置、信噪比、基线和样品纯度情况。若谱图出现谱峰很钝、裂分不显、基线不平衡等情况，应采取措施(处理样品、调试仪器等)加以改善。

(3) 根据积分曲线表示的各组峰面积积分比，并以孤立的甲基或亚甲基峰为标准，计算各组峰所代表的相对氢核数目。

(4) 由化学位移识别各组峰所代表氢核的性质，如芳氢、烯氢、饱和碳氢等，对活泼氢可用重水交换予以证实。结合积分比，估计可能存在的官能团，对有些简单化合物的结构甚至可作初步判断。

(5) 根据化学位移、自旋分裂和偶合常数，详细分析分子中各结构单元的关系，用一级近似，解析一级类型谱图。解析时要注意有无以下情况，以免出错：虚假远程偶合、假象简单谱图、分子的对称性、动力学现象；个别峰重叠严重，应作加宽、放大图；怀疑可能有假象简单谱图或化学位移巧合者，可以改变溶剂或改变浓度重新画图。

研究自旋分裂和偶合常数有助于了解分子内的键合情况和空间关系，是氢谱解析的主要内容。

(6) 一张谱图经常有一级类型部分和高级谱图部分，可以由易到难，逐步解析。对高级谱图，应根据谱图特点识别自旋系统，测量和计算化学位移和偶合常数，画出图解。

多重峰解析有困难时，可借助于溶剂效应、双照射或添加位移试剂等，简化谱图。

(7) 由上述程序得到的结构信息，画出合理的结构式(有时不止一个)——工作结构(working structure)。

(8) 用经验公式或类比方法考查工作结构的全部 δ、J 值，证明判断正确，或由几种可能的结构式中挑选最合理的一个。

对复杂化合物的结构鉴定，有必要应用二维谱或与其他光谱方法综合解析。

查对标准谱图或与标准物质的共振谱对照也是经常使用的验证方法。

^{1}H-NMR 谱图集和数据表如下：

(1) *The Sadtler Standard Spectra NMR Chemical Shift Index* 与核磁共振谱。

(2) *Varian NMR Spectra Catalog* 即 *High Resolution NMR Spectra Catalog*，为 N. S. Bhacca，et al 所著，1963 年出版两卷。

(3) *The Aldrich Library of NMR Spectra*，C. J. Pouchert，Aldrich Chem. Co. Inc，1983 年由原 11 卷缩为 2 卷出版。

(4) *Handbook of Proton-NMR Spectra and Data*，Asahi Research Center Co. Ltd 组织编辑，Academic Press Japan，Inc. 1987。

对复杂谱图解析，计算和测量的 δ、J 等参数及自旋系统是否正确，可以用核磁共振电子计算机模拟，作进一步的证明。一张谱图由一组 n 个化学位移和$\frac{n(n-1)}{2}$个 J 值表明。在量子力学方程作正确解答的基础上，某种计算机程序可用以计算和描绘出相应的谱图，也能在适当的计算时间内处理数据，计算和处理可在获得谱图的同时进行而不影响波谱仪的正常工作。这种计算和模拟对化学工作者很简单，只要将预期的或计算的 δ 值(Hz 或 ppm)、J 值(Hz)和一些控制参数(如谱宽、出界等数据)输入计算机中，波谱仪即可以给出符合上述数据的模拟谱。图 4－60 为相应的化学位移和偶合常数在 100MHz 仪器上，用一级类型的近似参数模拟[图 4－60(a)]的和实测[图 4－60(b)]的烯丙基-2,3-环氧丙基醚的部分谱图。

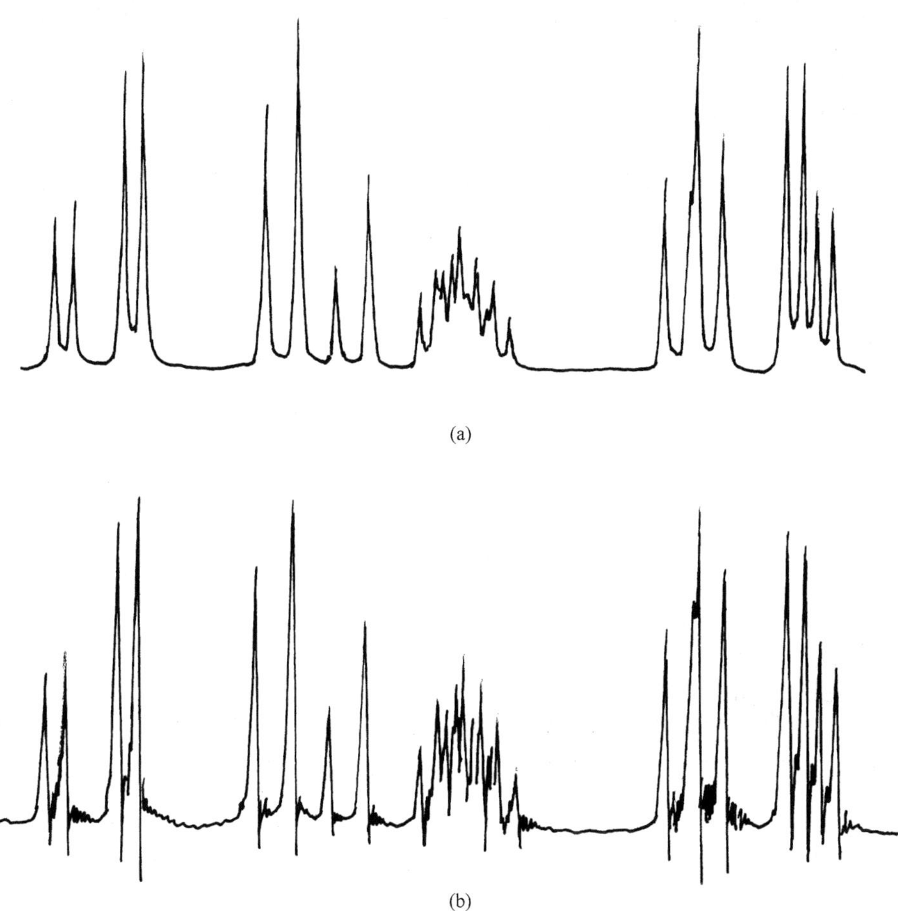

图 4－60　烯丙基-2,3-环氧丙基醚模拟(a)和实测(b)部分核磁共振谱

H^3　O　H^4

H^1—C　　H^5

CH_2═CH—CH_2—O　H^2

化学位移 δ(ppm)		偶合常数 J(Hz)	
H 核	δ	(H 核)J	(H 核)J
1	3.70	(1,2)－11.3	(2,4)0.0
2	3.37	(1,3)3.0	(2,5)0.0
3	3.13	(1,4)0.0	(3,4)4.0
4	2.76	(1,5)0.0	(3,5)2.6
5	2.58	(2,3)5.5	(4,5)5.0

模拟谱与实测谱基本吻合，表明设置的波谱参数对谱图的解析是正确的。

模拟一级类型谱图不受 J 值符号的影响，而对高级谱图，J 值的符号通常是重要的，必须给予注意。一个真实的二级谱图，推测其参数是很困难的，必须调整这些参数重复多次实验，直到模拟谱与实测谱相匹配从而可能得到参数的精确值，所以模拟谱是用实验方法寻找近似参数的可行手段。

4.5.9 ^{1}H-NMR 例解

例 4－1 解析^{1}H-NMR(60MHz，CCl_4)，推断分子式为 $C_4H_6O_2$ 化合物的结构。

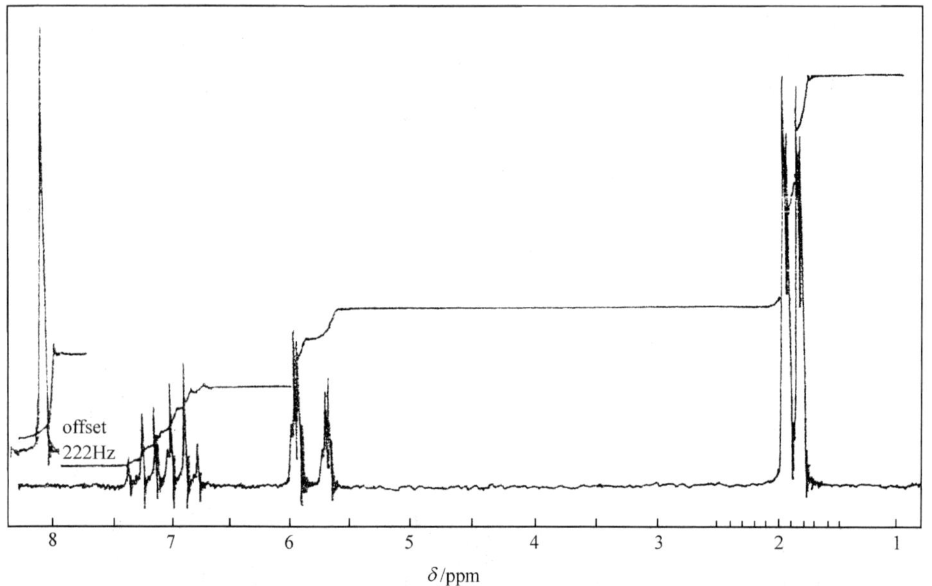

解 不饱和数 UN＝2，羧酸的羧基和乙烯基。

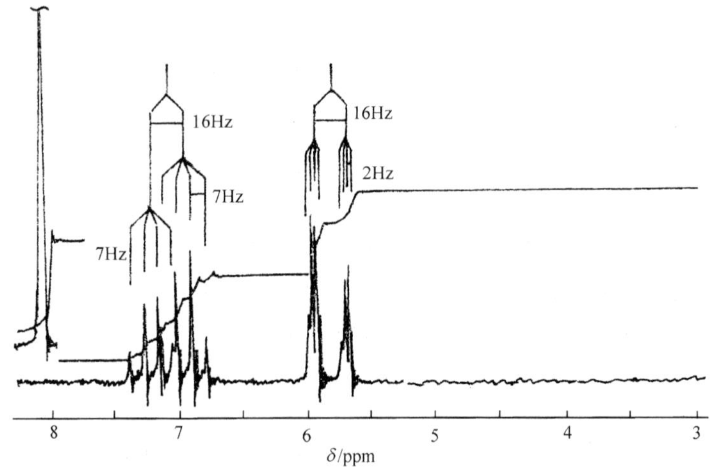

图中共四组共振信号，积分比 1∶1∶1∶3，分为三类：羧基的活泼氢，烯氢和饱和碳氢。

除活泼氢外，其余氢核共处于同一自旋系统内，均可用一级近似解析。

$\delta_{1.9}$(3H，dd，$J=7$、2Hz)与 $\delta_{7.1}$(1H，dq，$J=7$、16Hz)和 $\delta_{5.8}$(1H，dq，$J=16$、2Hz)相关，两个烯氢间又出现共同的偶合常数 $J=16$Hz，表明为反式构型。

高场的是 H_a，低场的是 H_b，分子结构为

CH$_3$　H$_a$
C=C
H$_b$　COOH

例 4-2　2-羟基-5-异丙基-2-甲基环乙酮在 C_6D_6 溶剂中的^{1}H-NMR 谱$^3J_{56}=3$Hz，而在 CD_3OD 溶剂中，$^3J_{56}$变为 11Hz，讨论溶剂效应及其对分子立体化学结构的影响。

O　OH
CH$_3$
$(CH_3)_2$CH

解　在非极性溶剂 C_6D_6 中，2-位羟基与羰基形成相对稳定的分子内氢键，迫使 5-位异丙基处于热力学能较高的直立键构象，H_e^5 与 6-位氢互为 60°的双面夹角，由 Kaplus 关系图标示，$^3J_{ae}$、$^3J_{ee}$约 3Hz。改为极性溶剂 CD_3OD，分子内的氢键受到破坏，异丙基选热力学能低的平伏键，H^5 改为直立键 H_a^5，与 H^6 所在键互为 180°和 60°，$^3J_{aa}=11$Hz，$^3J_{ae}=3$Hz。

溶剂 C_6D_6　　溶剂 CD_3OD

例 4-3　相对分子质量 $M_r=100$，含 C、H、O 三种元素的有机化合物，解析^{1}H-NMR 谱(500MHz，$CDCl_3$)推断其结构。

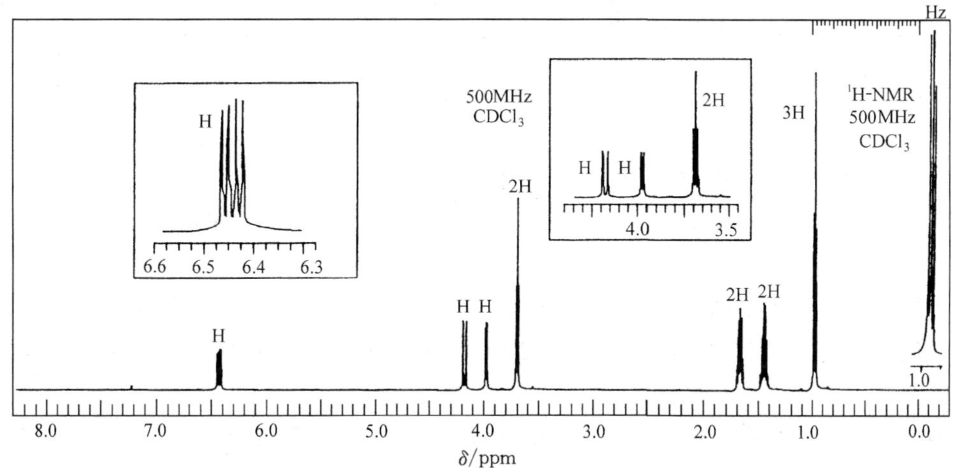

解 全谱七组共振信号，每组相应^{1}H 核数已由积分标出。δ4 以下的高场部分为饱和氢谱，在较低场 δ3.70 亚甲基受到去屏蔽，应与氧相连，邻近被另一个亚甲基偶合裂分为三重峰，在最高场的甲基被邻近的亚甲基偶合裂分为三重峰，$J\sim7$Hz，中间 δ1.65 和 δ1.45的五重峰和六重峰分别为两边的两个亚甲基和一个亚甲基、一个甲基按$(n+n'+1)$偶合裂分的结果。这个自旋体系为直链的烷氧基—O—$CH_2CH_2CH_2CH_3$。

低场的自旋系统，三个^{1}H 核 δ3.98、4.18、6.42 的共振谱放大加宽后，量出相关的三个裂距 13.5Hz、7.3Hz、1.5Hz 分别代表偶合常数 J_{AM}、J_{AX}、J_{MX}，构成 12 重峰(4×3)，为 AMX 系统(在低磁场仪器中将变为 ABX 系统)，是受较强极化的端基乙烯结构。由偶合常数很容易标出各个^{1}H 核的位置。

```
 H_M        O^-
    \      /
     C==C
    /      \
 H_X        H_A
```

两个自旋系统结合为正丁基乙烯醚，$M_r=100$，结构式为

$$CH_2{=}CH{-}OCH_2CH_2CH_2CH_3$$

例 4-4 根据^{1}H-NMR 谱(100MHz)推定分子式为 $C_{10}H_8O_2$ 化合物的结构。

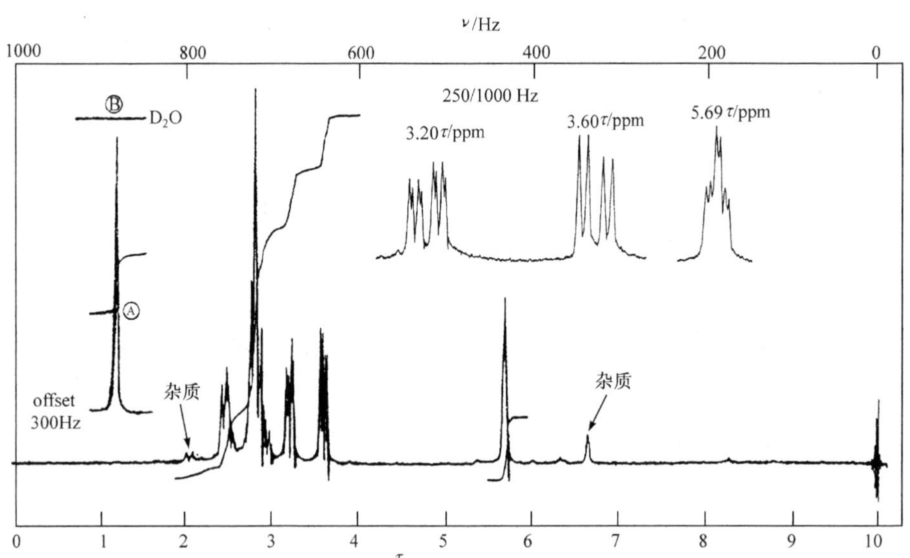

照射 δ4.31 $\begin{cases}\delta6.80\rightarrow2\text{个双峰}(J\sim1.0,7.2)\\ \delta6.40\rightarrow\text{双峰}(J\sim7.2)\end{cases}$　照射 δ7.5 $\begin{cases}\delta4.31\rightarrow\text{三重峰}(J\sim3.0)\\ \delta6.80\rightarrow\text{四重峰}(J\sim7.2,3.0)\end{cases}$

解 不饱和数 UN=7。

谱图中由低场到高场各组峰的积分比为 1∶1∶3∶1∶1∶1(共 8 个氢)。

最低场的化学位移 δ=8.8+300/100=11.8ppm，加重水后峰消失，应为羧基的活泼氢。

δ7.5～7.2 为芳环氢的信号，δ7.5 左右为 1 个氢，δ7.2 左右为 3 个氢，应为双取代的苯环。

δ6.8～6.4 为 2 个烯氢，其间的偶合常数 J=7.2Hz，故这 2 个烯氢应处于顺式。

δ4.31，1 个质子，粗看为三重峰(J=3.0Hz)，应与 2 个质子有相近的偶合，由化学位移考虑应为与吸电子取代基相连的饱和 C—H。至此，已知分子中有如下片段：

1 个双取代的苯环　　1 个顺式双取代烯键 (H)C=C(H)

—COOH　　1 个与吸电子取代基相连的 C—H

共占据 6 个不饱和数。

由 δ6.8、6.4、4.31 这 3 组峰的裂距和偶合状况，它们应属于 ABX 系统，只是 δ4.3 峰组由于与 2 个质子有接近等同的偶合，将 2 组双峰变为三重峰。

对照以上 3 组峰的放大信号，在 ABX 系统中 A 和 X 部分还有更小的分裂，说明还存在远程偶合。这种远程偶合关系用双照射技术可给以有力地证明。远程偶合来自 δ7.5 芳氢。

由这种复杂的偶合关系以及对所含基团的分析，另一个不饱和数应属于一个环结构，并与苯环骈合，化合物的结构可写作

(结构式：1 位 H、COOH；2 位 H；3 位 H；4、5、6、7 位，7 位 H)

根据化学位移，远程偶合及双照射技术验证。

δ7.5～7.2 为 4 个芳氢，其中 H^7 可能受到羧基的去屏蔽作用，处于较低场。

H^1、H^2、H^3 组成 ABX 系统，H^3 与 H^7 有 ^5J 远程偶合，H^1 与 H^7 有 ^4J 远程偶合，其裂分状况如下：

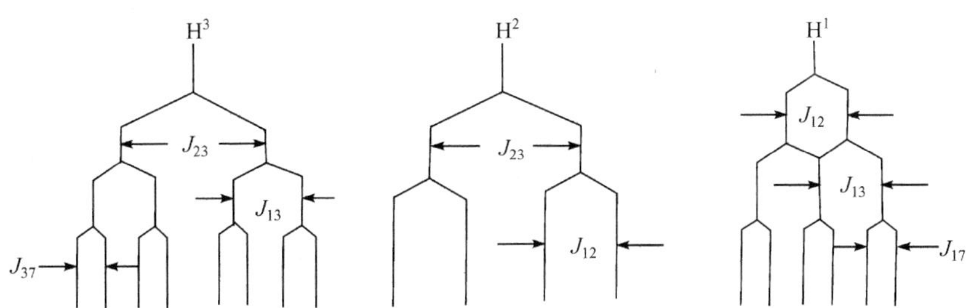

双照射结果进一步说明如上偶合关系，证明所推结构正确。

例 4－5　化合物 $C_{21}H_{22}O_6$ 是一个天然产物的甲醚。紫外光谱($\lambda_{max}^{CH_3OH}$/nm：254，285，328；lgε：4.62，4.01，4.31)和红外光谱(1650cm^{-1}有强的羰基吸收谱带)表明它是一个氧杂蒽酮的衍生物，¹H-NMR 谱(100MHz，$CDCl_3$)如下。用酸(如甲酸)处理，发生环化得到 1 个二氢吡喃氧杂蒽酮衍生物。推测该化合物的结构。

解　不饱和数 UN=11。

由低场到高场各共振峰的积分比为 1∶1∶1∶1∶1∶9∶2∶3∶3，共 22 个氢核。

δ3.92 两单峰代表的 9 个氢是连在苯环上的 3 个甲氧基。

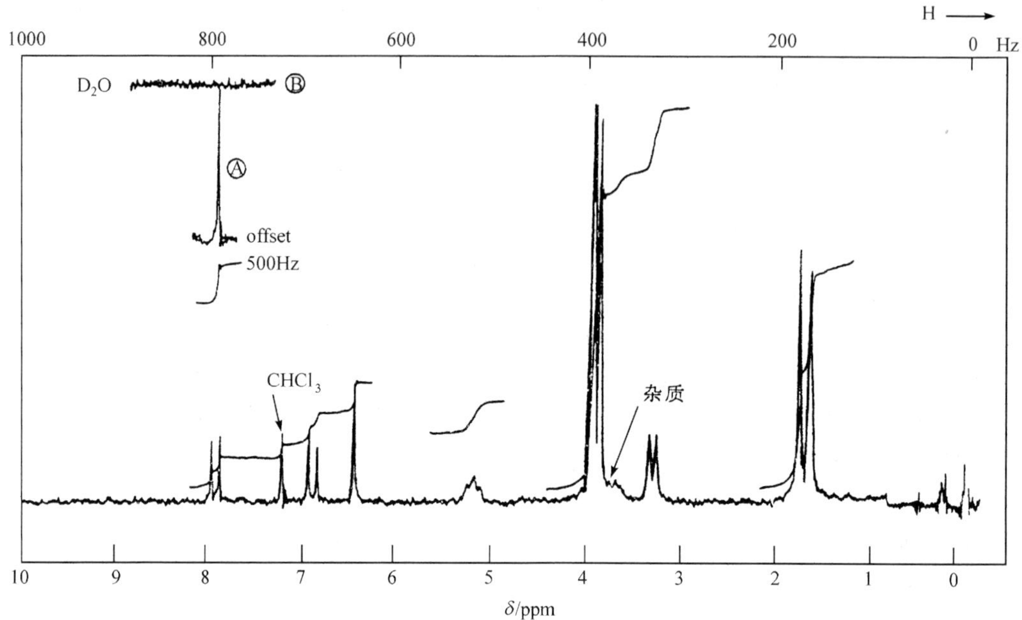

最低场信号化学位移 $\delta = 7.9 + 500/100 = 12.9$ 单峰，可被重水交换而消失，证明是活泼氢。是羧基还是缔合的羟基，很难从化学位移予以判断。考虑到母体氧杂蒽酮（氧杂蒽酮结构式）已占去 2 个氧，并且已有 3 个 CH_3O—，因此 δ12.9 不可能是羧基峰。由图 4-9 所示活泼氢的化学位移范围，很可能是缔合的酚羟基。

δ1.7 和 1.8 代表 2 个甲基 $W_{\frac{1}{2}}$ 较大，有远程偶合，可能为 Ar—CH_3 或 C═C—CH_3，后者为宜。

δ3.3 的亚甲基与邻位的 1 个氢偶合，分裂为两重峰，也显示有远程偶合，由化学位移 δ 值推测有 2 个可能的结构片段，前者为妥。

>C═C(H)—CH_2—Ar　　或　　—C(H)—CH_2—O—

δ5.2 为烯氢，分裂成三重峰，其偶合常数与 δ3.3 的二重峰相同；并且这个二重峰外形矮胖较钝均有远程偶合，都表明这两组峰所代表的为前一个结构片段。所以烯键另一边的 2 个取代基 R，R′还有发生远程偶合的 C—H 键。

(R′)(R)C═C(H)—CH_2—

以上分析，所有的片段已满 21 个碳。

δ6.4 尖锐的单峰不可能是烯氢，与 δ6.9、7.9 同为芳环氢。

讨论到此，这个天然产物结构的推定在于将 2 个甲氧基、2 个甲基和 1 个烯丙基安排在氧杂蒽酮环系的什么位置上。

芳环有 2 个相邻的氢，组成 AB 系统；另一个芳氢峰尖锐，无远程偶合现象，应处于另一芳环上的孤立位置。

δ13.1 为缔合的酚羟基，应在羰基邻近位置，与蒽酮形成六元环的分子内缔合物。

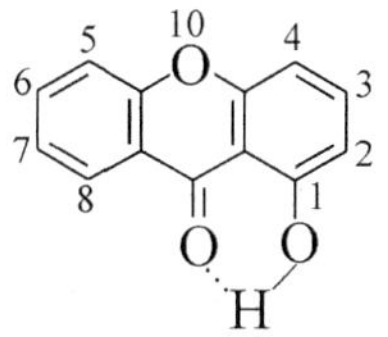

侧链烯丙基有两种可能的结构片段：

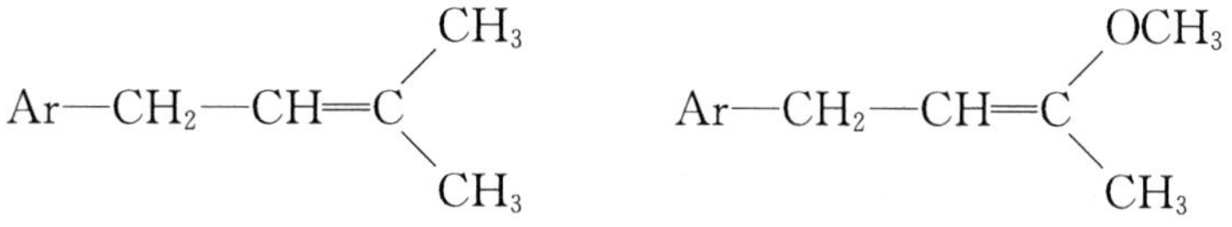

$$Ar—CH_2—CH{=}C(CH_3)_2$$

（A）

$$Ar—CH_2—CH{=}C(OCH_3)(CH_3)$$

（B）

考察 δ1.7、1.8 两个甲基峰的高度差不多相同，说明它们具有相似的远程偶合状况，侧链结构可能是(A)。另外，由生源学说(见 6.3 节)启示，结构(A)为异戊二烯结构骨架也是应优先考虑的。

化合物在酸作用下发生环合，形成吡喃衍生物，因此烯丙基侧链必连在羟基的邻位。

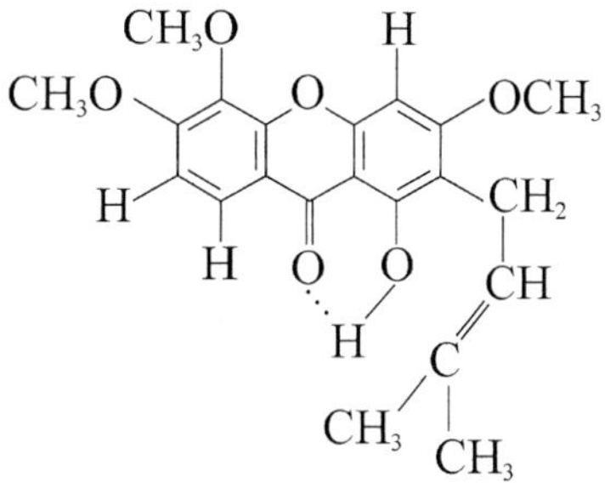

芳环上 AB 系统的 2 个氢，1 个在最低场(δ7.9)，应在羰基的去屏蔽区(8-位)，这样，同一芳环的另外 2 个位置分别连接 2 个甲氧基。

δ6.4 的孤立氢处于较高场，且未显远程偶合现象，应处于羟基的对位，另一个甲氧基安排在 3-位最为合理。未知化合物的结构如上。

根据表 4－6 计算 3 个芳氢的化学位移：

$H^4 = 7.30 - (0.45 + 0.45 + 0.10 + 0.40 - 0.25) = 6.15$　(实测 6.4)

$H^8 = 7.30 - (-0.70 + 0.10 + 0.40 + 0.10) = 7.40$　(实测 7.9)

$H^7 = 7.30 - (0.45 + 0.10 + 0.40 - 0.25) = 6.60$　(实测 6.9)

化学位移 δ 值接近，次序相符。

成环反应机理为

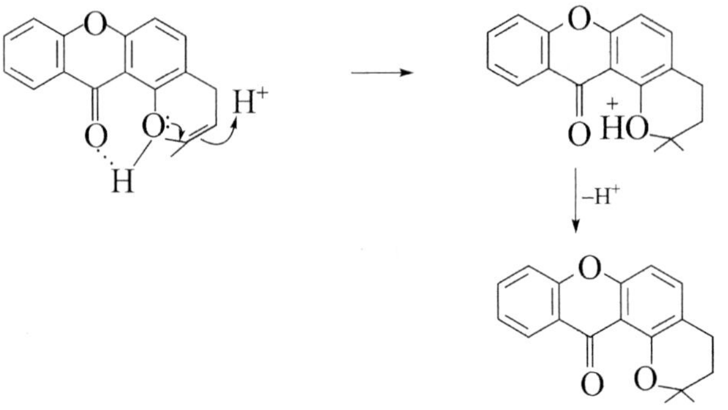

参考文献

[1] Dailey B P, Shoolery J W. J Am Chem Soc, 1955, 77: 3977
[2] Matter U E, Pascual C, et al. Tetrahedron, 1969, 25: 691
[3] Ballantine J A, Pillinger C T. Tetrahedron, 1967, 23: 1691
[4] 黄玉梅,赵瑶兴. 化学通报,1998,9:10
[5] 孙树森,孙祥玉. 中国科学院研究生院学报,1992,9(2):197
[6] 刘扬,徐广智,赵瑶兴等. 物理化学学报,1989,5(2):135
[7] Closs G L. J Am Chem Soc, 1969, 91: 4552
[8] Kapstein R, Oosterhoff L J. Chem Phys Lett, 1969, 4: 214
[9] Pine S H. J Chem Educ, 1972, 49: 664
[10] 刘有成,党海山. 化学学报,1985,43:1079
[11] 梁晓天. Scientia Sinica, 1964, XIII: 1785
[12] 孙祥玉,赵瑶兴. 有机化学,1995,15(4):403
[13] 谢晶曦,杨靖华,张纯贞. 药学学报,1981,16(10):764
[14] Neuhaus D. Tetrahedron Lett, 1981, 22: 2933

第 5 章　^{13}C-核磁共振

5.1　^{13}C-NMR 特点和实验方法

5.1.1　^{13}C-NMR 特点

^{13}C-NMR 信号于 1957 年首先被 Lauterbur 发现，然而直至 1970 年才开始应用^{13}C-NMR谱直接研究有机化合物的碳骨架和含碳官能团，主要原因在于碳的唯一磁性同位素^{13}C 的天然丰度太低，仅为^{12}C 的 1.1%，而且^{13}C 的磁旋比 γ 是^{1}H 的 1/4。已知磁共振的灵敏度与 γ^3 成比例，因此^{13}C-NMR 的灵敏度相当于^{1}H-NMR 的$(1/4)^3 \times 1.1\% = 1/5800$。因此，过去采用连续波扫描方式，即使配合计算机将信号储存起来进行多次累加，为得到一张可解析的^{13}C-NMR 谱也需要很长时间，备有大量样品。其次，$^{13}C—^{1}H$ 偶合常数较大，$^{1}J_{CH}$高达 110～320Hz，其间相隔 2～4 个键也有一定的偶合。这固然可提供更多的结构信息，但多种偶合分裂峰相互重叠，难解难分，给实际应用带来很大困难，使^{13}C-NMR长期停留在理论研究阶段。20 世纪 60 年代后期，特别是 70 年代脉冲 Fourier 变换(pulsed fourier transform，PFT)仪器的出现和去偶技术的发展，使^{13}C-NMR 在研究有机化学上的实际应用成为可能。

^{13}C-NMR 的主要优点在于具有宽的化学位移范围，^{1}H-NMR 化学位移范围通常为 0～15ppm；而^{13}C-NMR 为 0～250ppm，比氢谱将近宽 20 倍，能够区别分子中在结构上有微小差别的不同碳原子，而且可以观察到不与氢核直接相连的含碳官能团，比^{1}H-NMR 能够提供更多有关碳骨架的结构信息。目前 PFT-^{13}C-NMR 光谱已成为阐明有机分子结构的常规方法，多脉冲序列的应用，发展为二维和多维核磁共振，广泛应用于涉及有机化学的各个领域和生物化学研究。

5.1.2　PFT-^{13}C-NMR 谱检测

^{13}C-NMR 与^{1}H-NMR 的基本原理是相同的。根据^{13}C 核的特点，^{13}C-NMR 的具体实验方法和去偶技术与氢谱略有不同，关于去偶技术将在 5.5 节中讨论。

为了稳定磁场，PFT-^{13}C-NMR 使用外锁或内锁。一般采用氘(D)内锁比较方便，即使用氘代溶剂，通过电子系统把磁场锁在强而窄的氘信号上。当发生微小的场频变化时，信号随之产生微小的漂移。此时氘锁通道的电子线路将补偿这种微小的漂移，使场频仍保持相对固定值。这样，可以保证信号频率的稳定性，长时间扫描累加分辨不致下降，谱线也不变形。

氘代溶剂并不是检测^{13}C-NMR 谱必需的，但为了锁场的需要，样品管内必须有一定量的含氘化合物，所以一般常用氘代溶剂，大部分溶剂都含有碳，也会出现溶剂的^{13}C-NMR信号，而且在常规作质子噪声去偶时，由于^{2}H 与^{13}C 的偶合，溶剂信号往往有多重分裂。氘的 $I=1$，按偶合裂分规则，$CDCl_3$ 在 76.9ppm 处出现等高的三重峰，

CD_3COCD_3 在 29.2ppm 出现七重峰。在测试样品选择溶剂时，也和氢谱一样，要考虑溶剂信号对样品峰有无干扰。一些常用溶剂的化学位移 δ_C 值列于表 5-1。

表 5-1　常用溶剂的化学位移(δ_C)

溶　剂	δ_C	
	质子化物	氘代化物
CH_3CN	1.7 (CH_3)	1.3
	118.2 (CN)	118.2
CH_3COCH_3	30.4 (CH_3)	29.2
	206.7 (CO)	206.5
$HC(=O)N(CH_3)_2$	30.9,36.0 (CH_3)	30.1、35.2
	167.9 (CO)	167.7
CH_3SOCH_3	40.5	39.6
CH_3OH	49.0	49.0
二氧六环	67.4	66.5
$CHCl_3$	77.2	76.9
CCl_4	96.0	—
吡啶	124.2 (β)	123.5
	136.2 (γ)	135.5
	149.7 (α)	149.2
苯	128.5	128.0
CS_2	192.8	—

在表 5-1 所列溶剂中，CCl_4 和 CS_2 的 ^{13}C 核弛豫时间很长，溶剂峰很小。重水(D_2O)不含碳，在进行 ^{13}C-NMR 测试时，如能选用这类溶剂当然是很方便的。

为节约价格较贵的氘代溶剂，或避免样品与溶剂间发生氘、氢交换的可能，也可采用外锁法。方法是在样品管的中央插一个装有氘代溶剂的封口毛细管，只要这种毛细管管径合适，轴线方向不变，同心度好，锁场的效果也很好。毛细管的直径视仪器的氘功率放大决定，通常 10mm 的样品管可采用 1.5～2.5mm 的封口毛细管。

测试时，样品溶液置于直径为 5mm、8mm、10mm 或 15mm 的样品管中。由于 ^{13}C-NMR的灵敏度很低，只要样品来源和溶解度允许，为减少扫描次数，缩短累加时间，用于测试的样品量越多越好。通常使用 10mm 内径的样品管，需溶剂 1mL 左右，样品量为几十毫克。

^{13}C 化学位移的标准物同氢谱一样，通常也使用四甲基硅烷(TMS)，标准物可以

作为内标直接加在样品管内，也可用作外标。早期文献报道的^{13}C 化学位移 δ_C值也有用二硫化碳作为标准物的，可通过式(5-1)换算为 TMS 作为标准物的 δ_C(ppm)值。

$$\begin{aligned} \delta_C^{TMS} &= 192.8 + \delta_C^{CS_2}\ (\text{内标}) \\ \delta_C^{TMS} &= 193.7 + \delta_C^{CS_2}\ (\text{外标}) \end{aligned} \qquad (5-1)$$

实际上溶剂的共振谱经常作为化学位移的第二个参考标度。

5.2　^{13}C 化学位移与结构的关系

^{13}C 的化学位移与^{1}H 的化学位移标度方法是一样的，相应于式(4-7)和式(4-10)。

5.2.1　影响化学位移的因素

一定核的化学位移取决于屏蔽常数 σ_i，如式(4-15)，σ^{dia}为核外局部电子环流产生的抗磁屏蔽，此项的贡献随着核外电子云密度的增大而增加。下列 3 个化合物的 δ_C 值次序与^{1}H 核的抗磁屏蔽一致。

(⊖) < ◯ < (⊕)
→ 低场

σ^{para}为非球形的局部电子流产生的顺磁屏蔽(去屏蔽)，与 σ^{dia}项方向相反。氢核以外的核(如^{13}C、^{15}N 等)此项均居于支配地位。根据 Karplus-Pople 公式[式(5-2)]，σ^{para}主要取决于平均电子激发能 ΔE、2p 电子与核 N 的平均距离 r 和非微扰分子轨道表达式中电荷密度及键序矩阵元 Q，Q 包括核 N 的 2p 轨道电子密度 Q_N 和多重键的贡献 $\sum Q_{NB}$。

$$\sigma^{para} = -\frac{e^2h^2}{2m^2c^2}(\Delta E)^{-1}(r^{-3})_{2p}\left(Q_N + \sum_{B\neq N} Q_{NB}\right) \qquad (5-2)$$

对同一个核，ΔE、r、Q 三者是相互影响的，表 5-2 列出常见基团的平均激发能 ΔE 及键序矩阵元 $\sum Q_{NB}$对 δ_C的影响。

表 5-2　常见基团的平均激发能 ΔE 及键序矩阵元 $\sum Q_{NB}$ 对 δ_C 的影响

基团类型	碳杂化	电子跃迁类型	ΔE/eV	$\sum Q_{NB}$	δ_C/ppm
烷	sp^3	$\sigma\rightarrow\sigma^*$	~10	0	0~60
炔	sp	$\pi\rightarrow\pi^*$	~8	0	60~90
烯、芳香环	sp^2	$\pi\rightarrow\pi^*$	~8	0.4,0.6	90~160
聚集双烯	sp^2	$\pi\rightarrow\pi^*$	~8	0.4	70~100
(C=C=C)	sp	$\pi\rightarrow\pi^*$	~8	0.8	~200
羰基	sp^2	$n\rightarrow\pi^*$	~7	0.4	>160

σ^N 为核的邻近原子或基团的电子环流的磁各向异性对该核的屏蔽作用，这与邻近原子或基团的性质及立体结构有关，此项对 ^1H 和 ^{13}C 核具有同等数量级的影响。

σ^{med} 为介质的屏蔽作用。含有—OH、—NR_2、—COOH 等基团的介质同时有分子间的作用及 pH 的影响，这些都归入 σ^{med} 项。

以上屏蔽常数各项对 ^{13}C 核化学位移的影响具体体现于化合物不同的结构因素和环境条件，可用以推测各类碳的 δ_C 值范围。

1. 碳原子的轨道杂化状态

化合物中碳原子轨道杂化有 sp^3、sp^2 和 sp 三种基本状态，如表 5－2 中烷基中的饱和碳，烯烃和芳香环的碳和聚集双烯中的 sp 杂化碳，它们的 δ_C 值范围由高场到低场依次处于 0～60ppm，90～160ppm 和～200ppm。

炔碳的 δ_C 值为 60～90ppm，比烯碳处于较高场，在于其多重键的贡献 $\sum Q_{NB}=0$。羰基比烯碳处于较低场 160～220ppm，是由于其电子跃迁类型为 $n\rightarrow\pi^*$，ΔE 值较小。

2. 碳核周围的电子云密度

碳负离子碳的化学位移出现在高场，碳正离子的 δ_C 值处于低场。例如

	$CH_3\overset{+}{C}(C_2H_5)_2$	$(CH_3)_2\overset{+}{C}C_2H_5$	$(CH_3)_3\overset{+}{C}$	$(CH_3)_2\overset{+}{C}H$
δ_C/ppm	334.7	333.8	330.0	319.6

碳正离子上若有环丙基或芳香基等取代，则 δ_C 移向较高场。例如

	$(CH_3)_2\overset{+}{C}—C_6H_5$	$CH_3\overset{+}{C}H—$◁
δ_C/ppm	225.7	253.0

碳正离子与含未分享电子对的杂原子相连，δ_C 也向高场移动。例如

	$(CH_3)_2\overset{+}{C}OH$	$CH_3\overset{+}{C}(OH)C_6H_5$	$CH_3\overset{+}{C}(OH)OC_2H_5$	$CH_3\overset{+}{C}NH$
δ_C/ppm	250.3	220.2	191.1	110

非经典的碳正离子，由于电荷离域，δ_C 也明显地向高场位移。例如

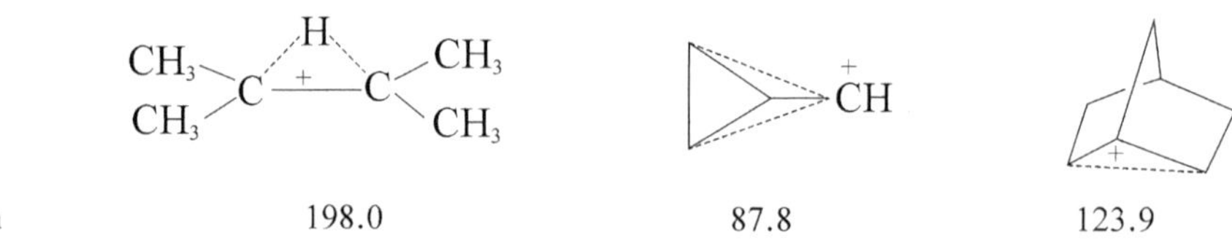

δ_C/ppm　198.0　87.8　123.9

可见，一个化合物碳核的化学位移与电子离域程度有关，用 Hückel 分子轨道法计算各个碳原子的 π 电荷密度 ρ，发现 ρ 与其 δ_C 值呈线性关系。因此可以根据 ^{13}C-NMR 测得的 δ_C 推定有机分子的电荷分布。图 5－1 示出非苯芳烃和吡啶与苯环的电子密度及化学位移关系。

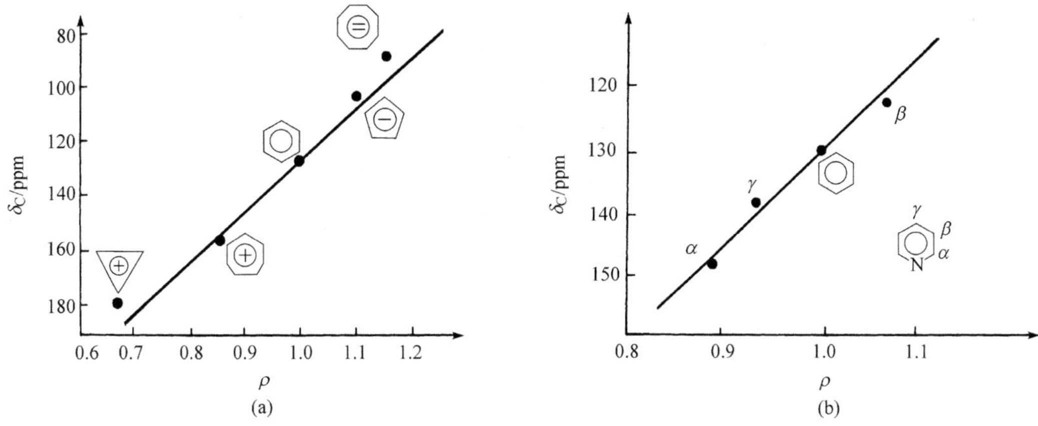

图 5 - 1　π 电子云密度与化学位移

(a) 非苯芳烃的化学位移与环上的电子云密度；(b) 吡啶环不同位置的化学位移与电子云密度

同理，可以推测乙烯酮分子中的亚甲基碳应带有部分负电荷，反-2-丁烯醛分子中的3-位碳应带有部分正电荷，茴香醚分子中 1-位碳带有较多的正电荷，2，4-位带有部分负电荷等，都可由它们的 δ_C 值估计。

CH_2=C=O　（25　194.0）

CH_3(H)C=C(H)CHO　（152.1　132.8　191.4）

$C_6H_5OCH_3$　（159.8，113.5，129.5，120.5）

由图 5 - 1 还可以导出：碳原子 2p 轨道每增加或减少一个电子，将使其 δ_C 值产生的160ppm 的大幅度移动，主要源于 ρ 的增减引起式(5 - 2)中$(\gamma^{-3})_{2p}$项的较大变化，这说明^{13}C 化学位移变化主要归因于顺磁屏蔽的影响。

3. 诱导效应

与电负性取代基相连碳核的化学位移向低场移动，移动程度随取代基电负性的增加而加强。

δ_C　　>C—F > >C—Cl > >C—Br > >C—I

>C—O— > >C—N<

>C=O > >C=N—

这种影响随着与取代基相隔距离的增加而迅速减弱，如表 5 - 3 所示。表 5 - 3 说明F、Cl、Br 的 α-位诱导效应最大，β-位次之。γ-位反而向高场移动。显示屏蔽作用是由立体效应引起(将在后面讨论)。碘代烷 α-诱导效应情况相反，由于碘原子丰富的电子云对邻接的原子有抗磁性屏蔽作用，碘取代越多，这种屏蔽作用越大。

	CH_4	>	CH_3I	>	CH_2I_2	>	CHI_3	>	CI_4
δ_C/ppm	−2.3		−21.8		−55.1		−141.0		−292.5

表 5－3 正己烷端基卤代后的 δ_C 变化

X	X—$\overset{\alpha}{C}H_2$	—$\overset{\beta}{C}H_2$	—$\overset{\gamma}{C}H_2$	—$\overset{\delta}{C}H_2$	—$\overset{\varepsilon}{C}H_2$	—$\overset{>\varepsilon}{C}H_2$
H	δ=14.1	23.1	32.2	32.2	23.1	14.1
F	$\Delta\delta$=70.1	7.8	−6.8	0.0	0.0	0.0
Cl	$\Delta\delta$=31.0	10.0	−5.1	−0.5	0.0	0.0
Br	$\Delta\delta$=19.7	10.2	−3.8	−0.7	0.0	0.0
I	$\Delta\delta$=−7.2	10.9	−1.5	−0.9	0.0	0.0

注：$\Delta\delta=\delta_{RX}-\delta_{RH}$。

4. 共轭效应

共轭效应降低重键的键级，电子在共轭体系中的分布不均匀，δ_C 也发生相应的变化。

共轭羰基化物，羰基碳的 δ_C 值降低。当由于空间阻碍破坏共轭作用时，将恢复羰基原来的 δ_C 值。

201.6　192.4　195.7　199.0　205.5

5. 立体效应

在表 5－3 中看到的 γ-位的化学位移向高场移动（链烃的 γ-效应），主要指 γ-邻位交叉效应（γ-gauch effect）。2 个空间距离较近的原子相互排斥，将电子云彼此推向对方核的附近，从而增加屏蔽作用，使化学位移向高场移动。

γ-效应在六元环化物如糖类结构中很普遍，当环上的取代基处于 a 键时，将对其γ-位（3-位）产生 γ-效应，δ_C 向高场移约 5ppm。

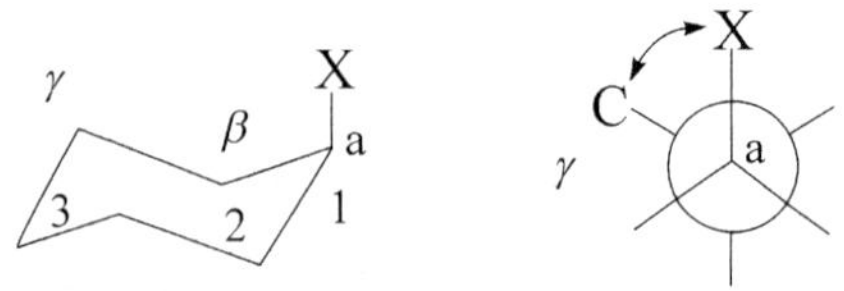

烯类化合物中，处于顺式的 2 个取代基也有这类立体效应。顺式异构体的 α-碳比相应的反式异构体向高场位移约 5ppm。

δ_C 12.1
CH_3　CH_3
C=C
H　H
(*Z*)

CH_3　H
C=C
H　CH_3
δ_C 17.6
(*E*)

此外,分子内和分子间的其他作用,如氢键、偶极-偶极作用、溶剂效应、pH 等,对化学位移都会发生一定的影响。

与^{1}H-NMR 不同,在^{13}C-NMR 中邻近基团的各向异性对有关碳核影响相对小得多。

5.2.2　各类碳核的化学位移及其经验计算参数

各类碳核的化学位移范围如图 5－2 所示。

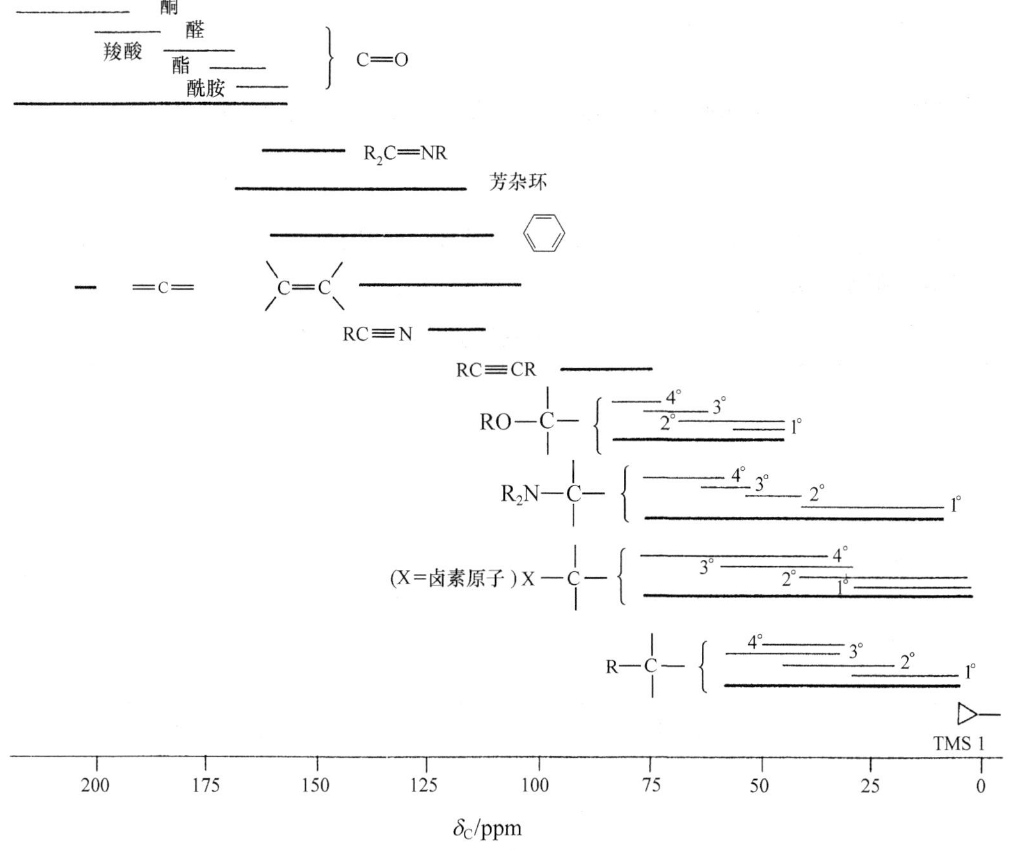

图 5－2　各类化合物的 δ_C 范围(1°～4°表示各级碳)

1. 烷烃及其衍生物的化学位移

表 5 - 4 列出一些直链烷烃的化学位移。

表 5 - 4 直链烷烃的 δ_C 值

烷 烃	δ_C				
	C_1	C_2	C_3	C_4	C_5
甲烷	−2.3				
乙烷	5.7				
丙烷	15.8	16.3	15.8		
丁烷	13.4	25.2	25.2	—	
戊烷	13.9	22.8	34.7	22.8	13.9
己烷	14.1	23.1	32.2	32.2	23.1
庚烷	14.1	23.2	32.6	29.7	32.6
辛烷	14.2	23.2	32.6	29.9	29.9

一般烷烃 δ_C 值可用林德曼-亚当斯(Lindemann-Adams)经验公式近似计算：

$$\delta_C = -2.5 + \sum nA \qquad (5-3)$$

式中，−2.5 为甲烷碳的化学位移 δ_C 值；A 为附加位移参数，列于表 5 - 5；n 为具有某同一附加参数的碳原子数。

表 5 - 5 一些线性和支链烷烃的 ^{13}C 位移参数

^{13}C 原子	位移(A)/ppm	^{13}C 原子	位移(A)/ppm
α	+9.1	2°(3°)	−2.5
β	+9.4	2°(4°)	−7.2
γ	−2.5	3°(2°)	−3.7
δ	+0.3	3°(3°)	−9.5
ε	+0.1	4°(1°)	−1.5
1°(3°)	−1.1	4°(2°)	−8.4
1°(4°)	−3.4		

注：1°(3°)、1°(4°)为分别与三级碳、四级碳相连的一级碳；2°(3°)为与三级碳相连的二级碳，依此类推。

计算实例：

$$\overset{1}{CH_3}-\overset{2}{CH_2}-\overset{3}{CH}(\underset{6}{CH_3})-\overset{4}{CH_2}-\overset{5}{CH_3}$$

$\delta_1 = -2.5 + \alpha\times1 + \beta\times1 + \gamma\times2 + \delta\times1 = -2.5 + 9.1 + 9.4 - 5.0 + 0.3 = +11.3$

$\delta_2 = -2.5 + 9.1\times2 + 9.4\times2 + (-2.5\times1) + (-2.5\times1) = 29.5$

(C_2 是 1 个与三级碳相连的二级碳)

$\delta_3 = -2.5 + 9.1\times3 + 9.4\times2 + (-3.7\times2) = +36.2$

$\delta_6 = -2.5 + 9.1\times1 + 9.4\times2 + (-2.5\times2) + (-1.1\times1) = +19.3$

取代烷烃的 δ_C 为烷烃的取代基效应位移参数的加和。表 5－6 给出各种取代基 Y 的位移参数。

表 5－6　各种取代基 Y 的位移参数

末端取代（γ、β、α、Y）　　内部取代（γ、β、α(Y)、β、γ）

Y	α		β		γ
	末端	内部	末端	内部	
CH_3	+9	+6	+10	+8	−2
$CH{=}CH_2$	+20		+6		−0.5
$C{\equiv}CH$	+4.5		+5.5		−3.5
COOH	+21	+16	+3	+2	−2
COO^-	+25	20	+5	+3	−2
COOR	+20	+17	+3	+2	−2
COCl	+33	+28		+2	
$CONH_2$	+22	+2.5			−0.5
COR	+30	+24	+1	+1	−2
CHO	+31		0		−2
Ph	+23	+17	+9	+7	−2
OH	+48	+41	+10	+8	−5
OR	+58	+51	+8	+5	−4
OCOR	+51	+45	+6	+5	−3
NH_2	+29	+24	+11	+10	−5
$\overset{+}{N}H_3$	+26	+24	+8	+6	−5
NHR	+37	+31	+8	+6	−4
NR_2	+42		+6		−3
$\overset{+}{N}R_3$	+31		+5		−7
NO_2	+63	+57	+4	+4	
CN	+4	+1	+3	+3	−3
SH	+11	+11	+12	+11	−4
SR	+20		+7		−3
F	+68	+63	+9	+6	−4
Cl	+31	+32	+11	+10	−4
Br	+20	+25	+11	+10	−3
I	−6	+4	+11	+12	−1

计算实例：3-戊醇的 δ_C

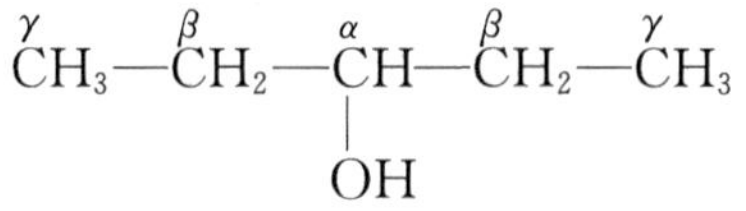

$$\overset{\gamma}{C}H_3-\overset{\beta}{C}H_2-\overset{\alpha}{C}H(OH)-\overset{\beta}{C}H_2-\overset{\gamma}{C}H_3$$

由表 5－4 查出烷烃 δ_C 的基数，再加上表 5－6 中的取代基参数。

C_α： 34.7＋41＝75.7　　(实测 73.8)

C_β： 22.8＋8＝30.8　　(实测 30.0)

C_γ： 13.9－5＝8.9　　(实测 10.1)

对于比较复杂的烃取代物的 δ_C 值，可以按式(5－3)将表 5－5 与表 5－6 结合起来计算，即按表 5－5 计算烃的 δ_C 值，加上表 5－6 的取代基参数。

环烷烃和饱和杂环化合物的 δ_C 值举例列于表 5－7。

表 5－7　饱和环状化合物的 δ_C(ppm)

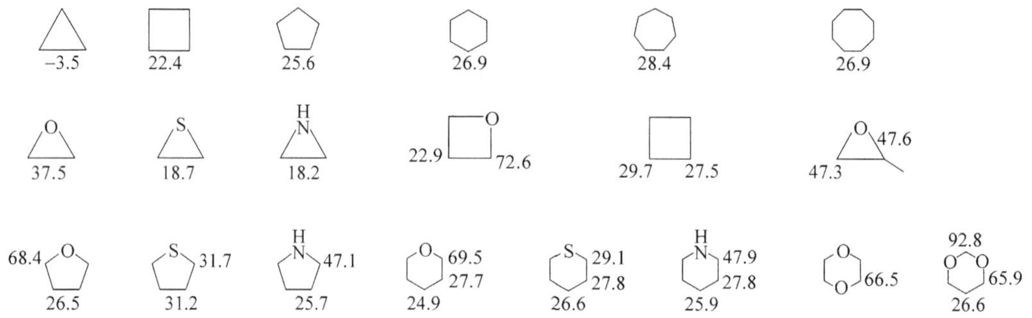

−3.5	22.4	25.6	26.9	28.4	26.9		
O 37.5	S 18.7	H N 18.2	O 22.9, 72.6	29.7, 27.5	O 47.6, 47.3		
68.4 O 26.5	S 31.7, 31.2	H N 47.1, 25.7	O 69.5, 27.7, 24.9	S 29.1, 27.8, 26.6	H N 47.9, 27.8, 25.9	O O 66.5	92.8 O O 65.9, 26.6

2. 不饱和烃的化学位移

1) 烯烃。

不含杂原子的烯烃的 sp^2 碳 δ_C 范围为 90～160ppm。

由如下两对碳骨架相同的烯烃和烷烃的化学位移 δ_C 值可以看出，烯键对分子中 sp^3 碳的化学位移影响较小。

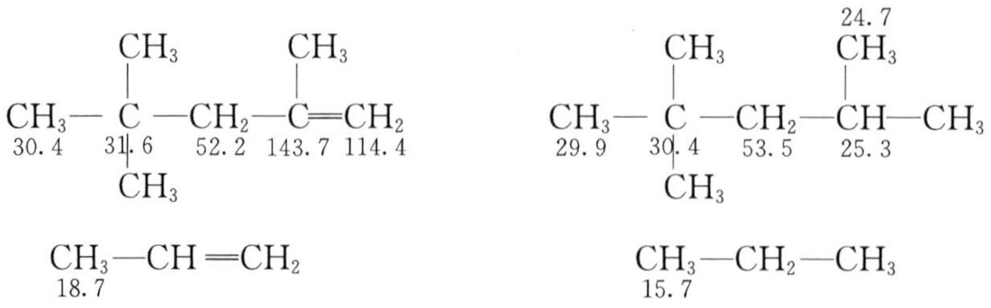

$$\underset{30.4}{CH_3}-\underset{31.6}{C}(CH_3)_2-\underset{52.2}{CH_2}-\underset{143.7}{C}(CH_3)=\underset{114.4}{CH_2}\qquad \underset{29.9}{CH_3}-\underset{30.4}{C}(CH_3)_2-\underset{53.5}{CH_2}-\underset{25.3}{CH}(\overset{24.7}{CH_3})-CH_3$$

$$\underset{18.7}{CH_3}-CH=CH_2\qquad \underset{15.7}{CH_3}-CH_2-CH_3$$

sp^2 碳的化学位移与取代基的性质和立体因素有关，可按罗伯茨(Roberts)公式[式(5－4)]计算：

$$\delta_k = 123.3 + \sum n_l A_l + \sum n_{l'} A_{l'} + \sum S_l \tag{5-4}$$

式中，123.3 为乙烯碳的化学位移 δ_C 值，当计算 $C_k(sp^2)$ 的 δ_k 时，双键一边是 α、β、γ、…，另边则是 α'、β'、γ'、…；A_l 为计算同侧碳的增值；$A_{l'}$ 为计算异侧碳的增值。有关各种取代基和立体因素(S_l)的增值列于表 5-8。

表 5-8 取代基对 sp^2 碳化学位移的增值

A_l	…C— (γ')	—C— (β')	—C— (α')	—C=C—C (k, α)	—C— (β)	—C… (γ)
>C<	−1.1	−1.8	−7.9	10.6	7.2	−1.5
—C(CH_3)			−14	25		
—Ph			−11	12		
—Cl		2	−6	3	−1	
—Br		2	−1	−8	0	
—I			7	−38		
—OH		−1	—	—	6	
—OR		−1	−38	29	2	
—$OCOCH_3$			−27	18		
—CHO			13	13		
—$COCH_3$			6	15		
—COOH			9	4		
—COOR			7	6		
—CN			15	−16		
立体校正值(S_l)			$S_{\alpha\alpha'}$(*cis*)		−1.1	
			$S_{\alpha\alpha'}$(*trans*)		0.0	
			$S_{\alpha\alpha}$(*gem*)		−4.8	
			$S_{\alpha'\alpha'}$(*gem*)		2.5	
			$S_{\beta\beta}$		2.3	

计算实例：

$$\overset{\beta}{\underset{5}{H_3C}}-\overset{\alpha}{\underset{4}{CH_2}}-\underset{3}{\overset{CH_3}{C}}=\underset{2}{\overset{H}{C}}-\overset{\alpha'}{\underset{1}{CH_3}} \qquad \overset{\beta'}{\underset{5}{H_3C}}-\overset{\alpha'}{\underset{4}{CH_2}}-\underset{3}{\overset{\overset{\alpha'}{CH_3}}{C}}=\underset{2}{\overset{H}{C}}-\overset{\alpha}{\underset{1}{CH_3}}$$

$\delta_{C_3}=123.3+2\times10.6+1\times7.2+1\times(-7.9)-1.1-4.8=137.9$(实测 137.2)

$\delta_{C_2}=123.3+1\times10.6+2\times(-7.9)+1\times(-1.8)-1.1+2.5=117.7$(实测 116.8)

又如

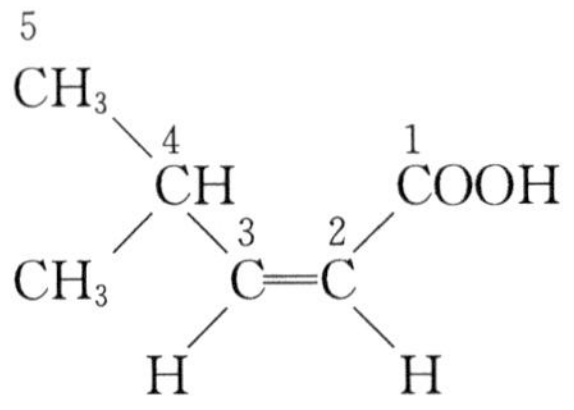

$$\overset{5}{CH_3}\diagdown\overset{4}{CH}(CH_3)-\overset{3}{C}H=\overset{2}{C}H-\overset{1}{COOH}$$

$\delta_{C_2}=123.3+1\times(-7.9)+1\times4+2\times(-1.8)+(-1.1)=114.7$(实测值 116.4)

$\delta_{C_3}=123.3+10.6+9+7.2\times2-1.1+2.3=158.5$(实测值 158.3)

2) 炔烃

sp 杂化碳的化学位移范围为 60～90ppm。与相应的烷烃比较,叁键 α-位的 sp^3 碳的化学位移向高场移 5～15ppm,末端叁键碳比分子内部叁键碳处于较高场。

$HC\equiv C-CH_2-CH_2-CH_2-CH_3$：67.4　82.8　17.4　29.9　21.2　12.9

$CH_3-CH_2-C\equiv C-CH_2-CH_3$：14.4　12.1　79.9

叁键与极性基团相连时,2 个 sp 碳的化学位移差距可拉宽到 20～95ppm。例如

$HC\equiv C-OCH_2CH_3$：23.2　89.4

$CH_3-C\equiv C-O-CH_3$：28.0　88.4

3. 芳香化合物的化学位移

苯的化学位移 δ_C 为 128.5ppm,取代基可使直接相连的芳环碳位移±35ppm 之多,对其他位置的影响相对小得多。

表 5-9 列出取代基对苯环^{13}C 化学位移的影响数值,在苯的 δ_C 基础上,(+)为向低场位移,(-)为向高场位移。

对于多取代苯的 δ_C 值,可利用取代基影响的加和原则,按 Savitsky 法则近似求得

$$\delta_{C_i}=128.5+\sum Z_{i(R)} \tag{5-5}$$

例如,2-叔丁基-4-甲氧基苯酚

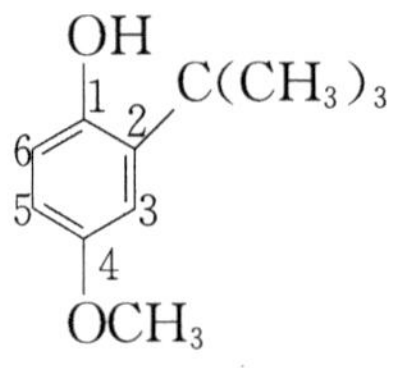

(结构式：苯环,1 位 OH,2 位 $C(CH_3)_3$,4 位 OCH_3;环上碳编号 1～6)

R	C_1	C_2	C_3	C_4	C_5	C_6
H	128.5	128.5	128.5	128.5	128.5	128.5
OH	+26.9(Z_l)	−12.7(Z_o)	+1.4(Z_m)	−7.3(Z_p)	+1.4(Z_m)	−12.7(Z_o)
t-Bu	−3.4(Z_o)	+22.2(Z_l)	−3.4(Z_o)	−0.4(Z_m)	−3.1(Z_p)	−0.4(Z_m)
OCH_3	−7.7(Z_p)	+1.0(Z_m)	−14.4(Z_o)	+31.4(Z_l)	−14.4(Z_o)	+1.0(Z_m)
计算	144.3	139.0	112.1	148.2	112.4	116.4
实测	147.9	136.9	110.2	152.3	113.5	116.2

芳杂环化合物和苯衍生物的芳环化学位移分布在同一范围，一些典型芳杂环系的化学位移列于表 5－10。

表 5－9　单取代苯环^{13}C的化学位移增值

取代基	Z_l	Z_o	Z_m	Z_p	取代基中的 δ_C(内标 TMS)
H*	0.0	0.0	0.0	0.0	
CH_3^*	+8.9	+0.7	−0.1	−0.29	21.3
$CH_3CH_2^{**}$	+15.6	−0.5	0.0	−2.6	29.2(CH_2),15.8(CH_3)
$CH(CH_3)_2^{**}$	+20.1	−2.0	0.0	−2.5	34.4(CH),24.1(CH_3)
$C(CH_3)_3^{**}$	+22.2	−3.4	−0.4	−3.1	35.5(C),31.4(CH_3)
$CH{=}CH_2^{**}$	+9.5	−2.0	+0.2	−0.5	135.5(CH),112.0(CH_2)
—C≡CH*	−6.1	+3.8	+0.4	−0.2	
$C_6H_5^*$	+13.1	−1.1	+0.4	−1.2	
CH_2OH^{**}	+12.3	−1.4	−1.4	−1.4	64.5
$CH_2OCOCH_3^{***}$	+7.7	~0.0	~0.0	~0.0	20.7(CH_3),66.1(CH_2),117.5(C=O)
OH*	+26.9	−12.7	+1.4	−7.3	
OCH_3^*	+31.4	−14.4	+1.0	−7.7	54.1
$OC_6H_5^{**}$	+29.2	−9.4	+1.6	−5.1	
$OCOCH_3^{**}$	+23.0	−6.4	+1.3	−2.3	
CHO**	+8.6	+1.3	+0.6	+5.5	192.0
$COCH_3^*$	+9.1	+0.1	0.0	+4.2	25.0(CH_3),195.7(C=O)
$COC_6H_5^*$	+9.4	+1.7	−0.2	+3.6	
$COCF_3^*$	−5.6	+1.8	+0.7	+6.7	
COOH*	+2.1	+1.5	0.0	+5.1	172.6

续表

取代基	Z_l	Z_o	Z_m	Z_p	取代基中的 δ_C(内标 TMS)
$COOCH_3$**	+1.3	−0.5	−0.5	+3.5	51.0(CH_3)
COCl*	+4.6	+2.4	0.0	+6.2	
CN*	−15.4	+3.6	+0.6	+3.9	118.7
NH_2*	+18.0	−13.3	+0.9	−9.8	
$N(CH_3)_2$**	+22.4	−15.7	+0.8	−15.7	
$NHNH_2$*	+22.8	−16.5	+0.5	−9.6	
$N{=}N{-}C_6H_5$*	+24.0	−5.8	+0.3	+2.2	
$NHCOCH_3$**	+11.0	−9.9	+0.2	−5.6	
NO_2*	+20.0	−4.8	+0.9	+5.8	
$\overset{+}{N}\equiv N$***	−12.7	+6.0	+5.7	+16.0	
$N{=}C{=}O$*	+5.7	−3.6	+1.2	−2.8	
F*	+34.8	−12.9	+1.4	−4.5	
Cl*	+6.2	+0.4	+1.3	−1.9	
Br*	−5.5	+3.4	+1.7	−1.6	
I**	−32.2	+9.9	+2.6	−7.4	
CF_3*	−9.0	−2.2	+0.3	+3.2	
SH***	+2.3	+1.1	+1.1	−3.1	
SCH_3***	+10.2	−1.8	+0.4	−3.6	
SO_3H***	+15.0	−2.2	+1.3	+3.8	

注：* 在 CCl_4 中；** 无溶剂；*** 在 $CDCl_3$ 中。

表 5-10 芳杂环中碳的化学位移

化合物	C_2	C_3	C_4	C_5	C_6
O	142.7	109.6			
N H	118.4	108.0			
S	124.4	126.2			
4 N3 5 S 2	152.2		142.4	118.5	

续表

化合物	C_2	C_3	C_4	C_5	C_6
咪唑（N, NH）	136.2		122.3	122.3	
吡啶（N，编号 2–6）	150.2	123.9	135.9		
嘧啶（N，编号 2–6）	159.5		157.4	122.1	157.4

在呋喃和吡咯的五元环中，α-C 的 δ_C 值比 β-C 的大，即 α-位是去屏蔽的，而在噻吩环中，α-C 的 δ_C 值比 β-C 的小，α-位是屏蔽的，β-位是去屏蔽的。

杂环中的叔胺氮是吸电子的，对环有去屏蔽作用，因此六元氮杂环的碳与苯相比，多在较低场，并且 α-位和 γ-位是去屏蔽的，β-位受到一定的屏蔽。

取代基对吡啶环上碳的化学位移影响可由式(5－6)作近似计算：

$$\delta_{ei}=128.5+Z_i+Z_{ei} \tag{5-6}$$

式中，128.5 为苯的化学位移 δ_C 值；Z_i 为杂原子对杂环碳 i 化学位移相对苯环的增值；Z_{ei} 为在碳 e 上的取代基对碳 i 的增值(表 5－11)。

表 5－11 吡啶取代基的化学位移增值

Z_i：Z_2 或 $Z_6=21.2$，Z_3 或 $Z_5=-4.3$，$Z_4=7.7$

取代基	Z_{ei}				
2-取代基	Z_{22}	Z_{23}	Z_{24}	Z_{25}	Z_{26}
$-CH_3$	8.8	−0.6	0.2	−3.0	−0.4
$-CH_2CH_3$	13.6	−1.8	0.4	−2.9	−0.7
—F	14.4	−13.1	6.1	−1.5	−1.5
—Cl	2.3	0.7	3.3	−1.2	0.6
—Br	−6.7	4.8	3.3	−0.5	1.4
—OH	15.5	−3.5	−0.9	−16.9	−8.2
$-OCH_3$	15.3	−7.5	2.1	−13.1	−2.2
$-NH_2$	11.3	−14.7	2.3	−10.6	−0.9
$-NO_2$	8.0	−5.1	5.5	6.6	0.4
—CHO	3.5	−2.6	1.3	4.1	0.7
$-COCH_3$	4.3	−2.8	0.7	3.0	−0.2
—CN	−15.9	5.0	1.6	3.6	1.4
3-取代基	Z_{32}	Z_{33}	Z_{34}	Z_{35}	Z_{36}
$-CH_3$	1.3	9.0	0.2	−0.8	−2.3
$-CH_2CH_3$	−0.4	15.5	−0.6	−0.4	−2.7
—F	−11.5	36.2	−13.0	0.9	−3.9

续表

3-取代基	Z_{32}	Z_{33}	Z_{34}	Z_{35}	Z_{36}
—Cl	−0.3	8.2	−0.2	0.7	−1.4
—Br	2.1	−2.6	2.9	1.2	−0.9
—I	7.1	−28.4	9.1	2.4	0.3
—OH	−10.7	31.4	−12.2	1.3	−8.6
—NH_2	−11.9	21.5	−14.2	0.9	−10.8
—CHO	2.4	7.9	0.0	0.6	5.4
—$COCH_3$	3.5	8.6	−0.5	−0.1	0.0
—$CONH_2$	2.7	6.0	1.3	1.3	−1.5
—CN	3.6	−13.7	4.4	0.6	4.2
4-取代基	Z_{42}	Z_{43}	Z_{44}		
—CH_3	0.5	0.8	10.8		
—CH_2CH_3	−0.1	−0.4	17.0		
—$CH(CH_3)_2$	0.4	1.8	21.4		
—$C(CH_3)_3$	0.1	−3.4	23.4		
—$CH=CH_2$	0.3	−2.9	8.6		
—F	2.7	−11.8	33.0		
—Br	3.0	3.4	−3.0		
—NH_2	0.9	−13.8	19.6		
—CHO	1.7	−0.6	5.5		
—$COCH_3$	1.6	−2.6	6.8		
—CN	2.1	2.2	−15.7		

4. 羰基的化学位移

醛、酮羰基碳的吸收在低场 200ppm 左右，丙酮羰基碳的化学位移为 205. 8ppm，乙醛为 199. 3ppm。烷基 α-取代可使羰基碳的化学位移向低场移 2～3ppm。芳基与羰基共轭时，羰基碳的 δ_C 向高场位移，同样 α,β-不饱和键也有这种作用。

烷烃的亚甲基被羰基取代后，α-位碳的化学位移向低场移动 10～14ppm，β-碳向高场移几个 ppm。例如

22. 8　　　　　35. 4
13. 9　34. 7　　7. 9　211. 4
　　　　　　　　　　O

羰基化合物对溶剂效应很敏感。

图 5 - 2 及表 5 - 12 分别示出各类碳的 δ_C 范围和各类羰基碳的化学位移示例，与醛、酮相比，羧酸及其衍生物的羰基 δ_C 值都处于较高场，这是由于它们的 ΔE 比醛、酮相应增加(图 3 - 13)。

表 5 - 12 各类羰基化合物的化学位移

丙酮：C=O 206.0；CH_3 30.6	丁酮：C=O 211.4；35.4；7.9	环丁酮：C=O 207.9；46.6；8.7	环戊酮：C=O 218.2；38.0；23.5	环己酮：C=O 211.3；41.9；27.1；25.1	环庚酮：C=O 211.4；42.4；29.4；23.2
苯乙酮：C=O 197.6；CH_3 26.3；137.1；128.4；132.9	丁烯酮：C=O 196.9；137.5；128.6	环己烯酮：C=O 196.8；129.3；150.7	环戊烯酮：C=O 207.8；133.8；105.1	乙酰丙酮(烯醇式)：191.4；191.4；24.3；100.3；24.3	乙酰丙酮(酮式)：C=O 201.9；28.5；52.8
CH_3CHO：30.7 199.7	丙烯醛：136.4；136.0；CHO 192.1	Cl_3C—CHO：175.3	丁醛：CHO 201.9；16.0；13.8；45.9	苯甲醛：CHO 192.4；129.0；136.4；134.2	
CH_3COOH：20.6 178.1	丙烯酸：128.0；131.9；COOH 173.2	苯甲酸：COOH 172.6；129.4；130.2；133.7；123.4	丙氨酸：NH_2；51.5；17.2；COOH 176.5	Cl_3C—COOH：89.1；168.0	
乙酸乙酯：170.3；60.0；20.0；13.8	丙酸甲酯：27.2；9.2；173.3；50.8	丙烯酸甲酯：128.7；129.9；164.5	苯甲酸甲酯：$COOCH_3$ 167.1；51.0	乙酸乙烯酯：167.7；141.7；96.4	
马来酸酐：165.9	丁二酸酐：28.6；172.9	CH_3—C(=O)—Cl：169.5	CH_3—C(=O)—NH_2：172.7	H—C(=O)—N(CH_3)$_2$：162.4；31.1；36.2	C_6H_5—C(=O)—N(CH_3)$_2$：170.8
$\overset{\beta}{C}=\overset{\alpha}{C}=O$：$\alpha$ 194~206；β 2.5~48	$R_2C=N-OH$：145~170	R—N=C=O：110~135	$R-\overset{+}{C}=O$：145~155	R^3C^+：212~320	

5.3 自旋偶合与偶合常数

凡 $I\neq 0$ 的核与^{13}C 相邻时，彼此都会发生自旋偶合和自旋分裂。例如，氢核 $I=\frac{1}{2}$，在丙酮的^{13}C-NMR 谱中，甲基碳被氢分裂为四重峰[图 5 - 3(a)]；氘核 $I=1$，在氘代丙酮的^{13}C-NMR 谱中，甲基碳被氘分裂为七重峰[图 5 - 3(b)]。

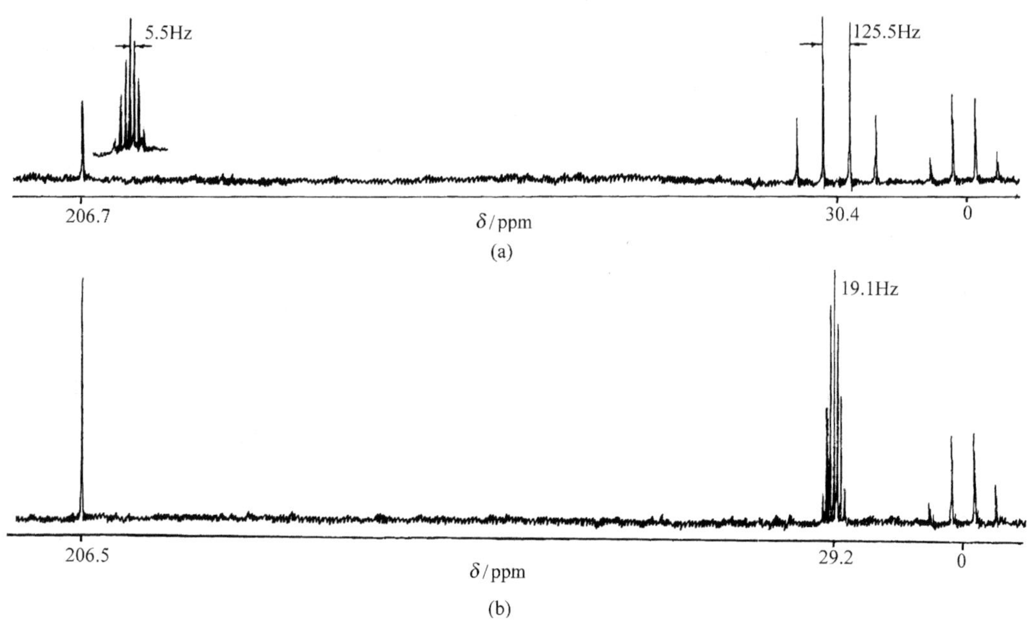

图 5-3　丙酮的^{13}C-NMR 谱

(a) 丙酮;(b) 氘代丙酮

5.3.1　碳-氢偶合

1. ^{13}C-^{1}H 的直接偶合

直接相连的^{13}C 核和^{1}H 核间的相互作用很强,偶合常数$^{1}J_{CH}$值的范围为 120～300Hz。在具体化合物中$^{1}J_{CH}$的大小受如下因素影响:

(1) $^{1}J_{CH}$值随 C—H 键中 s 电子成分的不同而变化,其变化范围可由经验公式[式(5-7)]估计。

$$^{1}J_{CH}=5\times(\%s)\text{Hz} \tag{5-7}$$

$$sp^3 \text{ 成键} \quad ^{1}J_{CH}=120\sim130\text{Hz}$$

$$sp^2 \text{ 成键} \quad ^{1}J_{CH}=150\sim180\text{Hz}$$

$$sp \text{ 成键} \quad ^{1}J_{CH}=250\sim270\text{Hz}$$

经 INDO-MO 计算的理论处理也可导出与式(5-7)相近的公式:

$$^{1}J_{CH}=5.7\times(\%s)\text{Hz}-18.4\text{Hz} \tag{5-8}$$

在忽略其他因素影响的情况下,$^{1}J_{CH}$值与相应杂化键的 s 成分大小呈直线关系,如图 5-4 所示。

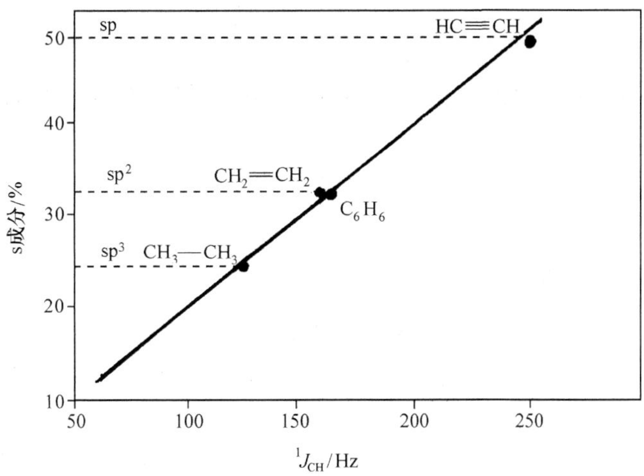

图 5-4　偶合常数$^1J_{CH}$与杂化键 s 成分的关系

（2）电负性基团取代的碳，随电子密度降低$^1J_{CH}$值增加。例如

CH_4	$^1J_{CH}$	125.0Hz
CH_3OH	$^1J_{CH}$	141.0Hz
CH_3Cl	$^1J_{CH}$	150.0Hz
CH_2Cl_2	$^1J_{CH}$	178.0Hz
HC≡N	$^1J_{CH}$	269.0Hz

（3）立体结构因素影响。烯键的顺反异构体之间 sp^2-C 的$^1J_{CH}$值不同，一般偶合的质子与烯键另一端的基团处于顺位的比相应的反位异构体有较小的偶合常数，如乙醛肟。

H, OH, C═N, CH_3　$^1J_{CH}(sp^2)$　163.0Hz　　　H, C═N, CH_3, OH　$^1J_{CH}(sp^2)$　177.0Hz

在环状化合物中有相似的规律，处于拥挤位置的氢的$^1J_{CH}$值相对减小。三元环中，有

R_2, H, N, R_1　$^1J_{CH}$　173～180Hz　　　R_2, R_1, N, H　$^1J_{CH}$　181.5～185.6Hz

糖苷结构 C_1 的$^1J_{CH}$

6, 4, O, 5, 3, 2, 1, OR, $H_{(a)}$　　　6, 4, O, 5, 3, 2, 1, $H_{(e)}$, OR

$^1J_{CH}$　158~162Hz　　　$^1J_{CH}$　169~171Hz

在不同的环系中，张力大的碳环化合物碳的$^1J_{CH}$值相对增大。

$^1J_{CH}$　　⬡ < □ < △

(4) 溶剂的极性对$^1J_{CH}$值也会发生一定的影响，一般溶剂极性增加，$^1J_{CH}$值相应地增大。例如

$CHCl_3$ 的$^1J_{CH}$　　　　在环己烷中　　208Hz

　　　　　　　　　　　在吡啶中　　215Hz

不同结构类型有机分子中的$^1J_{CH}$值列于表 5-13。

表 5-13　各类有机化合物$^1J_{CH}$值示例

化合物	$^1J_{CH}$	化合物	$^1J_{CH}$
sp^3-C		sp^2-C	
CH_4	125.0	$CH_2=CH_2$	156.2
$CH_3—CH_3$	124.9	$CH_2=NH$	175.0
$CH_3CH_2CH_3$	119.2	$CH_3—CHO$	172.4
$(CH_3)_3CH$	114.2	CH_3CH_2OCHO	225.6
CH_2COCH_3	125.5	C_6H_6	159.0
CH_3COOH	130.0	$CH_2=C=CH_2$	168.2
CH_3CN	136.1	$H—C(=O)—N(CH_3)_2$	191.2
CH_3NH_2	133.0	$H—C(=O)—OH$	222.0
CH_3NO_2	146.5	$H—C(=O)—OCH_3$	226.2
CH_3OH	141.0	$(H)(C_6H_5)C=C(H)(C_6H_5)$（H, H 同侧）	155.0
CH_3CH_2CN	125.2(CH_3) 140.5(CH_2)	$(H)(C_6H_5)C=C(C_6H_5)(H)$（H, C_6H_5 同侧）	151.0
CH_3Cl	150.0	$(H)(C_6H_5)C=N—OH$（OH 与 C_6H_5 同侧）	177.0
CH_2Cl_2	178.0	$(H)(C_6H_5)C=N—OH$（OH 与 H 同侧）	163.0
$CHCl_3$	209.0		
⬡	123.0	sp-C	

续表

化合物	$^1J_{CH}$	化合物	$^1J_{CH}$
	131.0	$HC\equiv CH$	249.0
	134.0	$CH_3—C\equiv CH$	248.0
	161.0	$C_6H_5—C\equiv CH$	251.0
—H	205.0	$HC\equiv N$	269.0
O	149.0(α) 133.0(β)		

2. 远程偶合

间隔 2 个或 2 个以上键的 ^{13}C 和 ^1H 之间的偶合统称远程偶合。这类偶合常数范围为 5～60Hz。

二键偶合常数 $^2J_{CH}$ 值在不同情况下变化较大，变化趋势与 $^1J_{CH}$ 影响因素相似，与碳的杂化状态和取代基的电负性有关。一些有机化合物的 $^2J_{CH}$ 值示例列于表 5-14。

表 5-14　一些有机化合物的 $^2J_{CH}$ 值示例

碳的杂化状态	化合物	$^2J_{CH}$
sp^3	$CH_3—CH_3$	−4.5
	$CH_3—CCl_3$	4.9
	$CH_3—CH=O$	26.7
sp^2	$CH_2=CH_2$	−2.4
	CH_2CCH_2 ‖ O	5.5
	H　　Cl C=C Cl　　H	0.8
	H　　H C=C Cl　　Cl	16.0
	$CH_2=CH—CH=O$	26.9
	C_6H_6	1.0
sp	$CH\equiv CH$	49.3
	$C_6H_5—O—C\equiv CH$	61.0
	$C_6H_5O—O\equiv C—CH_3$	10.8

三键偶合常数 $^3J_{CH}$ 更小，且与相互偶合碳、氢的双面夹角有关。在共轭体系中，碳、氢偶合还与核间所处的共轭位置有关。例如，苯环碳与芳环氢之间的三键偶合——间位偶合 $^3J_{CH}$ 比邻位和对位的相应常数 $^2J_{CH}(o)$、$^4J_{CH}(p)$ 都大，它们的偶合常数范围如下：

C—H(o)　　$^2J_{CH}(o)=1\sim4Hz$

H(m)　　$^3J_{CH}(m)=7\sim10Hz$

H(p)　　$^4J_{CH}(p)=0.5\sim2Hz$

以上芳香环的碳、氢偶合关系为取代苯环碳共振信号的归属提供了方便，图 5－5 为一种三取代苯的共振谱。

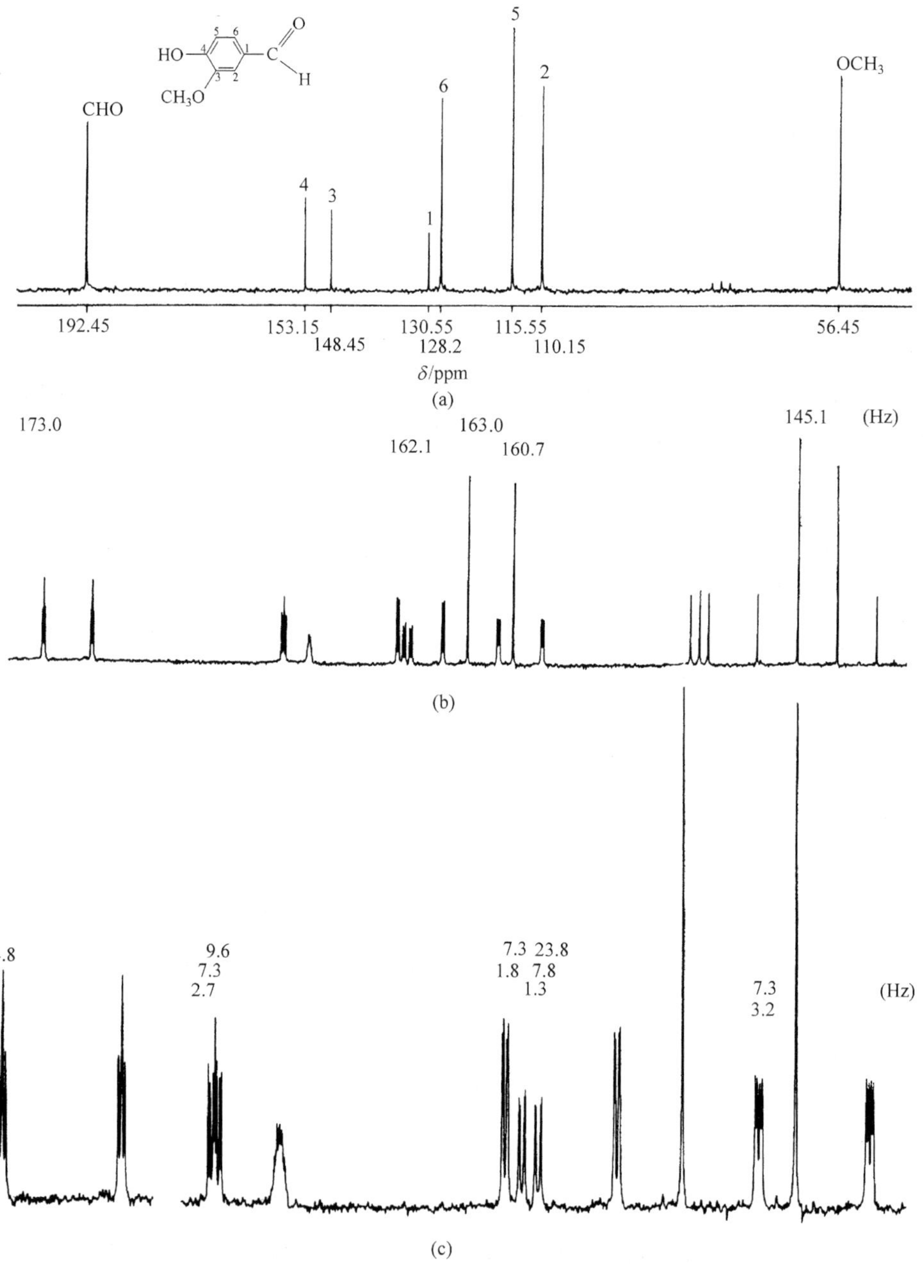

图 5－5　香草醛的^{13}C-NMR 谱

(a) 宽带去偶谱；(b) 不去偶谱；(c) (b) 的 100～195ppm 放大谱

图 5－5(a)中，δ 192.45 为醛基碳的吸收峰，与醛氢偶合裂分为两重峰，$^1J_{CH}$173.0Hz。每一条峰又以偶合常数为 4.8Hz 裂分为三重峰，应来自三键(*o*-)H-2,6 的远程偶合。处较低场 δ 153.15 的芳环碳表现复杂的偶合关系，其中包括 3 个偶合常数，9.6Hz、7.3Hz 和 2.7Hz，来自 2 个三键(*m*-)H-2,6 和一个二键(*o*-)H-5 的远程偶合，因此可以归属于 C_4 的共振谱。δ 148.45 峰也比较宽，很可能包含三键(*m*-)远程偶合，表现为不易分辨的多重峰，应属芳香 C_3，这是因为还受 H_2(*o*-)二键偶合和甲氧基氢核的三键偶合。δ 130.55 有一个较大的二键偶合，$^2J_{CH}$23.8Hz，显然为 C_1 受到醛氢的作用，同时还受到 H_5 $^3J_{CH}$(*m*-)7.8Hz 和 $H_{2,6}$ $^2J_{CH}$(*o*-)1.3Hz 的偶合。δ 128.2 裂分为两重峰，*J*162.1Hz 为与氢核直接相连碳的共振谱，同时还包含 *J*7.3Hz 和 *J*1.8Hz 的远程偶合，即受$^3J_{CH}$(*m*-)和$^2J_{CH}$(*o*-)的作用，只能归属于 C_6。δ 115.55 以 *J*163.0Hz 裂分为尖的两重峰，看不到$^2J_{CH}$(*o*-)偶合，属 C_5 的共振谱。最后，δ110.15 以 *J*160.7Hz 裂分为 2 个多重峰，是 C_2 的共振谱，其远程偶合裂分来源于H_6[$^3J_{CH}$(*m*-)7.3Hz]和醛氢($^3J_{CH}$3.2Hz)。

5.3.2 碳-碳、碳-氘偶合

^{13}C 的 $I=\frac{1}{2}$，与氢核有着相似的偶合裂分状况。由于^{13}C 的天然丰度很低，所以通常在记录天然丰度^{13}C 样品的^{13}C-NMR 时，同核碳之间相互偶合的信号极弱而消失在噪声中，为测得碳-碳的偶合，必须合成^{13}C 富集的样品。

$^1J_{CC}$为 30～180Hz，^2J、^3J 均较小(7～15Hz)。$^1J_{CC}$值随杂化轨道 s 成分增多而增大，如 CH_3CH_3(34.6Hz)、$(CH_3)_3COH$(39.4Hz)、$CH_2=CH_2$(67.6Hz)、$C_6H_5OCH_3$(56～58Hz)、$CH\equiv CH$(171.5Hz)、$PhC\equiv CH$(175.9Hz)。

具有自旋量子数 $I=1$ 的氘与^{13}C 偶合裂分信号的多重性与^1H、^{13}C 不同，氯仿的^{13}C-NMR谱在 δ 77.2 出现两重峰，氘代氯仿则在相近的位置呈现相等强度的三重峰。如图 5－3 所示，丙酮的^{13}C-NMR 在 δ 30.4 出现四重峰，氘代丙酮则为七重峰。

^{13}C 与氘核的偶合常数(J_{CD})及与氢核的偶合常数(J_{CH})之比与它们的磁旋比成比例

$$J_{CH}/J_{CD}=\gamma_H/\gamma_D=6.51 \qquad (5-9)$$

因此，对 J_{CH}的所有相关性也同样适用于 J_{CD}。常见氘代溶剂的$^1J_{CD}$值列于表 5－15。

表 5－15 含 D，^{19}F，^{31}P 的化合物中碳-杂偶合常数(Hz)

化合物	偶合核	^1J	^2J	^3J
$CDCl_3$	C—D	31.5		
C_6D_6	C—D	25.5		
CD_3COCD_3	C—D	19.5		
CD_3CN	C—D	22.0		
CD_3SOCD_3	C—D	22.0		
二氧六环-d8 (O O-d8)	C—D	22.0		
CH_3CF_3	C—F	－271		
CH_2F_2	C—F	－235		

续表

化合物	偶合核	^1J	^2J	^3J
CF_3COOH	C—F	−284	−43.7	
C_6H_5F	C—F	−245	−21.0	7.7
$CH_3C(=O)—F$	C—F	−353		
$(CH_3CH_2)_3P$	C—P	5.4	10.0	
$(CH_3CH_2)_4P^+Br^-$	C—P	49.0	4.3	
$(C_6H_5)_3P^+CH_3I^-$	C—P	88(C_6H_5) 52(CH_3)	10.9	
$CH_3CH_2P(=O)(OCH_2CH_3)_2$	C—P	143	7.3(J_{CCP}) 6.9(J_{COP})	6.2(J_{CCOP})

5.3.3 碳-杂原子偶合

^{13}C与$I \neq 0$的其他核(如^{19}F、^{31}P、^{15}N等)都以一定的偶合常数发生自旋偶合而裂分,各自的偶合常数见表5-15。了解杂原子核与碳的偶合状况将有助于在质子去偶的^{13}C-NMR谱中对光谱信号的归属。例如,图5-6为三氟乙酸甲酯的^{13}C-NMR谱,图中除标准物质TMS(δ0)和氘代丙酮的两组共振谱(δ 29.85、206.3)外,还有样品的三组峰:δ 55.2($J=$150.0Hz)的四重峰应为甲氧基的共振谱;δ 116.5的四重峰,偶合常数相当大,只能归属于三氟甲基(氟的自旋量子数$I=\frac{1}{2}$);δ 159.05为酯羰基的化学位移,以偶合常数41.9Hz裂分为四重峰,可能是碳-氟二键偶合($^2J_{CF}$)的结果,四重峰的每条谱线又受远程偶合裂分为四重峰,是甲基对羰基碳的$^3J_{CH}$偶合,不难判断这个化合物为三氟乙酸甲酯($CF_3C(=O)—OCH_3$)。对这个化合物进行质子宽带去偶检测时,δ 55.2变为单峰,δ 159.05呈现消除了^3J偶合的四重峰,δ 116.5仍为原来的四重峰,谱线的归属是很明确的。

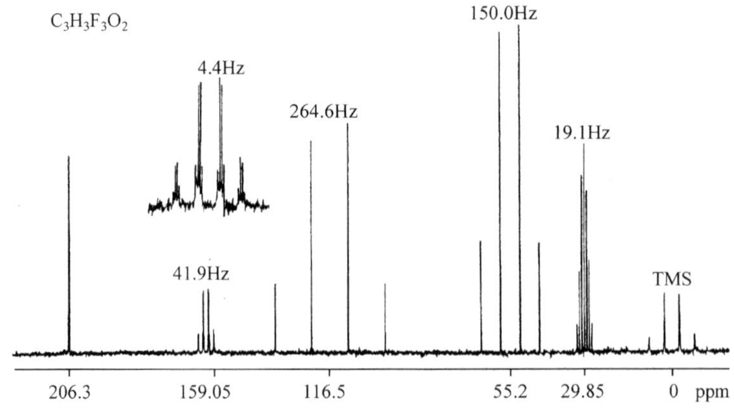

图5-6 三氟乙酸甲酯的^{13}C-NMR偶合谱(CD_3COCD_3)

在有机化合物中，常见 $I \neq 0$ 的杂原子 ^{14}N、$^{35/37}$Cl、$^{79/81}$Br、^{127}I 等都有较大的四极矩，由于弛豫很快而不显示偶合。

5.4 自旋-晶格弛豫

弛豫时间，特别是自旋-晶格弛豫时间 T_1 与分子结构有密切关系。尤其当^{13}C-NMR 谱中信号过于拥挤，用去偶等方法对各吸收峰的归属难以指认时，T_1 显得更为有用。并采用质子噪声去偶使各种碳的吸收为一单峰，^{13}C 的 T_1 又较长(0～100s 数量级)，各种类型碳的 T_1 较易测定，便于利用 T_1 对分子结构以及分子运动和某些动态过程的理论进行研究。

5.4.1 自旋-晶格弛豫的机理

如前所述(参见 4.1.3)，自旋-晶格弛豫是高能级核的能量转移给周围其他核而回到低能级的过程，这种能级跃迁是有条件的。在含有大量分子的体系中，某高能级的核 A 受其他核磁矩提供的瞬间万变的局部场作用，这个交变的局部场具有各种不同的频率，其中之一的频率恰与核 A 回旋频率一致时，即可发生能量转移而产生弛豫。其他(如分子本身的旋转、分子的不对称性、各向异性或有顺磁性物质存在等)原因也可以形成局部磁场，与 A 核发生作用而导致弛豫。所以弛豫有多种机理，在实验中观察到的 T_1 是各种机理贡献的总结果，即

$$\frac{1}{T_{1(观)}} = \frac{1}{T_{1(DD)}} + \frac{1}{T_{1(SR)}} + \frac{1}{T_{1(CSA)}} + \cdots \tag{5-10}$$

式中，各项分别代表各种机理对弛豫速率的贡献。

1. 偶极-偶极弛豫机理

高能级的核依靠与其他核之间的偶极-偶极相互作用形成的局部场影响而产生的弛豫为偶极-偶极(dipole-dipole，DD)弛豫。显然 DD 弛豫与相关核之间的距离有关，离氢核远的^{13}C 核弛豫时间长，大多数^{13}C 核以 DD 弛豫机理占绝对优势。

^{13}C 的 T_1 值通常用质子噪声去偶测定。在有机分子中的^{13}C 核主要通过与氢核之间的 DD 作用，将它们的激发能转移给“晶格”——氢核而进行弛豫。与碳核连接的氢核增多，有利于^{13}C 的弛豫，使低能级的^{13}C 核数增多，从而导致^{13}C 核的跃迁概率增大。采用照射氢核得到质子去偶的共振谱，由于增强的核 Overhauser 效应，^{13}C 信号的强度比不去偶时所记录的光谱多重峰的强度会更大些，因此，在噪声去偶谱中，^{13}C 核与其直接相连的氢核越多，T_1 越小，谱线强度也越大。在其他弛豫机理贡献很小的情况下，^{13}C 的 T_1 与其直接相连的氢核数成反比。例如，刚性的金刚烷分子

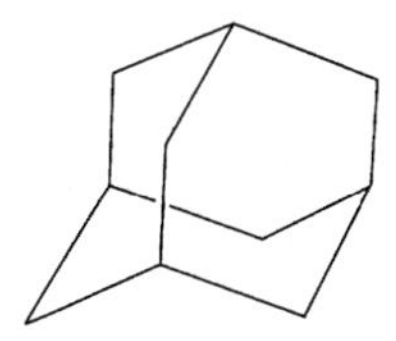

无论如何转动，都是对称的。其中两类碳（亚甲基和次甲基的碳）的弛豫几乎全为 DD 机理。亚甲基的 T_1 为 11.4s，次甲基的 T_1 为 20.5s，它们的弛豫速率约为 2∶1，与其直接相连的氢核数相当。

$$\frac{1}{T_{1(-CH_2-)}} : \frac{1}{T_{1(-\overset{|}{\underset{|}{C}}H)}} \approx 2 : 1$$

2. 自旋-转动弛豫机理

当分子的整体或分子的片断转动时，成键电子的磁矢量随着转动而产生起伏的局部场作用于某核，也可能导致弛豫，称为自旋-转动（spin-rotation，SR）弛豫。这种弛豫对于对称的小分子（如甲烷、环丙烷等）或较大分子中可以自由旋转的片断（如甲基）常起着重要作用。例如，比较甲苯中各碳核的 T_1，甲基碳虽有 3 个直接相连的氢，但它的 T_1 比 C_4 的还长，说明除 DD 弛豫外，还有其他弛豫机理的贡献。这里，SR 弛豫的作用是相当可观的。

理论研究表明，SR 弛豫速率 $\left(\frac{1}{T_1}\right)$ 与热力学温度（T）成正比，所以提高温度有利于 SR 弛豫。

3. 化学位移各向异性产生的弛豫

由周围的电子对核产生磁屏蔽各向异性的非球形分子，特别是苯、乙炔、羰基化合物等，相对于磁场 H_0 运动时，对某碳核产生起伏的瞬间局部磁场，也可导致弛豫，称为化学位移各向异性（chemical shift-anisotropy，CSA）产生的弛豫。CSA 弛豫机理不是普遍重要的，只是对一些远离氢核的碳核，或各向异性很明显时，CAS 弛豫的贡献才可以占相当的比例。例如，下列共轭的苯基炔化物为刚性的圆柱体，其中炔碳距氢核较远（大于 0.3nm），它们的弛豫只能靠 CSA 机理。

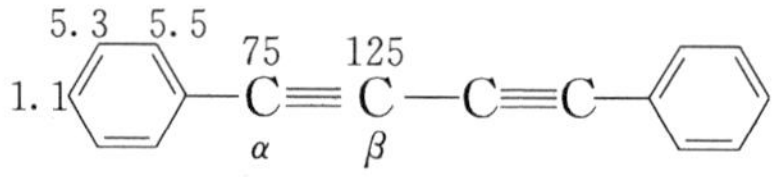

$$C_6H_5-\overset{75}{\underset{\alpha}{C}}\equiv\overset{125}{\underset{\beta}{C}}-C\equiv C-C_6H_5$$

（苯环上标注：1.1，5.3，5.5）

当外加磁场升高时，分子的各向异性更为明显，所以 CSA 弛豫的比例也随之增加。

除上述弛豫机理外，一些具有四极矩的核（如 Cl、Br 等，特别是 Br），由于这些核本身弛豫很快而产生起伏的局部磁场，也可加速与其邻近碳核的弛豫。例如

	CH_3—	CH_2—	CH_2—	CH_2—Br
T_1	9.4	11.2	10.9	8.2

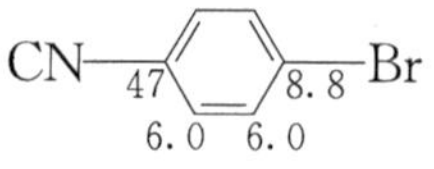

CN—C_6H_4—Br（苯环上标注：47，6.0，6.0，8.8）

样品中若有顺磁性物质存在时，各种核的弛豫都会大大加速。这是因为电子的磁矩比核磁矩大 3 个数量级，顺磁性物质中的不成对电子的自旋会产生很高的局部场。在这种情况下，弛豫主要受电子自旋-核间的偶极-偶极相互作用的支配，表现较小的 T_1 值。对 T_1 大的非质子化碳的弛豫加速更为显著。一些金属的盐（如 Fe^{3+}、Cr^{3+}、Mn^{3+}、Co^{2+} 等）都有这种作用，它们的有机配合物，如乙酰乙酸乙酯（acac）配合物 $Fe(acac)_3$、

$Cr(acac)_3$等常作为弛豫试剂，用于^{13}C的定量分析工作。氧分子也是一种顺磁性分子，可以明显地引起弛豫。

5.4.2 自旋-晶格弛豫提供的结构信息及其应用

1. 分子的大小与弛豫机理

如果分子是刚性的，^{13}C 的 T_1 值一般随着分子的增大而减小。一些大分子如甾体化物骨架的碳、高分子主链上的碳，T_1 都较小，为 0.05～0.5s；具有中等大小的分子，T_1 为 0.1～20s；很小的分子，特别是高对称的小分子，T_1 值较大，如 CCl_4 的 T_1 值高达 160s。显然，小分子在溶液中运动较快，核间作用时间较短，DD 弛豫贡献降低，而主要通过不大有效的 SR 机理部分的弛豫。

2. 碳的取代程度

在一般有机分子中，C—H 键长约为 0.107nm（乙炔 C—H 键长 0.105nm 除外），在刚性分子中弛豫以 DD 机理为主，T_1 取决于直接键合的氢原子数 N

$$T_1(\mathrm{DD})=常数/N$$

各级碳的 T_1 有如下关系：

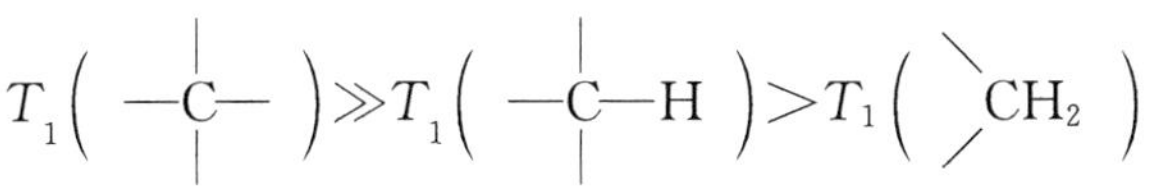

$$T_1\left(\ -\overset{|}{\underset{|}{C}}-\ \right)\gg T_1\left(\ -\overset{|}{\underset{|}{C}}-H\ \right)>T_1\left(\ >CH_2\ \right)$$

例如，烟碱分子中各个碳的 T_1 值为

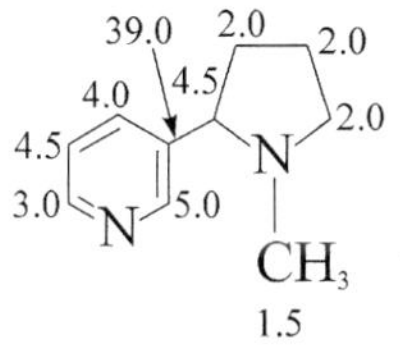

（烟碱结构式：吡啶环各碳 T_1 值 4.0、4.5、3.0、5.0，季碳 39.0；吡咯烷环 4.5、2.0、2.0、2.0；$N-CH_3$ 1.5）

其中 $T_1(CH):T_1(CH_2)\approx 2:1$，在上述金刚烷和苯乙烯等的刚性分子中都有这种近似关系。

$$T_1\qquad C_6H_5-\underset{17.8}{CH}=\underset{7.8}{CH_2}$$

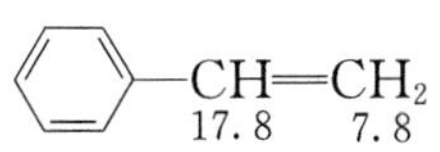

甲基由于内旋转，包含有 SR 弛豫的贡献。在不同情况下，T_1 有一定的变化幅度，一般比仲碳略长，在烟碱中比亚甲基的还短（将在下面讨论）。季碳 $N=0$，弛豫更慢，在质子去偶共振谱上，强度很小。利用 T_1 归属有机分子中的各级碳是很方便的。

季碳的 T_1 值一般都较大，处于分子中不同位置的季碳，T_1 也有区别，将随邻近不直接相连的 β-H 核数增加而减小。T_1 也与立体结构有关，因为^{13}C DD 弛豫机理的贡献是碳、氢核间空间距离的函数。例如，生物碱利血平分子中各个季碳 T_1 值不同，示于表 5-16（碳的编号是任意的）。

表 5-16　利血平分子中不同季碳 T_1 值示例

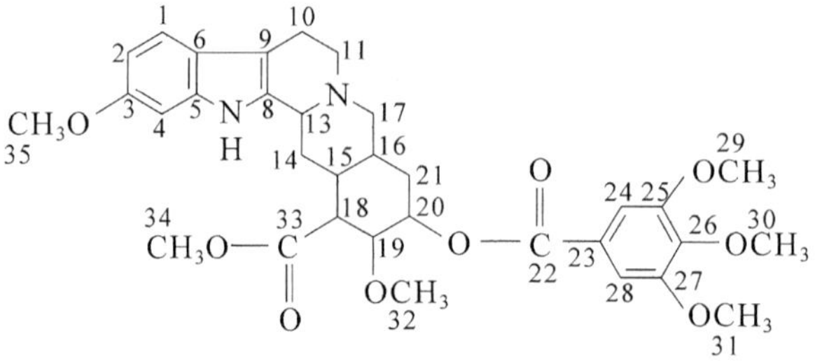

碳　核	α-H 数目	T_1/s	δ_C/ppm
9	2	1.6	108.2
8	2	1.6	130.9
33	1	2.4	173.2
5	2	2.5	136.8
3	2	2.9	156.5
23	2	3.8	122.5
25,27	1	4.9	153.3
22	0	5.6	165.9
6	1	7.5	125.6
26	0	12.8	142.8

分析表 5-16 数据可以看出：

(1) 季碳 T_1 随着邻近 α-H 的增加而减小。

(2) 与隔碳相连的 β-H 对弛豫也有贡献。在利血平分子中，C_{23} 无 β-H，T_1 比其他有 2 个 α-H 季碳的都长。C_{33} 有 2 个 β-H，T_1 比同样有 1 个 α-H、但无 β-H 的短，C_{22} 和 C_{26} 的 T_1 比较也是如此。

(3) T_1 与相关核间的空间位置、顺反构型有关。利血平的 C_3、C_5 都具有 2 个α-H，C_5 虽然比 C_3 少 1 个 β-H，但因为邻近氮上氢与 C_5 的空间距离更近一些，所以 T_1 更短。C_8 和 C_9 除各具有 2 个 α-H 外，C_8 距 C_{14} 的氢和 C_9 与 C_{11} 氢的空间距离都比较近，为时间最短的弛豫。C_{26} 无 α-H，只有 2 个彼此为反式构型的 β-H，且与能自由旋转的甲氧基相连，所以弛豫最慢。

3. 分子运动的各向异性

非球形对称分子在溶液中的运动总是各向异性的，如圆柱形分子绕长轴转动较易，而绕短轴转动则较难。处于分子中不同位置的同类型碳的运动情况不同，弛豫时间也有差别，因此可以借 T_1 值区别同类碳的位置。以单取代苯为例，表 5-17 示出对位的碳核

(C_4)比邻位和间位的碳核($C_{2,3,5,6}$)弛豫快,原因就在于分子以通过取代基 X 和对位碳为轴的旋转占优势,旋转中,对位 C—H 键不改变相对外磁场的方向,而不断改变邻位和间位 C—H 键相对外磁场的方向。这种变化速率很快,以致不能有效地引起邻、间位碳核的 DD 弛豫,SR 弛豫的比例增加。

表 5-17 单取代苯^{13}C核的 T_1

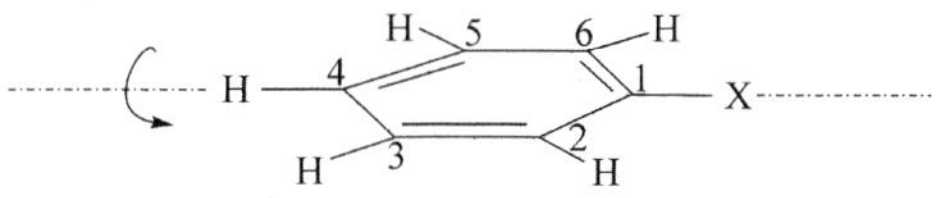

X	碳 核	T_1/s
H	1～6	29.3
$CH=CH_2$	1	75.0
	2,6	14.8
	3,5	13.5
	4	11.9
	—CH=	17.0
	$=CH_2$	7.8
NO_2	1	56.0
	2,6	6.9
	3,5	6.9
	4	4.8

多取代苯衍生物还可以从 T_1 值推测它们绕哪个轴旋转占优势。下列几种化合物中,虚线表示它们占优势的旋转轴,各个碳 T_1 值对称于旋转轴。

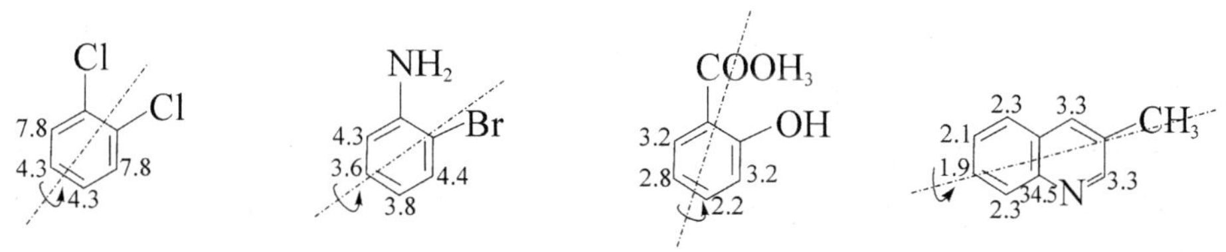

对于对称性较差的分子,确定其占优势的旋转轴较难,复杂的还要借助于计算机,用测定^{13}C 弛豫时间 T_1 确定旋转轴从而推断某些复杂化合物的构型和稳定构象已有不少研究。

4. 分子内旋转

(1) 甲基的旋转。无论连在刚性分子上或处于长链分子末端的甲基都有较大的自由旋转活动性,甲基碳核的 T_1 值比由 DD 机理所预料的长得多,其中有相当的 SR 机理贡献。由如下胆甾氯化物和正癸烷、正癸醇的各个碳的 T_1 测定值可以看出,在^{13}C-NMR谱中,甲基以比亚甲基和次甲基具有较长的 T_1 值和较弱的共振谱强度而容易辨认。

正癸烷 C—C—C—C—C—C—C—C—C—C

T_1/s 8.74 6.64 5.71 4.95 4.36

正癸醇 C—C—C—C—C—C—C—C—C—C—OH

T_1/s 3.1 2.2 1.6 1.1 0.84 0.77 0.70 0.65

胆甾氯化物

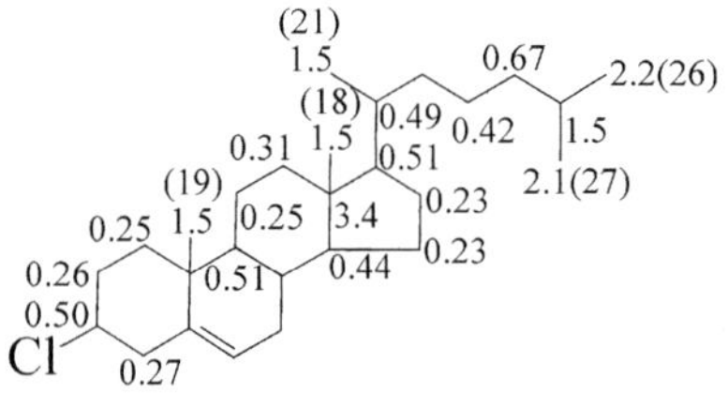

(21) 1.5 0.67 2.2(26)
(18) 1.5 0.49 0.42 1.5
0.31 0.51 2.1(27)
(19) 1.5 0.25 3.4 0.23
0.25 0.26 0.51 0.44 0.23
0.50
Cl 0.27

当甲基的旋转受到空间阻碍时，DD 弛豫比例相对增加，T_1 值相对减小。胆甾氯化物中，C_{18}、C_{19}、C_{21} 甲基的周围环境都比较拥挤，阻碍它们的自由旋转，因此与 C_{26}、C_{27} 的甲基相比 T_1 值较小。在萜类化合物沉香醇及其氢化和脱氢系列产物中，偕二甲基的 T_1 与烃基处于反位的都比另一个处于顺位的大一些，且 T_1(反)/T_1(顺)的值总是约为 2∶1，即烷基的变化对偕二甲基旋转运动影响的比例是不变的。

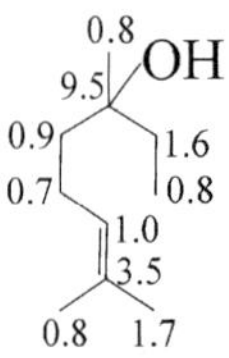

0.8 9.5 OH 0.9 1.6 0.7 0.8 1.0 3.5 0.8 1.7

6,7-二氢化沉香醇

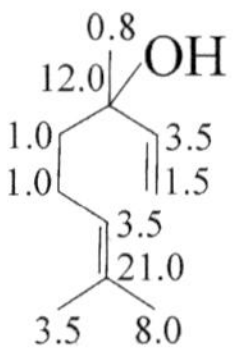

0.8 12.0 OH 1.0 3.5 1.0 1.5 3.5 21.0 3.5 8.0

沉香醇

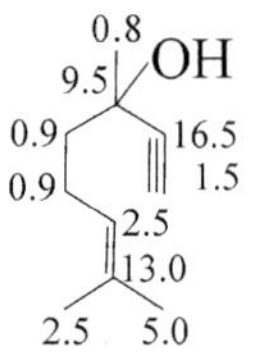

0.8 9.5 OH 0.9 16.5 0.9 1.5 2.5 13.0 2.5 5.0

6,7-脱氢沉香醇

反位甲基的 T_1 值均约为顺位的 2 倍，说明顺位甲基的旋转运动受到一定阻碍，而反位甲基受阻较小，旋转速率较快。

(2) 分子的挠曲性。分子的柔顺性直接反映链段挠曲性的大小，可以用 T_1 值来表征。在一些生物大分子或高聚物分子中，处于不同位置碳的 T_1 值有明显差别，呈现有规律地变化。胆甾氯化物的刚性环骨架碳的 T_1 都比较短，而侧链碳 T_1 值相对较长，表示有较大的挠曲性。正癸烷这类的链状分子中，由链中间向两端伸展碳的 T_1 值逐渐增大，即链段的挠曲性逐渐增加。如果分子链中有重原子取代，则对其附近链段的柔顺程度有影响，T_1 值最小值将向重原子一端移动。

$Br—CH_2—CH_2—CH_2—CH_2—CH_2—CH_2—CH_2—CH_2—CH_2—CH_3$

T_1/s 2.8 2.7 1.9 2.0 2.1 2.1 2.2 3.1 3.9 5.3

5. 分子的缔合和溶剂化作用

分子间由于氢键而缔合或发生强的偶极-偶极相互作用，限制分子运动而加速弛豫，T_1 值变小。例如，甲酸、乙酸等由于缔合作用很强，DD 弛豫为主，这些分子中碳的 T_1 值都比相应的甲酯要小一些，在甲酯中，SR 机理也有贡献。由于类似的作用，上述烟碱中的甲基受吡啶环的影响 T_1 特别小。

	$HC(=O)-OH$	$HC(=O)-O-CH_3$	$CH_3-C(=O)-OH$	$CH_3-C(=O)OCH_3$
T_1/s	10.3	15.1　16.8	10.5　29.1	16.3　35　17.0

上述正癸醇分子中，由于一端发生缔合，整个分子碳的 T_1 值都比正癸烷小，而且离羟基越近 T_1 值越小。

在比较复杂的分子(如前列腺素 F_{2a})中，分子的内旋转和极性端基的缔合作用同时起作用。碳核的 T_1 值呈现由刚性的分子内部向外逐渐增加，而且烃基链比发生缔合的羧基链上的增加有更为明显的趋势，对归属^{13}C-NMR 谱中信号很有帮助。

5.5　^{13}C-NMR 谱的测绘技术

5.5.1　不去偶的^{13}C-NMR 谱

如前所述，碳与其他核的偶合常数^1J 很大，而且^2J 和^3J 值也显示于谱图中，因此不去偶的^{13}C-NMR 谱线比较复杂。对简单的分子，如三氟乙酸甲酯(图 5 - 6)，可以充分利用各类碳的化学位移和各种偶合裂分信息，便于结构鉴定。然而对于稍微复杂的分子，由于多种偶合谱线相互交叠，谱图难以解析。

5.5.2　质子宽带去偶——噪声去偶

质子宽带去偶为^{13}C-NMR 的常规谱，是一种双共振技术，以符号^{13}C{^{1}H}表示。这种异核双照射的方法是用无线电射频 H_1 照射各碳核的同时，附加一个去偶场 H_2 令其覆盖所有质子的回旋频率范围，一般宽度至少为 1kHz。

$$\frac{\gamma_x H_2}{2\pi} \geqslant 1\text{kHz}$$

即用强功率照射全部氢的共振区，使质子饱和，得到以单峰表示各类碳化学位移的谱图。

去偶的结果是使信噪比大为提高，灵敏度提高一个数量级。这不仅是由于偶合的多重峰合并，而且还在于去偶时增大了 DD 弛豫的贡献而产生增强的 NOE。

5.5.3　偏共振去偶

质子宽带去偶使^{13}C-NMR 谱线简化，增加了大部分谱峰的高度，但同时也失去许多有用的结构信息，不便识别伯、仲、叔不同类型的碳。采用偏共振去偶(off resonance decoupling)技术，减小偶合作用，在一定程度上简化谱图，又能保留直接相连^{13}C-^{1}H 间的

偶合状况[CH_3—为四重峰(q),—CH_2—为三重峰(t),$\overset{|}{—CH—}$ 为双峰(d),季碳 $—\overset{|}{\underset{|}{C}}—$ 为单峰(s)]和其他结构信息,有助于确定谱线的归属。

偏共振去偶是将一个频率范围较小、功率比在宽带去偶中弱的照射场 H_2,距质子的回旋频率几百赫兹到上千赫兹或更大的偏置,这时^{13}C-^{1}H 间在一定程度上去偶。不直接相连的^{13}C-^{1}H 的偶合消失,仅保留其间直接相连的偶合,且偶合常数变小。在偏共振去偶谱中,得到残余偶合常数(residual coupling constant)J^r 与不去偶的偶合常数有如下关系:

$$J^r = \frac{J}{\gamma H_2/2\pi} \cdot \Delta\nu = 常数 \cdot \Delta\nu \tag{5-11}$$

式中,$\Delta\nu$ 为照射场 H_2 频率(去偶频率)与氢核回旋频率(质子共振频率)的偏频值。当去偶频率接近质子共振频率,即 $\Delta\nu$ 值减小时,J^r 随之减小,同时增强的 NOE 随着增加。对于具体化合物的研究,可以调节去偶频率,改变偏频值 $\Delta\nu$ 和多重峰的残余偶合常数,直至既不产生或仅微弱地发生谱线间的重叠,又具有较高的信噪比,以利于谱图的解析。

在偏共振去偶时,有时会产生二级效应(second-order effect),使谱图复杂化。这种二级效应经常出现在如—CH_2CH_2—,—CH—CH_2—,—CH═CH—等系统中。图5-7维生素 B_1(thiamine hydrochloride)高场区的偏共振去偶谱中,羟乙基的 2 个亚甲基的共振谱就不是简单的三重峰,而为虚假远程偶合复杂化。

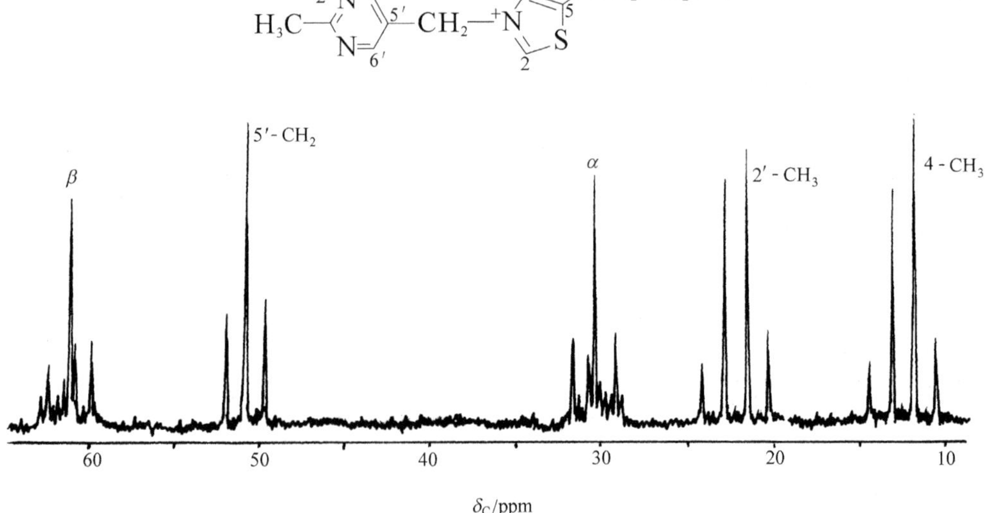

图 5-7 维生素 B_1 高场区的偏共振去偶谱(20MHz,D_2O)

二级效应可以给出更多的结构信息，表明存在质子强偶合体系，有助于谱线的归属。

5.5.4 门控去偶和反转门控去偶

宽带去偶失去了所有的偶合信息，偏共振去偶也损失了部分偶合信息，而且都因NOE不同而使信号的相对强度与所代表的碳原子数目不成比例。为测定真正的偶合常数，或作各类碳的定量分析，可以采用门控去偶方法。

门控去偶方法是根据去偶场打开或切断时去偶开始或停止与相应造成NOE增强或减弱的速度相差很大，利用调节发射场和去偶场的开关时间，以达到去偶或保留偶合，增强或削弱NOE的效果，获得有助于结构鉴定或定量分析各类碳的谱图。

1. 预脉冲法

预脉冲即交替脉冲去偶，通常也称门控去偶，为增强NOE的门控去偶(图 5-8)。

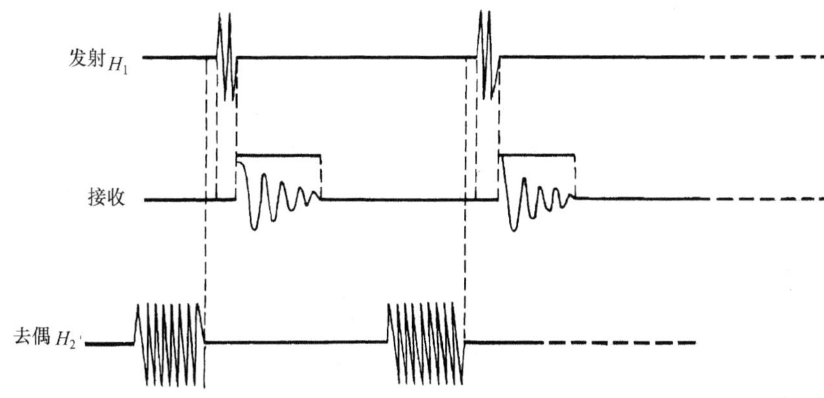

图 5-8 门控去偶脉冲示意图

在发射场 H_1 脉冲之前，预先施加去偶场 H_2 的脉冲。此时，自旋体系被去偶，同时产生NOE效应。紧接着关闭 H_2，开始发射脉冲 H_1，并相继进行FID接收，由于 H_2 关闭，核间立即恢复偶合。已知发射脉冲为微秒数量级，而NOE的衰减和 T_1 同为秒数量级，所以，接收的信号为具有既有偶合，又有呈现NOE增强的信号。如用门控去偶检测得到与图 5-5(b)相同的谱图，可以节省很多机时。如前所述，由于保留了所有的偶合常数，对谱线的归属提供方便可靠的信息。

门控去偶与单共振法获得相似的 ^{13}C-NMR偶合谱，但用单共振法得到同样一张谱图，需要累加的次数更多，耗时很长。门控去偶法借助于NOE的帮助，在一定程度上补偿了这一方法的不足。例如，在用单共振法和门控去偶法测定2,4,6-三氯嘧啶的偶合谱时，用同样的脉冲间隔时间和扫描次数，所得谱图示于图 5-9，门控去偶谱的强度比单共振谱约大一倍。

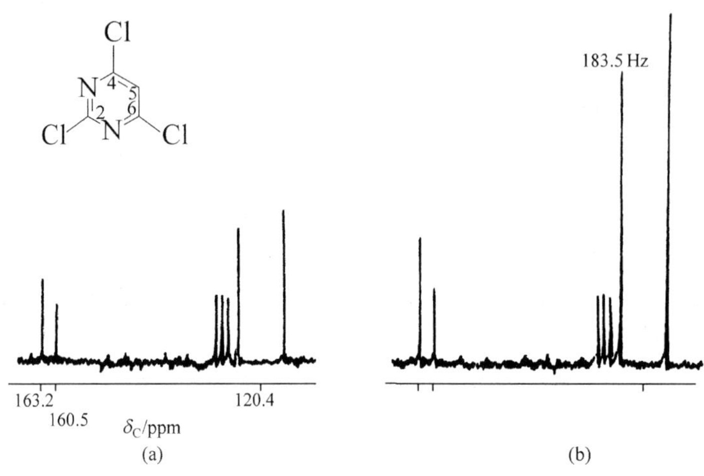

图 5-9　2,4,6-三氯嘧啶的共振谱(20MHz,C_6D_6)

(a) 单共振谱,扫描 50 次;(b) 门控去偶,扫描 50 次

2. 反转门控去偶法

反转门控去偶是为抑制 NOE 的门控去偶。对发射场和去偶场的发射时间关系稍加变动,即可得到消除 NOE 的宽带去偶谱,是一种能在谱图中显示碳原子数接近正常比例的方法,常用于定量实验(图 5-10)。

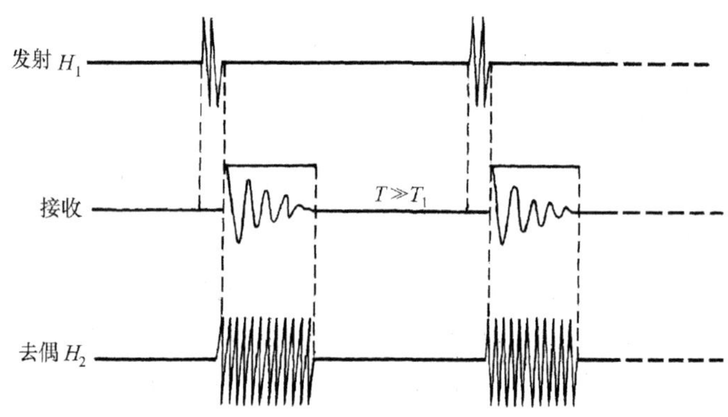

图 5-10　反转门控去偶脉冲示意图

反转门控去偶法的特点是去偶场 H_2 的照射与接收 FID 同时在发射场 H_1 脉冲后进行,并且延长发射脉冲间歇时间 T,满足 $T\gg T_1$,使所有碳核可能充分弛豫,趋于平衡分布,这样在接收 FID 时,自旋体系受到 H_2 的照射而去偶,但 NOE 刚刚开始,尚未达到最高值,结果损失了一定的灵敏度,消耗较长时间,而得到碳原子数与其相应的信号强度接近成比例的图谱。

适当掌握反转门控去偶发射脉冲间歇时间,可以得到基本上消除和完全消除 NOE 的共振谱。

图 5－11 为香豆精的^{13}C-NMR 谱，在图 5－11(b)的光谱中，各碳核的共振信号强度差不多相等，如有不同的各级碳，其信号强度也将基本上按含碳数成正比例。

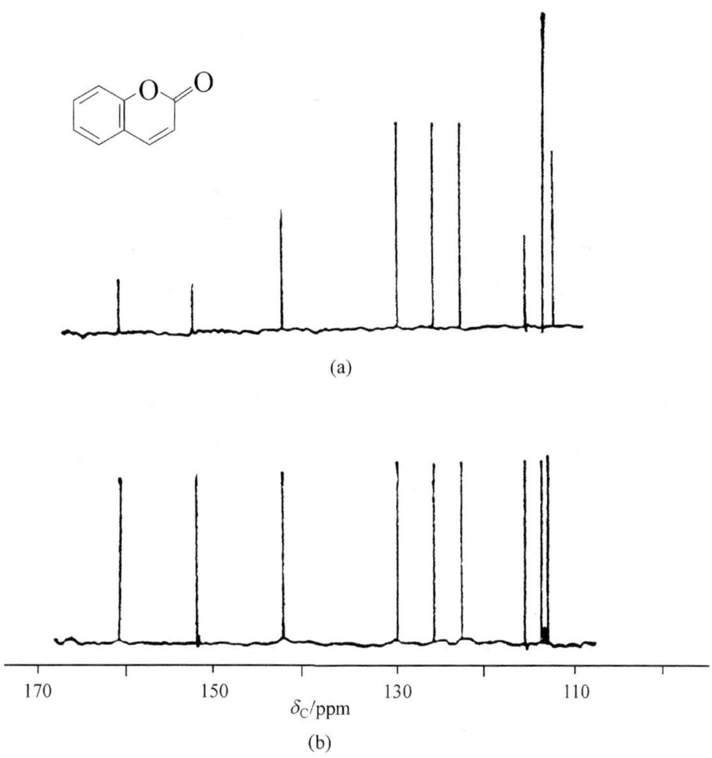

图 5－11　香豆精的^{13}C-NMR 谱

(a) 宽带去偶；(b) 反转门控去偶

若采取脉冲间歇时间足够长，通常用相当于分子中弛豫最慢(T_1 最大)的碳原子弛豫时间 3 倍($3T_1$ 最大)，则可以得到弛豫对信号强度影响很小的波谱，能够用于定量实验。可用反转门控去偶考察酮-烯醇互变异构体系(如乙酰丙酮互变异构体系，图 5－12)中异构平衡的实验结果。

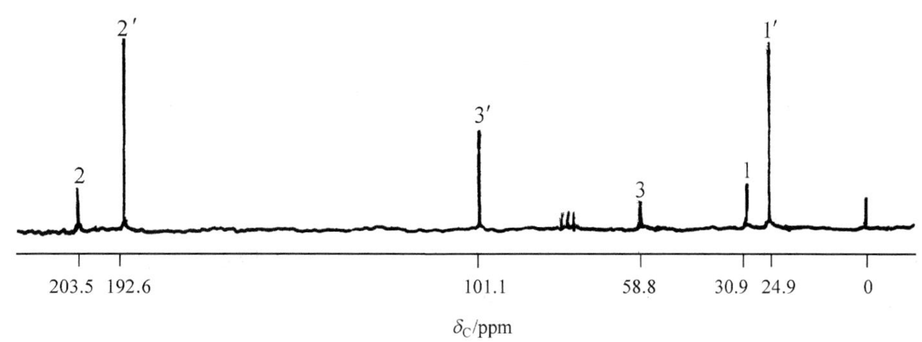

图 5－12　乙酰丙酮互变异构体系的反转门控去偶^{13}C-NMR 谱(20MHz，$CDCl_3$)

脉冲间隔 60s，扫描 200 次

$$\overset{1}{CH_3}-\overset{2}{C}(=O)-\overset{3}{CH_2}-C(=O)-CH_3 \rightleftharpoons \overset{1'}{CH_3}-\overset{2'}{C}(=O\cdots H)-\overset{3'}{CH}=C(-O-H)-CH_3 \rightleftharpoons \overset{1'}{CH_3}-\overset{2'}{C}(-O-H)=\overset{3'}{CH}-C(=O\cdots H)-CH_3$$

根据图中相应信号的高度，计算在互变异构体系中有 85%的烯醇化物。

5.5.5　质子选择去偶

在做单共振^{13}C-NMR 的同时，选择某一特定质子的共振频率为去偶场，以低功率照射，则与这个质子直接相连的碳发生全去偶而变为尖锐的单峰，且信号强度因 NOE 而大大增强。对其他碳的谱线只受到不同的偏频照射，产生不同程度的偏共振去偶，称为质子选择去偶。

在^{13}C-NMR 谱线的归属碰到困难而^{1}H-NMR 谱线归属明确的情况下，可以采取质子选择去偶技术，以识别难以辨认的碳的谱线。例如，图 5－13(a)为在氘代丙酮溶液中检测得到烟碱的^{1}H-NMR 谱，图中数字代表每组峰相应的质子位置；图 5－13(b)为^{13}C 质

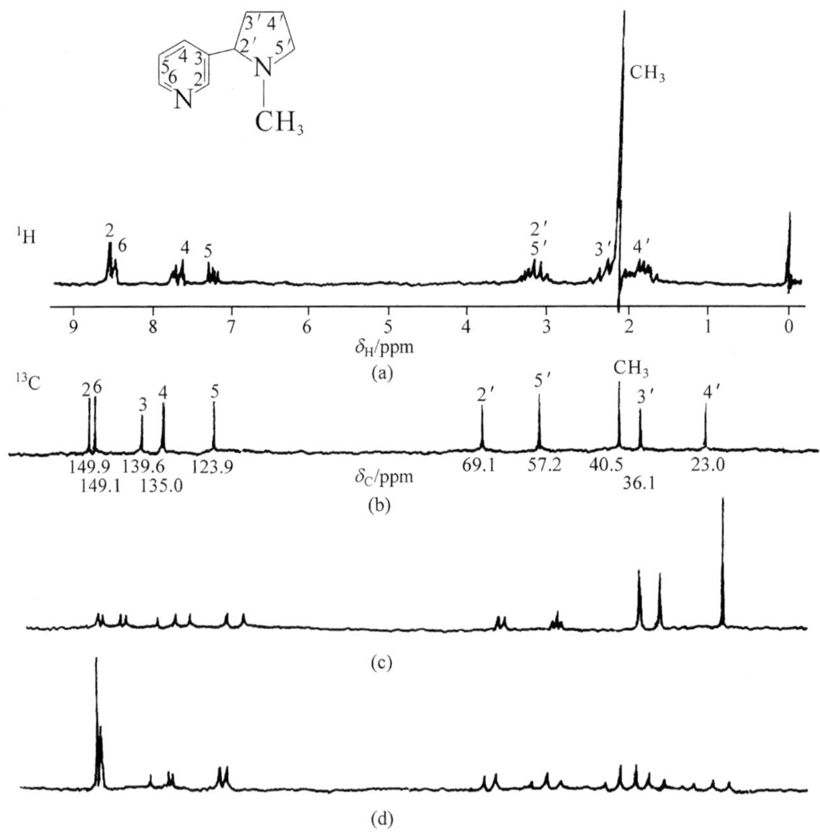

图 5－13　选择性质子去偶

(a) ^{1}H-NMR 谱(80MHz，CD_3COCD_3)；(b) ^{13}C 质子宽带去偶谱(20MHz，CD_3COCD_3)；(c) 对 δ1.7 质子选择去偶；(d) 对 δ8.7 质子选择去偶

子宽带去偶谱；图 5－13(c)为以相当 1.7ppm 的共振频率照射得到的质子选择去偶谱，其中 δ23.0 呈现尖的单峰，强度最高，δ36.1、40.5 为宽的单峰，强度也有所增高，其他质子化学位移与 1.7ppm 相差较大，对相应^{13}C 核的偶合仅表现为偏共振去偶，距离较远的芳香碳则显示具有较大残余偶合常数的偏共振去偶谱；图 5－13(d)以相当 8.7ppm 的共振频率照射去偶，δ149.9 呈现强度最大的单峰，δ149.1 峰有所增高，其他谱峰表现偏共振去偶，较远的脂肪区残余偶合常数较大。如此，可以在将^{13}C-NMR 谱中的每一条谱线由^{1}H-NMR谱作相应的归属。

5.6　核磁共振进展

由连续波发展到 PFT 技术，核磁共振得到长足的进展，使低丰度、低灵敏度的^{13}C-NMR成为常规的测试方法。继而各种脉冲序列的应用，核磁共振又出现两方面的重要进展：一是一维核磁共振对各级碳的区别和极化转移增强技术，二是二维和多维核磁共振。这些新技术的发展在复杂有机分子结构研究上发挥特别重要的作用。

5.6.1　自旋回波 *J*-调制和极化转移技术

一些简单的多脉冲技术分别作用于^{13}C 和^{1}H 的自旋体系时，经常通过它们之间的能级跃迁极化转移，提高非灵敏^{13}C 信号观察灵敏度，以明显地区分各级碳的共振信号，用于较复杂^{13}C-NMR 谱的解析。

1. 连氢试验

连氢试验(attached proton test，APT)主要用双自旋回波脉冲序列。自旋回波(spin echo)是一些多脉冲激发过程和二维谱的实验基础，其基本原理和脉冲序列如图 5－14 和图 5－15 所示。

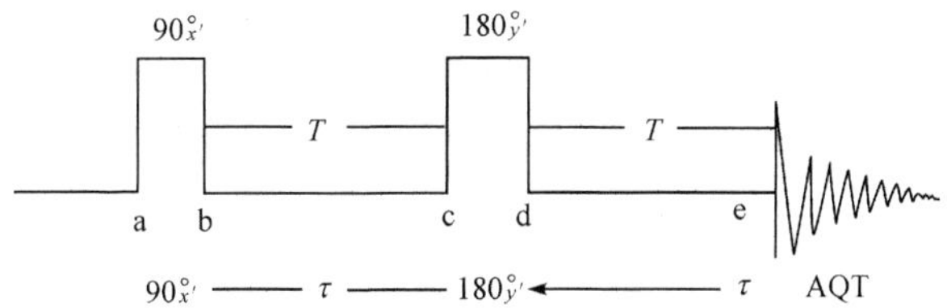

图 5－14　自旋回波序列，a、b、…脉冲序列过程经历时刻

对无偶合的同核，当处于平衡状态时，按 Boltzmann 分布，其宏观磁化矢量 $\boldsymbol{M}_0$ 向 $z'(z)$轴方向[图 5－15(a)]，经 $90^\circ_{x'}$脉冲作用，横向磁化矢量 $\boldsymbol{M}_\perp$ 倾倒在 y'轴上，并开始在旋转坐标 $x'y'$平面顺时针方向进动。由于受到不均匀磁场作用，各核具有不同的进动频率，假设有两个进动频率组分，F 较快，S 较慢，经过 τ 时间，F、S 前后散开[图 5－15(b)]，此时给 $180^\circ_{y'}$脉冲，$\boldsymbol{M}_\perp$ 绕 y'轴转 180°，两个组分处于原来的镜影状态，F 落在 S 的后边[图 5－15(c)～(d)]，彼此的频率差仍与(b)状态相同。经过第二个 τ 周期，F 赶上 S，即在 2τ 时刻重聚在 y'轴上[图 5－15(e)]，形成自旋回波。

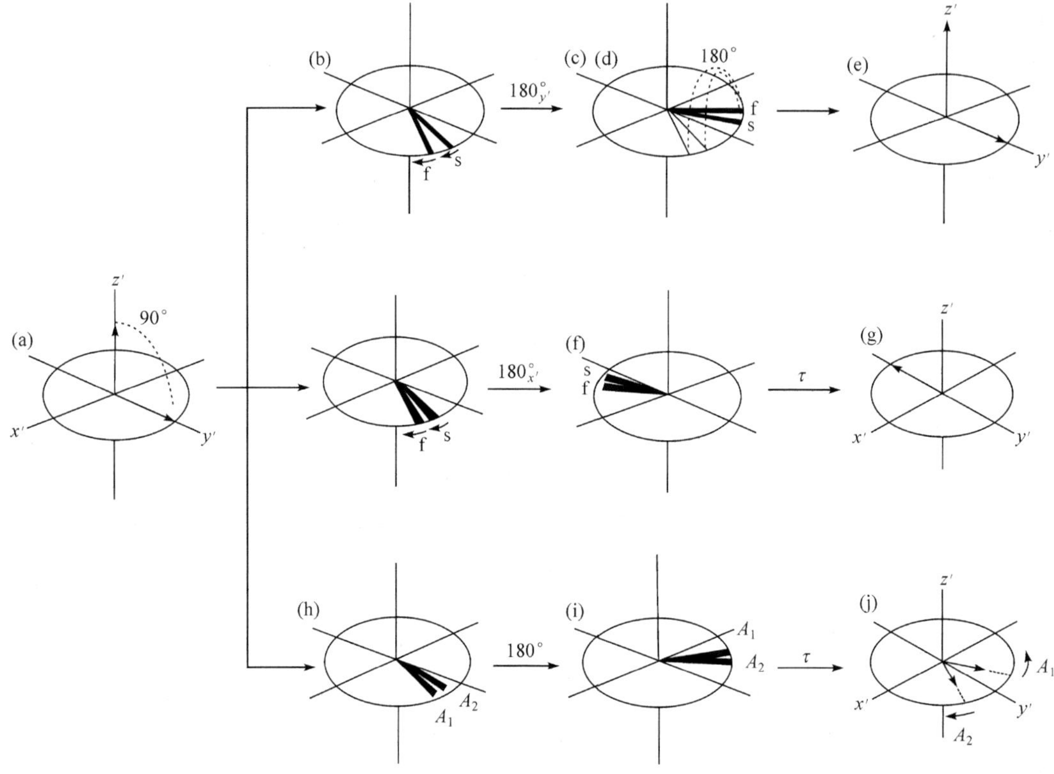

图 5－15　自旋回波示意图

由自旋回波原理可以看到，自旋回波消除了外磁场的不均匀性，使散开的磁化矢量重聚。不难表明，两个 δ 不同的同核，相继施加 $90^\circ_{x'}$、$180^\circ_{x'}$ 脉冲后，$\boldsymbol{M}_\perp$ 绕 x' 轴转动 180°[图 5－15(f)]，在 2τ 时间后，也形成自旋回波[图 5－15(g)]，只是在 y' 轴的反方向重聚；若加脉冲 $180^\circ_{y'}$，则在 y' 轴方向重聚。所以脉冲 $180^\circ_{y'}$ 与 $180^\circ_{x'}$ 的作用是相似的，以后的叙述对 180°脉冲不再标出 x' 或 y' 轴。

有偶合的异核 AX 系统，如 ^{13}C ^1H 的自旋回波原理，如图 5－16 所示。由于 ^1H 的偶合，在匀场中 ^{13}C 出现两个宏观磁化分量 A_1 和 A_2，90°_x 脉冲倒在 y' 轴后(图 5－15)，分别以 $\nu_A-\frac{1}{2}J$ 和 $\nu_A+\frac{1}{2}J$ 绕 z 轴进动。ν_A 为 ^{13}C 的 Larmor 频率，J 为 $^1J_{CH}$，经 τ 时间后，A_1 和 A_2 位相不同[图 5－15(h)]，在 180°脉冲作用下，转为图 5－15(i)。因为在第二个 τ 周期进行 ^1H 去偶，A_1、A_2 都以 ν_A 进动，在 2τ 末，两磁化分量不能在 y' 轴重聚，产生的自旋回波幅度 M_y 服从余弦规律：$M_y=M_y^0\cos(\pi\tau J)$，这种现象称为自旋回波 J-调制。M_y^0 为无偶合时的最大回波幅度。可见 M_y 与 δ 无关，仅受 J-调制。

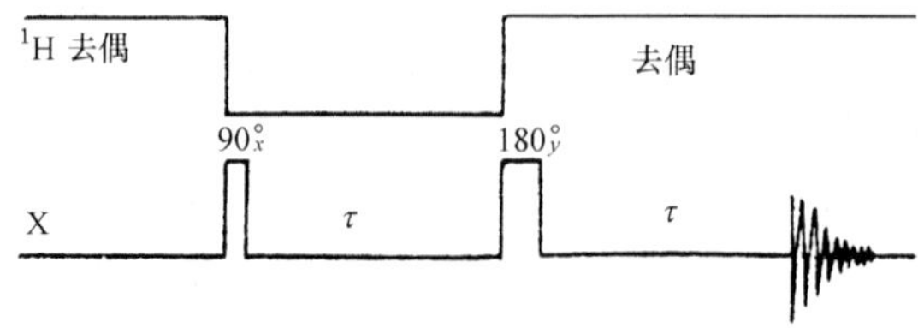

图 5－16　异核自旋回波 J-调制脉冲序列

APT 的脉冲序列如图 5-17(a)所示，为异核自旋回波实验的改进序列。

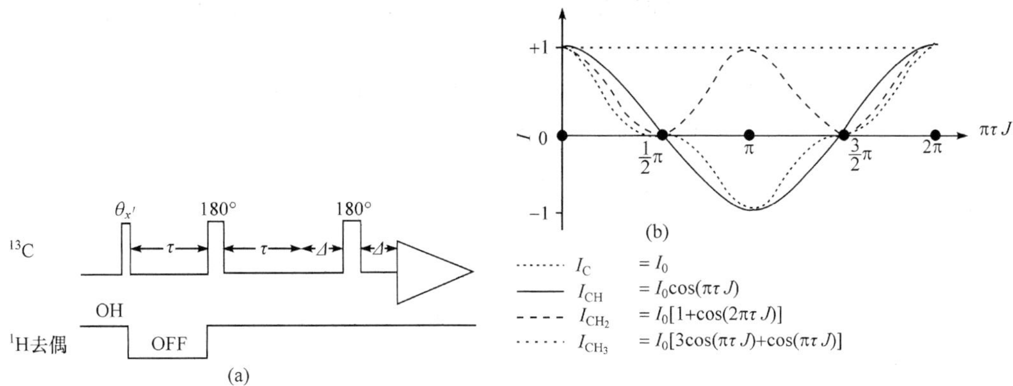

图 5-17 APT 脉冲序列(a)及 M_y-$\pi J\tau$ 关系(b)

在第一个 τ 后重新去偶，使各磁化分量聚合，消除磁场不均，回波强度受到调制。等待采样 Δ 时间后，加第二个 180°脉冲，目的是当第一个脉冲选用 $\theta<90°$时，将因 T_1 较长的核未完全恢复到 $\boldsymbol{M}_0$ 在 z 轴的分量，经第一个 180°脉冲翻转到 z 方向，第二个 180°脉冲再翻转过来，以提高信号的信噪比。此时 $\boldsymbol{M}_\perp$ 的进动与 $\theta=90°$分析完全相同。

各级碳经自旋回波 J-调制的信号强度周期变化规律及其相应的强度-$\pi J\tau$ 关系示于图 5-17(b)。

季碳不受 J-调制，其 $\boldsymbol{M}_\perp$ 始终沿 y'轴方向，任何时刻都显示正信号，其他各级碳则表现不同的周期变化。若 $J=125$Hz，$\tau=8\mu$s，CH、CH_3 为大的负信号，CH_2 显示大的正信号。

2. 不灵敏核的极化转移增强

不灵敏核的极化转移增强(insensitive nuclei enhance by polarization transfer, INEPT)实验原理主要基于选择性布居翻转而导致极化转移。极化转移技术是多脉冲激发过程和二维谱的另一类实验基础。

以 AX(^{13}C ^{1}H)自旋系统为例，在恒定的磁场中，自旋系统按不同的能级分裂为四能级系统，各能级的布居数(population)服从 Boltzmann 分布，结合能级跃迁选律和^{1}H、^{13}C 核的旋磁比，可计算出图 5-18 四个能级数字化的布居数(能级横线的括号内)。

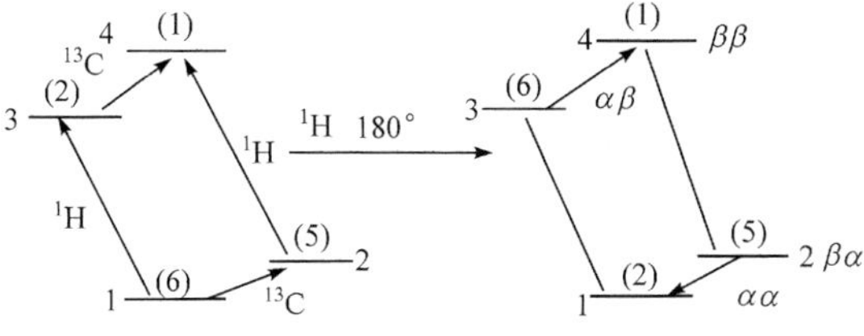

图 5-18 ^{13}C、^{1}H 能级布居

相对外磁场 H_0，自旋 α(H_0 同向)和 β(H_0 反向)的布居数之差，核的极化 6～5、2～1 为^{13}C 的极化，6～2、5～1 为^{1}H 的极化。发生于两能级之间的跃迁强度正比于核的极化。图5-18示出，^{1}H 选择性脉冲前，^{13}C 两谱线强度比为 1∶1，而氢核两谱线强度比为 4∶4；

当对^1H的 $\alpha\alpha$-$\alpha\beta$ 给选择性 180°脉冲后，可翻转这两个能级的粒子布居数，这时，核 1～2 间极化为−3(2−5)，3～4 能级间极化为 5(6−1)，两线强度的绝对值增大了许多。这种现象称为极化转移。

将自旋回波和极化转移增强技术用于 INEPT，设置脉冲序列如图 5-19 所示。

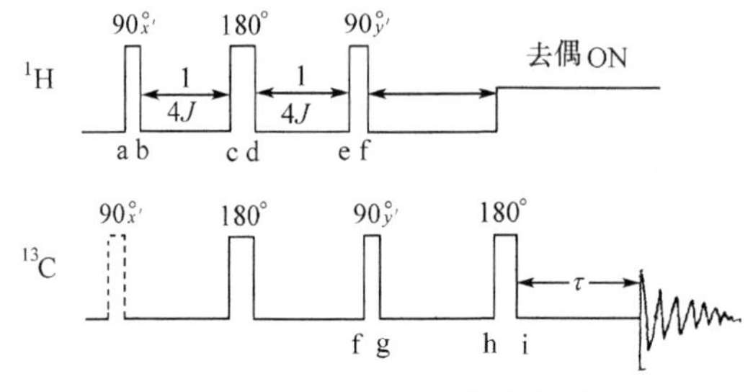

图 5-19　INEPT 脉冲序列

以^{13}C ^1H的 AX 系统简单说明各脉冲的作用：设旋转坐标的角速度与^1H射频频率一致，δ_H 对磁化矢量进动的影响被消除。在 a 处 90°_x脉冲使^1H两个谱线的磁化矢量都倒在 y'轴上，并以相反的方向在 $x'y'$平面上进动。经过$\frac{1}{4J}$时间，在 c 点它们构成 90°，此时对^1H和^{13}C同时加 180°脉冲，到 d 时^1H的两个磁化矢量都转动了 180°，^{13}C磁化矢量也同时转动 180°，按自旋回波，^1H两个磁化矢量交换了在旋转坐标系中的旋转方向，再经$\frac{1}{4J}$时间到 e，两个磁化矢量构成 180°，此时^1H先受到 90°脉冲作用，到 f 点，^1H的二磁化矢量分别沿 $+z$ 和 $-z$ 轴方向，在 a 点时它们都在 $+z$ 轴方向，表明发生了^1H核的两个能级间的粒子布居数翻转，立即导致极化转移，增强了^{13}C谱线的强度。然后在 f 点给^{13}C 90°_y脉冲，让两个磁化矢量重新回到 $x'y'$平面，它们在 x'轴方向正好相反。在 g 点以后不同的 τ 时间，^{13}C两磁化矢量在 y'轴的矢量和不同，h～i 的 180°脉冲和^1H去偶都是为了多重性的 δ_C 重聚焦，此时的^1H去偶极化转移增强得以保留，接收到单谱线。

经 INEPT 实验，CH、CH_2、CH_3 都检测到强度不同的单重谱线，它们的相对强度周期性变化遵从的规律及其与 τ 的关系示于图 5-20。INEPT 法最大的特点是信号强度明显增加，且无 NOE 作用，但无季碳信号。

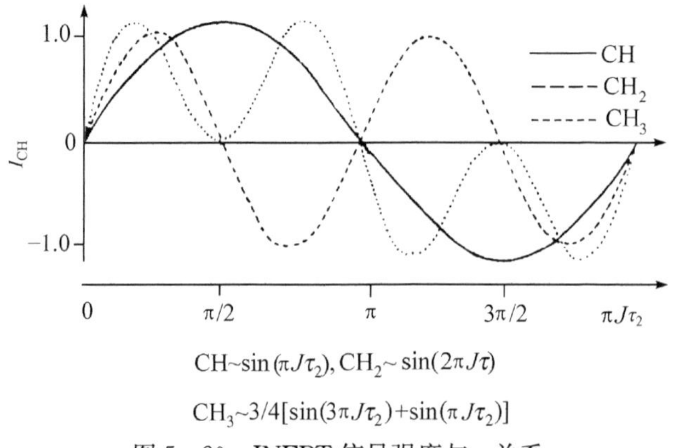

CH~$\sin(\pi J\tau_2)$, CH_2~$\sin(2\pi J\tau)$

CH_3~$3/4[\sin(3\pi J\tau_2)+\sin(\pi J\tau_2)]$

图 5-20　INEPT 信号强度与 τ 关系

3. 无畸变极化转移增强

无畸变极化转移增强(distortionless enhancement by polarization transfer,DEPT)实验脉冲序列类似INEPT,如图 5-21 所示。DEPT 是 INEPT 改进的实验,将^1H的第二个 90°脉冲改为可变的 θ 脉冲,其结果与 INEPT 基本相同,只是实现对 J 的设置不像 INEPT 那样敏感,其强度只取决于 θ 脉冲翻转的角度,可以得到无位相和幅度畸变的极化转移增强碳谱,在常规实验中应用较多。

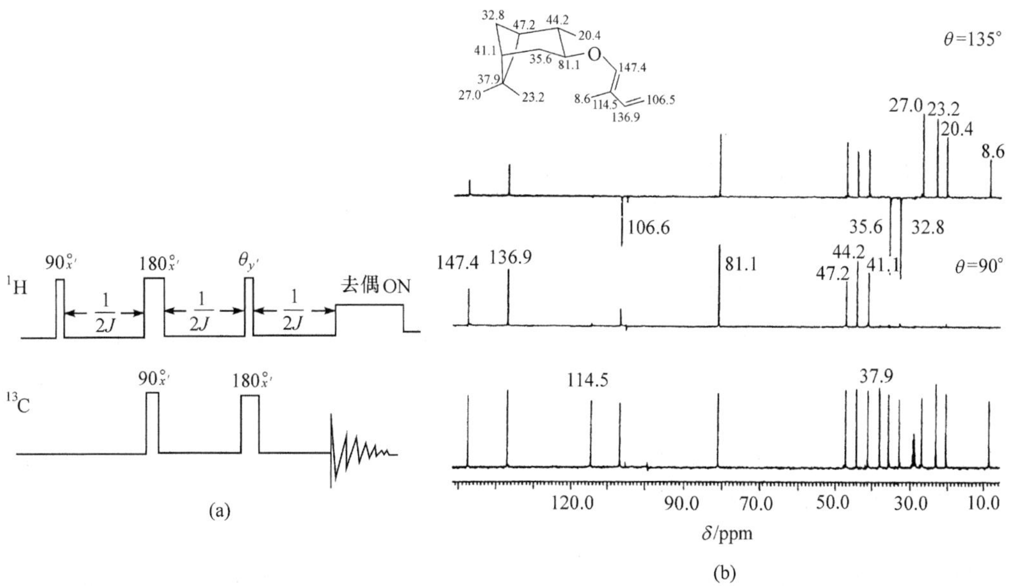

图 5-21 DEPT 脉冲序列图(a)和 1-异松蒎氧基-2-甲基-1,3-丁二烯的 DEPT 图(b)

DEPT 通常使用 θ=90°和 135°脉冲,图 5-21(b)为 1-异松蒎氧基-2-甲基-1,3-丁二烯的 DEPT 图,当 θ=135°时,得到 CH 和 CH_3 的正信号和 CH_2 的负信号;当 θ=90°时,只得到 CH 正信号。

5.6.2 二维核磁共振

1. 二维核磁共振的一般概念

1) 二维核磁共振的特点

二维核磁共振(two-dimensional nuclear magnetic resonance,2D-NMR)的思想最早由 Jeener 于 1971 年提出,1976 年厄恩斯特(Ernst)对 2D-NMR 的理论及实验应用进行了大量的研究[1],使其很快成为近代 NMR 中一种应用广泛的新方法。二维核磁共振对复杂有机分子的结构鉴定,特别是在溶液中生物大分子的结构研究中发挥了重要的作用。

2D-NMR 的最大特点是将化学位移、偶合常数等 NMR 参数以独立频率变量的函数 $S(\omega_1,\omega_2)$在两个频率轴构成的平面上展开,既减少了信号间的重叠,又可展示出自旋核间的相互作用，能提供更多的结构信息。

2) 2D-NMR 的实验方法

独立频率变量的信息函数 $S(\omega_1,\omega_2)$ 可采用不同的实验方法得到，目前应用最多的是二维时域实验，为一种能够发展产生新的实验最多的方法。二维时域实验的关键是如何把通常以时间作为一维的连续变量，经一定变换，得到两个彼此独立的时间变量，为此，将包括多脉冲序列激发的二维实验过程分作四个时期(图 5－22)。

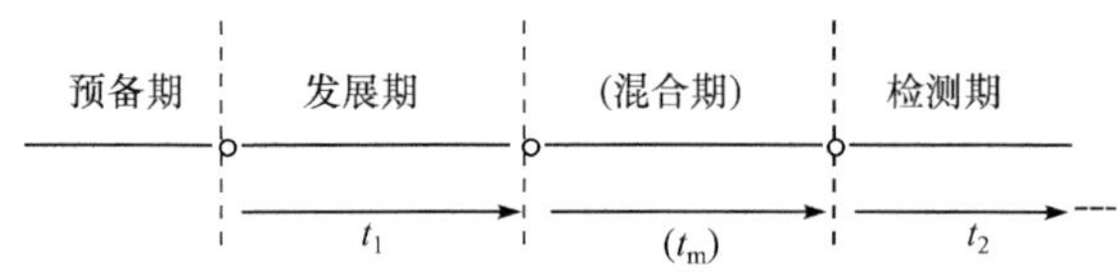

图 5－22　2D-NMR 检测原理示意图

在预备期，体系中的核达到热平衡状态，预备期末开始施加多脉冲序列，建立非平衡状态，并在 t_1 时间内核自旋系统发展演化，t_2 为检测期，在 t_2 时期检测到的信号 $S(t_2)$ 的振幅或位相受 t_1 函数的调制，即自旋系统在 t_1 时期内的自旋发展过程每一个状态变化都能影响 t_2 时期所检测磁化矢量的振幅和相位。如用不同的 t_1 值进行一系列实验，从 $t_1=0$ 开始，每改变 Δt_1，在 t_2 时间都得到相应记录 $S(t_2)$，叠加后得到 t_1、t_2 两个时间变量的矩阵 $S(t_1、t_2)$。混合期 t_m 是为建立信号检测条件而设置的，不一定每次实验都需要。

时间域上的 $S(t_1、t_2)$ 记录的是 FID 信号，经一次 FT 得到相位和幅度都沿 t_1 变化的 NMR $S(t_1,\omega_1)$，再经第二次 FT 最后得到 2D-NMR $S(\omega_1,\omega_2)$。

3) 2D-NMR 谱的表示方法

2D-NMR 谱图有各种不同的表示方法。应用最多的为堆积图谱和等高线图谱。

堆积图谱是三维立体图形，由很多密集的 1D-NMR 谱线排列构成，在二维频率轴构成的平面上 (ω_1,ω_2) 有序地矗立着大小不等的锥体，其高度或体积代表该信号的强度。堆积图直观富有立体感，但是绘制这种图谱很费时，而且小的信号常被淹没在大信号的后面，信号的坐标也难以正确指定，在应用上有很大限制。

等高线图谱类似于普通地图的地形图，将堆积图谱以平行于 ω_1、ω_2 平面的不同距离进行连续平切绘制成。等高线图表示信号的等值强度，中间的线圈或点代表强度的最高值，也就是信号的位置，用以在两个坐标轴上观察到准确的频率位置，作图比较方便，检测时间短，是 2D-NMR 广泛采用的表示方法。问题是平切的最低值如何选择，平切值太高，则有些强度较小的真正的信号可能被忽略；平切值太小，信号占据面积太大，并且出现噪声信号和因信号间干涉而产生的低强度的信号。所以需要协调处理，优化绘图条件，或以不同高度平切画出多张图谱，以清楚地观察强信号和弱信号，经研究辨别真伪。

4) 2D-NMR 分类

根据使用的脉冲序列和提供的结构信息不同，2D-NMR 大体可分为三类：

(1) 2D-J 分解谱，或称为 δ-J 谱，把 δ 和 J 值在两个频率轴上展开，包括同核 J-分解谱和异核 J-分解谱。

(2) 二维相关谱，包括同核(^1H-^1H)和异核(^1H-^{13}C)化学位移相关谱，在此基础上又发展其他相关谱，如二维 NOE 谱、总相关谱等。二维化学位移相关谱是应用最普遍的二维谱。

(3) 二维双量子谱，通过双量子跃迁实验得到低丰度的碳相互连接的信息。

2. 二维 J-分解谱

二维 J-分解谱的测定方法主要应用自旋回波 J-调制(见 5.6.1)，这个脉冲序列作用的结果消除了化学位移对磁化矢量进动的相位影响，仅保留自旋偶合对相位的贡献，此为自旋回波被自旋偶合调制，把图 5－16 的 $\tau+\tau$ 时间作为图 5－22 的发展期 t_1，检测回波的后半部分(在 t_1 期间)，磁化强度的进动仅存有偶合的信息，对 $S(t_1, t_2)$进行 FT 处理，得到 $S(\omega_1, \omega_2)$谱图，在 ω_2 轴上表现 δ 值(包括 J 值)，而在 ω_1 轴上仅表现对 J 值，从而将 NMR 信号分离，一维谱中因偶合裂分重叠在一起的信号在 2D 谱中分解开来，能够清晰地测量 δ 和 J 值，但没有显示出更多的结构信息。

(1) 同核 J-分解谱。同核(^1H-^1H)2D-J 分解谱使用的脉冲序列示于图 5－23(a)。

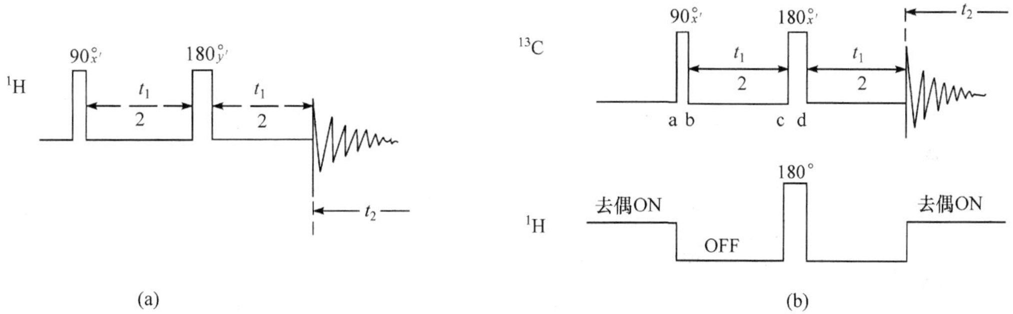

图 5－23 2D-J 分解脉冲序列

(a) 同核 J 谱；(b) 异核 J 谱

当自旋系统平衡施加 90°脉冲后，在一个发展期的一半$\left(\frac{t_1}{2}\right)$，各自旋核按其特定频率进动，磁化矢量相继聚焦在 $x'y'$ 平面上，180°脉冲消除化学位移效应达到自旋回波 J-调制。在 t_1 期间表现的进动频率只能通过每个多重谱线相连接的 J 值来测定(ω_1)，最终的进动频率 ω_2 是通过 δ 和 J 值二者测定的。图 5－24 为丙烯酸在 $CDCl_3$ 中 250MHz 的^1H 核 ABX 系统 2D-J 分解谱(a)，倾斜 45°使 δ 和 J 分开便于测量。在三组共振信号的 δ 值处，都表现 2×2 偶合组峰，其中图 5－24(a)、(b)在相近 δ 值处还出现强度很弱的信号，可能属于丙烯酸不同离解状态的信号。另外在两个部位还出现一些附加峰：一类是沿 δ 轴的$J=0$Hz处，另一类是两个强偶合自旋分裂信号中间。这些不同离解态的信号和附加峰在高位平切图(c)中都被清洗掉了。对(c)的测量结果：$|J_{AX}|=1.7$Hz，$|J_{BX}|=17.8$Hz，$|J_{AB}|=10.6$Hz，$|\delta_A-\delta_B|=45$Hz。

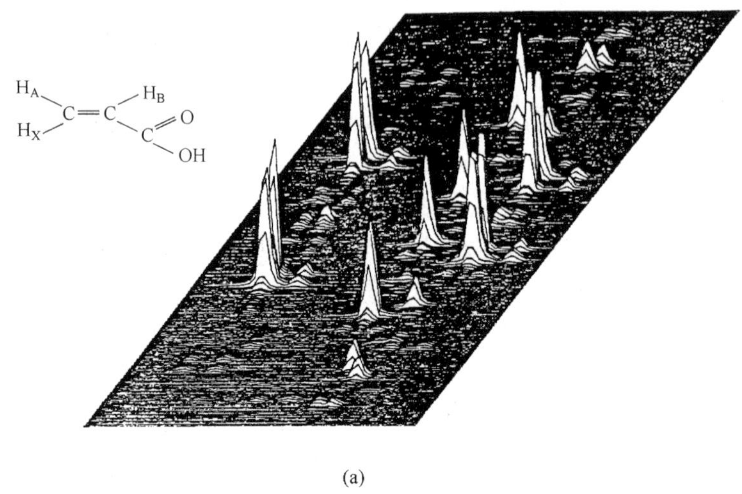

(a)

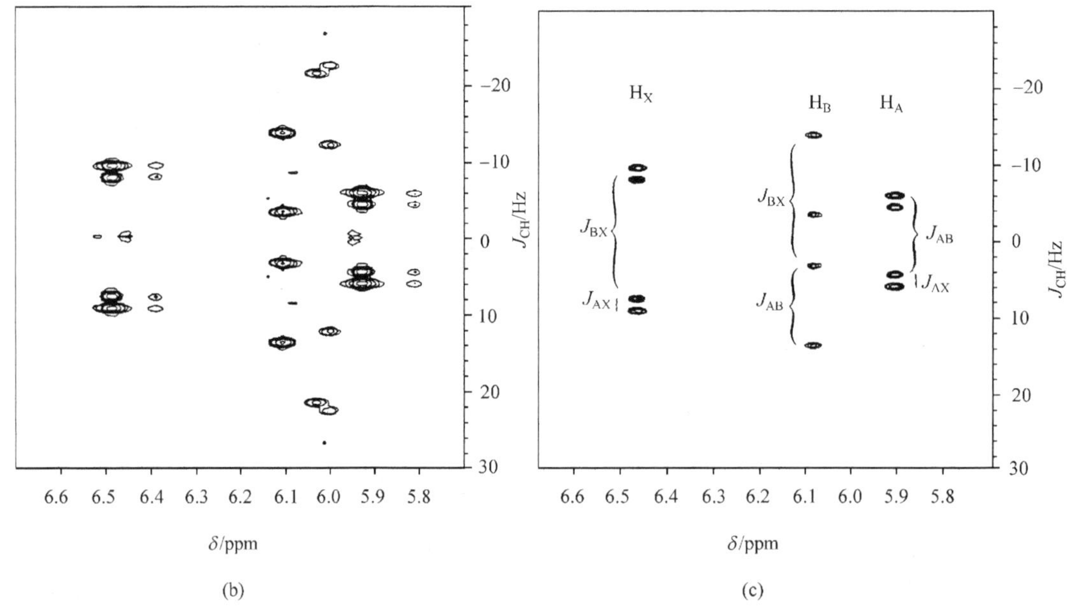

图 5 - 24　丙烯酸 ABX 系统同核 2D-J 分解谱

(a) 堆积图;(b) 低位平切图;(c) 高位平切图

(2) 异核 2D-J 分解谱。异核(^1H-^{13}C)2D-J 分解谱脉冲序列如图 5 - 23(b)所示,与图5 - 23(a)不同的是,除加门控去偶外,为使偶合体系进行 J-调制,还必须对^{13}C 和^1H 同时施加 180°脉冲。在检测期去偶,J 和 δ 完全分开在两个频率轴上,图 5 - 25 为维生素 H(biotin)的^1H、^{13}C 2D-J 分解谱[2],可以清楚确定分子中 8 个饱和的 δ_C 值及其偶合裂分的$^1J_{CH}$值,这对谱线严重重叠的复杂分子结构鉴定更为重要。

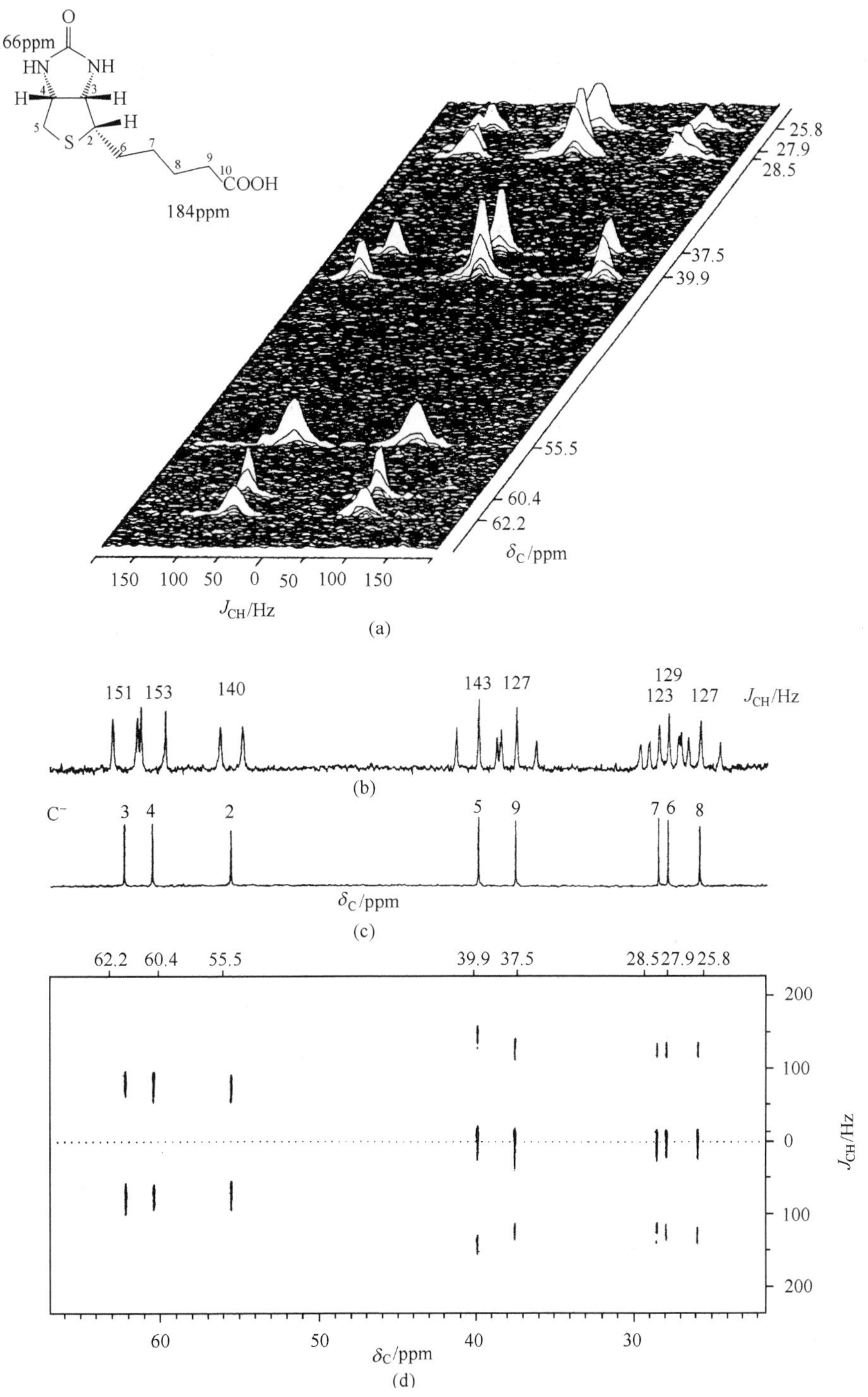

图 5-25 维生素 H 的共振谱

(a) 异核 J-分解谱堆积图;(b) 门控去偶谱;(c) 宽带去偶谱;(d) J-分解谱平切图

3. 化学位移相关谱

2D-NMR 的化学位移相关谱可以方便地得到相互作用的核之间(^1H-^1H、^1H-^{13}C)的化学位移相关信息，有关的实验方法也是其他二维相关谱实验的基础。

1) 同核化学位移相关谱

二维同核化学位移相关谱(2D-homonuclear shift correlated spectroscopy)称为 2D-H-COSY 谱或 COSY 谱，所用脉冲序列如图 5－26 所示。在发展期 t_1 期间，各^1H 核以不同的频率在 $x'y'$平面进动，第二个 90°脉冲为混合脉冲，核在$\pm z$ 轴的磁化强度取决于各自在 y 轴的分量(d)，通过偶合磁化强度核间极化转移，在 t_2 时间检测，得到对角线峰和交叉峰。图 5－27 为 2-氯丁烷的 COSY 谱。

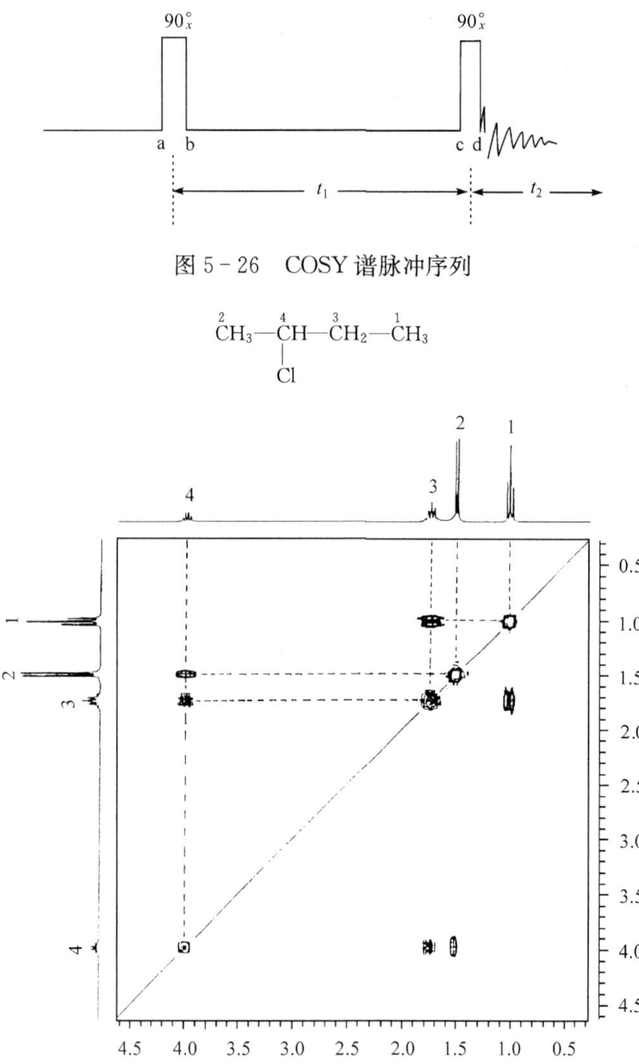

图 5－26 COSY 谱脉冲序列

图 5－27 2-氯丁烷的 COSY 谱

图 5－27 中两个频率轴都是 δ_H，谱图中有两类信号，处于对角线的“对角线峰”相应于一维共振谱，由频率轴读出其 δ_H 值，在对角线两侧对称分布的为“交叉峰”，表示相关核间存在标量偶合，也称相关峰，由交叉峰沿水平或垂直方向画线（虚线）相交于对角线，即可找到相应的偶合对。有些简单的偶合信号的多重性可反映在相关峰中，H_1 和 H_2 的相关峰聚集有 8 个小峰（2×4），较复杂的相关峰则分辨不清。在图 5－28(a) 的薄荷醇的COSY谱中[3]，偶合对靠得很近，表示它们有相近的 δ 值，相关峰紧靠在对角线峰附近相互交盖，难以确认，此时可改良脉冲序列，将第二个 $90^\circ_{x'}$ 改为 $45^\circ_{x'}$ 脉冲，减小对角线峰的延伸，或用双量子过滤技术，对角线峰和相关峰均能调节成纯吸收型（抑制色散型），提高分辨，如图 5－28(b)，H_2 与 H_5，H_2 与 H_6 的偶合对，以及其他相关峰的偶合信息的分辨状况都有改善。或用同核双照射自旋去偶（见 4.5.7）作补充考察。

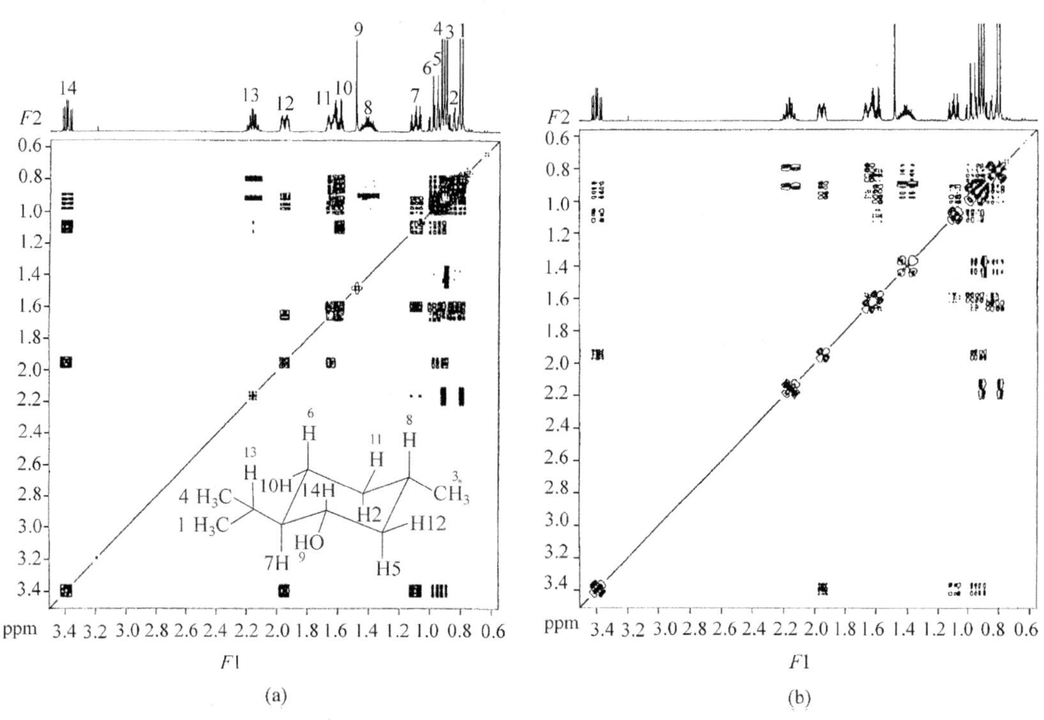

图 5－28　薄荷醇的 COSY 谱(a)及其双量子过滤 COSY 谱(b)

2）异核化学位移相关谱

二维异核(^1H，^{13}C)化学位移相关谱（2D-heteronuclear shift correlated spectroscopy，2D-HETCOR）或称 C. H-COSY 谱。采用的脉冲序列示于图 5－29。这是一个极化转移的脉冲序列，与 INEPT 脉冲序列相似，^{13}C 的 180°脉冲在发展期消除^{13}C、^1H之间的偶合。^1H 的第二个 90°脉冲前需要等待时间 $\Delta_1=\dfrac{1}{2J}$，让^1H 的两个磁化分量刚好转到反平行相位，建立磁化转移的最佳状态，此时立即施加 90°脉冲实验^1H 到^{13}C 的极化转移，增强了^{13}C的灵敏度。磁化转移后还要一个等待时间 Δ_2，使磁化转移后的反相分量进动到相位一致的状态再加^{1}H 去偶进行检测，得到轴峰受到抑制仅显示相关峰的C. H-COSY谱。图 5－30 为一种生物碱 $C_9H_{15}NO_3$ 的 C. H-COSY 谱(CD_3OD)。

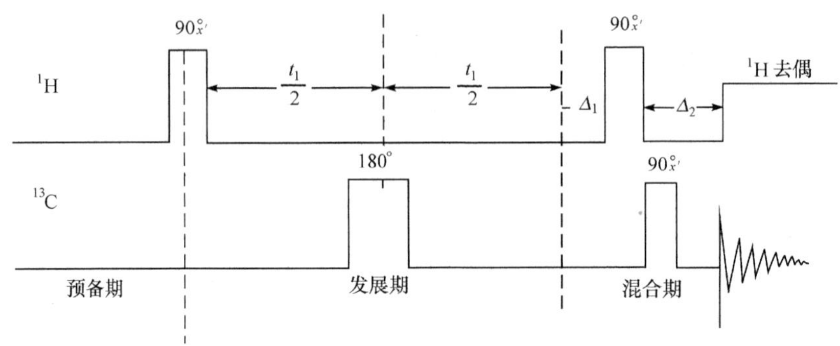

图 5－29　C. H-COSY 谱脉冲序列

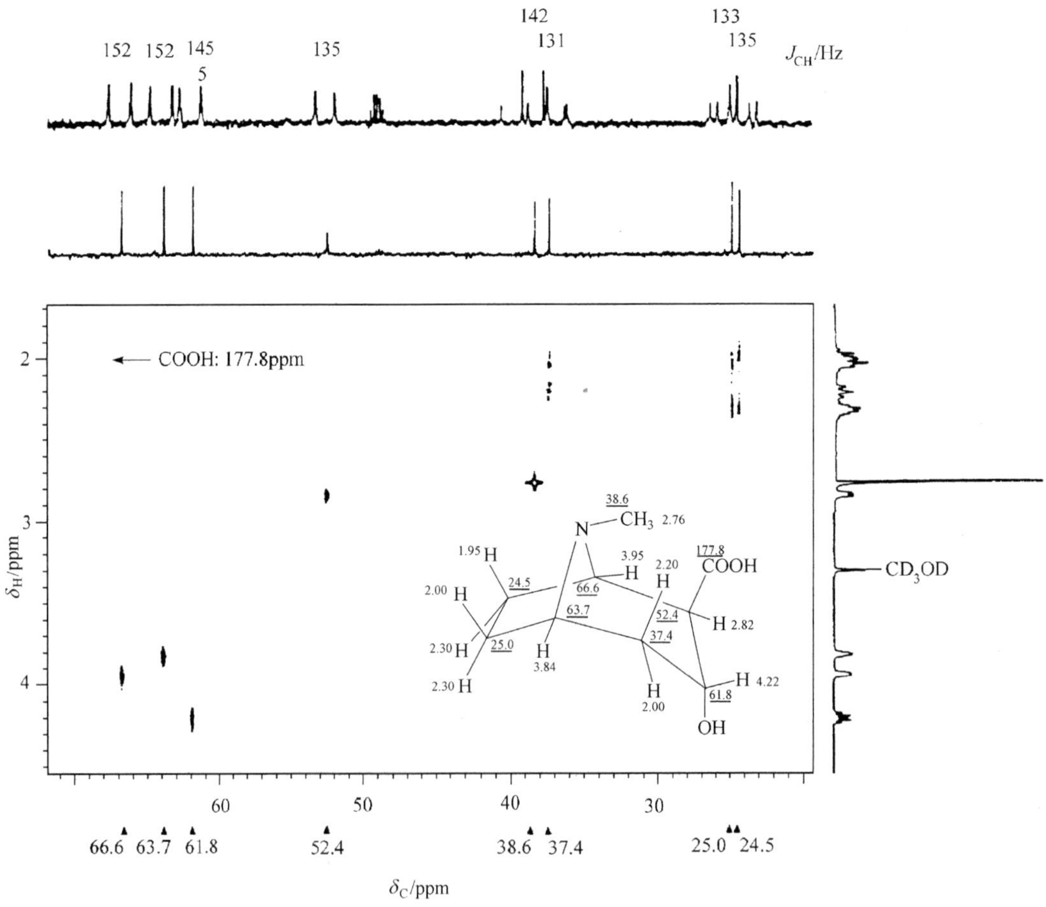

图 5－30　一种生物碱 $C_9H_{15}NO_3$ 的 C. H-COSY 谱

C. H-COSY 谱两个频率轴都是 δ，ω_1 为 δ_H，ω_2 为 δ_C，两个坐标轴信息不同，所以谱图不是对称的，只显交叉峰，每个交叉峰均为相应 δ_C 和 δ_H 的 ^{13}C 以及以 J_{CH} 相连 ^{1}H 核的相关峰。和 INEPT 一样，C. H-COSY 谱不出现季碳信号，CH_3、CH 和一般的 CH_2 都有一个相关峰。原手性的 CH_2 由于 δ_H 值不同，将出现两个相关峰。考察这类信号应注意以下几点：这两个 ^{1}H 核各向异性总强度被分为两部分，因此经常显示较弱的信号，而且信号常发生进一步裂分或加宽；另外，两个相关峰中点处有时出现假信号。若原手性 CH_2 的两个 δ_H 相差很小，则两个相关峰挤在一起，难以确定是否为 CH_2，需要配合 DEPT 等技术归属。

在大的自旋体系中，COSY 谱与 C. H-COSY 谱配合起来，相互关联，可用以确定不直接相连的 H、C 核的关系。

3）其他二维相关谱

在 COSY 谱和 C. H-COSY 谱实验的基础上，改变相应的脉冲序列，又发展了一系列 2D-NMR 实验方法，为不同分子的结构鉴定提供特别的信息，下面简要介绍几种其他二维相关谱。

^{1}H 检测异核多量子相干谱（^{1}H-detected heteronuclear multiple quantum coherence，HMQC）使用的脉冲序列与 C. H-COSY 谱相似，区别在于不是用 ^{13}C 检测，而是用 ^{1}H 检测 C. H-COSY 谱。其优点在于充分利用 ^{1}H 较高的灵敏性，通过多量子过滤或磁场梯度抑制不直接与 ^{13}C 相连的 ^{1}H 和所有 ^{12}C 相连 ^{1}H 引起的较强信号，完成 ^{1}H 检测 C. H-COSY谱，表示所有的 δ_C、δ_H 及其偶合关系。这种谱图与 C. H-COSY 谱的标度相反，ω_2 频率横轴为 δ_H，而 ω_1 频率纵轴为 δ_C。HMQC 的 ^{1}H 检测高灵敏度，特别适用于大分子微量样品的结构鉴定。

^{13}C 检测的异核远程化学位移相关谱（correlation spectroscopy via long-range coupling，COLOC）是将 C. H-COSY 谱脉冲序列（图 5－29）的发展期和混合期后半部分各加一个双线性旋转去偶（bilineal rotation decoupling，BIRD）脉冲单元。

$$
\begin{array}{ll}
{}^{1}\mathrm{H} & 90^\circ_x - \tau - 180^\circ_x - \tau - 90^\circ_x \\
 & \qquad\qquad\ \vdots \\
{}^{13}\mathrm{C} & \qquad\qquad 180^\circ_x
\end{array}
$$

在 t_1 期间消除 δ_H 和 $^1J_{CH}$ 作用，保留了 J_{HH} 和 $^nJ_{CH}$ $(n\geqslant 2)$，在 t_m 期间 BIRD 消除了 δ_C 和 $^1J_{CH}$ 作用，使 ^{13}C 多重峰的反向磁化仅在 $^nJ_{CH}$ 作用下进动。在二维谱上得到通过 n 键偶合的交叉峰——COLOC 相关峰。图 5－31(a)为香草醛的 COLOC 谱。COLOC 谱中 $^1J_{CH}$ 和远程偶合信息都显示出来，与相应的 C. H-COSY 谱对照，除 $^1J_{CH}$ 偶合谱（圆圈表示）外均为 $^2J_{CH}$、$^3J_{CH}$ 偶合谱，从而可方便地用 C_3 和 CH_3 的 COLOC 谱证明 CH_3O—连在 C_3 上，HO—连在 C_4 上。由于 ^{1}H-^{1}H 偶合可能影响 COLOC 谱信号强度，所以 COLOC 谱最好用于含 ^{1}H 较少的分子或分子部分结构的鉴定。

图 5－31(b)为奎尼丁（quinidine）^{1}H 检测的异核多键化学位移相关谱（heteronuclear multiple bond coherence，HMBC）的部分光谱。与 HMQC 比较，HMBC 实验没有去偶；与 COLOC 的区别在于用灵敏度高的 ^{1}H-检测技术。因此，HMBC 具有两方面的优点：光

谱清楚地表明包括季碳在内的所有$^{n}J_{CH}$($n=1,2,3$)相关信息,一键相关性显示其大的$^{1}J_{CH}$值,给出两个交叉峰(图中以折线相连),容易与其他多键远程相关性区别开来;更为重要的优点是样品用量少,检测时间短,用几毫克相对分子质量在1000以上的化合物通过几个小时的记录,即能得到可供解析的HMBC谱图。所以,目前的实验COLOC已不常使用,而被HMBC代替。

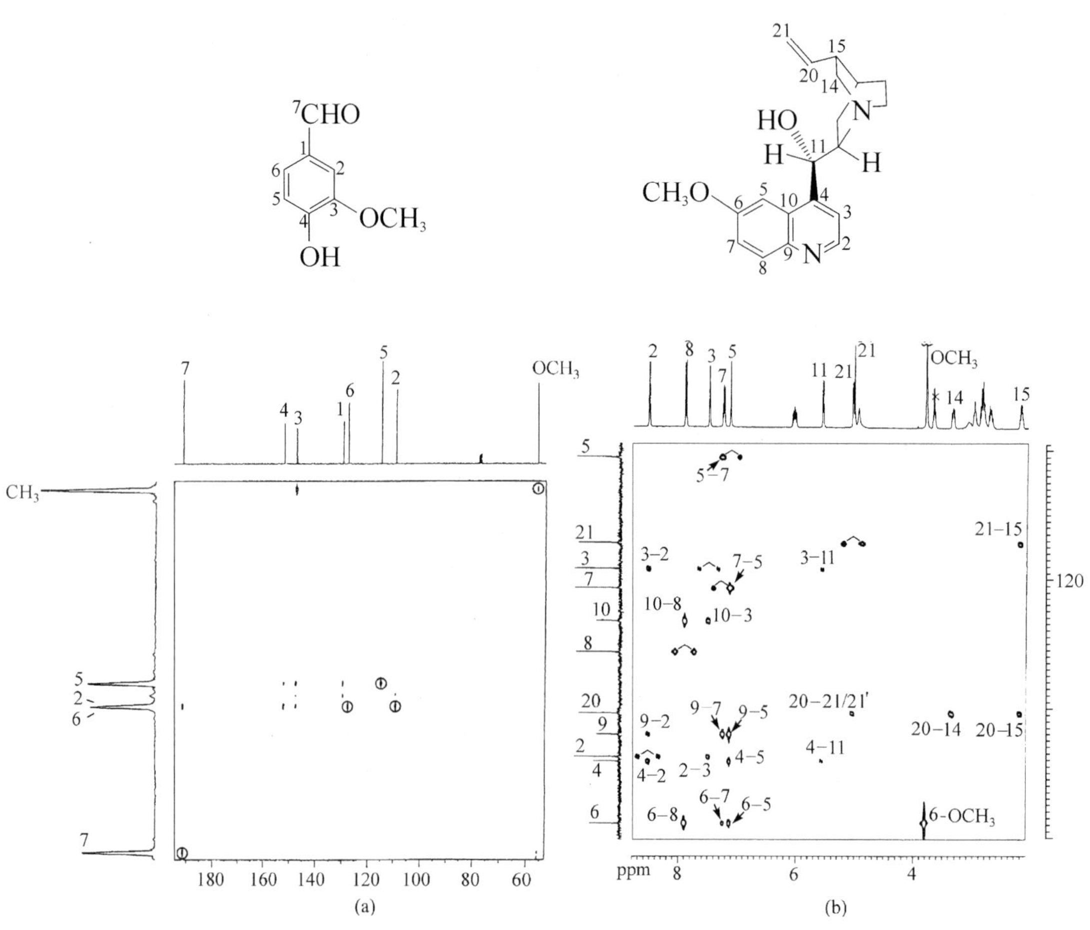

图5-31　香草醛的COLOC谱(a)和奎尼丁的HMBC谱(b)

还有一种HMBC谱,压制了$^{1}J_{CH}$信号,突显$^{2}J_{CH}$和$^{3}J_{CH}$信息,更容易解析。图5-32为2-芴甲醛的HMBC谱。

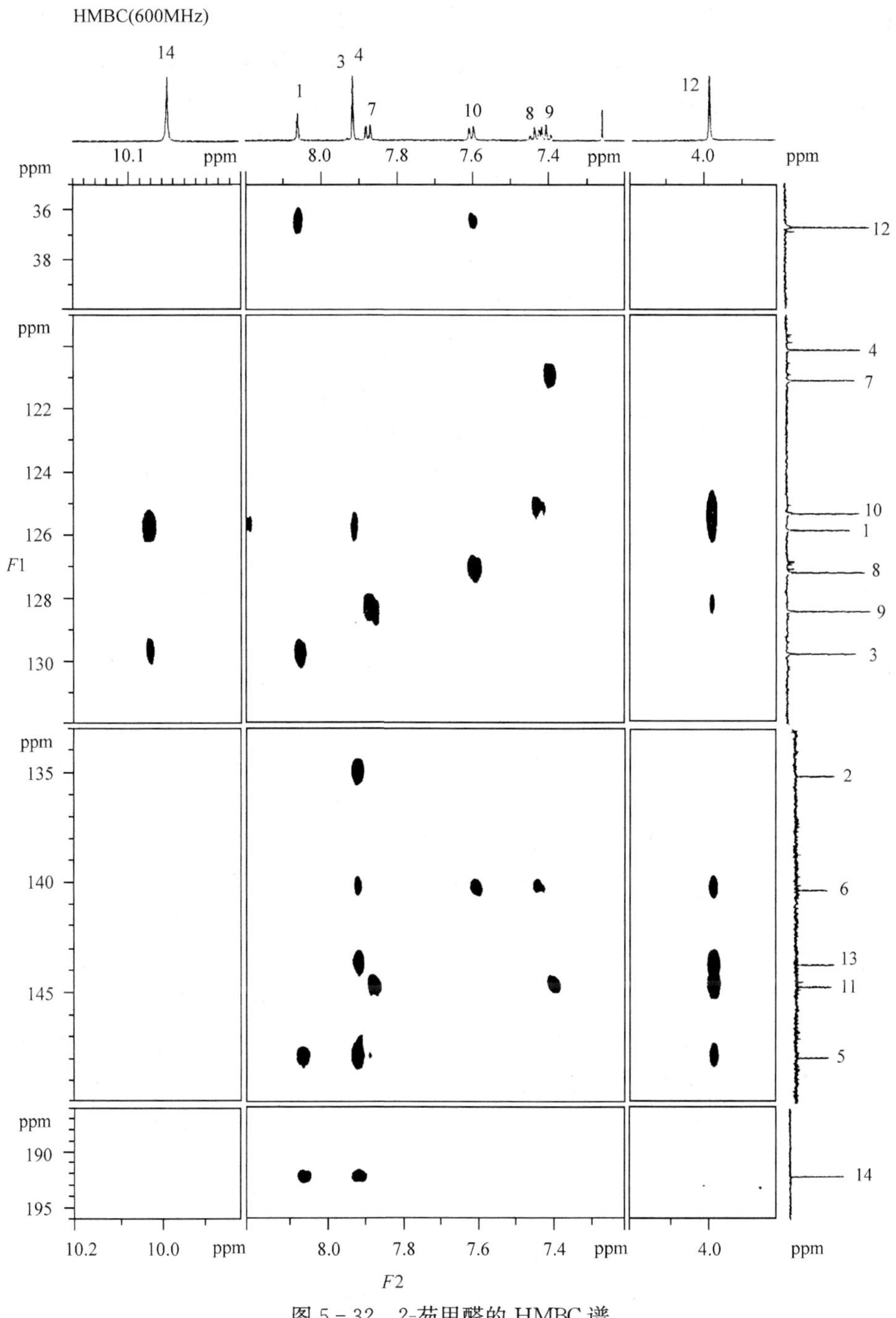

图 5－32 2-芴甲醛的 HMBC 谱

谱图明确显示 C_1 和 C_3 与 H^{14} 相关，C_{14} 与 H^1 和 H^3 相关，将不易鉴别的 2-芴甲醛和 3-芴甲酸区别开来。

通过 COLOC 或 HMBC 可以将被季碳或杂原子“阻断”的结构关系桥联起来，构筑完整的分子结构。对这类谱图的应用，不必全部归属，只需找出有关片段，通过季碳或杂原子的桥联关系。

总相关谱(total correlation spectroscopy,TOCSY)是借助于同核(^1H,^1H)Hartmann-Hahn 技术测定的,又称 HOHAHA-COSY。TOCSY 谱的脉冲序列是在COSY实验脉冲序列(图 5-26)中混合脉冲以高功率的自旋锁场(5~10kHz)脉冲序列代替,其结果导致相互偶合的自旋核间产生同核交叉极化,在自旋锁场时期内发生与偶合自旋相联系的横向磁化的各向同性混合,如混合时间足够长,则每个自旋核都能参与磁化强度的多重传递,最后得到 TOCSY 谱中的交叉峰是联系每个^1H 核与自旋体系中所有自旋核的信息。与 COSY 谱比较,TOCSY 谱对于弛豫时间短的分子(如蛋白质)具有相当优越的信噪比,同时对角线峰和交叉峰都显示纯吸收型,分辨较好。因此,TOCSY 谱在生物高分子的^1H-NMR谱中,作为系列解析的第一步是很有价值的。在一张混合时间足够长的低聚糖或具有长支链氨基酸分子的 TOCSY 谱中,所有的^1H 信号都由交叉峰相关联,取每一个异头^1H 核的 δ_H 经相关峰联系起来,都能得到这类生物分子的亚谱,特别对蛋白质,不会像常规 COSY 谱那样,由于酰胺质子在末端的拖尾导致谱的叠加或连接的交叉峰消失而中断了联系信息。

二维核 Overhauser 效应谱(2D-nuclear Overhauser effect spectroscopy,NOESY)是通过同核^1H、^1H 间可发生交换弛豫的关系,检查相关^1H 核间距离的实验方法。NOESY 的脉冲序列由三个非选择性 90°脉冲组成:

$$90^{\circ}_{x'}—t_1—90^{\circ}_{x'}—t_m—90^{\circ}_{x'}—t_2$$

90°脉冲经发展期 t_1 后,施加第二个 90°脉冲,磁化矢量转到 $x'z$ 平面,在 z 轴方向产生纵向磁化分量。在混合期 t_m,若两个^1H 核 AX 在分子中的空间距离较近,则二者不论发生偶合与否均可以发生交叉弛豫(NOE),此时^1H_X 的纵向磁化矢量 $\boldsymbol{M}_z$ 与^1H_A 在 t_1 时的 $\boldsymbol{M}_z$ 有关,第三个 90°脉冲,$\boldsymbol{M}_z$ 重新转到 $x'y'$平面,在 t_2 检测得到的一种^1H 信号,受发生 NOE ^1H核的共振频率调制,二维谱将有交叉弛豫作用的^1H 关联起来。

NOESY 谱的两个频率轴都是 δ_H,对角线峰是一维谱,对角线峰两侧对称位置出现的交叉峰表示两个相关核自旋间存在 NOE,指出这两个核的空间距离相近在 0.5nm 以内,距离越近,交叉峰强度越高。图 5-33 是抗生的 Risto 菌素 A 衍生物的 NOESY 谱的一部分。谱图在 CD_3CN/D_2O 溶剂中测定,清除了活泼氢信号,并采用变温、改变 pH 等手段,将 δ_H 值相近而重叠的信号分开。测得 9 个交叉峰,表示相应各氢核在分子中是接近的;2f↔2e,6b↔6c,6b↔z_6,1f↔1e,1f↔x_1,2c↔4b,2b↔z_2,1b↔3f,3b↔x_3。

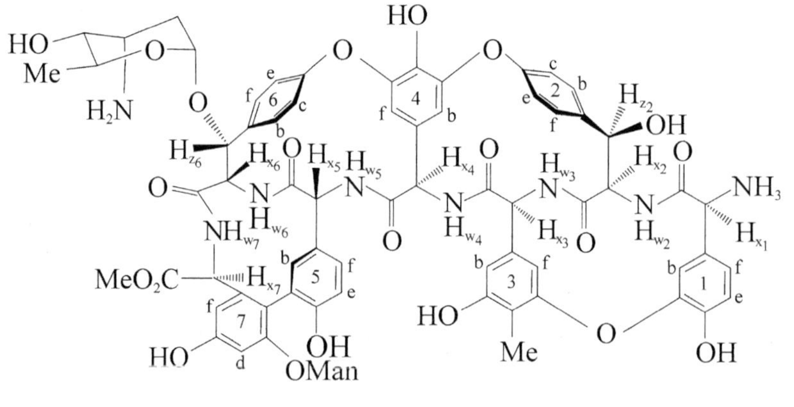

HO Me H₂N O O O HO O 4 f b O e c 2 b f e 6 c f b Hz2 OH

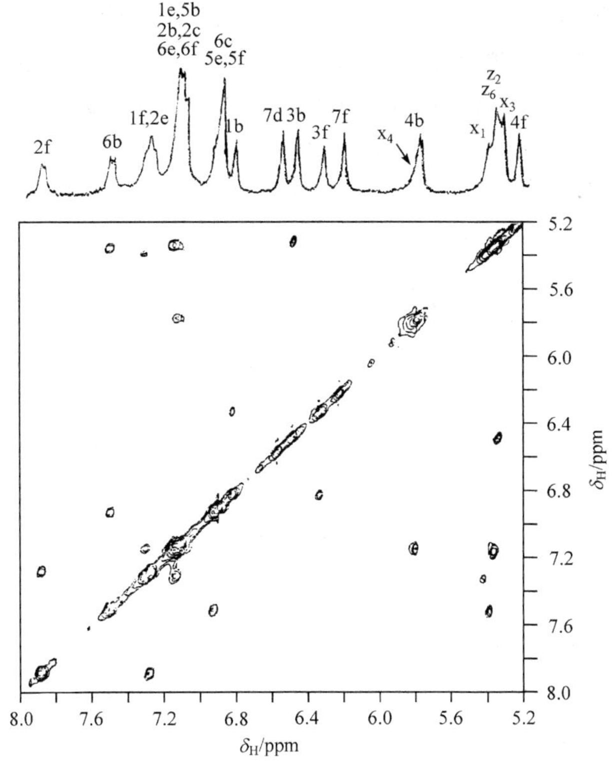

图 5-33　抗生的 Risto 菌素 A 衍生物的 NOESY 谱(CD_3CN/D_2O)

NOESY 方法难以用于研究小分子的立体化学问题,因为小分子在溶剂中翻转速率很快,NOESY 的交叉峰强度很弱,实验时,混合时间 t_m 设置难以把握,可能造成相关信号的丢失,有时还会出现"假峰",容易将立体化学研究引入歧途。对一般有机分子的立体化学研究,在分子结构平面骨架确立后,用 NOE 差谱有针对性地考察其立体化学关系比较妥当。

NOESY 谱对研究溶液的生物分子(如蛋白质)的结构具有特别重要的价值。X 射线晶体衍射是测定分子结构的重要手段,但需制备单晶,且得到的是静态结构;而通过 NOESY谱解析鉴定的是在溶液中的分子结构,给出的构型和构象的结论是分子生物学更为重要的信息。

4. 二维 C—C 化学位移相关谱

二维 C—C 化学位移相关谱(2D-incredible natural abundance double quantum transfer experiment,2D-INADEQUATE)是用检测 C—C 间偶合分裂的谱线信息,确定分子中 C—C 连接的实验方法。因为 ^{13}C 的天然丰度为 1%,^{13}C—^{13}C 偶合的概率仅 0.01%,所以,为检测到 C—C 偶合分裂的谱线,必须抑制单个碳的信号。

在以碳为骨架的有机分子中,考虑 C—C 二旋系统 AX 或 AB,^1H 宽带去偶后,使用脉冲序列:

$$90^\circ_{x'} - \tau - 180^\circ_{\pm y'} - \tau - 90^\circ_{x'} - \Delta - 90^\circ_{(\phi)}$$

自旋系统的^{13}C信号被抑制，$^{13}C—^{13}C$二旋系统的$\alpha\alpha$与$\beta\beta$能级间产生双量子相干，利用这种相干转移，选择性地探测极低的$^{1}J_{CC}$信号，这就是1D-INADEQUATE谱，其中每一个碳都显示出与之相连碳的AX或AB偶合谱，并能量出各个J_{CC}值。但是由于分子中所有的$^{13}C—^{13}C$的AX和AB系统的偶合谱都出现在同一张谱图中，信号严重重叠，而且还有同位素位移及AB效应的混杂，实际上要解析是很困难的。为此，将1D-INADEQUATE脉冲序列的等待时间Δ改为t_1，即成为2D-INADEQUATE脉冲序列。在进行一系列实验时，逐步改变t_1，相应逐一取样，经两次FT得到2D-INADEQUATE谱，获得化合物碳骨架的C—C连接方式的信息。该技术的脉冲序列有两种方式：一种得到的谱图横轴(ω_2)为^{13}C化学位移，ω_1轴为双量子相干频率ν_{DQ}(二旋系统化学位移之和$\nu_A+\nu_B$)，ω_2频率轴为δ_C的一对ν_{DQ}相等的反向的二重峰分布在对角线等距离的水平线上，由不同δ_C的C—C连接对应的ν_{DQ}，得到等高线二维谱，从而辨认出$C_A—C_B$和$C_A—C_X$的所有偶合对，建立起碳骨架图。图5-34(a)为3个碳原子分子的相关图，示出分子的碳骨架为$C_A—C_M—C_X$；(c)为薄荷醇的2D-INADEQUATE谱。也可以改进实验，得到类似COSY谱的正方形

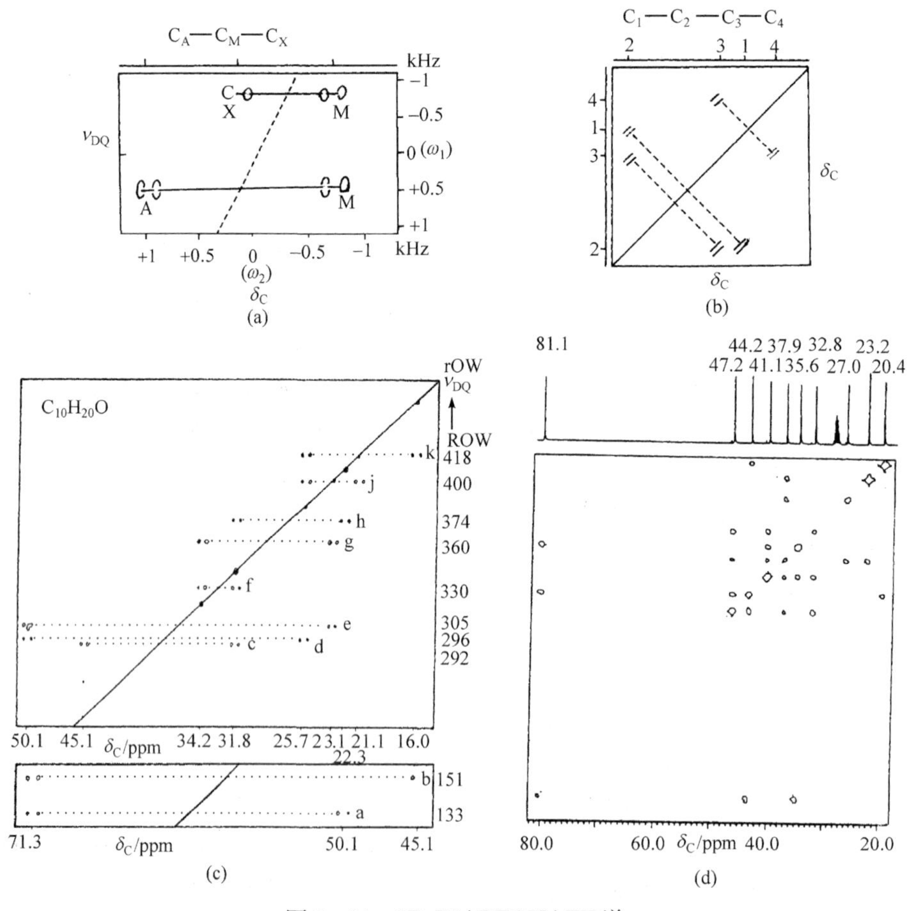

图5-34　2D-INADEQUATE谱

(a) 三个碳原子分子的相关图；(b) 四个碳原子分子的相关图；(c) 薄荷醇的2D-INADEQUATE谱；(d) 1-异松莰氧基-2-甲基-1,3-丁二烯的饱和烃基部分2D-INADEQUATE谱

的相关谱图，两个频率轴均为 δ_C，以分布在对角线两侧对称的相关信号确定 C_A—C_X 相连关系。图 5-34(b)表示 C_1 与 C_2 偶合，C_2 与 C_3 偶合，C_3 与 C_4 偶合故它们的连接方式应为 C_1—C_2—C_3—C_4。图 5-34(d)为异松蒎醇衍生物的饱和烃基部分 2D-INADEQUATE 谱。1-异松蒎氧基-2-甲基-1,3-丁二烯结构参见图 5-21。

不论采取哪种绘图的实验方法，2D-INADEQUATE 实验总需要较多的样品，耗费十几个小时，甚至一两天的检测时间。所以只有用其他方法得不到结果时才考虑应用这种实验。如果其他方法难以解决，又备有足够量的样品，用 2D-INADEQUATE 来确定分子碳链骨架图还是可取的。例如，一个甾族化合物 $C_{30}H_{54}$，用一般 2D-NMR 难以鉴定结构。分子的不饱和数 UN=4，由^{13}C-NMR 宽带去偶和 DEPT 检测，所有的碳都是饱和的，应为具有四个环的烃，经 2D-INADEQVATE 检测，C—C 连接关系按 δ_C 次序列于表 5-18。从表中任一碳开始，像织网一样依次连接下去，即组成分子结构的碳骨架图[4](图 5-35)。这只是碳骨架的平面结构，它的构型还需要 HMBC、NOE 或 NOESY 等实验进一步研究。

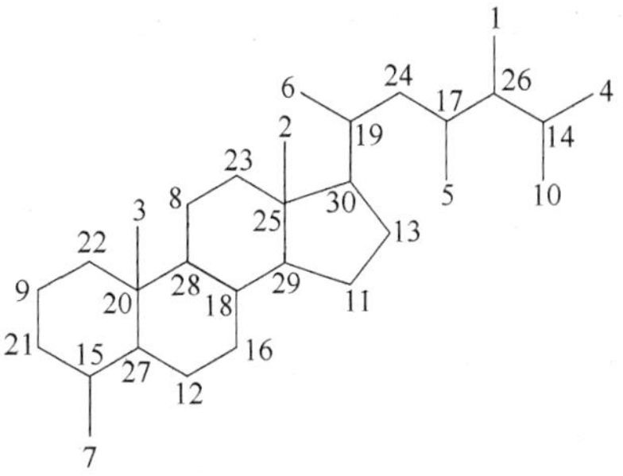

图 5-35 甾族 $C_{30}H_{54}$ 碳骨架结构

表 5-18 分子的 C—C 连接关系表

C	与之相连的碳 C	C	与之相连的碳 C
1	12,18	26	16
2	5,24,26	25	17
3	16,28,29	20	18
4	6,24,30	14	19
5	3,22,27,28	17	20
6	9,15	19	21
7	9,20	15	22
8	8,25	23,28	23
9	17,19	21,22	24
10	2,23,29,30	14	25
11	1,14,17	13,29	26
12	12,15,20	16,27	27
13	8,18,20	11,30	28
14	11,18,25	4,10,26	29
15	13,19,25	7,21,27	30

5.6.3 多维核磁共振

2D-NMR 谱将 1D-NMR 谱中重叠的信号在二维频率轴上展开，有助于复杂的 NMR 的解析。对于高相对分子质量的大分子，特别是生物大分子的 2D-NMR 仍显示严重的谱线重叠，在这种情况下，如能将这些复杂的信号展开到第三、第四个频率轴上，解析可望得到进一步改善，这就是 Ernst 等发展多维谱的最初构思。

1. 3D-NMR 谱

3D-NMR 实验可以设想为两个 2D-NMR 实验的结合，其脉冲序列由一个预备期、两个由 t_1 和 t_2 构成的发展期和检测期 t_3 组成，实验的信息容量依赖于特定的 2D-NMR 实验，t_3 时间很长，通常为 1～3 天，为获得满足要求的最少的数据点，t_1 和 t_2 的设置是最重要的。

3D-NMR 谱为包括作为三个可变频率函数表示强度的立体图谱，3D 谱的信号形如悬在立方体空间的一些颗粒，立方体的三维坐标分别代表三个不同的频率轴。为解析 3D 谱，最一般的方法是画切面图，相当于将立体谱图沿设定的方位平切为一个个平面，每个切面都相当一张等高线的 2D 谱，在分析这一系列切面图的基础上解析3D 谱。

3D-NMR 实验分为只涉及^1H—^1H 磁化传递的同核 3D 谱和涉及 X—^1H(X=^{15}N，^{13}C等)传递的异核 3D 谱。

同核 3D 谱是一种对大分子蛋白质 2D-NMR 的改良，将^1H 信号向第三维展开，三个频率轴都代表 δ_H。脉冲中的 t_1 涉及由 J 偶合引起的磁化转移，t_2 则涉及磁化作用通过 NOE 引起的变化。通过将各个信号向第三维展开，在相应 TOCSY 和 NOESY 谱中含糊不清的信号，在 3D 谱中提高了分辨。另外，同核 3D 谱中信号的强度还反映 J_{HH}大小以及^1H核间的距离，提供蛋白质次级结构的信息。

异核 3D-NMR 涉及至少一个由异核的磁化转移和一个由于某些^1H—^1H 相互作用的次级传递步骤。异核 3D-NMR 是蛋白质结构鉴定的有力工具。为解析蛋白质的^1H-NMR通常利用酰胺质子的^{15}N-^1H 偶合信息，在 t_1 到^{15}N—^1H 传递磁化作用之间，利用 HMQC 脉冲序列，在 t_2 使 J-偶合或 NOE 同核磁化转移，实验结果得到如 HMQC-COSY、HMQC-TOCSY 或 HMQC-NOESY 的 3D-NMR。在这样的异核 3D-NMR 谱中，ω_1 频率轴为 δ_N，ω_2 和 ω_3 频率轴都是 δ_H。

异核 3D-NMR 谱的解析是相当方便的。例如，由 HMQC-NOESY 得到的 3D 谱，通过 δ_N 轴的每个平切面，都是一个相应的 NOESY 谱，其中只涉及那些与酰胺有关的 δ_N 信号，这样 HMQC-NOESY 类的 3D 谱，利用各个酰胺的 δ_N 差别，展开相应的 NOESY 谱成为一系列相应于不同 δ_N 的 NOESY 谱。相似地，由通过 HMQC-COSY 和 HMQC-TOCSY 实验的 3D 谱，得到相应于不同 δ_N 的另一些系列的 COSY 或 TOCSY 谱。处理这类异核 3D 实验获得的信息，比相应同核 3D 谱的分辨好得多。

与同核 3D 谱比较，异核 3D 谱除容易解析外，在实用上还有其优点：因为 J_{XH}较大，能更有效地磁化转移，仅需较短的混合期，对弛豫短的信号损失不大；异核 3D-NMR 的三重共振实验已被用于对蛋白质^1H-MMR 的连续归属而不必依赖核间的 NOE 观察，特别能用于大分子蛋白质中对于^{1}H谱的归属，所以异核 3D-NMR 在蛋白质的结构鉴定起到特别重要的作用。但在实验应用中也有一定的限制，实验对象仅限于那些^{15}N或^{13}C富集的样品，难用于一般自然丰度的样品。

2. 4D-NMR

通过引进第四个时间变量，增加第四个频率轴，对于^{15}N、^{13}C富集的大分子蛋白质的结构鉴定可以消除 2D 和 3D 谱中信号的重叠，进一步提高分辨，用来解析双标记蛋白质的^{1}H谱。

显然，4D 谱对大分子蛋白质的结构鉴定是强有力的，但是，它必须具备三个射频频道、三重共振探头和双标记的蛋白质样品，这些都不是一般可以得到的，而且在 3D 谱实验中的条件选择在 4D 谱实验中都要更为苛刻，并需要更长的探测时间和大容量复杂的计算工具进行数据处理，所有这些都表明，4D-NMR 还不便于作为常规应用的方法。

5.7　^{13}C-NMR 谱图解析

5.7.1　^{13}C-NMR 谱图解析一般程序

1. 分子式的确定

确定分子式除用在第 1 章中所述的质谱方法外，最稳妥的方法是利用组合光谱材料，其中用^{13}C-NMR 的偏共振去偶谱，结合^{1}H-NMR，推算分子中的碳、氢及某些杂原子的含量起着重要作用(将在第 6 章讨论)。对碳的定量分析，可用添加弛豫试剂或用反转门控去偶技术。分子式确定后，计算分子的不饱和数。

2. 由宽带去偶谱的谱线数 l 与分子式中碳原子数 m 比较，判断分子的对称性

若 $l=m$ 每一个碳原子的化学位移都不相同，表示分子没有对称性；若 $l<m$，表示分子有一定的对称性，l 值越小，分子的对称性越高。

3. 标出各谱线的化学位移 δ_C，确定谱线的归属

在结构鉴定中，常用的^{13}C-NMR 技术是宽带去偶和偏共振去偶。根据宽带去偶谱测定的化学位移，偏共振去偶谱中各类碳的偶合谱线数以及相对峰高和对称状况，对各谱线作大体归属，从而辨别碳核的类型和可能的官能团。

结构比较复杂的化合物，根据上述方法对^{13}C-NMR 谱线归属碰到困难时，可借助测定 T_1 值作进一步的辨别，特别在归属不同季碳的谱线时，T_1 值的测定更有其实用价值。另外，在^{1}H-NMR 谱线归属明确的情况下，还可采用质子选择去偶技术归属难以辨认的^{13}C-NMR谱线。在偏共振去偶时出现的虚假远程偶合现象也可以为归属某些特殊结构单元提供有用的信息，^{1}H谱与^{13}C谱相结合，有利于彼此信号归属。

4. 组合可能的结构式

在谱线归属明确的基础上，列出所有的结构单元，并合理地组合成一个或几个可能的

工作结构。

5. 确定结构式

用全部光谱材料和化学位移经验计算公式验证并确定唯一的或可能性最大的结构式，或与标准谱图和数据表进行核对。经常使用的标准谱图和数据表如下：

Sadtler Reference Spectra Collection 于 1976 年开始出版 ^{13}C-NMR 谱图集，1980 年在总索引栏目中增加 ^{13}C-NMR 序号。1983～1985 年出版 ^{13}C-NMR 索引，除与总索引中的栏目一致外（参见 2.7.1），还有 Spec-Finder 的峰位索引（peak locator index），按 δ_C 值依次列出，给出谱线数（宽带去偶）和图谱序号。属于高分子单体的有机化合物可从 Sadtler 商业光谱索引中的单体部分查到。其他光谱集和数据表还有 Bruker Co. 出版的 ^{13}*C-Data Bank* 和 JEOL Co. 出版的 ^{13}*C-FT-NMR Spectra*。

5.7.2 2D-NMR 谱的应用和解析思路

2D-NMR 是在一维谱难于最后鉴定分子结构的情况下考虑使用的。在考虑应用 2D-NMR以前，应明确要解决什么问题以及选用何种 2D 谱。若讨论的分子结构未有疑点或从几个可能结构中选定一种结构，主要是共振信息归属问题，可使用 COSY 或 C. H-COSY谱，依相关峰对信号作明确归属。如已知分子的片段结构，各片段的自旋系统被季碳或杂原子“阻断”，则需要在 ^{1}H、^{13}C 共振信号归属明确的情况下，应用 HMBC 或 COLOC 谱把阻断的自旋系统桥接成完整的分子结构。为进一步研究分子的构型或稳定构象，也需要在 ^{1}H 核归属明确的条件下，选用 NOE 或 NOESY 实验测定有关立体化学细节。用 2D-NMR 作复杂有机分子结构鉴定，可作如下考虑：

（1）由 ^{1}H-宽带去偶和 APT 或 DEPT 确定分子中的各级碳及其 δ_C 值。

（2）必要时以 2D-J 分解谱作为（1）的补充进一步明确各级碳的化学性质。

（3）解析 C. H-COSY 谱，确定由 $^1J_{CH}$ 联系的 C、H 关系。

（4）解析 COSY 谱组成分子片段，并结合 C. H-COSY 谱组合成更大的部分分子结构或整个分子结构。

（5）分子中几个自旋系统被季碳或杂原子“阻断”时，在 ^{1}H、^{13}C 共振信号归属明确的情况下，应用 HMBC 或 COLOC 谱通过 $^2J_{CH}$ 和 $^3J_{CH}$ 的关联，桥接成完整的分子。

（6）通过 NOE 差谱或 NOESY 作立体化学方面的处理，是结构鉴定的后期工作。

（7）通过（1）～（4）尚难以推断其分子碳骨架结构的复杂分子，再考虑应用 2D-INADEQUATE。

（8）一些蛋白质等生物大分子的结构鉴定需要考虑应用有关核间极化转移方面的核磁共振技术，如 TOCSY、NOESY，及至多维谱。这些已不是一般化学工作者经常遇到的课题。

5.7.3 ^{13}C-NMR 谱例解

例 5-1 分子式为 $C_{10}H_{13}NO_2$ 的化合物，由下列 ^{13}C-NMR 谱（15.08MHz，DMSO-d_6）推断其结构。

解 分子的不饱和数 UN=5。由宽带去偶谱知碳谱线数 $l=8$（δ_{40} 为溶剂信号），

$l<m$，分子有对称性。

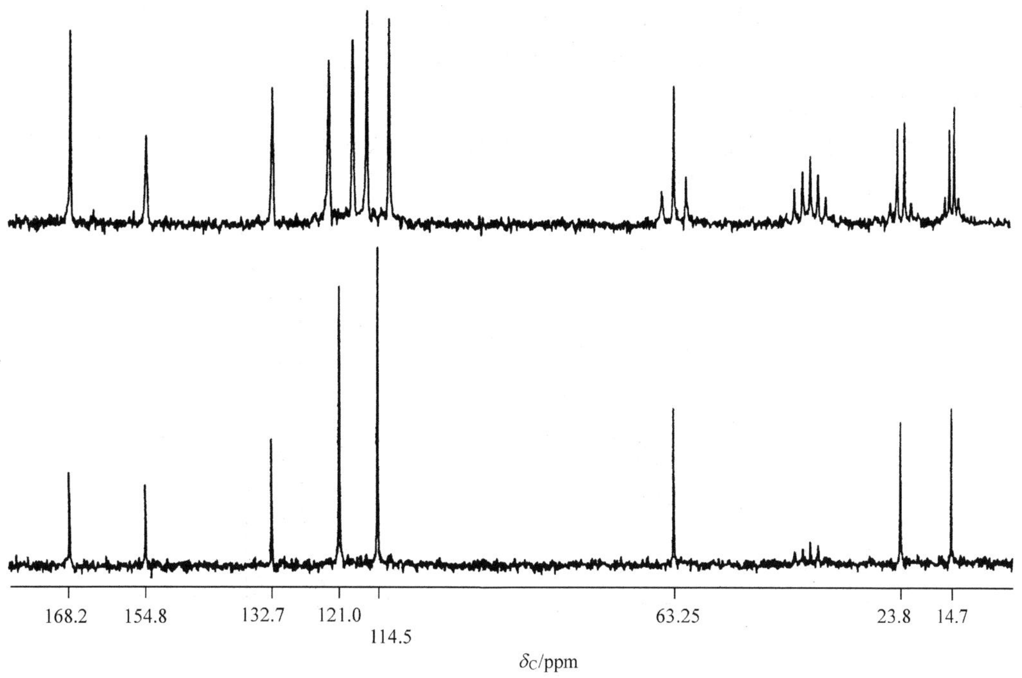

δ168.2 为羰基信号，属酰胺或共轭的不饱和酸酯。

δ114.5～154.8 为四类芳(烯)碳信号，两类季碳，两种 CH。分子中 5 个不饱和数，除羰基外还有 4 个不饱和数，可以判断此区域的共振信号表示分子中具有对二取代苯。

δ14.7～63.25 出现 3 类饱和碳的信号：CH_2，CH_3，CH_3。其中 δ63.25 的 CH_2 在较低场且具有较大的 J^r 值，应与电负性较大的基团相连，如 OCH_2—或 N—CH_2—，由 δ 值判断应为前者。δ23.8 的 CH_3 应与芳环、烯键或羰基等不饱和基团相连。

由上述解析，分子中的结构单元有

—C_6H_4—，O—CH_2CH_3，—C(=O)—N< 或 —C(=O)—O—，$CH_3C(=O)$— 或 CH_3—C_6H_5

可能的结构为

(A)　CH_3—C_6H_4—NH—C(=O)OCH_2CH_3

(B)　$CH_3C(=O)NH$—C_6H_4(4, 3, 2, 1)—OCH_2CH_3

按(A)式结构，苯环的两个季碳化学位移不会处于如此低场，故(B)式可能性大，而且(B)式的 δ_C 值与经验计算值[式(5-5)]接近。

$$\delta_{C1}=128.5+31.4-5.6=154.5$$

$$\delta_{C2} = 128.5 - 14.4 + 0.2 = 114.3$$

$$\delta_{C3} = 128.5 - 9.9 + 1.0 = 119.6$$

$$\delta_{C4} = 128.5 + 11.1 - 7.7 = 131.9$$

该化合物结构确定为(B)式。

例 5-2　一种有机化合物，经高分辨质谱确定分子式为 $C_{14}H_{20}O_2$，由 ^{13}C-NMR 谱和 ^{1}H-NMR(100MHz)谱推断其结构。

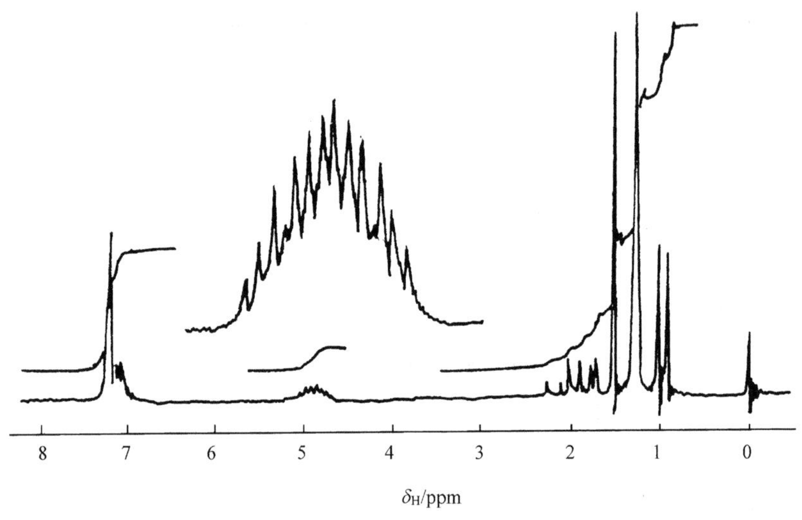

化合物的 ^{1}H-NMR谱

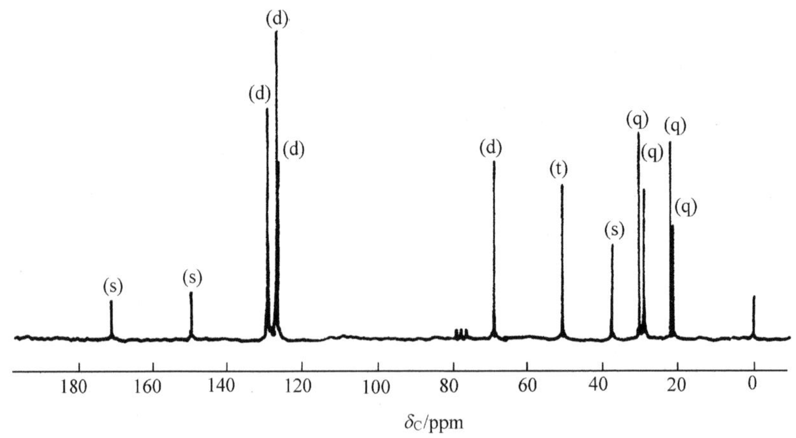

化合物的 ^{13}C-NMR谱

解　分子的不饱和数 UN=5。

^{1}H-NMR 谱解析：

全谱 6 组峰，由低场到高场积分比为 5∶1∶2∶3∶6∶3。

δ7.3 为苯环芳氢信号，包括 5 个氢核为单取代苯环，由峰形和化学位移推测取代基以饱和碳与苯环相连。

δ4.9 一个氢核信号出现在较低场，应与屏蔽的氧相连，放大的谱图呈现多重峰，表示次甲基可能与 1 个原手性的亚甲基和 1 个甲基为邻。

δ1.9 附近的多重峰，若为亚甲基信号应属高级谱图。ABX 或 ABC 的 AB 部分，其他在较高场还有 4 个甲基，结构单元有

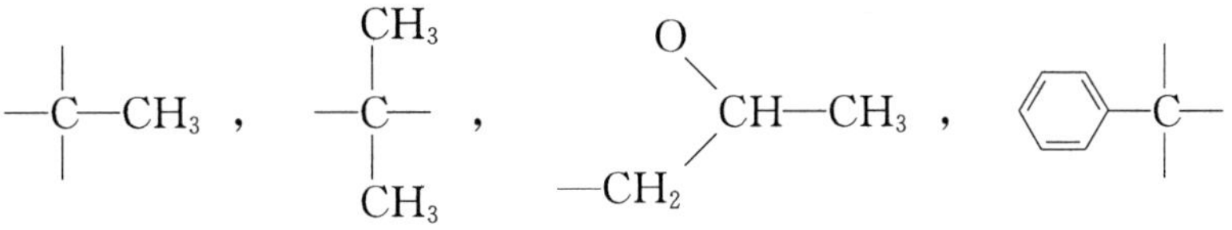

$$-\overset{|}{\underset{|}{C}}-CH_3,\quad -\overset{CH_3}{\overset{|}{\underset{\underset{CH_3}{|}}{C}}}-,\quad \text{O—CH(—CH}_3\text{)—CH}_2\text{—},\quad C_6H_5-\overset{|}{\underset{|}{C}}-$$

^{13}C-NMR 谱解析：

全图谱线数 $l=12, l<m$。

δ173(s)为羰基，可能是饱和羧酸酯，与 δ68(d)去屏蔽的次甲基 $-O-\overset{|}{\underset{|}{C}}H$ 组成酯基。

δ127～150 为 4 个芳(烯)碳信号，偏共振去偶信号表明分别为 1 个季碳和 3 个 CH，应为单取代苯的信号。

饱和碳共振谱区出现与^{1}H-NMR 谱对应的信号：CH，CH_2 和 4 个 CH_3，另外还有 1 个季碳。

偏共振去偶显示 20 个氢核(包括苯环的 2 个简并信号)与^{1}H-NMR 谱相符，表明没有连在杂原子上的活泼氢。

由以上分析可判断分子中具有的结构单元有

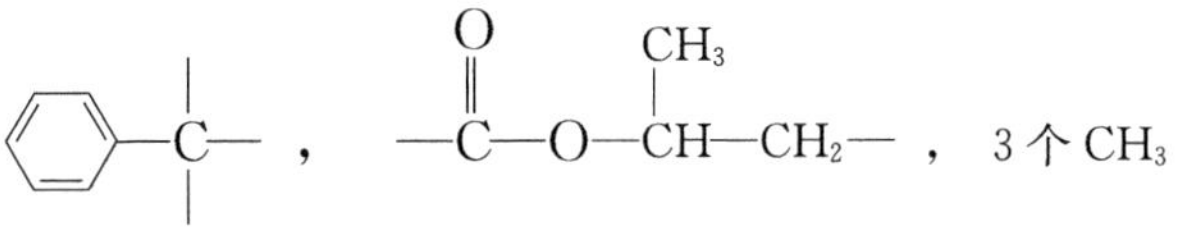

$$C_6H_5-\overset{|}{\underset{|}{C}}-,\quad -\overset{O}{\overset{\|}{C}}-O-\overset{CH_3}{\overset{|}{C}}H-CH_2-,\quad 3\text{ 个 }CH_3$$

可能的结构为

$$\text{(A)}\quad C_6H_5-\overset{CH_3}{\overset{|}{\underset{\underset{CH_3}{|}}{C}}}-\overset{O}{\overset{\|}{C}}-O-\overset{CH_3}{\overset{|}{C}}H-CH_2CH_3$$

$$\text{(B)}\quad C_6H_5-\overset{CH_3}{\overset{|}{\underset{\underset{CH_3}{|}}{C}}}-CH_2-\overset{CH_3}{\overset{|}{C}}H-O-\overset{O}{\overset{\|}{C}}-CH_3$$

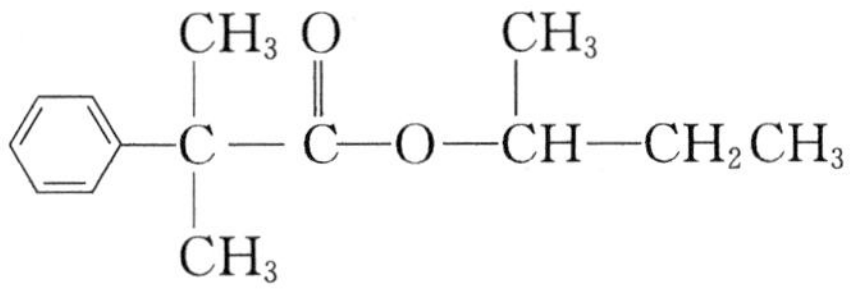

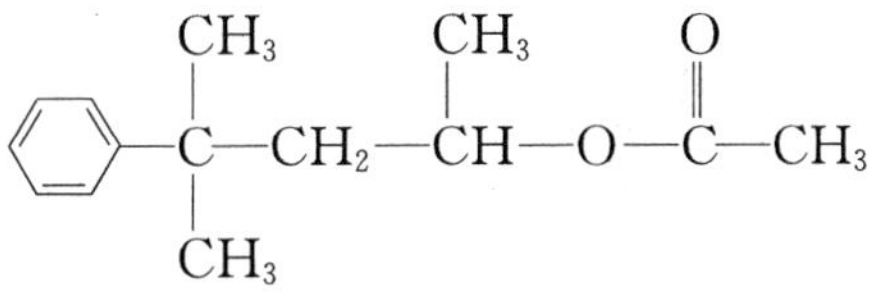

$$\text{(C)}\quad C_6H_5-CH_2-\overset{CH_3}{\overset{|}{C}}H-O-\overset{CH_3}{\overset{|}{\underset{\underset{CH_3}{|}}{C}}}-\overset{O}{\overset{\|}{C}}-CH_3$$

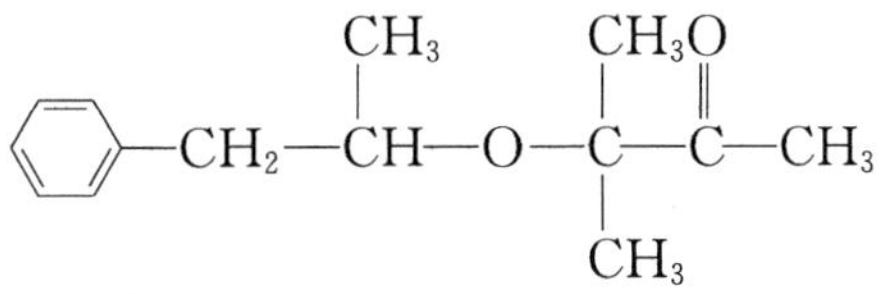

(A)的高场部分不合理，(C)中酮羰基 δ_C 应在 200ppm 以上，也不合理。该化合物的结构应为(B)。其中两个偕二甲基距原手性中心较近，^{1}H 谱表现较宽的信号、^{13}C 谱中这两个甲基碳明显不等价都是合理的，只有^{1}H-NMR 谱的 $-\overset{O}{\overset{\|}{C}}-CH_3$ δ_H 值在相当高场难以理解。但也别无其他选择，这种不正常光谱的产生可能是极化的 $-\overset{O}{\overset{\|}{C}}-CH_3$ 与苯环

相互作用，其中的—CH_3 处于苯环的屏蔽区而偏向高场。正因为如此，* C 才能影响偕二甲基不等价。如果改变溶剂或作变温处理，δ_{CH_3} 可能恢复正常。

例 5－3　解析 4-溴代金刚酮的 COSY、C-COSY、H-COSY 和 DEPT 谱（^{1}H：400MHz，^{13}C：100.6MHz），归属所有^{1}H 和^{13}C 信号，并讨论^{1}H-NMR 谱的多重性问题。

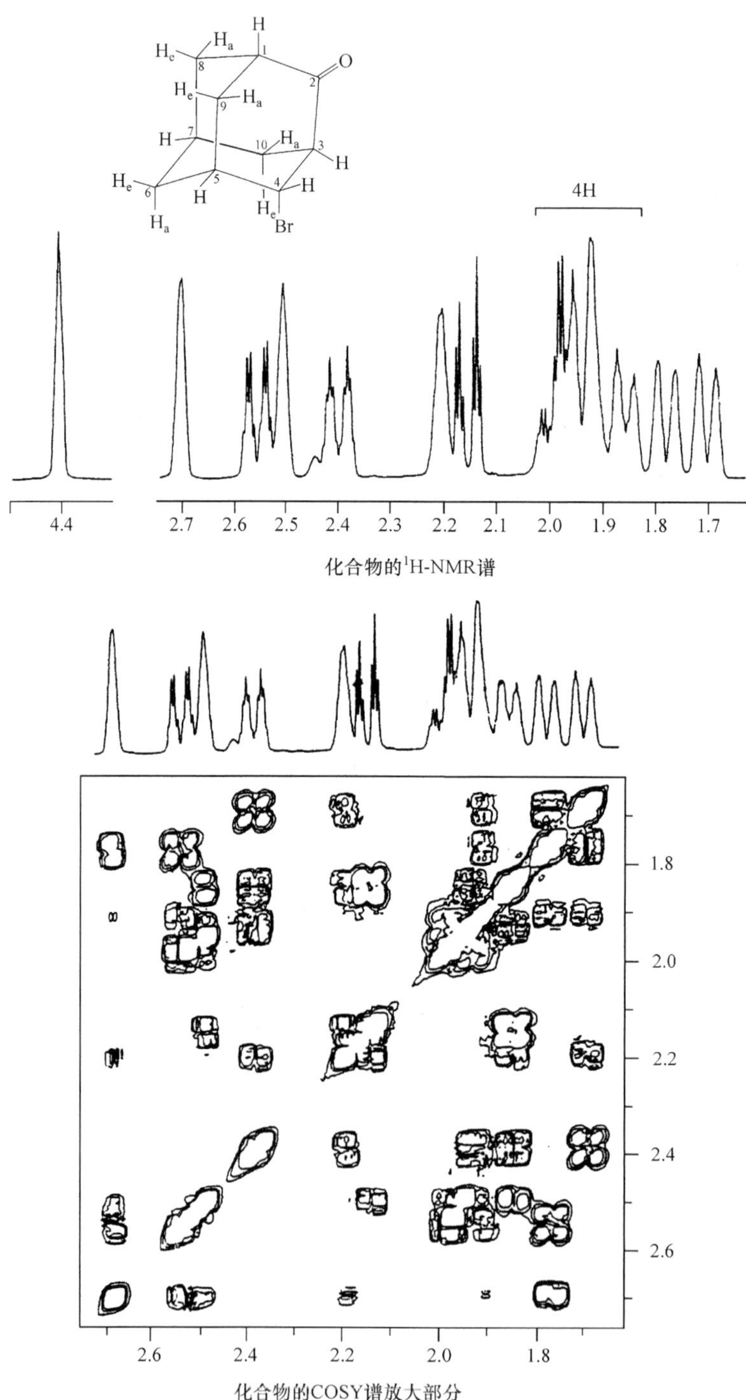

化合物的^{1}H-NMR谱

化合物的COSY谱放大部分

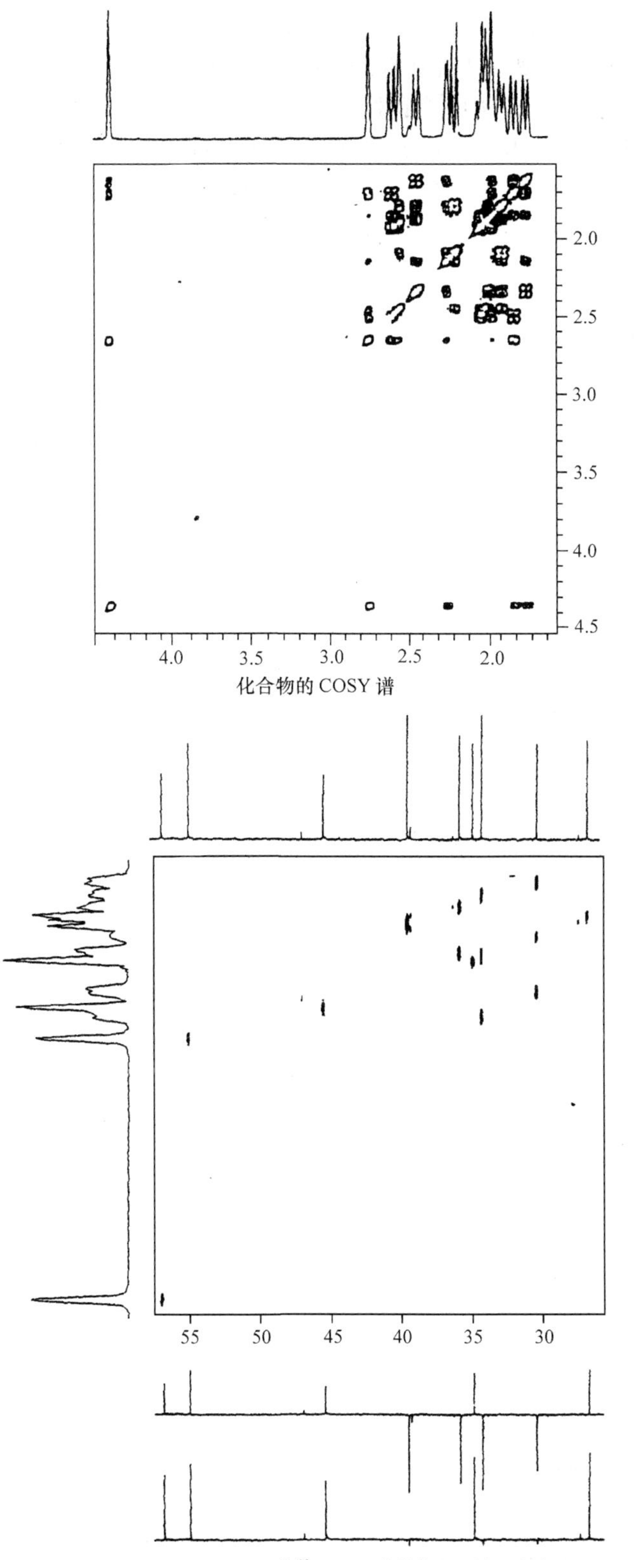

化合物的 COSY 谱

化合物的C.H-COSY和DEPT谱:^{13}C-NMR谱并含有另外一个信号δ=212.5(C)

解　先从具有特殊化学性质的氢核出发，归属显而易见的信号，并由^2J区分亚甲基和次甲基。进而解析COSY谱，归属所有的^1H信号，解析DEPT/C. H-COSY谱归属所有的碳信号，最后有条件讨论氢谱的多重性。

考察化学结构，从最低场开始依次归属次甲基：H^4、H^3、H^1、H^5、H^7

解析COSY谱：　$H^4 \sim H^3$、H^5，$H^4 \sim H_a^{10} \sim H_e^{10}$，$H^4 \sim H_e^6 \sim H_a^6$

$H^5 \sim H_a^9 \sim H_e^9$，$H_a^9 \sim H_a^8 \sim H_e^8$

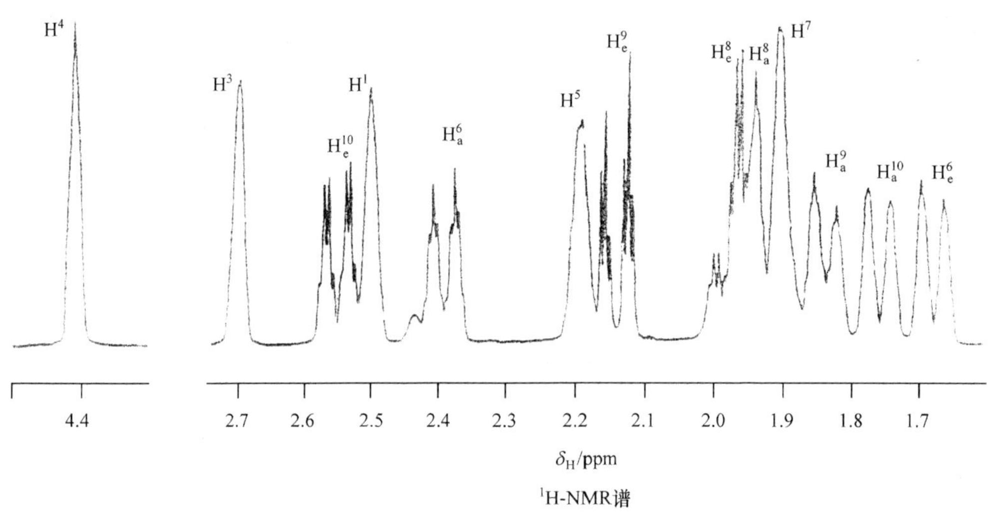

^{1}H-NMR谱

DEPT/C. H-COSY：^{1}H与^{13}C信号对应标识：

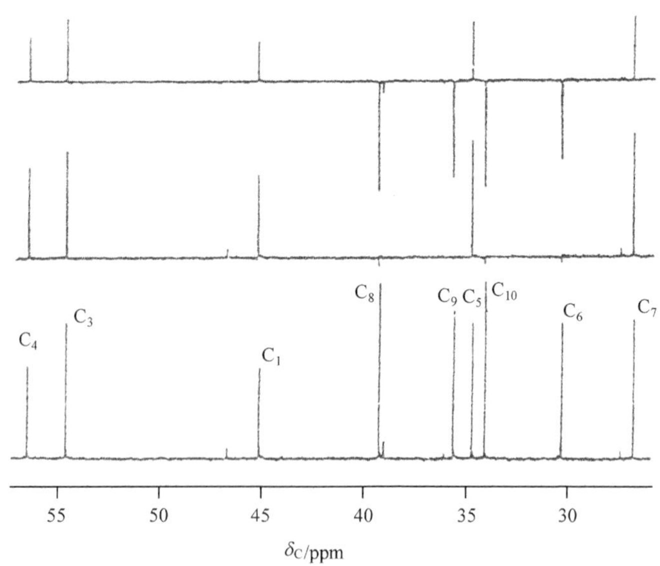

C.H-COSY和DEPT谱：^{13}C-NMR谱并含有另外一个信号δ=212.5(C)

次甲基：有多个$^3J_{ae}$、$^3J_{ee}$（无$^3J_{aa}$）和^4J 多重峰重叠为宽峰，显不出裂分状况。

亚甲基：除^2J 大的裂分为双峰外，还有^3J、^4J 再次裂分显示四重峰或五重峰。H_e^9 只有^3J，呈现三重峰。

例 5-4　一种由马兜铃属植物中分离得到的化合物，经质谱测定分子式为 $C_{12}H_{18}O_2$，解析 NMR，推断其结构（^{1}H-NMR：400MHz，^{13}C-NMR：100MHz）。

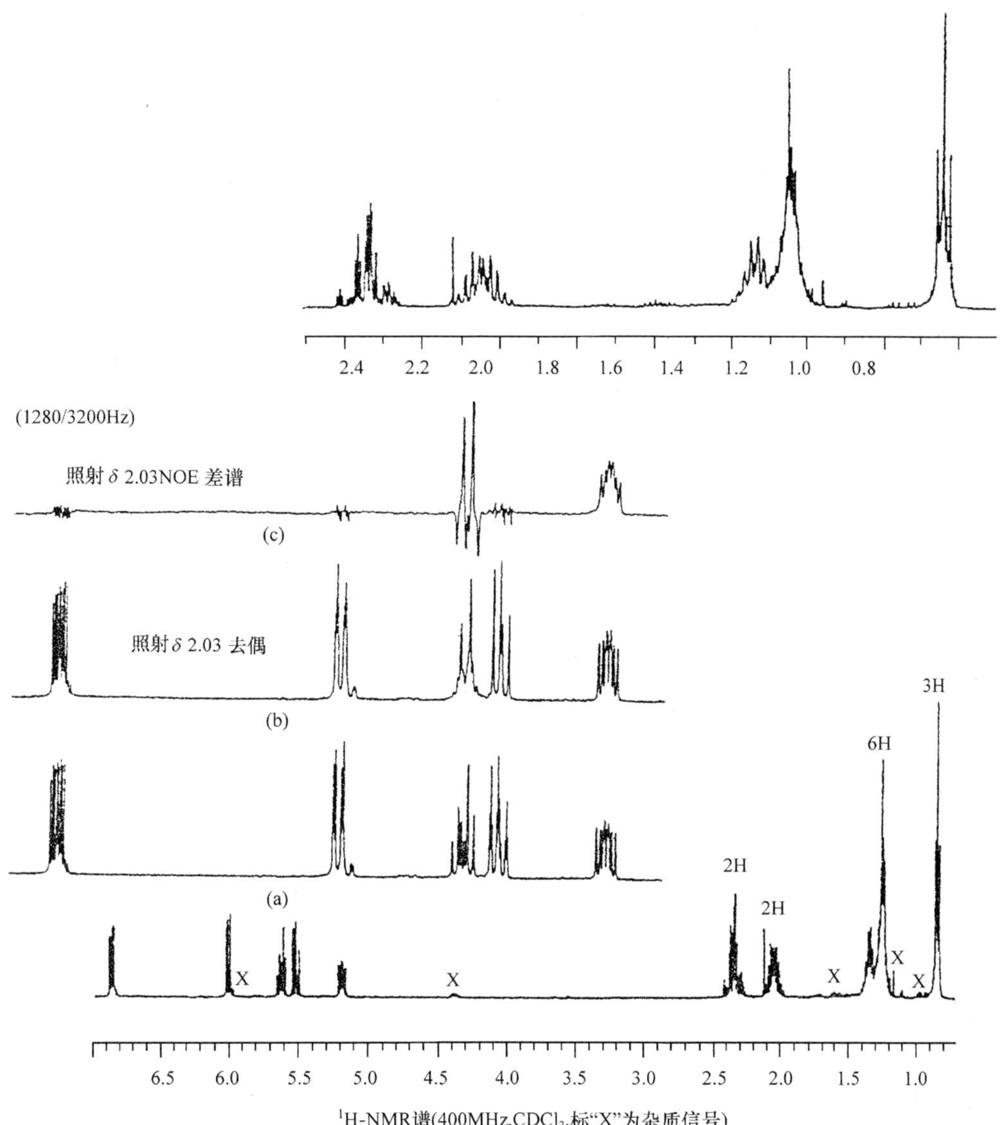

^{1}H-NMR谱(400MHz,$CDCl_3$,标“X”为杂质信号)

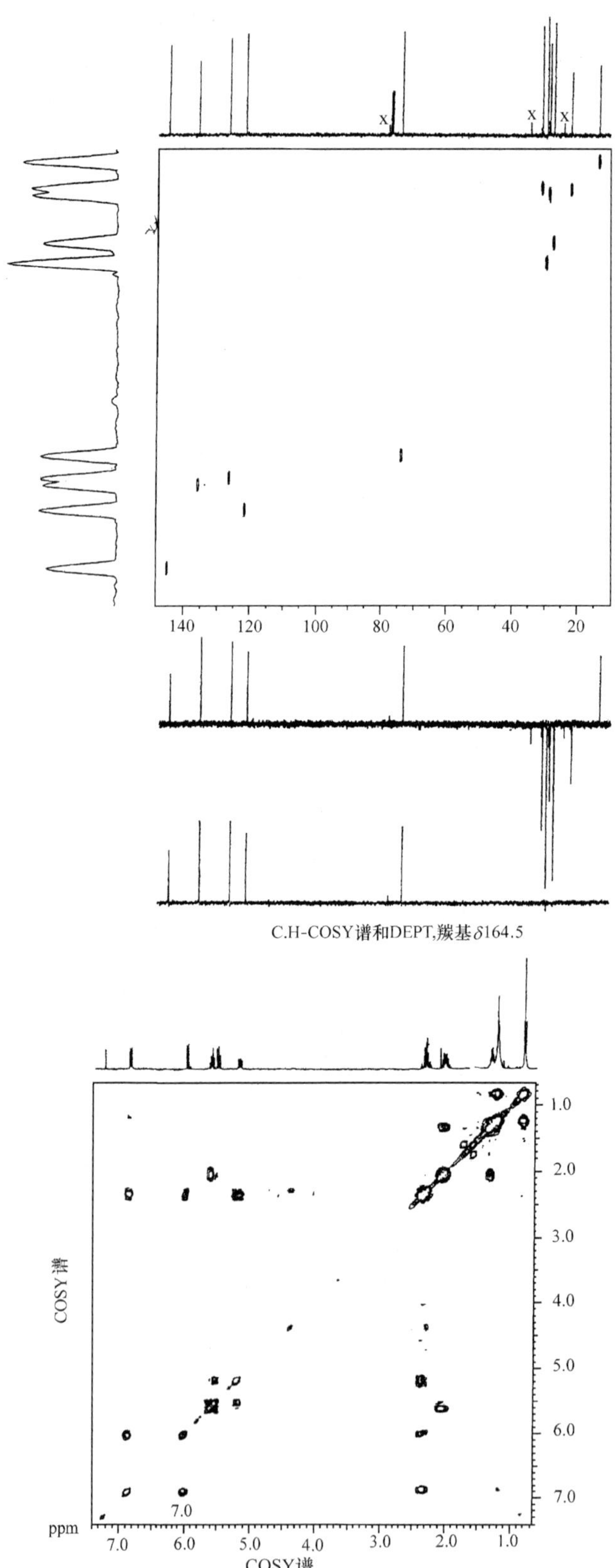

X
X
X
140
120
100
80
60
40
20
C.H-COSY谱和DEPT,羰基δ164.5
1.0
2.0
3.0
4.0
5.0
6.0
7.0
7.0
ppm
7.0
6.0
5.0
4.0
3.0
2.0
1.0
COSY谱
COSY谱

解　由分子式计算 UN＝4，解析 C. H-COSY 和 DEPT，确定^{13}C-NMR 不饱和区 sp^2-C除 δ164.5 属不饱和酯羰基（分子含两个氧）外，还有烯碳，与^{1}H-NMR 对照，δ_C72 与 δ_H5.18，排除炔碳的可能，应为去屏蔽的饱和 CH，其余为四个烯碳。所以不饱和类型为一个C＝O、两个 HC＝CH 和一个环。在 sp^3-C 化学位移范围内除最高场的 CH_3 外还有 5 个 CH_2，C. H-COSY 谱未观察到原手性的 CH_2。

解析 COSY 谱，δ6.85(1H，m)与 δ5.99(1H，d)相关，δ5.99 粗看为双峰，J～10Hz，为顺式二取代烯结构，二者 δ_H 相差甚远，且出现在较低场，应与 C＝O 共轭。这两个^{1}H 都与 δ2.30(2H，m)的 CH_2 相关，组成分子片段(a)。

另一个烯烃体系 δ5.61(1H，m)和 δ5.50(1H，m)相关，δ5.61 经照射 δ2.03(2H，m)后呈双峰，J～10Hz，也应为顺式二取代烯结构。δ5.61 与 δ2.03 相关，δ5.50 与 δ5.18(1H，m)相关，组成另一个分子片段(b)。

由 δ5.18 同与 δ5.50 和 δ2.30 相关，将(a)和(b)结合为(c)。

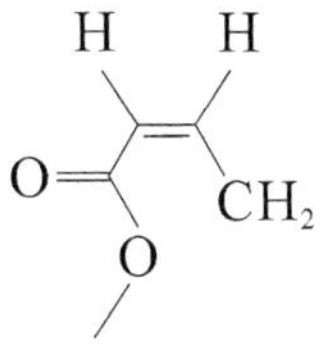

(a) 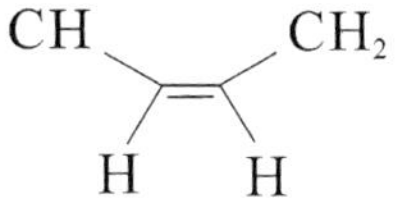　　(b) 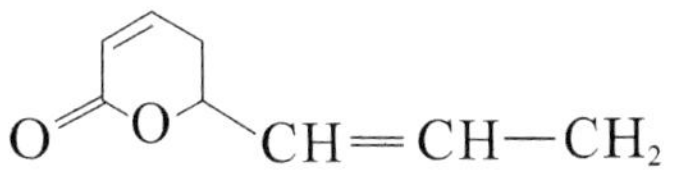　　(c)

相继 δ2.03 与 δ1.30 相关等依次组合，最后以 CH_3 结尾，组成 $C_{12}H_{18}O_2$ 结构式。

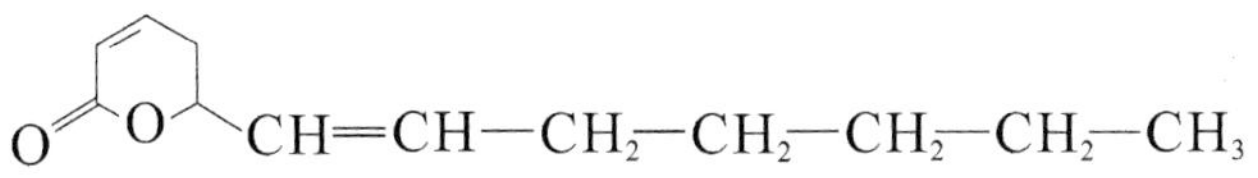

考察 NOE 差谱，照射 δ2.03、δ5.61 增强并去偶，δ5.50 影响不大，稍显示负峰，表明 δ2.03 与 δ5.50 处于双键反位，距离较远，而与 δ5.18(CH)空间距离比较接近，也显示相当的增强。确定了化合物的构型[5]如下：

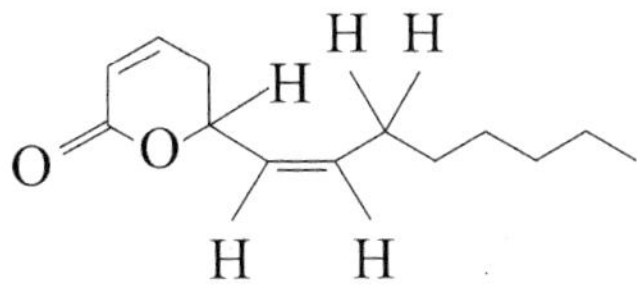

例 5－5　3-乙氧基-4-乙基双环[4,1,0]庚-4-烯-7-丙撑缩酮(O)，在 THF 溶剂中，经 HAc-H_2O 水解，分离出一种油状产物。分子式 $C_{12}H_{18}O_3$，解析^{13}C/DEPT 和 2D-INADEQUATE[100MHz，$(CD_3)_2CO$，95%(V/V)，25℃]，推断产物的分子结构并讨论其反应机理。

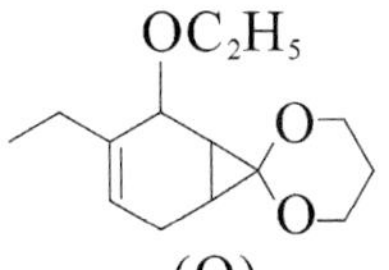

(O)

^{13}C/DEPT,2D-INADEQUATE

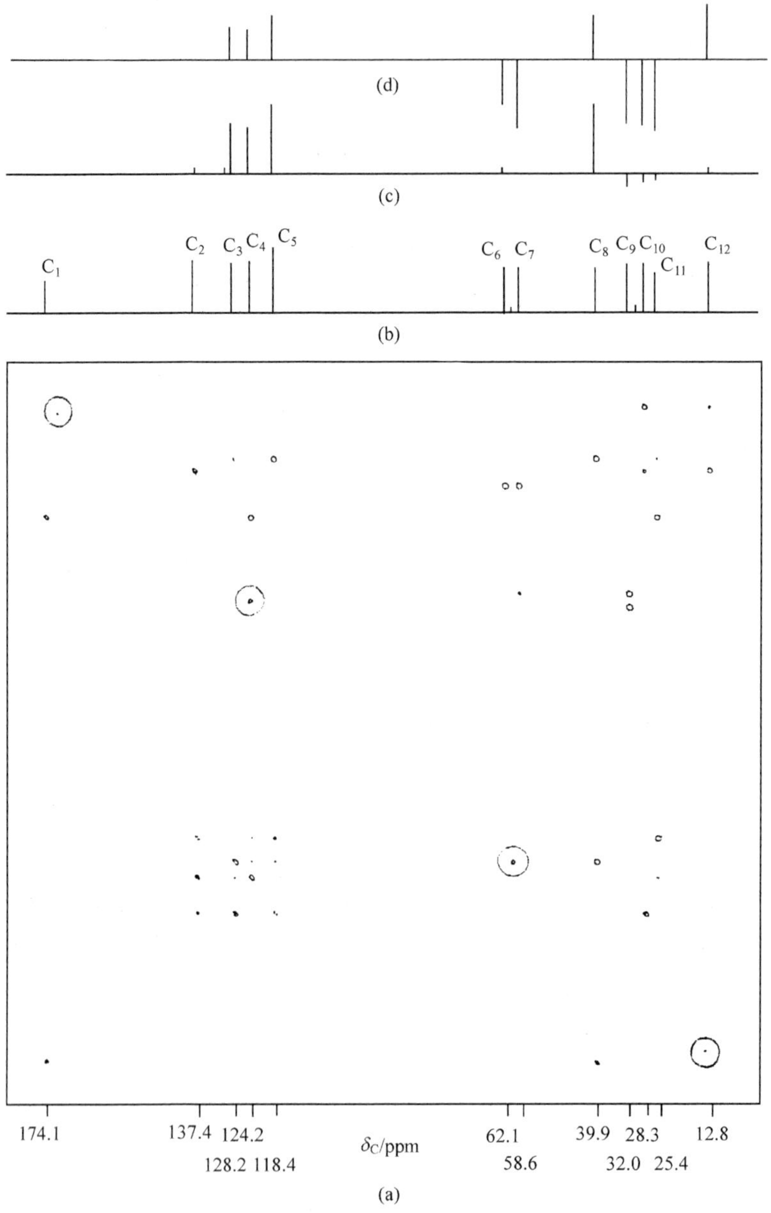

(a)

解　考察^{13}C/DEPT：按δ值归属，存在1个酯羰基(C_1)，4个烯碳(3个CH、1个季碳)和7个饱和碳(5个CH_2、1个CH、1个CH_3)

C—C相关：

$C_1 \sim C_8 \sim C_{11} \sim C_5 \sim C_2$、$C_8 \sim C_4 \sim C_3 \sim C_2 \sim C_{10} \sim C_{12}$、$C_6 \sim C_9 \sim C_7$

(图圈内为假信号)

碳骨架：

(1) $C_{12}—C_{10}—C_2$ (C_2—C_3—C_4—C_8—C_{11}—C_5—C_2 成环)，$C_8—C_1$　　(2) $C_6—C_9—C_7$

烯碳：C_2，C_3，C_4，C_5；去屏蔽饱和碳：C_6，C_7。

分子结构：

$CH_3—CH_2—C$ (环：C=CH—CH=CH—CH—CH_2)，$CH—\overset{O}{\overset{\|}{C}}—O—CH_2CH_2—CH_2OH$

可能的反应机理如下：

HAc-H_2O / THF　　H^+ / $-C_2H_5OH$

H_2O　　$\overset{+}{O}H_2$　　Ac^-　　OH

参考文献

[1] Aue W P, Bartholdi E, Ernst R R. J Chem Phys, 1976, 64: 2229

[2] Ikura M, Hikichi K. Org Magn Res, 1982, 20: 266

[3] Shoolery J N, et al. Anal Chem, 1986, 324: 771

[4] Soilov I, Smith S L, et al. Magn Res in Chem, 1994, 32: 101

[5] Fehr C, Galindo J, Ohloff G. Helv Chim Acta, 1981, 64: 1247

第 6 章　复杂分子的组合光谱

对于分子结构比较复杂的有机化合物的光谱鉴定，往往需要将多种光谱组合起来，进行综合解析，才有可能得以解决。

6.1　组合光谱解析

6.1.1　各类光谱在分子结构鉴定中的作用

MS 给出精确的相对分子质量，并能借以推出分子式。断裂碎片及其相对丰度提供分子结构信息。

IR 给出大多数官能团和某些特殊结构基团存在的信息，并对鉴别环结构问题具有特别作用。若能与 ^{13}C-NMR 联合起来考察官能团，则能给出更为全面、准确的结果。

UV 显示共轭体系和某些官能团(生色团和助色团)的结构特点和分子的某些立体化学信息。UV 与 IR 结合，便于观察官能团间的相互关系，以及整个共轭体系的骨架结构和取代状况。在天然产物研究中，经常可用以了解某些天然产物的类别。

^{1}H-NMR 表现分子中全部氢核的化学环境(δ_H 值)和氢核间的相互关系(J 值)，以自旋体系组成结构单元。

^{13}C-NMR 显示全部碳核的化学环境(δ_C)和碳-氢、碳-杂、碳-碳关系。^{13}C 自旋-晶格弛豫(T_1)可以表征碳核在整个分子中的地位和运动状态。

^{1}H-NMR 与 ^{13}C-NMR 相结合，以及由极化转移和多脉冲技术发展起来的二维和多维核磁共振，对鉴定复杂的有机化合物和生物大分子结构发挥更大的作用。

NMR 是洞察分子中所有的结构单元、最后构筑分子结构的有力工具；一个正确的分子结构，一定能写出合理的质谱断裂机理，用质谱断裂规律，研究质谱断裂机理是考验构筑的分子结构正确与否的重要判断方法。

6.1.2　组合光谱的解析程序

如上所述，四种光谱方法各具特色，从不同角度提供大量的结构信息，将这些信息联系起来，彼此配合，相互论证，在分子结构鉴定的研究中将显示巨大威力。如下所示，经过严密的逻辑推理过程，可建立正确的分子结构。

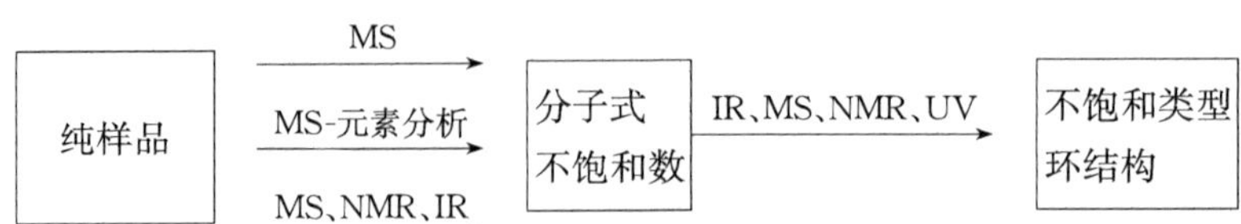

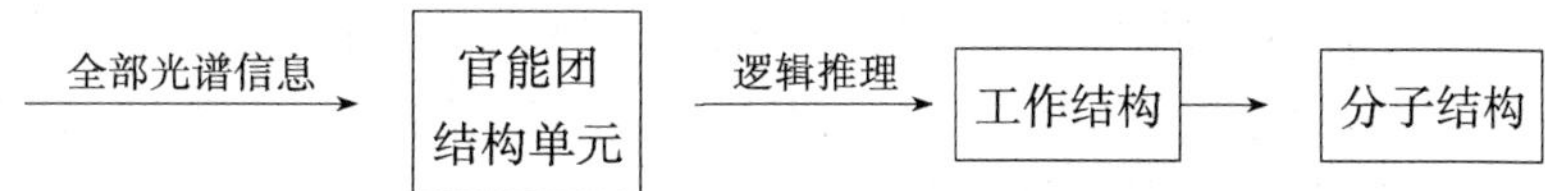

1. 分子式、不饱和数及其类型

用于光谱分析的样品，需要一定的纯度，虽然有色谱-质谱联用等混合物的分析技术，但很多化合物难以仅用一种光谱完成其全部结构的鉴定。

分子式的测定，可以用低分辨质谱的 $M^{+\cdot}$ 同位素丰度估算，测得相对分子质量，结合元素分析或用高分辨 EI-MS、ESI-MS 测得的精确相对分子质量计算分子式。这里主要讨论在没有高分辨质谱数据，用低分辨质谱也得不到正常同位素丰度分子离子的情况下，用组合光谱推测分子式的方法：首先考察 IR、NMR 和 UV 反映的分子结构特点，了解分子的结构对称性状况，根据 ^{1}H-NMR 给出的分子中含氢总数、^{13}C-NMR 提供分子中碳及其相连氢核的总数，两者含氢量之差，应为杂原子上的氢核，多为活泼氢，在 IR 与 ^{1}H-NMR 中均能观察到。然后以 IR 和 MS 考察杂原子的存在状态及 Br、Cl、I、P、F 的数量。获得以上数据并考虑测得准确的相对分子质量，对元素组成加以合理协调，不难组成分子式。有化学家认为，如此测定一般有机化合物的分子式是比较妥当的。

测得分子式，用式(1-13)计算不饱和数。

不饱和类型在各类光谱中都有各自的显示，光谱中没有显示的剩余不饱和数属环结构。

2. 官能团和结构单元确定

IR、^{13}C-NMR 可以指认出绝大部分官能团，UV 给予部分补充和辅证。

结构单元的确定宜从辨认 ^{1}H-NMR 自旋系统开始，与 ^{13}C-NMR 做相应的关联，再根据化学位移将相关的官能团与自旋系统归属的结构单元相连接。MS 的系列峰、特征峰和高质量端碎片离子、UV 的特征谱带，对确定官能团和结构单元都有重要的作用。

确定结构单元需各类光谱交替参照，相互论证，间或使用双照射、重氢交换、位移试剂、溶剂效应、位移技术等辅助手段，最终得到一致的结论。

3. 分子结构推定和光谱归属讨论

列出所有的官能团和结构单元，通过逻辑推理，画出一个或几个工作结构。

下一步是对每种光谱的主要信号进行归属，以确认工作结构是否为正确的分子结构，或从几个工作结构中挑选一个能正确代表目标物的分子结构。用影响光谱的结构因素讨论各个光谱参数，必要时以经验计算参数核对，排除不合理的工作结构，最后写出主要质谱断裂碎片的断裂机理。

如果各种光谱归属都合理，结论一致，表明工作结构的设计是正确的。如归属过程中出现明显偏差，或发现光谱间的归属有矛盾，视偏差的大小，对工作结构进行修正，或重新设计工作结构；如怀疑官能团和结构单元的确定、乃至分子式的测定有问题，需复查光谱，再重复以上工作。如大部分光谱归属一致，只有一种光谱的个别信息相对常规明显不合理，这需要审慎考虑。一种可能是结构推断稍有偏差，应对工作结构作适当修正；另一种可能是属正确结构的“不正常光谱”，可能特殊的结构状态和测试光谱的不同条件或尚不了解的分子结构因素引起的，这在 IR、MS、UV 的个别光谱中会常碰到，如能进一步研究，合理解释，将有助于发现深一层的分子结构信息。

为鉴定更复杂的分子结构，可应用二维谱的解析和思路，这已在 5.7.2 作过简述。

6.2 化学方法与其他经典分析方法的配合作用

在以前章节中曾涉及用化学方法配合进行光谱分析的一些例子，如制备衍生物、质谱位移技术、同位素标记、重氢交换、成盐反应、化学降解、氧化、水解、氢化还原、模型化合物的使用等。脱氢反应在鉴定环状化物时是经常应用的，脂环化物可以经脱氢芳构化。例如，化合物(A)用 $LiAlH_4$ 还原后在 Pd-C 存在下加热脱氢失去水，得到芳构的化合物(B)。

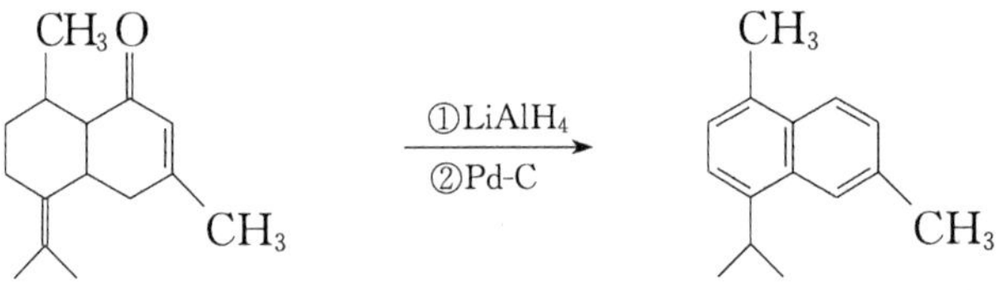

CH_3 O　　①$LiAlH_4$ ②Pd-C　　CH_3

CH_3　　　　CH_3

(A)　　　　(B)

脂环化物(C)在这类反应中形成的产物(D)失去 1 个甲基，还可以证明角甲基的存在。

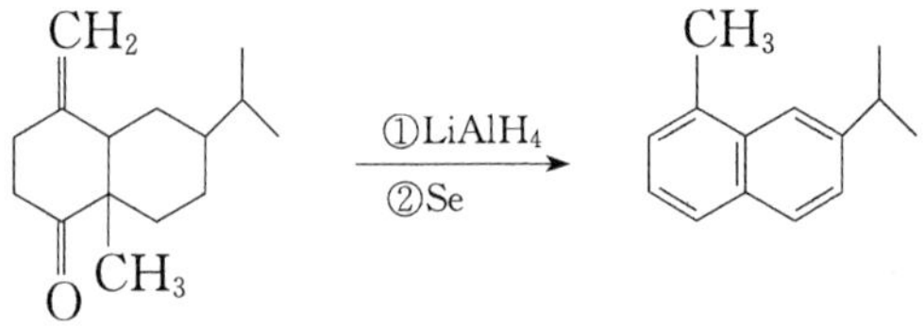

CH_2　　①$LiAlH_4$ ②Se　　CH_3

O CH_3

(C)　　　　(D)

通过化学反应可以改造化合物的结构，获得更具有特征性的光谱，并借以了解反应机理，便于对结构的推测。对结构比较复杂的化合物，经常需要光谱方法与化学手段恰当配合才能发挥双方的长处，特别是在天然产物结构鉴定中，它们的配合作用显得更为重要[1]。

由假密环菌培养物中分离得到一种假密环菌甲素(armillarisn A)，由于有荧光又称亮菌甲素。由 UV、IR、^{1}H-NMR 和 MS 确定其结构为香豆精的衍生物(E)，但不能否定可能是异香豆素为骨架的化合物(F)。

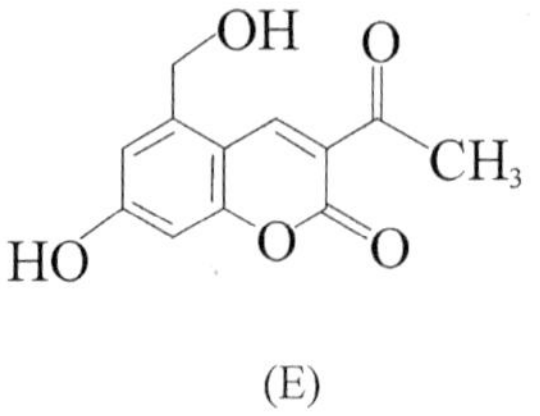

OH O CH_3 HO O O　　OH O CH_3 HO O O

(E) 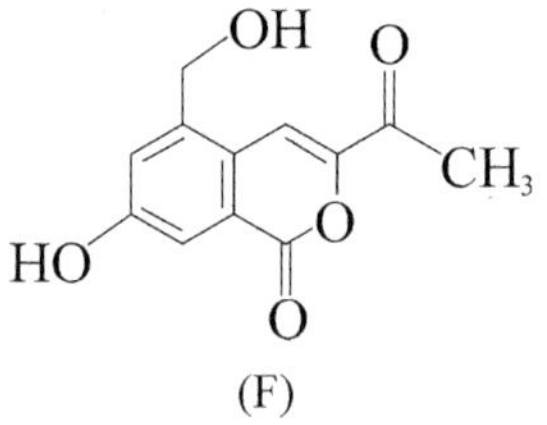　　　　(F)

为最后确定亮菌甲素的结构，采取质谱与化学降解相配合的方法。首先在碱溶液中用硫酸二甲酯控制甲基化，(E)应甲基化为二甲醚，(F)仅得到一甲基化产物。然后用碱性高锰酸钾氧化，若为结构(E)应形成 3,5-二甲氧基邻苯二甲酸，在质谱中显示 m/z209 为基峰。

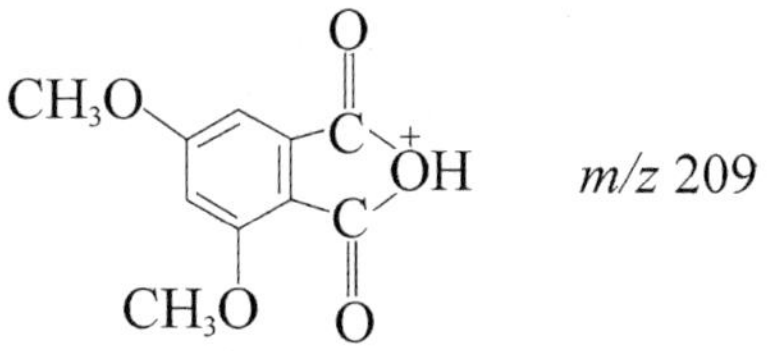

CH_3O … C^+ … OH … CH_3O … O … O　　m/z 209

若结构式为(F)，则形成 5-甲氧基-1,2,3-苯三羧酸，MS 分析没有 m/z209 峰。实验结果明确指出亮菌甲素的结构为香豆精骨架结构(E)[2]。

白花丹酸(plumbagic acid)的结构为

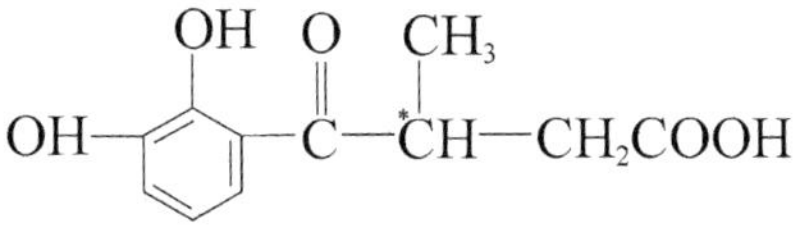

OH—(OH)苯环—C(=O)—$\overset{*}{C}H(CH_3)$—CH_2COOH

这个化合物的结构虽不太复杂，但结构确定还是几经周折，在苯环的取代状况和侧链不对称碳居于什么位置两个问题上与化学方法配合才得以解决[3,4]。

由红外光谱和质谱的 m/z137 峰作为基峰，证明白花丹酸为二羟基苯甲酰基衍生物(如右所示)。通过核磁共振氢谱考察，芳环质子(图 6-1)为 ABC 系统，3 个质子处于相邻位置，3 个取代基有两种安排方式(G)和(H)。

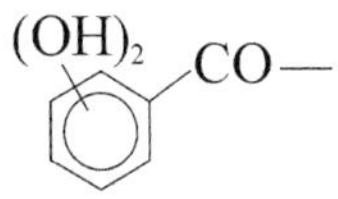

$(OH)_2$ 苯环 CO—

(G)　　(H)　　(I)

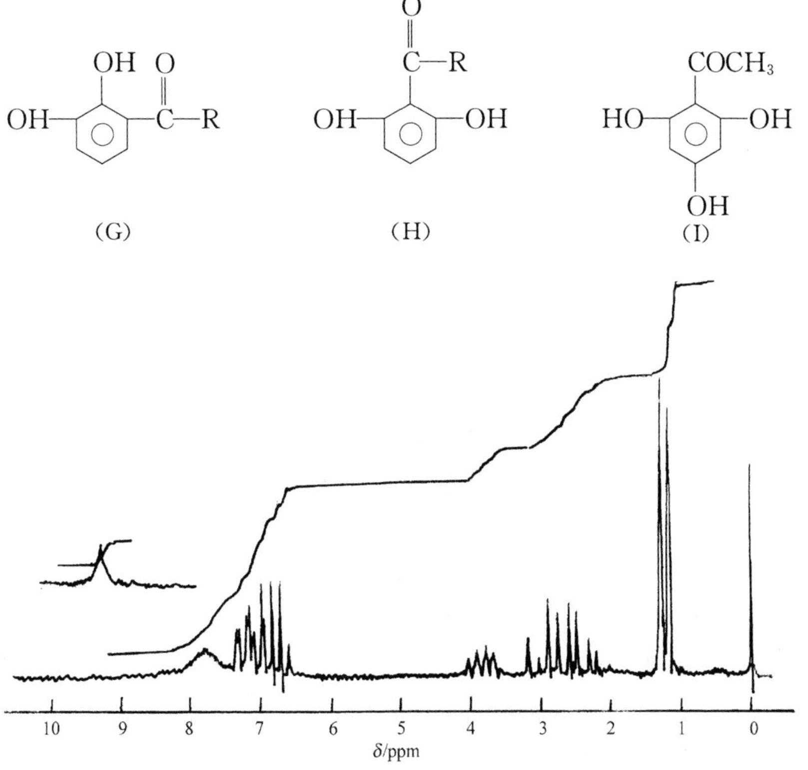

图 6-1　白花丹酸的 ^{1}H-NMR 谱(60MHz，$CDCl_3$)

在氢谱中 3 个芳质子不同，一般可以肯定(G)的结构类型。然而(H)类型中的羰基若以较慢速率分别与两边羟基螯合，则 3 个芳氢也可能呈 ABC 系统，与(G)很难区别。样品经乙酰基化后 3 个芳质子的化学位移仍然不同，并与已知化合物(I)的核磁共振谱对照，(I)苯环上 2 个质子是同频的，为一单峰，可见羰基与两边羟基形成氢键的交换速率相对于 NMR 时标是快过程，与 IR(见 2.3.3)不同，NMR 测定是一个平均化过程。排除了结构为(H)的可能性，确认芳环的结构类型为(G)，因此白花丹酸按侧链不同可写作两种结构

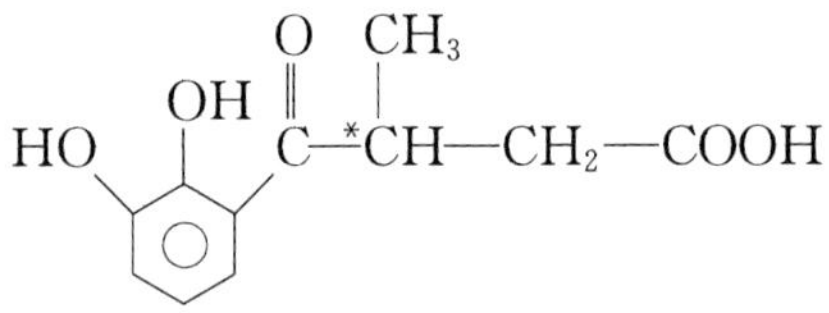

(J) 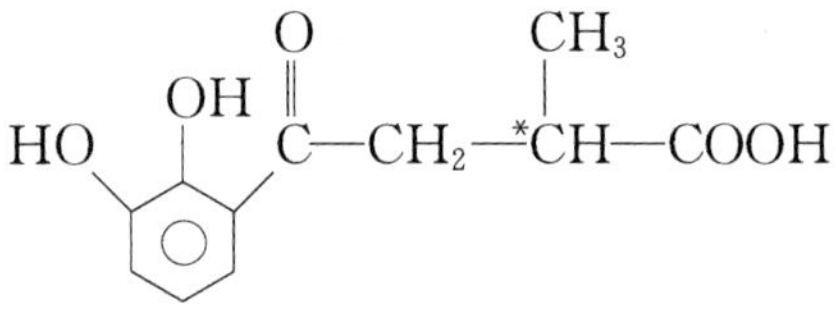　　　　(K)

(J)和(K)哪个代表白花丹酸？当时不能用光谱予以肯定。随后根据普通羰基的 α-H 可以发生质子变换，而羧基负离子的 α-H 不能进行交换的特点，将白花丹酸用 D_2O-NaOD 处理再做氢谱，发现甲基的双峰变为单峰，δ2.15～3.15 的多重峰变为 AB 四重峰，证明白花丹酸的结构为(J)。

配合光谱方法选用化学手段要得当，避免由于表观现象而导致错误结论。如下所示，由同一甾族化合物开环再结合所得化合物的结构既可为(L)，也可能为(M)，光谱方法不易区别。

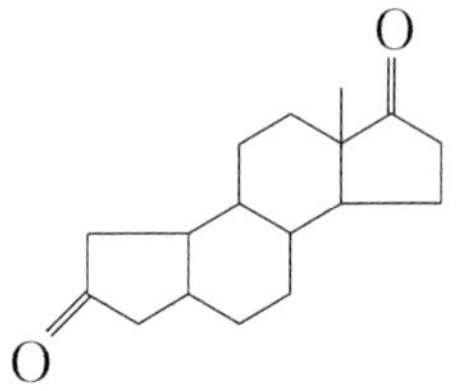

(L) 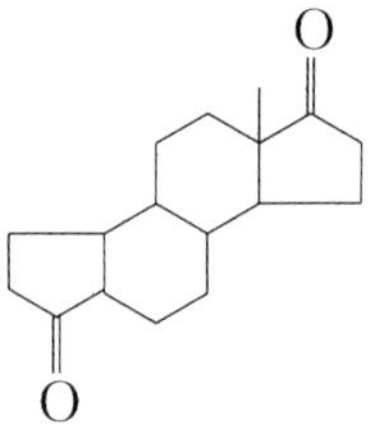　　　　(M)

为确定其结构，选用缩合反应，即在 NaOH 存在的样品乙醇溶液中加入苯甲醛回流，得到很好的晶体。由于(L)有 3 个活泼亚甲基，应缩合 3 个苯甲叉基；而(M)只有 2 个活泼亚甲基，仅缩合 2 个苯甲叉基。由紫外光谱和质谱都表明经上述反应处理引入 2 个苯甲叉基，这个化合物的结构似乎应为(M)。然而换一个实验，在样品的二氧六环溶液中加入 NaOD-D_2O 回流，进行重氢交换后，质谱的分子离子峰增加 6 个质量单位，又可以认为结构(L)是正确的，因为结构(M)上只有 5 个可供交换的质子。研究这 2 个反应可以发现重氢交换是无可非议的，而缩合反应过程中由于中间产物溶解性较差，当缩合上 2 个苯甲叉基时，会中途析出晶体不再继续进行反应。如此证明只有 2 个活泼亚甲基显然是表面现象，所以该化合物结构应为(L)。

其他经典方法和物理化学性质，如显色反应、形成配合物的性质和物理常数(如熔点、

折光率)等对结构鉴定也很重要,特别在鉴定过程中对几个可能化合物的选择,有时这些经典的分析方法是很关键的。

下面介绍一个熔点在结构鉴定中起到关键作用的例子。矶松素(N),仅凭光谱不能排除异构体(O)的可能性,因为这两种结构极为相似,NMR、MS、UV 都难于区别。红外光谱虽在指纹区有明显差别,但无标准光谱可以对照,也没有鉴定的价值。幸好文献中已报道二者的合成品[5],虽无光谱材料,但记载的熔点相差较大,从而只需一种红外光谱,辅以熔点,即可肯定矶松素的结构为(N)。若无熔点依据,即使“四谱俱全”也难以下肯定的结论。

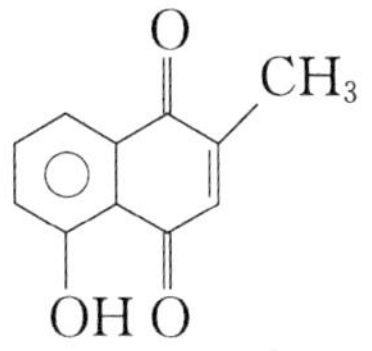

(N)
熔点 78～79℃

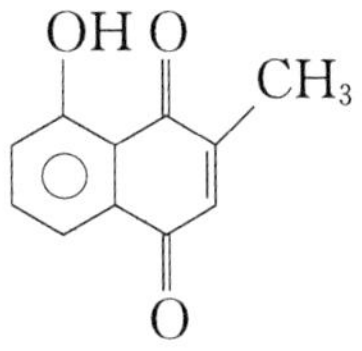

(O)
熔点 157～158℃

光谱技术的长足进展,以上关于分子结构鉴定的实例,有的可以运用 2D-NMR(如 HMBC 等)得以顺利解决。但经典手段的辅助作用仍很重要,有的还是不可或缺的,一个简单的化学反应,或介质中的 pH 改变,都可能明确快捷地显示出光谱方法难以探知的结构信息。

6.3　生源学说与天然产物的结构鉴定

6.3.1　生源学说简介

在大量测定天然产物结构的基础上,有机化学家对一些化合物设想出各种不同的生源图式,如萜类、黄酮类、生物碱类等,可按这些图式分属于不同的生源类型。目前,物理方法的发展及其在有机化学中的广泛应用,大大促进了结构鉴定工作的进展,但在一些结构复杂的天然产物结构推定中,生源学说还是颇有价值的。当用其他方法不能从未知物的许多可能的结构中作出抉择时,借助于生源学说的引导往往可以得到令人信服的结果。本节仅对生源学说作简单介绍[6]。

1. 乙酸化物假说

乙酸化物假说(the acetate hypothesis)是生源学说最基本的假说,设想许多不同类型的天然产物可源于乙酰辅酶 A,乙酸活化为乙酰辅酶 A 在许多天然产物的生源中居于中心地位,成为多种天然产物的先驱。伯奇(Birch)通过实验支持了这种观点,认为乙酰辅酶 A 通过形成聚 β-酮酸进一步缩合得到各种天然产物。

$CH_3COSCoA$ (乙酰辅酶A) $\xrightarrow{CO_2}$ $HOOC-CH_2-COSCoA$

$CH_3-CO-CH(COOH)-CO-SCoA \longrightarrow CH_3-CO-CH_2-CO-SCoA$

$CH_3-CO-CH_2-CO-CH_2-CO-SCoA \longrightarrow \cdots$

聚β-酮酸

$3CH_3COOH \longrightarrow \cdots\cdots$ (黄酮类)

$8CH_3COOH \longrightarrow \cdots\cdots$ (蒽醌类)

根据这种设想，Birch 和 Smith 提出如下乙酸化物假说："能够由乙酸衍生的天然产物结构中，优先以头尾相接，氧化方式以构成最接近理论上的乙酸化合物的可能性最大；当引入基团时，基团连接到来源于乙酸的甲基碳上的可能性大于其他位置"。

Birch 根据以上假说曾将艾榴醇(elauthe-rinol)原来确定的结构(A)纠正为(B)

(A)　　　　(B)

2. 生源异戊二烯规律

萜类的碳骨架由异戊二烯结构单元有规律或无规律地连接而成。生源异戊二烯规律指出，萜类结构可以由像牻牛儿醇、法尼醇、三十碳六烯（角鲨烯）这样的先驱，通过以下形成机理衍生而来：

首先由带支链的五碳羟基酸形成焦磷酸酯，经脱羧、失水，得到异戊基焦磷酸酯(C)作为基本单元。

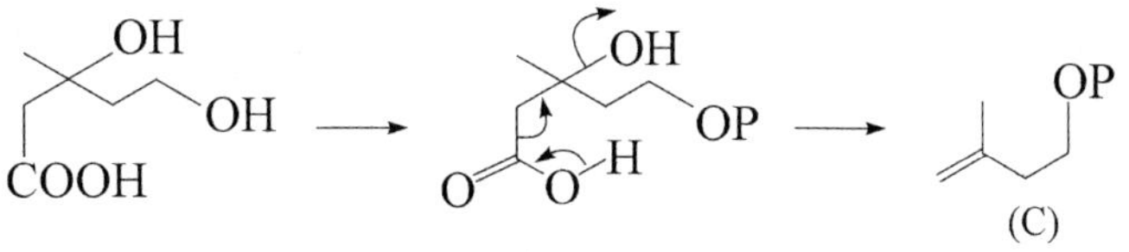

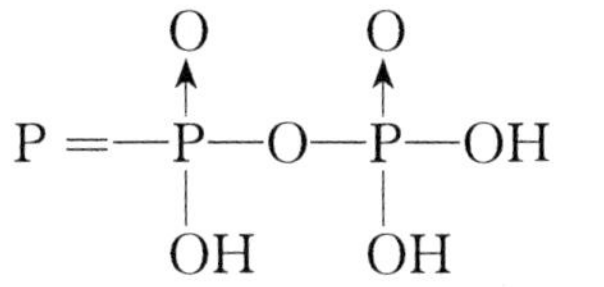

OH　OH　COOH　→　OH　OP　O　O　H　→　OP　(C)

$$P = -\overset{\overset{O}{\uparrow}}{\underset{\underset{OH}{|}}{P}}-O-\overset{\overset{O}{\uparrow}}{\underset{\underset{OH}{|}}{P}}-OH$$

然后经一系列反应相继得到牻牛儿基焦磷酸酯(D)、法尼基焦磷酸酯(E)、三十碳六烯(G)

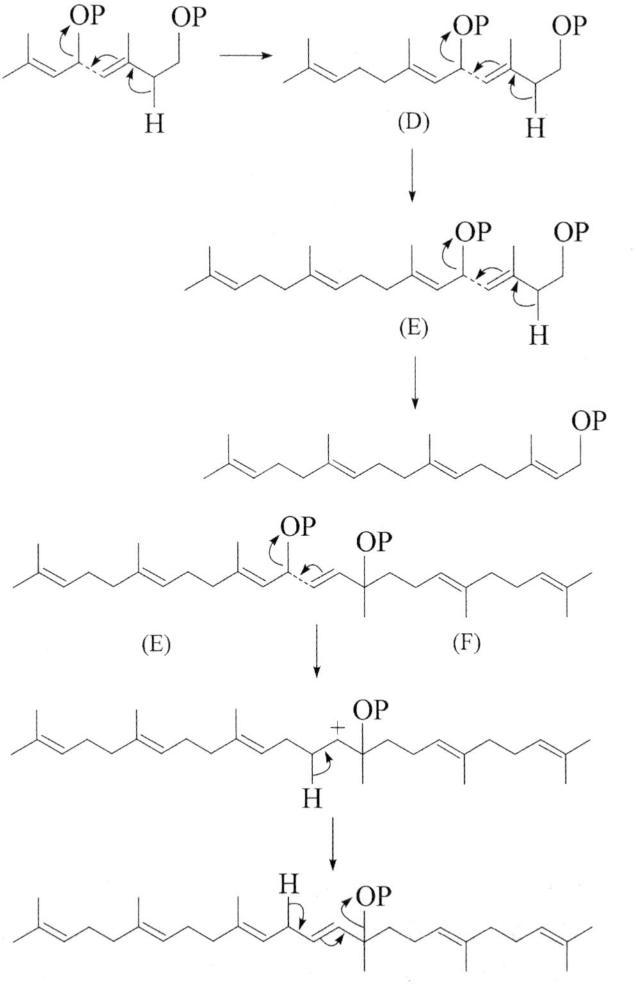

OP　OP　H　→　OP　OP　(D)　H

↓

OP　OP　(E)　H

↓

OP

OP　OP　(E)　(F)

↓

+　OP　H

↓

H　OP

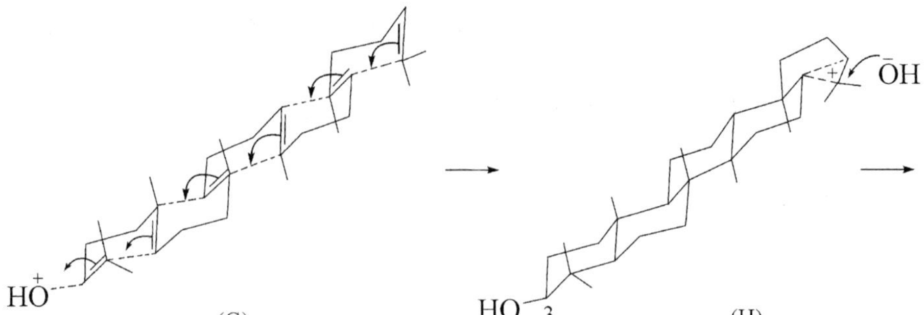

(G)　(H)

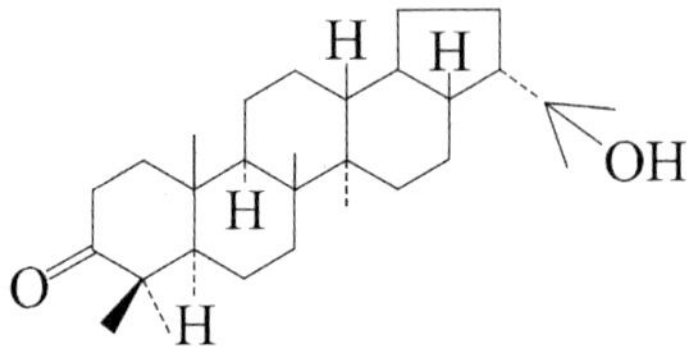

(I)

其中角鲨烯(G)认为由(E)与橙花叔醇焦磷酸酯(F)反应而得,(F)由(E)通过阴离子移变形成。

不同类型的三萜可以由角鲨烯卷曲的不同构象衍生而得。例如,角鲨烯全椅式构象在$\overset{+}{O}H$诱导下协同环化形成具有甾体骨架的非经典碳正离子(H),(H)受OH^-进攻及C_3位的二级羟基氧化后得到甾族化合物hydroxyhopanone(I)。

按照上述反应机理,在萜烯中主要为首尾相连的有规则结构。

一些不规则的萜烯,如玫瑰菌素(rosenonolactone)(J)是一种霉菌的代谢物,认为是通过以下方式发生氢和甲基的1,2-位迁移过程形成的,这种迁移在三萜中十分普遍。

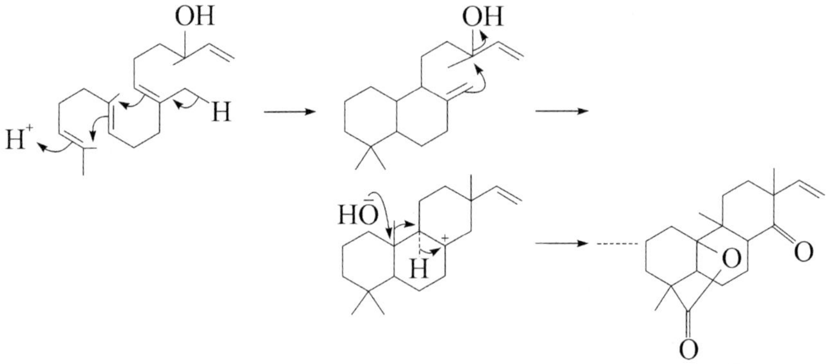

(J)

3. 关于生物碱的生源假说

各种生物碱的结构十分复杂,认为氨基酸为其生源合成原料,关于它们的生源不能像乙酸化物假说和异戊二烯规律那样设想以一种统一的图式予以解释,只好分别将具有类似骨架的生物碱归并为一种生源。例如,曾建议在生物体中,3,4-二羟基苯基丙氨酸与3,4-二羟基苯基乙醛通过曼尼希(Mannich)反应形成的去甲基罂粟碱(norlaudanosoline)(K)是罂粟碱(papaverine,L)、荷苞牡丹碱(dicentrine,M)以及吗啡(morphine,N)等的生源。

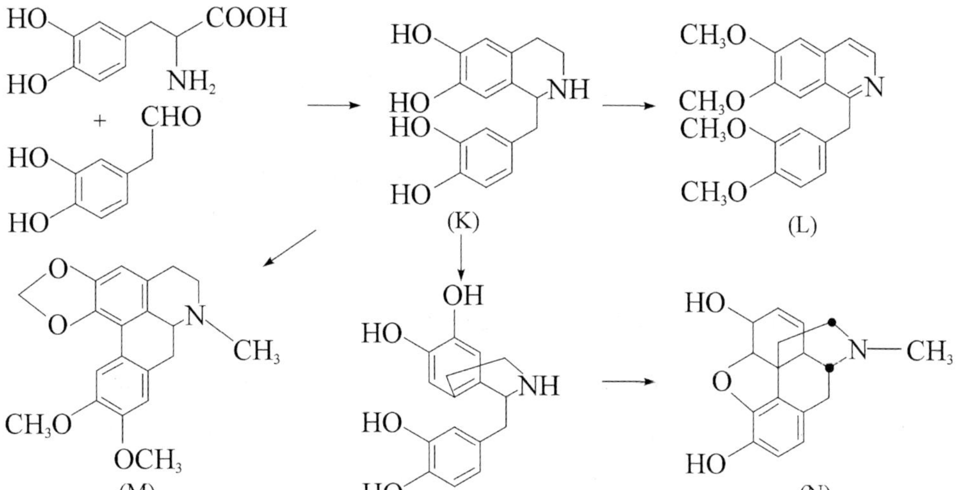

(K)　(L)

(M)　(N)

这种合理的生源路线帮助了 Robinson 在 1925 年写出了 morphine 的正确结构。

吲哚类生物碱假设则来源于β-吲哚基丙氨酸(O),通过在吲哚核的α-位或β-位,由氨基与一个适当的醛进行 Mannich 反应得α-系列与β-系列吲哚生物碱。

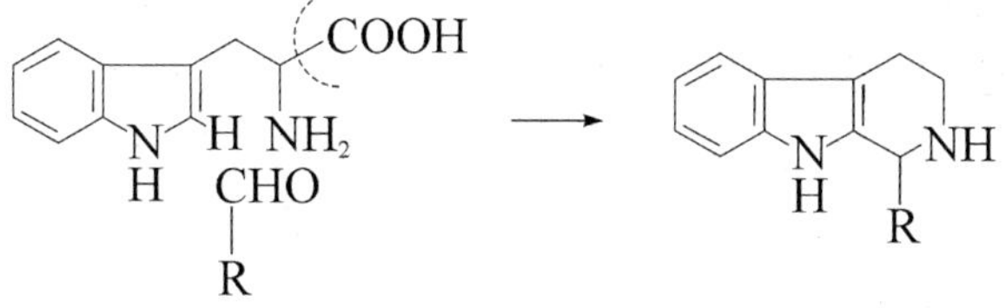

(O)　α-系列

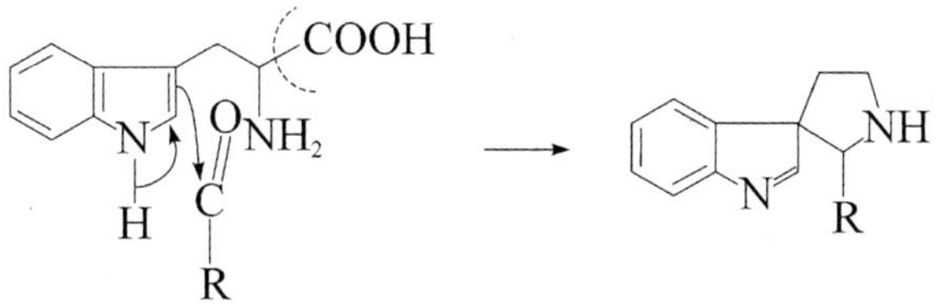

β-系列

例如,(O)与 3,4-二羟基苯乙醛反应形成的中间体再与甲醛缩合得到(P),为利血平酸的部分骨架,其中 V 环开环,可以产生蛇根碱(serpentine,Q)、柯楠碱(corynantheidine,R)等许多生物碱。

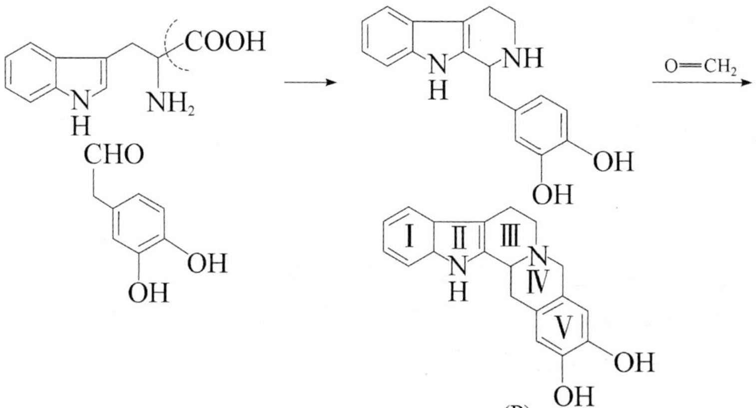

(P)

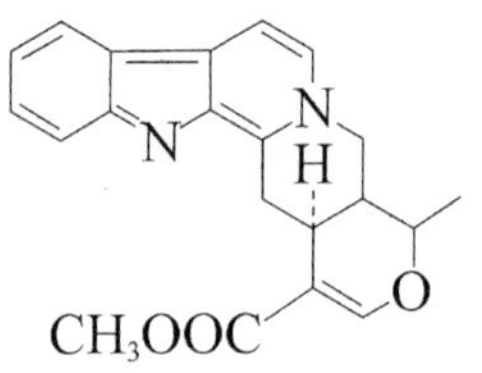

(Q) 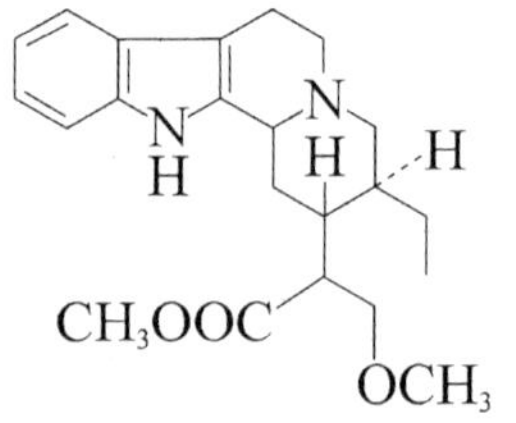 (R)

6.3.2 生源学说对天然产物结构鉴定的引导作用

生源学说是一种没有被证明的假说，虽然一开始就受到一些生物学家的批评，但在实际工作中，尤其是对天然产物结构推测中有一定的引导作用。例如，一种萜类化合物含两个异戊二烯结构骨架，可能是首尾相连或首首衔接，则应优先取前者。在一种天然产物的结构中若存在 2 个甲氧基或 1 个乙氧基和 1 个羟基的可能时，应不犹豫地选择 2 个甲氧基的结构。经光谱分析和化学反应推测某天然产物结构有几种可能时，应首先考虑与已知天然产物相近的结构。

猫眼草素（maoyancaosu）的结构研究，经光谱分析初步认为结构如（S_1）式，这是香豆精的衍生物。后来发现已经确定结构的水飞蓟素（silymarin）结构为（S_2）式，这是双氢黄酮衍生物。按生源关系，香豆精与黄酮同属于乙酸化物假说生源，很可能有相似的结构部分，拟将猫眼草素写作（S_3）式。经仿生合成结果得两种化合物，其中之一同（S_3）式，与分离得到的猫眼素性质完全相同，另一个为其异构体（S_4）[7,8]。

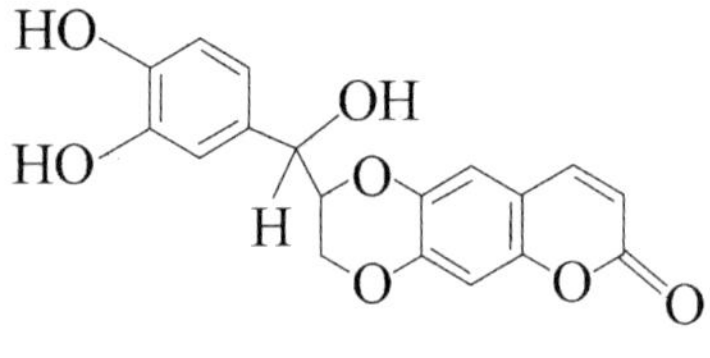

(S_1) 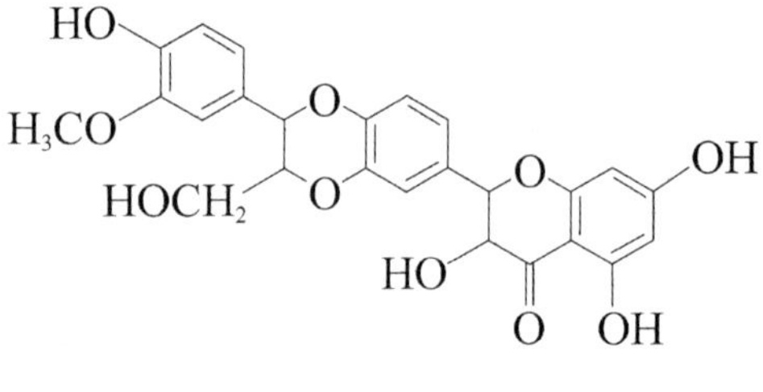 (S_2)

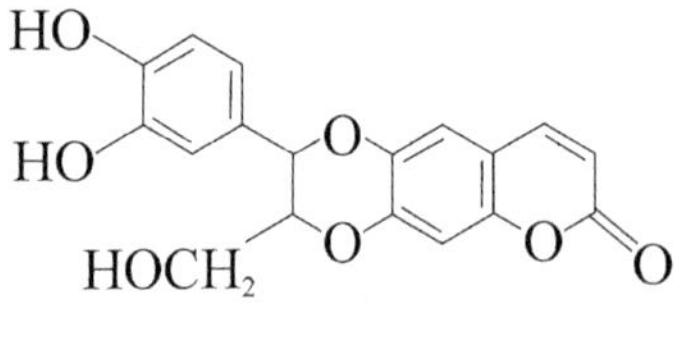

(S_3) 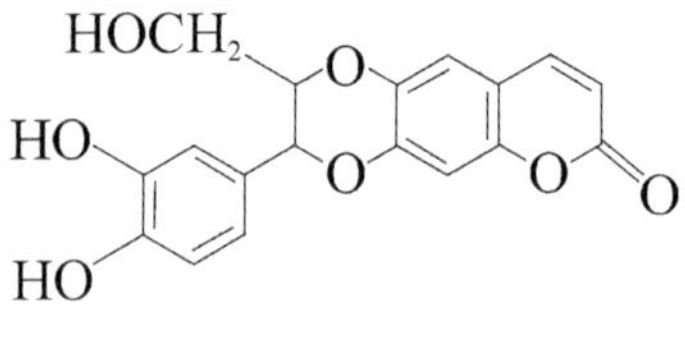 (S_4)

在鹰爪甲素的结构推定中，提出两种可能的结构式（T_1）和（T_2）[9]，结构（T_1）与常见的天然品（T_3）（没药烷，bisabolane）骨架相同，应优先考虑[10]。鹰爪乙素（T_4）也属同一类骨架，均为倍半萜首尾相连的骨架结构。

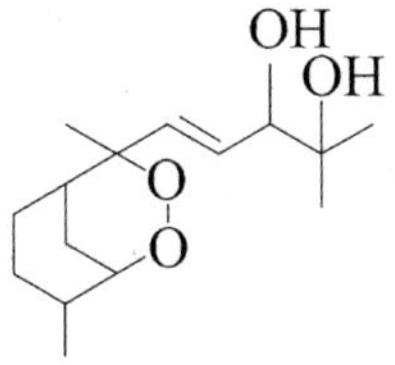

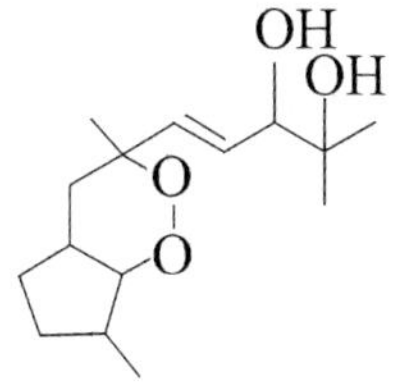

(T_1) (T_2)

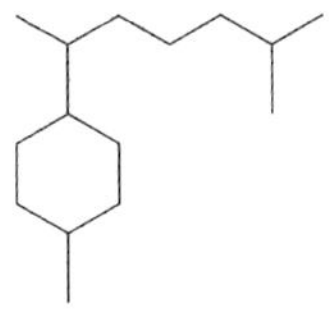

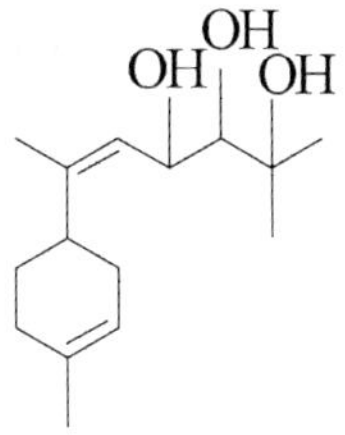

(T_3) (T_4)

更常碰到的例子是，一个天然产物的结构鉴定，最后推测为两个可能的结构式(U)和(V)。

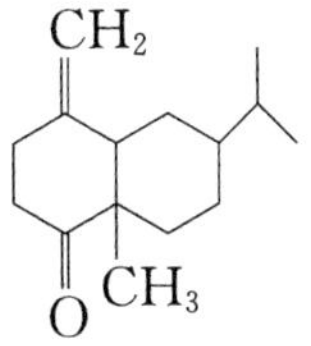

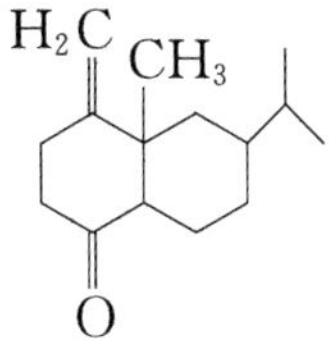

(U) (V)

显然结构(V)不符合萜类生源学说以首尾相连的“异戊二烯规律”，所以更倾向选择(U)结构。可用 NaOD-D_2O 进行氘代反应，然后测定其质谱，发现有 2 个可供交换的质子，即可肯定结构(U)。

但需指出，由于生源学说尚未被证明，应用时可能出现意外情况而蕴藏着某种判断错误的危险，所以它只能作为测定结构的起点或考虑问题的重点，而不能作为确定结构的最终依据，否则将可能得到错误的结论。

6.4 组合光谱例解

为了具体说明组合光谱的解析过程，下面列举了 12 个解析实例，由提供的谱图和数据推断相应有机化合物的结构。仔细研究解析实例，是熟悉解析程序，理解光谱鉴定过程的有效方法。

根据最后确定分子结构的需要，适当选择一定的光谱资料很重要。较简单的分子结构鉴定，选取一两种光谱也可能解决问题，有时为了避免“孤证”，增加一种光谱资料，作进一步确证也是必要的。IR 检测方便，且给出的结构信息直观、明了，常被采用。有共轭结构的分子，如例 6 - 6、例 6 - 8，将 IR 与 UV 相结合，是鉴定这类分子结构的恰当方法，即使现在 NMR、MS 有着长足发展的情况下，IR 和 UV 仍不失为有效的手段。对于比较复杂的分子结构鉴定，需兼用多种光谱资料，各种例子应用光谱的重点也不相同。例 6 - 1、例 6－2、例 6－7，以^{1}H-NMR 为主，MS 断裂机理给予确证，不必再用耗时较多的^{13}C-NMR。例 6－2，^{1}H-NMR提出工作结构、MS 作出抉择。例 6－4、例 6－5 都是用组合光谱推出分子式，例 6－4 由 NMR 提出工作结构，例 6－5 则由 MS 和 NMR 推出工作结构，MS 作出选择，并由断裂机理给以确证。例 6－4、例 6－8，除采用几种光谱外，适当与化学反应相配合，得以顺利解决。例 6－9～例 6－11 是一类分子中的若干自旋系统被季碳和杂原子“阻断”的较为复杂的结构，在解析二维核磁共振 COSY 谱和 HETCOR 谱，明确碳、氢相关的基础上，用 HMBC 谱将这些自旋体系关联起来，构筑分子结构。例 6－12 充分利用文献资料，在生源学说引导下，以化学反应关联方法鉴定一种复杂的天然产物分子结构的特别例子。

例 6－1 元素分析：C 57.6％，H 9.7％；IR（液膜法）、^{1}H-NMR（CCl_4）谱图如下：

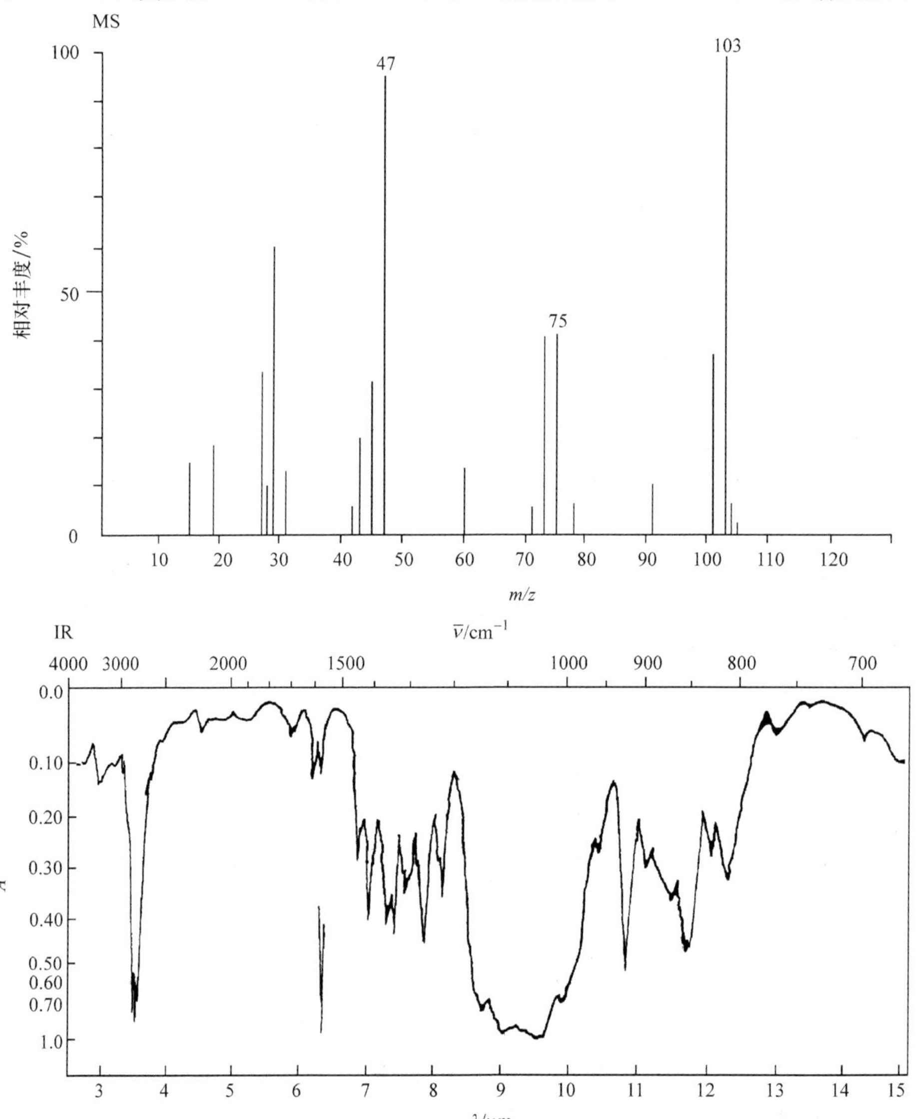

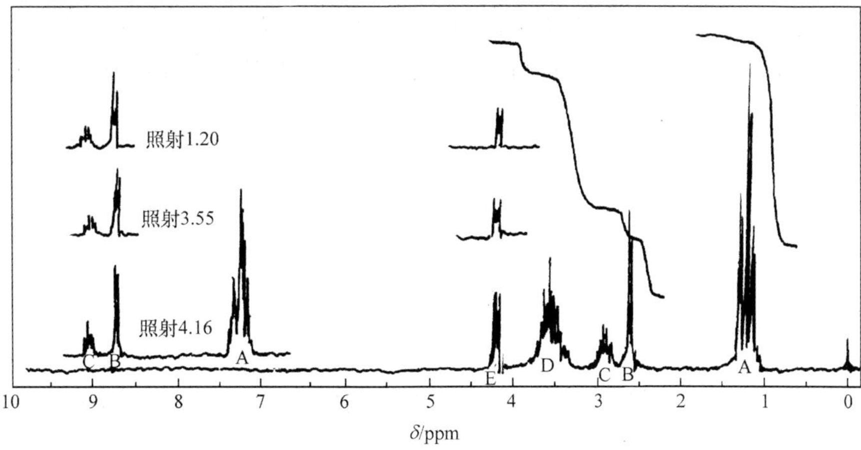

解 (1) 分子式、不饱和数及其类型。

由元素分析 C 57.6%、H 9.7%，得

$$O[100-(57.6+9.7)]=32.7\%$$

C、H、O 原子数比约为 7∶14∶3，分子最简式 $C_7H_{14}O_3$，式量 146，UN=1。

^{1}H-NMR 积分比之和是 14(1∶4∶1∶2∶6)，与元素分析结果一致，IR 未见羟基和不饱和结构信息，1000～1150cm^{-1} 多重宽谱带表明氧以多醚结构存在。MS 最高质量 103，若以 146 作为相对分子质量，丢失 43 碎片是合理的，不出现 $M^{+\cdot}$ 峰，也是多醚结构特征。IR、^{1}H-NMR 均未给出不饱和信息，UN=1 为环结构。

(2) 官能团和结构单元。

^{1}H-NMR δ4.23ppm(E) 为 $—O—\overset{|}{C}H—O—$ 与另 1 个次甲基相连被偶合裂分为二重峰$\left(\begin{matrix}—O \\ \quad\diagdown \\ \quad\quad CH—CH\langle \\ \quad\diagup \\ —O\end{matrix}\right)$，δ3.55ppm(D) 和 δ1.2ppm(A) 为 2 个不等价的乙氧基($2CH_3CH_2O—$)。另外 δ2.90ppm(C) 多重峰 $—\underset{|}{C}H—$ 和 δ2.65ppm(B) 二重峰 $—CH_2—$ 受到一定的去屏蔽作用。

(3) 分子结构推定和光谱归属讨论。

^{1}H-NMR δ 2.90ppm 的亚甲基和 2.65ppm 的次甲基两组共振峰若为氧的去屏蔽作用，在一般情况下应出现在更低场，但若处于三元环上，再受到氧的去屏蔽作用则是合适的，即相应的亚甲基和次甲基与氧组成三元环。可设想工作结构为

$$\begin{matrix} & & OCH_2CH_3 \\ & \diagup & \\ \overset{O}{\triangle}— & CH & \\ & \diagdown & \\ & & OCH_2CH_3 \end{matrix}$$

IR 表现多醚特征与所推结构是相符的，并在 1270cm^{-1}、930cm^{-1} 和 850cm^{-1} 附近显示环氧乙烷 3 个特征谱带。

^{1}H-NMR 双照射：

照射 A 和 D，B、C、E 不变；照射 E，A、B 不变，仅 C 由多重峰变为三重峰。

说明(A、D)与(B、C、E)无关，E 与 C 相互偶合，C 与 B 偶合将 B 裂分为两重峰，其结构关系为

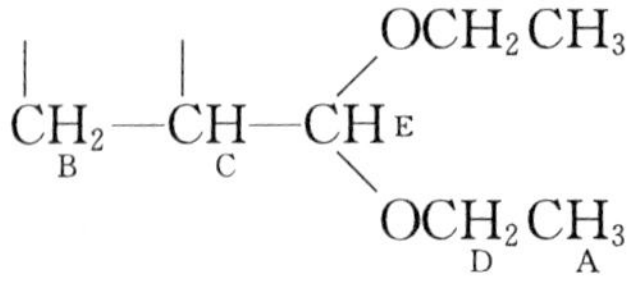

$$\overset{|}{\underset{B}{CH_2}}-\overset{|}{\underset{C}{CH}}-CH_E\begin{matrix}OCH_2CH_3\\ \\ \underset{D}{OCH_2}\underset{A}{CH_3}\end{matrix}$$

B、C 与氧相连构成三元环。

在^{1}H-NMR 谱中，两个—OCH_2—的氢核有较大差别，两个—CH_3 仅显示较小差别，都是不等价的，对乙氧基* CH(E)是不对称碳。这种不对称的结构可用纽曼(Newman)投影式表示

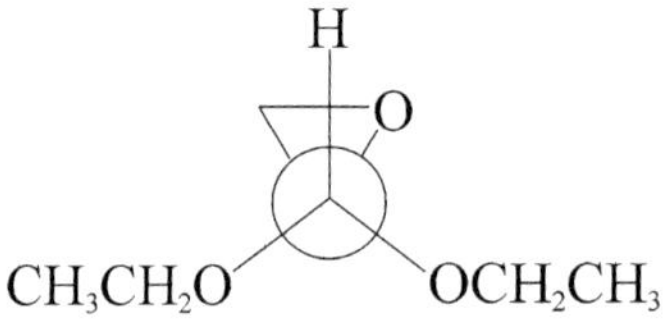

H、O、CH_3CH_2O、OCH_2CH_3

MS 主要断裂途径为

m/z 103　m/z 75　m/z 47　m/z 101　m/z 73　m/z 101

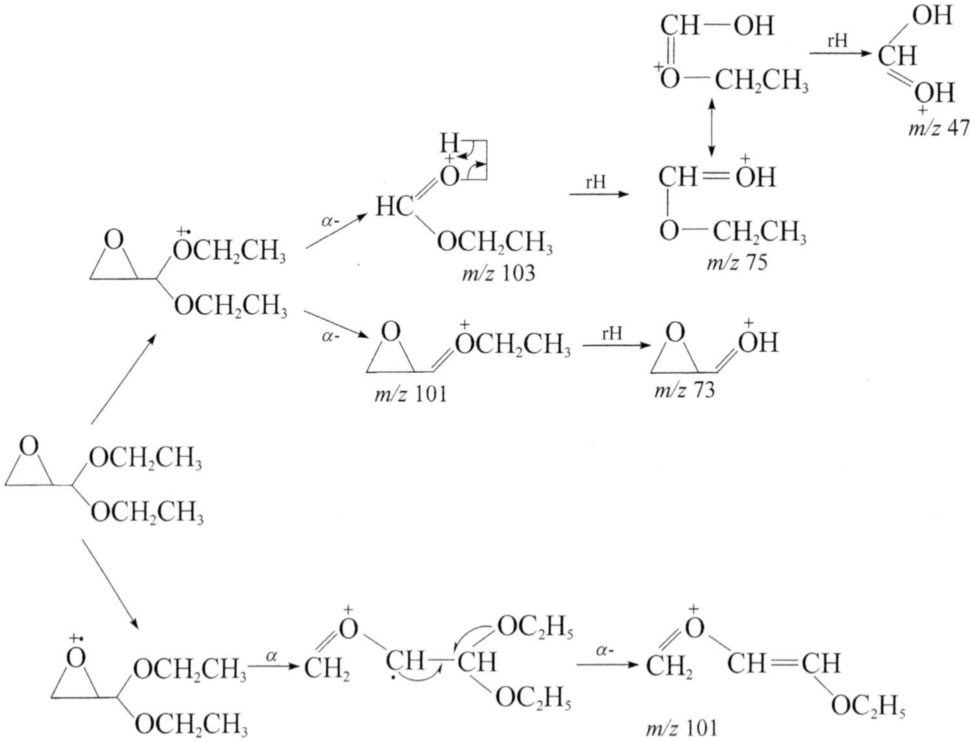

例 6-2　元素分析：C 57.7%，H 11.6%；MS 最高质量 104 丰度很小，谱图未显示。

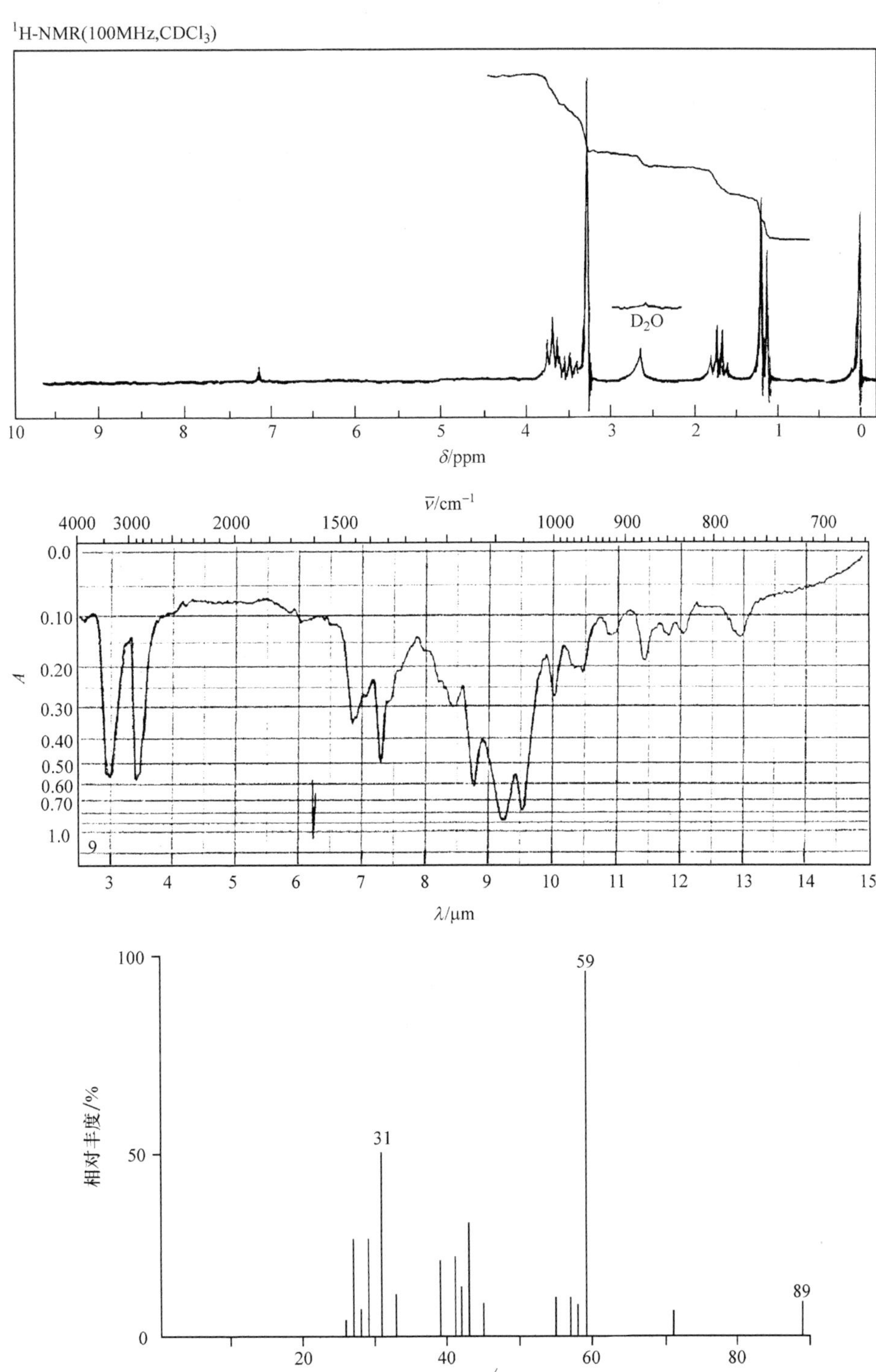

解　(1) 分子式、不饱和数及其类型。

MS看到的m/z89，如为M－15是合理丢失，相对分子质量M_r＝104，结合元素分析，推出分子式

$$C_5H_{12}O_2 \qquad UN=0$$

(2)官能团和结构单元确定。

IR 出现 3300cm^{-1}强谱带为 ν_{OH}；UN=0，表明有醇羟基；另一个氧原子可能构成醚结构，在 1100～1000cm^{-1}有多个 ν_{C-O}强谱带，不能确定是伯醇还是仲醇。

^{1}H-NMR 5 组信号积分比 3∶3∶1∶2∶3，共 12 个 H，其中 δ2.7 的宽峰是醇羟基，经重水处理信号消失。低场的 3H 为复峰，似为 2+1 氢核重叠信号，δ1.3(d)CH_3与δ3.6(m)的次甲基为相邻结构单元 CH_3—CH_2—O—。δ3.4(s)为 CH_3—O—，其余的 δ1.8(m)、δ3.8(t)两组亚甲基相关，结构单元为 CH_2—CH_2—O—。

(3)分子结构推定和光谱归属讨论。

组合结构单元，设计两个工作结构：

$$\underset{\text{(A)}}{CH_3-O-\underset{\substack{|\\CH_3}}{CH}-CH_2-CH_2-OH} \qquad \underset{\text{(B)}}{CH_3O-CH_2-CH_2-\underset{\substack{|\\CH_3}}{CH}-OH}$$

IR 与^{1}H-NMR 对(A)、(B)难以区别。

MS：(A)可断裂出现 m/z59($CH_3-CH=\overset{+}{O}-CH_3$)可能丰度较高，并有 m/z31 峰。(B)应断裂出碎片 m/z45 $CH_3\overset{+}{O}=CH_2$ 或 $CH_3-CH=\overset{+}{O}H$(应为基峰)与谱图不符。确定分子结构为(A)。

IR、^{1}H-NMR 归属明确。

MS 断裂机理为

$$CH_3-O-\underset{\substack{|\\CH_3}}{CH}-CH_2-CH_2-OH^{\rceil +\cdot} \xrightarrow{\alpha-} \begin{cases} CH_3-\overset{+}{O}=CHCH_3 & m/z\ 59(B) \\ CH_2=\overset{+}{O}H & m/z\ 31 \\ CH_3-\overset{+}{O}=CH-CH_2-CH_2OH & m/z\ 89 \end{cases}$$

例 6-3 元素分析：C 62.6%，H 11.4%，N 12.3%。

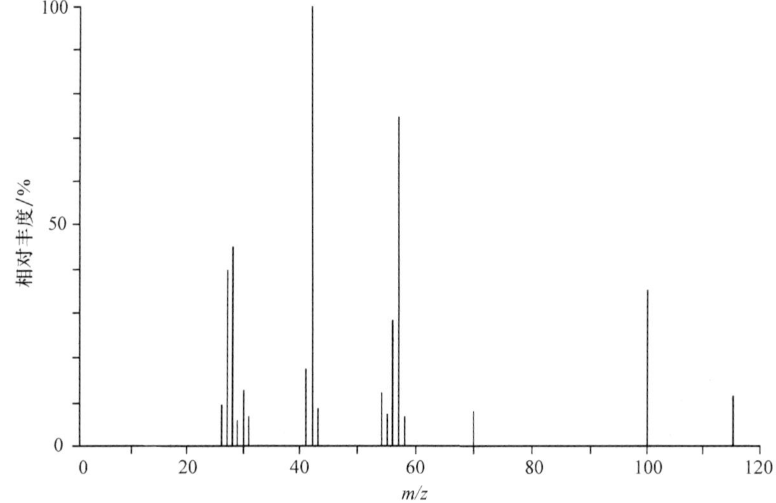

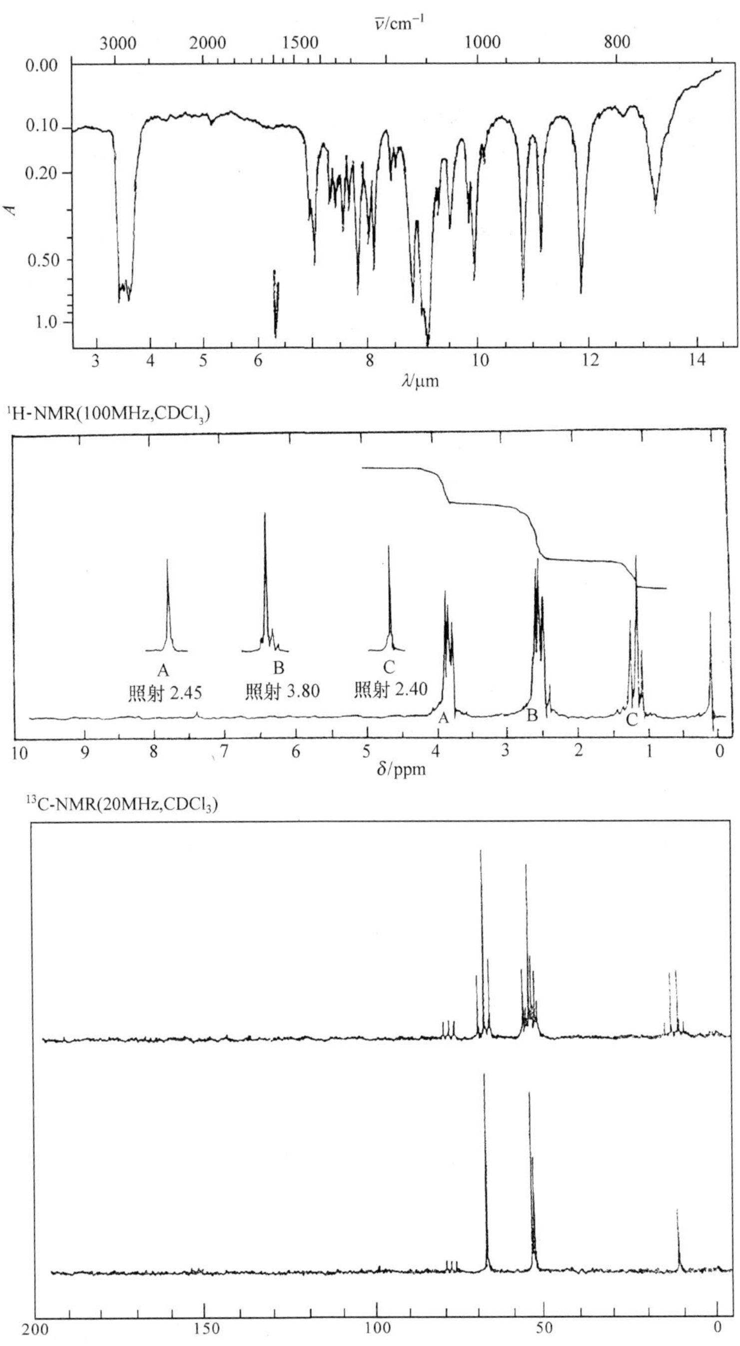

解　(1) 分子式、不饱和数及其类型。

质谱 $M^{+\cdot}$ 115,应含有奇数氮原子,由元素分析 C∶H∶N∶O=6∶13∶1∶1,得

$$\text{分子式}\quad C_6H_{13}ON \qquad UN=1$$

IR、^{1}H-NMR、^{13}C-NMR 都未发现不饱和基团,1 个不饱和数应为环结构。

(2) 官能团和结构单元。

IR：3500～1500cm^{-1}除 2800～2960cm^{-1}以外没有吸收，说明没有重键、N—H、O—H等结构，分子中的氧、氮均以单键与碳相连。

^{13}C-NMR：宽带去偶图上只有四类碳，有对称结构。偏共振去偶图中处于 δ50～70ppm 的 3 个亚甲基受中等去屏蔽，表示碳与氮、氧原子相连，1 个甲基在高场，为C—CH_3结构。

MS：M－15 也表示含有甲基。

^1H-NMR 由低场到高场^1H 核的积分比为 4∶6∶3，其中 4H 以—CH_2O 存在，6H 以 CH_2N 存在，δ1.18 为—CH_3，裂分为三重峰，$J=7Hz$，有 CH_3CH_2—结构；δ2.55 附近和 δ3.80 附近为重叠信号，由表 4-3 检查 CH_3CH_2O—和 CH_3CH_2—N—中的甲基 δ 值接近，分辨不清，所以 CH_3—连在哪个—CH_2—上不能确定。

自旋去偶：

照射 δ2.45 时，δ3.7 与 δ1.18 简化为单峰。

照射 δ3.7 时，δ2.45 衰变为四重峰($J=7Hz$)和一个重叠的单峰，说明 δ2.45 的 6 个氢核中只有 4 个与 δ3.7 中的 4 个氢核偶合，而其余的 2 个氢核与 δ1.18 的 CH_3—偶合，CH_3—应连在 N—CH_2—上（>N—CH_2CH_3）。

(3) 分子结构推定和光谱归属讨论。

由以上分析，分子中只有 1 个环结构，没有其他不饱和类型。氧和氮原子上都没有氢核，同时^{13}C-NMR 表明分子有对称因素，共四类碳，其中两类是 N—CH_2CH_2—O，另两类是 N—CH_2CH_3，推测结构为

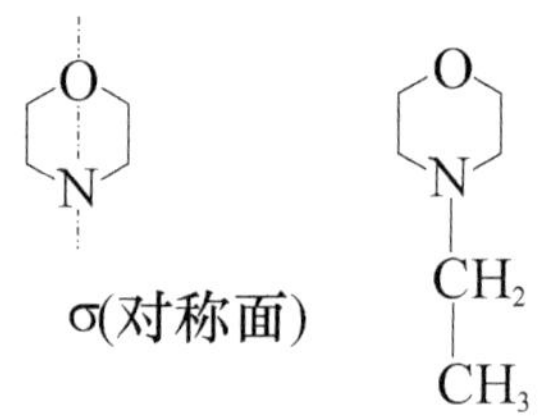

σ(对称面)

(N-乙基吗啉：环中 O、N 相对，N 上连 CH_2—CH_3)

IR 没有 NH、OH、C═C、C═N、苯环、>C═O 等。

^{13}C-NMR 有 4 类碳(3 类 CH_2，1 类 CH_3)，有对称面，按表 5-5、表 5-6 和式(5-3)计算 $δ_C$

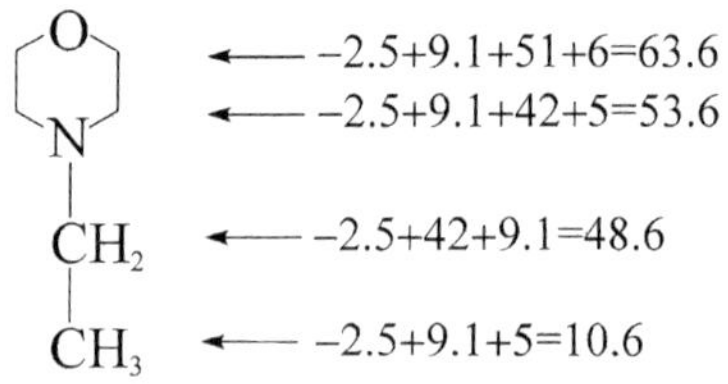

O—CH₂ ← −2.5+9.1+51+6=63.6

N—CH₂(环) ← −2.5+9.1+42+5=53.6

N—CH_2 ← −2.5+42+9.1=48.6

CH_3 ← −2.5+9.1+5=10.6

其中除与氮相连的一个 CH_2 计算不准确有较大差额外，其余均与实验值接近。

^1H-NMR 中各类质子的化学位移按表 4-3 计算。

取模型 $\underset{\beta}{CH_3}\underset{\alpha}{CH_2}CH_2Y$ C—$\overset{\beta}{C}$—$\overset{\alpha}{C}$—Y

Y	β	α
H	1.33	—
—O—	1.55	3.27
—NH_2	1.43	2.61

H_a　　3.27＋(1.55－1.33)＝3.49

H_b　　2.61＋(1.43－1.35)＝2.69

其他化学位移数据可直接查表 4－3，得

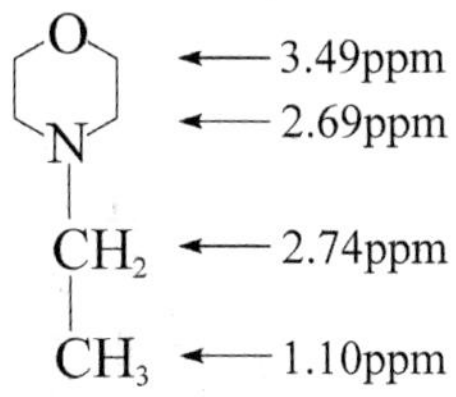

3.49ppm
2.69ppm
CH_2 ← 2.74ppm
CH_3 ← 1.10ppm

结果与实验值接近，所推结构与自旋去偶实验一致。

MS

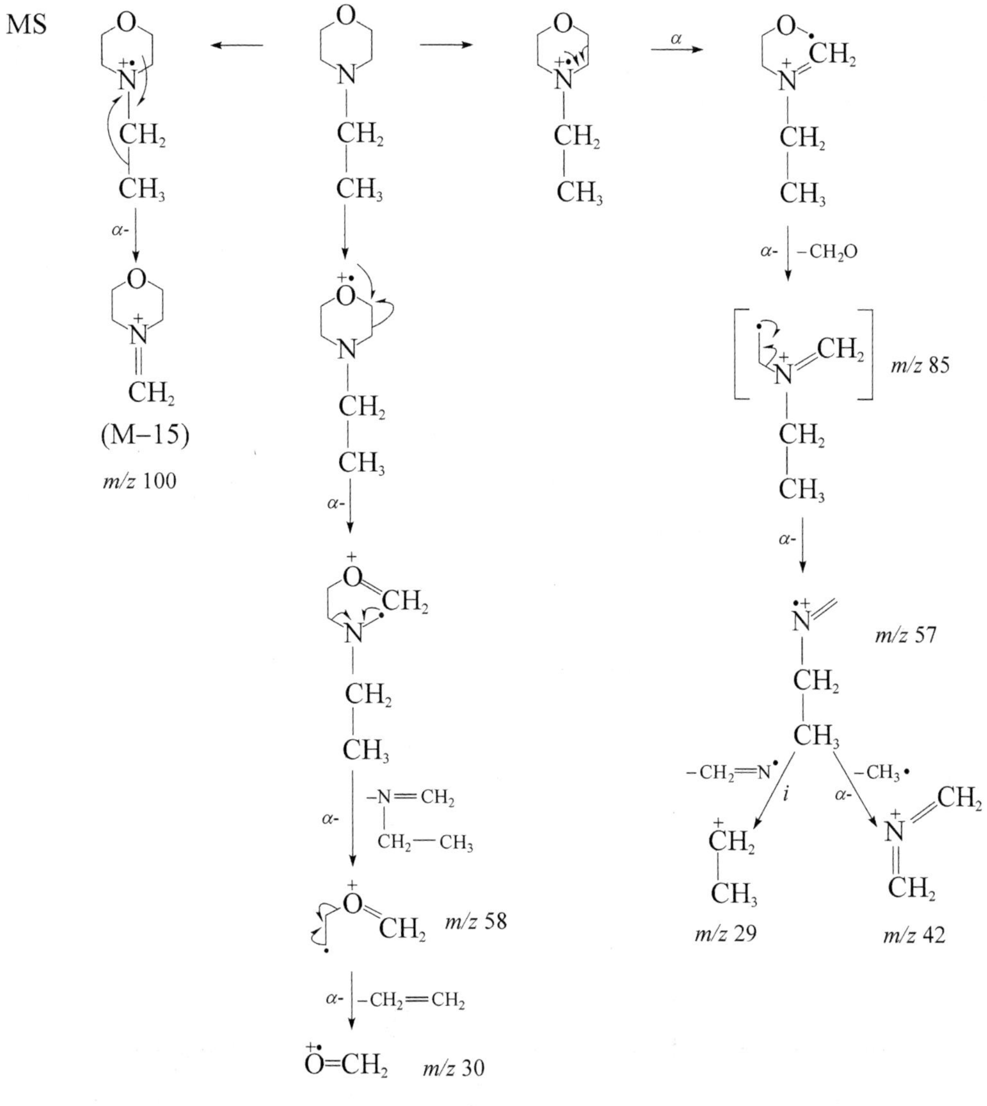

α-　(M−15)　m/z 100

α-　α-　−CH_2O

m/z 85

α-

m/z 57

$-CH_2=N^{\bullet}$　i　$-CH_3\bullet$　α-

$\overset{+}{C}H_2$-CH_3　m/z 29

$CH_2=\overset{+}{N}=CH_2$　m/z 42

α-　−N＝CH_2 (CH_2—CH_3)

$\overset{+}{O}=CH_2$　m/z 58

α-　−CH_2＝CH_2

$\overset{+\bullet}{O}=CH_2$　m/z 30

例 6－4

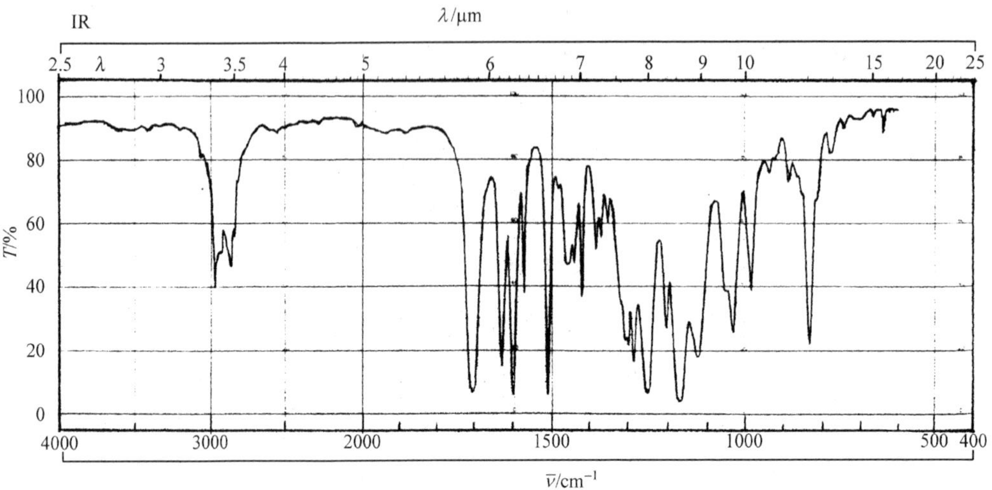
IR
λ/μm
2.5 λ 3 3.5 4 5 6 7 8 9 10 15 20 25
T/%
100
80
60
40
20
0
4000 3000 2000 1500 1000 500 400
$\bar{\nu}$/cm^{-1}

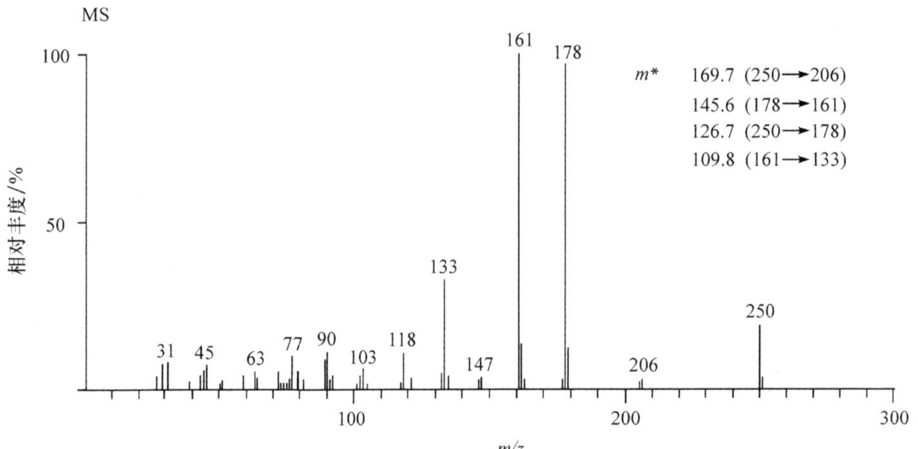
MS
相对丰度/%
100
50
161
178
m* 169.7 (250→206)
145.6 (178→161)
126.7 (250→178)
109.8 (161→133)
133
250
31
45
63
77
90
103
118
147
206
100 200 300
m/z

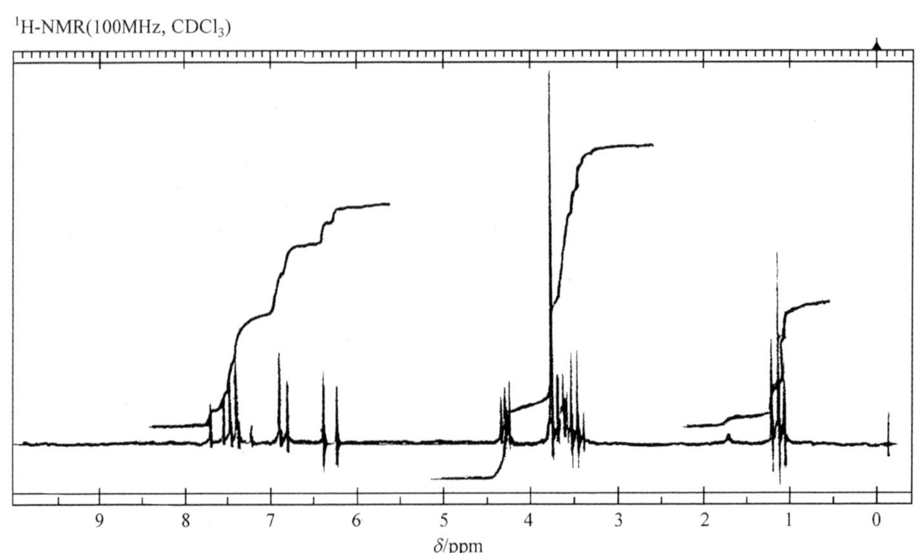
^{1}H-NMR(100MHz, $CDCl_3$)
9 8 7 6 5 4 3 2 1 0
δ/ppm

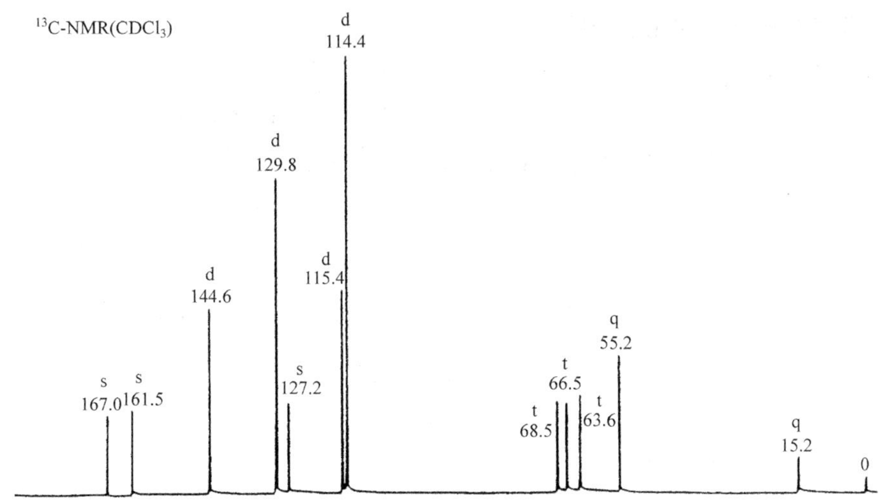

解 (1) 分子式、不饱和数及其类型。

MS：m/z250 为最高质量，m/z206 为合理丢失，可能为 M^{+} 。

IR：1715cm^{-1}为 $\nu_{C=O}$，1630cm^{-1}为 $\nu_{C=C}$，1600～1450cm^{-1}有苯环骨架振动，820cm^{-1}的强吸收表示苯环为对位二取代类型。在 1250～1000cm^{-1}还有多个 ν_{C-O-C} 谱带，980cm^{-1}显示反式二取代烯键，无杂原子连接的活泼氢。

^{1}H-NMR：大体分为 6 个质子群，积分比为 3∶2∶1∶2∶7∶3，共 18 个质子。

^{13}C-NMR：有 12 种类型碳，考虑含有对二取代苯环，分子中至少具有 14 个碳。由偏共振数据计算有 18 个氢与碳相连，与^{1}H-NMR 一致。

IR 和 MS 都没有显示含有氧以外的其他杂原子，所以分子式为

$$C_{14}H_{18}O_{x}$$

根据相对分子质量推得 $x=4$，故

$$分子式\quad C_{14}H_{18}O_{4}\qquad UN=6$$

其中 4 个不饱和数属于苯环，1 个碳碳双键，另有 1 个羰基。

(2) 官能团和结构单元。

^{1}H-NMR：δ6.4ppm 双峰($J=18$Hz) 应为反式烯质子(H 取代的 C=C，两个 H 处于反式)，另 1 个双峰在 δ7.65ppm，δ6.90～7.45ppm 还有对二取代苯的 AA′BB′ 系统(对二取代苯环，环上氢标为 A、B 和 A′、B′)，δ1.25ppm 三重峰与 δ3.55ppm 四重峰相关，应为乙氧基(CH_3CH_2O—)。δ3.85ppm 单峰为与不饱和键相连的 CH_3O—，在 δ3.75、3.85 之间似应有部分重叠的具有三重峰的亚甲基，与 δ4.40ppm 的三重峰对应而具有 —OCH_2CH_2O— 结构。

^{13}C-NMR 除 δ167.0ppm 单峰属于酯羰基外，其他都与^{1}H-NMR 讨论的结构单元相对应。

(3) 分子结构推定和光谱归属讨论。

设计三个工作结构：

$CH_3CH_2OCH_2CH_2O-C_6H_4-CH=CH-COOCH_3$

(A)

$CH_3CH_2OCH_2CH_2O-CH=CH-COO-C_6H_4-OCH_3$

(B)

$CH_3CH_2OCH_2CH_2O-C(=O)-CH=CH-C_6H_4-OCH_3$

(C)

MS 未见有丢失 $CH_3\dot{O}$的碎片 m/z219，(A)不符；^{13}C-NMR 按表 5－8 估计 δ 值，乙烯结构不应与氧连接，否则应落在更低场，所以(B)也应删去；所有光谱资料表明(C)是合理的结构。

IR 中 $\nu_{C=O}$、$\nu_{C=C}$位置向低频位移，苯环的骨架振动 1600cm^{-1}谱带强度很高，显示为极化的大共轭体系。

^{1}H、^{13}C-NMR 谱归属明确。

MS 的断裂机理为

$$C_2H_5O-CH_2-CH_2-O-C(=O)-CH=CH-C_6H_4-OCH_3\ ]^{+\cdot} \xrightarrow[-CO_2]{\text{烷基迁移}} C_2H_5OCH_2CH_2-CH=CH-C_6H_4-OCH_3\ ]^{+\cdot}\quad m/z\ 206$$

$$\xrightarrow{rH/\beta} HO-C(=\dot{O}^{+})-CH=CH-C_6H_4-OCH_3\ (m/z\ 178) \xrightarrow[-\dot{O}H]{\alpha-} \overset{+}{O}\equiv C-CH=CH-C_6H_4-OCH_3\ (m/z\ 161) \xrightarrow[-CO]{i-} H\overset{+}{C}=CH-C_6H_4-OCH_3\ (m/z\ 133)$$

(A)和(B)虽然也可以通过四元过渡态的氢重排得到 m/z178，但不能继续丢失$H\dot{O}$。

$$C_2H_5-O-CH(H)-CH_2-\dot{O}^{+}-CH=CH-C(=O)-O-C_6H_4-OCH_3 \xrightarrow{rH} \left[H\overset{+\cdot}{O}-CH=CHCOO-C_6H_4-O-CH_3\right]\quad m/z\ 178$$

若与化学方法相配合，更有助于这个化合物的结构鉴定。例如，若推断该物的可能结构为化合物(C)，将该物经酸性水解应得常见的对甲氧基肉桂酸。

例 6 - 5

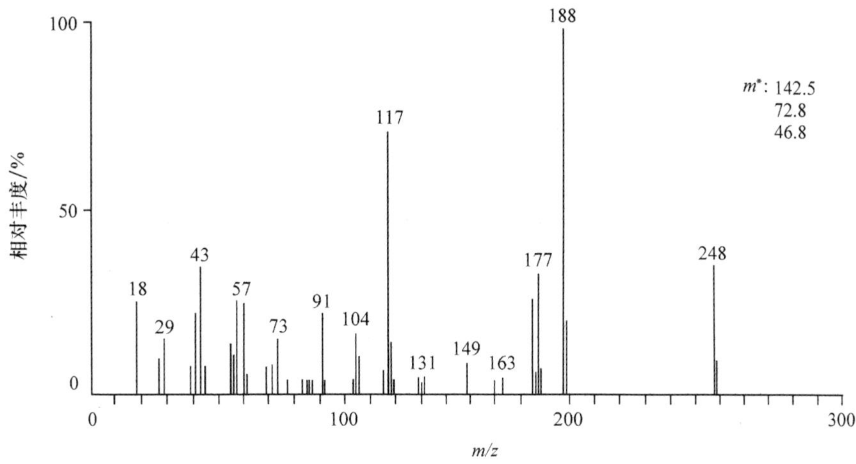

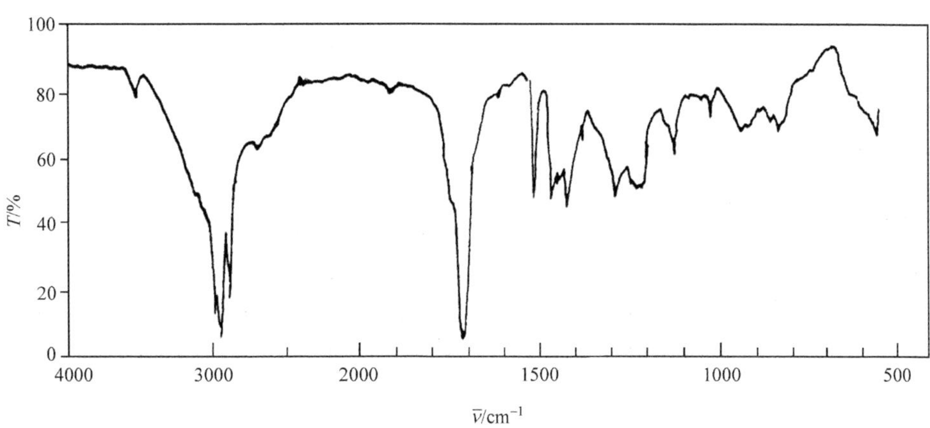

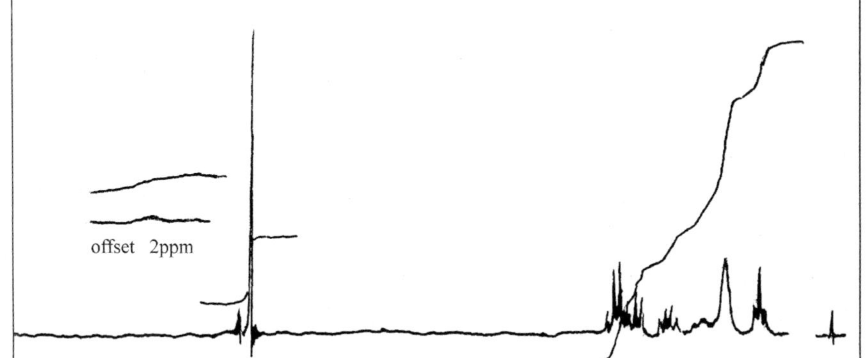

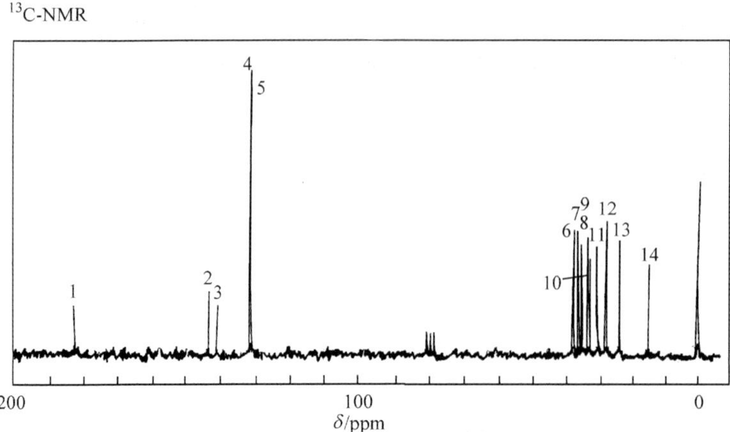

^{13}C 化学位移和偏共振去偶

No.	δ	Mult.	No.	δ	Mult.	No.	δ	Mult.
1	180.0	S	6	35.6	T	11	29.1	T
2	140.4	S	7	34.6	T	12	26.3	T
3	138.1	S	8	33.4	T	13	26.3	T
4	128.3	D	9	31.8	T	14	14.1	Q
5	128.2	D	10	31.5	T			

解　(1) 分子式、不饱和数及其类型。

MS　$M^{+\cdot}$ 248，248－183＝60 为通过 rH 丢失 CH_3COOH，分子应具有长链羧酸或乙酸酯结构，m/z29、43、57、71 等表明存在脂肪链烃。m/z91、73、77 等为具有芳环的特征。

^{1}H-NMR：由低场到高场暂分为 7 组峰，积分比为 1∶4∶6∶2∶2∶6∶3，至少有 24 个氢核。

^{13}C-NMR：共 14 种碳，其中 δ180.0ppm 是羧基碳，δ140～δ128ppm 为对二取代的苯环，δ35～δ14ppm 还有 9 类饱和脂肪族碳，总共应含 16 个碳。由偏共振数据计算应有 23 个氢核与碳相连，另有 1 个氢核属于羧基。

IR：3520cm^{-1}和 3450～2400cm^{-1}宽谱带说明羧基的存在，1745cm^{-1}、1710cm^{-1}为游离和缔合羧酸的 $\nu_{C=O}$。

IR 和 MS 都没有发现含有其他杂原子。

可能的分子式为 $C_{16}H_{24}O_2$，M_r＝248 与 MS 相符。UN＝5，其中 4 个不饱和数属苯环，1 个属羧基。

(2) 官能团和结构单元。

^{1}H-NMR、^{13}C-NMR 光谱特点表明为对二烷基取代的苯环，谱图中都只出现 1 个甲基，指出是直链取代基。

MS 中的 M－60 由 McLafferty 重排产生，羧基一端应为具有 γ-H 的至少 4 个碳的基团，m^* 72.8 表明由 188 至 177 丢失 m/z71 碎片的断裂过程，相当于 C_5H_{11}，推测这个侧链至少为 C_6 组分。

(3) 分子结构推定和光谱归属讨论。

可能的结构为

$$CH_3-(CH_2)_5-C_6H_4-(CH_2)_3COOH$$

IR：羧基以缔合形式存在为主，苯环骨架振动的 1600cm^{-1}、1580cm^{-1}谱带极弱，几乎观察不到，说明苯环的对称性较高，基本为红外非活性的。

^{13}C-NMR：有 14 种碳，对位二取代的苯环中，4 个碳是两两等价的，与分子中实含 16 个碳一致。

^{1}H-NMR：苯环的质子表现同频，δ7.1ppm 与苯相比略向高场位移受到轻微的屏蔽效应，表现对二烷基取代的特征。

δ2.3～2.8ppm(6H)，受到苯环或羧基的去屏蔽作用，这部分多重峰为 3 个亚甲基各以三重峰相互叠加的结果，如下所示：

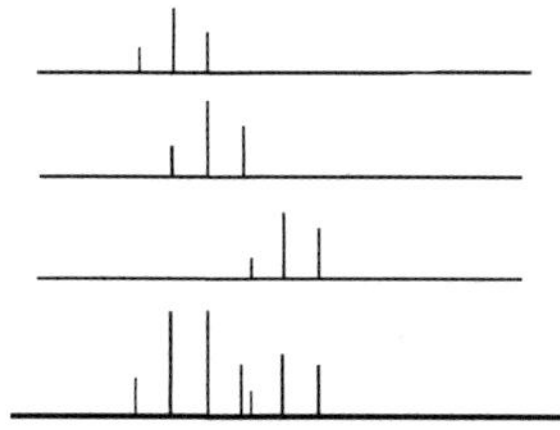

δ2.0ppm(2H)为羧基 β-位的亚甲基与两边亚甲基偶合形成更为复杂的多重峰。δ1.5～1.7ppm 是烷基的苯环 β-位亚甲基的多重峰。

其他 3 个亚甲基在 δ1.3～1.4ppm 形成宽峰，δ0.9ppm 为烷基末端的甲基。

MS 的断裂过程为

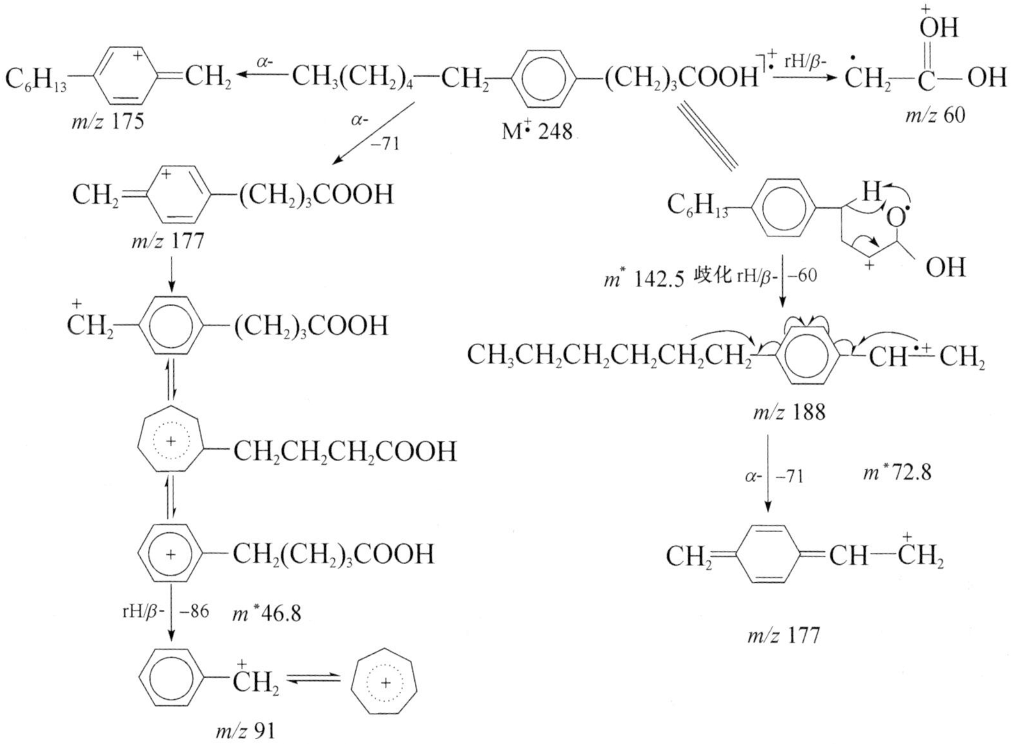

$$CH_3(CH_2)_4-CH_2-C_6H_4-(CH_2)_3COOH^{+\cdot}\quad M^{+\cdot}\ 248$$

α-：$C_6H_{13}-C_6H_4^{+}=CH_2$　m/z 175

rH/β-：$\dot{C}H_2-C(=\overset{+}{O}H)-OH$　m/z 60

α-，−71：$CH_2=C_6H_4^{+}-(CH_2)_3COOH$　m/z 177

→ $\overset{+}{C}H_2-C_6H_4-(CH_2)_3COOH$ ⇌ $C_7H_6^{+}-CH_2CH_2CH_2COOH$ ⇌ $C_6H_5^{+}-CH_2(CH_2)_3COOH$

rH/β-，−86，m^*46.8：$C_6H_5-\overset{+}{C}H_2$ ⇌ $C_7H_7^{+}$　m/z 91

$C_6H_{13}-C_6H_4-CH_2CH_2CH_2C(=O^{\cdot})OH$（H 转移）

m^* 142.5　歧化 rH/β-，−60：$CH_3CH_2CH_2CH_2CH_2CH_2-C_6H_4-CH^{\cdot+}-CH_2$　m/z 188

α-，−71，m^*72.8：$CH_2=C_6H_4=CH-\overset{+}{C}H_2$　m/z 177

例 6-6 MS确定相对分子质量 $M_r = 136$。

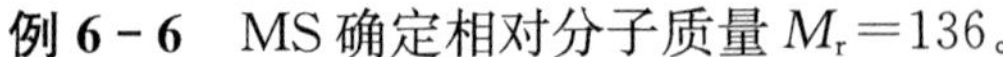

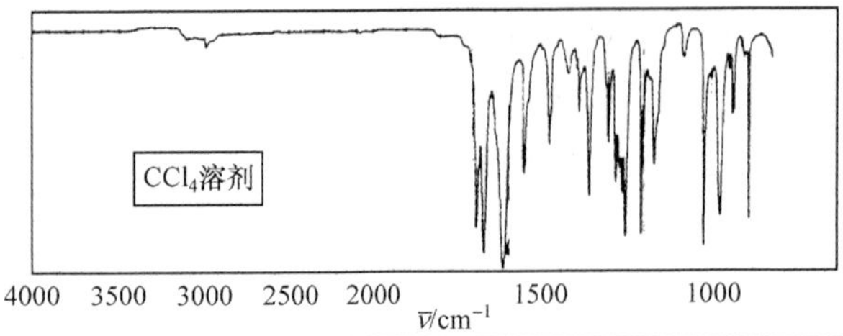

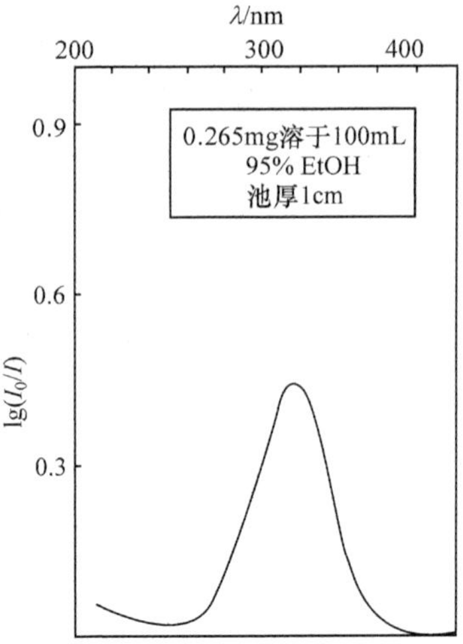

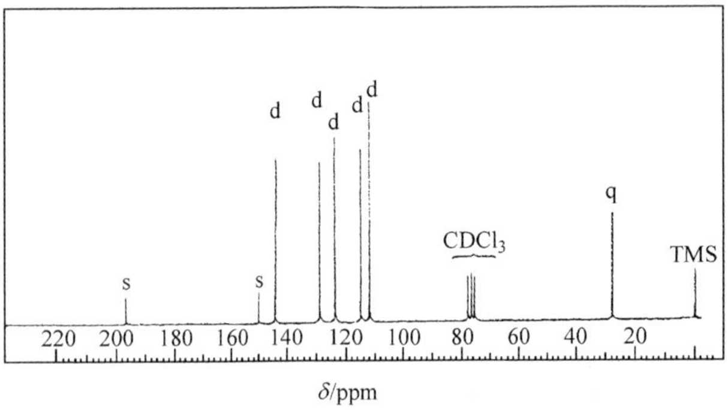

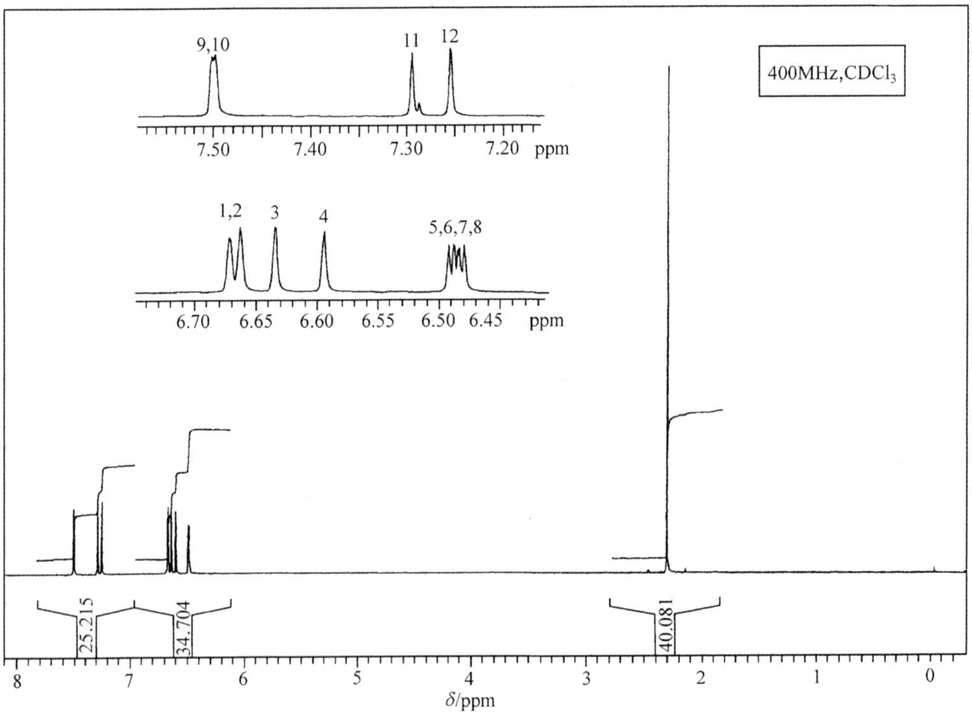

解 (1) 分子式、不饱和数及其类型。

IR：出现 $\nu_{C=O}$ 和 ν_{C-O} 谱带；^{1}H-NMR：四组信号积分比 1∶1∶3∶3，共 8H；^{13}C-NMR：C_8H_8。

$$\text{分子式} \quad C_8H_8O_2 \qquad UN=5$$

^{13}C-NMR：δ198.5(s)为酮羰基，其余 4 个不饱和数为重键或环结构。

(2) 官能团和结构单元确定。

考察 UV 和 ^{13}C-NMR 表明其分子结构特点，不是苯系衍生物。

UV：在 $\lambda_{max}=316$nm(22 000)，K 带至少存在四五个双键的大共轭体系。

IR：ν_{C-H}很弱，在 $\nu_{C=O}$区 1695cm^{-1}、1675cm^{-1}出现两个谱带，似为 α,β-不饱和醛、酮、羧酸之类，但未见有 ν_{O-H}和醛的 Fermi 共振谱带，^{1}H 和 ^{13}C-NMR 也无羧酸和醛的信号，确定为酮。在 1615cm^{-1}、1550cm^{-1}和 1480cm^{-1}似有芳环骨架振动谱带，但 UV 已经肯定不是苯系物，只可能是烯键或芳杂环的结构信息。970cm^{-1}谱带归属为反式二取代乙烯 $\gamma_{=C-H}$，强度较大的 $\nu_{C=C}$谱带向低频移至 1615cm^{-1}，1365cm^{-1}为 $\delta_s(CH_3)$，表明存在羰基共轭结构单元(—CH ═CH—$COCH_3$)。

^{13}C-NMR：除 CH_3 外，还有 6 个不饱和碳和 C ═O，相应于 ^{1}H-NMR，高场为 CH_3—δ2.3，其余均为不饱和 C—H，与 ^{13}C-NMR 一致，8 个碳共处于大共轭体系中，除上述结构单元外，剩余部分为 C_4H_3O—，UN=3。

(3) 分子结构推定和光谱归属讨论。

C_4H_3O—部分结构很可能是呋喃基，推测分子结构为

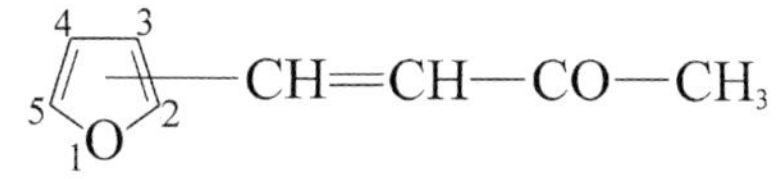

(2-呋喃基，环原子编号 1(O)、2、3、4、5)—CH═CH—CO—CH_3

加宽氢谱低场区的谱图发现 3～4 和 11～12 裂分值约为 16Hz，属反式二取代乙烯谱，(1,2)、(5,6,7,8)和(9,10)三组信号各代表 1 个烯氢相互偶合的光谱，裂分值分别为 3.7Hz、1.5Hz、3.7Hz 和 1.5Hz，与表 4 - 12 对照，应分别归属于呋喃环氢核的 H^3-H^4 和 H^4-H^5 的 ^3J值，H^3-H^5 的 ^4J 值未观察到。呋喃环的取代基应在 2-位，构成 π 共轭体系。由 δ 值呋喃环氢的归属为 δ7.50(H_5)、δ6.67(H_3)、δ6.49(H_4)。

IR 谱中 1695cm^{-1}、1675cm^{-1}两个 $\nu_{C=O}$为分子的 s-顺反异构体。

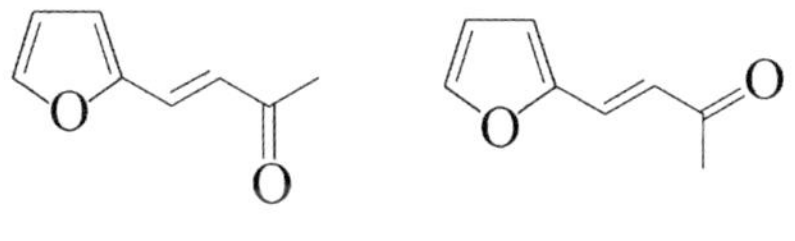

(两种 s-顺反异构体结构式，含 O 标记)

例 6 - 7　某化合物经元素分析和质谱测定分子式为 $C_{10}H_{19}NO$，光谱数据如下：

IR(液膜)：3350cm^{-1}(m，NH)、1260cm^{-1}、930cm^{-1}和 860cm^{-1}

^{1}H-NMR(CCl_4)：δ/ppm：1.55(s，6H)，1.67(s，6H)，2.00(s，4H)，3.60(s，2H)，3.40(br，1H)

MS：m/z(相对丰度)M^{+} 169(2.6)，154(100)，58(53.3)，98(39.5)，99(15.3)

推断其结构[11]。

解　(1) 分子式、不饱和数及其类型。

由分子式得 UN=2。

IR 1260cm^{-1}、930cm^{-1}和 860cm^{-1}谱带是环氧乙烷基的特征谱带。除环氧乙烷基具有 1 个不饱和数外，还有 1 个环结构。

(2) 官能团和结构单元。

IR 3350cm^{-1}的中等强度吸收表示为仲胺。

^{1}H-NMR δ1.55 和 δ1.67 各代表 2 个与季碳相连的等价的甲基，δ3.60 单峰应为与氧相连的亚甲基，即环氧乙烷上的亚甲基。δ3.40 宽峰属于亚胺基质子，δ2.00 单峰代表 4 个等价的质子，其最大可能为 2 个两边都与季碳相连的等价的亚甲基，都表明为对称结构。

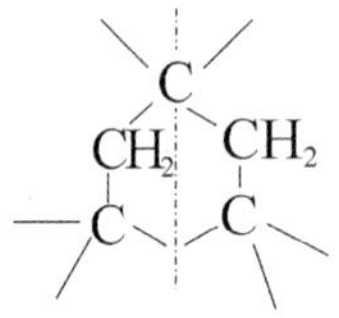
C
CH2
CH2
C
C

(3) 分子结构推定和光谱归属讨论。

环氧乙烷基的亚甲基在核磁共振中表现单峰，表明其另一个碳为季碳。这个季碳必然居于分子的对称位置上，分子中其他两个亚甲基才能为等价的。

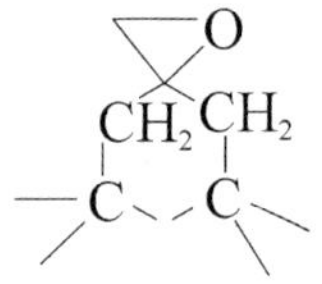
O
CH2
CH2
C
C

分子中还有一个亚氨基—NH—，也处于对称面上，故化合物的结构应为

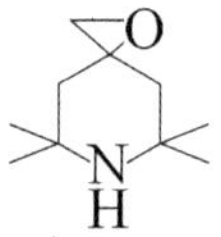
O
N
H

MS 碎片断裂过程与所推结构一致，即

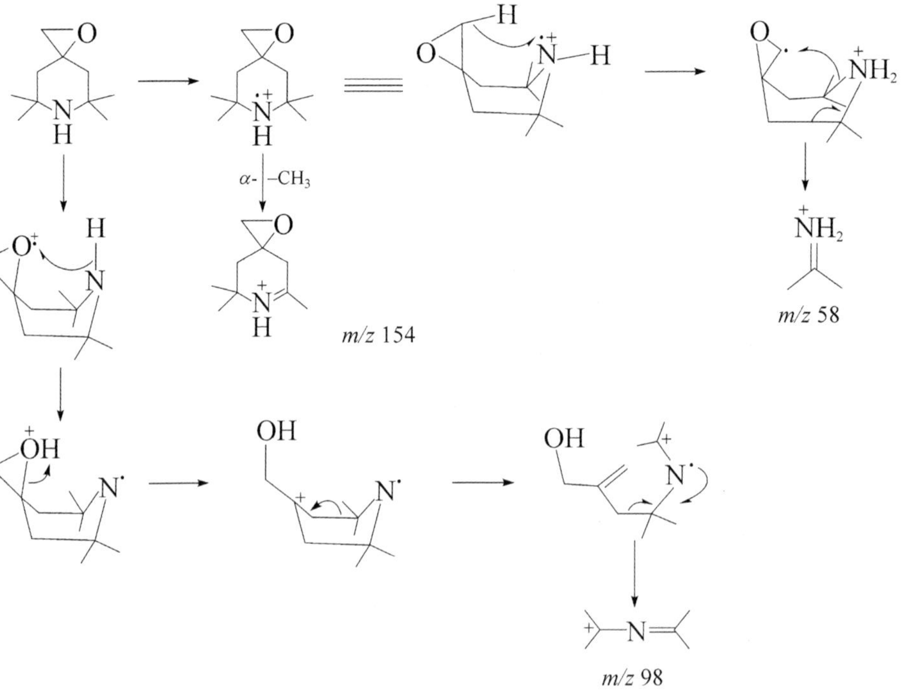
α-
-CH3
m/z 154
m/z 58
m/z 98

例 6－8　茴香霉素为抗滴虫属，是抑制变形虫和杀真菌的抗生素。上海药物所用低活性氧化铝柱层析，以乙酸乙酯：乙醇(25：1,*V*/*V*)洗脱，分得 A、B、C、D 4 个组分，其中茴香霉素 C 的光谱数据如下：

MS(FD)：$M^{+\cdot}$ 293，配合^{13}C-NMR 推得分子式为 $C_{16}H_{23}NO_4$，水解分离出正丁酸

UV：$\lambda_{max}^{C_3H_5OH}(\lg\varepsilon)$：225nm(4.09)，277nm(3.13)，283nm(3.04)

IR(cm^{-1})：3280(NH)，3120～3150(OH)；2830(Ph—OCH_3)，1717(—C(=O)—O—)，1610，1580，1510(Ar—)

^{1}H-NMR：δ/ppm：7.04(2H，d，J＝8Hz)，6.76(2H，d，J＝8Hz)，4.68(1H，dd，J＝1.4Hz)，4.06(1H，m)，3.74(3H，s)，3.05(1H，m)，3.26(1H，dd，J＝10、6Hz)，3.20(2H，br)，2.74(3H，m)，2.32(2H，t，J＝7Hz)，1.64(2H，hex，J＝7Hz)，0.94(3H，t，J＝7Hz)。

自旋去偶：

照射 δ4.68	δ4.06	m→dd(J＝4、6Hz)
	δ3.50	m→dd(J＝6、12Hz)
照射 δ4.06	δ4.68	dd(J＝1、4Hz)→d(J＝4Hz)
	δ3.26	dd→d(J＝10Hz)
照射 δ2.74	δ3.26	dd→d(J＝6Hz)
	δ4.06	m→dd(J＝1、6Hz)
	δ3.50	m→d(宽)(J＝4Hz)
照射 δ3.50	δ4.68	dd→d(J＝1Hz)
	δ2.74	m→s(宽)
照射 δ3.26	δ4.06	得到简化
	δ2.74	m→宽峰

另外，δ3.20 宽峰当加热到 45℃时移至 δ2.94ppm。

MS(EI)：m/z(相对丰度)：206(M－$C_3H_7COO\cdot$，60)，172(M－$CH_3OC_6H_4CH_2$—，100)，154(172－H_2O，20)，121($CH_3OC_6H_4CH_2$，86)，84(C_4H_6NO，97)，71(C_3H_7CO，33)，43(C_3H_7，60)

MS(FD)：m/z(相对丰度)：293($M^{+\cdot}$ 100)，172(7)，121(8)，71(5)

试推断茴香霉素 C 的结构[12]。

解　(1) 分子式、不饱和数及其类型。

由分子式得 UN＝6。

UV：E_2 带 λ_{max}225nm、B 带 λ_{max}277nm 显示茴香醚衍生物的特征(表 3－9)。

IR：除表示含有苯环外还存在 1 个羰基，共 5 个不饱和数，其余 1 个不饱和度假定为环结构。

(2) 官能团和结构单元。

^{1}H-NMR：δ7.04、6.76 为对位取代的芳环氢核，δ3.74 结合 IR 中 2830cm^{-1}的吸收显

示对位取代的茴香醚结构，与 UV 提供的信息相对应。MS 出现 m/z 172(M－121)碎片，指出分子中有 $CH_3OC_6H_4—CH_2—$结构单元存在。

δ2.32 为羰基(酯)邻近的亚甲基，与 δ1.64 和 δ0.94 两组峰具有相同的偶合常数，表明与羰基相连者为正丙基。IR 指出这个羰基为酯羰基，因此分子的另一部分结构为正丁酰氧基，与水解反应结果一致。

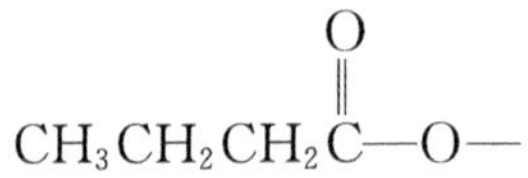

$$CH_3CH_2CH_2C(=O)—O—$$

IR 还表明含有羟基和仲胺基。

(3) 分子结构推定和光谱归属讨论。

分子式减去上述 2 个片段结构，剩下残基 C_4H_7NO，其中包括 1 个羟基和 1 个亚胺基并具有 1 个不饱和数。由一般天然产物的结构特点，可假定这个残基为环状的氢化吡咯的骨架结构。

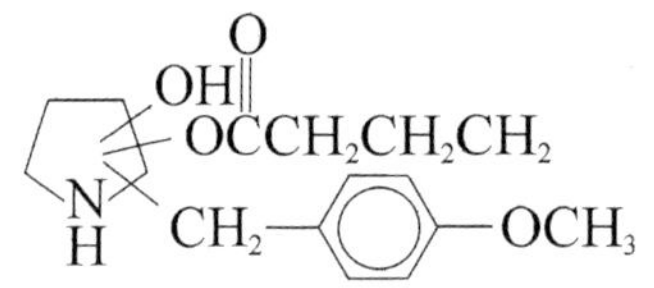

^{1}H-NMR 中 δ4.68 和 δ4.06，分别为与酯基和羟基相连的次甲基碳上的质子，这类次甲基不能同时直接与氮相连，否则将落在更低场。

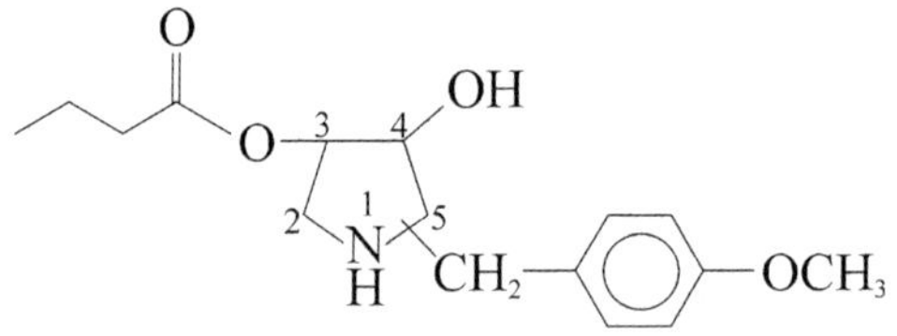

当加热时 δ3.20 的宽峰化学位移发生变化，应属 IR 中观察到的羟基和亚氨基的质子，故可肯定，至少 δ3.50 和 δ3.26 两个质子应连在与氮相邻的碳上。

对甲氧基苄基的位置以及氢化吡咯环上各个碳的构型可由自旋去偶推断。

照射 δ4.68 仅对 δ4.06 和 δ3.50 两质子去偶：

δ4.06　m→dd(J＝4、6Hz)，

δ3.50　m→dd(J＝6、12Hz)。

由表 4－12 五元环中相邻质子间的偶合为 0～7Hz，所以 δ4.06 次甲基应与环上的次甲基相邻，大的偶合常数(12Hz)只能由环上次甲基的质子与相邻苄基的亚甲基质子间产生，可见对甲氧基苄基应连在 C_2 上与 δ3.50 质子处于邻位。

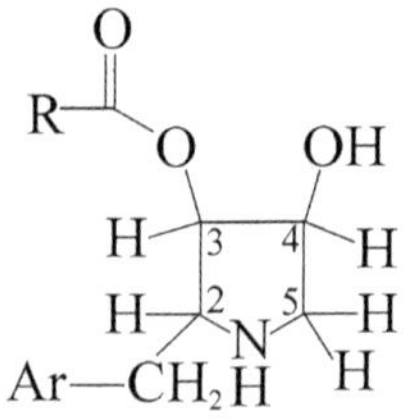

照射 δ4.06 时，δ4.68 dd(J=1、4Hz)→d(J=4Hz)，表明 C_2 与 C_3 质子间偶合常数为 4Hz，C_3 与 C_4 质子间偶合常数为 1Hz。同时 δ3.26 dd(J=6、10Hz)→d(J=10Hz)，说明 C_4 与 C_5 的 δ3.26 的质子间偶合常数为 6Hz，J=10Hz 是 C_5 上同碳质子间的偶合常数。

由 Karplus 公式[式(3-20)]，C_2 和 C_3 的质子间 J=4Hz，按其双面夹角应为同面偶合，若指定 C_2 质子为 H_α 则 C_3 质子也是 H_α。C_3 和 C_4 的质子间 J=1Hz，它们之间应有相当大的双面夹角，为异面偶合。C_4 质子为 H_β，C_4 质子与 C_5δ3.26 质子间 J=6Hz，它们应处于同面即 δ3.26 为 H_β。

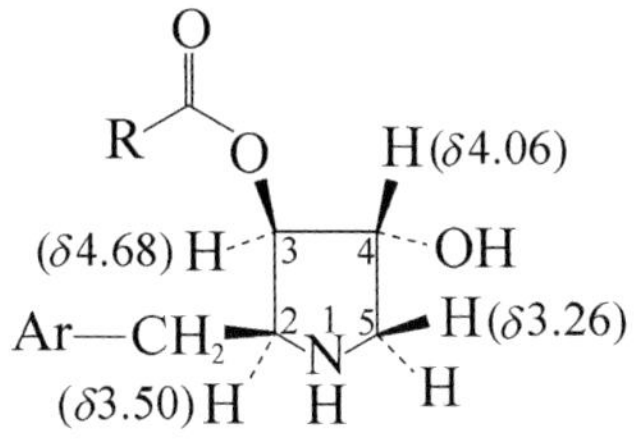

照射 δ2.74、δ3.26 dd(J=10、6Hz)→d(J=6Hz)，可见 δ2.74 为 H_α，与 δ3.26 为同碳质子。同时 δ4.06 m→dd(J=1、6Hz)，进一步证明 C_3 与 C_4 质子处于异面，C_4 质子与 C_5H_α 质子也处于异面。此外，δ3.50 也由 m→d(J=4Hz)，除进一步证明 C_2 和 C_3 质子处于同面外，还表明 δ2.74 质子与 δ3.50 质子邻近，其中 2 个质子必属于苄基的亚甲基。

照射 δ3.50、δ4.68 dd→d(J=1Hz)，δ2.74 δ→宽的单峰，表明 C_2、C_3 和苄基中亚甲基邻近。

照射 δ3.26、δ4.06 峰形得到简化，δ2.74 m→宽峰，再次表明 C_5H_α 的化学位移也为 2.74，故茴香霉素 C 的结构为

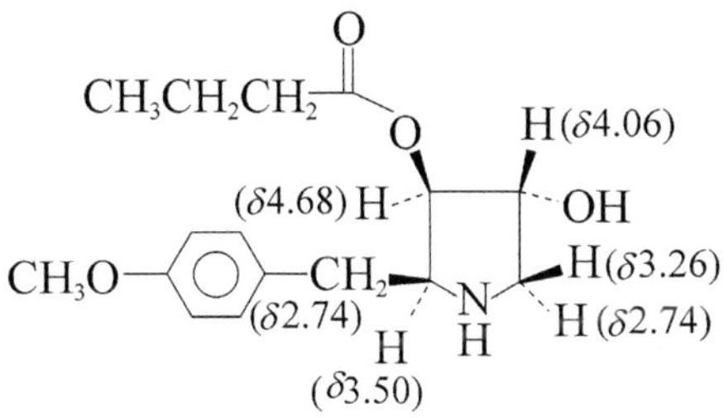

MS 主要断裂过程为

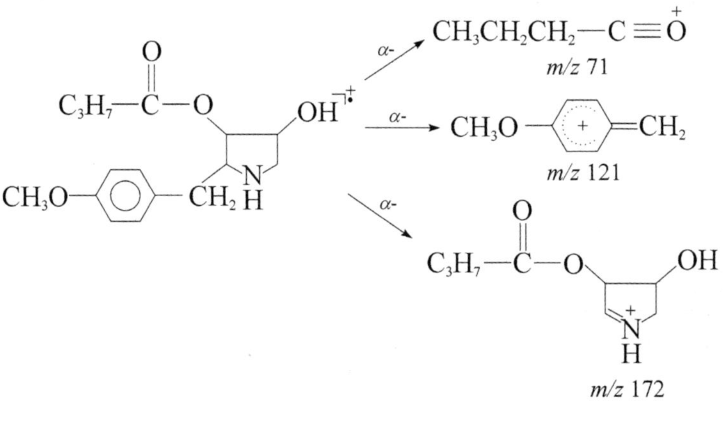

α- → $CH_3CH_2CH_2—C\equiv\overset{+}{O}$　m/z 71

α- → CH_3O—(苯环$^+$)=CH_2　m/z 121

α- → m/z 172

例 6-9　ESI-MS 测得相对分子质量为 154，IR：3250cm^{-1}（vs），1210cm^{-1}（vs）。解析光谱推断分子结构。

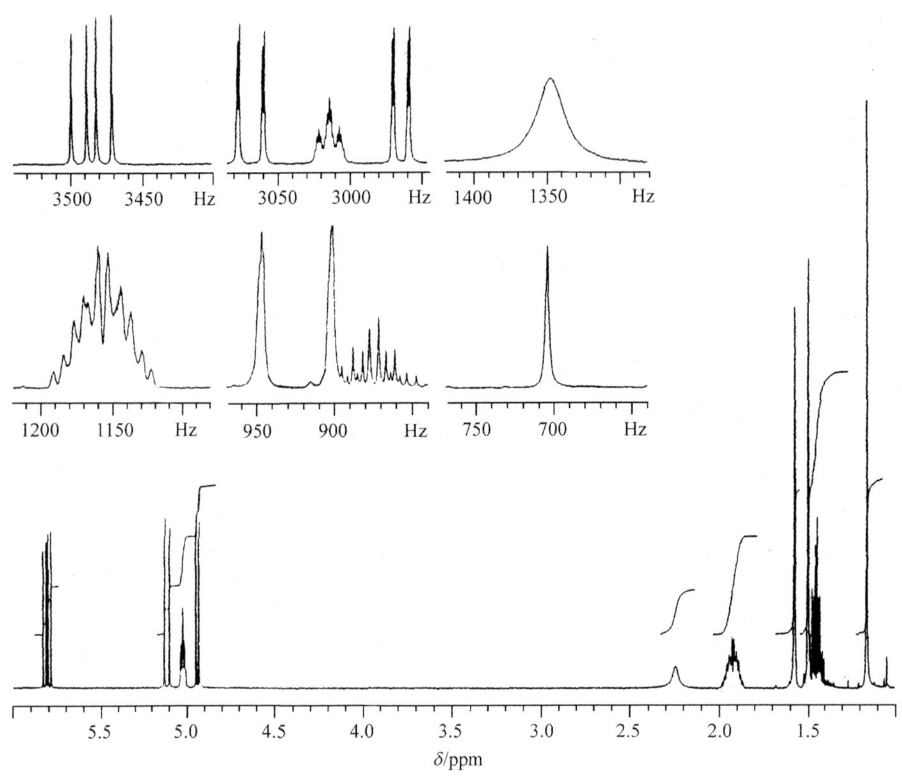

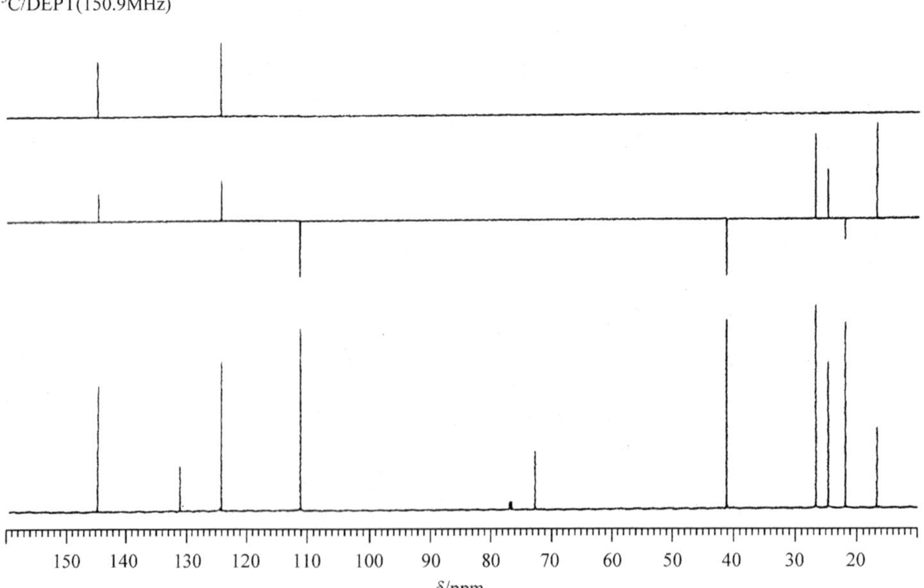

COSY(600MHz)

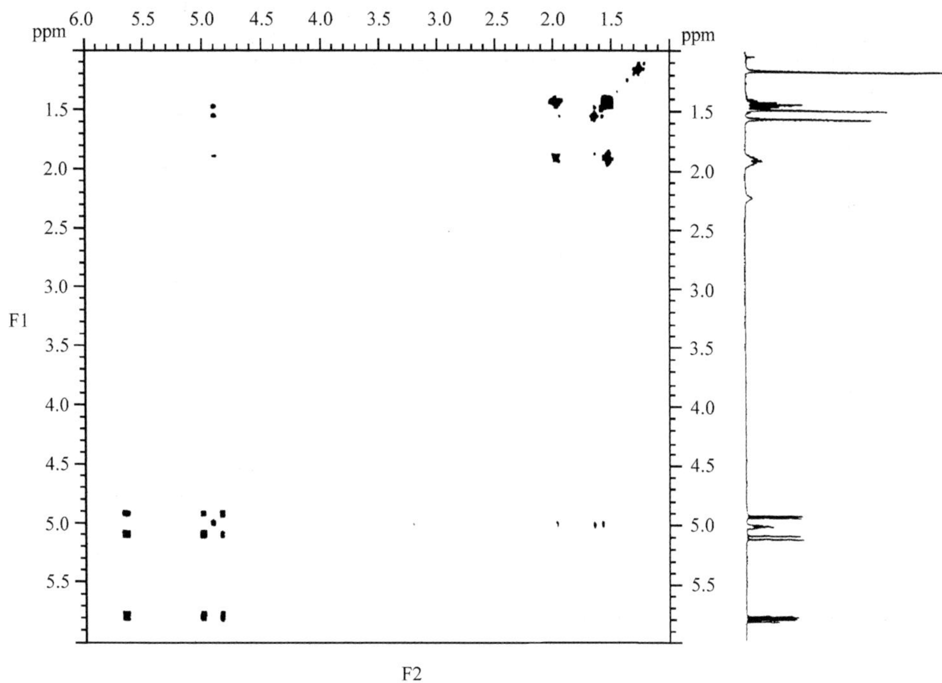

HMQC(600MHz)

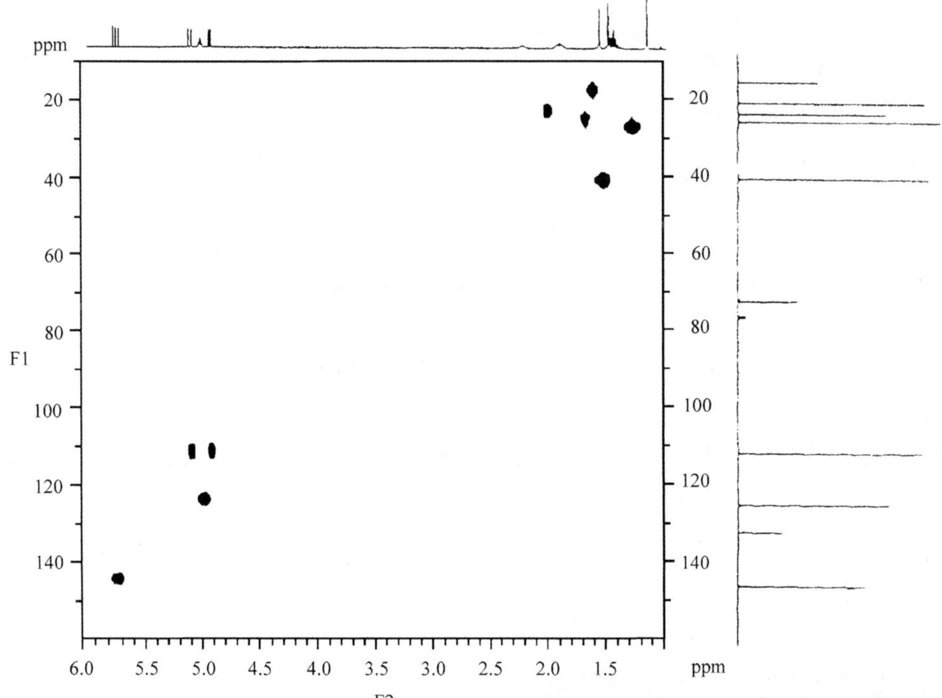

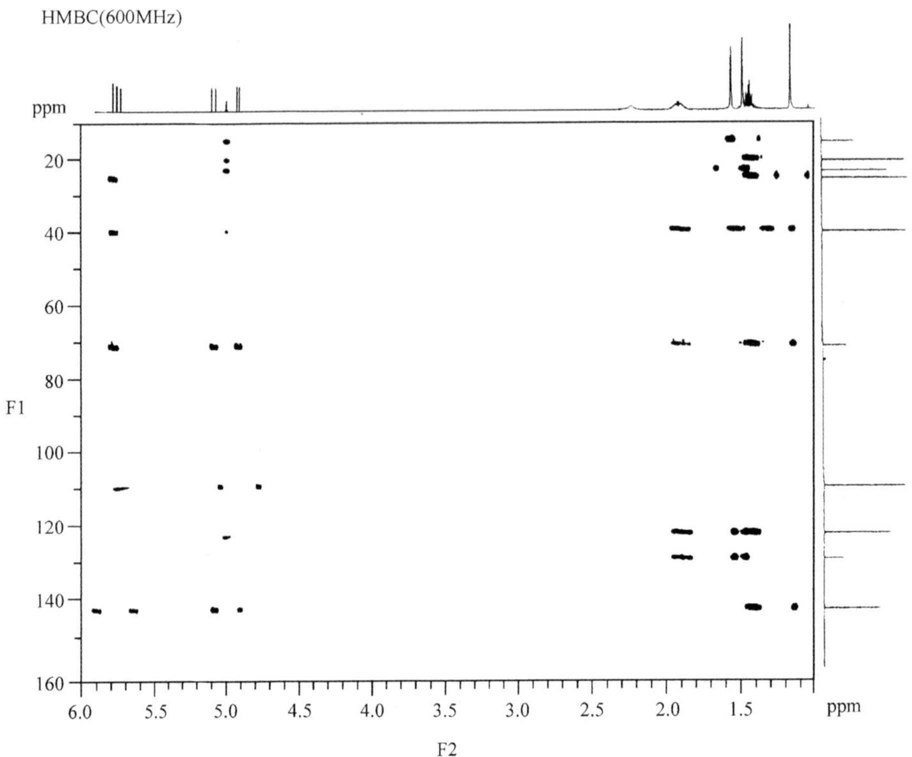

解　(1) 分子式、不饱和数及其类型。

MS、NMR 推算分子式 $C_{10}H_{18}O$，UN=2，NMR 显示两个乙烯基信息。

(2) 官能团和结构单元。

IR 示出叔醇特征谱带。

NMR 给出结构单元和官能团：$—CH═CH_2$，$—CH═C<$，2 个 $—CH_2$，3 个 $—CH_3$，—OH。

COSY 谱：H^1、H^2、H^4 相关，放大的 1D 谱为 AMX 系统，$—CH^1═C(H^2)(H^4)$

H^3 与 $H^6(CH_2)$、$H^7(CH_3)$、$H^8(CH_3)$ 表现远程相关。而在 1D 谱中 H^3(t，J=7Hz)。

H^6 为多重峰，可见 H^3 与 H^6 的相关信息被分散淡化了，不一定属于远程偶合关系。

结构单元 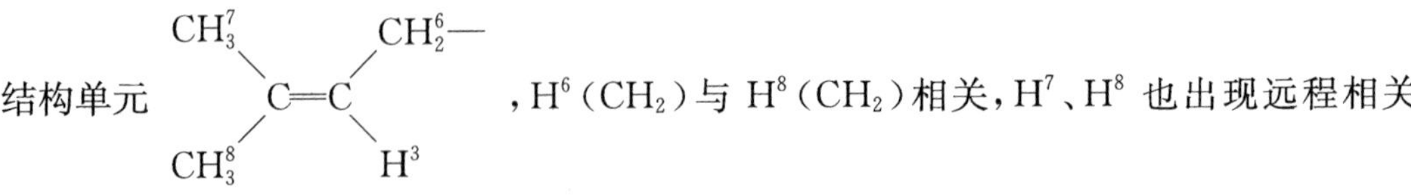，$H^6(CH_2)$ 与 $H^8(CH_2)$ 相关，H^7、H^8 也出现远程相关信息。

(3) 分子结构推定和光谱归属讨论。

HMQC 谱碳氢标识：

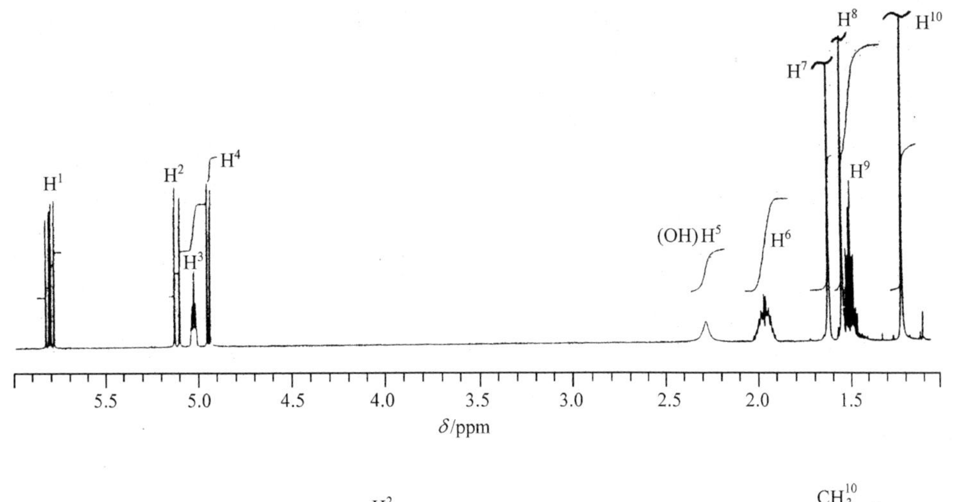

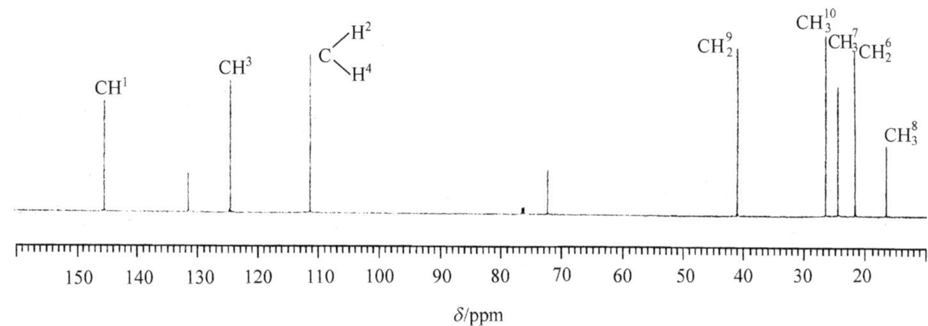

HMBC：

δ_{72}季碳与 H^1、H^2、H^4、H^6、H^9、H^{10} 以 ^2J、^3J 相关。

组成分子结构片段(A)

$$-CH_2^6-CH^9-\underset{\displaystyle OH}{\overset{\displaystyle CH_3^{10}}{C}}-CH^1{=}C\begin{matrix}H^2\\H^4\end{matrix}$$

(A)

δ_{132}烯季碳与 H^7、H^8、H^3、H^6 相关。组成分子结构片段(B)

$$\begin{matrix}CH_3^7\\CH_3^8\end{matrix}C{=}C\begin{matrix}CH_2^6-\\H^3\end{matrix}$$

(B)

片段(A)和(B)结合，构成以异戊二烯骨架首尾相连的单萜化合物。分子结构为

$$\begin{matrix}CH_3\\CH_3\end{matrix}C{=}C\begin{matrix}CH_2-CH_2\\H\end{matrix}\;\begin{matrix}\\CH_2{=}CH\end{matrix}C\begin{matrix}OH\\CH_3\end{matrix}$$

例 6 - 10　高分辨质谱确定一种有机化合物的分子式为 $C_{10}H_{15}NO_5$，IR 在

1545cm^{-1}、1638cm^{-1}、1670cm^{-1}、1715cm^{-1}、1740cm^{-1}和 3330cm^{-1}呈现强吸收谱带。解析 NMR 谱，推断其结构。

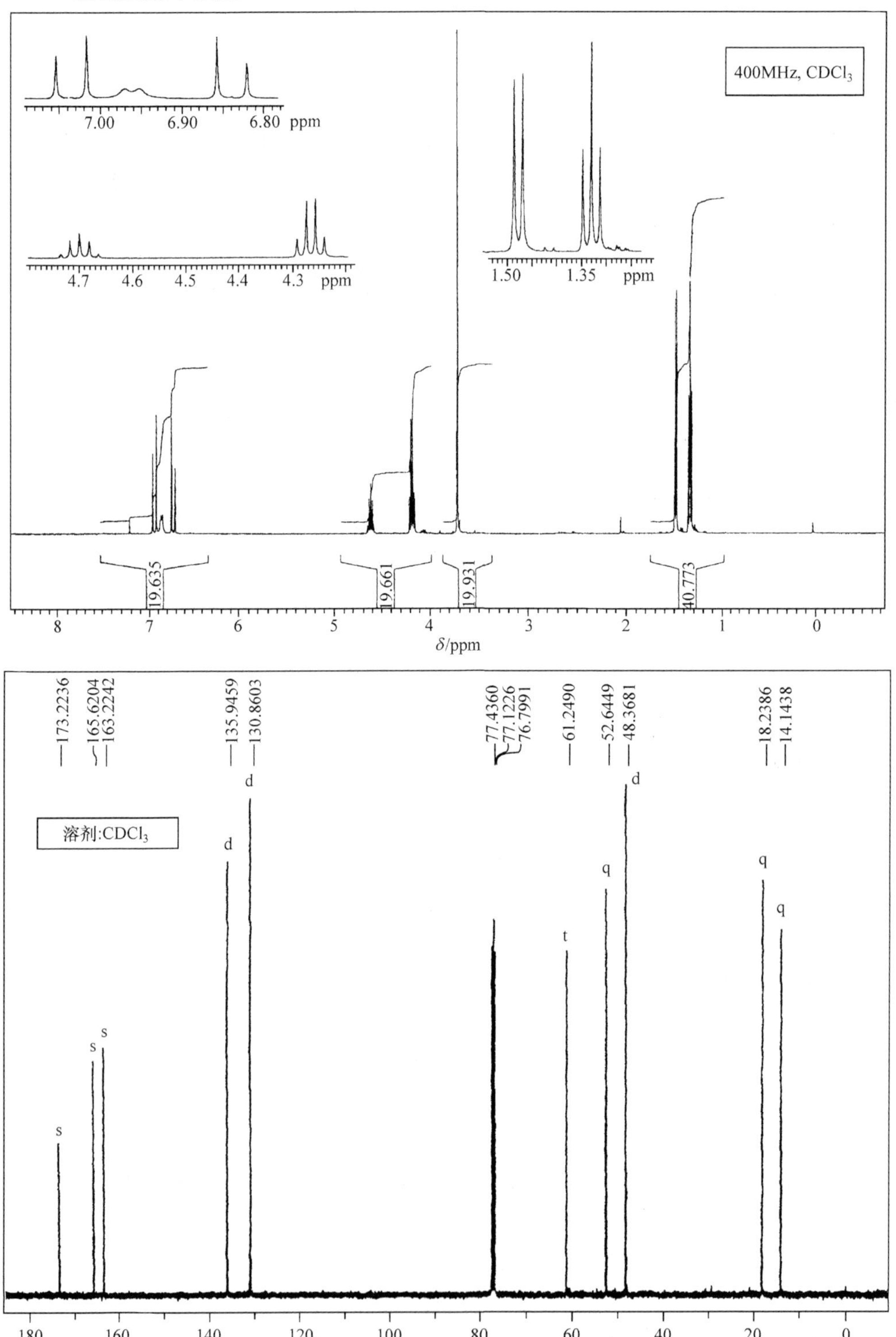

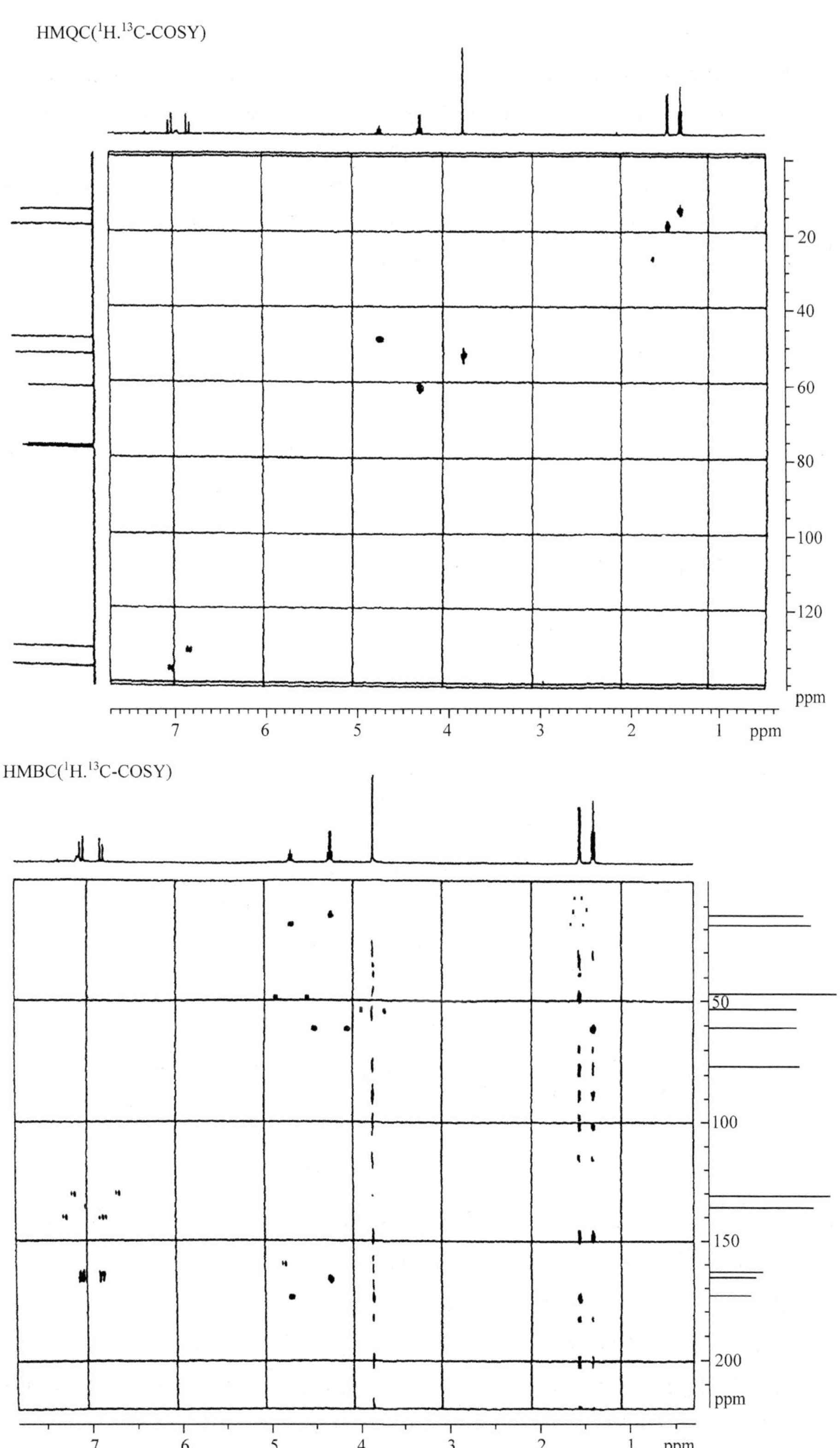
HMQC(^{1}H.^{13}C-COSY)
20
40
60
80
100
120
ppm
7 6 5 4 3 2 1 ppm
HMBC(^{1}H.^{13}C-COSY)
50
100
150
200
ppm
7 6 5 4 3 2 1 ppm

解　由分子式得 UN=4。

IR 和^{13}C-NMR：1670cm^{-1}、1715cm^{-1}、1740cm^{-1}为 3 个 C=O，它们的^{13}C-NMR 谱 δ_C 值均在 170ppm 附近，应为酯和酰胺的羰基。1638cm^{-1}为 $\nu_{C=C}$，相应于^{13}C-NMR 出现在 130～140ppm。3330cm^{-1}和 1540cm^{-1}分别为 ν_{NH} 和 δ_{NH}。

^{1}H-NMR：8 组信号的积分比为 1∶1∶1∶1∶2∶3∶3∶3，δ7 附近的四重峰，偶合常数 17Hz，为 AB 系统，是反式烯氢信息。δ7 的宽峰是 N—H 信号，δ1.3(t)与 δ4.3(q)为乙氧基，δ1.5(d)和 δ4.7(m)为亚乙基，δ3.8 为甲氧基。

—CH=CH—，>N—H ，CH_3—CH_2—O—，CH_3—CH(—)— ，—OCH_3

^{1}H、^{13}C 相关(^{1}H-NMR、^{13}C-NMR 和 HMQC)：

	C=O	C=O	C=O	—CH=	CH—	—CH—	CH_3	O—CH_3	O—CH_2—	CH_3
δ_H/ppm				7.1	6.8	4.7	1.5	3.8	4.3	1.3
δ_C/ppm	174	166	163	136	132	48	18	53	62	15

HMBC(不计大值$^1J_{CH}$相关谱，并注意 CH_3 的噪声中归属其 HMBC 信号)：

174	4.7,1.5,3.8	48	1.5
166	4.3,6.8,7.1	18	4.7
163	6.8,7.1,4.7	15	4.3
62	1.3		

分子结构为

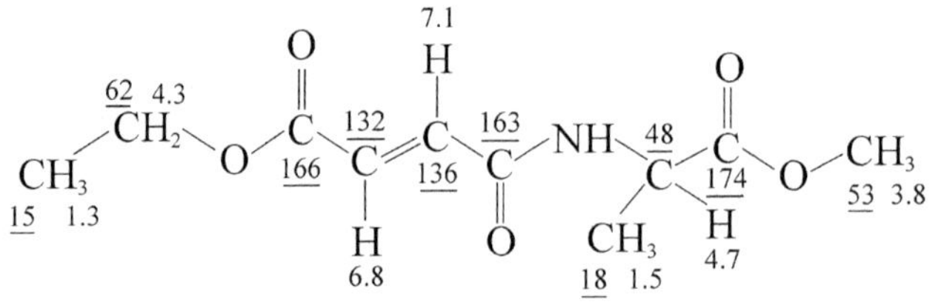

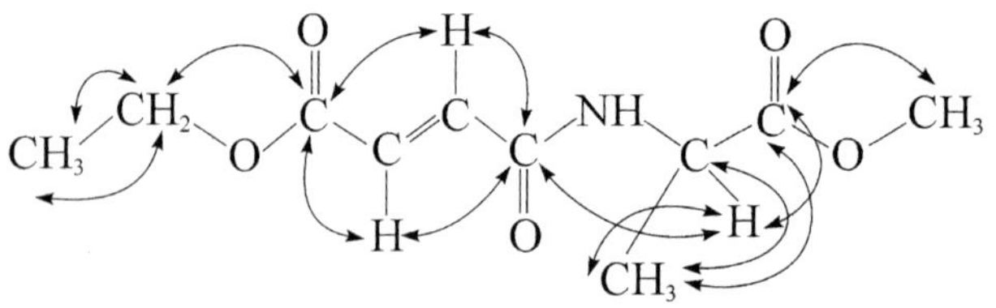

例 6-11　由植物中分得的一种植物激素，光谱资料如下。推断其结构[13]。

高分辨 FAB-MS 测定 M_r=311，高分辨质谱推出分子式 $C_{14}H_{17}ON$

IR：1692cm^{-1}、1605cm^{-1}(br)、1281cm^{-1}、1180cm^{-1}呈现谱带

^{1}H-NMR(400MHz，CD_3COCD_3∶D_2O=1∶1)：

δ/ppm：7.6(1H，d，J=16Hz)，7.18(1H，d，J=2Hz)，7.02(1H，dd，J=2、8Hz)

6.85(1H，d，J=8Hz)，6.35(1H，d，J=16Hz)，4.25(2H，m)

4.03(1H，dd，J=7.5Hz)，1.40(3H，s)

^{13}C-NMR(100MHz，D_2O)：

δ_C/ppm：181.3，170.3，148.3，147.0，145.4，127.9，123.5，117.1，115.9，115.3，77.6，66.5，47.5，23.3

HMQC：

δ_H/ppm	7.60	7.18	7.02	6.85	4.25	6.35	4.25	4.03	1.40
δ_C/ppm	147.0	115.9	123.5	117.1	66.5	115.3	66.5	74.5	23.3

HMBC

170.3	6.35，7.60	181.3	1.40
148.3	7.18，6.85	77.6	1.40
145.4	7.02，7.18，6.85	74.5	1.40，4.25
123.5	7.18	66.5	4.03
115.3	7.60	170.3	4.25

解　由分子式得 UN＝7。

IR、^{13}C-NMR 和^{1}H-NMR 的^3J 值表明分子中有 2C＝O、苯环和 C＝C。

^{1}H-NMR 共出现 11H，另外 6H 为活泼氢，被 D_2O 交换。

δ7.60、6.35(AB 系统)为反式二取代乙烯

δ7.18、7.02、6.85 为 1，3，4-三取代苯

δ4.25、4.03(ABX 系统)为—CH_2—CH—结构单元

δ1.40 为 C—CH_3

^{13}C-NMR 表明：δ181.3 应为 COOH，δ170.3 为酯羰基或酰胺羰基，其他碳核与^{1}H-NMR对应。

HMBC 将各结构单元构筑分子结构。

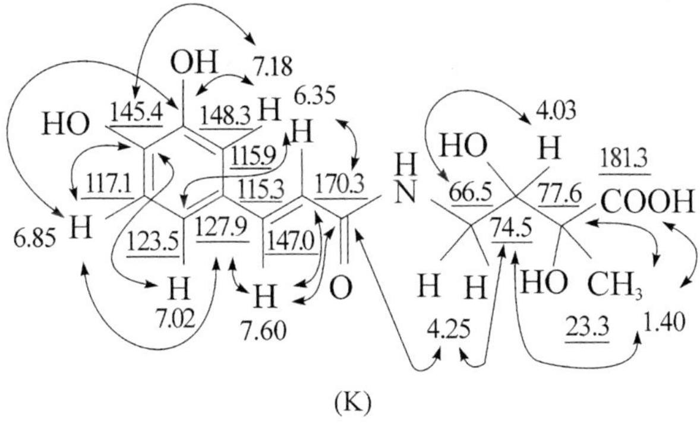

(K)

例 6－12　用甲醇从一种新鲜的海藻中萃取得到一种新的抗生性物质，经色层分离，重结晶纯化，熔点 127～129℃，高分辨质谱测定分子式为 $C_{21}H_{32}O_3$，光谱分析数据如下：

IR：3500cm^{-1}和 3280cm^{-1}出现宽谱带，1625～1507cm^{-1}有苯环骨架振动谱带。

样品经乙酰基化，所得产物的分子式为 $C_{25}H_{36}O_5$，熔点 95～96℃，乙酰化后的产物在 3560cm^{-1}仍有吸收谱带，乙酰化产物的^{1}H-NMR δ/ppm 如下：

0.8(s，3H)，0.87(s，3H)，0.89(s，3H)，1.0(br，13H)，1.25(s，3H)，2.28(s，3H)，2.36(s，3H)，2.61(dd，1H，J＝15、5Hz)，2.68(dd，1H，J＝15、5Hz)，6.90(dd，1H，J＝9、

2Hz)，6.96(d，1H，J=9Hz)，7.12(d，1H，J=2Hz)。

未乙酰基化原样品的^{13}C-NMR(偏共振去偶)δ/ppm 为

149.7(s)，149.0(s)，130.5(s)，118.2(d)，116.8(d)，113.7(d)，74.4(s)，61.7(d)，56.3(d)，43.9(t)，41.9(t)，40.7(t)，33.1(s)，33.1(q)，39.9(s)，27.3(t)，23.9(q)，21.6(q)，20.9(t)，18.4(t)，15.2(q)

请推测该抗生性物质的结构，若仅凭上述光谱资料决定结构有困难时，试设计适当的解决方案[14]。

解 (1) 分子式、不饱和数及其类型。

由分子式得 UN=6。

IR 和 NMR 仅表示含有苯环，为 4 个不饱和数，其余 2 个不饱和数应为 2 个环结构。

(2) 官能团和结构单元。

IR 除显示苯环结构外，3500cm^{-1}和 3280cm^{-1}吸收为部分缔合的 ν_{OH}，表明含有羟基。

乙酰基化物的^{1}H-NMR δ0.8、0.87、0.89、1.25 为 4 个与饱和碳相连的甲基，δ2.28、2.36 为 2 个乙酰基的甲基，因此判断可能有 2 个羟基被乙酰基化。δ6.9～7.12 的 ABX 系统表示具有 1，2，4-三取代的苯环。δ2.61、2.68 被苯环去屏蔽(分子中无双键)，2 个质子各被裂分为 2 个双峰，其中 J=15Hz 只能是同碳偶合，同时还被邻近不对称碳上的次甲基偶合(J=5Hz)，为另一个 ABX 系统的 AB 部，应有如下部分结构：

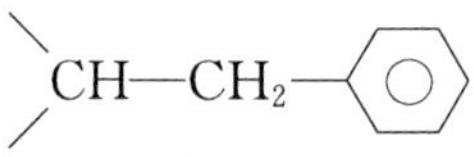

>CH—CH$_2$—(苯环)

δ1.0 附近的宽峰 13 个质子，除 1 个为羟基质子外，均为饱和烃基质子。

原样品的^{13}C-NMR δ149.7～113.7 表示三取代的苯环，与^{1}H-NMR 对应，其他还有 15 个饱和碳占有 2 个不饱和数，应有 2 个环结构。32 个质子中，29 个质子与碳相连，所以共含有 3 个羟基，其中 2 个易乙酰基化、属于酚羟基，另 1 个为醇羟基。

(3) 分子结构推定。

含有 2 个羟基、1 个烃基的三取代苯结构，根据^{1}H-NMR 的偶合常数可写作：

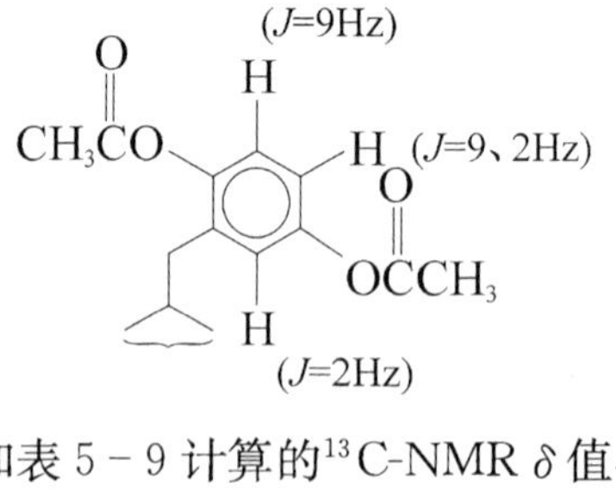

(J=9Hz)
H
CH$_3$CO(=O)O—   H (J=9、2Hz)
OC(=O)CH$_3$
H
(J=2Hz)

对上述结构按式(5－5)和表 5－9 计算的^{13}C-NMR δ 值与实验值相近。

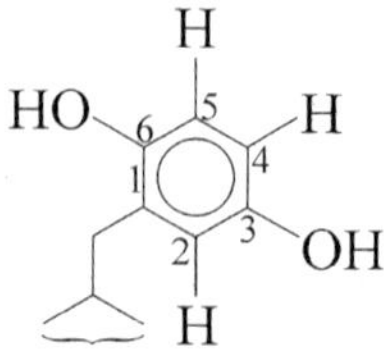

HO 6 5 H 4 H
1 2 3 OH
H

R	1	2	3	4	5	6
H	128.5	128.5	128.5	128.5	128.5	128.5
OH	+26.9	−12.7	1.4	−7.3	+1.4	−12.7
$-CH_2$	−0.5	+15.6	−0.5	0.0	−2.6	0.0
—OH	−7.3	+1.4	−12.7	+26.9	−12.7	+1.4
计算值	147.6	132.8	116.7	148.1	114.6	117.2

由分子中除去二羟基苄基和 4 个甲基、剩余残基为

$$C_{21}H_{32}O_3-C_7H_7O_2-4CH_3=C_{10}H_{13}O$$

其中含有 1 个羟基和 2 个环，从一般天然产物估计，可能为十氢化萘的结构。这个残基依靠常规的光谱方法很难对结构作确切的分析，为解决这个天然产物的结构可尝试用 X 衍射法或二维核磁共振法，但这些方法都需要消耗较大的精力和费用。

查阅文献发现 1973 年曾报道由海藻中得到有关结构为(A)的天然产物[15]。从生源观点，试图将(A)的结构与本题未知物结构关联起来。如将(A)甲基化以保护酚羟基，再经氧化、还原处理得到甲基化物(B)，新抗生性未知物经甲基化也得到(B)。

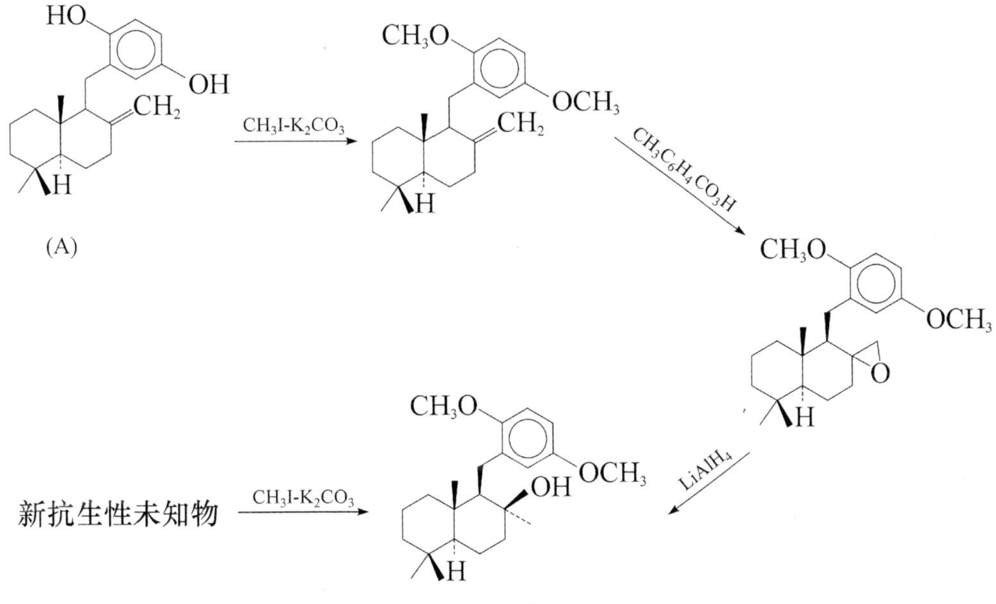

HO, OH, CH_2, H

(A)

$CH_3I\text{-}K_2CO_3$

CH_3O, OCH_3, CH_2, H

$CH_3C_6H_4CO_3H$

CH_3O, OCH_3, O, H

$LiAlH_4$

新抗生性未知物 $\xrightarrow{CH_3I\text{-}K_2CO_3}$

CH_3O, OCH_3, OH, H

(B)

从而证明了这个新抗生性物质的结构为

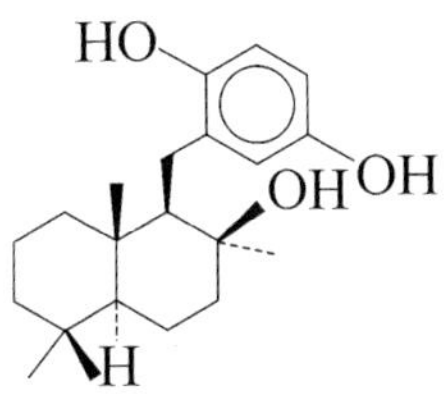

HO, OH, OH, H

结构为苯基取代的倍半萜骨架，由 3 个异戊二烯首尾相连，与生源学说的“异戊二烯规律”一致。

参考文献

[1] 梁晓天. 有机化学,1981,8:243
[2] 江苏省"亮菌"科研协作组. 微生物学报,1974,14:9
[3] 钱秀丽,梁晓天,丛浦珠. 化学学报,1980,38:377
[4] 王德心,梁晓天. 化学学报,1986,44:692
[5] Fieser L F, Dunn J T. J Am Chem Soc,1936,58:572
[6] Bently K W. Elucidation of Structures by Physical and Chemical Methods: Chapter Ⅶ, Leete, E.: Biogenetic Theory in Structural Elucidation. New York: Interscience,1963
[7] 尚天民. 化学学报,1979,37:119
[8] 王德心,梁晓天. 药学学报,1984,19(4):261
[9] 梁晓天,于德泉. 化学学报,1979,37:215
[10] 梁晓天,于德泉,潘文斗. 化学学报,1979,37:231
[11] Cygler M, Grabowski M J, et al. Can J Chem,1986,64:670
[12] 张海澜,徐少华,叶蕴芬. 化学学报,1985,43:96
[13] Ueda M, Hiraoka T, et al. Tetrahedron Lett,1999,40:6777
[14] Ochi M, Kolsuki H, et al. Bull Chem Soc,1979,52(2):629
[15] Fenical W, Sims J J. J Org Chem,1973,38:2383

主要参考书目

黄量，于德泉. 2000. 紫外光谱. 北京：科学出版社

梁晓天. 1982. 核磁共振(高分辨氢谱的解析和应用). 北京：科学出版社

沈其丰，徐广智. 1986. ^{13}C-核磁共振及其应用. 北京：化学工业出版社

Brainc S. 1999. Infrared Spectral Interpretation: A Systematic Approach. New York: CRC Press LLC

Breiemaier E. 2002. Structure Elucidation by NMR in Organic Chemistry. New York: John Wiley & Sons

Breitmaier E, Voelter W. 1987. Carbon-13 NMR Speetroscopy. 3rd ed. New York: VCH

Duddeck H, Dietrich W, Toth G. 1998. Structure Elucidation by Modern NMR. 3rd ed. New York: Springer

Lambert J B, Shurvell H F, Lightner D A, et al. 1998. Org. Structural Spectroscopy. London: Prentice-Hall

Macomber R S. 1998. A Complete Introduction to Modern NMR Spectroscopy. New York: John Wiley & Sons

McLafferty F W, Turecek F. 1994. Interpretation of Mass Spectra. 4th ed. New York: Will Valley

Silverstein R M, Webster F X. 2005. Spectrometric Identification of Org. Compd's. 7th ed. New York: John Wiley & Sons

William D H, Fleming I. 1995. Spectroscopy Methods in Org. Chemistry. 6th ed. New York: McGraw-Hill

常用缩写词

APT——attached proton test
BIRD——bilinear rotational decoupling
CD——circular dichroism
CE——Cotton effect
CI——chemical ionization
CIDNP——chemically induced dynamic nuclear polarization
COLOC——correlation spectroscopy via long range couplings
COSY——2D-correlation spectroscopy
CW——continuous wave
DEPT——distortionless enhancement by polarization transfer
DNMR——dynamic nuclear magnetic resonance
DSS——4,4-dimethyl-4-silapentane sodium sulfonate
EI——electron impact ionization
EPS——electron paramagnetic resonance
ESI——electro spray ionization
ESR——electron spin resonance
FAB——fast atom bombardment
FD——field desorption
FI——field ionization
FID——free induction decay
FT——Fourier transform
GC-MS——gas chromatography-mass spectrometry
HETCOR——heteronuclear COSY; C. H-COSY
HMBC——heteronuclear multiple bond coherence
HMQC——heteronuclear multiple-quantum coherence
HMO——Hückel molecular orbital
HOHAHA——homonuclear Hartomann-Hahn spectroscopy
HOMO——highest occupied molecular orbital
IC——internal conversion
ICR——ion cyclotron resonance
IKES——ion kinetic energy spectrometry
INADEQUATE——incredible natural abundance double quantum transfer experiment
INEPT——insensitive nuclei enhanced by polarization transfer

IP——ionization potential

ISC——intersystem crossing

LUMO——lowest unoccupied molecular orbital

MALDI——matrix-assisted laser desorption ionization

MIKES——mass analyzed ion kinetic energy spectrometry

MS/MS——mass separation/mass spectrometry

NIR——near infrared

NOE——nuclear Overhauser effect

NOESY——2D-nuclear Overhauser effect spectroscopy

ORD——optical rotatory dispersion

PES——photoelectron spectroscopy

PFT——pulse Fourier transform

rc——cyclization rearrangement

rd——displacement rearrangement

re——elimination rearrangement

RDA——retro-Diels-Alder reaction

SIMS——secondary ion mass spectrometry

S/N——signal/noise

TMS——tetramethylsilane

TOCSY——total correlation spectroscopy

UN——unsaturation number

VC——vibrational cascade